《机械设计手册》（第六版）单行本卷目

机械设计手册

第六版

单　行　本

机械振动·机架设计

主编单位　　中国有色工程设计研究总院

主　　编　　成大先

副主编　　王德夫　姬奎生　韩学铨

姜　勇　李长顺　王雄耀

虞培清　成　杰　谢京耀

HANDBOOK OF MECHANICAL DESIGN

化学工业出版社

·北京·

《机械设计手册》第六版单行本共 16 分册，涵盖了机械常规设计的所有内容。各分册分别为《常用设计资料》《机械制图·精度设计》《常用机械工程材料》《机构·结构设计》《连接与紧固》《轴及其连接》《轴承》《起重运输件·五金件》《润滑与密封》《弹簧》《机械传动》《减（变）速器·电机与电器》《机械振动·机架设计》《液压传动》《液压控制》《气压传动》。

本书为《机械振动·机架设计》，包括机械振动的控制及利用、机架设计。前部分主要介绍机械振动的分类、评级和基础资料，线性振动、非线性振动与随机振动的振动模型、参数、响应和求解，隔振的原理方法和设计，振动机械的用途、参数和特性，机械振动测量技术以及轴和轴系的临界转速；后部分主要介绍机架的结构类型、设计准则、一般规定，特别介绍了梁、柱和立架、桁架、框架和其他形式机架的设计与计算。

本书可作为机械设计人员和有关工程技术人员的工具书，也可供高等院校有关专业师生参考使用。

图书在版编目（CIP）数据

机械设计手册：单行本. 机械振动·机架设计/成大先主编. —6 版. —北京：化学工业出版社，2017.1
ISBN 978-7-122-28711-3

Ⅰ.①机… Ⅱ.①成… Ⅲ.①机械设计-技术手册②机械振动-技术手册③机架-设计-技术手册 Ⅳ.①TH122-62②TH113.1-62③TH136-62

中国版本图书馆 CIP 数据核字（2016）第 309028 号

责任编辑：周国庆 张兴辉 贾 娜 曾 越　　　　　　　装帧设计：尹琳琳
责任校对：边 涛

出版发行：化学工业出版社（北京市东城区青年湖南街 13 号　邮政编码 100011）
印　　装：北京虎彩文化传播有限公司
787mm×1092mm　1/16　印张 28¾　字数 1054 千字　2017 年 2 月北京第 1 版第 1 次印刷

购书咨询：010-64518888　　　　　　售后服务：010-64518899
网　　址：http://www.cip.com.cn
凡购买本书，如有缺损质量问题，本社销售中心负责调换。

定　　价：79.00 元

撰 稿 人 员

成大先　中国有色工程设计研究总院
王德夫　中国有色工程设计研究总院
刘世参　《中国表面工程》杂志、装甲兵工程学院
姬奎生　中国有色工程设计研究总院
韩学铨　北京石油化工工程公司
余梦生　北京科技大学
高淑之　北京化工大学
柯蕊珍　中国有色工程设计研究总院
杨　青　西北农林科技大学
刘志杰　西北农林科技大学
王欣玲　机械科学研究院
陶兆荣　中国有色工程设计研究总院
孙东辉　中国有色工程设计研究总院
李福君　中国有色工程设计研究总院
阮忠唐　西安理工大学
熊绮华　西安理工大学
雷淑存　西安理工大学
田惠民　西安理工大学
殷鸿樑　上海工业大学
齐维浩　西安理工大学
曹惟庆　西安理工大学
吴宗泽　清华大学
关天池　中国有色工程设计研究总院
房庆久　中国有色工程设计研究总院
李建平　北京航空航天大学
李安民　机械科学研究院
李维荣　机械科学研究院
丁宝平　机械科学研究院
梁全贵　中国有色工程设计研究总院
王淑兰　中国有色工程设计研究总院
林基明　中国有色工程设计研究总院
王孝先　中国有色工程设计研究总院
童祖楹　上海交通大学
刘清廉　中国有色工程设计研究总院
许文元　天津工程机械研究所

孙永旭　北京古德机电技术研究所
丘大谋　西安交通大学
诸文俊　西安交通大学
徐　华　西安交通大学
谢振宇　南京航空航天大学
陈应斗　中国有色工程设计研究总院
张奇芳　沈阳铝镁设计研究院
安　剑　大连华锐重工集团股份有限公司
迟国东　大连华锐重工集团股份有限公司
杨明亮　太原科技大学
邹舜卿　中国有色工程设计研究总院
邓述慈　西安理工大学
周凤香　中国有色工程设计研究总院
朴树寰　中国有色工程设计研究总院
杜子英　中国有色工程设计研究总院
汪德涛　广州机床研究所
朱　炎　中国航宇救生装置公司
王鸿翔　中国有色工程设计研究总院
郭　永　山西省自动化研究所
厉海祥　武汉理工大学
欧阳志喜　宁波双林汽车部件股份有限公司
段慧文　中国有色工程设计研究总院
姜　勇　中国有色工程设计研究总院
徐永年　郑州机械研究所
梁桂明　河南科技大学
张光辉　重庆大学
罗文军　重庆大学
沙树明　中国有色工程设计研究总院
谢佩娟　太原理工大学
余　铭　无锡市万向联轴器有限公司
陈祖元　广东工业大学
陈仕贤　北京航空航天大学
郑自求　四川理工学院
贺元成　泸州职业技术学院
季泉生　济南钢铁集团

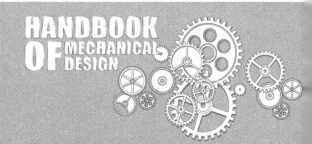

方　正　中国重型机械研究院
马敬勋　济南钢铁集团
冯彦宾　四川理工学院
袁　林　四川理工学院
孙夏明　北方工业大学
黄吉平　宁波市镇海减变速机制造有限公司
陈宗源　中冶集团重庆钢铁设计研究院
张　翌　北京太富力传动机器有限责任公司
陈　涛　大连华锐重工集团股份有限公司
于天龙　大连华锐重工集团股份有限公司
李志雄　大连华锐重工集团股份有限公司
刘　军　大连华锐重工集团股份有限公司
蔡学熙　连云港化工矿山设计研究院
姚光义　连云港化工矿山设计研究院
沈益新　连云港化工矿山设计研究院
钱亦清　连云港化工矿山设计研究院
于　琴　连云港化工矿山设计研究院
蔡学坚　邢台地区经济委员会
虞培清　浙江长城减速机有限公司
项建忠　浙江通力减速机有限公司
阮劲松　宝鸡市广环机床责任有限公司
纪盛青　东北大学
黄效国　北京科技大学
陈新华　北京科技大学
李长顺　中国有色工程设计研究总院
申连生　中冶迈克液压有限责任公司
刘秀利　中国有色工程设计研究总院
宋天民　北京钢铁设计研究总院
周　堉　中冶京城工程技术有限公司
崔桂芝　北方工业大学
佟　新　中国有色工程设计研究总院
禤有雄　天津大学
林少芬　集美大学
卢长耿　厦门海德科液压机械设备有限公司
容同生　厦门海德科液压机械设备有限公司
张　伟　厦门海德科液压机械设备有限公司
吴根茂　浙江大学
魏建华　浙江大学
吴晓雷　浙江大学
钟荣龙　厦门厦顺铝箔有限公司
黄　畬　北京科技大学
王雄耀　费斯托（FESTO）（中国）有限公司
彭光正　北京理工大学
张百海　北京理工大学
王　涛　北京理工大学
陈金兵　北京理工大学
包　钢　哈尔滨工业大学
蒋友谅　北京理工大学
史习先　中国有色工程设计研究总院

审稿人员

刘世参　成大先　王德夫　郭可谦　汪德涛　方　正　朱　炎　李钊刚
姜　勇　陈谌闻　饶振纲　季泉生　洪允楣　王　正　詹茂盛　姬奎生
张红兵　卢长耿　郭长生　徐文灿

《机械设计手册》（第六版）单行本

出版说明

重点科技图书《机械设计手册》自 1969 年出版发行以来，已经修订至第六版，累计销售量超过 130 万套，成为新中国成立以来，在国内影响力最大的机械设计工具书，多次获得国家和省部级奖励。

《机械设计手册》以其技术性和实用性强、标准和数据可靠、便于使用和查询等特点，赢得了广大机械设计工作者和工程技术人员的首肯和好评。自出版以来，收到读者来信数千封。广大读者在对《机械设计手册》给予充分肯定的同时，也指出了《机械设计手册》装帧太厚、太重，不便携带和翻阅，希望出版篇幅小些的单行本，诸多读者建议将《机械设计手册》以篇为单位改编为多卷本。

根据广大读者的反映和建议，化学工业出版社组织编辑人员深入设计科研院所、大中专院校、制造企业和有一定影响的新华书店进行调研，广泛征求和听取各方面的意见，在与主编单位协商一致的基础上，于 2004 年以《机械设计手册》第四版为基础，编辑出版了《机械设计手册》单行本，并在出版后很快得到了读者的认可。2011 年，《机械设计手册》第五版单行本出版发行。

《机械设计手册》第六版（5 卷本）于 2016 年初面市发行，在提高产品开发、创新设计方面，在促进新产品设计和加工制造的新工艺设计方面，在为新产品开发、老产品改造创新提供新型元器件和新材料方面，在贯彻推广标准化工作等方面，都较第五版有很大改进。为更加贴合读者需求，便于读者有针对性地选用《机械设计手册》第六版中的部分内容，化学工业出版社在汲取《机械设计手册》前两版单行本出版经验的基础上，推出了《机械设计手册》第六版单行本。

《机械设计手册》第六版单行本，保留了《机械设计手册》第六版（5 卷本）的优势和特色，从设计工作的实际出发，结合机械设计专业具体情况，将原来的 5 卷 23 篇调整为 16 分册 21 篇，分别为《常用设计资料》《机械制图·精度设计》《常用机械工程材料》《机构·结构设计》《连接与紧固》《轴及其连接》《轴承》《起重运输件·五金件》《润滑与密封》《弹簧》《机械传动》《减（变）速器·电机与电器》《机械振动·机架设计》《液压传动》《液压控制》《气压传动》。这样，各分册篇幅适中，查阅和携带更加方便，有利于设计人员和广大读者根据各自需要

灵活选购。

　　《机械设计手册》第六版单行本将与《机械设计手册》第六版（5卷本）一起，成为机械设计工作者、工程技术人员和广大读者的良师益友。

　　借《机械设计手册》第六版单行本出版之际，再次向热情支持和积极参加编写工作的单位和个人表示诚挚的敬意！向长期关心、支持《机械设计手册》的广大热心读者表示衷心感谢！

　　由于编辑出版单行本的工作量较大，时间较紧，难免存在疏漏，恳请广大读者给予批评指正。

化学工业出版社

2017 年 1 月

第六版前言
Sixth Edition Preface

《机械设计手册》自 1969 年第一版出版发行以来，已经修订了五次，累计销售量 130 万套，成为新中国成立以来，在国内影响力强、销售量大的机械设计工具书。作为国家级的重点科技图书，《机械设计手册》多次获得国家和省部级奖励。其中，1978 年获全国科学大会科技成果奖，1983 年获化工部优秀科技图书奖，1995 年获全国优秀科技图书二等奖，1999 年获全国化工科技进步二等奖，2002 年获石油和化学工业优秀科技图书一等奖，2003 年获中国石油和化学工业科技进步二等奖。1986~2015 年，多次被评为全国优秀畅销书。

与时俱进、开拓创新，实现实用性、可靠性和创新性的最佳结合，协助广大机械设计人员开发出更好更新的产品，适应市场和生产需要，提高市场竞争力和国际竞争力，这是《机械设计手册》一贯坚持、不懈努力的最高宗旨。

《机械设计手册》（以下简称《手册》）第五版出版发行至今已有 8 年的时间，在这期间，我们进行了广泛的调查研究，多次邀请机械方面的专家、学者座谈，倾听他们对第六版修订的建议，并深入设计院所、工厂和矿山的第一线，向广大设计工作者了解《手册》的应用情况和意见，及时发现、收集生产实践中出现的新经验和新问题，多方位、多渠道跟踪、收集国内外涌现出来的新技术、新产品，改进和丰富《手册》的内容，使《手册》更具鲜活力，以最大限度地提高广大机械设计人员自主创新的能力，适应建设创新型国家的需要。

《手册》第六版的具体修订情况如下。

一、在提高产品开发、创新设计方面

1. 新增第 5 篇"机械产品结构设计"，提出了常用机械产品结构设计的 12 条常用准则，供产品设计人员参考。

2. 第 1 篇"一般设计资料"增加了机械产品设计的巧（新）例与错例等内容。

3. 第 11 篇"润滑与密封"增加了稀有润滑装置的设计计算内容，以适应润滑新产品开发、设计的需要。

4. 第 15 篇"齿轮传动"进一步完善了符合 ISO 国际标准的渐开线圆柱齿轮设计，非零变位锥齿轮设计，点线啮合传动设计，多点啮合柔性传动设计等内容，例如增加了符合 ISO 标准的渐开线齿轮几何计算及算例，更新了齿轮精度等。

5. 第 23 篇"气压传动"增加了模块化电/气混合驱动技术、气动系统节能等内容。

二、在为新产品开发、老产品改造创新，提供新型元器件和新材料方面

1. 介绍了相关节能技术及产品，例如增加了气动系统的节能技术和产品、节能电机等。

2. 各篇介绍了许多新型的机械零部件，包括一些新型的联轴器、离合器、制动器、带减速器的电机、起重运输零部件、液压元件和辅件、气动元件等，这些产品均具有技术先进、节能等特点。

3. 新材料方面，增加或完善了铜及铜合金、铝及铝合金、钛及钛合金、镁及镁合金等内容，这些合金材料由于具有优良的力学性能、物理性能以及材料回收率高等优点，目前广泛应用于航天、航空、高铁、计算机、通信元件、电子产品、纺织和印刷等行业。

三、在贯彻推广标准化工作方面

1. 所有产品、材料和工艺均采用新标准资料，如材料、各种机械零部件、液压和气动元件等全部更新了技术标准和产品。

2. 为满足机械产品通用化、国际化的需要，遵照立足国家标准、面向国际标准的原则来收录内容，如第 15 篇"齿轮传动"更新并完善了符合 ISO 标准的渐开线齿轮设计等。

《机械设计手册》第六版是在前几版的基础上编写而成的。借《机械设计手册》第六版出版之际，再次向参加每版编写的单位和个人表示衷心的感谢！同时也感谢给我们提供大力支持和热忱帮助的单位和各界朋友们！

由于编者水平有限，调研工作不够全面，修订中难免存在疏漏和缺点，恳请广大读者继续给予批评指正。

主　编

目录
CONTENTS

第 19 篇　机械振动的控制及利用

HANDBOOK OF MECHANICAL DESIGN

第 **20** 篇　机架设计

第1章　机架结构概论 ……… 20-5

机械设计手册

第六版

第 4 卷

第 19 篇 机械振动的控制及利用

主要撰稿　蔡学熙

审　稿　王　正　王德夫　李长顺

本篇主要符号

A, a——振幅，m

A——面积，m^2

a——加速度，m/s^2

a——衰减系数，s^{-1}

B, b——振幅，m

B——宽度，m

C——黏性阻尼系数（即线性阻尼系数），
$\quad$ N·s/m

C_c——临界阻尼系数，N·s/m

C_e——等效阻尼系数，N·s/m

C_φ——黏性扭转（或摆动）阻尼系数，
$\quad$ N·m·s/rad

D, d——直径，m

D——抛掷指数

E——拉压弹性模量，Pa 或 N/m^2

F——力

F_0——简谐振动激振力幅，N

$F(f)$, $F(\omega)$——时域函数的傅里叶变换

$F(x)$——概率分布函数

f——频率，Hz

f_d——有阻尼固有频率，Hz

f_i——多自由度系统 i 阶固有频率，Hz

f_n——固有频率，Hz

$f(t)$——时域函数

$f(x)$——概率密度函数

I——转动惯量，kg·m^2

I——冲量，N·s

I_p——极转动惯量，kg·m^2

i——传动比

J——截面惯性矩，m^4

J_p——截面极惯性矩，m^4

K——刚度，N/m

K_d——共振时动刚度的模，N/m

K_e——等效刚度，N/m

K_φ——扭转刚度，N·m/rad

L, l——长度，m

M, m——质量，kg

M——力矩，弯矩，N·m

M——扭矩，N·m

N——功率，W 或 kW

N——正压力，Pa 或 N/m^2

n——转速，r/min

n——每分钟振次，min^{-1}

n_c——临界转速，r/min

P——力，N

p——压强，Pa

Q——力，N

q——广义坐标，m 或 rad

R, r——半径，m

r——质量偏心半径，m

$R(\tau)$——相关函数

$S(\omega)$——功率谱密度函数

S——刚度比

T——周期，s

T——张力，N

T——动能，J 或 N·m

T——传递率

t——时间，s

U——运动位移幅值，m

U——弹性势能，N·m

V——体积，m^3

V——速度，m/s

V——势能，J 或 N·m

v——速度，m/s

x, y, z——位移，m

$\dot{x}$, $\dot{y}$——速度，m/s

$\ddot{x}$, $\ddot{y}$——加速度，m/s^2

Z——频率比

α——转角，rad

α——相位角，rad

α——倾角，（°）

α——衰减系数

β——转角，rad

β——相位差角，rad

β——放大因子

β——材料损耗因子

γ——转角，rad

δ——柔度，m/N

δ——相对位移，m

δ——对数衰减率

δ——振动方向角，（°）

δ——静变形，m

ζ——阻尼比

η——隔振系数

η——传动效率

η——损耗因子，摩擦阻尼参数

θ——转角，rad

θ——角位移，rad

$\dot{\theta}$——角速度，rad/s

$\ddot{\theta}$——角加速度，rad/s^2

θ——扭转（或摆动）振幅，rad

θ——相位差角，rad

μ——泊松比

μ——质量比

μ——摩擦因数

ρ——回转半径，m

ρ_V，ρ——密度，kg/m^3

ρ_A——面密度，kg/m^2

ρ_l——线密度，kg/m

σ——应力，Pa 或 N/m^2

σ——标准离差

τ——时间，s

φ——转角，rad

φ——角位移，rad

$\dot{\varphi}$——角速度，rad/s

$\ddot{\varphi}$——角加速度，rad/s^2

φ——相位差角，rad

ψ——相位差角，rad

ψ——角位移，rad

ω——角频率，rad/s

ω_d——有阻尼固有角频率，rad/s

ω_n——固有角频率，rad/s

$\boldsymbol{M}$——质量矩阵

$\boldsymbol{K}$——刚度矩阵

第 **19** 篇

第1章 概 述

1 机械振动的分类及机械工程中的振动问题

1.1 机械振动的分类

振动与冲击是自然界中广泛存在的现象。振动系统具体说是机械系统在其平衡位置附近的往复运动。冲击则是系统在瞬态或脉冲激励下的运动。

机械振动的分类方法，由着眼点的不同可有不同的分类。见表19-1-1，表中未包括对冲击、波动等的分类。

表 19-1-1　　　　　　　　　　　　　　机械振动的分类

分　　类			基　本　特　征
按产生振动的原因	自由振动		系统在去掉激励或约束之后所出现的振动。这种振动靠弹性力、惯性力和阻尼力来维持。振动的频率就是系统的固有频率。因阻尼力的存在，振动逐渐衰减，阻尼越大，衰减越快。如系统无阻尼，则称这种振动为无阻尼自由振动(这只是理想状态，实际上是不可能的)
	受迫振动		外部周期性激励所激起的稳态振动。振动特征与外部激振力的大小、方向和频率有关，在简谐激振力作用下，能同时激发起以系统固有频率为振动频率的自由振动和以干扰频率为振动频率的受迫振动，其自由振动部分将逐渐消减，乃至最终消失，只剩下恒幅受迫振动部分，即稳态振动响应
	自激振动		由于外部能量与系统运动相耦合形成振荡激励所产生的振动。即在非线性机械系统内，由非振荡性能量转变为振荡激励所产生的振动。当振动停止，振荡激励随之消失。振动频率接近于系统的固有频率
	参激振动		激励方式是通过周期地或随机地改变系统的特性参量来实现的振动。系统中能量缓慢集聚又快速释放而形成运动量有快速变化段和慢速变化段的张弛振动为其一例
按随时间的变化	确定性系统	常参量系统	即定常系统，系统中的各个特性参量(质量、刚度、阻尼系数等)都不随时间而变，即它们不是时间的显函数。用常系数微分方程描述。简谐运动只是其一个简单的例子
		变参量系统	系统中有一个特性参量随时间而变。用变系数微分方程描述
	随机系统		对未来任一给定时刻，物体运动量的瞬时值均不能根据以往的运动历程预先加以确定的振动。只能以数理统计方法来描述系统的运动规律
按振动系统结构参数	线性振动		系统的惯性力、阻尼力和弹性恢复力分别与加速度、速度和位移的一次方成正比，能用常系数线性微分方程描述的振动。能运用叠加原理
	非线性振动		系统的惯性力、阻尼力和弹性恢复力具有非线性特性，只能用非线性微分方程描述的振动。不能运用叠加原理

续表

分　类		基　本　特　征	
按振动系统的自由度数目	单自由度系统的振动	用一个广义坐标就能确定系统在任意瞬时位置的振动	
	多自由度系统的振动	用两个或两个以上广义坐标才能确定系统在任意瞬时位置的振动	
	连续系统的振动	需要用无穷多个广义坐标才能确定系统在任意瞬时位置的振动。通常可以简化为有限多个自由度系统振动问题来处理	
按振动形式	纵向直线振动	振动体上的质点只作沿轴线方向的直线振动	无论哪种运动都具有相同的规律性。有关直线振动与定轴摆动振动系统类比见表 19-3-4 系统
	横向直线振动	振动体上的质点只作沿垂直线方向的直线振动	
	弯曲振动	振动体作弯曲的振动。通常为横向振动	
	扭转振动	振动体垂直轴线的平面上的质点相对作绕轴线回转振动	
	摆动	振动体上的质点绕轴线的摆动振动	
	圆振动或椭圆振动	振动体上的质点作圆振动或椭圆振动	

1.2　机械工程中常遇到的振动问题

表 19-1-2　　　　　　　　　　　机械工程常见的振动问题

振动问题	内容及其控制	振　动　利　用
共振	当外部激振力的频率和系统固有频率接近时，系统将产生强烈的振动，这在机械设计和使用中，多数情况下是应该防止或采取控制措施。例如：隔振系统和回转轴系统应使其工作频率和工作转速在各阶固有频率和各阶临界转速的一定范围之外。工作转速超过临界转速的机械系统在启动和停机过程中，仍然要通过共振区，仍有可能产生较强烈的振动，必要时需采取抑制共振的减振、消振措施	在近共振状态下工作的振动机械，就是利用弹性力和惯性力基本接近于平衡以及外部激振力主要用来平衡阻尼力的原理工作的，因而所需激振力和功率较非共振类振动机械显著减小
自激振动	自激振动中有机床切削过程的自振、低速运动部件的爬行、滑动轴承油膜振荡、传动带的横向振动、液压随动系统的自振等。这些对各类机械及生产过程都是一种危害，应加以控制	蒸汽机、风镐、凿岩机、液压气动碎石机等均为自激振动应用实例
不平衡惯性力	旋转机械和往复机械产生振动的根本原因，都是由于不平衡惯性力所造成的。为减小机械振动，应采取平衡措施。有关构件不平衡力的计算和静态平衡及各类转子的许用不平衡量已分别在"一般设计资料"篇和"轴及其连接"篇进行了介绍	惯性振动机械就是依靠偏心质量回转时所产生的离心力作为振源的
振动的传递	为减小外部振动对机械设备的影响或机械设备的振动对周围环境的影响，可配置各类减振器，进行隔振、减振和消振	弹性连杆式激振器就是将曲柄连杆形成的往复运动，通过连杆弹簧传递给振动机体的
非线性振动	在减振器设计中涉及的摩擦阻尼器和黏弹性阻尼器均为非线性阻尼器。自激振动系统和冲击振动系统也都是非线性振动系统。实际上客观存在的振动问题几乎都是非线性振动问题，只是某些系统的非线性特性较弱，作为线性问题处理罢了	振动利用问题很多是利用振动系统的非线性特性工作的，例如：振动输送类振动机等
冲击振动	当机械设备或基础受到冲击作用时，常常需要校核系统对冲击的响应，必要时采取隔振措施	冲击类振动机实际上都可以转换为非线性振动问题加以处理

续表

振动问题	内容及其控制	振 动 利 用
随机振动	随机振动的隔离和减振与确定性振动的隔离和消减有两点重要区别:一是随机振动的隔离和消减只能用数理统计方法来解决;二是对宽带随机振动隔离措施已经失效,只能采取阻尼减振措施	
机械结构抗振能力及噪声	衡量机械结构抗振能力的最重要的指标是动刚度,复杂结构的动刚度多采用有限单元法进行优化设计,若要提高结构的动刚度并控制噪声源,通常是合理布置筋板和附以黏弹性阻尼材料。噪声源控制问题涉及面较宽,因受篇幅限制,本篇不加以讨论	
振动的测试与调试	振动设计中常碰到系统阻尼系数很难确定的问题,解决这类问题唯一可靠的方法是测试。另外,由于振动设计模型忽略了许多振动影响因素,使得振动系统的实际参数与设计参数间有较大差别,特别像动力吸振器要求附加系统与主振系统的固有频率一致性较高的一类问题,设备安装后必须进行调试,否则振动设计将不能发挥应有的作用。对于实际经验不丰富的设计人员,调试前可凭借测试对实际系统有一个充分了解,确定怎样调试,调试后又要借助测试检验调试结果,因此,测试是振动设计的一个重要工具	
颤振	颤振是弹性体(或结构)在相对其流动的流体中,由流体动力、弹性力和惯性力的交互作用产生的自激振动 颤振的重要特征是存在临界颤振速度 V_F 和临界颤振频率 ω_F。即在一定密度和温度的流体中,弹性体呈持续简谐振动,处于中性稳定状态时的最低流速和相应的振动频率。流速低于 V_F 时,弹性体或结构对外界扰动的响应受到阻尼。在高于 V_F 的一定流速范围内,所有流速出现发散振动或幅度随流速增加的等幅振动 由于颤振常导致工程结构在极短时间内严重损坏或引起疲劳而损坏。在飞行器、水翼船、叶片机械和大型桥梁等工程结构的设计中,均应仔细分析,消除其影响	
颤抖	机械运动中发生颤抖现象,例如本来应是一个稳定运动却发生暂时停顿颤动再运动的情况,或者像向前输送物料的振动输送机发生横向的振动或扭振。后者往往是振动源位置有偏差或振动件没调整好的缘故;前者往往是液压系统的毛病,例如背压不足等原因	

2 机械振动等级的评定

机器种类很多,针对各种类型的机械可以各有各的标准。对于振动的特征可以用位移、速度或加速度检测来衡量与评定。通常是采用按 ISO 10816.1 制定的 GB/T 6075.1 "在非旋转部件上测量和评价机器的机械振动第 1 部分:总则"来执行的。该标准规定了在整机的非旋转或非往复式部件上测量和评价机器振动的通用条件和方法。还有 GB/T 11348.1 "旋转机械转轴径向振动的测量和评定 第 1 部分:总则"可以对照执行。

2.1 振动烈度的确定

通常在各个测量位置的两个或三个测量方向上进行测量以得到一组不同的振动幅值。在规定的机器支承和运行条件下,所测的宽带最大幅值定义为振动烈度。

对于大多数类型的机器,振动烈度值表示了该机器的振动状态。但是对有些机器采用这种方法是不适当的,应在若干测点上对测量位置分别进行振动烈度评定。

按规定的几个点设定且测得数据后,由所测的振动速度的均方根值按下式算得:

$$V_{ei} = \sqrt{\frac{1}{T}\int_0^T V^2(t)\,\mathrm{d}t} \tag{19-1-1}$$

式中 $V(t)$——与时间有关的振动速度；

V_{ei}——相应的速度均方根值；

T——采样时间，组成 $V(t)$ 的任何主频率分量的时间。

在离散数据处理时可按：

$$V_e = \sqrt{\frac{1}{N}\sum_1^n V_i^2} \qquad (19\text{-}1\text{-}2)$$

式中 N——样本数。

如果振动由若干个谐波组成，由频谱分析得到了频率 f_j 时，相应的加速度幅值 a_j、速度幅值 v_j，位移峰-峰幅值 s_j 可由下式计算振动的速度均方根值：

$$V_e = \sqrt{\frac{1}{2}\sum_1^n v_j^2} = \pi \times 10^{-3}\sqrt{\frac{1}{2}\sum(s_i f_j)^2} = \frac{10^3}{2\pi}\sqrt{\left(\frac{\alpha_j}{f_j}\right)^2} \qquad (19\text{-}1\text{-}3)$$

式中 s_i——振动的峰-峰位移幅值，μm；

v_j——相应的速度幅值，mm/s；

α_j——加速度幅值，m/s^2；

f_j——频率，Hz。

仅对单一频率谐振分量机械振动加速度、速度或位移的变换，可按下式计算（单位同上）：

$$s \approx \frac{450 V_e}{f}, \alpha = 0.00628 f V_e \qquad (19\text{-}1\text{-}4)$$

2.2 对机器的评定

以所测得的振动速度有效值（即均方根值）的最大值表示机器的振动烈度。按表 19-1-3 驱动该设备属于哪种状态。

表 19-1-3 典型区域边界限值

振动速度均方根值 mm/s	Ⅰ类	Ⅱ类	Ⅲ类	Ⅳ类
0.28	A	A	A	A
0.45	A	A	A	A
0.71	A	A	A	A
1.12	B	A	A	A
1.8	B	B	A	A
2.8	C	B	B	A
4.5	C	C	B	B
7.1	C	C	C	B
11.2	D	C	C	C
18	D	D	C	C
28	D	D	D	C
45	D	D	D	D

区域 A——新交付使用的机器的振动通常属于该区域；

区域 B——通常认为振动值在该区域的机器可不受限制地长期运行；

区域 C——通常认为振动值在该区域的机器不适宜于长期持续运行，一般来说，该机器可在这种状态下运行有限时间，直到有采取补救措施的合适时机为止；

区域 D——振动值在该区域中通常被认为振动剧烈，足以引起机器损坏。

机器的分类如下。

Ⅰ类：发动机和机器的单独部件。它们完整地连接到正常运行状况的整机上（15kW 以下的电机是这一类机器的典型例子）。

Ⅱ类：无专门基础的中型机器（具有 15~75kW 输出功率的电机），在专门基础上刚性安装的发动机或机器（300kW 以下）。

Ⅲ类：具有旋转质量安装在刚性的重型基础上的大型原动机和其他大型机器，基础在振动测量方向上相对是刚性的。

Ⅳ类：具有旋转质量安装在基础上的大型原动机和其他大型机器，其基础在振动测量方向上相对是柔性的（例如输出功率大于 10MW 的汽轮发电机组和燃气轮机）。

2.3 其他设备振动烈度举例

例如 JB/T 10490—2004 "小功率电动机机械振动——振动测量方法评定和限值"规定了各类型电机的振动烈度限值，表 19-1-4 只是直流、三相电机系的振动烈度限值。该规定把电机的振动按照振动烈度的不同分为三个等级：

S 级（特殊级）——电机振动水平的最高要求，用于对振动要求严格的特殊机械驱动；

R 级（低振级）；

N 级（常规级）——电机振动水平的最低要求。

表 19-1-4　　　　　　　直流、三相电机系的振动烈度限值（有效值）　　　　　　mm/s

振动等级	额定转速/r·min^{-1}	轴中心高 H≤56mm
N	600~3600	1.8
R	600~1800	0.45
	>1800~3600	0.71
S	600~1800	0.28
	>1800~3600	0.45

注：1. 如未规定级别，电机应符合 N 级要求。

2. 以相同机座带底脚卧式电机的轴中心高作为无底脚电机、上脚式电机或立式电机的轴中心高。

3. 对要求比 GB 10068—2008 表 1 中限值更小的电机，应在相应的电机技术条件中加以规定，推荐从数系值 0.28mm/s、0.45mm/s、0.71mm/s、1.12mm/s、1.8mm/s 中选取。

4. 轴中心高 H>56mm 的直流电机、三相交流电机的振动限值按 GB 10068—2008 中表 1 的规定。

5. 对于额定转速不在上述范围内的电机的振动烈度限值由用户和制造厂协商确定。

IEC 标准对汽轮机的振动要求见表 19-1-5。

表 19-1-5　　　　　　　　　IEC 标准对汽轮机的振动要求

转速/r·min^{-1}	1000	1500	1800	3000	3600	≥6000
轴承座振动位移峰峰值/μm	75	50	42	25	21	12

振动的位移峰-峰值 s 与振动速度均方根值的换算可按（19-1-4）式。

第

19

篇

第 ❷ 章　机械振动的基础资料

机械振动是物体（振动体）在其平衡位置附近的往复运动。振动的时间历程是指以时间为横坐标，以振动体的某个运动参数（位移、速度或加速度）为纵坐标的线图，用来描述振动的运动规律。振动的时间历程分为周期振动和非周期振动。

1　机械振动表示方法

1.1　简谐振动表示方法

表 19-2-1

项　目	时间历程表示法	旋转矢量表示法	复数表示法
简图			
说明	作简谐振动的质量 m 上的点光源照射在以运动速度为 v 的紫外线感光纸上记录的曲线	矢量 A 或 $(a+b)$ 以等角速度 ω 逆时针方向旋转时，在坐标轴 x 上的投影	矢量 A 或 $(a+b)$ 以等角速度 ω 逆时针方向旋转时，同时在实轴和虚轴上投影
说明	T——周期，s；f_0——频率，Hz，$f_0=\dfrac{1}{T}$；ω——角频率，rad/s，$\omega=\dfrac{2\pi}{T}=2\pi f_0$； A——振幅，m；φ——相位角，rad，$\varphi=\omega t$；φ_0——初相角，rad，$\varphi_0=\omega t_0$； $|a|=|A|\cos\varphi_0$；$|b|=|A|\sin\varphi_0$		
振动位移	$x=A\sin(\omega t+\varphi_0)$		$x=Ae^{i(\omega t+\varphi_0)}$
振动速度	$\dot{x}=A\omega\cos(\omega t+\varphi_0)$		$\dot{x}=i\omega Ae^{i(\omega t+\varphi_0)}$
振动加速度	$\ddot{x}=-A\omega^2\sin(\omega t+\varphi_0)$		$\ddot{x}=-\omega^2 Ae^{i(\omega t+\varphi_0)}$
振动位移、速度、加速度的相位关系	振动位移、速度和加速度的角频率都等于 ω。最大位移即振幅为 A 振动速度矢量比位移矢量超前 $90°$，最大速度 $v_0=\omega A$ 振动加速度矢量又超前速度矢量 $90°$，最大加速度 $a_0=\omega^2 A$		

注：时间历程曲线表示法是振动时域描述方法，也可以用来描述周期振动、非周期振动和随机振动。

1.2 周期振动幅值表示法

表 19-2-2

名　　　称	幅　　　值	简谐振动幅值比	简　　图
峰值 A	$x(t)$ 的最大值	1	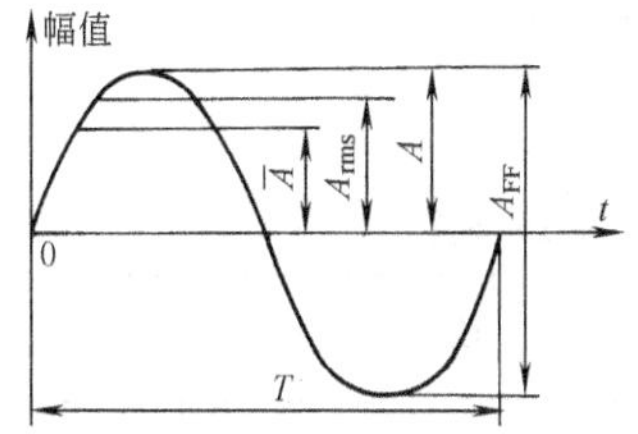
峰峰值 A_{FF}	$x(t)$ 的最大值和最小值之差	2	
平均绝对值 $\overline{A}$	$\dfrac{1}{T}\displaystyle\int_0^T \|x(t)\| \, dt$	0.636	
均方值 A_{ms}	$\dfrac{1}{T}\displaystyle\int_0^T x^2(t) \, dt$	—	
均方根值(有效值) A_{rms}	$\sqrt{\dfrac{1}{T}\displaystyle\int_0^T x^2(t) \, dt}$	0.707	

注：1. 周期振动幅值表示法是一种幅域描述方法，也可以用来描述非周期振动和随机振动。
2. 对简谐振动峰值即为振幅，峰峰值即为双振幅。

1.3 振动频谱表示法

表 19-2-3

项　目	周　期　性　振　动	非　周　期　性　振　动
振动时间函数 $f(t)$ 的傅里叶变换	$\begin{aligned} f(t) &= a_0 + \sum_{n=1}^{\infty}(a_n\cos n\omega_0 t + b_n\sin n\omega_0 t) \\ &= c_0 + \sum_{n=1}^{\infty} c_n\cos(n\omega_0 t + \varphi_n) \\ &= \sum_{n=-\infty}^{\infty} D_n e^{in\omega_0 t} \end{aligned}$	$\begin{aligned} f(t) &= \frac{1}{2\pi}\int_{-\infty}^{\infty} F(\omega)e^{i\omega t}d\omega \\ &= \int_{-\infty}^{\infty} F(f)e^{i2\pi ft}df \end{aligned}$
振动的频谱表达式	傅里叶系数：$\left(\omega_0 = \dfrac{2\pi}{T} = 2\pi f_0\right)$，$T$—振动周期 $a_0 = c_0 = \dfrac{1}{T}\int_0^T f(t)dt$ $a_n = \dfrac{2}{T}\int_0^T f(t)\cos \omega_0 t \, dt$ $b_n = \dfrac{2}{T}\int_0^T f(t)\sin \omega_0 t \, dt$ 幅值谱：$c_n(\omega) = \sqrt{a_n^2 + b_n^2}$ 相位谱：$\varphi_n(\omega) = \arctan(-b_n/a_n)$ 复谱：$D_n(\omega_0) = \dfrac{1}{T}\int_0^T f(t)e^{-in\omega_0 t}dt$ $D_n(f_0) = \dfrac{1}{T}\int_0^T f(t)e^{-i2\pi nf_0 t}dt$	$F(\omega) = \int_{-\infty}^{\infty} f(t)e^{-i\omega t}dt$ $F(f) = \int_{-\infty}^{\infty} f(t)e^{-i2\pi ft}dt$
图例	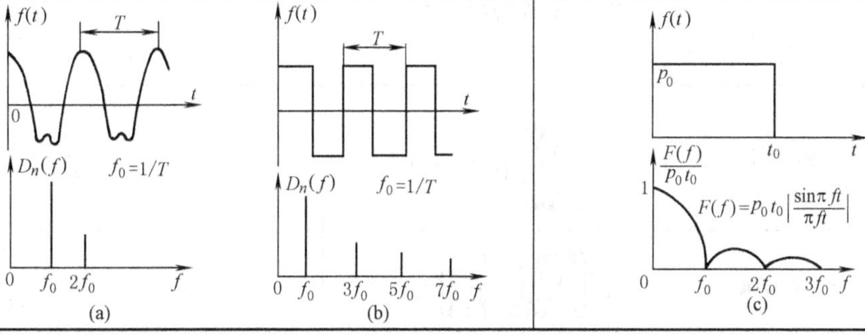 (a)　(b)	(c)

注：1. 复杂的振动可分解为许多振幅不同和频率不同的谐振，这些谐振荡的幅值（或相位）按频率（或周期）排列的图形叫做频谱。
2. 图 a、b、c 的下图为上图的频谱。图 a 下图表示只有两个谐波分量，为完全谱。图 b 下图只表示前四个谐波分量，为非完全谱。图 c 下图表明非周期振动的频谱是连续曲线。
3. 该振动频域描述方法也可以用以描述随机振动。

2 弹性构件的刚度

作用在弹性元件上的力（或力矩）的增量 F 与相应的位移（或角位移）的增量 δ_{st} 之比称为刚度。刚度 K 由下式计算：

$$K = F/\delta_{st} \quad （N/m \text{ 或 } N \cdot m/rad）$$

表 19-2-4　　　　　　　　　　　　　弹性元件的刚度

序号	构件型式	简图	刚度 $K/\text{N} \cdot \text{m}^{-1}(K_\varphi/\text{N} \cdot \text{m} \cdot \text{rad}^{-1})$
1	圆柱形拉伸或压缩弹簧		圆形截面　$K = \dfrac{Gd^4}{8nD}$ 矩形截面　$K = \dfrac{4Ghb^3\Delta}{\pi nD}$　　　n——弹簧圈数 <table><tr><td>h/b</td><td>1</td><td>1.5</td><td>2</td><td>3</td><td>4</td></tr><tr><td>Δ</td><td>0.141</td><td>0.196</td><td>0.229</td><td>0.263</td><td>0.281</td></tr></table>
2	圆锥形拉伸弹簧		圆形截面　$K = \dfrac{Gd^4}{2n(D_1^2+D_2^2)(D_1+D_2)}$ 矩形截面　$K = \dfrac{16Ghb^3\eta}{\pi n(D_1^2+D_2^2)(D_1+D_2)}$ $\eta = \dfrac{0.276\left(\dfrac{h}{b}\right)^2}{1+\left(\dfrac{h}{b}\right)^2}$　　D_1——大端中径,m 　　　　　　　　　D_2——小端中径,m
3	两个弹簧并联		$K = K_1 + K_2$
4	n 个弹簧并联		$K = K_1 + K_2 + \cdots + K_n$
5	两个弹簧串联		$\dfrac{1}{K} = \dfrac{1}{K_1} + \dfrac{1}{K_2}$
6	n 个弹簧串联		$\dfrac{1}{K} = \dfrac{1}{K_1} + \dfrac{1}{K_2} + \cdots + \dfrac{1}{K_n}$
7	混合连接弹簧		$K = \dfrac{1}{K_1+K_2} + \dfrac{1}{K_3}$
8	受扭圆柱弹簧		$K_\varphi = \dfrac{Ed^4}{32nD}$
9	受弯圆柱弹簧		$K_\varphi = \dfrac{Ed^4}{32nD} \times \dfrac{1}{1+E/2G}$

第 **19** 篇

序号	构件型式	简 图	刚度 K/N·m^{-1}(K_φ/N·m·rad^{-1})
10	卷簧		$K_\theta = \dfrac{EJ}{l}$ l——钢丝总长
11	等截面悬臂梁		$K = \dfrac{3EJ}{l^3}$ 圆截面：$K = \dfrac{3\pi d^4 E}{64 l^3}$ 矩形截面：$K = \dfrac{bh^3 E}{4 l^3}$
12	等厚三角形悬臂梁		$K = \dfrac{bh^3 E}{6 l^3}$
13	悬臂板簧组（各板排列成等强度梁）		$K = \dfrac{nbh^3 E}{6 l^3}$ n——钢板数
14	两端简支		$K = \dfrac{3EJl}{l_1^2 l_2^2}$ 当 $l_1 = l_2$ 时，$K = \dfrac{48EJ}{l^3}$
15	两端固定		$K = \dfrac{3EJl^3}{l_1^3 l_2^3}$ 当 $l_1 = l_2$ 时，$K = \dfrac{192EJ}{l^3}$
16	力偶作用于悬臂梁端部		$K_\varphi = \dfrac{EJ}{l}$
17	力偶作用于简支梁中点		$K_\varphi = \dfrac{12EJ}{l}$
18	力偶作用于两端固定梁中点		$K_\varphi = \dfrac{16EJ}{l}$

第 19 篇

序号	构件型式	简　图	刚度 $K/\text{N}\cdot\text{m}^{-1}(K_\varphi/\text{N}\cdot\text{m}\cdot\text{rad}^{-1})$				
19	受扭实心轴	(a) (b) (c) D　D_k　D_1 (d) (e) (f) D_1　D_1　a　b	(a) $K_\varphi=\dfrac{G\pi D^4}{32l}$　　　　(b) $K_\varphi=\dfrac{G\pi D_k^4}{32l}$ (c) $K_\varphi=\dfrac{G\pi D_1^4}{32l}$　　　(d) $K_\varphi=1.18\dfrac{G\pi D_1^4}{32l}$ (e) $K_\varphi=1.1\dfrac{G\pi D_1^4}{32l}$　　(f) $K_\varphi=\alpha\dfrac{G\pi b^4}{32l}$				
			a/b	1	1.5	2	3	4
			α	1.43	2.94	4.57	7.90	11.23

序号	构件型式	简　图	刚度 $K/\text{N}\cdot\text{m}^{-1}(K_\varphi/\text{N}\cdot\text{m}\cdot\text{rad}^{-1})$
20	受扭空心轴		$K_\varphi=\dfrac{G\pi(D^4-d^4)}{32l}$
21	受扭锥形轴		$K_\varphi=\dfrac{3G\pi D_1^3 D_2^3(D_2-D_1)}{32l(D_2^3-D_1^3)}$
22	受扭阶梯轴	$K_{\varphi1}$　$K_{\varphi2}$　$K_{\varphi3}$	$\dfrac{1}{K_\varphi}=\dfrac{1}{K_{\varphi1}}+\dfrac{1}{K_{\varphi2}}+\dfrac{1}{K_{\varphi3}}+\cdots$
23	受扭紧配合轴	$K_{\varphi2}$　$K_{\varphi1}$	$K_\varphi=K_{\varphi1}+K_{\varphi2}+\cdots$
24	两端受扭的矩形条		当 $\dfrac{b}{h}=1.75\sim20$　　$k_\theta=\dfrac{\alpha Gbh^3}{l}$ 式中: $\alpha=\dfrac{1}{3}-\dfrac{0.209h}{b}$
	两端受扭的平板		当 $\dfrac{b}{h}>20$　　$k_\theta=\dfrac{Gbh^3}{3l}$
25	周边简支中心受力的圆板		$K=\dfrac{4\pi E\delta^3}{3R^2(1-\mu)(3+\mu)}$
26	周边固定中心受力的圆板		$K=\dfrac{4\pi E\delta^3}{3R^2(1-\mu^2)}$
27	受张力的弦	m　a　b　T	$K=\dfrac{T(a+b)}{ab}$

注: E—弹性模量, Pa; G—切变模量, Pa; J—截面惯性矩, m^4; D—弹簧中径、轴外径, m; d—弹簧钢丝直径、轴直径, m; n—弹簧有效圈数; δ—板厚, m; μ—泊松比; T—张力, N。

3 阻 尼 系 数

黏性阻尼——又称线性阻尼。它在运动中产生的阻尼力与物体的运动速度成正比：

$$F = -C\dot{x}$$

式中，负号表示阻力的方向与速度方向相反。C 称为阻尼系数，是线性的阻尼系数。

等效黏性阻尼——在运动中产生的阻尼力与物体的运动速度不成正比的。非黏性阻尼，有的可以用等效黏性阻尼系数表示，以简化计算。非黏性阻尼在每一个振动周期中所作的功 W 等效于某一黏性阻尼其系数为 C_e 所作的功，以 C_e 为等效黏性阻尼系数。即

$$C_e = W/(\pi\omega A^2)$$

式中，W 为功；A 为振幅；ω 为角频率。

3.1 线性阻尼系数

表 19-2-5

序号	机 理	简 图	阻尼力 F/N （或阻尼力矩 $M/N\cdot m$）	阻尼系数 $C/N\cdot s\cdot m^{-1}$ （$C_\varphi/N\cdot m\cdot s\cdot rad^{-1}$）
1	液体介于两相对运动的平行板之间		$F = \dfrac{\eta A}{t}v$ 流体动力黏度系数 η，$N\cdot s/m^2$ 15℃空气　$\eta = 1.82$　$N\cdot s/m^2$ 20℃水　$\eta = 103$　$N\cdot s/m^2$ 20℃酒精　$\eta = 176$　$N\cdot s/m^2$ 15.6℃机油　$\eta = 11610$　$N\cdot s/m^2$ v——两平行板相对运动速度，m/s，$v = v_1 - v_2$	$C = \dfrac{\eta A}{t}$ A——与流体接触面积，m^2 t——流体层厚度，m
2	板在液体内平行移动		$F = \dfrac{2\eta A}{t}v$	$C = \dfrac{2\eta A}{t}$ A——动板一侧与液体接触面积，m^2
3	液体通过移动活塞上的小孔		圆孔直径为 d 时： $F = \dfrac{8\pi\eta l}{n}\left(\dfrac{D}{d}\right)^4 v$ n——小孔数 矩形孔面积为 $a\times b$ 时： $F = 12\pi\eta l \dfrac{A^2}{a^3 b}v\ (a \ll b)$ A——活塞面积，m^2	圆形孔： $C = \dfrac{8\pi\eta l}{n}\left(\dfrac{D}{d}\right)^4$ 矩形孔： $C = 12\pi\eta l \dfrac{A^2}{a^3 b}$
4	液体通过移动活塞柱面与缸壁的间隙		$F = \dfrac{6\pi\eta l d^3}{(D-d)^3}v$	$C = \dfrac{6\pi\eta l d^3}{(D-d)^3}$

序号	机　理	简　图	阻尼力 F/N （或阻尼力矩 M/N·m）	阻尼系数 C/N·s·m^{-1} （C_φ/N·m·s·rad^{-1}）
5	液体介于两相对转动的同心圆柱之间		$M=\dfrac{\pi\eta l(D_1+D_2)^3}{2(D_1-D_2)}\omega$ ω——角速度，rad/s	$C_\varphi=\dfrac{\pi\eta l(D_1+D_2)^3}{2(D_1-D_2)}$
6	液体介于两相对运动的同心圆盘之间		$M=\dfrac{\pi\eta}{32t}(D_1^4-D_2^4)\omega$	$C_\varphi=\dfrac{\pi\eta}{32t}(D_1^4-D_2^4)$
7	液体介于两相对运动的圆柱形壳和圆盘之间		$M=\pi\eta\left(\dfrac{bD_1^2D_2^2}{D_1^2-D_2^2}+\dfrac{D_2^4-D_3^4}{16t}\right)\omega$	$C_\varphi=\pi\eta\left(\dfrac{bD_1^2D_2^2}{D_1^2-D_2^2}+\dfrac{D_2^4-D_3^4}{16t}\right)$

3.2　非线性阻尼的等效线性阻尼系数

表 19-2-6

序号	阻尼种类	阻尼机理	阻尼力 F/N	等效线性阻尼系数 C_e/N·s·m^{-1}
1	干摩擦阻尼		$F=\mu N$ μ——摩擦因数 钢与铸铁　$\mu=0.2\sim0.3$ 钢与铸铁（涂油）$\mu=0.08\sim0.16$ 钢与钢　$\mu=0.15$ 钢与青铜　$\mu=0.15$	$C_e=\dfrac{4\mu N}{\pi A\omega}$ 尼龙与金属　$\mu=0.3$ 塑料与金属　$\mu=0.05$ 树脂与金属　$\mu=0.2$
2	速度平方阻尼	物体在流体中以很高速度运动时，也就是当雷诺数 Re 很大时，所产生的阻尼力与速度的平方成正比	$F=C_2v^2$ 例：当活塞快速运动使流体从活塞上的小孔流出时 $$C_2=\dfrac{\rho S^3}{2(C_d a)^2}$$ ρ——流体密度，kg/m^3； S——活塞面积，m^2； a——小孔面积，m^2； C_d——流出系数； v——活塞运动速度，m/s	$C_e=\dfrac{8}{3\pi}C_2\omega A$ 孔长较短 $C_d=0.6$ 孔长为直径 3 倍，边缘为直角 $C_d=0.8$ 孔长为直径 3 倍，流入一侧为圆弧 $C_d=0.9$ 带阀门的孔 $C_d=0.6\sim0.7$

续表

序号	阻尼种类	阻尼机理	阻尼力 F/N	等效线性阻尼系数 $C_e/N \cdot s \cdot m^{-1}$		
3	内部摩擦阻尼	当固体变形时,以滞后形式消耗能量产生的阻尼。例如:橡胶材料谐振时的阻尼。	$F = K(1+\mathrm{i}\beta)x$ $K(1+\mathrm{i}\beta)$——复数形式的弹簧常数;i——第二项相对于第一项的相位滞后 $90°$;K——动弹簧常数;β——力学的材料损耗因子	$C_e = \dfrac{\beta K}{\omega}$ <table><tr><td>邵氏硬度</td><td>30°</td><td>50°</td><td>70°</td></tr><tr><td>β</td><td>5%</td><td>10%</td><td>15%</td></tr></table> <table><tr><td>品种</td><td>β</td></tr><tr><td>氯丁橡胶</td><td>15% ~ 30%</td></tr><tr><td>丁腈橡胶</td><td>25% ~ 40%</td></tr><tr><td>苯乙烯橡胶</td><td>15% ~ 30%</td></tr></table>		
4	一般非线性阻尼		$F = f(x, \dot{x})$ 其中:$x = A\sin\varphi$ $\dot{x} = \omega A\cos\varphi$	$C_e = \dfrac{1}{\pi\omega A}\displaystyle\int_0^{2\pi} f(x,\dot{x})\cos\varphi \mathrm{d}\varphi$ A——振幅,m;ω——振动频率,rad/s		

4　振动系统的固有角频率

4.1　单自由度系统的固有角频率

质量为 m 的物体作简谐运动的角频率 ω_n 称固有角频率(或固有圆频率)。其与弹性构件刚度 K 的关系可由下式计算:

$$\omega_n = \sqrt{\frac{K}{m}} \quad (\mathrm{rad/s}) \tag{19-2-1}$$

固有频率 f_n 为:

$$f_n = \frac{\omega_n}{2\pi} = \frac{1}{2\pi}\sqrt{\frac{K}{m}} \quad (\mathrm{s}^{-1}) \tag{19-2-2}$$

表 19-2-4 已列出弹性构件的刚度,若其受力点的参振质量为 m,将两者代入式(19-2-1)即可求得各自的角频率。表 19-2-7、表 19-2-8 列出典型的固有角频率,按刚度可直接算得的不一一列出。

表 19-2-7

序号	系统形式	系统简图	固有角频率 $\omega_n/\mathrm{rad} \cdot \mathrm{s}^{-1}$
1	一个质量一个弹簧系统	K　m_s m	$\omega_n = \sqrt{\dfrac{K}{m}} \approx \sqrt{\dfrac{g}{\delta}}$ 若计弹簧质量 m_s: $\omega_n = \sqrt{\dfrac{3K}{3m+m_s}}$ K——弹簧刚度,N/m;m——刚体质量,kg;m_s——弹簧分布质量,kg;δ——静变形量,m;g——重力加速度,$g = 9.81\mathrm{m/s}^2$

序号	系统形式	系统简图	固有角频率 $\omega_n/\mathrm{rad \cdot s^{-1}}$
2	两个质量一个弹簧的系统		$\omega_n = \sqrt{\dfrac{K(m_1+m_2)}{m_1 m_2}}$
3	质量 m 和刚性杆弹簧系统		不计杆质量时 $$\omega_n = \sqrt{\frac{Kl^2}{ma^2}}$$ 若计杠杆质量 m_s 时,则 $$\omega_n = \sqrt{\frac{3Kl^2}{3ma^2+m_s l^2}}$$ 系统具有 n 个集中质量时,以 $(m_1 a_1 + m_2 a_2^2 + \cdots + m_n a_n^2)$ 代替式中的 ma^2 系统具有 n 个弹簧时,以 $(K_1 l_1^2 + K_2 l_2^2 + \cdots + K_n l_n^2)$ 代替式中的 Kl^2
4	悬臂梁端有集中质量系统		$$\omega_n = \sqrt{\frac{3EJ}{ml^3}}$$ 若计杆质量 m_s 时,$\omega_n = \sqrt{\dfrac{3EJ}{(m+0.24m_s)l^3}}$ E——弹性模量,Pa; J——截面惯性矩,$\mathrm{m^4}$
5	杆端有集中质量的纵向振动		$$\omega_n = \frac{\beta}{l}\sqrt{\frac{E}{\rho_V}}$$ 式中,β 由下式求出 $$\beta\tan\beta = \frac{m_s}{m}$$ ρ_V——体积密度,$\mathrm{kg/m^3}$
6	一端固定、另一端有圆盘的扭转轴系		$$\omega_n = \sqrt{\frac{K_\varphi}{I}}$$ 若计轴的转动惯量 I_s 时,$\omega_n = \sqrt{\dfrac{3K_\varphi}{3I+I_s}}$
7	两端固定、中间有圆盘的扭转轴系		$$\omega_n = \sqrt{\frac{GJ_p(l_1+l_2)}{Il_1 l_2}}$$ G——变模量,Pa; J_p——截面极惯性矩,$\mathrm{m^4}$
8	单摆		$$\omega_n = \sqrt{\frac{g}{l}}$$

序号	系统形式	系统简图	固有角频率 $\omega_n/\mathrm{rad \cdot s^{-1}}$
9	物理摆		$\omega_n = \sqrt{\dfrac{gl}{\rho^2 + l^2}}$ l——摆重心至转轴中心的距离,m ρ——摆对质心的回转半径,m
10	倾斜摆		$\omega_n = \sqrt{\dfrac{g\sin\beta}{l}}$
11	双簧摆		$\omega_n = \sqrt{\dfrac{Ka^2}{ml^2} + \dfrac{g}{l}}$
12	倒立双簧摆		$\omega_n = \sqrt{\dfrac{Ka^2}{ml^2} - \dfrac{g}{l}}$
13	杠杆摆		$\omega_n = \sqrt{\dfrac{Kr^2\cos^2\alpha - K\delta r\sin\alpha}{ml^2}}$ δ——弹簧静变形,m
14	离心摆(转轴中心线在振动物体运动平面中)		$\omega_n = \dfrac{\pi n}{30}\sqrt{\dfrac{l+r}{l}}$ n——转轴转速,r/min
15	离心摆(转轴中心线垂直于振动物体运动平面)		$\omega_n = \dfrac{\pi n}{30}\sqrt{\dfrac{r}{l}}$
16	圆柱体在弧面上做无滑动的滚动		$\omega_n = \sqrt{\dfrac{2g}{3(R-r)}}$

第 **19** 篇

续表

序号	系统形式	系统简图	固有角频率 $\omega_n/\text{rad} \cdot \text{s}^{-1}$
17	圆盘轴在弧面上做无滑动的滚动	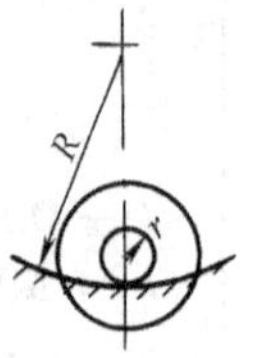	$\omega_n = \sqrt{\dfrac{g}{(R-r)(1+\rho^2/r^2)}}$ ρ——振动体回转半径,m
18	两端有圆盘的扭转轴系	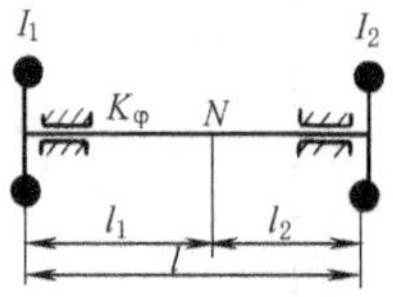	$\omega_n = \sqrt{\dfrac{K_\varphi(I_1+I_2)}{I_1 I_2}}$ 节点 N 的位置: $l_1 = \dfrac{I_2}{I_1+I_2}l \qquad l_2 = \dfrac{I_1}{I_1+I_2}l$
19	质量位于受张力的弦上	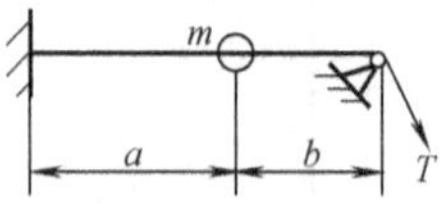	$\omega_n = \sqrt{\dfrac{T(a+b)}{mab}}$; T——张力,N 若计及弦的质量 m_s $\omega_n = \sqrt{\dfrac{3T(a+b)}{(3m+m_s)ab}}$
20	一个水平杆被两根对称的弦吊着的系统	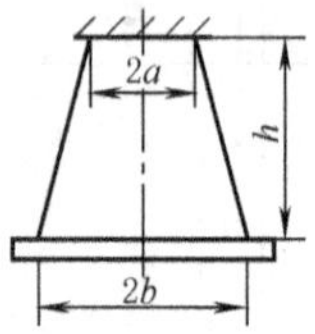	$\omega_n = \sqrt{\dfrac{gab}{\rho^2 h}}$ ρ——杆的回转半径,m
21	一个水平板被三根等长的平行弦吊着的系统	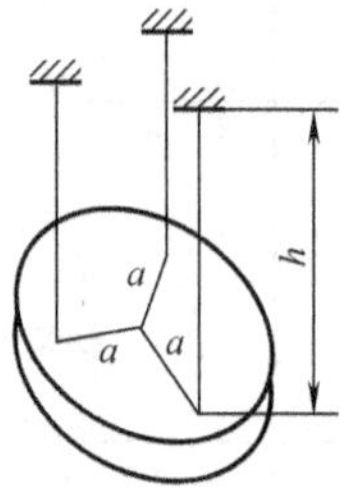	$\omega_n = \sqrt{\dfrac{ga^2}{\rho^2 h}}$ ρ——板的回转半径,m
22	只有径向振动的圆环		$\omega_n = \sqrt{\dfrac{E}{\rho_V R^2}}$ ρ_V——密度,kg/m³
23	只有扭转振动的圆环	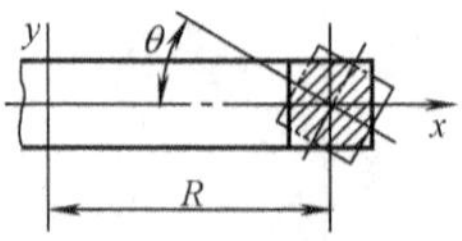	$\omega_n = \sqrt{\dfrac{E}{\rho_V R^2} \times \dfrac{J_x}{J_p}}$ J_x——截面对 x 轴的惯性矩,m⁴ J_p——截面的极惯性矩,m⁴
24	有径向与切向振动的圆环		$\omega_n = \sqrt{\dfrac{EJ_a}{\rho_V A R^4} \times \dfrac{n^2(n^2-1)^2}{n^2+1}}$ n——节点数的一半 A——圆环圈截面积,m² J_a——截面惯性矩,m⁴

第 **19** 篇

表 19-2-8   **管内液面及空气柱振动的固有角频率**

序号	系统形式	简 图	固有角频率 ω_n/rad · s^{-1}
1	等截面 U 形管中的液柱		$\omega_n = \sqrt{\dfrac{2g}{l}}$ g——重力加速度,$g = 9.81\text{m/s}^2$
2	导管连接的两容器中液面的振动		$\omega_n = \sqrt{\dfrac{gA_3(A_1+A_2)}{lA_1A_2+A_3(A_1+A_2)h}}$ A_1,A_2,A_3——分别为容器1、2及导管的截面积,m^2
3	空气柱的振动		$\omega_n = \dfrac{a_n}{l}\sqrt{\dfrac{1.4p}{\rho}}$ 两端闭 $\quad a_n = \pi、2\pi、3\pi、\cdots$ 两端开 $\quad a_n = \pi、2\pi、3\pi、\cdots$ 一端开一端闭 $\quad a_n = \dfrac{\pi}{2}、\dfrac{3\pi}{2}、\dfrac{5\pi}{2}、\cdots$ p——空气压强,Pa; ρ——空气密度,kg/m^3

4.2 二自由度系统的固有角频率

表 19-2-9

序号	系统形式	系统简图	固有角频率 ω_n/rad · s^{-1}
1	两个质量三个弹簧系统		$\omega_n^2 = \dfrac{1}{2}(\omega_{11}^2+\omega_{22}^2) \mp \dfrac{1}{2}\sqrt{(\omega_{11}^2-\omega_{22}^2)^2+4\omega_{12}^4}$ $\omega_{11}^2 = \dfrac{K_1+K_2}{m_1} \qquad \omega_{22}^2 = \dfrac{K_2+K_3}{m_2}$ $\omega_{12}^2 = \dfrac{K_2}{\sqrt{m_1m_2}}$
2	两个质量两个弹簧系统		$\omega_n^2 = \dfrac{1}{2}\left[\omega_1^2+\omega_2^2\left(1+\dfrac{m_2}{m_1}\right)\right] \mp$ $\dfrac{1}{2}\sqrt{\left[\omega_1^2+\omega_2^2\left(1+\dfrac{m_2}{m_1}\right)\right]^2-4\omega_1^2\omega_2^2}$ $\omega_1^2 = \dfrac{K_1}{m_1} \qquad \omega_2^2 = \dfrac{K_2}{m_2}$
3	三个质量两个弹簧系统		$\omega_n^2 = \dfrac{1}{2}(\omega_1^2+\omega_2^2+\omega_3^2) \mp$ $\dfrac{1}{2}\sqrt{(\omega_1^2+\omega_2^2+\omega_3^2)^2-4\omega_1^2\omega_2^2\omega_3^2\dfrac{m_1+m_2+m_3}{m_2}}$ $\omega_1^2 = \dfrac{K_1}{m_1} \qquad \omega_2^2 = \dfrac{K_1+K_2}{m_2} \qquad \omega_3^2 = \dfrac{K_2}{m_3}$

第 **19** 篇

序号	系 统 形 式	系 统 简 图	固有角频率 ω_n/rad·s^{-1}
4	三个弹簧支持的质量系统(质量中心和各弹簧中心线在同一平面内)		$\omega_n^2 = \dfrac{1}{2}(\omega_x^2+\omega_y^2) \mp \dfrac{1}{2}\sqrt{(\omega_x^2+\omega_y^2)^2+4\omega_{xy}^4}$ $\quad\omega_x^2=\dfrac{K_x}{m}\quad\omega_y^2=\dfrac{K_y}{m}\quad\omega_{xy}^2=\dfrac{K_{xy}}{m}$ $K_x=\sum_{i=1}^{n}K_i\cos^2\alpha_i\quad K_y=\sum_{i=1}^{n}K_i\sin^2\alpha_i$ $K_{xy}=\sum_{i=1}^{n}K_i\sin\alpha_i\cos\alpha_i\ (n=3)$
5	刚性杆为两个弹簧所支持的系统		$\omega_n^2=\dfrac{1}{2}(a+c)\mp\dfrac{1}{2}\sqrt{(a-c)^2+\dfrac{4mb^2}{I}}$ $a=\dfrac{K_1+K_2}{m}\quad b=\dfrac{K_2l_2-K_1l_1}{m}$ $c=\dfrac{K_1l_1^2+K_2l_2^2}{I}\quad I——转动惯量,kg\cdot m^2$
6	直线振动和摇摆振动的联合系统		$\omega_n^2=\dfrac{1}{2}(\omega_y^2+\omega_0^2)\mp\dfrac{1}{2}\sqrt{(\omega_y^2-\omega_0^2)^2+\dfrac{4\omega_y^4 mh^2}{I}}$ $\omega_y^2=\dfrac{2K_2}{m}\quad\omega_0^2=\dfrac{2K_1l^2+2K_2h^2}{I}$
7	三段轴两圆盘扭振系统		$\omega_n^2=\dfrac{1}{2}(\omega_1^2+\omega_2^2)\mp\dfrac{1}{2}\sqrt{(\omega_1^2-\omega_2^2)^2+4\omega_{12}^2}$ $\omega_1^2=\dfrac{K_{\varphi1}+K_{\varphi2}}{I_1}\quad\omega_2^2=\dfrac{K_{\varphi2}+K_{\varphi3}}{I_2}\quad\omega_{12}^2=\dfrac{K_{\varphi2}}{\sqrt{I_1 I_2}}$
8	两段轴三圆盘扭振系统		$\omega_n^2=\dfrac{1}{2}(\omega_1^2+\omega_2^2+\omega_3^2)\mp$ $\dfrac{1}{2}\sqrt{(\omega_1^2+\omega_2^2+\omega_3^2)^2-4\omega_1^2\omega_3^2\dfrac{I_1+I_2+I_3}{I_2}}$ $\omega_1^2=\dfrac{K_{\varphi1}}{I_1}\quad\omega_2^2=\dfrac{K_{\varphi1}+K_{\varphi2}}{I_2}\quad\omega_3^2=\dfrac{K_{\varphi2}}{I_3}$
9	两端圆盘轴和轴之间齿轮连接系统		$\omega_n^2=\dfrac{1}{2}(\omega_1^2+\omega_2^2+\omega_3^2)\mp$ $\dfrac{1}{2}\sqrt{(\omega_1^2+\omega_2^2+\omega_3^2)^2-4\omega_1^2\omega_3^2\dfrac{I_1+I_2+I_3}{I_2}}$ $\omega_1^2=\dfrac{K_{\varphi1}}{I_1}\quad\omega_2^2=\dfrac{K_{\varphi1}+K_{\varphi2}}{I_2}\quad\omega_3^2=\dfrac{K_{\varphi2}}{I_3}$ $I_1=I_1'\quad I_2=I_2'+i^2I_2''\quad I_3=i^2I_3'\quad K_{\varphi1}=K_{\varphi1}'\quad K_{\varphi2}=i^2K_{\varphi2}'$
10	二重摆		$\omega_n^2=\dfrac{m_1+m_2}{2m_1}\left[\omega_1^2+\omega_2^2\mp\sqrt{(\omega_1^2-\omega_2^2)^2+4\omega_1^2\omega_2^2\dfrac{m_2}{m_1+m_2}}\right]$ $\omega_1^2=\dfrac{g}{l_1}\quad\omega_2^2=\dfrac{g}{l_2}\quad g——重力加速度,g=9.81m/s^2$

序号	系统形式	系统简图	固有角频率 ω_n/rad·s^{-1}
11	二联合单摆		$\omega_n^2 = \dfrac{1}{2}(\omega_1^2+\omega_2^2+\omega_3^2+\omega_4^2) \mp$ $\dfrac{1}{2}\sqrt{(\omega_1^2+\omega_2^2+\omega_3^2+\omega_4^2)^2 - 4(\omega_2^2\omega_3^2+\omega_1^2\omega_4^2+\omega_3^2\omega_4^2)}$ $\omega_1^2 = \dfrac{Ka^2}{m_1 l_1^2} \quad \omega_2^2 = \dfrac{Ka^2}{m_2 l_2^2} \quad \omega_3^2 = \dfrac{g}{l_1} \quad \omega_4^2 = \dfrac{g}{l_2}$
12	二重物理摆		$\omega_n^2 = \dfrac{1}{2a}(b \mp \sqrt{b^2-4ac})$ $a = (I_1+m_1 h_1^2+m_2 l^2)(I_2+m_2 h_2^2) - m_2^2 h_2^2 l^2$ $b = (I_1+m_1 h_1^2+m_2 l^2)m_2 h_2 g + (I_2+m_2 h_2^2)(m_1 h_1+m_2 l)g$ $c = (m_1 h_1+m_2 l)m_2 h_2 g^2$
13	两个质量的悬臂梁系统		$\omega_n^2 = \dfrac{48EJ}{7m_1 m_2}\left[m_1+8m_2 \mp \sqrt{m_1^2+9m_1 m_2+64m_2^2} \right]$ E——弹性模量，Pa；J——截面惯性矩，m^4
14	两个质量的简支梁系统		$\omega_n^2 = \dfrac{162EJ}{5m_1 m_2 l^3}\left[4(m_1+m_2) \mp \sqrt{16m_1^2+17m_1 m_2+16m_2^2} \right]$
15	两个质量的外伸简支梁系统		$\omega_n^2 = \dfrac{32EJ}{5m_1 m_2 l^3}\left[(m_1+6m_2) \mp \sqrt{m_1^2-3m_1 m_2+36m_2^2} \right]$
16	两质量位于受张力弦上		$\omega_n^2 = \dfrac{T_0}{2}\left[\dfrac{l_1+l_2}{m_1 l_1 l_2} + \dfrac{l_2+l_3}{m_2 l_2 l_3} \mp \sqrt{\left(\dfrac{l_1+l_2}{m_1 l_1 l_2} - \dfrac{l_2+l_3}{m_2 l_2 l_3}\right)^2 + \dfrac{4}{m_1 m_2 l_2^2}} \right]$ T_0——张力，N

4.3 各种构件的固有角频率

表 19-2-10 为弦、梁、膜、板、壳的固有角频率。

表 19-2-10

序号	系统形式	简图	固有角频率 ω_n/rad·s^{-1}
1	两端固定，内受张力的弦		$\omega_n = \dfrac{n}{l}\sqrt{\dfrac{T_0}{\rho_l}}$ $n = \pi, 2\pi, 3\pi, \cdots$ T_0——内张力，N ρ_l——线密度，kg/m

序号	系统形式	简图	固有角频率 $\omega_n/\mathrm{rad \cdot s^{-1}}$
2	两端自由等截面杆、梁的横向振动	0.224　0.776　0.132　0.500　0.868　0.094　0.356　0.644　0.906	$\omega_n = \dfrac{a_n^2}{l^2}\sqrt{\dfrac{EJ}{\rho_l}}$ E——弹性模量，Pa；J——截面惯性矩，$\mathrm{m^4}$； l——杆、梁长度，m；ρ_l——线密度，kg/m； a_n——振型常数，$a_1 = 4.73$，$a_2 = 7.853$，$a_3 = 10.996$
3	一端简支，一端自由等截面杆、梁的横向振动	0.736　0.446　0.853　0.308　0.898　0.616	$\omega_n = \dfrac{a_n^2}{l^2}\sqrt{\dfrac{EJ}{\rho_l}}$ $a_1 = 3.927$，$a_2 = 7.069$，$a_3 = 10.21$
4	两端简支等截面杆、梁的横向振动	0.500　0.333　0.667	$\omega_n = \dfrac{a_n^2}{l^2}\sqrt{\dfrac{EJ}{\rho_l}}$ $a_1 = \pi$，$a_2 = 2\pi$，$a_3 = 3\pi$
5	一端固定，一端自由等截面杆、梁的横向振动	0.774　0.500　0.868	$\omega_n = \dfrac{a_n^2}{l^2}\sqrt{\dfrac{EJ}{\rho_l}}$ $a_1 = 1.875$，$a_2 = 4.694$，$a_3 = 7.855$
6	一端固定一端简支等截面杆、梁的横向振动	0.560　0.384　0.632	$\omega_n = \dfrac{a_n^2}{l^2}\sqrt{\dfrac{EJ}{\rho_l}}$ $a_1 = 3.927$，$a_2 = 7.069$，$a_3 = 10.21$
7	两端固定等截面杆、梁的横向振动	0.500　0.359　0.641	$\omega_n = \dfrac{a_n^2}{l^2}\sqrt{\dfrac{EJ}{\rho_l}}$ $a_1 = 4.73$，$a_2 = 7.853$，$a_3 = 10.996$

第 19 篇

序号	系统形式	简 图	固有角频率 $\omega_n/\text{rad} \cdot \text{s}^{-1}$
8	两端自由等截面杆的纵向振动		$\omega_n = \dfrac{i\pi}{l}\sqrt{\dfrac{E}{\rho_v}}$ $i = 1, 2, 3\cdots$ ρ_v——密度,kg/m^3
9	一端固定一端自由等截面杆的纵向振动		$\omega_n = \dfrac{2i-1}{2}\dfrac{\pi}{l}\sqrt{\dfrac{E}{\rho_v}}$ $i = 1, 2, 3\cdots$
10	两端固定等截面杆的纵向振动		$\omega_n = \dfrac{i\pi}{l}\sqrt{\dfrac{E}{\rho_v}}$ $i = 1, 2, 3\cdots$
11	轴向力作用下,两端简支的等截面杆、梁的横向振动		图 a 受轴向压力 $\omega_n = \left(\dfrac{a_n\pi}{l}\right)^2\sqrt{\dfrac{EJ}{\rho_l}}\sqrt{1-\dfrac{Pl^2}{EJa_n^2\pi^2}}$ 图 b 受轴向拉力 $\omega_n = \left(\dfrac{a_n\pi}{l}\right)^2\sqrt{\dfrac{EJ}{\rho_l}}\sqrt{1+\dfrac{Pl^2}{EJa_n^2\pi^2}}$ 式中 $a_n = 1, 2, 3\cdots$
12	周边受张力的矩形膜		$\omega_n = \pi\sqrt{\dfrac{T}{\rho_A}\left(\dfrac{m^2}{a^2}+\dfrac{n^2}{b^2}\right)}$ $m = 1, 2, 3\cdots$ $n = 1, 2, 3\cdots$ T——单位长度的张力,N/m; ρ_A——面密度,kg/m^2
13	周边受张力的圆形膜		$\omega_n = (a_{ns}\sqrt{T/\rho_A})/R$ 振型常数 a_{ns} 表格如下

振型常数 a_{ns}（序号13）：

n	$s = 1$	$s = 2$	$s = 3$
0	2.404	5.52	8.654
1	3.832	7.026	10.173
2	5.135	8.417	11.62

序号	系 统 形 式	简 图	固有角频率 ω_n/rad·s^{-1}
14	周边简支的矩形板		$$\omega_n = \pi^2\left(\frac{m^2}{a^2}+\frac{n^2}{b^2}\right)\sqrt{\frac{E\delta^3}{12(1-\mu^2)\rho_A}}$$ $m=1,2,3\cdots$ $n=1,2,3\cdots$ δ——板厚,m; μ——泊松比; a,b——边长,m
15	周边固定的正方形板		$$\omega_n = \frac{a_{ns}}{a^2}\sqrt{\frac{E\delta^3}{12(1-\mu^2)\rho_A}}$$ 图 a~f 中振型常数 a_{ns} 分别为 35.99、73.41、108.27 131.64、132.25、165.15 a——边长,m
16	两边固定两边自由的正方形板		$$\omega_n = \frac{a_{ns}}{a^2}\sqrt{\frac{E\delta^3}{12(1-\mu^2)\rho_A}}$$ 图 a~e 中振型常数 a_{ns} 分别为 6.958、24.08、26.80 48.05、63.54
17	一边固定三边自由的正方形板		$$\omega_n = \frac{a_{ns}}{a^2}\sqrt{\frac{E\delta^3}{12(1-\mu^2)\rho_A}}$$ 图 a~e 中振型常数 a_{ns} 分别为 3.494、8.547、21.44 27.46、31.17
18	周边固定的圆形板		$$\omega_n = \frac{a_{ns}}{R^2}\sqrt{\frac{E\delta^3}{12(1-\mu^2)\rho_A}}$$ 振型常数 a_{ns} $\begin{array}{c\|ccc} s & n=0 & n=1 & n=2 \\ \hline 1 & 10.17 & 21.27 & 34.85 \\ 2 & 39.76 & 60.80 & 88.35 \end{array}$

续表

序号	系统形式	简 图	固有角频率 ω_n/rad·s^{-1}
19	周边自由的圆板		$\omega_n = \dfrac{a_{ns}}{R^2}\sqrt{\dfrac{E\delta^3}{12(1-\mu^2)\rho_A}}$ 振型常数 a_{ns} 见下表
20	周边自由中间固定的圆板		$\omega_n = \dfrac{a_{ns}}{R^2}\sqrt{\dfrac{E\delta^3}{12(1-\mu^2)\rho_A}}$ 振型常数 a_{ns} 见下表
21	有径向和切向位移振动的圆筒		$\omega_n^2 = \dfrac{E\delta^3}{12(1-\mu^2)\rho_A R^4} \times \dfrac{n^2(n^2-1)^2}{n^2+1}$ n——节点数的一半 振型与表 19-2-7 第 24 项相仿
22	有径向和切向位移振动的无限长圆筒		$\omega_n = \dfrac{K}{R}\sqrt{\dfrac{G\delta}{\rho_A}}$　m——周边波的波数 G——切变模量，Pa K 值表
23	半球形壳		$\omega_n = \dfrac{\lambda\delta}{R^2}\sqrt{\dfrac{G}{\rho_v}}$ $\lambda = 2.14, 6.01, 11.6\cdots$ δ——壳厚，m
24	碟形球壳		$\omega_n = \dfrac{\lambda\delta}{R^2}\sqrt{\dfrac{G}{\rho_v}}$ $\lambda = 3.27, 8.55\cdots$

序号19 振型常数 a_{ns}：

s	$n=0$	$n=1$	$n=2$
1	—	—	5.251
2	9.076	20.52	35.24

序号20 振型常数 a_{ns}：

s	$n=0$	$n=1$	$n=2$
1	3.75	—	5.4
2	20.91	—	30.48

序号22 K 值表：

m	L/R	扭振 K	非扭振 K_1	非扭振 K_2
0	1	3.142	1.604	5.338
	2	1.571	1.569	2.729
	3	1.017	1.445	1.976
	∞	0	0	1.691

m	L/R	非扭振 K_1	K_2	K_3
1	1	1.428	3.357	5.611
	2	0.968	2.109	3.294
	3	0.63	1.724	2.753
	∞	0	1	2.391
2	1	1.102	3.84	6.357
	2	0.553	2.709	4.491
	3	0.307	2.378	4.095
	∞		3.78	

第 19 篇

续表

序号	系 统 形 式	简　图	固有角频率 $\omega_n/\mathrm{rad \cdot s^{-1}}$
25	圆球形壳	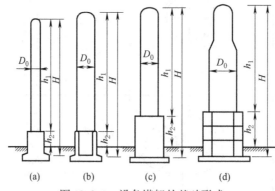	只有径向位移的振动 $$\omega_n = \frac{2}{R}\left(\frac{1+\mu}{1-\mu}\right)\sqrt{\frac{G\delta}{\rho_A}}$$ 只有切向位移的振动 $$\omega_n = \frac{1}{R}\sqrt{(n-1)(n-2)\frac{G\delta}{\rho_A}}$$ 有径向与切向位移的综合振动 $$\omega_n = \frac{\lambda}{R}\sqrt{\frac{G\delta}{\rho_A}}$$ λ 由下式求得：（n 为大于 1 的整数） $$\lambda^4 - \lambda^2\left[(n^4+n+4)\frac{1+\mu}{1-\mu}+(n^2+n-2)\right] +$$ $$4(n^2+n-2)\frac{1+\mu}{1-\mu}=0$$

4.4　结构基本自振周期的经验公式

1）一般高耸结构的基本自振周期，钢结构可取下式计算的较大值，钢筋混凝土结构可取下式计算的较小值：

$$T=(0.007 \sim 0.013)H \tag{19-2-3}$$

式中　H——结构的高度，m。

2）一般情况下，高层建筑的基本自振周期可根据建筑总层数近似地按下列规定采用：

钢结构 $\qquad\qquad\qquad\qquad\qquad T=0.10 \sim 0.15n$ (19-2-4)

钢筋混凝土结构 $\qquad\qquad\quad T=0.05 \sim 0.10n$ (19-2-5)

式中　n——建筑总层数。

3）石油化工塔架（图 19-2-1）

图 19-2-1　设备塔架的基础形式

（a）圆柱基础塔；（b）圆筒基础塔；（c）方形（板式）框架基础塔；（d）环形框架基础塔

① 圆柱（筒）基础塔（塔壁厚不大于 30mm）：

当 $H^2/D_0 < 700$ 时

$$T_1 = 0.35 + 0.85 \times 10^{-3}\frac{H^2}{d} \tag{19-2-6}$$

当 $H^2/D_0 \geqslant 700$ 时

$$T_1 = 0.25 + 0.99 \times 10^{-3} \frac{H^2}{d} \qquad (19\text{-}2\text{-}7)$$

式中　H——从基础底板或柱基顶面至设备塔顶面的总高度，m；

　　　D_0——设备塔的外径（m）；对变直径塔，可按各段高度为权，取外径的加权平均值；

　　　d——设备塔 $H/2$ 处的外径，m。

② 框架基础塔（塔壁厚不大于 30mm）：

$$T_1 = 0.56 + 0.40 \times 10^{-3} \frac{H^2}{d} \qquad (19\text{-}2\text{-}8)$$

③ 塔壁厚大于 30mm 的各类设备塔架的基本自振周期应按有关理论公式计算。

④ 当若干塔由平台连成一排时，垂直于排列方向的各塔基本自振周期 T_1 可采用主塔（即周期最长的塔）的基本自振周期值；平行于排列方向的各塔基本自振周期 T_1 可采用主塔基本自振周期乘以折减系数 0.9。

5　简谐振动合成

5.1　同向简谐振动的合成

表 19-2-11

序号	振动分量	合成振动	简图
1	同频率两个简谐振动 $x_1 = A_1 \sin(\omega t + \varphi_1)$ $x_2 = A_2 \sin(\omega t + \varphi_2)$	合成振动为简谐振动 $x = A \sin(\omega t + \varphi)$ $A = \sqrt{A_1^2 + A_2^2 + 2A_1 A_2 \cos(\varphi_2 - \varphi_1)}$ $\varphi = \arctan \dfrac{A_1 \sin\varphi_1 + A_2 \sin\varphi_2}{A_1 \cos\varphi_1 + A_2 \cos\varphi_2}$	
2	同频率多个简谐振动 $x_i = A_i \sin(\omega t + \varphi_i)$ $i = 1, 2, \cdots, n$	合成振动为简谐振动 $x = A \sin(\omega t + \varphi)$ $A = \left[\left(\sum\limits_{i=1}^{n} A_i \cos\varphi_i \right)^2 + \left(\sum\limits_{i=1}^{n} A_i \sin\varphi_i \right)^2 \right]^{1/2}$ $\varphi = \arctan \dfrac{\sum\limits_{i=1}^{n} A_i \sin\varphi_i}{\sum\limits_{i=1}^{n} A_i \cos\varphi_i}$	
3	不同频率两个简谐振动 $x_1 = A_1 \sin(\omega_1 t + \varphi_1)$ $x_2 = A_2 \sin(\omega_2 t + \varphi_2)$ $\omega_1 \neq \omega_2$ 频率比为较小的有理数	合成振动为周期性非简谐振动，振动的频率与振动分量中的最低频率相一致，振动波形取决于频率 ω 和振动分量各自振幅的大小和相位角 $x = A_1 \sin(\omega_1 t + \varphi_1) + A_2 \sin(\omega_2 t + \varphi_2)$	

第 **19** 篇

序号	振 动 分 量	合 成 振 动	简 图
4	大振幅低频率与小振幅高频率两个简谐振动 $x_1=A_1\sin(\omega_1 t+\varphi_1)$ $x_2=A_2\sin(\omega_2 t+\varphi_2)$ $A_1>A_2$ $\omega_2>\omega_1$ 频率比为较大的有理数	合成振动为周期性的非简谐振动，主要频率为低频振动频率 $x=A_1\sin(\omega_1 t+\varphi_1)+$ $A_2\sin(\omega_2 t+\varphi_2)$	
5	大振幅高频率与小振幅低频率两个简谐振动 $x_1=A_1\sin(\omega_1 t+\varphi_1)$ $x_2=A_2\sin(\omega_2 t+\varphi_2)$ $A_2>A_1$ $\omega_2>\omega_1$ 且频率比为较大的有理数	合成振动为周期性的非简谐振动，主要频率为高频振动频率 $x=A_1\sin(\omega_1 t+\varphi_1)+$ $A_2\sin(\omega_2 t+\varphi_2)$	
6	两个频率接近的简谐振动 $x_1=A\cos\omega_1 t$ $x_2=A\cos\omega_2 t$ $\omega_1\approx\omega_2$ （两振幅相等时）	合成振动为拍振 $x=2A\left[\cos\left(\dfrac{\omega_1-\omega_2}{2}\right)t\right]\times$ $\sin\left(\dfrac{\omega_1+\omega_2}{2}\right)t$ 振幅变化频率等于$(\omega_1-\omega_2)$	

5.2 异向简谐振动的合成

二个互相垂直的谐振动：

$$x=A\sin(a\omega t+\varphi_1)$$
$$y=B\sin(b\omega t+\varphi_2)$$

其合成结果与频率 ω_1、ω_2 及位相 φ_1、φ_2 有关。合成得到的图形，称李沙育图。

当同频率，即 $a=b=1$ 时，可得到：

$$\left(\frac{x}{A}\right)=\cos\varphi_1\sin\omega t+\sin\varphi_1\cos\omega t$$

$$\left(\frac{y}{B}\right)=\cos\varphi_2\sin\omega t+\sin\varphi_2\cos\omega t$$

消去 t 后得

$$\left(\frac{x}{A}\right)^2+\left(\frac{y}{B}\right)^2-2\frac{xy}{AB}\cos\varphi=\sin^2\varphi \qquad (\varphi=\varphi_2-\varphi_1)$$

一般说来，上述方程是一椭圆。当 $\varphi=0$ 时，运动轨迹是一条经原点的直线。$A=B$ 时，是圆。

当频率比为 $m:n$，位相差为 φ 时，合成运动的运动轨迹李沙育图见第 7 章图 19-7-18。几种特例见表 19-2-12。

表 19-2-12

序号	振动分量 $y=B\sin b\omega t$ $x=A\sin(a\omega t+\varphi)$			合成振动的动点轨迹	
	$A:B$	$a:b$	φ	方程	简图
1	1:1	1:1	0	$x=y$	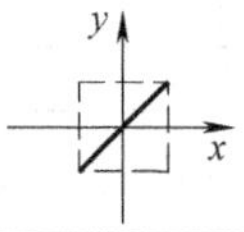
2	2:1	1:1	0	$x=2y$	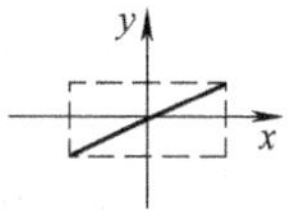
3	2:3	1:1	0	$3x=2y$	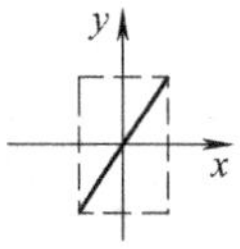
4	1:1	1:1	$\dfrac{\pi}{2}$	$x^2+y^2=1$	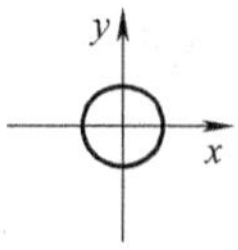
5	2:1	1:1	$\dfrac{\pi}{2}$	$\dfrac{x^2}{2^2}+y^2=1$	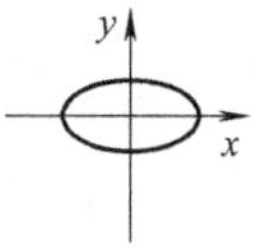
6	2:3	1:1	$\dfrac{\pi}{2}$	$9x^2-6\sqrt{2}xy+4y^2=18$	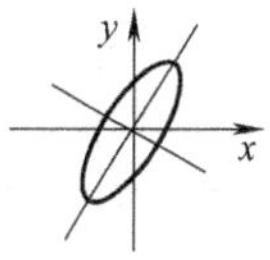
7	2:3	2:1	0	$x^2=\left(\dfrac{4}{3}\right)^2 y^2-\left(\dfrac{4}{9}\right)^2 y^4$	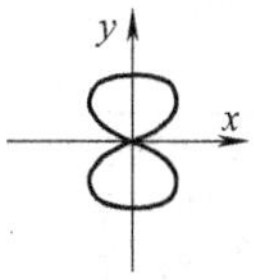
8	2:3	2:1	$\dfrac{\pi}{2}$	$9x=18-4y^2$	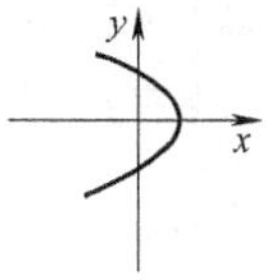
9	2:3	3:1	$\dfrac{\pi}{2}$	$x^2=4-4y^2+\dfrac{32}{27}y^4-\dfrac{64}{729}y^6$	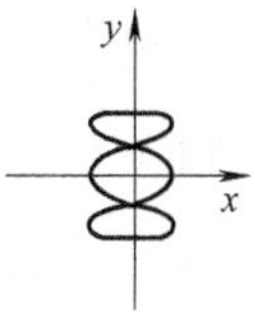
10	2:3	3:1	0	$x=2y-\left(\dfrac{2y}{3}\right)^3$	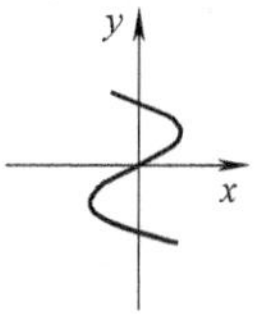

第 **19** 篇

6　各种机械产生振动的扰动频率

除转速外，各机械产生的扰动频率或高次扰动频率见表 19-2-13。

表 19-2-13

机械名称	扰动频率	说　明
泵,螺旋桨,风机,汽轮机	轴转数×叶片数	f——轴转数,$f=n/60$,1/s; n——转速,r/s,见注 1
电机	轴转数×极数	
齿轮传动	$f_m=f_1z_1=f_2z_2$ 高次谐波 $2f_m,3f_m\cdots$ 齿面局部损伤产生的激振: $f_j=fz_j$	撞击频率就是它的啮合频率 f_m,Hz f_1,f_2——分别是主动齿轮轴和从动齿轮轴的转数,1/s z_1,z_2——分别是主动齿轮和从动齿轮的齿数 　　z_j——局部损伤的齿数
滚动轴承	回转数×滚珠数/2	见注 2
滑动轴承的涡动	高速旋转时 理论上:$f_m=0.5f$ 实际上:$f_m=(0.42\sim0.48)f$	高速转子轴颈在滑动轴承内高速旋转的同时,围绕某一平衡中心作公转运动,即涡动(或进动) f_m——轴颈涡动的速度,1/s f——轴颈的转速,1/s
滑动轴承油膜振荡	在 $\omega>\omega_c$ 时发生 在 $\omega\geqslant2\omega_c$ 时,油膜振荡常有毁坏机器的危险	ω_c——临界角速度,rad/s ω——转子角速度,rad/s,$\omega=2\pi f$
迷宫密封气流涡动	一般 $f_m=0.6\sim0.9f$	f_m——轴颈涡动的速度,1/s f——轴颈的转速,1/s
转子不对中	平行不对中:$f_0=2f$ 角度不对中:$f_0=f$	平行不对中激振转子产生径间振动;角度不对中产生轴向振动 f——转速,1/s;f_0——振动频率,1/s
联轴器不对中	以 $f_0=f$ 及 $f_0=2f$ 为主	联轴器两侧的转子振动产生相位差180° 平行不对中主要引起径向振动,角度不对中主要引起轴向振动

注：1. 上表只是主要来自动叶片的激振源,其激振频率是动叶片数乘转速。还有其他的激振力产生的叶片振动频率,例如机械的激振力,叶片旋转失速激振力,即低转速时进气攻击角增大、减小使叶片压差变化,其周期与叶片的固有频率一致时,叶片就会发生振动,等等。

2. 轴承的脉冲频率是由轴承的故障产生的,一般按如下关系式确定。

① 基础系列频率 $f_d=\frac{1}{2}f(1-\lambda)$；式中 $\lambda=\frac{d}{D}\cos\alpha$。

② 缺陷来自内滚道 $f_a=\frac{1}{2}zf(1+\lambda)$。

③ 缺陷来自外滚道 $f_b=\frac{1}{2}zf(1-\lambda)$。

④ 缺陷来自单个滚动体 $f_c=\frac{D}{2d}f(1-\lambda^2)$,如与内外滚道都碰撞则乘2。

⑤ 保持架不平衡 $f_e=\frac{1}{2}f(1+\lambda)$,与外环碰用"$-$"号,与内环碰用"$+$"号。

f——轴转动频率,r/s;d——滚动体直径;D——节径;z——滚珠数;α——滚珠与内外环的接触角。

第 **3** 章 线性振动

线性系统在振动过程中，其惯性力、阻尼力和弹性恢复力分别与振动物体的加速度、速度、位移的一次方成正比。运动的位移、速度和加速度分别用 x、$\dot{x}$、$\ddot{x}$ 表示，坐标均以静平衡状态为坐标原点，惯性力为 $-m\ddot{x}$，阻尼力为 $-C\dot{x}$，弹性恢复力为 $-Kx$。一般只有微幅振动的情况下，系统才是线性系统，所以，本章讨论线性系统的振动都是微幅振动。

1 单自由度系统自由振动模型参数及响应

表 19-3-1

序号	项目	无 阻 尼 系 统	线 性 阻 尼 系 统
1	力学模型		
2	运动微分方程	$m\ddot{x}+Kx=0$ m——质量，kg；K——刚度，N/m；C——黏性阻尼系数，N·s/m	$m\ddot{x}+C\dot{x}+Kx=0$
3	特解	$x=\mathrm{e}^{St}$	
4	特征方程	$S^2+\omega_\mathrm{n}^2=0$ $\omega_\mathrm{n}^2=\dfrac{K}{m}$ $2\alpha=\dfrac{C}{m}$ S——特征值，若 S 为复数才能产生振动；ω_n——固有角频率，rad/s；α——衰减系数，1/s	$S^2+2\alpha S+\omega_\mathrm{n}^2=0$
5	固有角频率	$\omega_\mathrm{n}=\sqrt{\dfrac{K}{m}}$ 单自由度系统的固有角频率见表 19-2-7、表 19-2-8	$\omega_\mathrm{d}=\sqrt{\omega_\mathrm{n}^2-\alpha^2}$（小阻尼 $\alpha<\omega_\mathrm{n}$ 时） ω_d——有阻尼时固有角频率，rad/s C_c——临界阻尼，$C_\mathrm{c}=2m\omega_\mathrm{n}$ 当 $\zeta=0.05$ 时，$\omega_\mathrm{d}=0.99875\omega_\mathrm{n}$ 当 $\zeta=0.2$ 时，$\omega_\mathrm{d}=0.98\omega_\mathrm{n}$ 所以 $\omega_\mathrm{d}\approx\omega_\mathrm{n}$（小阻尼 $\alpha<\omega_\mathrm{n}$ 时） ζ——阻尼比，$\zeta=\dfrac{C}{C_\mathrm{c}}=\dfrac{\alpha}{\omega_\mathrm{n}}$

序号	项 目	无 阻 尼 系 统	线 性 阻 尼 系 统
6	对初始条件(当 $t=0$ 时,$x=x_0$,$\dot{x}=\dot{x}_0$)的振动响应	$$x=a\cos\omega_n t+b\sin\omega_n t=A\sin(\omega_n t+\varphi_0)$$ 式中 $a=x_0$ $b=\dfrac{\dot{x}_0}{\omega_n}$(振幅) $$A=\sqrt{x_0^2+\left(\dfrac{\dot{x}_0}{\omega_n}\right)^2}\,(\text{振幅})$$ $$\varphi_0=\arctan\left(\dfrac{x_0\omega_n}{\dot{x}_0}\right)(\text{初相位})$$ 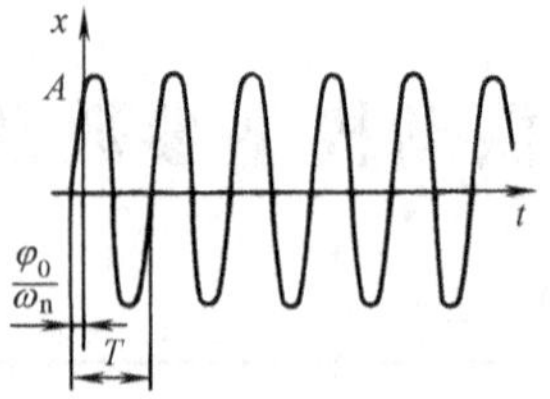	当 $\alpha<\omega_n$(小阻尼)时: $$x=e^{-\alpha t}(a\cos\omega_d t+b\sin\omega_d t)$$ $$=Ae^{-\alpha t}\sin(\omega_d t+\varphi_0)$$ 式中 $a=x_0$ $b=\dfrac{\dot{x}_0+\alpha x_0}{\omega_d}$ $$A=\sqrt{x_0^2+\left(\dfrac{\dot{x}_0+\alpha x_0}{\omega_d}\right)^2}$$ $$\varphi_0=\arctan\left(\dfrac{x_0\omega_d}{\dot{x}_0+\alpha x_0}\right)$$ 该振动如左下图所示的衰减振动,常用下面减幅系数来衡量。减幅系数(相邻两振幅比): $$\eta=A_1/A_2=e^{\alpha T_d}$$ 对数减幅系数: $$\delta=\dfrac{1}{n}\ln(A_1/A_{n+1})=\alpha T_d$$ 当 $\zeta=0.05$ 时,$\eta=1.37$,$A_2=0.73A_1$,一个周期振幅衰减27%,振幅衰减显著,不能忽略。所以 $x\approx Ae^{-\alpha t}\sin(\omega_n t+\varphi_0)$(小阻尼 $\alpha<\omega_n$ 时) 当 $\alpha=\omega_n$(临界阻尼)或 $\alpha>\omega_n$(过阻尼)时,系统不能产生振动,只能产生向静平衡位置的缓慢蠕动 见本表注
7	振动过程中的能量关系	动能和势能相互转换。当 m 运动到最大位移处,能量全部转换为势能。当 m 运动到静平衡位置时,能量全部转换为动能。即: $$T+V=V_{max}=T_{max}$$	动能和势能相互转换,但由于阻尼消耗能量,所以,其振动为减幅振动

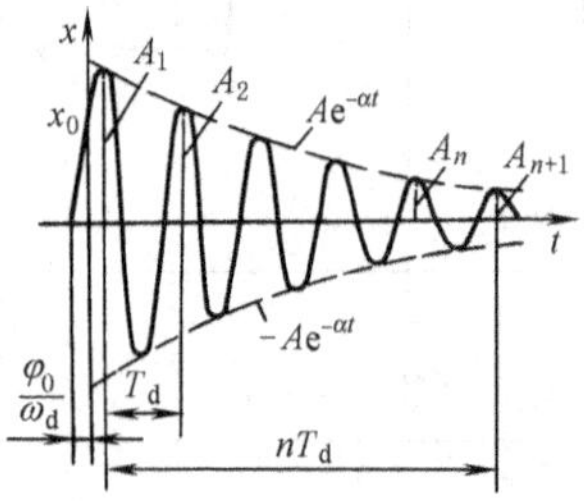

续表

序号	项 目	无 阻 尼 系 统	线 性 阻 尼 系 统
	结 论	(1) 任何实际振动系统无论阻尼多么小，总是一个有阻尼系统 (2) 当机械系统为小阻尼时，单自由度系统的固有角频率可以用无阻尼振动系统的固有角频率来代替，即 $\omega_d \approx \omega_n = \sqrt{\dfrac{K}{m}}$。同理，多自由度小阻尼系统的固有角频率和振型矢量也可用无阻尼系统的固有角频率和振型矢量来代替 (3) 机械系统在自由振动过程中，动能和势能总是在相互转换，但由于实际系统存在阻尼，消耗系统的能量，所以，自由振动不能维持恒幅振动，其振动的位移表达式 $x \approx A e^{-\alpha t} \sin(\omega_n t + \varphi_0)$ 式中，$A = \sqrt{x_0^2 + \left(\dfrac{\dot{x}_0 + \alpha x_0}{\omega_n}\right)^2}$，$\varphi_0 \approx \arctan\left(\dfrac{x_0 \omega_n}{\dot{x}_0 + \alpha x_0}\right)$，该振动经过足够长的时间总会衰减成为零	

注：分三种情况：（A）小阻尼 $\zeta < 1$ 即 $a < \omega_n$，即 $\dfrac{c}{2m} < \sqrt{\dfrac{k}{m}}$，如上面的图；

（B）临界阻尼 $\zeta = 1$ 即 $a = \omega_n$，即 $\dfrac{c}{2m} = \sqrt{\dfrac{k}{m}}$，如图 a；

（C）大阻尼 $\zeta > 1$ 即 $a > \omega_n$，即 $\dfrac{c}{2m} > \sqrt{\dfrac{k}{m}}$，如图 b。

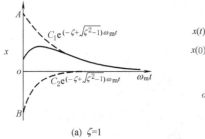

(a) $\zeta = 1$

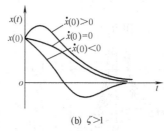

(b) $\zeta > 1$

2 单自由度系统的受迫振动

2.1 简谐受迫振动的模型参数及响应

表 19-3-2

序号	项目	简谐激励作用下的受迫振动	偏心质量回转引起的受迫振动	支承运动引起的受迫振动
1	力学模型			
2	运动微分方程	$m\ddot{x} + C\dot{x} + Kx = F_0 \sin\omega t$ F_0——简谐振动激励力，N	$m\ddot{x} + C\dot{x} + Kx = F_0 \sin\omega t$ 式中 $F_0 = m_0 r \omega^2$ $m_0 r$——偏心质量矩，kg·m	$m\ddot{x} + C\dot{x} + Kx = F_0 \sin(\omega t + \theta)$ 式中 $F_0 = U\sqrt{K^2 + C^2 \omega^2}$ $\theta = \arctan(C\omega/K)$（初相位） U——支承运动位移幅值，m
3	瞬态解（过渡过程）	$x = A e^{-\alpha t}\sin(\omega_n t + \varphi_0) + B\sin(\omega t - \psi)$ 机械启动过程中总存在以 ω_n 和 ω 为频率的两种振动的组合，但经过一定时间之后，以 ω_n 为频率的振动消失		

续表

序号	项目	简谐激励作用下的受迫振动	偏心质量回转引起的受迫振动	支承运动引起的受迫振动
4	拍振	当 $\omega \to \omega_n(\omega_n-\omega=2\varepsilon)$ 时，瞬态解成为：$$x=-\frac{F_0}{2\varepsilon m\omega_n}\sin\varepsilon t\cos\omega_n t$$ 这种振幅忽大忽小周期性变化的振动称为拍振。可用出现这一振动现象的干扰频率 ω 去估计系统固有角频率 ω_n 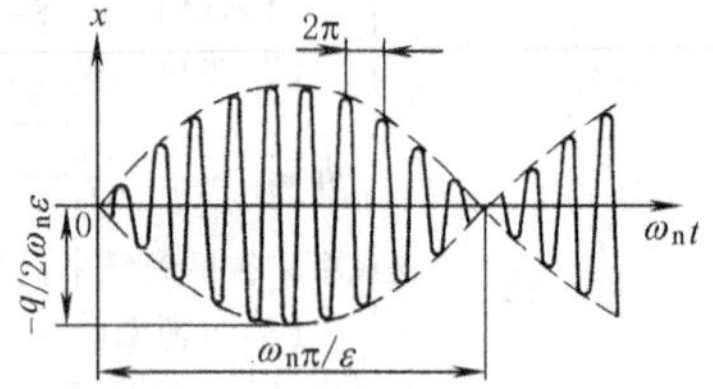		
	共振	当 $\omega=\omega_n(\varepsilon=0)$ 时，瞬态解成为：$$x=-\frac{F_0 t}{2m\omega_n}\cos\omega_n t$$ 这种振幅随时间无限增长的振动称为共振。但只要时间 t 不长，振幅也不会很大。例如机械启动或停机过程中，只要迅速通过共振区，振幅就不很大 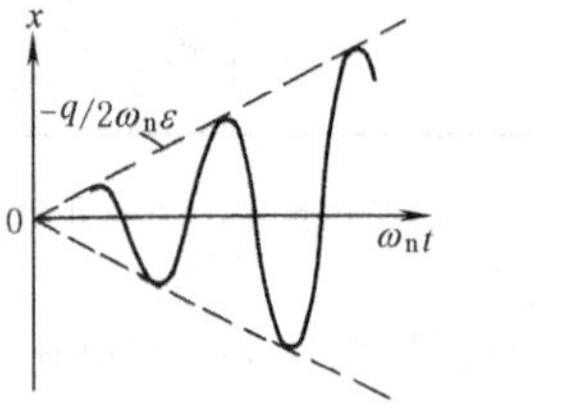		
5	稳态解	$x=B\sin(\omega t-\psi)$，即以 ω_n 为频率的振动完全消失的振动		
6	稳态解的振幅及幅频响应曲线	$$B=\frac{F_0}{K}\times\frac{1}{\sqrt{(1-Z^2)^2+(2\zeta Z)^2}}$$ 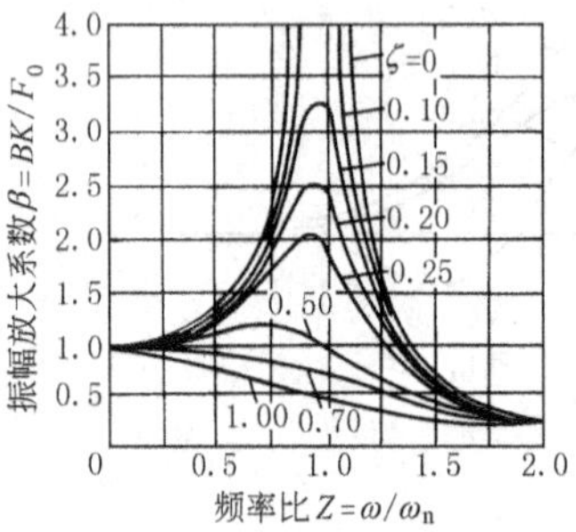	$$B=\frac{m_0 r}{m}\times\frac{Z^2}{\sqrt{(1-Z^2)^2+(2\zeta Z)^2}}$$ 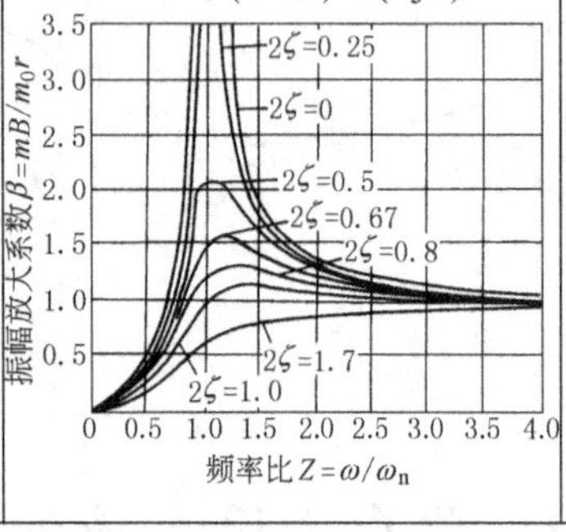	$$B=\frac{U\sqrt{1+(2\zeta Z)^2}}{\sqrt{(1-Z^2)^2+(2\zeta Z)^2}}$$ 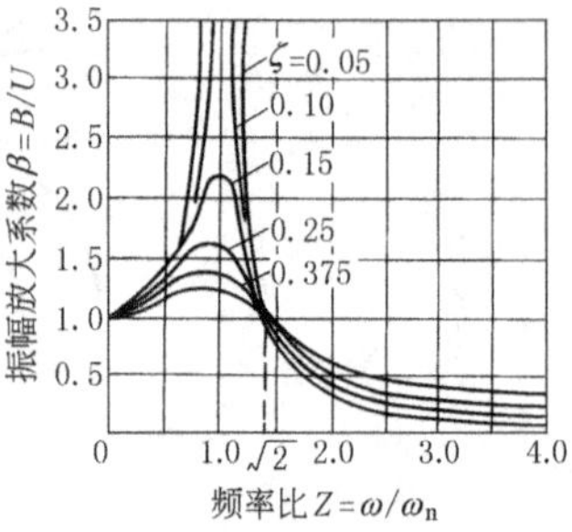
		m——质量，kg；K——刚度，N/m；F_0——干扰力幅，N；ω_n——固有角频率，rad/s，$\omega_n=\sqrt{\dfrac{K}{m}}$；$\omega$——激振频率，rad/s；$Z$——频率比，$Z=\dfrac{\omega}{\omega_n}$；$\alpha$——衰减系数，$\alpha=\dfrac{C}{2m}$；$C$——阻尼系数，N·s/m；$\zeta$——阻尼比，$\zeta=\dfrac{\alpha}{\omega_n}$；$q$——单位质量激振力，N/kg，$q=\dfrac{F_0}{m}$；$B$——振幅		
7	稳态解的相位差角及相频响应曲线	$$\psi=\arctan\frac{2\zeta Z}{1-Z^2}$$ 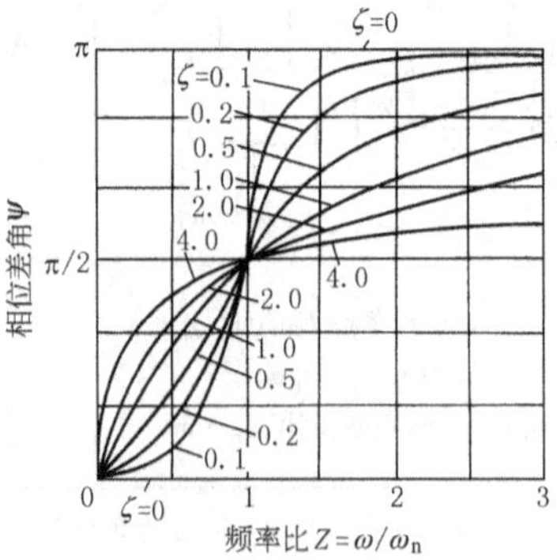	$$\psi=\arctan\frac{2\zeta Z^3}{1-Z^2+(2\zeta Z)^2}$$ 当稳态解为 $x=B\sin(\omega t+\theta-\psi)$ 时，$\psi=\arctan\dfrac{2\zeta Z}{1-Z^2}$	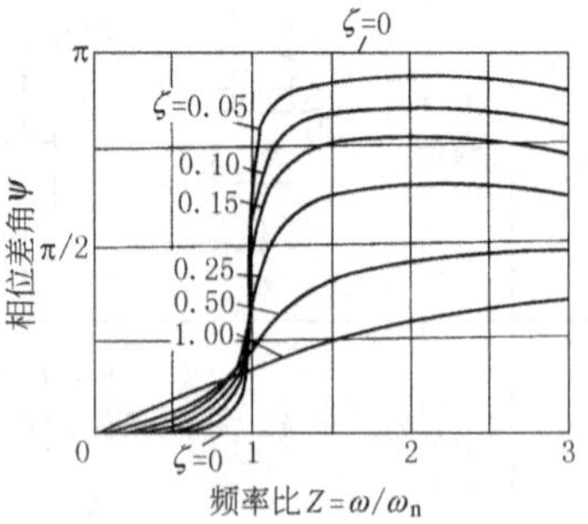

第 19 篇

序号	项目	简谐激励作用下的受迫振动	偏心质量回转引起的受迫振动	支承运动引起的受迫振动
8	能量关系及力的平衡	受迫振动过程中的能量关系:一方面激振力向系统输入能量,另一方面系统的阻尼又不断地消耗能量。若前者大于后者,振幅将增大;若前者小于后者,振幅将减小。直到两者重新平衡,系统出现新的恒幅振动,这种状态下,激振力在一个周期向系统输入能量 $\Delta W = \pi F_0 B \sin\psi$,该能量与激振力幅 F_0、稳态振幅 B 以及激振力和位移的相位差 ψ 有关(支承运动引起的受迫振动 ψ 中包含有 θ 角在内) 另外,从力平衡角度来看,当 $\omega \ll \omega_n$ 时,振动缓慢,速度很小,加速度更小,系统内的惯性力和阻尼很小,激振力主要是和弹性力相平衡。当 $\omega \gg \omega_n$ 时,加速度很大,而弹性力和阻尼力与惯性力相比是很小的,所以,激振力主要是平衡惯性力。当 $\omega = \omega_n$ 时,弹性力和惯性力相平衡,激振力用于平衡阻尼力。介于前述状态之间的状态分为两种情况:当 $\omega < \omega_n$ 时,激振力主要用于平衡部分弹性力和阻尼力;当 $\omega > \omega_n$ 时,激振力主要用于平衡部分惯性力和阻尼力		
	结论	(1)简谐激励作用下的稳态受迫振动为简谐振动,振动频率与激振频率相同 (2)受迫振动的振幅主要决定于系统的固有角频率、阻尼、激振力幅值以及激振频率与固有频率之比		

2.2 非简谐受迫振动的模型参数及响应

表 19-3-3

序号	项 目	周期激励作用	非周期激励作用
1	力学模型及运动微分方程		$m\ddot{x} + C\dot{x} + Kx = Q(t)$ $Q(t)$——任意激励 $\ddot{x} + 2\zeta\omega_n\dot{x} + \omega_n^2 x = q(t)$ $q(t) = Q(t)/m$ $2\alpha = \dfrac{C}{m}$ $\omega_n^2 = \dfrac{K}{m}$ $\zeta = \dfrac{\alpha}{\omega_n}$
2	非简谐激励的分解	$Q(t) = a_0 + \sum_{i=1}^{\infty}(a_i\cos i\omega t + b_i\sin i\omega t)$ $a_0 = \dfrac{1}{T}\int_0^T Q(t)\mathrm{d}t$ $a_i = \dfrac{2}{T}\int_0^T Q(t)\cos i\omega t\,\mathrm{d}t$ $b_i = \dfrac{2}{T}\int_0^T Q(t)\sin i\omega t\,\mathrm{d}t$ T——激励的周期,s	$q(\tau) = \begin{cases} \dfrac{Q_0}{m}(1-\tau/t_0) & \tau \leqslant t_0 \\ 0 & \tau > t_0 \end{cases}$ 将 $q(\tau)$ 分解为 n 个在 $(\tau,\tau+\mathrm{d}\tau)$ 区间上值为 τ 时刻 $q(\tau)$ 值的脉冲
3	局部激励作用下的响应	$x_0 = \dfrac{a_0}{K}$ $x_i = B_i\sin(i\omega t + \alpha_i - \psi_i)$ 式中 $B_i = \dfrac{\sqrt{a_i^2 + b_i^2}}{K\sqrt{(1-i^2 Z^2)^2 + (2\zeta i Z)^2}}$ $\alpha_i = \arctan\dfrac{b_i}{a_i}$ $\psi_i = \arctan\dfrac{2\zeta i Z}{1-i^2 Z^2}$ $Z = \dfrac{1}{T\omega_n}$	根据动量定理将 τ 时刻作用系统的冲量 $q(\tau)\mathrm{d}\tau$ 转换为初始速度: $\mathrm{d}\dot{x} = q(\tau)\mathrm{d}\tau$ t 时刻系统对 τ 时刻冲量 $q(\tau)\mathrm{d}\tau$ 的响应为以 $\mathrm{d}\dot{x}$ 为初始速度自由振动响应: $\mathrm{d}x = e^{-\alpha(t-\tau)}\dfrac{q(\tau)\mathrm{d}\tau}{\omega_n}\sin\omega_n(t-\tau)$

第 19 篇

序号	项　目	周期激励作用	非周期激励作用
4	局部激励响应叠加合成	$x(t) = x_0 + \sum\limits_{i=1}^{\infty} x_i$ $= \dfrac{a_0}{K} + \sum\limits_{i=1}^{\infty} B_i \sin(i\omega t + \alpha_i - \psi_i)$	当 $t=0$、$x_0 = \dot{x}_0 = 0$ 时的杜哈梅积分 $x(t) = \dfrac{\mathrm{e}^{-\alpha t}}{\omega_\mathrm{d}} \int_0^T \mathrm{e}^{\alpha \tau} q(\tau) \sin\omega_\mathrm{n}(t-\tau)\mathrm{d}\tau$
5	系统对图示激励响应实例计算	$m\ddot{x} + C\dot{x} + (K_1 + K_2)x = Q(t)$ $Q(t) = \dfrac{K_2 A}{2} - \dfrac{K_2 A}{2}\left(\sin\omega t + \dfrac{1}{2}\sin 2\omega t +\right.$ $\left. \dfrac{1}{3}\sin 3\omega t + \cdots\right)$ $a_0 = \dfrac{K_2 A \omega^2}{4\pi^2} \int_0^{2\pi/\omega} t\mathrm{d}t = \dfrac{K_2 A}{2}$ $a_i = \dfrac{K_2 A \omega^2}{2\pi^2} \int_0^{2\pi/\omega} t\cos i\omega t\mathrm{d}t = 0$ $b_i = \dfrac{K_2 A \omega^2}{2\pi^2} \int_0^{2\pi/\omega} t\sin i\omega t\mathrm{d}t = \dfrac{-K_2 A}{i\pi}$ $x(t) = \dfrac{K_2 A}{K_1 + K_2}\left[\dfrac{1}{2} - \dfrac{1}{\pi}\times\right.$ $\sum\limits_{i=1}^{\infty} \dfrac{1}{i\sqrt{(1-i^2 Z^2)^2 + (2\zeta i Z)^2}} \times$ $\left. \sin(i\omega t - \psi_1)\right]$ $\psi_i = \arctan\left[2\zeta i Z/(1 - i^2 Z^2)\right]$	当 $0 < t < t_0$（$C = \alpha = 0$）时， $x(t) = \dfrac{Q_0}{\omega_\mathrm{n} m} \int_0^T (1 - \tau/t_0)\sin\omega_\mathrm{n}(t-\tau)\mathrm{d}\tau$ $= \dfrac{Q_0}{K}(1 - \cos\omega_\mathrm{n} t) -$ $\dfrac{Q_0}{Kt_0}\left(t - \dfrac{1}{\omega_\mathrm{n}}\sin\omega_\mathrm{n} t\right)$ 当 $t = t_0$ 时， $x(t) = \dfrac{Q_0}{\omega_\mathrm{n} m} \int_0^T (1 - \tau/t_0)\sin\omega_\mathrm{n}(t-\tau)\mathrm{d}\tau$ $= \dfrac{Q_0}{K}(1 - \cos\omega_\mathrm{n} t) -$ $\dfrac{Q_0}{Kt_0}\left(t_0 - \dfrac{1}{\omega_\mathrm{n}}\sin\omega_\mathrm{n} t\right)$ 当 $t > t_0$ 时， $x(t) = \dfrac{Q_0}{\omega_\mathrm{n} m} \int_0^T (1 - \tau/t_0)\sin\omega_\mathrm{n}(t-\tau)\mathrm{d}\tau$ $= \dfrac{Q_0}{K\omega_\mathrm{n} t_0}\left[\sin\omega_\mathrm{n} t - \sin\omega_\mathrm{n}(t-t_0)\right] -$ $\dfrac{Q_0}{K}\cos\omega_\mathrm{n} t$

2.3　无阻尼系统对常见冲击激励的响应

表 19-3-4

序号	冲击激励函数 $f(t)$	响应 $x(t) = \dfrac{1}{m\omega_\mathrm{n}} \int_0^t f(\tau)\sin[\omega_\mathrm{n}(t-\tau)]\mathrm{d}\tau$	
1		$x(t) = \dfrac{f_0}{K}(1 - \cos\omega_\mathrm{n} t)$	
2		$x(t) = \begin{cases} \dfrac{f_0}{Kt_1}\left(t - \dfrac{\sin\omega_\mathrm{n} t}{\omega_\mathrm{n}}\right) \\[2ex] \dfrac{f_0}{Kt_1}\left[t_1 + \dfrac{\sin\omega_\mathrm{n}(t-t_1)}{\omega_\mathrm{n}} - \dfrac{\sin\omega_\mathrm{n} t}{\omega_\mathrm{n}}\right] \end{cases}$	$t \leqslant t_1$ $t \geqslant t_1$
3		$x(t) = \begin{cases} \dfrac{f_0}{K}(1 - \cos\omega_\mathrm{n} t) \\[2ex] \dfrac{f_0}{K}\left[\cos\omega_\mathrm{n}(t-t_1) - \cos\omega_\mathrm{n} t\right] \end{cases}$	$t \leqslant t_1$ $t \geqslant t_1$

（续）

序号	冲击激励函数 $f(t)$	响应 $x(t)=\dfrac{1}{m\omega_n}\displaystyle\int_0^t f(\tau)\sin[\omega_n(t-\tau)]d\tau$
4		$$x(t)=\begin{cases}\text{同2式} & t<t_2\\[2mm] \dfrac{f_0}{K\omega_n t}[\omega_n t_1+\sin\omega_n(t-t_1)-\sin\omega_n t]\\[2mm] -\dfrac{f_0}{\omega_n^2(t_3-t_2)}[\omega_n(t-t_2)-\sin\omega_n(t-t_2)] & t_2<t<t_3\\[2mm] \dfrac{f_0}{K}\left[\dfrac{\sin\omega_n(t-t_1)}{\omega_n t_1}-\dfrac{\sin\omega_n t}{\omega_n t_1}-\dfrac{\sin\omega_n(t-t_s)}{\omega_n(t_3-t_2)}+\dfrac{\sin\omega_n(t-t_2)}{\omega_n(t_3-t_2)}\right] & t>t_3\end{cases}$$
5		$$x(t)=\begin{cases}\dfrac{f_0}{Kt_1}\left(t-\dfrac{\sin\omega_n t}{\omega_n}\right) & t<t_1\\[3mm] \dfrac{f_0}{Kt_1}\left[t_1\cos\omega_n(t-t_1)+\dfrac{\sin\omega_n(t-t_1)}{\omega_n}-\dfrac{\sin\omega_n t}{\omega_n}\right] & t>t_1\end{cases}$$
6		$$x(t)=\begin{cases}\dfrac{f_0}{K}\left[1-\cos\omega_n t-\dfrac{t}{t_1}+\dfrac{\sin\omega_n t}{\omega_n t_1}\right] & 0\le t\le t_1\\[3mm] \dfrac{f_0}{K}\left[-\cos\omega_n t-\dfrac{\sin\omega_n(t-t_1)}{\omega_n t_1}+\dfrac{\sin\omega_n t}{\omega_n t_1}\right] & t\ge t_1\end{cases}$$
7		$$x(t)=\begin{cases}\dfrac{f_0}{Kt_1}\left(t-\dfrac{\sin\omega_n t}{\omega_n}\right) & t<t_1\\[3mm] \dfrac{f_0}{Kt_1}\left[2t_1-t+\dfrac{2\sin\omega_n(t-t_1)}{\omega_n}-\dfrac{\sin\omega_n t}{\omega_n}\right] & t_1<t<2t_1\\[3mm] \dfrac{f_0}{K\omega_n t_1}[2\sin\omega_n(t-t_1)-\sin\omega_n(t-2t_1)-\sin\omega_n t] & t>2t_1\end{cases}$$
8	$2f_0(1-\cos\dfrac{\pi t}{t_1})$	$$x(t)=\begin{cases}\dfrac{f_0}{K}(1-\cos\omega_n t)-\dfrac{f_0\omega_n t_1^2}{\omega_n^2 t_1^2-4\pi^2}\left(\cos\dfrac{2\pi t}{t_1}-\cos\omega_n t\right) & t<t_1\\[3mm] \dfrac{f_0}{K}\{\cos\omega_n(t-t_1)-\cos\omega_n t\\[2mm] -\dfrac{\omega_n^2 t_1^2}{\omega_n^2 t_1^2-4\pi^2}[\cos\omega_n(t-t_1)-\cos\omega_n t] & t>t_1\end{cases}$$

3　直线运动振系与定轴转动振系的参数类比

表 19-3-5

序号	项目	直线运动振系	定轴转动振系
1	力学模型		

序号	项 目	直 线 运 动 振 系	定 轴 转 动 振 系
2	运动微分方程	$m\ddot{x}+C\dot{x}+Kx=F_0\sin\omega t$	$I\ddot{\varphi}+C_\varphi\dot{\varphi}+K_\varphi\varphi=M_0\sin\omega t$ M_0——激振力矩幅值,N·m
3	位移	$x=x(t)$ （m）	$\varphi=\varphi(t)$ （rad）
4	速度	$\dot{x}=\dfrac{\mathrm{d}x}{\mathrm{d}t}$ （m/s）	$\dot{\varphi}=\dfrac{\mathrm{d}\varphi}{\mathrm{d}t}$ （rad/s）
5	加速度	$\ddot{x}=\dfrac{\mathrm{d}\dot{x}}{\mathrm{d}t}=\dfrac{\mathrm{d}^2x}{\mathrm{d}t^2}$ （m/s²）	$\ddot{\varphi}=\dfrac{\mathrm{d}\dot{\varphi}}{\mathrm{d}t}=\dfrac{\mathrm{d}^2\varphi}{\mathrm{d}t^2}$ （rad/s²）
6	惯性力及惯性力矩	$F_u=m\ddot{x}$ （N） m——质量,kg	$M_u=I\ddot{\varphi}$ （N·m） I——转动惯量,kg·m² 摆动:$I=ml^2$
7	阻尼力及阻尼力矩	$F_d=C\dot{x}$ （N） C——阻尼系数,N·s/m	$M_d=C_\varphi\dot{\varphi}$ （N·m） C_φ——阻尼系数,N·m·s/rad
8	恢复力及恢复力矩	$F_k=Kx$ （N） K——刚度,N/m	$M_k=K_\varphi\varphi$ （N·m） K_φ——刚度,N·m/rad 摆动:$K_\varphi=mgl/\mathrm{rad}$
9	激励	$F(t)=F_0\sin\omega t$ （N）	$M(t)=M_0\sin\omega t$ （N·m）
10	固有角频率	$\omega_n=\sqrt{\dfrac{K}{m}}$ （rad/s）	$\omega_n=\sqrt{\dfrac{K_\varphi}{I}}$ （rad/s） 摆动:$\omega_n=\sqrt{\dfrac{g}{l}}$ （rad/s）
11	动能	$T=\dfrac{1}{2}m\dot{x}^2$ （J）	$T=\dfrac{1}{2}I\dot{\varphi}^2$ （J）
12	能量耗散函数	$D=\dfrac{1}{2}C\dot{x}^2$ （J）	$D=\dfrac{1}{2}C_\varphi\dot{\varphi}^2$ （J）
13	势能	$V=\dfrac{1}{2}Kx^2$ （J）	$V=\dfrac{1}{2}K_\varphi\varphi^2$ （J）
例	表 19-3-1 中第 6 项线性阻尼的直线运动的响应为 $x=Ae^{-\omega t}\sin(\omega_d t+\varphi_0)$ $a=x_0；b=\dfrac{\dot{x}+ax_0}{\omega_d}$ 振幅:$A=\sqrt{x_0^2+\left(\dfrac{\dot{x}+ax_0}{\omega_d}\right)^2}$ 初相位:$\varphi_0=\arctan\left(\dfrac{x_0\omega_d}{\dot{x}_0+ax_0}\right)$		扭转运动的响应相应为 $\varphi=Ae^{-\omega t}\sin(\omega_d t+\psi_0)$ $a=\varphi_0；b=\dfrac{\dot{\varphi}_0+a\varphi_0}{\omega_d}$ 振幅:$A=\sqrt{\varphi_0^2+\left(\dfrac{\dot{\varphi}_0+a\varphi_0}{\omega_d}\right)^2}$ 初相位:$\psi_0=\arctan\left(\dfrac{\varphi_0\omega_d}{\dot{\varphi}_0+a\varphi_0}\right)$

注：1. 左列 φ_0 为初相位；右列 φ_0 为扭转初始角。

2. 其他项目或多自由度振动可按此类比。

4 共 振 关 系

一个振动系统其自由振动的弹簧刚度为 K（恢复力——Kx），阻力系数为 C（阻力——$C\dot{x}$），参振质量为 m，在外力 $A\cos\omega t$ 的作用下产生振动。外力的振动频率为 $f=\omega/2\pi$。令 $p^2=\dfrac{K}{m}$；$2n=\dfrac{C}{m}$。可以推导得在 $\dfrac{\omega}{p}=\sqrt{1-\dfrac{2n^2}{p^2}}$ 时，系统将发生最大的位移振幅。经运算将其列于表 19-3-6 的第 2 列第 2 栏及第 3 栏；此时相对应的速度幅值和位移与力之间的相角差各列于下面两栏。同样发生最大的速度振幅的频率与其相应的结果列于第3列；最后一列为外力的振动频率与阻尼系统固有频率相等时的各项公式。

表 19-3-6

特征量	激振频率引起位移共振	激振频率引起速度共振	激振频率等于阻尼固有频率
频率	$\dfrac{1}{2\pi}\sqrt{\dfrac{K}{m}-\dfrac{C^2}{2m^2}}$	$\dfrac{1}{2\pi}\sqrt{\dfrac{K}{m}}$	$\dfrac{1}{2\pi}\sqrt{\dfrac{K}{m}-\dfrac{C^2}{4m^2}}$
位移幅值	$\dfrac{A}{C\sqrt{\dfrac{K}{m}-\dfrac{C^2}{4m^2}}}$	$\dfrac{A}{C\sqrt{\dfrac{K}{m}}}$	$\dfrac{A}{C\sqrt{\dfrac{K}{m}-\dfrac{3C^2}{16m^2}}}$
速度幅值	$\dfrac{A}{C\sqrt{1+\dfrac{C^2}{4mK-2C^2}}}$	$\dfrac{A}{C}$	$\dfrac{A}{C\sqrt{1+\dfrac{C^2}{16mK-4C^2}}}$
位移与力之间的相角差	$\arctan\sqrt{\dfrac{4mK}{C^2}-2}$	$\dfrac{\pi}{2}$	$\arctan\sqrt{\dfrac{16mK}{C^2}-4}$

还有一种加速度共振，频率为 $\dfrac{1}{2\pi}\sqrt{\dfrac{K/m}{1-2\left(C/2\sqrt{mK}\right)^2}}$，系统作受迫振动时，激励频率有任何微小变化均会使系统响应上升。

5 回转机械在启动和停机过程中的振动

5.1 启动过程的振动

回转机械的转子无论静、动平衡做得如何好，仍会有不平衡惯性力存在，激发机械系统产生振动。为减少传给基础的动载荷，通常在回转机械和基础之间装有隔振弹簧或者隔振弹簧加阻尼器。这样便构成了质量、弹簧和阻尼的振动系统。如果只研究铅垂方向的振动，额定转速超过临界转速的机器在启动过程中随转速逐渐升高，必然要经过共振区，机械系统的振幅明显增大，回转机械启动过程的位移曲线如图 19-3-1 所示。启动过程大致可分为两个阶段。第一阶段为电机带动负载的启动过程。该阶段是电机带动偏心转子完成转子从零到正常转速的过渡，在这个过渡过程中，当转子的转速和系统的固有频率接近或相等时，机械系统将处于共振状态，振幅将明显增大。但由于启动速度较快，转子在共振状态下运转时间较短，振幅增长有限，通常为正常工作时振幅的 3～5 倍；第二阶段是在第一阶段激发起系统具有一定初始位移和初始速度条件下的自由振动和受迫振动的叠加。初始条件取决于第一阶段启动的快慢，启动得快，初始位移和初始速度就小，第二阶段的过渡过程也就短，否则相反。

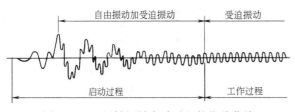

图 19-3-1 回转机械启动过程的位移曲线

5.2 停机过程的振动

回转机械停机过程的位移曲线如图 19-3-2 所示。停机过程也可大致分为两个阶段。第一阶段虽然电机电源切断，偏心转子在惯性力矩和阻尼力矩作用下，处于减速回转状态。当转速降低到系统固有角频率以下时，由于转速低，离心力也很小，对系统已不起激振作用。在减速回转过程中，当激振频率逐渐接近系统固有角频率时，振幅将增大。由于转子的阻尼力矩较小，所以，停机过程越过共振区较启动过程越过共振区的时间充分，越过共振区时的振幅通常可以达到机械正常工作时振幅的 5～7 倍。这一现象应当给予充分重视，在设计隔振弹簧时，必须保证弹簧的静变形量大于该最大幅值和限位装置。否则，机体由于振幅过大，瞬时机体可能脱离弹簧，当机体重新落在弹簧上时，对机体和弹簧都会造成很大冲击，对机械的使用寿命有很大影响。更有甚者，不仅机体振幅大于弹簧的静变形，造成机

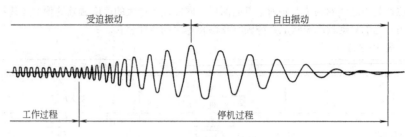

图 19-3-2　回转机械停机过程的位移曲线

体和弹簧的脱离，而且使限位装置不起作用，弹簧会像炮弹一样地飞出，造成人身和设备的严重事故。第二阶段为衰减自由振动，这种自由振动衰减快慢主要取决于系统的阻尼。阻尼包含振动阻尼和转子回转阻尼。回转阻尼影响转子的减速和越过共振区的时间，也就意味着影响第二阶段的初始条件；振动阻尼影响振动的衰减速度。若第二阶段的初始位移和初始速度小，振动阻尼又较大，则第二阶段较短，否则相反（以上未考虑到加制动的停车状态）。

6　多自由度系统

6.1　多自由度系统自由振动模型参数及其特性

表 19-3-7

序号	项　目	二自由度系统	n 自由度系统
1	力学模型		
2	运动微分方程	$M_{11}\ddot{x}_1+M_{12}\ddot{x}_2+K_{11}x_1+K_{12}x_2=0$ $M_{21}\ddot{x}_1+M_{22}\ddot{x}_2+K_{21}x_1+K_{22}x_2=0$ 式中　$M_{11}=m_1$　$M_{22}=m_2$ 　　　　$M_{12}=M_{21}=0$ 　　　　$K_{11}=K_1+K_2$　$K_{22}=K_2+K_3$ 　　　　$K_{12}=K_{21}=-K_2$	$M\ddot{x}+Kx=0$ 式中 $$M=\begin{bmatrix} M_{11} & M_{12} & \cdots & M_{1n} \\ M_{21} & M_{22} & \cdots & M_{2n} \\ & & \cdots \cdots & \\ M_{n1} & M_{n2} & \cdots & M_{nn} \end{bmatrix}$$ $$=\begin{bmatrix} m_1 & 0 & \cdots\cdots & 0 \\ 0 & m_2 & 0\cdots\cdots & 0 \\ & & \cdots\cdots & \\ 0 & \cdots\cdots & 0 & m_n \end{bmatrix}$$ $$K=\begin{bmatrix} K_{11} & K_{12} & \cdots & K_{1n} \\ K_{21} & K_{22} & \cdots & K_{2n} \\ & & \cdots\cdots & \\ K_{n1} & K_{n2} & \cdots & K_{nn} \end{bmatrix}$$ $$=\begin{bmatrix} K_1+K_2 & -K_2 & 0 & \cdots\cdots \\ -K_2 & K_2+K_3 & -K_3 & 0\cdots \\ & & \cdots\cdots & \\ \cdots\cdots 0 & -K_n & & K_n+K_{n+1} \end{bmatrix}$$ $x=\begin{Bmatrix} x_1 \\ x_2 \\ \vdots \\ x_n \end{Bmatrix}$ $\ddot{x}=\begin{Bmatrix} \ddot{x}_1 \\ \ddot{x}_2 \\ \vdots \\ \ddot{x}_n \end{Bmatrix}$ $0=\begin{Bmatrix} 0 \\ 0 \\ \vdots \\ 0 \end{Bmatrix}$ M——质量矩阵 K——刚度矩阵 K_{ij}——j 处产生单位位移(其他处位移为0)时,i 点所需作用力的大小

第 19 篇

续表

序号	项 目	二自由度系统	n 自由度系统
3	特解	$x_1 = A_1 \sin(\omega_n t + \varphi)$ $x_2 = A_2 \sin(\omega_n t + \varphi)$	$\boldsymbol{x} = \begin{Bmatrix} x_{M1} \\ x_{M2} \\ \vdots \\ x_{Mn} \end{Bmatrix} \sin(\omega_n t + \varphi)$
4	特征方程	$\begin{vmatrix} K_{11} - M_{11}\omega_n^2 & K_{12} - M_{12}\omega_n^2 \\ K_{21} - M_{21}\omega_n^2 & K_{22} - M_{22}\omega_n^2 \end{vmatrix} = 0$ 展开：$a\omega_n^4 + b\omega_n^2 + C = 0$ 式中 $a = M_{11}M_{22} - M_{12}^2$ $b = -(M_{11}K_{22} + M_{22}K_{11} - 2M_{12}K_{12})$ $c = K_{11}K_{22} - K_{12}^2$	$\lvert \boldsymbol{K} - \omega_n^2 \boldsymbol{M} \rvert = 0$ 展开： $a_n\omega_n^{2n} + a_{n-1}\omega_n^{2(n-1)} + \cdots + a_1\omega_n^2 + a_0 = 0$
5	固有角频率	一阶固有角频率： $\omega_{n1} = \sqrt{\dfrac{-b - \sqrt{b^2 - 4ac}}{2a}}$ 二阶固有角频率： $\omega_{n2} = \sqrt{\dfrac{-b + \sqrt{b^2 - 4ac}}{2a}}$	用数值计算方法求特征方程的 n 个特征值，并由小到大排列，分别称为一阶、二阶、……、n 阶固有角频率。通常前一、二、三阶的振动频率在总振动中较为重要
6	振幅联立方程	$(K_{11} - M_{11}\omega_n^2)A_1 + (K_{12} - M_{12}\omega_n^2)A_2 = 0$ $(K_{21} - M_{21}\omega_n^2)A_1 + (K_{22} - M_{22}\omega_n^2)A_2 = 0$	$(\boldsymbol{K} - \omega_n^2\boldsymbol{M})\boldsymbol{x}_M = \boldsymbol{0}$
7	振幅比及振型矢量	一阶振幅比： $\Delta_1 = \dfrac{A_2^{(1)}}{A_1^{(1)}} = -\dfrac{K_{11} - M_{11}\omega_{n1}^2}{K_{12} - M_{12}\omega_{n1}^2}$ 一阶主振型(同相位) 二阶振幅比： $\Delta_2 = \dfrac{A_2^{(2)}}{A_1^{(2)}} = -\dfrac{K_{11} - M_{11}\omega_{n2}^2}{K_{12} - M_{12}\omega_{n2}^2}$ 二阶主振型(反相位)	将一阶固有角频率 ω_{n1} 代入振幅联立方程得一阶振型矢量 $\boldsymbol{x}_{M1}$，同理可得 $\boldsymbol{x}_{M2}$、$\cdots$、$\boldsymbol{x}_{Mn}$。也可用数值计算方法和固有角频率同时计算出来 振型矩阵： $$\boldsymbol{x}_M = [\boldsymbol{x}_{M1}\,\boldsymbol{x}_{M2}\cdots\boldsymbol{x}_{Mn}]$$ 振型矩阵由 n 阶振型矢量组成 $n \times n$ 阶矩阵正则振型矩阵： $$\boldsymbol{x}_N = \boldsymbol{x}_M \begin{bmatrix} \dfrac{1}{\mu_1} & & 0 \\ & \diagdown & \\ 0 & & \dfrac{1}{\mu_n} \end{bmatrix}$$ 正规化因子：$\mu_i = \sqrt{\boldsymbol{X}_{Mi}^{\mathrm{T}} \boldsymbol{M} \boldsymbol{X}_{Mi}}$ $= \sqrt{\displaystyle\sum_{s=1}^n x_{Msi}\left(\sum_{r=1}^n M_{sr} x_{Mri}\right)}$
8	振型矢量的正交性	$\{1 \quad \Delta_1\} \begin{bmatrix} M_{11} & M_{12} \\ M_{12} & M_{22} \end{bmatrix} \begin{Bmatrix} 1 \\ \Delta_2 \end{Bmatrix} = 0$ $\{1 \quad \Delta_1\} \begin{bmatrix} K_{11} & K_{12} \\ K_{21} & K_{22} \end{bmatrix} \begin{Bmatrix} 1 \\ \Delta_2 \end{Bmatrix} = 0$ 一阶振型矢量和二阶振型矢量关于质量矩阵成正交，关于刚度矩阵也成正交	$\boldsymbol{x}_{Mi}^{\mathrm{T}} \boldsymbol{M} \boldsymbol{x}_{Mj} = 0$ $\boldsymbol{x}_{Mi}^{\mathrm{T}} \boldsymbol{K} \boldsymbol{x}_{Mj} = 0$ i 阶振型矢量和 j 阶振型矢量关于质量矩阵成正交，关于刚度矩阵也成正交
9	能量关系	不同阶振型矢量的动能和势能不能相互转换，只有同阶振型矢量间的动能和势能才能相互转换	

注：1. 自由振动响应只在机械系统的启动和停机过程中存在，而且持续时间又较短，所以一般振动分析均不考虑自由振动响应。
2. n 自由度系统的特征值（固有角频率）和特征矢量（振型矢量）的数值计算可用矩阵迭代法、QR 法、雅可比法等计算程序进行计算。

6.2 二自由度系统受迫振动的振幅和相位差角计算公式

表 19-3-8

序号	模 型 及 简 图	振 幅	相 位 差 角
1	主动二级隔振	$B_1 = F\sqrt{\dfrac{a^2+b^2}{g^2+h^2}}$ $B_2 = F\sqrt{\dfrac{e^2+f^2}{g^2+h^2}}$ F——激振力幅	$\psi_1 = \arctan\dfrac{bg-ah}{ag+bh}$ $\psi_2 = \arctan\dfrac{fg-ef}{eg+fh}$
2	弹性连杆振动机	$B_1 = F\sqrt{\dfrac{(a+e)^2+(b+f)^2}{g^2+h^2}}$ $B_2 = F\dfrac{c+e}{\sqrt{g^2+h^2}}$	$\psi_1 = \arctan\dfrac{(b+f)g-(a+e)h}{(a+e)g+(b+f)h}$ $\psi_2 = \arctan\dfrac{h}{g}$
3	被动二级隔振	$B_1 = \lambda U\sqrt{\dfrac{c^2+d^2}{g^2+h^2}}$ $B_2 = \lambda U\sqrt{\dfrac{e^2+f^2}{g^2+h^2}}$ U——振幅	$\psi_1 = \arctan\dfrac{dg-ch}{cg+dh}-\theta$ $\psi_2 = \arctan\dfrac{fg-eh}{eg+fh}-\theta$
4	动力减振	$B_1 = F\sqrt{\dfrac{e^2+f^2}{g^2+h^2}}$ $B_2 = F\sqrt{\dfrac{c^2+d^2}{g^2+h^2}}$	$\psi_1 = \arctan\dfrac{fg-eh}{eg+fh}$ $\psi_2 = \arctan\dfrac{dg-ch}{cg+dh}$

注：$a=K_1+K_2-m_2\omega^2$；$b=(C_1+C_2)\omega$；$c=K_1-m_1\omega^2$；$d=C_1\omega$；$e=-K_1$；$f=-C_1\omega$；$g=(K_1-m_1\omega^2)(K_2-m_2\omega^2)-(K_1m_1+C_1C_2)\omega^2$；$h=[(K_1-m_1\omega^2)C_2-(K_2-m_2\omega^2-m_1\omega^2)C_1]\omega$；$\lambda=\sqrt{K_2^2+C_2^2\omega^2}$；$\theta=\arctan(C_2\omega/K_2)$。

7 机械系统的力学模型

　　研究振动问题时，机械总体或机械零部件以及它们的安装基础构成了振动系统。实际振动系统是很复杂的。影响振动的因素很多，在处理工程振动问题的过程中，根据研究问题的需要，抓住影响振动的主要因素，忽略影响振动的次要因素，使复杂的振动系统得以简化。称简化后的振动系统为实际振动系统的力学模型。本节首先以汽车为例来说明力学模型的定性简化原则。通过系统的振动分析，阐明怎样根据研究问题的需要，定量地确定被忽略的次要因素对振动的影响。最终提出设计的计算模型。

7.1 力学模型的简化原则

表 19-3-9

序号	简 化 原 则	汽 车 模 型 简 化 说 明
1	根据研究问题的需要和可能,突出影响振动的主要因素,忽略影响振动的次要因素	根据研究,人乘汽车的舒适性或车架振动问题的需要,对汽车系统进行下列简化 (1)轮胎和悬挂弹簧的质量与车架和前后桥的质量相比,前者的质量是影响振动的次要因素,可以忽略;但前者的弹性与后者的弹性相比,前者的弹性又是影响振动的主要因素,应当加以突出。因此,将轮胎和悬挂弹簧简化为无质量的弹性元件,而将车架和前后桥简化为刚体质量 (2)发动机不平衡惯性力与汽车行驶时路面起伏对汽车振动的影响相比,前者很小可忽略。于是,将系统的受迫振动问题简化成支承运动引起的受迫振动问题
2	简化后的力学模型要能反映实际振动系统的振动本质 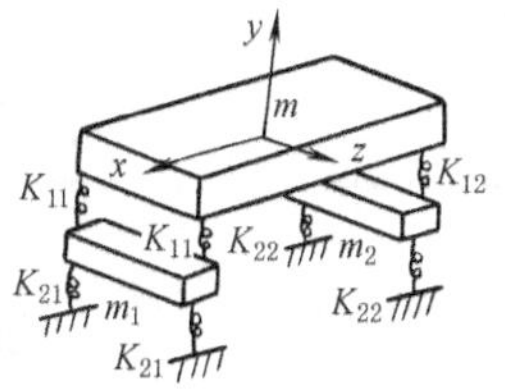 	简化后的力学模型应按下列顺序依次反映实际振动系统的振动本质 (1)主要振动:车架沿 y 方向振动和绕 z 轴摆动(y,φ_z) (2)比较主要的振动:前后桥沿 y 方向振动(y_1,y_2) (3)一般振动:车架和前后桥绕 x 轴的摆动$(\varphi_x,\varphi_{1x},\varphi_{2x})$ (4)其他次要振动被忽略,于是系统被简化为具有 7 个自由度$(y,\varphi_z,y_1,y_2,\varphi_x,\varphi_{1x},\varphi_{2x})$的力学模型
3	允许力学模型同实际系统的主要振动有误差,但必须满足工程精度(允许误差)要求 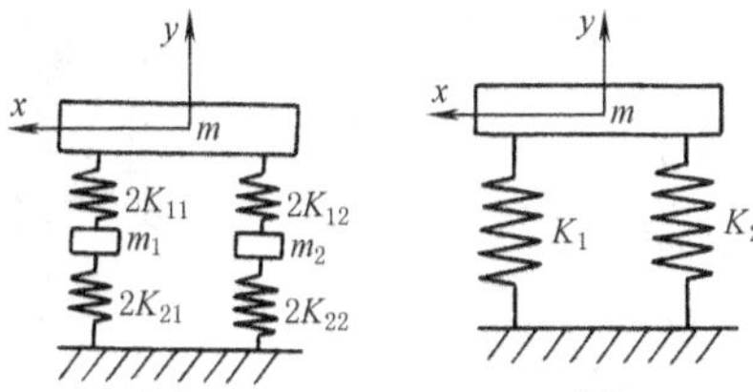 	(1)工程精度要求放宽点,可将车架和前后桥绕 x 轴摆动$(\varphi_x,\varphi_{1x},\varphi_{2x})$忽略,系统则被简化成为如图 a 所示具有四个自由度(y,φ_z,y_1,y_2)的力学模型 (2)工程精度再放宽一点,还可将前后桥沿 y 方向的振动(y_1,y_2)忽略,于是系统又被简化成为如图 b 所示具有两个自由度(y,φ_z)的力学模型 (3)如果再忽略两个不同方向振动的耦联,系统还可以被分解成为两个单自由度模型 (4)处理工程振动问题时,宁可工程精度差一点,也要把系统简化成为单自由度或二自由度的力学模型,这样更能突出振动本质,误差大些可通过调试加以弥补

7.2 等效参数的转换计算

一个振动系统可以按周期能量相等的原则,转换为另一个相当的有等效参量的较简单的振动系统来计算。见表 19-3-10。

表 19-3-10

分类	能量守恒原则	等效参数	实 例 计 算 说 明
等效刚度	$V=\dfrac{1}{2}K_e x_e^2$ $=\sum\dfrac{1}{2}K_i x_i^2+\sum m_i g h_i$ $\left(V=\dfrac{1}{2}K_{\varphi e}\varphi_e^2=\sum\dfrac{1}{2}K_{\varphi i}\varphi_i^2\right)$	$K_e=\dfrac{2V}{x_e^2}$	$x_1=a\theta \quad x_2=l\theta \quad x_e=a\theta$ $h=l(1-\cos\theta)\approx\dfrac{1}{2}l\theta^2$ $V=\dfrac{1}{2}Ka^2\theta^2+mg\times\dfrac{1}{2}l\theta^2$ $K_e=K+\dfrac{mgl}{a^2}$
等效质量	$T=\dfrac{1}{2}m_e\dot{x}_e^2$ $=\sum\dfrac{1}{2}m_i\dot{x}_i^2$ $\left(T=\dfrac{1}{2}I_e\dot{\varphi}_e^2=\sum\dfrac{1}{2}I_i\dot{\varphi}_i^2\right)$	$m_e=\dfrac{2T}{\dot{x}_e^2}$	$\dot{x}_1=a\dot{\theta}\quad \dot{x}_2=l\dot{\theta}\quad \dot{x}_e=a\dot{\theta}$ $T=\dfrac{1}{2}ml^2\dot{\theta}^2$ $m_e=m\dfrac{l^2}{a^2}$
弹簧刚度的等效质量	$T+V=\dfrac{1}{2}m_e\dot{x}_e^2$ $T=\sum\dfrac{1}{2}m_i\dot{x}_i^2$ $V=\sum\dfrac{1}{2}K_i x_i^2$ $\left(T+V=\dfrac{1}{2}I_e\dot{\varphi}_e^2\quad T=\sum\dfrac{1}{2}I_i\dot{\varphi}_i^2\right.$ $\left.V=\sum\dfrac{1}{2}K_{\varphi i}\varphi_i^2\right)$	$m_e=\dfrac{2(T+V)}{\dot{x}_e^2}$	$x_1=B_1\sin(\omega t-\varphi)$ $\dot{x}_1=B_1\omega\cos(\omega t-\varphi)$ $\dot{x}_e=B_1\omega\cos(\omega t-\varphi)$ $T_1=\dfrac{1}{2}m_1 B_1^2\omega^2\cos^2(\omega t-\varphi)$ $V_1=\dfrac{1}{2}K_1 B_1^2\left[1-\cos^2(\omega t-\varphi)\right]$ 所以 $\quad m_{e1}=\dfrac{2(T_1+V_1)}{\dot{x}_e^2}=m_1-\dfrac{K_1}{\omega^2}$ 同理: $\quad m_{e2}=m_2-\dfrac{K_3}{\omega^2}$ 其中 $\quad\dfrac{1}{2}K_1 B_1^2,\quad \dfrac{1}{2}K_3 B_2^2$ 只表示静态特性
等效阻尼	$W=C_e\dot{x}_e x_e=C_i\dot{x}_i x_i$ $\left(W=C_{\varphi e}\dot{\varphi}_e\varphi_e=\sum C_{\varphi i}\dot{\varphi}_i\varphi_i\right)$	$C_e=\dfrac{W}{\dot{x}_e x_e}$	$\dot{x}_2=l\dot{\theta}\quad x_2=l\theta$ $\dot{x}_e=a\dot{\theta}\quad x_e=a\theta$ $W=C\dot{x}_2 x_2=Cl^2\dot{\theta}\theta$ $C_e=C\dfrac{l^2}{a^2}$
等效激励	$W=F_e(t)x_e$ $=\sum F_i(t)x_i$ $\left[W=M_e(t)\varphi_e\right.$ $\left.=\sum M_i(t)\varphi_i\right]$	$F_e(t)=\dfrac{W}{x_e}$	$x_1=a\theta\quad x_2=l\theta$ $x_e=a\theta$ $W=F(t)l\theta$ $F_e(t)=F(t)\dfrac{l}{a}$

分类	能量守恒原则	等效参数	实 例 计 算 说 明
6. 方 向 转 换	$V = \dfrac{1}{2} K_e s^2$ $= \dfrac{1}{2} K_x x^2 + \dfrac{1}{2} K_y y^2$	$K_e = \dfrac{2V}{s^2}$	$x = s\cos\delta \quad y = s\sin\delta$ $V = \dfrac{1}{2}(K_x s^2 \cos^2\delta + K_y s^2 \sin^2\delta)$ $K_e = K_x \cos^2\delta + K_y \sin^2\delta$ 其他参数可类似进行振动方向的转换计算 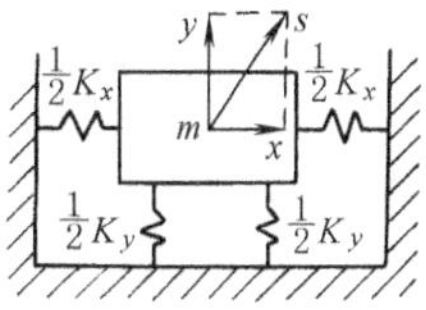 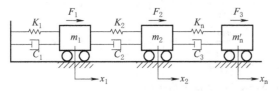

注：1. 参数转换计算均按微幅简谐振动计算。
　　2. V—势能；T—动能；W—功；C—阻尼系数；B—振幅。

8　线性振动的求解方法及示例

表 19-3-10 已列出了各种计算的结果。本节再把振动的计算原理举例以及现代的一些计算方法简介如下。

8.1　运动微分方程的建立方法

8.1.1　牛顿第二定律示例

如图 19-3-3 所示，按每个物体的受力分析，用牛顿第二定律写出加速度和力的关系式，经过整理，可得：

图 19-3-3　受力简图

$$m_1 \ddot{x}_1 + (C_1 + C_2)\dot{x}_1 - C_2 \dot{x}_2 + (K + K_2)x_1 - K_2 x_2 = F_1$$
$$m_2 \ddot{x}_2 - C_2 \dot{x}_1 + (C_2 + C_3)\dot{x}_2 - C_3 \dot{x}_3 - K_2 x_1 + (K_2 + K_3)x_2 - K_3 x_3 = F_2$$
$$m_3 \ddot{x}_3 - C_3 \dot{x}_2 + C_3 \dot{x}_3 - K_3 x_2 + K_3 x_3 = F_3$$

将其写成矩阵形式（也可以推广到 n 个自由度系统）：

$$M\ddot{X} + C\dot{X} + KX = F \tag{19-3-1}$$

其中，$M = \begin{bmatrix} m_1 & 0 & 0 \\ 0 & m_2 & 0 \\ 0 & 0 & m_3 \end{bmatrix}$，$C = \begin{bmatrix} C_1+C_2 & -C_2 & 0 \\ -C_2 & C_2+C_3 & -C_3 \\ 0 & -C_3 & C_3 \end{bmatrix}$，$K = \begin{bmatrix} K_1+K_2 & -K_2 & 0 \\ -K_2 & K_2+K_3 & -K_3 \\ 0 & -K_3 & K_3 \end{bmatrix}$，

$$\ddot{X} = \begin{Bmatrix} \ddot{x}_1 \\ \ddot{x}_2 \\ \ddot{x}_3 \end{Bmatrix}, \dot{X} = \begin{Bmatrix} \dot{x}_1 \\ \dot{x}_2 \\ \dot{x}_3 \end{Bmatrix}, X = \begin{Bmatrix} x_1 \\ x_2 \\ x_3 \end{Bmatrix}, F = \begin{Bmatrix} F_1 \\ F_2 \\ F_3 \end{Bmatrix} \tag{19-3-2}$$

矩阵 M 为由惯性参数组成的矩阵，称为质量矩阵或惯性矩阵；C 为阻尼矩阵；K 为由系统的弹性参数组成的矩阵，称为刚度矩阵，其元素也经常被称为刚度影响系数；X 为位移坐标列向量。质量矩阵和刚度矩阵都是对称矩阵，对角元素称为主项，非对角元素称为耦合项。质量矩阵的非对角元素不等于零，说明系统存在惯性耦合。见 8.1.3。

8.1.2　拉格朗日法

对于简单的系统用牛顿第二定律是比较方便的。对于较复杂的系统则用拉格朗日法较为方便。但是推导结果是一样的。如图 19-3-4，列出系统的动能和势能方程式。

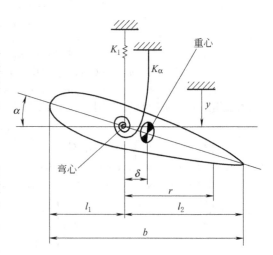

图 19-3-4 受力简图

系统动能：
$$T=\frac{1}{2}(m_1\dot{x}_1^2+m_2\dot{x}_2^2) \tag{19-3-3}$$

系统势能：
$$V=\frac{1}{2}[K_1x_1^2+K_2(x_1-x_2)^2+K_3x_2^2] \tag{19-3-4}$$

系统的能量耗散函数：
$$D=\frac{1}{2}[C_1\dot{x}_1^2+C_2(\dot{x}_1-\dot{x}_2)^2+C_3\dot{x}_2^2] \tag{19-3-5}$$

广义干扰力：
$$F_1(t)=F_1\sin\omega t; F_2(t)=F_2\sin\omega t \tag{19-3-6}$$

将上述各项代入拉格朗日方程：
$$\frac{\mathrm{d}}{\mathrm{d}t}\left(\frac{\partial T}{\partial \dot{x}_i}\right)-\frac{\partial T}{\partial x_i}+\frac{\partial V}{\partial x_i}+\frac{\partial D}{\partial \dot{x}_i}=F_i(t) \quad (i=1,2,\cdots,n),\text{本例}n=2$$

则：$i=1$ 时，

$$\frac{\mathrm{d}}{\mathrm{d}t}\left(\frac{\partial T}{\partial \dot{x}_1}\right)=\frac{\mathrm{d}}{\mathrm{d}t}(m_1\dot{x}_1)=m_1\ddot{x}_1; \frac{\partial T}{\partial x_1}=0$$

$$\frac{\partial V}{\partial x_{1_i}}=K_1x_1+K_2(x_1-x_2)=(K_1+K_2)x_1-K_2x_2$$

$$\frac{\partial D}{\partial \dot{x}_1}=C_1\dot{x}_1+C_2(\dot{x}_1-\dot{x}_2)=(C_1+C_2)\dot{x}_1-C_2\dot{x}_2$$

同理，对 x_2、$\dot{x}_2$ 求偏导和微分，整理后得：

$$m_1\ddot{x}_1+(C_1+C_2)\dot{x}_1-C_2\dot{x}+(K_1+K_2)x_1-K_2x_2=F_1\sin\omega t$$
$$m_2\ddot{x}_2-C_2\dot{x}_1(C_2+C_3)\dot{x}_2-K_2x_1+(K_2+K_3)x_2=F_2\sin\omega t$$

说明：同一能量不能在各表达式中重复出现。已写入能量表达式中的能量所对应的力或力矩，在拉格朗日方程的力或力矩中不能再出现。例如，偏心质量回转引起的受迫振动，干扰力项已写入系统的势能和能量的耗散函数，则拉格朗日方程的广义干扰力就不该再出现。

8.1.3 用影响系数法建立系统运动方程

如图 19-3-5 平面硬机翼系统，坐标为 y，α；弹簧刚度为 K_1，K_α；质量为 m，质量的静矩为 $S=m\delta$（尺寸 δ 为重心与悬挂点水平距见图）。机翼对弯心的转动惯量 $I=I_0+m\delta^2$。

略去阻尼和强迫振动，式 (19-3-1) 可写成：

$$M\ddot{X}+KX=0 \tag{19-3-7}$$

即

$$m\ddot{y}+S\ddot{\alpha}+K_1y=0$$
$$S\ddot{y}+I\ddot{\alpha}+K_\alpha\alpha=0 \tag{19-3-8}$$

这里，$M=\begin{bmatrix} m & S \\ S & I \end{bmatrix}$，$K=\begin{bmatrix} K_1 & 0 \\ 0 & K_\alpha \end{bmatrix}$，$X=\begin{Bmatrix} y \\ \alpha \end{Bmatrix}$

在结构静力学分析中，广泛采用柔度影响系数的概念。所谓柔度影响系数是指在单位外力作用下系统产生的位移。

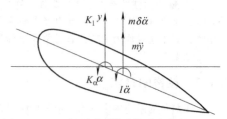

图 19-3-5 平面硬机翼系统受力分析

在系统的广义坐标 j 上作用单位外力，在广义坐标 i 上产生位移，用柔度影响系数 f_{ij} 来表示，并且 $f_{ij}=f_{ji}$。设 F_1 和 F_2 是作用在系统上分别与广义坐标 y 和 α 相对应的广义力，那么弯心所产生的位移与翼段绕弯心的转角就分别为：

$$y=f_{11}F_1+f_{12}F_2$$
$$\alpha=f_{21}F_1+f_{22}F_2 \tag{19-3-9}$$

根据柔度影响系数的力学含义，$f_{12}=f_{21}=0$，$f_{11}=1/K_1$，$f_{22}=1/K_\alpha$

因此，

$$F_1=-m(\ddot{y}+\delta\ddot{\alpha})$$
$$F_2=-m\delta\ddot{y}-(I_0+m\delta^2)\ddot{\alpha}$$

代入上面的式子，得：

$$y=-\frac{1}{K_1}(m\ddot{y}+m\gamma\ddot{\alpha})$$

$$\alpha=-\frac{1}{K_\alpha}[m\delta\ddot{y}+(I_0+m\delta^2)]\ddot{\alpha}$$

式（19-3-8）可以写成：$\boldsymbol{FM\ddot{X}}+\boldsymbol{X}=0$ 或 $\boldsymbol{D\ddot{X}}+\boldsymbol{X}=0$

式中

$$\boldsymbol{F}=\begin{bmatrix}1/K_1 & 0\\ 0 & 1/K_\alpha\end{bmatrix} \tag{19-3-10}$$

$\boldsymbol{F}$ 为柔度影响系数矩阵，即柔度矩阵。$\boldsymbol{D}=\boldsymbol{FM}$ 为系统的动力矩阵。
但是，还是用刚度矩阵来研究无阻尼多自由度系统动态特性为主要形式。

8.2　求解方法

8.2.1　求解方法

主要是推求多自由度无阻尼系统的各阶固有频率和振型。由特征方程式

$$|[\boldsymbol{A}]-\lambda[\boldsymbol{I}]|=0 \tag{19-3-11}$$

式中　$[\boldsymbol{I}]$ 为单位矩阵；
$[\boldsymbol{A}]$ 为动力矩阵：

$$[\boldsymbol{A}]=[\boldsymbol{M}]^{-1}[\boldsymbol{K}] \tag{19-3-12}$$

而

$$\lambda=\omega^2$$

可求得 n 个特征根 λ，即可知系统的 n 个固有频率 ω，ω_1 为系统第一阶固有频率：

$$\omega_1<\omega_2<\omega_3\cdots<\omega_n$$

从

$$[[\boldsymbol{A}]-\lambda[\boldsymbol{I}]]\{\boldsymbol{x}\}=0$$

中可求得 n 个振型：
设都作简谐运动，特解为：

$$\boldsymbol{X}=\boldsymbol{a\phi}\sin(\omega t+\theta) \tag{19-3-13}$$

式中，$\phi=\begin{Bmatrix}\phi\\ \phi_2\\ \vdots\\ \phi_n\end{Bmatrix}$，为各阶振幅的比值；$\theta$ 为振动的初始角；α 为一参数。

把任意个特征值 λ_j 代入方程：

$$(K-\lambda 0)\phi=0 \tag{19-3-14}$$

就可以得到与之对应的特征向量 ϕ_j。特征向量 ϕ_j 表达了各个坐标在以频率 ω_j 作简谐振动时各个坐标幅值的相对大小，称之为系统的第 j 阶固有模态或固有振型，或简称为第 j 阶模态或振型。再把它代入式（19-3-13），得到

$$x_j=a_j\phi_j\sin(\omega_j t+\theta_j) \tag{19-3-15}$$

就是多自由度系统以 ω_j 为固有频率，以 ϕ_j 为模态的第 j 阶主振动。系统的响应就是各阶主模态振动的叠加，即

$$x=\sum_{j=1}^{n}x_j=\sum_{j=1}^{n}a_j\varphi_j\sin(\omega_j t+\theta_j) \tag{19-3-16}$$

式中，a_j，θ_j 由初始条件确定。

8.2.2 实际方法及现代方法简介

从上面计算可以看出，随着自由度数目的增多，计算变得复杂，所以人们想了各种办法来近似地求得其数值结果。设计者主要关心的是振动的频率和最大的振幅。

表 19-3-11 列举了一些求解的办法及现代的还在发展的方法。

表 19-3-11

序号	名称	简单说明
1	直接积分法	只能计算少量自由度的振动
2	瑞利法（能量法）	根据能量守恒定律，对于保守系统，系统的最大势能等于其最大的动能。系统的动能 T_{max} 可表示为：$T_{max} = \omega^2 T_0$ 式中，T_0 称为系统的动能系数。系统的最大势能为 U_{max} 从系统各件的弯曲和扭转内能算得 由 $U_{max} = T_{max} = \omega^2 T_0$，得：$\omega^2 = U_{max}/T_0$（瑞利法） 本法特点：①只能求基本固有频率；②近似解大于精确解；③计算精度取决于假设的基本振型的好坏
3	里兹-瑞利法	对于复杂系统瑞利法是很复杂的函数。里兹对瑞利法的改进，引入线性无关的坐标及可能位移，实际上变成一个求解 m 阶广义特征值问题 瑞利法取极值的条件式给出了关于里兹坐标的齐次线性方程组。由此得到关于频率的代数方程，也就是频率方程，可以求得前 n 阶频率的近似值。再求得里兹坐标的相对比值；再求得近似模态函数 对于离散系统，里兹-瑞利法相当于缩减了系统的自由度，从而达到减小计算工作量的目的。前一两阶的固有频率近似值比瑞利法准确
4	子空间迭代法	瑞利-里兹法与迭代法结合起来使用，这就形成了子空间迭代法。该法是反复使用迭代法与瑞利-里兹法以求得一批低阶振型和频率的方法。该法是计算大型结构前一批自频和振型的经常使用的方法之一
5	矩阵迭代法	先取一个经过基准化的假设振型左乘以动力矩阵，得新的矩阵，将其基准化再进行迭代，直到最后的矩阵与前一矩阵相等，该矩阵就是第一阶振型。适用于只需求出最低几阶频率。可参见第 8 章 5 轴系的临界转速计算
6	里兹向量直接叠加法	是按照一定方法生成初始里兹向量，用瑞利-里兹法计算里兹向量，代替振型用里兹向量分解位移的方法 子空间迭代法要反复使用迭代法和瑞利-里兹法，本方法则无需反复计算。对于单工况情况（只需计算一组荷载作用），里兹向量直接叠加法比振型分解法（子空间迭代法）收敛得快，省机时，省存储单元。对于荷载作用点不同的多工况情况：每换一种工况情况，都要重新计算里兹向量，用哪种方法好，视工况数多少比较确定。在有限元法中还要用到里兹法
7	机电比拟法	振动系统可与电路系统相比拟，因此，在谐波激励下的振动系统也可以像正弦电路一样，用网络理论来分析 阻抗综合法是分析复杂振动系统的有效方法。作为一种子系统综合法，它首先将整体系统分解成若干个子系统，应用上述机械阻抗或导纳概念分别研究各个子系统，建立各子系统的机械阻抗或导纳形式的运动方程；然后根据子系统之间互相连接的实际状况，确定子系统之间结合的约束条件；最后根据结合条件将各子系统的运动方程耦合起来。从而得到整体系统的运动方程与振动特性
8	有限元法（动力有限元法）	有限元法对于结构的计算已普遍应用，在数值计算上更为准确、快速，但需要有前期的软件程序编制工作，所以只用于重要的或批量生产的设备零部件，或者是可以套用的、规格的结构。其力学的理论和计算分析结构的强度和刚度的方法是相同的 有限元法在结构方面已可以应用于动力分析，即动力有限元。动力有限元的特点： ① 一个杆要离散成若干个单元。这是因为指定的变形形式是静力位移形式，用来近似动力变形形式，只有分段较多时才能有足够精度 ② 有分布的惯性力，相当于有限元的非节点荷载，要用公式化成等效节点荷载 ③ 在动力有限元法中，把分布的惯性力视为非节点荷载，要把它化为等效的节点惯性力 用来计算结构的固有频率、振型、强迫振动、动力响应；还可以计算箱体的热特性，如热变形、热应力，以及箱体的温度场等的计算。与计算机辅助设计 CAD 相结合，还可以自动绘制三维图形、几何造型和零件工作图
9	振型叠加法	由于自由度数的增加，在分析和计算时需要更有效的处理方法。对于多自由度系统的二阶常微分方程组，可以采用另一种更便于分析的解法，那就是振型叠加法（模态分析法）。这种方法是通过坐标变换，使一组互相耦合的二阶常微分方程组变成一组互相独立的二阶常微分方程组，其中每个方程就如同单自由度系统那样求解，这不仅在系统受有更复杂载荷情况下，可以简化运动分析的过程，而且各阶固有频率对整个振动的参与情况也一目了然

序号	名称	简 单 说 明
10	模态分析法模态综合法	是缩减自由度的方法,用于大型复杂结构 模态分析法按 GB/T 2298—2010 的定义:"基于叠加原理的振动分析方法,用复杂结构系统自身的振动模态,即固有频率、模态阻尼和模态振型来表示其振动特性。" 模态综合法是把结构分割为许多子结构,分别假定各子结构的变形形式。根据假定的变形形式,作各子结构的模态分析,然后利用连接条件把各子结构综合为原结构 结合各种方法,模态分析还包括动力有限元法、动态特性分析、模态试验、模拟噪声的传播、温度分布等 有关设备的动态特性分析已在我国各个工程领域中得到应用,也做出了一些初步的成绩。如对某型齿轮箱的模态、振动烈度和振动加速度进行测试;上海东方明珠电视塔的振动模态试验;目前我国主跨 1385 米的斜拉索江阴长江大桥的振动试验对大桥动力模型的修正提供了技术依据。但总的来说,还只做了部分工作,还没有广泛地在工程领域内应用
11	其他	还有:邓柯莱法、雅克比法及其推广,豪斯厚德法、兰佐斯法、QL 迭代法、伽辽金法、线性加速度法及其推广(威尔逊法、纽马克法),模态加速度法等

注:在动态激振力作用下结构刚度是激励频率的函数。如果结构动刚度特性在某频率附近较差,可以通过进一步的模态分析和受迫模态振型分析等得到结构在该频率下的整体动态响应特性,确定刚度薄弱的区域以便进行改进。模态分析也是要应用振动理论、有限元法、边界元法、模态频响分析、曲线分析与振动型的动画显示方法、优化设计、模态修改技术等部分的理论与方法。可以让设计者在屏幕上看到机架在某些振动激励下的振动状态。可以画出各阶的振型图。对于汽车车架来说,这是很值得分析的,因为汽车车架不但要"结实"(强度、刚度足够)、重量轻,还要舒适。

8.2.3 冲击载荷示例

若冲击载荷可用简单解析式表达,则响应也能用解析式表达。以所示的半止弦波脉冲(图 19-3-6)为例,此时响应可分为两个阶段:载荷作用期间为第一阶段,随后发生的自由振动为第二阶段。在两阶段内的响应分别为:

$$y(t) = \frac{F_0}{k} \frac{1}{(1-\lambda^2)} (\sin\omega t - \lambda\sin\omega_n t) \quad (0 \leqslant t \leqslant t_1) \tag{19-3-17}$$

$$y(t) = -\frac{\dot{y}(t_1)}{\omega_n}\sin\omega_n \bar{t} + y(t_1)\cos\omega_n \bar{t} \quad (t \geqslant t_1) \tag{19-3-18}$$

式中,$\lambda = \omega/\omega_n$;$\omega_n = \sqrt{k/m}$;$\bar{t} = t - t_1$;$y(t_1)$ 和 $\dot{y}(t_1)$ 分别为第一阶段结束时的位移和速度;ω_n—固有角频率。

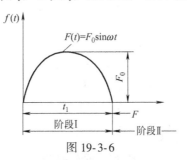

图 19-3-6

工程上最感兴趣的通常是冲击载荷引起结构的最大响应。

1)当 $\lambda < 1$(即 $\omega < \omega_n$)时,最大响应出现在第一阶段,出现时刻为

$$t = 2\pi/(\omega_n + \omega) \tag{19-3-19}$$

显见,当 $\omega = \omega_n$ 时,$t = t_1$,将上式代入式(19-3-17)得到最大响应值。

2)当 $\lambda > 1$ 时,(即 $\omega > \omega_n$)时,最大响应出现在第二阶段,首次出现时刻为:

$$t = t_1 + \frac{\pi}{2\omega_n}\left(1 - \frac{\omega_n}{\omega}\right) \tag{19-3-20}$$

由 $t_1 = \frac{\pi}{\omega}$ 代入式(19-3-17)得:

$$y(t_1) = \frac{F_0}{k} \times \frac{1}{(1-\lambda^2)} \left(0 - \lambda \sin \frac{\pi}{\lambda} \right) \left.\begin{array}{c}\\\\\\\\\end{array}\right\}$$

$$\dot{y}(t_1) = \frac{F_0}{k} \times \frac{\omega}{(1-\lambda^2)} \left(-1 - \cos \frac{\pi}{\lambda} \right)$$

最大响应值即自由振动的幅值为：

$$y_{max} = \sqrt{\left[\frac{\dot{y}(t_1)}{\omega_n}\right]^2 + \left[y(t_1) \right]^2}$$ (19-3-21)

$$= \frac{2F_0\lambda}{k(1-\lambda^2)} - \cos \frac{\pi}{2\lambda}$$

动刚度为：

$$K_d = \frac{F_0}{y_{max}}$$

动力放大系数为：

$$\beta = \frac{y_{max}}{F_0} k = \frac{2\lambda}{1-\lambda^2} \cos \frac{\pi}{2\lambda}$$ (19-3-22)

8.2.4 关于动刚度

在"机架设计"篇中，对于动载荷，是乘以不同的动载系数来考虑的。如果机架上有较大的动载荷，或有振动载荷受到轻微的碰撞，计算方法是用工程力学的理论和方法，求得其动载荷，加于静载荷之上来进行强度和允许挠度的校核。其许用应力则按动载荷所占比例选择不同的许用应力。所以机架的刚度是力与挠度的比值（N/cm），称静刚度。静柔度则是静刚度的倒数，即单位力所产生的位移或变形。设备或机架的动柔度和动刚度，按"GB/T 2298—2010 机械振动、冲击与状态监测词汇"，动柔度的定义是：以频率为自变量的位移的频谱或频谱密度与力的频谱或频谱密度之比。动刚度的定义是：机械系统中，某点的力与该点或另一点位移的复数比。根据线性平移单自由度系统的振动方程式：

$$m\ddot{x} + c\dot{x} + kx = F$$

当激振力 F 与振动位移方向不一致或不在同一点时（机械设备往往如此），用复平面来表示：

$$F = F_0 e^{i\omega t}; x = A e^{i(\omega t - \varphi)}$$ (19-3-23)

式中 φ——位移滞后于激振力的相位角；

   A——位移振幅；

   F_0——激振力幅。

动刚度为：

$$k_d = \frac{F_0}{A} e^{i\varphi}$$ (19-3-24)

当相位角一致时，$k_d = \frac{F_0}{A}$ 或 $A = \frac{F_0}{k_d}$

动力放大系数 β，即刚度减少倍数，为：

$$\beta = k/k_d \text{ 或 } k_d = k/\beta$$

对照表 19-3-2 第 6 栏，栏中振幅用 B 表示，可知受迫振动稳态时动刚度 k_d 与静刚度 k 的关系。

对表 19-3-2 第 6 栏第 1 列简谐作用力作用下的振动位移，放大系数为：

$$\beta = \frac{1}{\sqrt{(1-Z^2)^2 + (2\zeta Z)^2}}$$ (19-3-25)

即

$$k_d = k \sqrt{(1-Z^2)^2 + (2\zeta Z)^2}$$ (19-3-26)

说明动刚度不仅和结构的静刚度有关，还和激振力的频率与结构的固有频率比及阻尼比有关。其他形式的激振力仿此。

对照上面的图表分析，对于大多数机架的计算，特别是非标准机架，在未采用现代新的方法之前，根据振动的理论，当机架上有振动的设备时：

1）如果设备的动作用力的振动频率远小于机架的振动频率，将动载荷加于静载荷之上来进行计算，即认为动刚度和静刚度基本相同；

2）如果设备的振动频率比机架的低阶振动频率大很多，结构则不容易变形，即结构的动刚度相对较大，则基本上可以不考虑动载荷，仅采用动力系数 k_d 的办法来计算就可以了；

3）如果设备振动的动作用力的频率和机架的振动频率相近，则机架就可能发生共振。此时变形大，动刚度就较小。就要大大地增加结构的刚度。

本方法的主要缺点就在于很难确定机架哪一位置可能发生较剧烈的振动。以往的方法是设计者根据经验分析机架的薄弱环节而加强之。例如节点的加固，加肋等。

9 转轴横向振动和飞轮的陀螺力矩

在本章第 3 节表 19-3-5 中已表明转轴在扭转激振力矩作用下振系参数和直线振动振系参数的对比。按参数的对换，上面各表和计算公式皆可应用于转动的扭转振动计算。但有时轴在旋转时还受到径向激振力的作用以及垂直于轴向的弯矩激振力的作用。

9.1 转子的涡动

通常转轴的两支点在同一水平线，设圆盘位于两支点的中央，图 19-3-7 所示。转轴未变形时，中心线是水平的。当轴的自重及轴中心有较重的转子，使轴产生静变形到 O' 点时，轴曲线为 ACB。一般假设轴中心静变形时的 O' 点就在 O 点，振动就以此作为原点。就如直线振动是以弹簧受参振质量 m 作用静变形 δ_0 处作原点一样。因为轴在各种静态作用力作用下的变形是很小的。设计中通常的方法是：在动态计算和应力及变形校核后，把各种静态作用力作用下的应力和变形加上去就可以了。

当轴侧向受到某一力冲击作用时，轴将如梁一样进行横向振动，其振动角速度为 ω_n，即轴的固有频率角速度，令圆盘的质量为 m，轴的刚度为 k，$\omega_n = \sqrt{\dfrac{k}{m}}$。略去阻尼，轴中心 O' 将在施力的方向作直线的简谐运动。但由于同时轴以角速度 ω 旋转，根据运动的合成，O' 将以 O 点为中心描绘出绕原点 O 旋转的规则的 ∞ 形或心形曲线。圆盘中心在作进动，即涡动，其频率即是转轴弯曲振动的自然频率。要说明的是：①因为有阻尼，自然

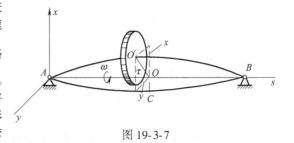

图 19-3-7

振动会很快消失；②因为有离心力的作用，$\omega < \omega_n$ 时振幅可变化；$\omega > \omega_n$ 时，有定心作用，详细参看下一节。

9.2 转子质量偏心引起的振动

当轴转动时，由于离心力的作用，轴将可能继续变形，设圆盘此时的中心 O' 距原轴中心为 r，如图 19-3-7 所示，轴曲线为 $AO'B$。圆盘面仍垂直于轴，不计轴的重量。设圆盘制造重心 C 与几何安装中心 O' 的偏差为圆盘制造偏心距为 ε，即 $O'C = \varepsilon$。该偏差按设备要求，有规范可查。

令轴的转速为 ω，轴的固有频率为 ω_n，圆盘的质量为 m，如参振的总质量为 M，轴的刚度为 k，略去阻尼，不平衡质量偏心 ε 所产生强迫振动的微分方程式为：

$$M\ddot{x} - kx = m\varepsilon\omega^2\cos\omega t, \text{由 } \omega_n = \sqrt{\frac{k}{M}}$$

即 $\ddot{x} - \omega_n^2 x = \dfrac{m}{M}\varepsilon\omega^2\cos\omega t$

由表 19-3-2 第 6 行的阻尼系数 $C = 0$；$Z = \omega/\omega_n$

解得
$$r = A \mathrm{e}^{\mathrm{i}\omega t}; \text{振幅 } A = \frac{\frac{m}{M}\varepsilon(\omega/\omega_n)^2}{1-(\omega/\omega_n)} \qquad (19\text{-}3\text{-}27)$$

上式在计算振动输送机时用到。通常不计轴的质量，$M=m$，$\omega_n = \sqrt{\dfrac{k}{m}}$，则上式即为：

$$A = \frac{\varepsilon(\omega/\omega_n)^2}{1-(\omega/\omega_n)^2} \qquad (19\text{-}3\text{-}28)$$

轴心 O' 的响应频率与偏心质量的激振力频率都是 ω。$A>0$ 时，相位差为 $0°$；$A<0$ 时，相位差为 $180°$。O、O'、C 三点在同一条直线上，以同一速度 ω 旋转，并且：

1）$\omega<\omega_n$ 时，$A>0$，C 点在 O' 点的同一侧，即静变形与动变形是叠加的；

2）$\omega>\omega_n$ 时，$A<0$，但当 $M=m$ 时，$|A|>\varepsilon$，说明 C 在 O 与 O' 之间；

3）$\omega\gg\omega_n$ 时，$A\approx-\varepsilon$，圆盘重心 C 近似落于固定点 O，振动趋于平稳，即所谓"自动对心"。

4）$\omega\approx\omega_n$ 为临界角速度。临界转速将在第 8 章中较详细地阐述。

9.3　陀螺力矩

当圆盘不装在两支承的中点而偏于一边或悬臂时，如图 19-3-8 所示，转轴变形后，圆盘的轴线与两支点 A 和 B 的连线有一夹角 ψ。圆盘相对于轴无自转，圆盘和轴的角速度为 ω，极转动惯量为 I_p，则圆盘对质心 O' 的动量矩为：$\boldsymbol{H}=I_p\omega$。转动圆盘由于方向的改变，对轴作用有惯性力矩，是为陀螺力矩。

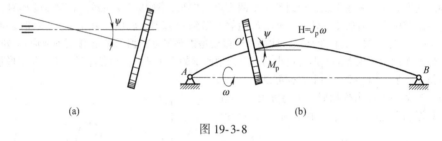

(a)　　　　　　　　　　　　　　　　　(b)

图 19-3-8

由薄圆盘对直径的转动惯量，$I_d = \dfrac{1}{2}I_p$

得
$$M_p = \frac{1}{2}I_p\omega^2\sin\psi = \frac{1}{2}I_p\omega^2\psi \qquad (19\text{-}3\text{-}29)$$

当轴为柔轴时，即 $\omega>\omega_n$ 时，将 ω_n 看作是圆盘相当于轴的自转速度，陀螺力矩为：

$$M_p = I_p\omega\omega_n\sin\psi = I_p\omega\omega_n\psi \qquad (19\text{-}3\text{-}30)$$

该力矩是相当大的，不仅作用于轴，还作用于轴承。

以上只是简单的计算，实际情况要复杂得多。例如，汽轮机转子的各横截面的质心的连线与各截面的几何中心的连线不重合，从而使转子在旋转时，各截面离心力构成一个空间连续力系，转子的挠度曲线为一连续的三维曲线，如图 19-3-9 所示。这个空间离心力力系和转子的挠度曲线是旋转的，其旋转的速度与转子的转速相同，从而使转子产生工频振动。这些要参考专门的书籍和方法来进行计算。

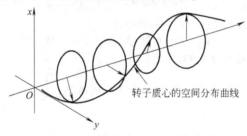

转子质心的空间分布曲线

图 19-3-9　转子质心空间分布曲线

第 **4** 章　非线性振动与随机振动

1　非线性振动

1.1　机械工程中的非线性振动类别

在对一个振动系统进行研究时，一般情况下其阻尼力和弹性力有时可线性化，但有时则必须考虑其非线性性质。在工程实际问题中也存在着一些不能线性化的系统。在机械系统中非线性力有非线性势力、非线性阻尼力和混合型非线性力。

非线性振动的普遍方程式为：$m\ddot{x}+P(x,\dot{x})=F=(t)$ 　　　　　　　　　　　　　　　　　　　　　(19-4-1)

或　　　　　　　　　　　　　　　　　$m\ddot{x}+f(x,\dot{x},t)=0$ 　　　　　　　　　　　　　　　　　　　(19-4-2)

只有 x、$\dot{x}$ 均较小，才可以将 $p(x,\dot{x})$ 函数在 $x=0$、$\dot{x}=0$ 附近展开成泰勒级数，并只取一次项，得线性振动的普遍方程式：$m\ddot{x}+c\dot{x}+kx=F(t)$ 　　　　　　　　　　　　　　　　　　　　　　　(19-4-3)

非线性振动系统可分为自治系统和非自治系统。

（1）自治系统

系统中，广义力 f 不直接与时间有关，其微分方程式是：

$$\ddot{x}+f(x,\dot{x})=0 \tag{19-4-4}$$

自治系统分保守系统和非保守系统。

1）保守系统中，广义力仅与坐标 x 有关，系统的总机械能保持不变，微分方程式是：

$$\ddot{x}+f(x)=0 \tag{19-4-5}$$

2）非保守系统是指系统受到的广义作用力与广义速度有关。普遍的微分方程式是：

$$m\ddot{x}+g(x,\dot{x})\dot{x}+f(x)=0 \tag{19-4-6}$$

若 $f(x)$ 为保守力，上式可分为三类：

① $g(x,\dot{x})>0$，系统在振动中总能量将不断消耗，振动将衰减，称耗散系统；

② $g(x,\dot{x})<0$，系统在振动中总能量将不断增长，振动将增大，称负阻尼系统；

③ $\left.\begin{array}{l}\text{当}|x|、|\dot{x}|\text{较小时，}g(x,\dot{x})<0\\\text{当}|x|、|\dot{x}|\text{较小时，}g(x,\dot{x})>0\end{array}\right\}$ 较小的振动将增大，增大到一定时将减小，最终出现定常振动，是为自激振动。自激振动的一个典型例子是范德波尔振子（即范德波尔方程）：

$$\ddot{x}-\varepsilon(1-x^2)\dot{x}+x=0 \tag{19-4-7}$$

和瑞利方程：

$$\ddot{x}-\varepsilon(1-\mu\dot{x}^2)\dot{x}+x=0 \tag{19-4-8}$$

（2）非自治系统

当系统受到的外力 $F(t)$ 是随时间而变化的动态力，或弹性力和阻尼力与 x、$\dot{x}$ 的关系是随时间而变化的，运动的微分方程式中含有时间 t，如式（19-4-2）。

非自治系统中主要的两类如下。

1) 强迫振动系统。系统只受到随时间变化的激振力 $P(t)$，系统的微分方程式为：

$$m\ddot{x} + \varphi(x, \dot{x}) + f(x) = P(t) \tag{19-4-9}$$

若 $\varphi(x, \dot{x}) = 0$ 或 $\varphi(x, \dot{x}) = c\dot{x}$，$f(x) = \alpha x + \beta x^3$，则该式即为杜芬方程。以该式表示的系统即为杜芬系统。

2) 参数激励系统。弹性恢复力和阻尼力的系统随时间而变化时，得到变系数的运动微分方程式：

$$\ddot{x} + [\varphi(x, \dot{x}) + r(t)\psi(x, \dot{x})] + [f(x) + q(t)e(x)] = 0 \tag{19-4-10}$$

或一般的是如下的形式：

$$m(t)\ddot{x} + C(t)\dot{x} + K(t)x = 0 \tag{19-4-11}$$

该系统一般都可以转化为马蒂厄方程：

$$\ddot{x} + (\delta + 2\varepsilon\cos\omega t)x = 0 \tag{19-4-12}$$

1.2 机械工程中的非线性振动问题

表 19-4-1 为机械工程中的非线性振动问题的典型例子。

表 19-4-1

类型	力学模型及非线性力曲线	运动微分方程及非线性力表达式
非线性恢复力		单摆运动微分方程：$ml^2\ddot{\theta} + mgl\sin\theta = 0$，当摆角 θ 较大时，将 $\sin\theta$ 展成幂级数，即 $$\sin\theta = \theta - \frac{\theta^3}{6} + \frac{\theta^5}{120} - \cdots$$ 如果只取前两项，则非线性运动微分方程： $$\ddot{\theta} + \frac{g}{l}\left(\theta - \frac{\theta^3}{6}\right) = 0$$ 这种恢复力的系数随着角位移幅值增大而减小的性质，称为"软特性"
非线性恢复力		非线性运动微分方程： $$m\ddot{x} + C\dot{x} + P(x,t) = F(t)$$ 其弹性恢复力： $$P(x,t) = \begin{cases} K'x & -e \leqslant x \leqslant e \\ K'x + K''(x-e) & e \leqslant x < \infty \\ K'x + K''(x+e) & -\infty < x \leqslant -e \end{cases}$$ 这里 K' 为软弹簧刚度，K'' 为两个硬弹簧的刚度和。这种弹性恢复力为分段线性的非线性恢复力，这种弹性恢复力的系数随着位移幅值的增长而分段（或连续）增长的性质称为"硬特性"
非线性阻尼力		非线性运动微分方程：$m\ddot{x} + P(\dot{x},t) + Kx = 0$ 库仑（干摩擦）阻尼： $$P(\dot{x},t) = \begin{cases} -\mu mg & \dot{x} > 0 \\ \mu mg & \dot{x} < 0 \end{cases}$$ μ——摩擦因数；m——质量，kg

续表

类型	力学模型及非线性力曲线	运动微分方程及非线性力表达式
非线性惯性力	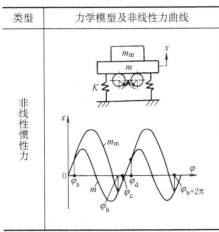	振动落砂机上质量为 m_m 的铸件做抛掷运动时,系统的运动微分方程: $$m\ddot{x}+P(\ddot{x},\dot{x},t)+C\dot{x}+Kx=F(t)$$ 其分段线性的非线性惯性力为: $$-P(\ddot{x},\dot{x},t)=\begin{cases}0 & \varphi_a\leqslant\varphi\leqslant\varphi_b\\ m_m(\ddot{x}+g) & \varphi_c\leqslant\varphi\leqslant\varphi_d\\ \dfrac{m_m(\dot{x}_m-\dot{x})}{\Delta t} & \varphi_b\leqslant\varphi\leqslant\varphi_c\end{cases}$$ φ_a——m_m 的抛始角;$\varphi_d=\varphi_a+2\pi$;$\varphi_c-\varphi_b=\omega\Delta t$; Δt——冲击时间(很短);$\dot{x}_m,\dot{x}$——分别为 m_m 和 m 的运动速度

　　注:1. 严格说,振动系统都是非线性的,只有在微幅振动时系统才能被简化为线性系统,上述各例微幅振动分别在如下的范围时,可简化为线性计算:$-\varphi_0\leqslant\theta_0\leqslant\varphi_0(\theta=\theta_0\sin\omega t,\ \sin\varphi_0\approx\varphi_0)$;$-e\leqslant B\leqslant e[x=B\sin(\omega t-\psi)]$;$-A_0\leqslant A\leqslant A_0[x=A\sin(\omega t-\psi),\ \omega A_0\approx A_0]$;$-\dfrac{g}{\omega^2}\leqslant A\leqslant\dfrac{g}{\omega^2}[x=A\sin(\omega t-\psi)=A\sin\varphi;\ \varphi_c=0\leqslant\varphi\leqslant\varphi_d=2\pi]$。当振动幅值超出上述范围,则系统产生的振动为非线性振动。

　　2. θ_0、B、A——各自的振幅。

1.3　非线性力的特征曲线

　　表 19-4-2 为各种系统所常见的几种非线性弹性力的特征曲线。
　　表 19-4-3 为各种系统所常见的几种非线性阻尼力的特征曲线。
　　表 19-4-4 为混合型非线性力的例子,基本上由材料或组件的弹性及内部阻力而形成。

表 19-4-2　　　　　　　　各种系统所常见的几种非线性弹性力的特征曲线

序号	系统说明	系统图例	力的特征曲线
1	以弹簧压于平面的物体		
2	置于锥形弹簧上的物体		
3	柔性弹性梁		

续表

序号	系 统 说 明	系 统 图 例	力的特征曲线
4	密闭缸内的气体上的重物	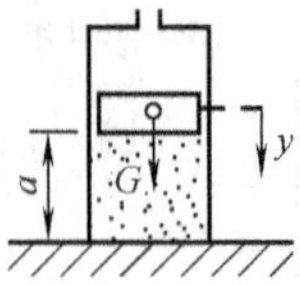	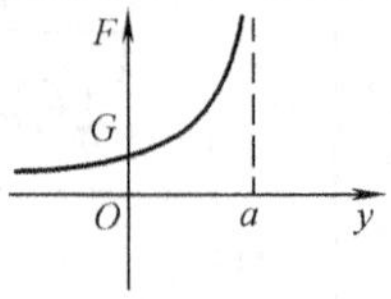
5	悬挂轴旋转的单摆		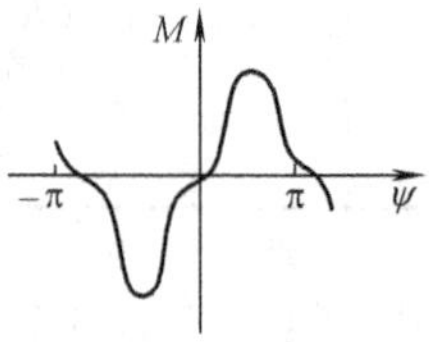 $M=mgl\sin\psi-m\Omega^2 l^2\cos\psi\sin\psi$
6	曲面船垂直偏离平衡位置	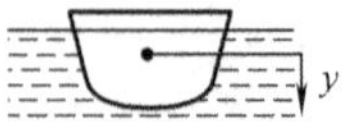	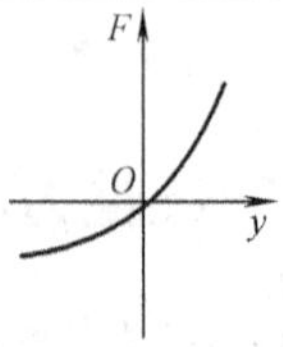
7	曲面船绕平衡位置转动	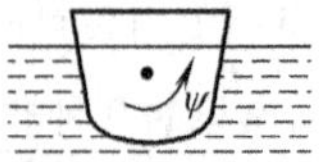	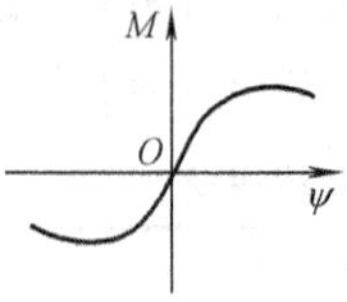
8	磁场中的电枢	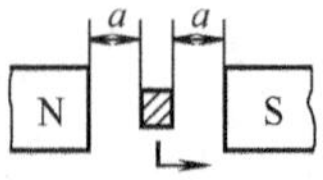	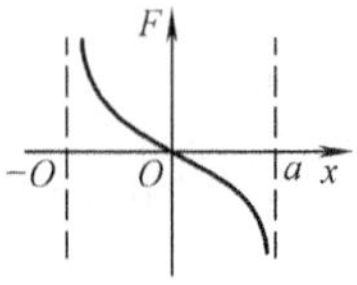
9	有间隙的弹簧	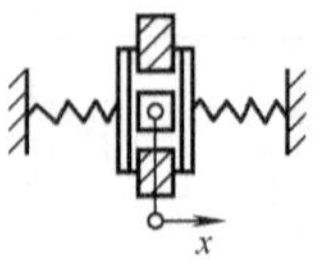	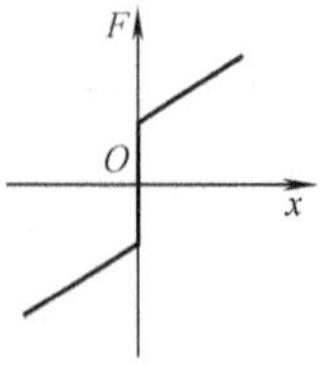
10	有纵向横槽的半圆柱体		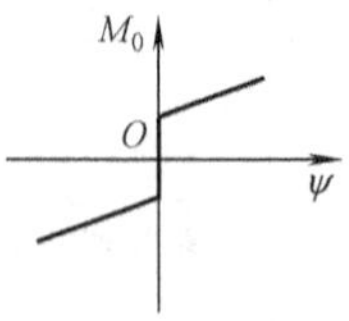

第 19 篇

表 19-4-3 各种系统所常见的几种非线性阻尼力的特征曲线

序号	阻尼说明	阻尼力公式	力的特征曲线	说　　明
1	幂函数阻尼	$F_1 = b\|v\|^{n-1}v$		
2	库仑摩擦 （1 中 $n=0$ 时）	$F_1 = b_0$		即表 19-2-6 中的 1 项
3	平方阻尼 （1 中 $n=2$ 时）	$F_1 = b_1 v^2$		即表 19-2-6 中的 2 项
4	线性和立方阻 尼的组合	a) $F_1 = b_1 v + b_3 v^3$ b) $F_1 = b_1 v - b_3 v^3$ c) $F_1 = -b_1 v + b_3 v^3$		
5	线性与库仑阻 尼的组合	a) $F_1 = b_0 \dfrac{v}{\|v\|} + b_1 v$ b) $F_1 = b_0 \dfrac{v}{\|v\|} - b_1 v$ c) $F_1 = -b_0 \dfrac{v}{\|v\|} + b_1 v$		
6	干摩擦 （2 和 4 的一部 分）	$F_1 = b_0 \dfrac{v}{\|v\|} - b_1 v + b_3 v^3$		

注：v—速度，$v=\dot{x}$；b_0，b_1，b_2，b_3—正的常数。

表 19-4-4　　　　　　　　　　　　　混合型非线性力

序号	系 统 说 明	系 统 图 例	力 的 特 性 曲 线
1	在其间有库仑摩擦的板弹簧组合		
2	固定在螺栓弹簧上的圆盘，在旋转时由于弹簧拧紧，它与粗糙表面 A 或 B 压紧		
3	弹塑性系统		
4	以常压 p 压在粗糙表面上的弹性带钢	$x_{max} = \dfrac{P_{max}^2}{2fpEFb}$ E——弹性模量 F——截面面积 b——宽度 f——摩擦因数 $P_{max} = fpbl$	$a = \dfrac{P}{P_{max}}$；$\xi = \dfrac{x}{x_{max}}$
5	具有材料内阻的杆		

1.4 非线性系统的物理性质

在线性系统中，由于有阻尼存在，自由振动总是被衰减掉，只有在干扰力作用下有定常的周期解；而在非线性系统中，如自激振动系统，在有阻尼及无干扰力的情况下，也有定常的周期振动。

非线性振动与线性振动不同的特点有如下几个方面（其特性曲线与说明见表 19-4-5）。

1）在线性系统中，固有频率和起始条件、振幅无关；而在非线性系统中，固有频率则和振幅、相位以及初始条件有关。如表 19-4-5 中的第 2 项。

2）幅频曲线出现拐点，受迫振动有跳跃和滞后现象，表中第 3 项恢复力为硬特性的非线性系统受简谐激振力作用时的响应曲线，第 4 项恢复力为软特性的响应曲线。

3）在非线性系统中，对应于平衡状态和周期振动的定常解一般有数个，必须研究解的稳定性问题，才能决定各个解的特性，如第 5 项。

4）线性系统中的叠加原理对非线性系统不适用。

5）在线性系统中，强迫振动的频率和干扰力的频率相同；而在非线性系统中，在简谐干扰力作用下，其定常强迫振动解中，除有和干扰力同频的成分外，还有成倍数的频率成分存在。

多个简谐激振力作用下的受迫振动有组合频率的响应，出现组合共振或亚组合共振，如第 7 项。

6）频率俘获现象。

7）广泛存在混沌现象。混沌是在非线性振动系统上有确定的激励作用而产生的非周期解。

8）非理想系统、自同步系统等不能线性化，必须研究非线性微分方程才能对其振动规律进行分析。

表 19-4-5　　　　　　　　　　　　　　非线性系统的物理性质

序号	物 理 性 质	特性曲线(公式)	说　　明
1	恢复力为非线性时,频率和振幅间的关系	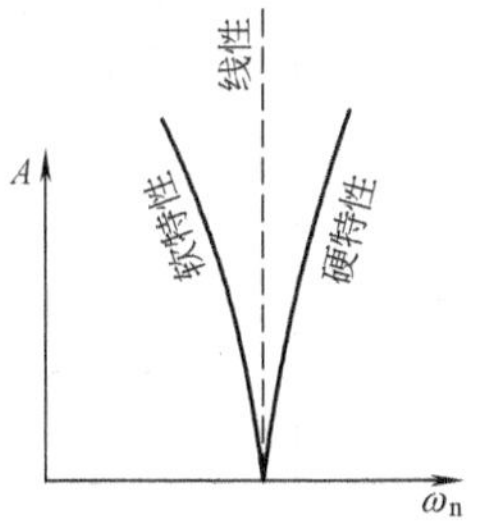	第 3、4 项的拐曲可参照
2	固有频率是振幅的函数	弹性恢复力： $$f(x)=Kx+ax^3+bx^5$$ 系统固有角频率： $$\omega_n=\sqrt{\dfrac{K+aA^2+bA^4}{m}}$$	系统的固有角频率将随着振幅 A 的增大而增大（硬特性）或减小（软特性） 非线性系统的运动微分方程： $$m\ddot{x}+Kx+ax^3+bx^5=0$$ m——质量,kg;K,a,b——分别为位移的一、三、五次方项的系数;A——位移幅值
3	幅频响应曲线发生拐曲	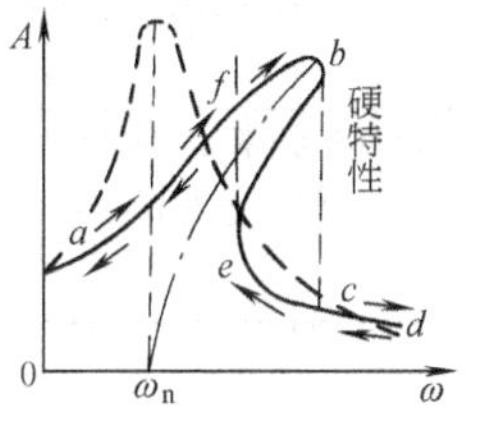	硬式非线性系统幅频响应曲线的峰部向右拐 软式非线性系统幅频响应曲线的峰部向左拐，见序号 1
4	受迫振动的跳跃和滞后现象	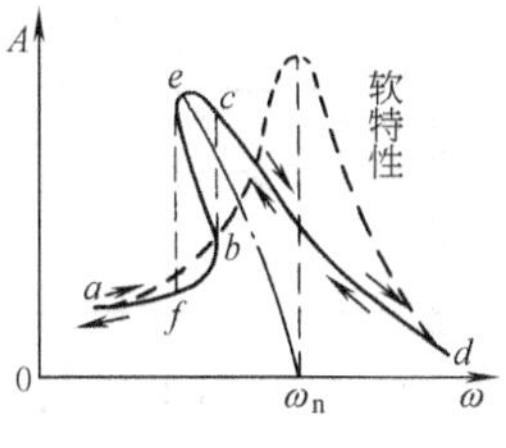	当激振力幅值不变时,缓慢改变激振频率,则受迫振动的幅值 A 将发生如图所示的变化。当 ω 从 0 开始增大时,则振幅将沿 afb 增大,到 b 点若 ω 再增大,则 A 突然下降（或增大）到 c,这种振幅的突然变化称为跳跃现象,然后若 ω 继续增大,则 A 沿 cd 减小。反之,当 ω 从高向低变化时,A 将沿 dc 方向增大,而达 c 点并不发生跳跃,而是继续沿 ce 方向增大,到 e 点,若 ω 再变小,则振幅又一次出现跳跃现象,这种到 c 不发生跳跃,而到 e 才发生跳跃的现象,称为滞后现象。从 e 点跳跃到 f 点后,振幅 A 将沿 fa 方向减小 除振幅有跳跃现象外,相位也有跳跃现象。下面是非线性系统的相频响应曲线（硬特性） 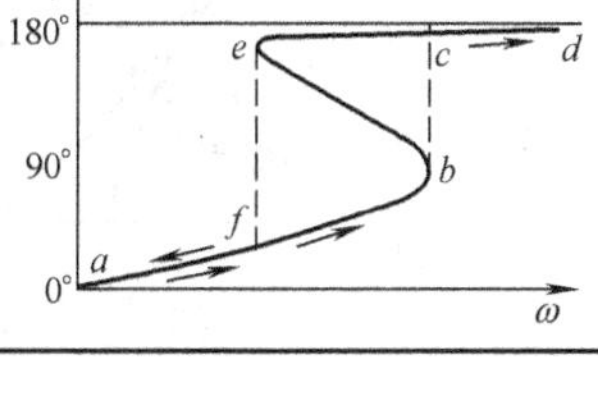

序号	物理性质	特性曲线(公式)	说　明
5	稳定区和不稳定区	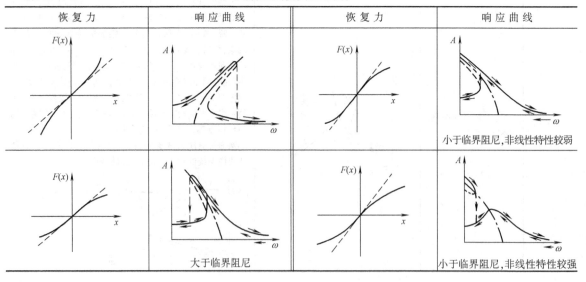	在非线性系统幅频响应曲线的滞后环(上面两图的 $bcef$)内,即两次跳跃之间,对应同一频率,有三个大小不同的幅值,也就是对应同一频率有三个解,其中对应 be 段上的解,无法用试验方法获取,该解就是不稳定的。多条幅频响应曲线对应的这一区域称为不稳定区。正因为如此,就需要对多值解的稳定性进行判别
6	线性叠加原理不再适用	$(x_1+x_2)^2 \neq x_1^2+x_2^2$ $\left[\dfrac{\mathrm{d}(x_1+x_2)}{\mathrm{d}t}\right]^2 \neq \left(\dfrac{\mathrm{d}x_1}{\mathrm{d}t}\right)^2+\left(\dfrac{\mathrm{d}x_2}{\mathrm{d}t}\right)^2$	
7	简谐激振力作用下的受迫振动有组合频率响应	非线性系统在 $F_1\sin\omega_1 t$ 和 $F_2\sin\omega_2 t$ 作用下,不仅会出现角频率为 ω_1 和 ω_2 的受迫振动,而且还可能出现频率为 $m\omega_1 \pm n\omega_2$(m、n 为整数)的受迫振动	非线性系统在 $F_1\sin\omega_1 t$ 作用下,不仅会出现角频率为 ω_1 的受迫振动,而且还可能出现角频率等于 ω_1/n 的超谐波和角频率等于 $n\omega_1$ 的次谐波振动。当 $\omega=\omega_n$ 时,除谐波共振外,还可能有超谐波共振和次谐波共振
8	频率俘获现象	非线性系统在受到接近于固有角频率 ω_n 的频率为 ω 的简谐激振力作用下,不会出现拍振现象,而是出现不同于 ω_n 和 ω 的单一频率的同步简谐振动,这就是频率俘获现象。产生频率俘获现象的频带为俘获带	

几个非线性系统的响应曲线见表 19-4-6。

表 19-4-6　　　　　　　　　　**非线性系统的响应曲线**

恢复力	响应曲线	恢复力	响应曲线
			小于临界阻尼,非线性特性较弱
	大于临界阻尼		小于临界阻尼,非线性特性较强

续表

恢 复 力	响 应 曲 线	恢 复 力	响 应 曲 线
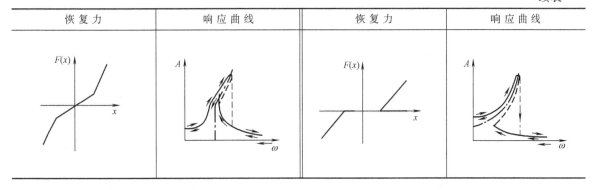			

1.5 分析非线性振动的常用方法

表 19-4-7   分析非线性振动的常用方法

	名称		适用范围及优缺点
精确解法	特殊函数法		可用椭圆函数或 Γ 函数等求得精确解的少数特殊问题,以及构造弹性力三次项为强非线性系统的振动解
	结合法		分段线性系统
近似方法	定性方法	相平面法	可研究强非线性自治系统
		点映射法	可研究强非线性组织系统的全局性态,并且是研究混沌问题的有力工具
		频闪法	求拟线性系统的周期解和非定常解,但必须把非自治系统化为自治系统
	定量方法	三级数法(渐近法)	求拟线性系统的周期解和非定常解,高阶近似较繁,又称 KBM 法
		平均法	求拟线性系统的周期解和非定常解,高阶近似较简单。计算振动的包络方程
		小参数法(摄动法)	求拟线性系统的定常周期解,其中最常用的是 L-P 法
		多尺度法	求拟线性系统的周期解和非定常解,能计算非稳态过程,描绘非自治系统的全局运动性态
		递代法及谐波平衡法	求强非线性系统和拟线性系统的定常周期解,但必须已知解的谐波成分
		等效线性化法	求拟线性系统的周期解和非定常解
		伽辽金法	求解拟线性系统,多取一些项也可用于强非线性系统
		数值解法	求解拟线性系统,强非线性系统

注:1. 其他方法还有如纽马克法、威尔逊 θ 法等;
2. 数值解法包括有限元法、模态分析综合法等,见第 3 章的表 19-3-11。

1.6 等效线性化近似解法

表 19-4-8

项 目	数 学 表 达 式	说 明
非线性运动微分方程	$m\ddot{x}+f(x,\dot{x})=F_0\sin\omega t$ $f(x,\dot{x})$ 为阻尼力和弹性恢复力的非线性函数	非线性函数可推广成为 $f(x,\dot{x},\ddot{x},t)$ 更一般函数
等效线性运动微分方程	$m\ddot{x}+C_e\dot{x}+K_e x=F_0\sin\omega t$	C_e、K_e 分别为等效线性阻力系数和刚度

项　目	数学表达式	说　明
等效线性方程的稳态解	$x = A\sin(\omega t - \varphi) = A\sin\varphi$ 式中 $$A = \frac{F_0}{\sqrt{(K_e - m\omega^2)^2 + C_e^2\omega^2}} = \frac{F_0\cos\varphi}{K_e - m\omega^2}$$ $$\varphi = \arctan\frac{C_e\omega}{K_e - m\omega^2}$$	这里的振幅 A、相位差角 φ 的表达式和第 3 章给出的公式是等价的
将 $f(x,\dot{x})$ 非线性项展成傅里叶级数	$f(x,\dot{x}) \approx a_1\cos\varphi + b_1\sin\varphi$ 式中 $$a_1 = \frac{1}{\pi}\int_0^{2\pi} f(A\sin\varphi, A\omega\cos\varphi)\cos\varphi\,d\varphi$$ $$b_1 = \frac{1}{\pi}\int_0^{2\pi} f(A\sin\varphi, A\omega\cos\varphi)\sin\varphi\,d\varphi$$	通常一级谐波都远大于二级以上谐波，所以一般均忽略二级以上谐波。a_0 只影响静态特性，一般也不考虑
将展开的 $f(x,\dot{x})$ 代入非线性方程并同等效线性方程比较得出等效线性参数	等效刚度： $$K_e = \frac{b_1}{A} = \frac{1}{\pi A}\int_0^{2\pi} f(A\sin\varphi, A\omega\cos\varphi)\sin\varphi\,d\varphi$$ 等效阻尼系数： $$C_e = \frac{a_1}{A\omega} = \frac{1}{\pi A\omega}\int_0^{2\pi} f(A\sin\varphi, A\omega\cos\varphi)\cos\varphi\,d\varphi$$	

注：有关运动稳定性问题在本章 2.3 节一并加以讨论。

1.7　示例

例　求解如图 19-4-1 所示的系统，该机的非线性振动方程为：

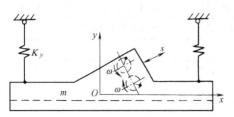

图 19-4-1　某自同步式振动机的力学模型

$$m\ddot{y} + C_y\dot{y} + F_m(\ddot{y},\dot{y}) + K_y y = F_0\sin\delta\sin\varphi$$
$$m\ddot{x} + C_x\dot{x} + F_m(\ddot{x},\dot{x}) + K_x x = F_0\cos\delta\sin\varphi$$

式中

$$F_m(\ddot{y},\dot{y}) = \begin{cases} 0 & \varphi_d < \varphi < \varphi_z \\ m_m(\ddot{y}+g) & \varphi_z - 2\pi + \Delta\varphi \leqslant \varphi \leqslant \varphi_d \\ \dfrac{m_m(\dot{y}_m - \dot{y}_z)}{\Delta t} & \varphi_z \leqslant \varphi \leqslant \varphi_z + \Delta\varphi \end{cases}$$

$$F_m(\ddot{x},\dot{x}) = \begin{cases} 0 & \varphi_d < \varphi < \varphi_z \\ m_m\ddot{x} & \varphi_1 \leqslant \varphi \leqslant \varphi_2 \\ m_m(g+\ddot{y}) & \varphi_2 \leqslant \varphi \leqslant \varphi_3 \quad (\text{正向滑动取负号，反向滑动取正号}) \\ \mu\dfrac{m_m(\dot{y}_m - \dot{y}_z)}{\Delta t} \ \text{或} \ \dfrac{m_m(\dot{x}_m - \dot{x})}{\Delta t} & \varphi_z \leqslant \varphi \leqslant \varphi_z + \Delta\varphi \end{cases}$$

式中　m_m——物料质量，kg；

　　　μ——摩擦因数；

　　　Δt——冲击时间，s，$\Delta t \rightarrow 0$；

　　　$\dot{y}_m$——物料抛掷运动结束，落至机体瞬时速度，m/s；

　　　$\dot{y}_z$——物料落至机体瞬时机体速度，m/s；

φ_d——物料做抛掷运动的抛始角，rad；

φ_z——物料做抛掷运动终止相角，称为抛止角，rad；

δ——振动方向角；

φ_1——物料在机体槽台上与槽台开始作等速运动时的相角；

φ_2——物料在机体槽台上与槽台开始有相对运动时的相角；

φ_3——物料在机体槽台上与槽台停止有相对运动时的相角；此时物料在机体槽台上与槽台又开始作等速运动，相当于又一次的相角 φ_1。（$\varphi_2-\varphi_1$）为物料与槽台作一次等速运动的相角差，（$\varphi_3-\varphi_2$）为物料与槽台作一次相对运动的相角差，在机体槽台的一个运动循环中，物料未跳起之前可能有几个这样的相角差。

该机做直线振动，因此，$y=s\sin\delta$　　　$x=s\cos\delta$

解 非线性方程的等效线性方程为：

$$(m+K_{my}m_m)\ddot{y}+(C_y+C_{my})\dot{y}+K_y y=F_0\sin\delta\sin\varphi$$

$$(m+K_{mx}m_m)\ddot{x}+(C_x+C_{mx})\dot{x}+K_x x=F_0\cos\delta\sin\varphi$$

非线性方程的一次近似解为：

$$y=A_y\sin\varphi_y \qquad \varphi_y=\omega t-\alpha_y$$

$$x=A_x\sin\varphi_x \qquad \varphi_x=\omega t-\alpha_x$$

对小阻尼振动机来说，$\alpha_y\approx\alpha_x$，所以，$\varphi_y\approx\varphi_x=\varphi$，推求非线性作用力一次谐波傅里叶系数，代入非线性方程（在忽略非线性作用力的二次以上谐波项，过程从略）可求得：

$$A_y=\frac{F_0\sin\delta\cos\alpha_y}{K_y-\left(m-\dfrac{b_{1y}}{m_m A_y\omega^2}m_m\right)\omega^2} \qquad \alpha_y=\arctan\frac{\left(C_y+\dfrac{a_{1y}}{A_y\omega}\right)\omega}{K_y-\left(m-\dfrac{b_{1y}}{m_m A_y\omega^2}m_m\right)\omega^2}$$

$$A_x=\frac{F_0\cos\delta\cos\alpha_x}{K_x-\left(m-\dfrac{b_{1x}}{m_m A_x\omega^2}m_m\right)\omega^2} \qquad \alpha_x=\arctan\frac{\left(C_x+\dfrac{a_{1x}}{A_x\omega}\right)\omega}{K_x-\left(m-\dfrac{b_{1x}}{m_m A_x\omega^2}m_m\right)\omega^2}$$

因而，物料的等效质量系数和等效阻尼系数为：

$$K_{my}=-\frac{b_{1y}}{m_m A_y\omega^2} \qquad C_{my}=\frac{a_{1y}}{A_y\omega}$$

$$K_{mx}=-\frac{b_{1x}}{m_m A_x\omega^2} \qquad C_{mx}=\frac{a_{1x}}{A_x\omega}$$

将振动 y 和 x 合成为振动 s 后的等效线性方程为：

$$(m+K_m m_m)\ddot{s}+C_e\dot{s}+K_e s=F_0\sin\omega t$$

式中　$K_m=K_{my}\sin^2\delta+K_{mx}\cos^2\delta$

$C_e=(C_y+C_{my})\sin^2\delta+(C_x+C_{mx})\cos^2\delta$

$K_e=K_y\sin^2\delta+K_x\cos^2\delta$

该方程的一次近似解：$s=A_s\sin(\omega t-\alpha_s)$

式中　$A_s=\dfrac{F_0\cos\alpha_s}{K_e-(m+K_m m_m)\omega^2}$，$\alpha_s=\arctan\dfrac{C_e\omega}{K_e-(m+K_m m_m)\omega^2}$。

1.8　非线性振动的稳定性

对于线性系统，除了无阻尼共振的情况外，所有的运动都是稳定的。但是对于非线性系统，正像表 19-4-5 所表述的，可能出现许多不同的周期运动，如各种组合频率振动，其中有些振动是稳定的，有些振动是不稳定的。非线性系统运动稳定性是非常重要的，有时判断系统的运动稳定性比求得运动精确形态更重要。例如机械工程中常碰到的自激振动，重要的是判断系统在什么条件下会产生自激振动及系统各参数对稳定性的影响。有关非线性系统的运动稳定性判断问题，在自激振动中一起讨论。

第 **19** 篇

2 自 激 振 动

2.1 自激振动和自振系统的特性

表 19-4-9

项 目	基 本 特 性	说 明
自激振动(自振)	自振是依靠系统自身各部分间相互耦合而维持的稳态周期运动。它的频率和振幅只取决于系统自身的结构参数,与系统的初始运动状态无关。一般情况下,振动频率为系统固有频率	自振无需周期变化外力就能维持稳态周期运动,这是与稳态受迫振动的根本区别 无阻尼自由振动的振幅与系统初始运动状态有关,这是无阻尼自由振动与自振的根本区别
自振系统	任何物理系统振动时都要耗散能量,自振系统要维持稳态周期运动,一定要有给系统补充能量的能源,自振系统是非保守系统	能源向自振系统输入的能量,不是任意瞬时都等于系统所耗散的能量。当输入能量大于耗散能量时,则振动幅值就增大。当输入能量小于耗散能量时,振动幅值将减小。但无论如何增大减小,最终都得达到输入和耗散能量的平衡,出现稳态周期运动
	自振系统是非线性系统,它具有反馈装置的反馈功能和阀的控制功能	线性阻尼系统没有周期变化外力作用产生衰减振动。只有非线性系统才能将恒定外力转换为激励系统产生振动的周期变化内力,并通过振动的反馈来控制振动
自振与稳态受迫振动的联系	如果只将自振系统中的振动系统和作用于系统的周期力作为研究对象,则可将自振问题转化为稳态受迫振动问题	当考察各种稳态受迫振动时,如果扩展被研究系统的组成,把受迫振动周期变化的外力变为扩展后系统的内力,则会发现更多的自激振动
自振与参激振动的联系	当系统受到不能直接产生振动的周期交变力(如交变力垂直位移)作用,通过系统各部分间的相互耦合作用,使系统参数(如摆长、弦和传动带张力、轴的截面惯性矩或刚度等)作周期变化,并与振动保持适当相位滞后关系,交变力向系统输入能量,当参数变化角频率 ω_k 和系统固有角频率 ω_n 之比 $\omega_k/\omega_n = 2、1、2/3、2/4、2/5、\cdots$时,可能产生稳态周期振动,这种振动是广义自激振动	例如荡秋千时,利用人体质心周期变化,使摆动增大,但是如果秋千静止,无论人的质心如何上下变化,秋千仍然摆动不起来,这是典型广义自振的例子 如果缩小研究对象的范围,可将广义自振问题转化为参激振动问题,相反,在考察某些参激振动问题时,如果进一步探讨系统结构周期性变化的原因,也就是把结构变化的几何性描述转变为相应子系统的动力过程,就可将这类参激振动问题转变为自激振动问题
自振的控制及利用	自振系统往往在达到稳态周期运动之前,振动的幅值就超过了允许的限度,所以,应采取措施控制和防止。但像蒸汽机、风动冲击工具等则是利用自振来工作的	

2.2 机械工程中常见的自激振动现象

表 19-4-10

自振现象	机 械 系 统	振动系统和控制系统相互联系示意图	反馈控制的特性和产生自振条件的简要说明
机床的切削自振			振动系统的动刚度不足或主振方向与切削力相对位置不适宜时,因位移 x 的联系产生维持自振的交变切削力 P 切削力有随切削速度增加而下降的特性时,因速度 $\dot{x}$ 的联系产生交变切削力 P
低速运动部件的爬行			摩擦力有随运动速度增加而下降的特性时,因振动速度 $\dot{x}$ 和运动速度 v 的联系产生维持自振的交变摩擦力 F

续表

自振现象	机械系统	振动系统和控制系统相互联系示意图	反馈控制的特性和产生自振条件的简要说明
液压随动系统的自振	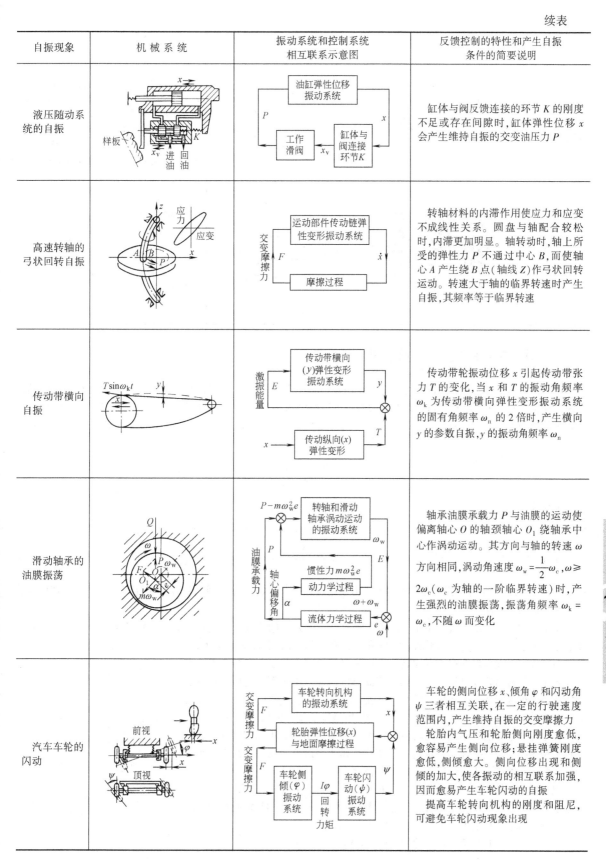		缸体与阀反馈连接的环节 K 的刚度不足或存在间隙时,缸体弹性位移 x 会产生维持自振的交变油压力 P
高速转轴的弓状回转自振			转轴材料的内滞作用使应力和应变不成线性关系。圆盘与轴配合较松时,内滞更加明显。轴转动时,轴上所受的弹性力 P 不通过中心 B,而使轴心 A 产生绕 B 点(轴线 Z)作弓状回转运动。转速大于轴的临界转速时产生自振,其频率等于临界转速
传动带横向自振			传动带轮振动位移 x 引起传动带张力 T 的变化,当 x 和 T 的振动角频率 ω_k 为传动带横向弹性变形振动系统的固有角频率 ω_n 的 2 倍时,产生横向 y 的参数自振,y 的振动角频率 ω_n
滑动轴承的油膜振荡			轴承油膜承载力 P 与油膜的运动使偏离轴心 O 的轴颈轴心 O_1 绕轴承中心作涡动运动。其方向与轴的转速 ω 方向相同,涡动角速度 $\omega_w = \frac{1}{2}\omega_c$,$\omega \geqslant 2\omega_c$($\omega_c$ 为轴的一阶临界转速)时,产生强烈的油膜振荡,振荡角频率 $\omega_k = \omega_c$,不随 ω 而变化
汽车车轮的闪动			车轮的侧向位移 x、倾角 φ 和闪动角 ψ 三者相互关联,在一定的行驶速度范围内,产生维持自振的交变摩擦力 轮胎内气压和轮胎侧向刚度愈低,愈容易产生侧向位移;悬挂弹簧刚度愈低,侧倾愈大。侧向位移出现和侧倾的加大,使各振动的相互联系加强,因而愈易产生车轮闪动的自振 提高车轮转向机构的刚度和阻尼,可避免车轮闪动现象出现

第19篇

自振现象	机 械 系 统	振动系统和控制系统相互联系示意图	反馈控制的特性和产生自振条件的简要说明
受轴向交变力作用的简支梁横向自振			受轴向交变力 P 作用的简支梁，由于 P 与振动位移 y 产生交变弯矩作用，使梁抗弯刚度有周期性变化，只要 P 的变化角频率 ω_k 和系统固有角频率 ω_n 之间保持一定关系（$\omega_k/\omega_n = 2$、1、$2/3$、$2/4$、$2/5$、…），则梁可能产生横向自激振动
气动冲击工具的自振			气动冲击工具的活塞往复运动，通过配气通道交替改变活塞前后腔压力，使活塞维持恒频率恒振幅的稳态振动。压缩空气为活塞往复运动提供了能量，活塞本身完成了振动体、阀和反馈装置的全部职能

2.3 单自由度系统相平面及稳定性

单自由度非线性系统振动的定性研究经常用图解法，其中相平面法是常用的方法。在平面图上作出系统的运动速度和位移的关系，称相轨迹，以此了解系统可能发生的运动的总情况。例如，对于自治系统，非线性单自由度系统的微分方程式可普遍写作：

$$\ddot{x} + f(x, \dot{x}) = 0$$

令

$$y \equiv \dot{x} = \frac{\mathrm{d}x}{\mathrm{d}t}$$

上式可化为：

$$\dot{y} = -f(x, y) = Y(x, y)$$

而

$$\dot{x} = X(x, y)$$

两式相除，得：

$$\frac{\dot{y}}{\dot{x}} = \frac{\mathrm{d}y}{\mathrm{d}x} = \frac{Y(x, y)}{X(x, y)} = m$$

积分后，即为以 x，y 为坐标的相平面图上，由初始条件（x_0，y_0）开始画出的等倾线（以斜率 m 为参数）族，是作相平面图的方法之一。

说明：对保守系统，机械能守恒，相平面上是一条封闭的曲线。由起点（x_0，y_0）开始，经一周又回到该点。不同的起点（x_0，y_0）相平面上则是另一条封闭的曲线，各曲线互不相交。

对非保守系统也可能存在封闭轨线，这种封闭轨线也代表一种周期解，但与保守系统的封闭轨线有很大的不同。①其总机械能并不守恒，它既吸收又耗散能量，总机械能在不断变化，只不过经过一周后，能量"收支"平衡，系统的状态变量返回原状，然后再开始下一个周期的运动。②有极限环存在。

极限环分稳定的与不稳定的两种。如图 19-4-2 所示，图中以实线表示的极限环是稳定的。初始条件在一定范围内变化，如图中最外面的点，最终会回到极限环的运动轨迹上来。称"吸引"或"俘获"。

以虚线表示的极限环是不稳定的。此时原点是一个平衡点，如果扰动不超过虚线环所规定的阈限，系统可以稳定在其中心平衡点上，一旦越过这一阈值，则激起增幅振动，最后振动被稳定在外层的实线环上。

单自由度系统相平面及稳定性的几种主要情况见表 19-4-11。

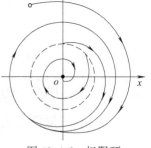

图 19-4-2 极限环

表 19-4-11   **单自由度系统相平面及稳定性**

项　　目	相轨迹方程及阻尼区划分	相　平　面	平衡点和极限环稳定性
无阻尼系统自由振动（以单摆大摆角振动为例）	用 x 表示单摆的角位移，用 y 表示单摆的角速度，则自由振动状态方程为 $\dfrac{dx}{dt}=y$，$\dfrac{dy}{dt}=-K\sin x$，$K=\dfrac{g}{l}$，给定初始条件 $t=0$，$x=x_0$，$y=y_0$ 时，将两个一阶方程相除，整理并积分得相轨迹方程：$$y^2+2K(1-\cos x)=E$$ 式中 $E=y_0^2+2K(1-\cos x_0)$	以 x、y 坐标轴构成的平面为相平面，相平面任意点 $P(x,y)$ 称为相点，表示了系统的一种状态，给定初始状态 $P_0(x_0,y_0)$，按照相轨迹方程可绘制出过该点的相轨迹。选定不同的初始状态，能绘制出一族相轨迹	当 $E<4K$ 时，相轨迹为封闭曲线，称为极限环，对应的运动状态为稳态周期运动。当 $E>4K$ 时，各相点的 y 值均不等于零，对应运动状态为回转运动 当 $\ddot{x}=\dot{x}=0$ 时，系统处于静平衡，从微分方程可求得平衡方程 $\sin x=0$ 和平衡点 $x=i\pi(i=0,\pm1,\cdots)$，无阻尼自由振动系统受到扰动离开平衡状态，当扰动消失后，系统的状态始终保持在平衡状态附近，既不无限趋近它，也不远离它，这种平衡点称为稳定平衡点。一切稳定平衡点，在其附近的相轨迹是一族彼此不相交的封闭曲线。因此，可以依据平衡点稳定性的这一性质判定无阻尼自由振动是稳定的
线性阻尼（小阻尼）系统自由振动	线性阻尼系统运动微分方程：$\ddot{x}+2\alpha\dot{x}+\omega_n^2x=0$ 给定初始条件 $t=0$，$x=x_0$，$y=y_0$，则方程解及其速度为：$$x=Ae^{-\alpha t}\cos(\omega_d t+\theta)$$ $$y=-Ae^{-\alpha t}[\alpha\cos(\omega_d t+\theta)+\omega_d\sin(\omega_d t+\theta)]$$ 其中：$A=\left[x_0^2+\left(\dfrac{y_0+\alpha x_0}{\omega_d}\right)^2\right]^{1/2}$ $\theta=-\arctan\left(\dfrac{y_0+\alpha x_0}{\omega_d}\right)$ $\omega_d=\sqrt{\omega_n^2-\alpha^2}$ 从 x 和 y 的关系可导出相轨迹方程：$$y^2+2\alpha xy+\omega_n^2x^2$$ $$=R^2e^{\left[\frac{2\alpha}{\omega_d}\arctan\left(\frac{y+\alpha x}{\omega_d x}\right)\right]}$$ 其中：$R=\omega_d Ae^{\frac{\alpha\theta}{\omega_d}}$	(a) (b)	当 $0<\alpha<\omega_n$ 时，相轨迹为图 a 所示的一族对数螺旋线，对应的运动状态为衰减振动。这种系统受扰动离开平衡状态，扰动消失后，系统的状态能无限趋近此平衡状态。这种平衡点称为渐近稳定的平衡 当 $-\omega_n<\alpha<0$（负阻尼）时，相轨迹为图 b 所示的对数螺旋线，对应的运动状态为发散运动状态。这种系统受扰动离开平衡状态，扰动消失后，系统的状态越来越远离此平衡状态。这种平衡点称为不稳定平衡点
软激励自振（以瑞利方程和范德波方程为例）	（1）瑞利方程：用 x 表示运动的位移，y 表示运动速度，可将瑞利方程 $\ddot{x}-\varepsilon(1-\mu\dot{x}^2)\dot{x}+x=0$ 改写为状态方程：$$\dfrac{dx}{dt}=y,\ \dfrac{dy}{dt}=\varepsilon(1-\mu y^2)y-x$$ 两式相除整理积分得相轨迹方程：$$y^2-2(y-\mu y^3)x-x^2=E$$ E 取决于初始条件，当 $t=0$，$x=x_0$，$y=y_0$ 时，$$E=y_0^2-2(y_0-\mu y_0^3)x_0-x_0^2$$ 单位时间内非线性阻尼力对系统做功 $$W=F_d y=\varepsilon(1-\mu y^2)y^2$$	(a) 按 W 表达式将相平面划分为如图 b 所示的正阻尼区和负阻尼区 (b)	瑞利方程和范德波方程描述的系统，原点附近是负阻尼区，相轨迹必定向外扩展。进入正阻尼区后又会向原点趋近，因而相轨迹不会走向无穷远处。这就意味着距离原点不远不近区域存在一条封闭曲线，在该曲线内外的相轨迹都向它趋近。极限环对应的运动状态为周期运动，上述的这种周期运动，称为渐近稳定的运动。于是，便可根据平衡稳定性和极限环，判断稳定周期运动自振能否发生 相轨迹和极限环的形状如何，人们并不关心 这种平衡点不稳定的自振系统受很微小扰动就能激发的自振，称为软激励自振

项　目	相轨迹方程及阻尼区划分	相　平　面	平衡点和极限环稳定性
软激励自振 (以瑞利方程 和范德波方程 为例)	（2）范德波方程： $$\ddot{x}-\varepsilon(1-x^2)\dot{x}+x=0$$ 上述方程描述系统承受的阻尼 $$F_d=\varepsilon(1-x^2)y$$ 单位时间内该力对系统做功： $$W=F_dy=\varepsilon(1-x^2)y^2$$ 按上式将相平面划分为如图 c 所示的正阻尼区和负阻尼区	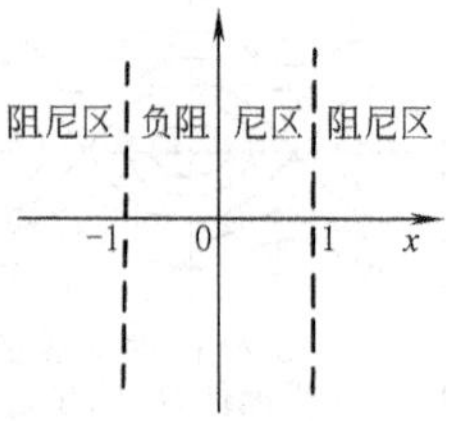 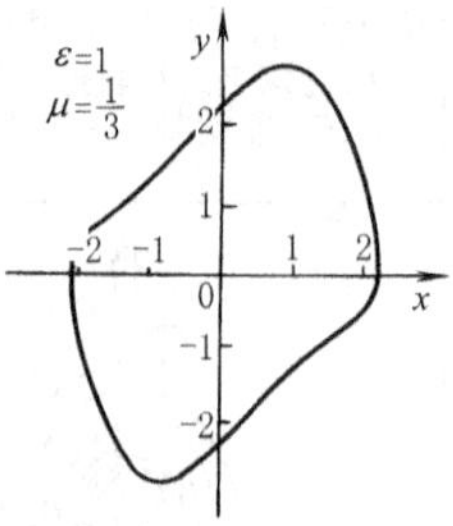	
硬激励自振 (以复杂阻尼系统为例)	自振系统运动方程： $$\ddot{x}+\varepsilon(1-\dot{x}^2+\mu\dot{x}^4)\dot{x}+x=0$$ 系统承受阻尼力： $$F_d=-\varepsilon(1-y^2+\mu y^4)y$$ 单位时间该力对系统做功： $$W=F_dy=-\varepsilon(1-y^2+\mu y^4)y^2$$ 按上式相平面被划分为如图 b 所示正、负阻尼区	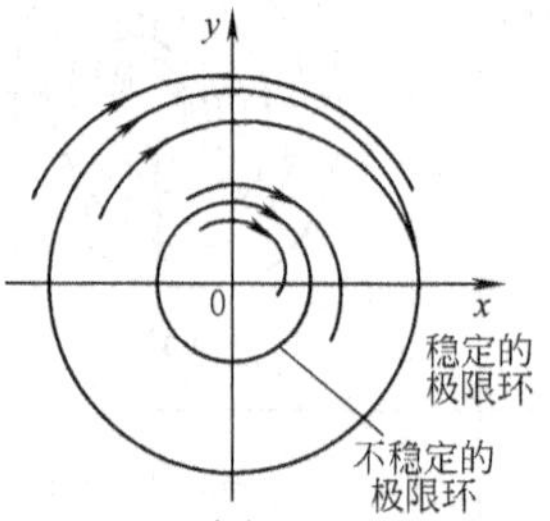 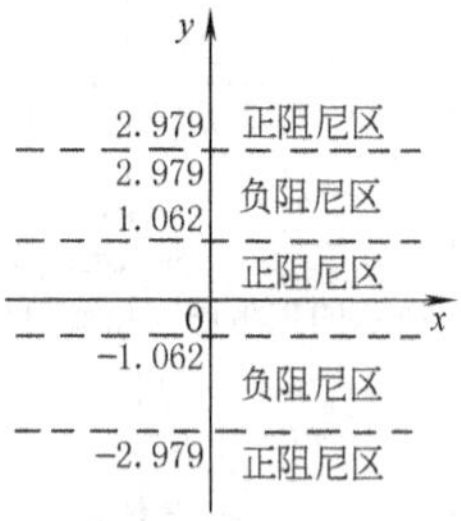	方程描述的系统原点位于正阻尼区，相轨迹必定无限趋近于它，平衡点为渐近稳定的。位移大一点的相轨迹进入两个负阻尼区，相轨迹会充分向外扩展，对这一区域来说，平衡点是不稳定的。当位移更大时，相轨迹进入了外面的两个正阻尼区，平衡又变成渐近稳定的。在相平面正负阻尼分界处，肯定会有一封闭曲线极限环。该自振系有两个分界处，相应也有两个极限环。外面极限环内外的相轨迹都趋近于极限环，称为渐近稳定的极限环；内侧极限环内外的相轨迹都远离该极限环，称为不稳定极限环。该系统受小的扰动后离开平衡位置，当干扰消失后，又会恢复平衡状态，不会发生自振。当系统受到足够强的扰动时，则系统的相点位于不稳定极限环之外，这时若干扰消失，系统就会发生自振。这样的自振系统称为硬激励系统 　　相平面中的相轨迹和极限环不是真实的，只能供定性分析之用。实际人们关心的是如何根据平衡点和极限环的稳定性来判断系统是否是硬激励自振系统以及在什么条件下能发生自振。气动冲击工具的自振系统就是硬激励自振系统

第 **19** 篇

续表

项　目	相轨迹方程及阻尼区划分	相　平　面	平衡点和极限环稳定性
单摆在液体中的运动	所受阻尼与速度的平方成正比，方向与速度的方向相反，振动方程为 $\ddot{x}+a\dot{x}\vert\dot{x}\vert+K\sin x=0$		
非线性系统的受迫振动	运动微分方程： $m\ddot{x}+f(\dot{x},x)=Q(t)$ 状态方程： $$\frac{\mathrm{d}x}{\mathrm{d}t}=X(x,y,t)$$ $$\frac{\mathrm{d}y}{\mathrm{d}t}=Y(x,y,t)$$ 两式相除并积分得相轨迹方程	根据相轨迹方程绘制相轨迹，受迫振动相轨迹方程是 x、y 和时间 t 的函数	李亚普诺夫为周期解的稳定性作过如下定义：设由 $t=t_0$ 时 $P_0(x_0,y_0)$ 出发的解为 $[\bar{x}(t),\bar{y}(t)]$，而由 $t=t_0$ 时，与 (x_0,y_0) 极其靠近的任意点 (x_0+u_0,y_0+v_0) 出发的全部解 $[x(t),y(t)]$，经过任意时间 t 之后，仍然回到原来解 $[\bar{x}(t),\bar{y}(t)]$ 的近旁时，则该解 $[x(t),y(t)]$ 称为稳定解。反之，不管靠近 (x_0,y_0)，从 $t=t_0$ 时的某一点 (x_0+u_0,y_0+v_0) 出发的解，在长时间的过程中，离开了原来的解 $[\bar{x}(t),\bar{y}(t)]$ 的近旁，这种情况只要一出现，则 $[\bar{x}(t),\bar{y}(t)]$ 称为不稳定的。若全部解 $[x(t),y(t)]$ 很接近上述稳定解，且当 $t\to\infty$ 时，均收敛于 $[\bar{x}(t),\bar{y}(t)]$，则解 $[\bar{x}(t),\bar{y}(t)]$ 称为渐近稳定的

注：由于系统中某个参数作周期性变化而引起的振动称参数振动。如具有周期性变刚度的机械系统、受振动载荷作用的薄拱等，都属于参数振动系统。此时描述该系统的微分方程是变系数的，对单自由度系统为：

$$m(t)\ddot{x}+C(t)\dot{x}+K(t)x=0$$

方程的系数是时间的函数。这些函数与系统的位置无关，且它们的物理意义取决于系统的具体结构和运动状况。

3　随　机　振　动

若振动系统受到的激励是随机变化的或系统本身的参数有随机变化的，则响应是随机过程，称随机振动。它的特征是从振动的单个样本观察，有不确定性、不可预估性和相同条件下的各次振动的不重复性。各次振动记录是随机函数，它的总体称随机过程。随机振动的激励或响应过程的分类如下。

1）按统计规律分：平稳；非平稳。

2）按记忆性质分：纯粹随机过程；马尔可夫过程；独立增量过程；维纳过程和泊松过程。

3）按概率密度函数分：正态随机过程；非正态随机过程。

随机振动的系统动态特性可分类如下。

1）按系统特性分：线性系统；非线性系统。

2）按定常与否分：时变系统；时不变系统。

第 19 篇

3.1 平稳随机振动描述

表 19-4-12

项 目		定 义	统 计 特 性	
随机振动		不能用简单函数或这些函数的组合来描述,而只能用概率和数理统计方法描述的振动称为随机振动	例如汽车、拖拉机、工程机械、船舶、石油钻井平台及安装在它们上面的机电设备等,在路面、波浪、地震等作用下的振动系统设计均以随机振动理论为基础。这种振动特性:(1)不能预估一次振动观测记录时间 T 之外某时刻的振动状态;(2)在相同的试验条件下,各次观察结果不同,即各次记录曲线有不重复性	
随机过程		如果一次振动观察记录 $x_i(t)$ 称为样本函数,则随机过程是所有样本函数的总和,即 $X(t)=\{x_1(t),x_2(t),\cdots,x_n(t)\}$	$X(t)$ 在任一时刻 $t_i(t_i\in T)$ 的状态 $X(t_i)$ 是随机变量,于是可将随机过程和随机变量联系起来	
平稳随机过程		统计参数不随时间 t 的变化而变化的随机过程为平稳随机过程	机械工程中多数随机振动是平稳随机过程	
幅值域描述	概率分布函数	$F(x)=P(X<x)$ 随机过程 $X(t)$ 小于给定 x 值的概率,描述了概率的累积特性	(1)$F(x)$ 为非负非降函数,即 $F(x)\geqslant0,F'(x)>0$ (2)$F(-\infty)=0,F(\infty)=1$	
	概率密度函数	$f(x)=\lim\limits_{\Delta t\to0}\dfrac{F(x+\Delta x)-F(x)}{\Delta t}$ $=F'(x)$ 具有高斯分布随机过程 $X(t)$ $f(x)=\dfrac{1}{\sigma_x\sqrt{2\pi}}\mathrm{e}^{\frac{(x-E[x])^2}{2\sigma_x^2}}$	表示了 $X(t)$ 概率分布的密度状况 (1)非负函数即 $f(x)\geqslant0$ (2)$\int_{-\infty}^{\infty}f(x)\mathrm{d}x=1$	机械工程中的随机振动多数为具有高斯分布的随机过程,因此,只要求得随机过程的均值 $E[x]$ 和标准差 σ_x,即可确定 $f(x)$,再通过从 $-\infty$ 到 x 的积分可得 $F(x)$
	均值	$E[x]=\int_{-\infty}^{\infty}xf(x)\mathrm{d}x$ $X(t)$ 的集合平均值	$F(x)$、$f(x)$ 都是围绕均值 $E[x]$ 向两侧扩展的	
	均方差	$D[x]=\int_{-\infty}^{\infty}(x-E[x])^2f(x)\mathrm{d}x$ $\sigma_x^2=D[x]$	描述了 $F(x)$、$f(x)$ 围绕均值向两侧的扩展程度	

项　目		定　义	统　计　特　性
时域描述	自相关函数	$R_x(\tau) = E[x(t)x(t+\tau)]$ $= \lim\limits_{T \to \infty} \frac{1}{T} \int_0^T x(t)x(t+\tau)\mathrm{d}t$ 描述平稳随机过程 $X(t)$ 在 t 时刻的状态与 $(t+\tau)$ 时刻状态的相关性。t 为 $X(t)$ 的时间变量，τ 为延时时间。T 为所取时间过程不是周期	(1) 当 $E[x(t)] = 0$ 时 $\quad R_x(0) = E[x(t)^2]$，$R_x(\infty) = 0$ (2) $R_x(\tau)$ 为实偶函数 即　$R_x(\tau) = R_x(-\tau)$ (3) 当 $X(t)$ 的均值 $E[x(t)] = C \neq 0$ 时，可将各样本函数 $x(t)$ 分解为一恒定量 $E[x(t)]$ 和一均值为零的波动量 $\xi(t)$，即 $x(t) = E[x(t)] + \xi(t)$，则：$R_x(\tau) = \|E[x(t)]\|^2 + R_\xi(\tau)$ (4) 自相关函数 $R_x(\tau)$ 可由功率谱密度函数 $S_x(\omega)$ 的傅里叶变换得到，即 $R_x(\tau) = \int_{-\infty}^{\infty} S_x(\omega)e^{i\omega\tau}\mathrm{d}\omega$，$S_x(\omega)$ 见后 (5) 当 $S_x(\omega) = S_0$ 时，$R_x(\tau) = 2\pi S_0\delta(\tau)$，$\delta(\tau)$ 为广义函数，$\delta(\tau) = \begin{cases} \infty & \tau = 0 \\ 0 & \tau \neq 0 \end{cases}$ 且 $\int_{-\infty}^{\infty} \delta(\tau)\mathrm{d}\tau = 1$
	互相关函数	$R_{xy}(\tau) = E[x(t)y(t+\tau)]$ $\frac{1}{T}\int_0^T x(f)y(t+\tau)\mathrm{d}t$ 描述了 $X(t)$ 的 t 时刻状态和 $Y(t)$ 的 $(t+\tau)$ 时刻状态的相关性。τ 和 T 意义同上	(1) $R_{xy}(\tau) = R_{yx}(-\tau)$ (2) $R_{xy}(\tau) = \int_{-\infty}^{\infty} S_{xy}(\omega)e^{i\omega\tau}\mathrm{d}\omega$
频域描述	自功率谱密度函数	$S_x(\omega) = \frac{1}{2\pi}\int_{-\infty}^{\infty} R_x(\tau)e^{-i\omega\tau}\mathrm{d}\tau$	(1) $E[x(t)^2] = \int_{-\infty}^{\infty} S_x(\omega)\mathrm{d}\omega$ (2) $S_x(\omega)$ 是非负的实偶函数 (3) $S_x(\omega) = \lim\limits_{T \to \infty}\frac{1}{T}[\|X_T(\omega)\|^2]$ (4) 逆变换：$R_x(\tau) = \int_{-\infty}^{\infty} S_x(\omega)e^{i\omega\tau}\mathrm{d}\omega$
	互谱密度函数	$S_{xy}(\omega) = \frac{1}{2\pi}\int_{-\infty}^{\infty} R_{xy}(\tau)e^{-i\omega\tau}\mathrm{d}\tau$ $S_{xy}(\omega) = \frac{1}{2\pi}\int_{-\infty}^{\infty} R_{yx}(\tau)e^{-i\omega\tau}\mathrm{d}\tau$	(1) $S_{xy}(\omega)$ 是一个复值量 (2) $S_{xy}(\omega)$ 和 $S_{yx}(\omega)$ 是复共轭的
	相干函数	$r_{xy}(\omega) = \dfrac{\|S_{xy}(\omega)\|}{[S_x(\omega)S_y(\omega)]^{1/2}}$	$0 \leqslant r_{xy}(\omega) \leqslant 1$ 通常当 $r_{xy}(\omega) > 0.7$ 时，认为 y 是由 x 引起的，噪声(外干扰)影响较小

注：各参数的脚标 x 表示参数为随机过程 $X(t)$ 的对应参数，x 可以为位移、速度、加速度、干扰力等物理量，为区分也可用 x、$\dot{x}$、$\ddot{x}$、…表示。

3.2　单自由度线性系统的传递函数

1）频率响应函数（或复频响应函数)——系统在频率 ω 下的传递特性的函数。

2）脉冲响应函数——稳态的静止系统受到单位脉冲激励后的响应 $h(t)$。它是系统的质量、刚度和阻尼的函数。

3）阶跃响应函数——静止的线性的振动系统受到单位阶跃激励后所产生的阶跃响应 $K(t)$。阶跃响应函数 $K(t)$ 等于脉冲响应函数 $h(t-\tau)$ 曲线下的面积。

表 19-4-13

项　目	数　学　表　达　式	动　态　特　征
频率响应函数	$H(\omega)=\dfrac{1}{(\omega_0^2-\omega^2)+\mathrm{i}2\zeta\omega_0\omega}$ $\|H(\omega)\|=\dfrac{1}{\sqrt{(\omega_0^2-\omega^2)^2+4\zeta^2\omega_0^2\omega^2}}$ $\alpha=\arctan\dfrac{2\zeta\omega_0\omega}{\omega_0^2-\omega^2}$	$\ddot{x}+2\zeta\omega_0\dot{x}+\omega_0^2x=\omega_0^2\mathrm{e}^{\mathrm{i}\omega t}$ 式中　$\omega_0=\sqrt{\dfrac{K}{m}}$　$\zeta=\dfrac{\alpha}{\omega_0}=\dfrac{C}{2\sqrt{mK}}$ $x(t)=H(\omega)\omega_0^2\mathrm{e}^{\mathrm{i}\omega t}$ $H(\omega)$ 可通过计算或测试得到
脉冲响应函数	$h(t)=\dfrac{\omega_0^2}{\omega_\mathrm{d}}\mathrm{e}^{-\zeta\omega_0 t}\sin\omega_\mathrm{d}t$ 其中　$\omega_\mathrm{d}=\omega_0\sqrt{1-\zeta^2}$	上述方程的解: $x(t)=\displaystyle\int_0^t f(\tau)h(t-\tau)\mathrm{d}\tau$（杜哈曼积分） 式中　$f(\tau)=\omega_0^2\mathrm{e}^{\mathrm{i}\omega\tau}$ 杜哈曼积分的卷积形式: $x(t)=\displaystyle\int_{-\infty}^{\infty}h(\theta)f(t-\theta)\mathrm{d}\theta$
$H(\omega)$ 和 $h(t)$ 的关系	$H(\omega)=\dfrac{1}{2\pi}\displaystyle\int_{-\infty}^{\infty}h(t)\mathrm{e}^{-\mathrm{i}\omega t}\mathrm{d}t$ $h(t)=\displaystyle\int_{-\infty}^{\infty}H(\omega)\mathrm{e}^{\mathrm{i}\omega t}\mathrm{d}\omega$	$H(\omega)$、$h(t)$ 都是反映系统动态特性的,它只与系统本身参数有关,与输入的性质无关

注: 1. 系统的传递函数只反映系统的动态特性,与激励性质无关,简谐激励或随机激励都一样传递。
　　2. 频响函数为复数形式的输出(响应)和输入(激励)之比。

3.3　单自由度线性系统的随机响应

表 19-4-14

项目	计　算　公　式	计算结果及说明
输入 $x(t)$	$E[x(t)]=0$　$S_x(\omega)=S_0$ $R_x(\tau)=2\pi S_0\delta(\tau)$	输入 $x(t)$ 是各态历经具有高斯分布的白噪声过程 $R_x(\tau)$——自协方差函数,线性零均值假设时等于自相关函数 $\delta(\tau)$——狄拉克函数(单位脉冲函数),积分时用,见表 19-4-12
响应的均值	$E[y(t)]=0$	
响应的协方差函数	$R_y(\tau)=\displaystyle\int_{-\infty}^{\infty}\int_{-\infty}^{\infty}h(\theta_1)h(\theta_2)R_x(\tau-\theta_2+\theta_1)\mathrm{d}\theta_1\mathrm{d}\theta_2$ $=\dfrac{2\pi S_0\omega_0^4}{\omega_\mathrm{d}^2}\displaystyle\int_{-\infty}^{\infty}\int_{-\infty}^{\infty}\delta(\tau+t_1-t_2)\times$ $\mathrm{e}^{-\zeta\omega_0(t_1+t_2)}\sin\omega_\mathrm{d}t_1\sin\omega_\mathrm{d}t_2\mathrm{d}t_1\mathrm{d}t_2$	$R_y(\tau)=\dfrac{2\pi S_0\omega_0}{4\zeta}\mathrm{e}^{-\zeta\omega_0 t}\times\left(\cos\omega_\mathrm{d}t\pm\dfrac{\zeta}{\sqrt{1-\zeta^2}}\sin\omega_\mathrm{d}t\right)$ (当 $t\geqslant0$ 取正值,$t<0$ 取负值)
响应的自谱密度函数	$S_y(\omega)=H(\omega)H^-(\omega)S_x(\omega)=\|H(\omega)\|^2S_x(\omega)$	$S_y(\omega)=\dfrac{\omega_0^4S_0}{(\omega_0^2-\omega^2)^2+4\zeta^2\omega_0^2\omega^2}$
响应的均方值	$E[y^2(t)]=R_y(0)=\displaystyle\int_{-\infty}^{\infty}S_x(\omega)\mathrm{d}\omega$	$E[y^2(t)]=\dfrac{\pi S_0\omega_0}{2\zeta}=\sigma_y^2$
响应的概率密度函数	$f(y)=\dfrac{1}{\sigma_y\sqrt{2\pi}}\mathrm{e}^{\frac{y^2}{2\sigma_y^2}}$	输入具有高斯分布的,则输出也一定是具有高斯分布的

注: 1. 工程中窄带随机振动问题的处理方法和确定性振动问题相似,所以,通常将其转化为确定性振动来处理。
　　2. 功率谱密度函数不随频率改变而改变的谱 $[S(\omega)=S_0]$ 称为白谱,其对应的随机过程称为白噪声过程,这种过程只是一种理想状态,但宽带随机只要在一定的频带范围内缓慢变化,可近似处理为白噪声过程。
　　3. 对已知系统的传递函数 $H(\omega)$,先算出输入自功率谱密度函数 $S_x(\omega)$,应用表中公式即可算出输出的自功率谱密度函数 $S_y(\omega)$,进而可获得系统的输出响应。$y(t)$;或者由已知的输入自功率谱密度函数 $S_x(\omega)$,测得输出的自功率谱密度函数 $S_y(\omega)$,可推求系统的传递函数 $H(\omega)$。

4 混 沌 振 动

混沌的发现和理论研究冲破了牛顿力学确定论的约束。它对自然科学与社会科学乃至哲学都起了极大的影响与作用。例如对气象学、经济学、医学、心理学、密码学等的实践与理论都有所创新和改变。有些人认为混沌学相当于微积分学在 18 世纪对数理科学的影响。它在工程中有广阔的应用前景。混沌振动在机械振动理论中是一个崭新的分支，正成为一个很活跃的研究领域。

实际工程中的很多现象，许多非线性系统之振动，要用混沌振动才能得到恰当解释，例如：机器人手臂振动；多自由度摆的振动；振动造型机的碰撞振动；多级透平扭振；多索吊桥摆振；火车蛇行振动；齿轮的噪声；汽车导向轮摆振；打印机打字头的振动；管道振动；不对称的卫星沿非圆轨道远行时，会有混沌自振等。

混沌振动是指发生在确定性系统中的貌似随机振动的无规则运动。但其性态极为复杂。即在非线性系统中，有一种非周期的运动，其轨线看似杂乱无序的，但又限于一定的范围内运动。即在有规律的振动系统中，在有限区域内存在有轨道永不重复的无序的振动。混沌振动之所以产生是由于非线性振动系统对初始条件的敏感性。初始条件的微小差别会产生捉摸不定的混沌。即对于初始条件的极小变化就会得到不同的运动状态。这种复杂的现象称为混沌。

许多科学家给过混沌的定义，但到目前为止，对于混沌，还没有一个公认的普遍适用的定义，但基本上都认为混沌系统是指敏感地依赖于初始条件的偏差而导致的系统。

在非线性动力学中普遍存在混沌现象。

研究混沌的方法很多，最常用的是直接观测法、庞加莱映射法、李普雅诺夫指数法、梅尔尼可夫法等。

在普通的相平面上每隔一个外激励周期（$T = 2\pi/\omega$）取一个点，绘制出相点，即庞加莱映射。若为周期激励，可在激励的某一任定相角（ωt）处，陆续测响应以获响应的庞加莱映射。周期性响应的庞加莱映射为一个点或有限点；若干相点排列成在一条封闭曲线流型上，是拟周期振动；有无数个点而杂乱无序分布于某区域内，则是非周期性混沌响应的庞加莱映射。

李亚普诺夫指数用来反映初始误差在迭代过程中被放大或缩小的长期效应，是初值敏感性的数量度量。以李普雅诺夫指数大于零来确认有混沌振动。对 n 维一阶自治微分方程组的 n 个李普雅诺夫指数，只要有一个指数大于零，则就可能出现混沌。

例如，一个离散的一维动力学系统的固有特性：

$$x_{n+1} = ax_n(1-x_n) \quad n = 0,1,2,\cdots$$

函数 $f(x) = ax(1-x)$ 称为迭代函数，或映射函数。算出其李普雅诺夫指数 λ 与 α 的关系，见图 19-4-3。发现在 $\alpha \geqslant 3.57$ 时，有正 λ，出现混沌。

当参数 $\alpha = 4$ 时：

$$x_{n+1} = 4x_n(1-x_n) \quad n = 0,1,2,\cdots$$

迭代多次的结果显示于图 19-4-4。图 a 的初始条件是 $x_0 = 0.202$，而图 b 的初始条件是 $x_0 = 0.202001$，两者相差仅为 10^{-6}。开始，两条轨线的差别也很小，可是，愈到后来，差别愈大，以至面目全非。图 c 给出了两轨线之间的偏差。这就是混沌状态。可见，在混沌状态下，即使是非常微小的初始偏差，其后续效应是不可忽视的。这个例子只是说明一个混沌现象。

一般，在各种工程振动系统中，若含有下列条件之一者，就有可能存在混沌振动。

1）几何非线性或运动关系非线性；

2）力非线性；

3）约束条件的非线性；

4）本沟关系（由归纳实验数据所得反映宏观物质性质的数学关系。最简单的是应力和应变率之间的函数关系）的非线性；

5）有多个平衡位置。

近几年来国内外学者还重视研究分岔现象和混沌先兆，就是因为分岔有可能引起复杂的混沌运动。其他如吸引子理论也是研究混沌的。也已经陆续把混沌振动应用于各种工程研究、测试或发明创造中。本课题太专门且广泛，不在本篇范围之内。一两个应用实例见本篇第 6 章。

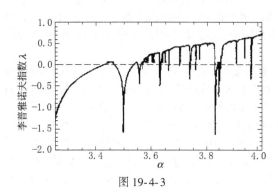

图 19-4-3

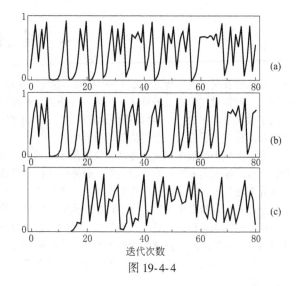

图 19-4-4

第 5 章　振动的控制

振动的害处：影响设备的正常工作；影响机床的加工精度；引起机器构件的加速磨损，甚至导致急剧断裂而破坏；产生噪声，污染环境，危害人类健康。随着科学技术的发展，对机器的运转速度、承载能力、工作精度和稳定性要求等方面，越来越高，因而对机器的要求也越来越高，对控制振动的要求又越来越迫切。

本章主要阐述隔振与减振技术，在最后一节"平衡法"中将简述设计时的主动减振措施。

1　隔振与减振方法

隔振与减振的方法大致有以下几种。

1）隔离法　用隔离器来减弱冲击和（或）振动传输，通常是弹性支承物。用来在某频率范围内减弱振动传输的隔离器称为隔振器。

2）阻尼法　用能量耗散的方法来减少冲击和（或）振动。

3）动力减振法　在所要求的频率上将能量转移到附加系统中来减小原系统的振动，该装置称为动力吸振器。

4）冲击法　利用两物体碰撞后动能损失的原理来减振，该类装置称为冲击减振器。而冲击吸振器则是用能量耗散方法来减少机械系统受冲击后响应的装置。

5）平衡法　通过改善旋转机械的平衡来消除激振力。平衡是卓有成效的技术之一，其实质是改变机械的振动源，是一种主动控制。

无论何种方法都不能离开阻尼的作用。

2　隔　振　设　计

2.1　隔振原理及一级隔振的动力参数设计

表 19-5-1

项　目	主动(积极)隔振	被动(消极)隔振
隔振目的与说明	机械设备本身为振源，为减少振动对周围环境的影响，即减少传给基础的动载荷，将机械设备与基础隔离开来	振源来自于基础运动，为了使外界振动尽可能少地传到机械设备中来，将机械设备与基础隔离开来
力学模型		
主要考核内容	传给基础的动载荷值 $F_{T0} = T_A F_0$	传动机械设备的位移幅值 $B = T_A U$

项　目	主动(积极)隔振	被动(消极)隔振
绝对传递系数 T_A (隔振系数 η)	$T_A = \dfrac{\sqrt{1+(2\zeta Z)^2}}{\sqrt{(1-Z^2)^2+(2\zeta Z)^2}}$　　式中　$Z = \dfrac{\omega}{\omega_n}$ ζ 很小时 $T_A = \left\| \dfrac{1}{1-Z^2} \right\|$ 绝对传递系数 T_A 只与系统的结构参数(质量、阻尼、刚度)有关,与外激励的性质无关,所以,确定系统在传递简谐激励、非简谐激励、随机激励过程中,绝对传递系数都是一样的	ω——被隔离的振源角频率; ω_n——隔振系统的固有角频率
隔振效率	$E = (1-\eta) \times 100\%$	
说明	从绝对传递系数公式中看出:在很小阻尼情况下($\zeta \approx 0$),只有频率比 $Z > \sqrt{2}$ 时,才有隔振效果,即 $\eta < 1$	
设计条件	在已知机械设备总体质量 m_1 和激振角频率 ω 的条件下,可根据要求的隔振系数 η 进行隔振的动力参数设计。如果还知道激振力幅值,可根据基础所能承受的动载荷进行隔振的动力参数设计	在已知机械设备或装置的总体质量 m_1 和支承运动角频率 ω 的条件下,可根据隔振系数 η 进行隔振的动力参数设计。如果还知道支承运动位移幅值,可根据机械设备允许的运动位移幅值进行隔振的动力参数设计
频率比的选择	一般选择范围:$Z = 2 \sim 10$　　$\eta = 0.25 \sim 0.01$ 最佳选择范围:$Z = 3 \sim 5$　　$\eta = 0.11 \sim 0.04$	$Z \approx \dfrac{1}{\sqrt{\eta}}$
隔振弹簧总刚度	隔振弹簧总刚度:　　　　　　　　$K_1 = \dfrac{1}{Z^2} m_1 \omega^2$　(N/m)	

辅助考核内容	考核指标	瞬时最大运动响应: $B_{max} = (3 \sim 7)B$ 式中　$B = \dfrac{F_0}{K_1} T_M$	瞬时最大相对运动响应: $\delta_{max} = (3 \sim 7)\delta_0$ 式中　$\delta_0 = U T_R$
	稳态响应系数	运动响应系数: $T_M = \dfrac{B}{B_s} = \dfrac{1}{\sqrt{(1-Z^2)^2+(2\zeta Z)^2}}$	相对传递系数: $T_R = \dfrac{\delta_0}{U} = \dfrac{Z^2}{\sqrt{(1-Z^2)^2+(2\zeta Z)^2}}$
	说明	当 $Z > \sqrt{2}$ 时,如单纯从隔振观点出发,阻尼的增加会降低隔振效果,但工程实践中常遇见外界突然冲击和扰动,为避免弹性支承物体产生过大振幅的自由振动,常人为地增加一些阻尼以抑制其振幅,且可使自由振动很快消失,特别是当隔振对象在启动和停机过程中经过共振区时,阻尼的作用就更显得重要。综合考虑,实用最佳阻尼比 $\zeta = 0.05 \sim 0.20$。在此范围内,加速和停车造成的共振不会加大,第一,因共振区是低频区,而不平衡扰动力在低频时都很小;其次,隔振系统受扰动后常以较快速度越过共振区,该瞬时最大位移可达正常振幅的 $3 \sim 7$ 倍。同时,隔振性能也不致降得过多,通常隔振效率可达 80% 以上	
	设计思想	为防止机体 m_1 和基础相互碰撞(包括机体与基础或与固定在基础上六个方向所有物体的碰撞),机体 m_1 和基础间的最小间隙应大于二倍 B_{max} 或 δ_{max}。为防止机体 m_1 跳离隔振弹簧,弹簧的静压缩量应大于 B_{max} 或 δ_{max},弹簧的允许极限压缩量 δ_j' 应大于二倍 B_{max} 或 δ_{max};非压缩弹簧相对允许变形量应大于二倍 B_{max} 或 δ_{max}	
隔振弹簧设计参数的确定		弹簧的最小、工作和极限变形量分别为: $\delta_1 \geq 0.2 B_{max}$ $\delta_n = \delta_1 + B_{max}$ $\delta_j = \delta_1 + 2B_{max}$ 与之所对应的力分别为: $P_1 = K_1' \delta_1$　$P_n = K_1' \delta_n$ $P_j = K_1' \delta_j$	弹簧最小、工作和极限变形量分别为: $\delta_1 \geq 0.2 \delta_{max}$ $\delta_n = \delta_1 + \delta_{max}$ $\delta_j = \delta_1 + 2\delta_{max}$ 与之所对应的力分别为: $P_1 = K_1' \delta_1$　$P_n = K_1' \delta_n$ $P_j = K_1' \delta_j$

注:1. 符号意义:F_0—激振力幅值,N;U—支承运动位移幅值,m;ω—激振力或支承运动的角频率,rad/s;B—简谐激励稳态响应振幅,m;B_s—隔振弹簧在数值为 F_0 的静力作用下的变形量,$B_s = F_0/K_1$,m;δ_0—支承简谐运动,隔振物体与基础相对振动 $(x-u)$ 的振幅,m;ω_n—系统的固有角频率,$\omega_n^2 = K_1/m_1$,rad/s;Z—频率比,$Z = \omega/\omega_n$;ζ—阻尼比,$\zeta = C_1/2\omega_n$。

2. 一级隔振指的是经一级弹簧进行振动隔离,隔振系统(如力学模型所示)是一个二阶单自由度系统。

2.2 一级隔振动力参数设计示例

图 19-5-1 所示某柴油发电机组总质量 $m_1 = 10000\text{kg}$，转子的质量 $m_0 = 2940\text{kg}$，转子回转转速 1500r/min，（偏心质量激振角频率 $\omega = 157\text{rad/s}$）多缸柴油发电机组（包括风机在内）的平衡品质等级为 G250，回转轴心与 m_1 的质心基本重合，试设计一级隔振器动力参数。

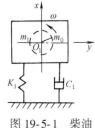

图 19-5-1 柴油
发电机组隔振
系统力学模型

（1）频率比

选取隔振系数 $\eta = 0.06$，则频率比：

$$Z \geqslant \frac{1}{\sqrt{\eta}} = \frac{1}{\sqrt{0.06}} = 4.08 \quad \text{选择 } Z = 4.5$$

（2）隔振弹簧刚度

隔振弹簧总刚度：

$$K_1 = \frac{1}{Z^2}m_1\omega^2 = \frac{1}{4.5^2} \times 10000 \times 157^2 = 1217 \times 10^4 \text{ N/m}$$

隔振弹簧共采用 8 个橡胶弹簧、对称布置，1 个弹簧刚度为：

$$K_1' = K_1/8 = \frac{1217 \times 10^4}{8} = 152.1 \times 10^4 \text{ N/m}$$

（3）惯性激振力幅值

$$m_0 e\omega^2 = 2940 \times 0.0016 \times 157^2 = 11.6 \times 10^4 \text{ N}$$

式中，转子质量偏心半径：

$$e = \frac{G}{\omega \times 10^6} = \frac{250}{157 \times 10^6} = 0.0016 \text{ m}$$

（4）稳态响应振幅

$$B = \left| \frac{F_0}{K_1(1-Z^2)} \right| = \left| \frac{11.6 \times 10^4}{1217 \times 10^4 \times (1-4.5^2)} \right| = 0.00049 \text{ m}$$

（5）最大位移

$$B_{\max} = 5B = 5 \times 0.00049 = 0.0025 \text{ m}$$

（6）隔振弹簧的设计参数

弹簧的最小、工作和极限变形量分别为：

$$\delta_1 \geqslant 0.2B_{\max} = 0.2 \times 0.0025 = 0.0005\text{m} \quad \text{选取 } \delta_1 = 0.0025\text{m}$$
$$\delta_n = \delta_1 + B_{\max} = 0.0025 + 0.0025 = 0.005\text{m}$$
$$\delta_j = \delta_1 + 2B_{\max} = 0.0025 + 2 \times 0.0025 = 0.0075\text{m}$$

对应弹簧变形量的弹性恢复力分别为：

$$P_1 = K_1'\delta_1 = 152.1 \times 10^4 \times 0.0025 = 3800\text{N}$$
$$P_n = K_1'\delta_n = 152.1 \times 10^4 \times 0.0050 = 7610\text{N}$$
$$P_j = K_1'\delta_j = 152.1 \times 10^4 \times 0.0075 = 11410\text{N}$$

隔振器的设计参阅本章 2.5 节。

（7）校核计算稳态振幅

沿 x 方向稳态振动的幅值：

$$B_x = \left| \frac{F_0}{K_x(1-Z_x^2)} \right| = \left| \frac{11.6 \times 10^4}{12288000 \times (1-4.47^2)} \right| = 0.0005\text{m}$$

式中，$K_x = K_x' \times 8 = 1536000 \times 8 = 12288000\text{N/m}$

$$\omega_{nx} = \sqrt{\frac{K_x}{m_1}} = \sqrt{\frac{12288000}{10000}} = 35.05\text{rad/s}$$

$$Z_x = \frac{\omega}{\omega_{nx}} = \frac{157}{35.05} = 4.47$$

第 **19** 篇

沿 y 方向稳态振动的幅值：

$$B_y = \left| \frac{F_0}{K_y(1-Z_y^2)} \right| = \left| \frac{11.6 \times 10^4}{1708800 \times (1-12^2)} \right| = 0.00047\text{m}$$

式中，$K_y = K_y' \times 8 = 213600 \times 8 = 1708800\text{N/m}$

$$\omega_{ny} = \sqrt{\frac{K_y}{m_1}} = \sqrt{\frac{1708800}{10000}} = 13.1\text{rad/s}$$

$$Z_y = \frac{\omega}{\omega_{ny}} = \frac{157}{13.1} = 12$$

由于该隔振系统给定条件有回转轴心与 m_1 质心基本重合，即对 m_1 质心的偏心惯性力矩为零或很小，m_1 不会产生围绕质心的摇摆振动，或摇摆振动很小，通常设计中不加考虑。设计中应使弹簧对称于合成质心布置，以防止出现摇摆振动。

（8）传给基础的动载荷幅值

沿垂直方向传给基础的动载荷幅值：

$$F_x = K_x B_x = 12288000 \times 0.0005 = 6144\text{N}$$

沿水平方向传给基础的动载荷幅值

$$F_y = K_y B_y = 1708800 \times 0.00047 = 803\text{N}$$

这两个重要参数是提供给土建设计的参数，自然需要同土建设计进行协调。

当采用悬挂隔振器时，由于 $K_y \approx 0$，$F_{ymax} \approx 0$，传给基础的为垂直方向动载荷。

（9）最大位移

垂直方向的最大位移：$B_{xmax} = 5B_x = 5 \times 0.0005 = 0.0025\text{m}$

水平方向的最大位移：$B_{ymax} = 5B_y = 5 \times 0.00048 = 0.0024\text{m}$

机体 m_1 和基础之间沿垂直、水平两个方向的最小间隙应分别大于 B_{xmax}、B_{ymax}。

（10）瞬时传给基础的最大动载荷

垂直方向：$F_{xmax} = K_x B_{xmax} = 12288000 \times 0.0025 = 30720\text{N}$

水平方向：$F_{ymax} = K_y B_{ymax} = 3724800 \times 0.0024 = 8940\text{N}$

瞬时传给基础的最大动载荷尽管比较大，但由于该动载荷的频率很低，只要隔振物体不脱离弹簧，弹簧也不会出现类似压靠现象，即无瞬时冲击现象，瞬时传给基础的最大动载荷也可忽略不计。

2.3　二级隔振动力参数设计

表 19-5-2

项　　目	主动(积极)隔振	被动(消极)隔振
力学模型		
设计已知条件	当一级隔振满足不了隔振要求时，需采用二级隔振，所以，一级隔振器动力参数设计的已知条件以及一级隔振设计确定的动力参数均为二级隔振设计的已知条件，即已知系统的参数 m_1、K_1、C_1、激振力幅值 F_0 或支承运动幅值 U、激振角频率 ω、传给基础的允许动载荷幅值 $[F_{T0}]$ 或被隔振物体允许的位移幅值 $[B_1]$	

项　目	主动(积极)隔振	被动(消极)隔振
确定的动力参数	二级隔振设计所要确定的动力参数是二级隔振架的参振质量 m_2 和二级隔振弹簧的刚度 K_2。为方便设计，引用刚度比 S_1、质量比 μ、振幅比 Δ 和一级隔振系统的固有圆频率 ω_n 四个物理量： $$S_1=\frac{K_2}{K_1} \qquad \mu=\frac{m_2}{m_1} \qquad \Delta=\frac{B_1}{B_2} \qquad \omega_n=\sqrt{\frac{K_1}{m_1}} \quad (\text{rad/s})$$ 由于 $K_2=S_1 K_1$，$m_2=\mu m_1$，于是将确定 K_2 和 m_2 的问题转化为确定 S_1 和 μ 的问题	
合成系统的固有频率(共振频率)	$$\begin{matrix}\omega_{n1}\\\omega_{n2}\end{matrix}=\sqrt{\frac{\omega_n^2}{2\mu}\left[(S_1+\mu+1)\mp\sqrt{(S_1+\mu+1)^2-4S_1\mu}\right]}$$	
系统稳态响应振幅	$$B_2=\frac{\omega_n^4}{(\omega^2-\omega_{n1}^2)(\omega^2-\omega_{n2}^2)\mu}\times\frac{F_0}{K_1}$$ $$B_1=\frac{\omega_n^2[(S_1+1)\omega_n^2-\mu\omega^2]}{(\omega^2-\omega_{n1}^2)(\omega^2-\omega_{n2}^2)\mu}\times\frac{F_0}{K_1}$$	$$B_1=\frac{\omega_n^4 S_1 U}{(\omega^2-\omega_{n1}^2)(\omega^2-\omega_{n2}^2)\mu}$$ $$B_2=\frac{(\omega_n^2-\omega_2)S_1 U}{(\omega^2-\omega_{n1}^2)(\omega^2-\omega_{n2}^2)\mu}$$
刚度比与质量比的关系	$$S_1=\frac{K_2}{K_1}=K_s\frac{m_1+m_2}{m_1}=K_s(1+\mu)$$ 式中 K_s——两弹簧静变形量之比，$K_s=\dfrac{\delta_{10}}{\delta_{20}}$，设计中 K_s 的取值可在 $0.8\sim1.2$ 的范围内选择； δ_{10}——K_1 弹簧在 $m_1 g$ 作用下的静变形量，m； δ_{20}——K_2 弹簧在 $(m_1+m_2)g$ 作用下的静变形量，m	
主要考核指标	传给基础的动载荷幅值 $$F_{T2}=\eta F_0=K_2 B_2$$	传到机械设备的位移幅值 $$B_1=\eta U$$
隔振系数 η	$$\eta=\frac{\omega_n^2 S_1}{(\omega^2-\omega_{n1}^2)(\omega^2-\omega_{n2}^2)\mu}$$ $$=K_2\frac{\omega_n^4}{(\omega^2-\omega_{n1}^2)(\omega^2-\omega_{n2}^2)\mu}\times\frac{1}{K_1}$$	$$\eta=\frac{\omega_n^4 S_1}{(\omega^2-\omega_{n1}^2)(\omega^2-\omega_{n2}^2)\mu}$$ $$=K_2\frac{\omega_n^4}{(\omega^2-\omega_{n1}^2)(\omega^2-\omega_{n2}^2)\mu}\times\frac{1}{K_1}$$
设计思想	在考察二级隔振与一级隔振传给基础的动载荷幅值之比 K_p 和二级隔振 m_2 与 m_1 振动位移幅值之比关系中，寻求在 K_s 给定条件下确定质量比 μ 的计算公式	被动隔振与主动隔振的隔振系数(绝对传递系数)完全一样，所以，可将 U 看成 F_0，将 B_1 看成 F_{T2}，按主动隔振确定质量比 μ，不影响被动二级隔振的隔振效果
二级隔振与一级隔振传给基础动载荷幅值之比	$$K_p=\frac{F_{T2}}{F_{T0}}=\frac{K_2 B_2}{K_1 B_1}=K_s(1+\mu)|\Delta|$$	$$K_p=\frac{B_1}{B}=\frac{K_2\lambda_2}{K_1\lambda_1}=K_s(1+\mu)|\Delta|$$ 等效主动二级隔振稳态振幅 $$\lambda_2=\frac{\omega_n^4}{(\omega^2-\omega_{n1}^2)(\omega^2-\omega_{n2}^2)\mu}\times\frac{U}{K_1}$$ $$\lambda_1=\frac{\omega_n^2[(S_1+1)\omega_n^2-\mu\omega^2]}{(\omega^2-\omega_{n1}^2)(\omega^2-\omega_{n2}^2)\mu}\times\frac{U}{K_1}$$ 等效主动一级隔振稳态振幅 $$\lambda=\frac{\omega_n^2 U}{\omega^2-\omega_n^2}$$
振幅比	$$\Delta=\left|\frac{B_2}{B_1}\right|$$	$$\Delta=\left|\frac{\lambda_2}{\lambda_1}\right|$$
	$$\Delta=\left|\frac{1}{1+K_s(1+\mu)-\dfrac{\omega^2}{\omega_n^2}\mu}\right|$$	
质量比	$$\mu=\frac{1+\left(1\mp\dfrac{1}{K_p}\right)}{\left(\dfrac{\omega}{\omega_n}\right)^2-K_s\left(1\mp\dfrac{1}{K_p}\right)}$$　　式中正负号的选取应使 μ 为正值	
动力参数	二级隔振架参振质量　$m_2=\mu m_1$ 二级隔振弹簧刚度　$K_2=K_s(1+\mu)K_1$	

续表

项　目	主动(积极)隔振	被动(消极)隔振
辅助考核指标	$B_{1max}=(3\sim7)B_1$ $\delta_{1max}=(3\sim7)(B_2-B_1)$ $B_{2max}=(3\sim7)B_2$	$\delta_{max}=(3\sim7)(U-B_1)$ $\delta_{1max}=(3\sim7)(B_1-B_2)$ $\delta_{2max}=(3\sim7)(U-B_2)$
设计思想	为防止机体 m_1、二级隔振架 m_2 和基础(包括固定在它上面的物体)沿空间六个方向的相互碰撞,机体和基础间的最小间隙应大于 B_{1max}(或 δ_{max}),机体 m_1 和二级隔振架 m_2 间的最小间隙应大于 δ_{1max},二级隔振架 m_2 和基础间的最小间隙应大于 B_{2max}(或 δ_{2max}) 为防止机体 m_1 和二级隔振架 m_2 在振动过程中跳离隔振弹簧,弹簧的静压缩量 δ_{n1}、δ_{n2} 应分别大于 δ_{1max}、B_{2max}(或 δ_{2max}),允许极限压缩量 δ'_{j1}、δ'_{j2} 应分别大于($\delta_{n1}+\delta_{1max}$)、($\delta_{n2}+B_{2max}$)或($\delta_{n2}+\delta_{2max}$);对非压缩弹簧,允许相对变形量应大于二倍 δ_{1max}、B_{2max} 或 δ_{2max}	
隔振弹簧设计参数确定	用 δ_{1max} 确定一级隔振弹簧的变形量 $\delta_{11}>0.2\delta_{1max}$　　$\delta_{n1}=\delta_{11}+\delta_{1max}$　　$\delta_{j1}=\delta_{n1}+\delta_{1max}$ 用 B_{2max} 或 δ_{2max} 确定二级隔振弹簧的变形量 $\delta_{12}>0.2B_{2max}$　　$\delta_{n2}=\delta_{12}+B_{2max}$　　$\delta_{j2}=\delta_{n2}+B_{2max}$ 或　$\delta_{12}>0.2\delta_{2max}$　　$\delta_{n2}=\delta_{n2}+\delta_{2max}$　　$\delta_{j2}=\delta_{n2}+\delta_{2max}$ 根据刚度分配原则和弹簧的布置情况,确定出各组弹簧的一只弹簧的刚度,用该刚度分别去乘弹簧的各变形量 δ_1、δ_n、δ_j 得到相应的力 P_1、P_n、P_j	

2.4　二级隔振动力参数设计示例

某直线振动机二级隔振力学模型如图 19-5-2 所示，该振动机机体质量 $m_1=7360\text{kg}$，沿与水平方向成 α 角的方向上施加激振力 $F(t)=F_0\sin\omega t$,激振力幅值 $F_0=258300\text{N}$，激振频率 $\omega=83.78\text{rad/s}$，一级隔振器动力参数设计确定隔振弹簧沿 x 方向的刚度 $K_{1x}=1972000\text{N/m}$（采用 8 只 $K'_{1x}=246500\text{N/m}$，$K'_{1y}=174900\text{N/m}$ 的隔振弹簧），因此，隔振弹簧沿 y 方向的刚度 $K_{1y}=1399000\text{N/m}$，沿 x 方向和 y 方向传给基础的动载荷幅值分别为 $F_{Tx}=6508\text{N}$，$F_{Ty}=5500\text{N}$，该振动机安装在上层楼板工作位置后，由于 ω 和楼板的固有角频率很接近，楼板产生强烈的振动。为减轻楼板振动，生产单位要求通过减小传给基础动载荷的方法，解决楼板强烈振动构成的安全隐患问题。试进行二级隔振器动力参数设计。

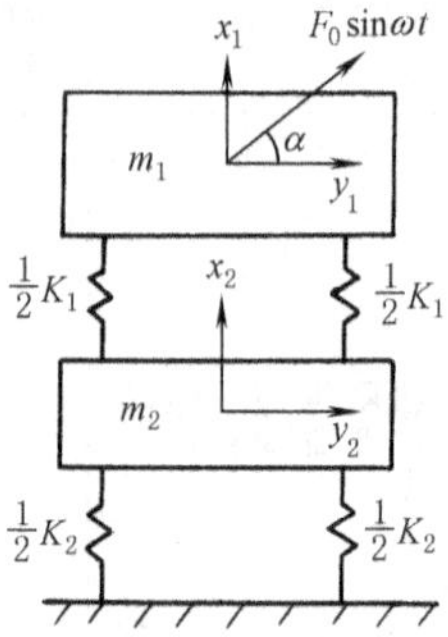

图 19-5-2　某振动机二级隔振力学模型

（1）质量比

首先选取 $K_s=1.05$，$K_p=\dfrac{1}{7}$（K_s、K_p 及其他符号说明见上表）

$$\mu=\left|\frac{1+K_s\left(1\pm\dfrac{1}{K_p}\right)}{\left(\dfrac{\omega}{\omega_{nx}}\right)^2-K_s\left(1\pm\dfrac{1}{K_p}\right)}\right|=\left|\frac{1+1.05(1+7)}{\left(\dfrac{83.78}{16.4}\right)^2-1.05(1+7)}\right|=0.54$$

式中，$\omega_{nx}=\sqrt{K_{1x}/m_1}=\sqrt{1972000/7360}=16.4\text{rad/s}$

（2）二级隔振架质量

$$m_2=\mu m_1=0.54\times7360=4120\text{kg}$$

（3）二级隔振弹簧刚度

$$K_{2x}=K_s(1+\mu)K_{1x}=1.05(1+0.54)\times1972000=3168000\text{N/m}$$

选用 14 只 $K'_{2x}=246500\text{N/m}$、$K'_{2y}=174900\text{N/m}$ 的隔振弹簧，并对称质心均匀布置。

$$K_{2x}=K'_{2x}\times14=246500\times14=3451000\text{N/m}$$

$$K_{2y} = K'_{2y} \times 14 = 174900 \times 14 = 2449000 \text{N/m}$$

以上两数值为最后确定的二级隔振弹簧的刚度。

（4）系统的固有角频率

沿 x 方向的固有角频率

$$\left.\begin{array}{c}\omega_{nx1}\\\omega_{nx2}\end{array}\right\} = \omega_{nx}\sqrt{\frac{1}{2\mu}\left[(S_x+\mu+1)\mp\sqrt{(S_x+\mu+1)^2-4S_x\mu}\right]}$$

$$= 16.4 \times \sqrt{\frac{1}{2\times0.54}\left[(1.75+0.54+1)\mp\sqrt{(1.75+0.54+1)^2-4\times1.75\times0.54}\right]}$$

$$= \begin{cases} 12.59 \\ 38.47 \end{cases} \text{rad/s}$$

式中，$S_x = \dfrac{K_{2x}}{K_{1x}} = \dfrac{3451000}{1972000} = 1.75$

沿 y 方向的固有角频率

$$\left.\begin{array}{c}\omega_{ny1}\\\omega_{ny2}\end{array}\right\} = \omega_{ny}\sqrt{\frac{1}{2\mu}\left[(S_y+\mu+1)\mp\sqrt{(S_y+\mu+1)^2-4S_y\mu}\right]}$$

$$= 13.79\sqrt{\frac{1}{2\times0.54}\left[(1.75+0.54+1)\mp\sqrt{(1.75+0.54+1)^2-4\times1.75\times0.54}\right]}$$

$$= \begin{cases} 10.62 \\ 32.34 \end{cases} \text{rad/s}$$

式中，$\omega_{ny} = \sqrt{K_{1y}/m_1} = \sqrt{1399000/7360} = 13.79 \text{rad/s}$

$$S_y = \frac{K_{2y}}{K_{1y}} = \frac{2449000}{1399000} = 1.75$$

（5）稳态响应幅值

$$B_{x2} = \frac{\omega_{nx}^4}{(\omega^2-\omega_{nx1}^2)(\omega^2-\omega_{nx2}^2)\mu} \times \frac{F_0\sin\alpha}{K_{1x}}$$

$$= \frac{16.4^4}{(83.78^2-12.59^2)(83.78^2-38.47^2)\times0.54} \times \frac{258300\times\sin40°}{1972000}$$

$$= 0.0003\text{m}$$

$$B_{x1} = \frac{\omega_{nx}^2\left[(S_x+1)\omega_{nx}^2-\mu\omega^2\right]}{(\omega^2-\omega_{nx1}^2)(\omega^2-\omega_{n2}^2)\mu} \times \frac{F_0\sin40°}{K_{1x}}$$

$$= \frac{16.4^2\times\left[(1.75+1)\times16.4^2-0.54\times83.78^2\right]}{(83.78^2-12.59^2)(83.78^2-38.47^2)\times0.54} \times \frac{258300\times\sin40°}{1972000}$$

$$= -0.0034\text{m}$$

$$B_{y2} = \frac{\omega_{ny}^4}{(\omega^2-\omega_{ny1}^2)(\omega^2-\omega_{ny2}^2)\mu} \times \frac{F_0\cos\alpha}{K_{1y}}$$

$$= \frac{13.79^4}{(83.78^2-10.62^2)(83.78^2-32.34^2)\times0.54} \times \frac{258300\times\cos40°}{1399000}$$

$$= 0.00023\text{m}$$

$$B_{y1} = \frac{\omega_{ny}^2\left[(S_y+1)\omega_{ny}^2-\mu\omega^2\right]}{(\omega^2-\omega_{ny1}^2)(\omega^2-\omega_{ny2}^2)\mu} \times \frac{F_0\cos\alpha}{K_{1y}}$$

$$= \frac{13.79^2\times\left[(1.75+1)\times13.79^2-0.54\times83.78^2\right]}{(83.78^2-10.62^2)(83.78^2-32.34^2)\times0.54} \times \frac{258300\times\cos40°}{1399000}$$

$$= -0.0039\text{m}$$

（6）最大位移

第 **19** 篇

机体 m_1 的最大绝对位移

$$B_{x1max} = 5B_{x1} = 5×0.0034 = 0.017\text{m}$$
$$B_{y1max} = 5B_{y1} = 5×0.0039 = 0.0195\text{m}$$

为了使机体 m_1 和基础在振动过程中不发生碰撞,沿垂直方向的最小间隙应大于 0.017m,沿水平方向最小间隙应大于 0.0195m。

机体 m_1 和二级隔振架 m_2 间的相对位移

$$\delta_{x1max} = 5(B_{x2} - B_{x1}) = 5×(0.0003 + 0.0034) = 0.0185\text{m}$$
$$\delta_{y1max} = 5(B_{y2} - B_{y1}) = 5×(0.00013 + 0.0039) = 0.02\text{m}$$

为了使机体 m_1 和二级隔振架 m_2 在振动过程中不发生碰撞,沿垂直方向的最小间隙应大于 0.0185m,沿水平方向的最小间隙应大于 0.02m。

二级隔振架 m_2 的最大绝对位移

$$B_{x2max} = 5B_{x2} = 5×0.0003 = 0.0015\text{m}$$
$$B_{y2max} = 5B_{y2} = 5×0.00013 = 0.00065\text{m}$$

为了使二级隔振架 m_2 和基础在振动过程中不发生碰撞,沿垂直方向的最小间隙应大于 0.0015m,沿水平方向的最大间隙应大于 0.00065m。一级隔振弹簧和二级隔振弹簧的变形量与 δ_{x1max} 和 B_{x2max} 的关系符合要求。

(7)传给基础的动载荷幅值

垂直即 x 方向传给基础的动载荷幅值

$$F_{Tx} = K_{2x}B_{x2} = 3451000×0.0003 = 1035\text{N}$$

水平即 y 方向传给基础的动载荷幅值

$$F_{Ty} = K_{2y}B_{y2} = 2449000×0.00023 = 563\text{N}$$

2.5 隔振设计的几个问题

2.5.1 隔振设计步骤

(1)一级隔振动力参数初步设计

只考虑 x（垂直）方向振动隔振效果,初步确定一级隔振弹簧总刚度 K_{1x},按照刚度分配原则,即预防出现摇摆振动的条件,初步确定单只弹簧刚度,再根据振动最大位移确定一级隔振弹簧的最小、工作、极限变形量及对应的弹性力,提供设计或选用一级隔振弹簧的原始数据。

(2)二级隔振动力参数初步设计

只考虑 x（垂直）方向振动隔振效果,初步确定二级隔振架的参振质量 m_2 和二级隔振弹簧刚度 K_{2x},按照刚度分配原则,确定一只弹簧刚度,再根据振动最大位移 B_{xmax} 或 δ_{xmax} 确定二级隔振弹簧的最小、工作和极限变形量及对应的弹性力,提供设计二级隔振弹簧的原始设计参数。采用二级隔振安装的机械设备多数为大中型机械设备,从结构上允许安装较多数量的二级隔振弹簧,为了简化设计和方便生产中备件管理,二级隔振弹簧和一级隔振弹簧往往选用完全相同的弹簧,总刚度及刚度比通过采用弹簧的数量加以调整和匹配。确定质量比 μ 时,应对实际刚度比变化的影响留有余地。

(3)隔振弹簧设计

根据隔振器动力参数设计提供的各种规格弹簧的最小、工作和极限变形量及其对应的弹性力,分别设计选用各种规格弹簧。金属螺旋弹簧板弹簧等设计详见第 3 卷第 12 篇弹簧,橡胶弹簧设计详见本章 2.7 节。由于所设计的弹簧参数不可能与要求参数相同,因此,弹簧设计出来后,要重新协调各参数之间的关系,直至各参数匹配,隔振弹簧的参数才最终确定。

(4)隔振器参数的校核计算

首先校核计算隔振弹簧水平方向的刚度及运动稳定性,金属螺旋弹簧的水平刚度计算及稳定性校核详见本章 2.5.3 节,橡胶弹簧的设计及水平刚度的计算详见本章 2.7 节；其次根据动力参数的设计和最后确定的弹簧参数,校核计算隔振系统的稳定解振幅、传给基础的动载荷幅值以及绝对运动或相对运动的最大位移量,这包含有垂直和水平两个方向的参数校核计算。校核计算时,多数情况下对摇摆振动不做校核计算（但设计时必须考虑预防出现摇摆振动的条件）,垂直和水平两个方向的各参数则必须进行校核计算,若计算结果不满足要求时,应重新设计。橡胶减振器的形式见本篇 4.1 节。

2.5.2 隔振设计要点

1）预防机体产生摇摆振动，设计中要注意激振力作用点尽量靠近机体质心，使围绕质心的激振力矩尽可能减小；还要使围绕质心的弹性力矩之和接近于零（变形量相同），并注意弹性支承稳定性。

2）以压缩弹簧支承隔振机械设备时，弹簧两端均采用凸台式或碗式弹簧座，在弹簧静变形量不够的情况下试运转时，可防止弹簧飞出伤人，又可为支承机械设备限制定位。

3）如果对称质心布置的弹簧数量较多时，每排弹簧数量尽量采用奇数，而且弹簧的总刚度可以稍高于要求的值，这样便于调试时在每排弹簧中增减 1~2 只，既可调节弹簧的静变形量和隔振系统的频率比，又不影响弹簧的对称质心分布。

4）振动输送、给料、振动筛等有物料作用的振动机隔振器设计，有时可在空载条件下，将频率比选择在 2~4 的范围内，当物料压在机体上时，其频率比自动变高，刚好在 3~5 的范围内，确保隔振器的隔振效果。

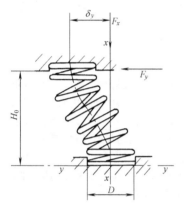

图 19-5-3　圆柱螺旋弹簧在垂直和水平方向的变形

2.5.3　圆柱螺旋弹簧的刚度

圆柱螺旋弹簧同时受垂直载荷和水平载荷作用产生如图 19-5-3 所示的变形，其垂直方向刚度计算公式为：

$$K_x = \frac{F_x}{\delta_x} = \frac{Gd^4}{8nD^3} \quad (\text{N／m}) \qquad (19\text{-}5\text{-}1)$$

式中　F_x——垂直方向载荷，N；

$\quad\quad \delta_x$——由载荷 F_x 所引起的垂直方向变形量，m；

$\quad\quad G$——弹簧钢的切变模量，一般可取 $G = 8\times10^{10}\,\text{N／m}^2$；

$\quad\quad d$——弹簧的钢丝直径，m；

$\quad\quad D$——弹簧中径，m；

$\quad\quad n$——弹簧的有效圈数。

当弹簧钢的弹性模量 $E = 2.1\times10^{11}\,\text{N／m}^2$、切变模量 $G = 8\times10^{10}\,\text{N／m}^2$ 时，弹簧的水平刚度为：

$$K_y = \frac{F_y}{\delta_y} = \frac{0.7\times10^{10}\times d^4}{C_s nD(0.204H^2 + 0.256D^2)} \quad (\text{N／m}) \qquad (19\text{-}5\text{-}2)$$

式中　F_y——水平方向载荷，N；

$\quad\quad \delta_y$——由载荷 F_y 所引起的水平方向变形量，m；

$\quad\quad C_s$——考虑垂直方向载荷影响的修正系数，其值取决于 $\dfrac{\delta_s}{H_0}$ 和 $\dfrac{H_0}{D}$，可由图 19-5-4 选取；

$\quad\quad H$——弹簧的工作高度，m，$H = H_0 - \delta_s$；

$\quad\quad H_0$——弹簧的自由高度，m；

$\quad\quad \delta_s$——弹簧的静载变形量，m。

比较式（19-5-1）及式（19-5-2）得到刚度的比值关系为：

$$\frac{K_x}{K_y} = \frac{GC_s(0.204H^2 + 0.256D^2)}{5.6\times10^{10}D^2} \qquad (19\text{-}5\text{-}3)$$

当 $G = 8\times10^4\,\text{N／mm}^2$ 时，

$$\frac{K_x}{K_y} = 1.43C_s\left(0.204\frac{H^2}{D^2} + 0.265\right) \qquad (19\text{-}5\text{-}4)$$

$\dfrac{K_y}{K_x}$ 随 $\dfrac{H}{D}$ 及 $\dfrac{\delta_s}{H}$ 的变化关系，如图 19-5-5 所示。

为了使弹簧所支承的机械设备具有足够的稳定性，弹簧的水平刚度对垂直刚度的比值应满足下式：

$$\frac{K_y}{K_x} \geqslant 1.20\left(\frac{\delta_s}{H}\right) \qquad (19\text{-}5\text{-}5)$$

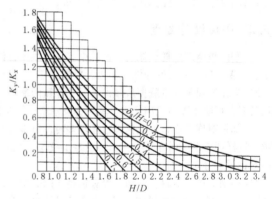

图 19-5-4　修正系数 C_s 与 $\dfrac{H_0}{D}$ 和 $\dfrac{\delta_s}{H_0}$ 关系曲线　　　　图 19-5-5　刚度比 $\dfrac{K_y}{K_x}$ 与 $\dfrac{H}{D}$ 和 $\dfrac{\delta_s}{H}$ 关系曲线

2.5.4　隔振器的阻尼

如果单纯从隔振角度看,阻尼对隔离高频振动是不起大的作用的,但在生产实际中,常遇见外界冲击和扰动。为避免弹性支承物体产生大幅度自由振动,人为增加阻尼,抑制振幅,且使自由振动尽快消失。特别是当隔振对象在启动和停机过程中需经过共振区时,阻尼作用就更为重要。从隔振器设计角度出发,阻尼值大小似乎和隔振器设计无关,实际上系统阻尼大小,决定了系统减速的快慢,系统阻尼大,启动和停机时间就短,越过共振区的时间也短,共振振幅就小,否则相反。综合考虑,从隔振效果来看,实用最佳阻尼比为 $\zeta = 0.05 \sim 0.2$。在此范围内,共振振幅不会很大,隔振效果也不会降低很多。通常的隔振系统 $\zeta = 0.05$,无需加专门的阻尼器,当 $\zeta = 0.1 \sim 0.2$ 时,最简单的方法是用橡胶减振器,它既是弹性元件,又是黏弹性阻尼器。

2.6　隔振器的材料与类型

表 19-5-3　　　　　　　　　　　隔振材料的主要特性和应用范围

类型	主 要 特 性	应 用 范 围	注 意 事 项
橡胶	承载能力低,刚度大,阻尼系数为 $0.05 \sim 0.15$,有蠕变效应,耐温范围为 $-50 \sim 70^\circ\text{C}$,易于成形,能自由选取三个方向的刚度	多用于高频振动的积极和消极隔振,和金属弹簧配合使用效果好,可做成承压型或承剪型隔振器	相对变形量应控制在 $10\% \sim 20\%$,避免日晒和油、水侵蚀,承压型隔振器还应保证橡胶件有自由膨胀空间
金属弹簧	承载能力大,变形量大,刚度小,阻尼系数小,为 0.005 左右,水平刚度小于垂直刚度,易摇晃,价廉	用于消极隔振和激扰力大的设备的积极隔振,由于易晃动,不适用于精密设备的隔振	当需要较大阻尼时,可加阻尼器或与橡胶减振材料组合使用
空气弹簧	刚度由压缩空气内能决定,承载能力可调,兼有隔振和隔声效果,阻尼系数大,为 $0.15 \sim 0.5$,使用寿命长	用于机车车辆、汽车及有特殊要求的精密设备的隔振。可制成具有任意非线性特性的隔振器	需有衡压空气源保持压力稳定,当环境温度超过 70°C 时,不宜采用
泡沫橡胶	刚度小,富有弹性,承载能力小。阻尼比为 $0.1 \sim 0.15$,性能不稳定,易老化	用于小型仪表的消极隔振	许用应力低,相对变形应控制在 $20\% \sim 35\%$ 以内,禁止日晒及与油接触
泡沫塑料	刚度小,承载能力低,性能不稳定,易老化	用于小型仪表的消极隔振	工作应力应控制在 $1.96 \times 10^4 \text{Pa}$ 以内
软木	质轻,有一定弹性,阻尼系数为 $0.02 \sim 0.12$,有蠕变效应	用于积极隔离,或与橡胶、金属弹簧组合使用时作辅助隔振材料	应力应控制在 $9.8 \times 10^4 \text{Pa}$ 左右,要防止软木向四周膨胀,防止吸水、吸油
毛毡	阻尼大,弹性小,在干、湿反复作用下易丧失弹性,阻尼系数为 0.06 左右	多用于冲击隔离	厚度一般取 $(6.5 \sim 7.5) \times 10^{-3} \text{m}$,工作环境要求温度、湿度变化较小
其他	包括木屑、玻璃纤维、细砂等形状不固定的隔振材料,价廉,但特性差	用于设备与地面间的隔振或冲击隔离,一般作为辅助材料	使用时应放置在适当的容器或凹坑内
钢丝绳隔振器	具有较好的弹性和阻尼,承载能力高	广泛用于各种设备的隔振,是目前世界上较为新型的隔振器	

2.7 橡胶隔振器设计

2.7.1 橡胶材料的主要性能参数

表 19-5-4

主 要 参 数	天 然 橡 胶 NR	丁 腈 橡 胶 NBR	氯丁橡胶 CR 及丁基橡胶 JIR
性 能 及 使 用 范围	强度、延伸率、耐磨性、耐寒性等综合物理力学性能较好，能与金属牢固粘合。缺点是耐油、耐热性较差。常用于一般仪器设备的隔振器	耐油、耐热性好，阻尼较大，与金属的粘合性也好。常用作动力机械和工程机械的隔振器	CR 主要优点是耐候性好，常用于防老化、防臭氧要求较高的场合。缺点是自生热大、耐寒性差、电绝缘性较差 JIR 优点是阻尼较大，隔振性能好，耐寒、耐酸、耐臭氧性能较好。缺点是与金属的粘合性差，只能单独使用
硬度	邵氏硬度 $H = 30 \sim 70$		
弹性模量	$H = 40 \sim 60$ 时 $G = (5 \sim 12) \times 10^5 \text{N/m}^2$ $E = (15 \sim 38) \times 10^5 \text{N/m}^2$	$H = 55 \sim 70$ 时 $G = (10 \sim 17) \times 10^5 \text{N/m}^2$ $E = (38 \sim 65) \times 10^5 \text{N/m}^2$	
	弹性模量和表面硬度间的关系如图 19-5-6 所示。橡胶隔振器制造时，硬度的变化范围为 $\pm 3 \sim \pm 5$，相应的弹性模量的变化范围为 $\pm 12\% \sim \pm 20\%$。因此，设计时应控制硬度公差		
形状影响系数	$m = f(n)$，$n = \dfrac{约束面积}{自由面积}$，$m = f(n)$ 的关系相当复杂，见表 19-5-5 一般按给出的相应隔振器的数据，如表 19-5-18，直接换算 E_s		
动态系数	$d = 1.2 \sim 1.6$	$d = 1.5 \sim 2.5$	$d = 1.4 \sim 2.8$
	d 的数值随频率、振幅、温度、硬度、配合及承载方式而异，很难获得准确值。通常只考虑 $H = 40 \sim 70$，按上述范围选取，H 小时取下限，否则相反		
温度影响系数	λ_t 随温度的变化曲线如图 19-5-7 所示		
弹性模量	静态弹性模量：$E_s = \lambda_t m E$，$G_s = \lambda_t m G$ 动态弹性模量：$E_d = d \lambda_t m E$，$G_d = d \lambda_t m G$		
许用应力及最大允许变形	<table><tr><td rowspan="2">受力类型</td><td colspan="3">许用应力/10^5N·m^{-2}</td></tr><tr><td>静 态</td><td>动 态</td><td>冲 击</td></tr><tr><td>拉 伸</td><td>10~20</td><td>5~10</td><td>10~15</td></tr><tr><td>压 缩</td><td>30~50</td><td>10~15</td><td>25~50</td></tr><tr><td>剪 切</td><td>10~20</td><td>3~5</td><td>10~20</td></tr><tr><td>扭 转</td><td>20</td><td>3~10</td><td>20</td></tr></table> 静态载荷下：压缩变形 $< 15\%$，剪切变形 $< 25\%$ 动态载荷下：压缩变形 $< 5\%$，剪切变形 $< 8\%$		
设计准则	$\sigma < [\sigma]$，$\tau < [\tau]$，$\delta_\sigma < [\delta_\sigma]$，$\delta_\tau < [\delta_\tau]$ 　$[\sigma]$，$[\tau]$——许用拉压应力、许用剪切应力，N/m^2 　$[\delta_\sigma]$，$[\delta_\tau]$——许用拉压变形、许用剪切变形，m		
阻尼比	$\zeta = 0.025 \sim 0.075$	$\zeta = 0.075 \sim 0.15$	CR：$\zeta = 0.075 \sim 0.30$ JIR：$\zeta = 0.12 \sim 0.50$
	阻尼比随着硬度 H 的增加而增加，$H = 40$ 时取下限，$H = 70$ 时取上限		

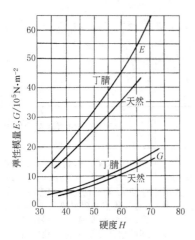

图 19-5-6 弹性模量与硬度的关系

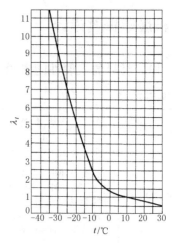

图 19-5-7 温度影响系数曲线

2.7.2 橡胶隔振器刚度计算

表 19-5-5

类别	简 图	刚 度	计 算 说 明
圆柱形	 	$K_x = \dfrac{A_L m_x}{H} E$ $K_y = \dfrac{A_L m_y}{H} E$ $K_z = K_y$	$m_x = 1 + 1.65 n^2$ $m_y = \dfrac{1}{1 + 0.38 \left(\dfrac{H}{D}\right)^2}$ $n = \dfrac{A_L}{A_f} \quad A_L = \dfrac{\pi D^2}{4} \quad A_f = \pi D H$ $\left(\text{一般}\ \dfrac{1}{4} \leqslant \dfrac{H}{D} \leqslant 1\right)$ (静变形 $\delta_{xs} = 0.15 \sim 0.25 H$)
环柱形	 	$K_x = \dfrac{A_L m_x}{H} E$ $K_y = \dfrac{A_L m_y}{H} G$ $K_z = K_y$	$m_x = 1.2(1 + 1.65 n^2)$ $m_y = \dfrac{1}{1 + \dfrac{4}{9}\left(\dfrac{H}{D}\right)^2}$ $n = \dfrac{A_L}{A_f} \quad A_L = \dfrac{\pi(D^2 - d^2)}{4}$ $A_f = \pi(D + d) H$
矩形	 	$K_x = \dfrac{A_L m_x}{H} E$ $K_y = \dfrac{A_L m_y}{H} G$ $K_z = \dfrac{A_L m_z}{H} G$	$m_x = 1 + 2.2 n^2$ $m_y = \dfrac{1}{1 + 0.29\left(\dfrac{H}{L}\right)^2}$ $m_z = \dfrac{1}{1 + 0.29\left(\dfrac{H}{B}\right)^2}$ $n = \dfrac{A_L}{A_f} \quad A_L = LB$ $A_f = 2(L + B) H$
圆柱形	 	$K_x = \dfrac{\pi L}{\ln \dfrac{D}{d}}(mE + G)$ $K_y = \dfrac{2\pi L}{\ln \dfrac{D}{d}} G$ $K_z = K_y$	$m = 1 + 4.67 \dfrac{dL}{(d+L)(D-d)}$ 一般 $m = 2 \sim 5$ (硬度高，尺寸大者取大值)

续表

类别	简　图	刚　度	计　算　说　明
圆筒形		$K_x = \dfrac{2\pi D L_H}{D-d}G$ ① $K_x = \dfrac{4\pi L_B d^2}{D^2-d^2}G$ ② $K_y = K_z = (2\sim6)K_x$	① $LR=$常数,截面等强度设计,适宜于承受轴向载荷 ② $LR^2=$常数,适宜承受扭转载荷,此时剪切应力为常数
圆锥形		$K_x = \dfrac{\pi L(R_c-r_c)}{H}(Em\sin^2\theta+G\cos^2\theta)$ $K_y = \dfrac{\pi(R-r)(Em\eta+G)}{\tan\theta\ln\left(1+\dfrac{2S}{R+r}\right)}$ $K_z = L_y$	$E=3G \quad m=1+2.33\dfrac{L}{H}$ $\eta = \dfrac{2(1-\cos\zeta)}{\sin^2\zeta\cos\zeta} \quad \dfrac{\delta_y}{S}=\sin\zeta$ $\delta_y = \dfrac{F_y}{K_y}$(初估时可取 $\eta=1$)
剪切型		$K_x = \dfrac{2\pi R_B H_B}{R_H-R_B}G$ ① $K_x = \dfrac{2\pi H}{\ln\dfrac{R_H}{R_B}}G$ ② $K_x = \dfrac{2\pi(R_B H_H-R_H H_B)}{(R_H-R_B)\ln\dfrac{R_B H_H}{R_H H_B}}G$ ③ $K_y = K_z = (2\sim6)K_x$	① $RH=$常数,截面等强度 ② $H=$常数,截面等高度 ③ $RH\neq$常数,$H\neq$常数,截面不等,高度不等
复合型		$K_x = 2K_p\left(\cos^2\theta+\dfrac{1}{K}\sin^2\theta\right)$ $K_y = 2K_p\left(\sin^2\theta+\dfrac{1}{K}\cos^2\theta\right)$ $K_z = 2K_q$	$K_p = \dfrac{A_L m_x}{H}E \quad K_q = \dfrac{A_L m_y}{H}G$ $K_r = \dfrac{A_L m_z}{H}G \quad m_x=1+2.2n^2$ $m_y = \dfrac{1}{1+0.29\left(\dfrac{H}{L}\right)^2} \quad m_z = \dfrac{1}{1+0.29\left(\dfrac{H}{B}\right)^2}$ $n = \dfrac{A_L}{A_f} \quad A_L=LB$ $A_f = 2(L+B)H \quad K = \dfrac{K_p}{K_r}$

注:1. 静刚度设计中,有三个独立尺寸,可根据具体安装情况,先假设两个尺寸,求出第三个尺寸,然后用设计准则进行验算,若不满足设计准则,应重新假定尺寸,再进行计算,直至满足设计准则中的条件为止。

2. 表中的 E、G 为橡胶材料的静态弹性模量,可按表19-5-5给出的范围或图19-5-6选定,计算所得刚度为静刚度,乘以动静比 d 即为隔振器动刚度。

3. 表中计算的刚度为15℃情况下的刚度,当环境温度偏差大时,应用温度影响系数修正。

2.7.3　橡胶隔振器设计要点

① 应根据使用环境和条件,选用合适的橡胶。

② 注意橡胶与金属的粘接强度,避免粘接面处的应力集中。

③ 对于剪切变形隔振器,为了提高寿命,通常在垂直剪切方向给予适当预压缩,压缩方向刚度变硬,剪切方向刚度变软。

④ 隔振器应避免长期在受拉状态下工作。

⑤ 由于有阻尼就要消耗能量,这部分损失的能量转换成热能,而橡胶是热的不良导体,为防止温升过高影响橡胶隔振器性能,第一,橡胶隔振器不宜做得过大;第二,从结构上应采取易于散热的措施,或选用生热较少的天然橡胶材料。正因橡胶隔振器能将部分能量转换成热能,降低了振动能量,达到减振目的,所以,常将橡胶隔振器称作减振器。

第 **19** 篇

3 阻 尼 减 振

现代工程结构大多为复杂的多自由度系统，一般的减振隔振技术很难满足控制振动的要求，还必须采用各种形式的阻尼，耗散振动体的能量，达到减小振动的目的。常用的人工阻尼技术包括阻尼层结构、阻尼减振器，后者包括黏弹性阻尼减振器、干摩擦（库仑）阻尼减振器、流体阻尼减振器及其他减振器。

3.1 阻尼减振原理

阻尼减振的原理见表 19-5-6。大部分用于减振器，参见下一节。

表 19-5-6   阻尼减振的原理

类 别	图 例	说 明
空气阻尼器	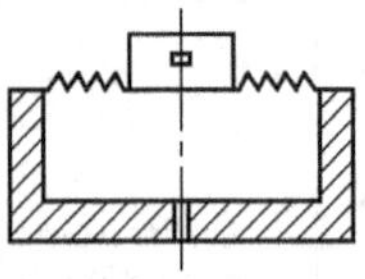	摆锤运动时空气以很大的速度从小孔流入或流出而获得大的阻尼力;性能稳定;阻尼力与运动速度的线性较差
油阻尼器	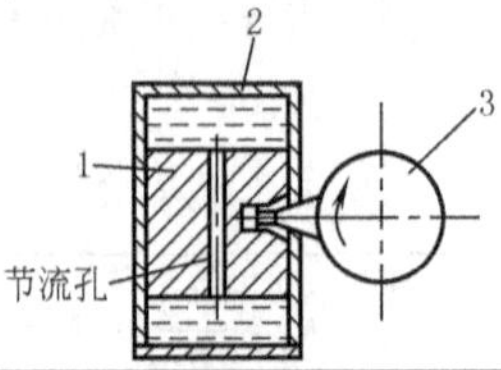	阻尼板在油中产生涡流及阻尼板与油的黏滞力获得阻尼力;种类很多;流体介质以硅油为最稳定 左图例说明:振动体通过摇臂 3 使活塞 1 产生往复运动,迫使油液通过活塞的节流孔来回流动,产生摩擦阻尼
干摩擦阻尼	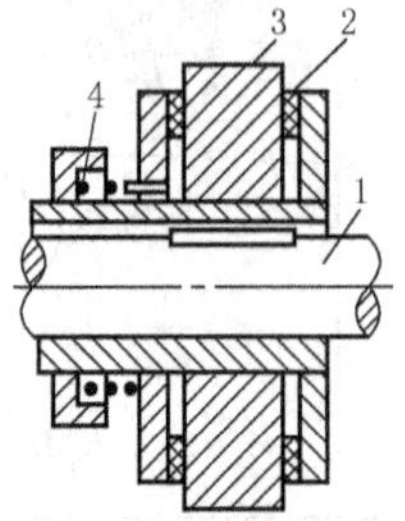	摩擦片、弹簧、橡胶、钢丝绳减振器等;种类很多 左图例说明:1—轴;2—摩擦盘;3—飞轮;4—弹簧
磁阻尼器	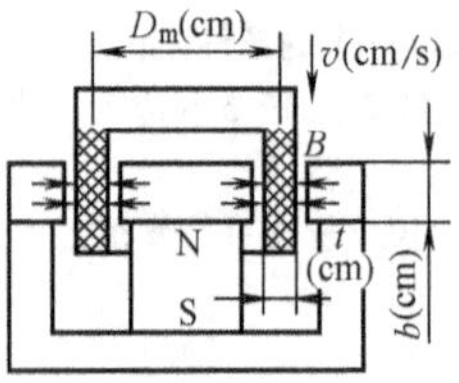	金属材料制成的阻尼环在磁场中运动产生电动势产生涡流而形成阻尼力 $$F = \pi \frac{B^2}{\rho} D_{m} bt + v \times 10^{-14} (N)$$ B——空隙的磁通密度,G($1G = 10^{-4}T$) ρ——圆环的电阻率,$\Omega \cdot cm$ 设磁场中圆环部分的电阻为 $R(\Omega)$,则 $\rho = Rbt/(\pi D_{m})$
线圈式电磁阻尼器	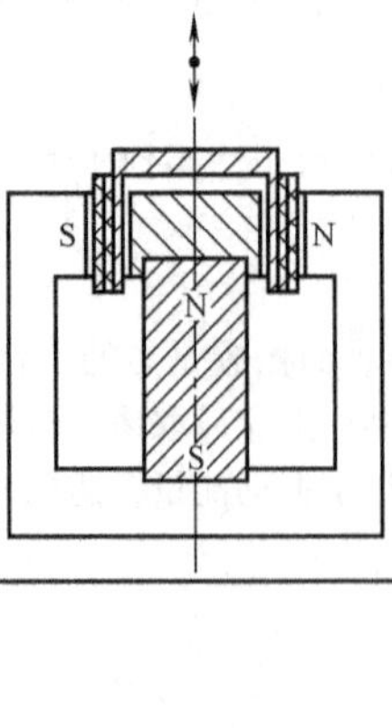	如用线圈在磁场中运动切割磁力线时产生电动势,与磁场相互作用而产生阻止运动的力,则为线圈式电磁阻尼器

要说明一点，电磁流变技术用于减振器是机械领域的一个大的变革。例如智能半主动减振器可广泛应用于机械动力装备，如车辆的主动悬架、主动抗侧翻装置、驾驶员坐椅主动减振和主动隔振、建筑结构的主动消能等。同时磁流变调速离合器、磁流变刹车可广泛应用于机械动力传动链中的动力控制装置，从而为用微电子器件直接控制机械动力装置提供了直接便利的执行器。见本章 4.5 节新型可控减振器。

3.2 材料的损耗因子与阻尼层结构

3.2.1 材料的损耗因素与材料

通常以材料的损耗因子 η_1 来衡量其对振动的吸收能力的特征量。它是材料受到振动激励时，损耗能量与振动能量的比值：

$$\eta_1 = \frac{W_d}{2\pi U} \tag{19-5-6}$$

式中　W_d——一个周期中阻尼所消耗的功；

　　　U——系统的最大弹性势能，$U = \frac{1}{2}KA^2$；

　　　K——系统刚度；

　　　A——振幅。

由于等效阻尼

$$C_e = \frac{W_d}{\pi \omega A^2}$$

因此，损耗因子 η_1 和等效阻尼 C_e 的关系为：

$$C_e = \frac{K}{\omega}\eta_1 \tag{19-5-7}$$

可以大致地认为在结构合理，受力与变形都在许可范围的情况下，$\eta_1 > 2$ 的材料将阻止振动的持续。

通常材料的损耗因子见表 19-5-7。

表 19-5-7　　　　　　　　　通常材料的损耗因子 η_1

材　料	损耗因子 η_1	材　料	损耗因子 η_1	材　料	损耗因子 η_1
钢、铁	0.0001~0.0006	夹层板	0.01~0.13	高分子聚合物	0.1~10
铜、锡	0.002	软木塞	0.13~0.17	混凝土	0.015~0.05
铅	0.0006~0.002	复合材料	0.2	砖	0.01~0.02
铝、镁	0.0001	有机玻璃	0.02~0.04	干砂	0.12~0.6
阻尼合金	0.02~0.2	塑料	0.005		
木纤维板	0.01~0.03	阻尼橡胶	0.1~5		

常用的 31 型、90 型等阻尼橡胶层的较详细资料见表 19-5-8。

表 19-5-8

系　列	型　号	最大损耗因子 η_{max}	最大损耗因子时的温度/℃	最大损耗因子时切变模量/N·m^{-2}	最佳使用频率/Hz
31 系列	3101	0.45	20	1.4×10^{10}	100~5000
	3102	0.65	42	2×10^{10}	100~5000
	3103	0.92	60	6.5×10^{10}	100~5000
90 系列	9030	1.4	8	5.8×10^9	100~5000
	9050	1.5	10	6.5×10^9	100~5000
	9050A	1.3	32	7×10^9	100~5000
ZN00	ZN01	1.6	10	2×10^7	
	ZN02	1.42	20	2×10^7	
	ZN03	1.42	30	1.5×10^7	
	ZN04	1.45	-10	2×10^7	
ZN10	ZN11	1.5	20	2.5×10^7	
	ZN12	1.1	10	5×10^8	
	ZN13	1.34	20	1.5×10^8	
	ZN14	1.0	100	4×10^7	
ZN20	ZN21	1.4	25	5×10^7	
ZN30	ZN31	1.2	100	7×10^9	
	ZN33	1.0	200	1×10^9	

注：橡胶材料的复刚度 $K^* = K' + ih = K'(1 + i\eta)$，$K'$ 为橡胶弹性元件的单向位移刚度（同相动刚度），h 为反映橡胶材料阻尼特性的正交动刚度（即结构阻尼），损耗因子 $\eta = h/K'$。复刚度 K^* 同时代表了橡胶元件的动刚度和阻尼。

对于橡胶的物理力学性能应符合表 19-5-9 的要求。（按 CJ/T 286—2008 城市轨道交通轨道橡胶减振器）。（GB/T 3532—2011 规定略有不同，见第 4 节，表 19-5-17）。

表 19-5-9 减振器橡胶的物理力学性能

序号	项目名称	单位	指标
1	扯断强度	MPa	≥15
2	扯断伸长率		≥300
3	扯断永久变形	%	≤20
4	老化变化率(70℃×144h)		≥−25
5	与金属粘结强度	MPa	≥4.2
6	耐臭氧(40℃,50×10⁻⁶96h)		表面无龟裂

3.2.2　橡胶阻尼层结构

在结构表面喷涂一层或粘贴一层黏弹性阻尼材料，例如高分子聚合物、混凝土、高速变形下的某些金属材料等，如只在原结构表面涂覆或粘贴一层阻尼层，原构件发生弯曲变形时，阻尼层以拉压变形的方式与构件的变形相协调，黏弹性阻尼材料就构成了非约束性黏弹阻尼结构，如在原结构表面上粘贴一层阻尼材料，然后再在阻尼材料上粘贴一层金属薄板就构成了约束阻尼层结构。后一种结构形式多样，可分为对称型、非对称型和多层结构。当结构发生弯曲变形时，由于约束层的作用使阻尼层产生较大的剪切变形来耗散较多的机械能，其减振效果比自由阻尼层结构大，应用最广泛。在拉压、扭转型的构件中也都采用约束阻尼技术，使阻尼层在构件的特定变形方式下处于切应力状态。

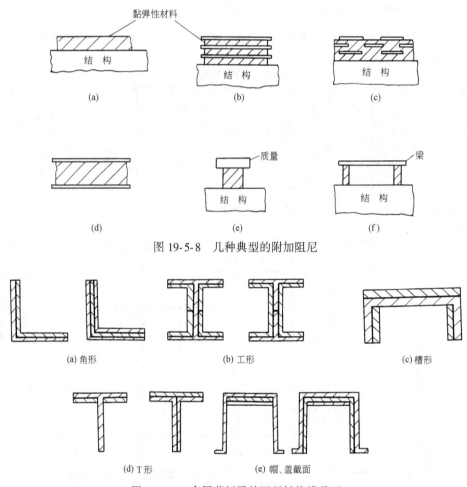

图 19-5-8　几种典型的附加阻尼

图 19-5-9　多层薄板梁的阻尼结构横截面

图 19-5-8 为典型的附加阻尼形式。图 19-5-9 为典型的多层薄板梁的阻尼结构的横截面。图 19-5-10 为典型的外体-嵌入体-黏弹性材料组成的梁的横截面。

层叠橡胶支承件是由层叠橡胶构成的防振材料（弹性支承部件），该层叠橡胶系将橡胶薄片与钢板交替层叠、并硫化粘接而成。图 19-5-11a 为 NH 系列支承件，橡胶总厚度全部为 200mm。图 19-5-11b 为国内外用于楼房、桥梁、结构物等的叠层橡胶支座，进行基础隔振。某小区一幢原设计的 6 层框架砖混结构楼房，在 68 根立柱上装了 68 只叠层橡胶减振器，可抗 7 级地震。图 19-5-12 为叠层橡胶支承减振器安装在高压开关绝缘柱的底部，在多次地震和余震中，均保证开关站完好无损。

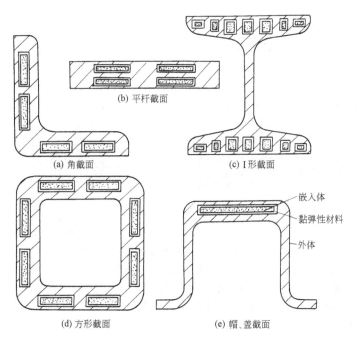

(b) 平杆截面

(a) 角截面

(c) I形截面

(d) 方形截面

(e) 帽、盖截面

图 19-5-10　外体-嵌入体-黏弹性材料梁的阻尼结构横截面

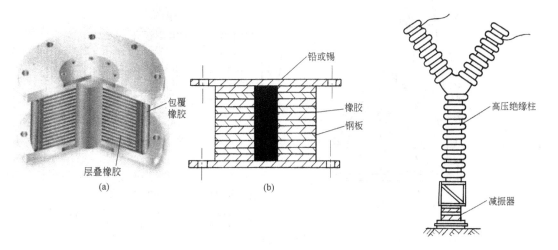

图 19-5-11　层叠橡胶支承件

图 19-5-12　叠层橡胶减振器

橡胶支承还可与液压联合使用组成液压支承系统。它是将传统橡胶支承与液压阻尼组成一体的结构，在低频率范围内能提供较大的阻尼，对发动机大幅值振动起到迅速衰减的作用，中高频时具有较低的动刚度，能并行地降低驾驶室内的振动与噪声。

除铅心橡胶支承垫（LRB）之外，还有四氟板式橡胶支座、高阻尼橡胶支承垫（HRB）、摩擦摆支承（FPB）、反力分散装置及其他金属机械的消能器等。采用铅心橡胶支承垫及反力分散装置作为隔减振设置的实例占绝大多数。

还可以根据需要设计成各种阻尼层结构，例如各种截面组合结构、蜂窝形板、壳结构等。

3.2.3 橡胶支承实例

1）设备隔振体系示意如图 19-5-13 所示。

2）桥梁橡胶支承系统及四氟板式橡胶支座示意如图 19-5-14 所示。

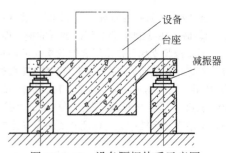

图 19-5-13 设备隔振体系示意图

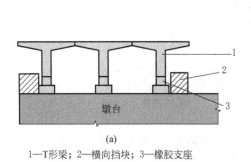

(a)

1—T形梁；2—横向挡块；3—橡胶支座

(b)

1—梁底上钢板；2—不锈钢板；
3—四氟支座；4 挡块底板；5—横向挡块

图 19-5-14 桥梁橡胶支承系统示意图

3）传统的发动机采用弹性支承（如橡胶）降低振动，隔振装置结构简单，成本低，性能可靠。橡胶支承一般安装在车架上，根据受力情况分为压缩型，剪切型和压缩-剪切复合型等。剪切型自振频率较低，但强度不高。目前国内外最广泛采用的压缩-剪切复合型。在橡胶中间加入钢板可改变缩剪切的弹簧常数。见图 19-5-15（a），为工程机械的一种橡胶锥形支承。

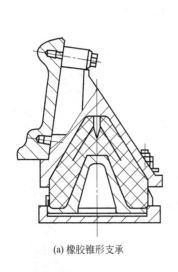

(a) 橡胶锥形支承

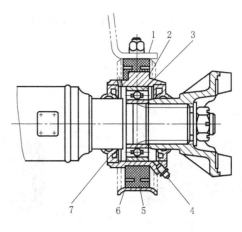

(b) 东风EQ1090汽车的中间橡胶支承

1—车架横梁；2—轴承座；3—轴承；4—油嘴；
5—蜂窝形橡胶；6—U形支架；7—油封

图 19-5-15

3.3 线性阻尼隔振器

刚性连接的线性阻尼隔振器系统参数及设计已见表 19-5-1。本节简述弹性连接的线性阻尼隔振器的参数及设计。所谓弹性连接是指阻尼器通过弹簧连接于质体 m 和基础之间。

3.3.1 减振隔振器系统主要参数

表 19-5-10

隔振方式	系 统 简 图	刚度比 S	阻尼比 ζ	频率比 Z	绝对传递系数 T_A	相对传递系数 T_R	运动响应系数 T_M
主动隔振		$\dfrac{K_1}{K}$	$\dfrac{C}{2\sqrt{mK}}$	$\dfrac{\omega}{\sqrt{\dfrac{K}{m}}}$	$\left|\dfrac{F_{T0}}{F_0}\right|$	—	$\left|\dfrac{B}{\dfrac{F_0}{K}}\right|$
被动隔振		$\dfrac{K_1}{K}$	$\dfrac{C}{2\sqrt{mK}}$	$\dfrac{\omega}{\sqrt{\dfrac{K}{m}}}$	$\left|\dfrac{B}{U}\right|$	$\left|\dfrac{\delta}{U}\right|$	—
主动隔振		$\dfrac{K_2}{K_3}$	$\dfrac{C\left(\dfrac{S}{S+1}\right)}{2\sqrt{\dfrac{K_2 K_3 m}{K_2+K_3}}}$	$\dfrac{\omega}{\sqrt{\dfrac{K_2 K_3}{(K_2+K_3)m}}}$	$\left|\dfrac{F_{T0}}{F_0}\right|$	—	$\left|\dfrac{B}{\dfrac{F_0}{K}}\right|$
被动隔振		$\dfrac{K_2}{K_3}$	$\dfrac{C\left(\dfrac{S}{S+1}\right)}{2\sqrt{\dfrac{K_2 K_3 m}{K_2+K_3}}}$	$\dfrac{\omega}{\sqrt{\dfrac{K_2 K_3}{(K_2+K_3)m}}}$	$\left|\dfrac{B}{U}\right|$	$\left|\dfrac{\delta}{U}\right|$	—
隔振考核指标计算式	绝对传递系数 T_A（隔振系数 η）	$T_A = \sqrt{\dfrac{1+4\left(\dfrac{S+1}{S}\right)^2 \zeta^2 Z^2}{(1-Z^2)^2+\dfrac{4}{S^2}\zeta^2 Z^2(S+1-Z^2)^2}}$					
	相对传递系数 T_R	$T_R = \sqrt{\dfrac{Z^2+\dfrac{4}{S^2}\zeta^2 Z^2}{(1-Z^2)^2+\dfrac{4}{S^2}\zeta^2 Z^2(S+1-Z^2)^2}}$					
	运动响应系数 T_M	$T_M = \sqrt{\dfrac{1+\dfrac{4}{S^2}\zeta^2 S^2}{(1-Z^2)^2+\dfrac{4}{S^2}\zeta^2 Z^2(S+1-Z^2)^2}}$					

注: 符号意义 F—激振力, $F=F_0\sin\omega t$, N; F_0—激振力幅值, N; u—支承运动位移, $u=U\sin\omega t$, m; U—支承运动位移幅值, m; B—质量 m 的稳态运动位移幅值, m; δ—质量 m 的基础相对运动位移幅值, m; F_{T0}—传给基础的动载荷幅值, N。

3.3.2 最佳参数选择

表 19-5-11

最佳参数	对应绝对传递系数 T_A	对应相对传递系数 T_R	说　明
最佳频率比	$Z_{OPA}=\sqrt{\dfrac{2(S+1)}{S+2}}$	$Z_{OPR}=\sqrt{\dfrac{S+2}{2}}$	S—刚度比 也可查阅图 19-5-16
最佳传递系数	$T_{OP}=T_{OPA}=1+\dfrac{2}{S}\approx T_{OPR}$		也可查阅图 19-5-17
最佳阻尼比	$\zeta_{OPA}=\dfrac{S}{4(S+1)}\sqrt{2(S+2)}$	$\zeta_{OPR}=\dfrac{S}{\sqrt{2(S+1)(S+2)}}$	也可查阅图 19-5-18

注：1. 本表按被动隔振给出各最佳参数，对主动隔振同样适用。

2. 本表也适用于非线性系统，本表选择的参数均为等效线性参数。

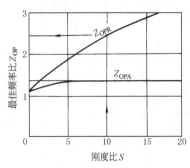

图 19-5-16　Z_{OP} 与 S 的关系

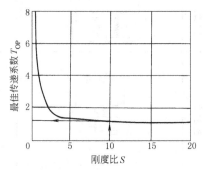

图 19-5-17　T_{OP} 与 S 的关系

弹性连接线性阻尼减振隔振器的最佳参数均由刚度比 S 决定。例如：$S=10$ 时，由图 19-5-16 查得 $Z_{OPA}=1.35$，$Z_{OPR}=2.45$；由图 19-5-17 查得 $T_{OP}=1.2$；由图 19-5-18 查得 $\zeta_{OPA}=1.1$，$\zeta_{OPR}=0.62$。

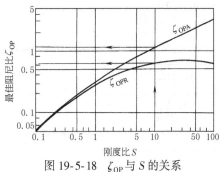

图 19-5-18　ζ_{OP} 与 S 的关系

3.3.3 设计示例

某高速离心压气机，其质量为 1240kg，工作转速为 2800r/min，要求设计一弹性连接线性阻尼减振隔振器，使共振时的最大绝对传递系数 $T_{Amax}<3$，正常工作时的隔振系数 $\eta\leqslant0.05$。

（1）确定刚度比 S

当 $T_{Amax}=3$ 时，从图 19-5-17 查得对应的刚度比 $S=1$；当 $T_{Amax}<3$ 时，则 $S\geqslant1$；为了安全起见，取 $S=2$。

（2）确定最佳阻尼比 ζ_{OPA}

当 $S=2$ 时，从图 19-5-18 查得对应的最佳阻尼比 $\zeta_{OPA}=0.47$。

（3）确定系统的固有角频率 ω_n

当 $S=2$，$\zeta_{OPA}=0.47$，$T_A=0.05$ 时，从隔振系数

$$\eta=\sqrt{\dfrac{1+4\left(\dfrac{S+1}{S}\right)^2\zeta_{OPA}^2 Z^2}{(1-Z^2)^2+\dfrac{4}{S^2}\zeta_{OPA}^2 Z^2(S+1-Z^2)^2}}$$

中可以计算出对应的频率比 $Z=8$；当 $\eta\leqslant0.05$ 时，$Z=\dfrac{\omega}{\omega_n}\geqslant8$；高速离心压气机的工作转速 $n=2800\text{r/min}$，$\omega=$

293.2rad/s，所以，系统的固有角频率 $\omega_n \leqslant \dfrac{\omega}{Z} = \dfrac{293.2}{8} = 36.65$ rad/s。

（4）主支承总刚度

$$K = m\omega_n^2 = 1240 \times 36.65^2 = 1.67 \times 10^6 \text{ N/m}$$

主支承弹簧选择四角均匀布置，每组选用 3 只弹簧，共用 12 只弹簧作为主支承弹簧，一只弹簧刚度

$$K' = \frac{K}{12} = \frac{1.67 \times 10^6}{12} = 1.39 \times 10^5 \text{ N/m}$$

（5）主支承弹簧的静变量

$$\delta_n = \frac{mg}{K} = \frac{1240 \times 9.8}{1.67 \times 10^6} = 0.0073 \text{m}$$

选取 $\delta_n = 0.01$m。因选取 S、δ_n 值两次选大，该弹簧静变量肯定满足要求。主支承弹簧设计参数 K'、δ_n 确定后，则可进行弹簧设计。

（6）阻尼器支承弹簧总刚度

$$K_1 = SK = 2 \times 1.67 \times 10^6 = 3.34 \times 10^6 \text{ N/m}$$

阻尼器支承弹簧采用和主支承弹簧相同的 24 只弹簧，沿圆周均匀布置，见图 19-5-19。

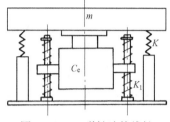

图 19-5-19　弹性连接线性阻尼结构布置简图

（7）阻尼器总等效线性阻尼系数

$$C_e = \zeta_{OPA} C_c = 0.47 \times 90900 = 42720 \text{ N·s/m}$$

式中　$C_c = 2m\omega_n = 2 \times 1240 \times 36.65 = 90900$ N·s/m

因该高速离心压气机工作频率高，采用速度平方阻尼器是很有效的，所以，求得的阻尼系数为等效线性阻尼系数，采用 4 只阻尼器，每一只阻尼器的阻尼系数为：

$$C_e' = \frac{C_e}{4} = \frac{42720}{4} = 10680 \text{ N·s/m}$$

（8）流体阻尼器的行程估计

因为传给基础的瞬时最大动载荷幅值 $F_{Tmax} = T_{Amax} F_0 = KB_{max}$；正常工作时传给基础的动载荷幅值 $F_{T0} = T_A F_0 = KB$，当 $T_{Amax} = 3$ 时，$B_{max} = \delta_n = 0.0073$m，所以，稳态振幅

$$B = \frac{T_A}{T_{Amax}} B_{max} = \frac{0.05}{3} \times 0.0073 = 1.22 \times 10^{-4} \text{ m}$$

阻尼器的正常工作行程为二倍稳态振幅，最大行程往往根据装配工艺要求确定。阻尼器设计可根据 C_e'、ω、B 进行。

3.4　非线性阻尼系统的隔振

3.4.1　刚性连接非线性阻尼系统隔振

表 19-5-12

项　目	黏弹性阻尼系统	摩擦(库仑)阻尼系统
力学模型	(a)　(b)　K'——橡胶弹簧单向位移动刚度 h——橡胶材料阻尼特性的正交动刚度，$h = K'\eta_1$ η_1——黏性材料的损耗因子，一般橡胶 $\eta_1 = 0.03 \sim 0.50$	(a)　(b)　F_f——极限摩擦力，$F_f = \mu N$ η_1——摩擦阻尼参数(a) $\eta_1 = \dfrac{F_f}{F_0}$ (b) $\eta_1 = \dfrac{F_f}{KU}$

项　目	黏弹性阻尼系统	摩擦(库仑)阻尼系统
等效阻尼	等效线性阻尼系数 $$C_e = \frac{K'\eta_1}{\omega}$$	等效线性阻尼比 $$\zeta_e = \sqrt{\frac{\left(\frac{2}{\pi}\eta_1\right)^2(1-Z^2)^2}{Z^2\left[Z^4-\left(\frac{4}{\pi}\eta_1\right)^2\right]}}$$
传递系数	绝对传递系数 $$T_A = \sqrt{\frac{1+\eta_1^2}{(1-Z^2)^2+\eta_1^2}}$$ 相对传递系数 $$T_R = \frac{Z^2}{\sqrt{(1-Z^2)^2+\eta_1^2}}$$ 运动响应系数 $$T_M = \frac{1}{\sqrt{(1-Z^2)^2+\eta_1^2}}$$	绝对传递系数 $$T_A = \sqrt{\frac{1+\left(\frac{4}{\pi}\eta_1\right)^2\left(\frac{12}{Z^2}\right)}{(1-Z^2)^2}}$$ 相对传递系数 $$T_R = \sqrt{\frac{Z^4-\left(\frac{4}{\pi}\eta_1\right)^2}{(1-Z^2)^2}}$$ 运动响应系数 $$T_M = \sqrt{\frac{Z^4-\left(\frac{4}{\pi}\eta_1\right)^2}{Z^4(1-Z^2)^2}}$$ 力传递系数 $$(T_A)_F = \sqrt{\frac{1+\left(\frac{4}{\pi}\eta_f\right)^2 Z^2(Z^2-2)}{(1-Z^2)^2}}$$ η_f——力阻尼参数，$\eta_f = \dfrac{F_f}{F_0}$
频率比 Z	$$Z^2 = \frac{\omega^2}{\omega_n^2} = \frac{m\omega^2}{K'}$$	$$Z^2 = \frac{\omega^2}{\omega_n^2} = \frac{m\omega^2}{K}$$ 摩擦阻尼器松动频率比 近似值：$Z_L = \sqrt{\dfrac{4}{\pi}\eta_1} = \sqrt{\dfrac{4}{\pi}\times\dfrac{F_f}{KU}}$ 精确值：$Z_L = \sqrt{\eta_1} = \sqrt{\dfrac{F_f}{KU}}$
隔振特征	(1) 当 $Z=1$（共振），$\eta_1 = 2\zeta \ll 1$ 时，$T_{Amax} = \dfrac{1}{\eta_1}$，该值很大 (2) 当 $Z \gg 1$（远超共振），$\eta_1 \ll 1$ 时，黏弹性阻尼系统与无阻尼系统的 η_1 之差为 $\sqrt{1+\eta_1^2}$，该值很小，所以，橡胶隔振器的内阻尼在越过共振区以后，几乎不妨碍隔振效果 (3) 通常增大 η_1 值会引起发热量的增加，寿命缩短，因此，大损耗因子（$\eta_1 > 0.5$）的橡胶在隔振技术中的应用仍有困难	(1) 在"松动"刚开始的一段频率范围内，振动的一个周期内仍然交替地出现"松动"和"锁住"运动，所以，这一频带对应的 T_A、T_R 近似性较差，计算时应注意 (2) 如果摩擦阻力小于临界最小值，即使系统有阻尼，共振时的位移传递系数也能达到无穷大。为避免共振时 T_A 达到无穷大，给出了摩擦最小条件和最佳条件 $$(F_f)_{min} = 0.79KU$$ $$(F_f)_{OP} = 1.57KU$$ (3) 当激振频率较高时，T_A 与 ω^2 成反比

3.4.2 弹性连接干摩擦阻尼减振隔振器动力参数设计

表 19-5-13

项 目	计 算 公 式	说 明
力学模型	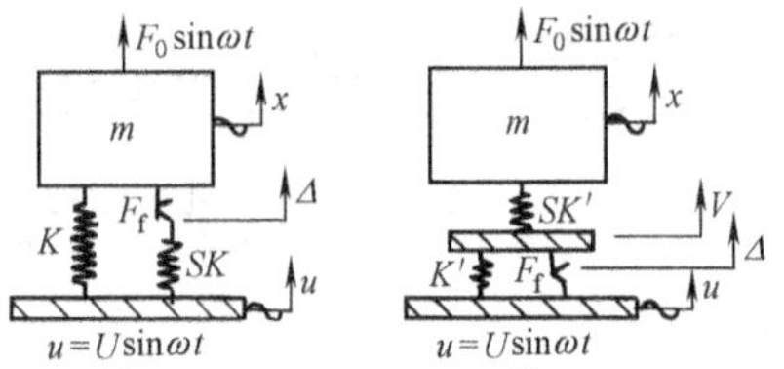	系统频率比参看表 19-5-10
传递系数	$$T_A = \sqrt{\frac{1+\left(\frac{4}{\pi}\eta_1\right)^2\left[\frac{S+2}{S}-2\left(\frac{S+1}{S}\right)\Big/Z^2\right]}{(1-Z^2)^2}}$$ $$T_R = \sqrt{\frac{Z^4+\left(\frac{4}{\pi}\eta_1\right)^2\left[\frac{2}{S}Z^2-\left(\frac{S+2}{S}\right)\right]}{(1-Z^2)^2}}$$ $$T_M = \sqrt{\frac{1+\left(\frac{4}{\pi}\eta_1\right)^2\left(\frac{2Z^2}{S}-\frac{S+2}{S}\right)\Big/Z^4}{(1-Z^2)^2}}$$ $$(T_A)_F = \sqrt{\frac{1+\left(\frac{4}{\pi}\eta_f\right)^2 Z^2\left[\frac{S+2}{S}Z^2-2\left(\frac{S+1}{S}\right)\right]}{(1-Z^2)^2}}$$ $$\eta_1 = \frac{F_f}{KU} \qquad \eta_f = \frac{F_f}{F_0}$$ $$(T_A)_F = \frac{F_{T0}}{F_0}$$	(1)无阻尼($\eta_1=0$)和无穷阻尼($\eta_1=\infty$)的情况下,只有弹簧起作用 (2)低阻尼(小于最佳阻尼)时,阻尼器松动频率也比较低,当松动频率低于固有角频率时,即 $\eta_1<\frac{\pi}{4}$,共振 T_A 为无穷大 (3)松动和锁住频率比 $$Z_L = \sqrt{\frac{(4\eta_1/\pi)(S+1)}{(4\eta_1/\pi)\pm S}}$$ 取"+"时为松动频率,取"−"时为锁住频率,当根号内出现负值时,松动后不再锁住 (4)高频时,加速度传递系数与频率平方成反比,所以,高频加速度传递系数相对较小
最佳频率比	$$Z_{OPA} = \sqrt{\frac{2+(S+1)}{S+2}} \qquad Z_{OPR} = \sqrt{\frac{S+2}{2}}$$	也可查阅图 19-5-16
最佳传递系数	$$T_{OP} = T_{OPA} = 1+\frac{2}{S} \approx T_{OPR}$$	也可查阅图 19-5-17
最佳阻尼参数	$$\eta_{OPA} = \frac{\pi}{2}\sqrt{\frac{S+1}{S+2}} \qquad \eta_{OPR} = \frac{\pi}{4}\sqrt{S+2}$$	可通过计算或查图 19-5-20 确定 η_{OP} 和 F_f,再依据 F_f 选择 μ 和 N

3.5 减振器设计

3.5.1 油压式减振器结构特征

筒式油压减振器的典型结构如图 19-5-21a 所示。值得注意的有两点:其一是该减振器采用了两个完全相同的单向阀 A、B 和一个带有阻尼孔 C 的压力阀;其二是油缸的内径与活塞杆的外径之比取为 $\sqrt{2}$。这样就可保证减振器在正反两方向行程相等、运动速度也相等的条件下,正反向运动流过阻尼孔 C 和 A、B 阀的油量相等,作用于活塞上的阻尼力相等。减振器具有稳定的阻尼特性。另外,单向阀、阻尼孔和油缸零件均采用分体式,便于制造、安装和调试。图 19-5-21 为常见的车用油压减振器,各零件如筒体、弹簧、密封等未标明。

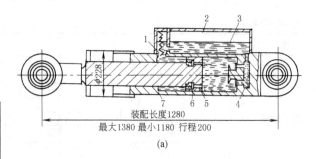

图 19-5-20 最佳阻尼参数 η_{OP} 与刚度比的关系

1—阻尼孔 C；2—气室；3—油面；4—阀 B；
5—活塞；6—阀 A；7—油缸

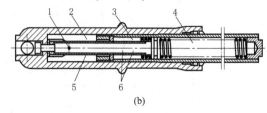

1—导流孔；2—C 腔；3—B 腔；4—A 腔；
5—活塞杆；6—阻尼孔

图 19-5-21　油压式减振器

3.5.2　阻尼力特性

表 19-5-14　　　　　　　　　　　　　阻尼力特性

项 目	定截面阻尼孔	圆锥阀阻尼孔	速度比例阀阻尼孔
结构简图			
压力差与活塞速度关系	$p=\dfrac{1}{2}\rho\,\dfrac{S^2v^2}{(C_d a)^2}$	$p=\dfrac{1}{2}\rho\times\dfrac{S^2v^2}{\left[N\left(\dfrac{1}{K}p\dfrac{\pi}{4}d^2-h_0\right)\right]^2}$ $N=C_d\pi d\sin\theta$	$p=\dfrac{1}{2}\rho\times\dfrac{S^2v^2}{(C_d\alpha)^2\left(\dfrac{1}{K}p\dfrac{\pi}{4}d^2-h_0\right)^2}$ 阀的开程 h 与阀体切槽深度关系为抛物线,实际上是圆弧,油通路面积 $a=\alpha\sqrt{h}$,则 $\alpha=\dfrac{a}{\sqrt{h}}$,式中 h 仅以数值代入开方
	ρ——流体密度,kg/m³; S——活塞面积,m²; a——阻尼孔面积,m²; v——活塞速度,m/s; C_d——流量系数,取决于孔形状和雷诺数; p——油压差,N/m²		
	孔长较短 $C_d=0.6$ 孔长径比为3,流入侧边缘 　直角: $C_d=0.8$ 　圆弧: $C_d=0.9$	带阀门的阻尼孔 $C_d=0.6\sim0.7$ K——阀弹簧的弹簧刚度,N/m h_0——阀弹簧的预压变形量,m 未注几何尺寸见简图	

项　目	定截面阻尼孔	圆锥阀阻尼孔	速度比例阀阻尼孔
阻尼力速度特性	$F = pS = \dfrac{1}{2}\rho\dfrac{S^3}{(C_d a)^2}v^2$	当 $h_0 = 0$ 时 $F = \dfrac{S}{a}\left[\dfrac{\rho}{8\pi}\left(\dfrac{KS}{C_d\sin\theta}\right)^2\right]^{1/3}v^{2/3}$	当 $h_0 = 0$ 时 $F = \sqrt{\dfrac{\rho}{2}\times\dfrac{4K}{\pi d^2}}\times\dfrac{S^2}{C_d\alpha}v$
阻尼系数	$C_2 = \dfrac{1}{2}\rho\dfrac{S^3}{(C_d a)^2}$	$C_2 = \dfrac{S}{\pi d^2/4}\left[\dfrac{\rho}{8\pi}\left(\dfrac{KS}{C_d\sin\theta}\right)^2\right]^{1/3}$	$C = \dfrac{S^2}{C_d\alpha}\sqrt{\dfrac{2\rho K}{\pi d^2}}$
等效线性阻尼系数	$C_e = \dfrac{8}{3\pi}C_2\omega B$ ω——活塞振动频率,rad/s B——活塞振动振幅,m		$C_e = C$
使用说明	图 19-5-21 阻尼孔 C 为定截面阻尼孔。阻尼系数计算公式中面积 $S = \pi D^2/8$,D 为油缸内径。另外阻尼随 v^2 按正比增长,v 很大时,受力很大,阻尼器将受到强度上的限制。为控制内压,阻尼孔 C 处装一限压阀	图 19-5-21 中的阀 A、B 可采用圆锥阀。当流体流过该类阀时,产生的阻尼力很小,因此,圆锥阀都是像图 19-5-21 那样与定截面阻尼孔配用。圆锥阀的阻尼力可以忽略不计	图 19-5-21 中阀 A、B 也可采用速度比例阀,它所产生的阻尼力是线性阻尼。当速度比例阀与阻尼孔 C 配合使用且流动速度 v 很高时,速度平方阻尼起主要作用;v 比较低时,线性阻尼占主导地位,是一种比较好的搭配

注：其他各种孔隙的压力差计算可参见第 21 篇 3 液压流体力学常用公式。

3.5.3　设计示例

3.3.3 节的减振隔振器动力参数设计示例,确定等效线性阻尼 $C_e = 42720\text{N}\cdot\text{s/m}$,阻尼器的振动角频率 $\omega = 293.2\text{rad/s}$,振幅 $B = 1.22\times10^{-4}\text{m}$,设计如图 19-5-21 所示的油阻尼器。

阀 A 和阀 B 采用圆锥阀阻尼孔,阻尼孔 C 采用定面积阻尼孔。

阻尼系数

$$C_2 = \frac{3\pi C_e}{8\omega B} = \frac{3\pi\times42720}{8\times293.2\times1.22\times10^{-4}} = 6.07\times10^6\ \text{N}\cdot\text{s}^2/\text{m}^2$$

定截面阻尼孔 C 的直径选为 $d_1 = 0.002\text{m}$,阻尼油选择为机油,其密度 $\rho = 900\text{kg/m}^3$,阻尼孔长径比大于 3 且边缘为圆弧,所以 $C_d = 0.9$,活塞杆面积

$$S = \sqrt[3]{\frac{2C_d^2a^2C_2}{\rho}} = \sqrt[3]{\frac{2\times0.9^2\times(\pi\times0.002^2/4)^2\times1.67\times10^6}{900}} = 0.325\text{m}^2$$

活塞杆直径

$$d = \sqrt{\frac{4S}{\pi}} = \sqrt{\frac{4\times0.325}{\pi}} = 0.143\text{m}$$

油缸内径

$$D = \sqrt{2}d = \sqrt{2}\times0.143 = 0.203\text{m}$$

3.5.4　摩擦阻尼器结构特征及示例

摩擦阻尼器结构特征,一是选用合适的摩擦材料做摩擦片,二是对摩擦片施加足够的摩擦力,通常施加正压力方法有预压弹簧、气缸或油缸三种加压形式。

图 19-5-22 为非线性干摩擦阻尼减振器(专利),该阻尼减振器结构概述如下：摩擦顶盖 5 内开有摩擦棒孔 10,外壳 2 的上部壳壁上开有摩擦棒通孔 11,摩擦顶盖 5 的下端设置在减振弹簧 3 的上端,顶紧弹簧 8 设置在摩擦棒孔 10 的里端,摩擦棒 6 的杆端设在摩擦棒孔 10 内顶紧弹簧 8 的外端,摩擦棒 6 的摩擦端设在外壳 2 上的摩

擦棒通孔 11 内，外壳 2 上摩擦棒通孔 11 的外壁上由螺杆 9 固定有摩擦板 7，摩擦棒 6 摩擦端的外端面与摩擦板 7 的内壁之间摩擦接触。减振原理是将振动能量转化为摩擦功，据称比常规阻尼减振器增大吸振能量三倍以上。摩擦棒及摩擦板可方便更换，大大提高了应用效果。据称寿命比常规橡胶阻尼减振器长三倍，比金属网阻尼减振器的寿命长。

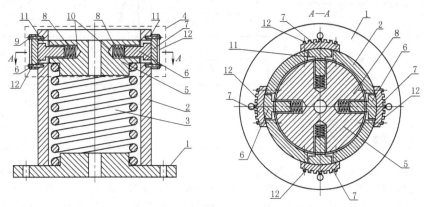

图 19-5-22 非线性干摩擦阻尼减振器

1—底座；2—外壳；3—减振弹簧；4—干摩擦阻尼器；5—摩擦顶盖；6—摩擦棒；7—摩擦板；
8—顶紧弹簧；9—螺杆；10—摩擦棒孔；11—摩擦棒通孔；12—散热翅片

图 19-5-23 为钢丝网干摩擦减振器及黏弹性阻尼材料。

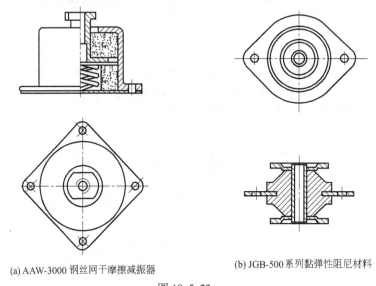

(a) AAW-3000 钢丝网干摩擦减振器

(b) JGB-500 系列黏弹性阻尼材料

图 19-5-23

4 阻尼隔振减振器系列

4.1 橡胶减振器

4.1.1 橡胶剪切隔振器的国家标准

按 "CB/T 3532—2011 橡胶剪切隔振器" 的国家标准，如图 15-5-24 所示，其尺寸应符合表 19-5-15，隔振器的重量偏差为±5%。表 19-5-16 为隔振器的基本参数。隔振器的橡胶应用丁腈橡胶制造，其物理力学性能应符合表 19-5-17 的要求。

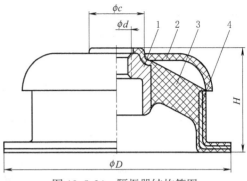

图 19-5-24　隔振器结构简图
1—内铁件；2—橡胶罩壳；3—橡胶；4—外铁件

表 19-5-15　　　　　隔振器尺寸　　　　　mm

形式	C	D	d	H	质量/kg
JG1	24	100	M12-7H	43	0.35
JG3	49	200	M16-7H	87	2.20
JG4	84	290	M20-7H	133	6.50

表 19-5-16　　　　　　　　　　　　隔振器基本参数

型号	Z 向额定载荷/kN	额定载荷下变形量/mm	额定载荷下的固有频率/Hz	Z 向压缩破坏载荷≥kN	阻尼比	隔振器橡胶邵氏 A 硬度 HA
JG1-1	0.19			0.92		45
JG1-2	0.27			1.65		55
JG1-3	0.36			1.82		60
JG1-4	0.47	3.00~5.50	10.8~15.3	2.38		65
JG1-5	0.57			2.90		70
JG1-6	0.69			3.20		75
JG1-7	0.82			3.80		80
JG3-1	0.98			3.85	0.08~0.14	45
JG3-2	1.37			6.90		55
JG3-3	1.96			7.70		60
JG3-4	2.65	6.00~11.50	7.0~10.0	10.00		65
JG3-5	3.23			12.30		70
JG3-6	3.97			13.50		75
JG3-7	4.73			16.00		80
JG4-1	2.94			9.30		45
JG4-2	4.12			16.70		55
JG4-3	5.68			18.60		60
JG4-4	7.06	10.50~22.00	5.1~7.4	24.00		65
JG4-5	9.02			30.00		70
JG4-6	10.58			32.00		75
JG4-7	12.35			38.00		80

表 19-5-17　　　　　　　　　　橡胶物理力学性能表

序号	性能名称	指标
1	扯断强度	≥12MPa
2	扯断伸长率	≥300%（硬度小于 70HA）
3	扯断永久变形	≤25%
4	邵氏 A 硬度的变化范围	±5HA
5	脆性温度	−35℃
6	基尔老化系数 70℃，96h 的变化率	≥−25%
7	耐油（CC 10W/30 柴油机油、23℃×7d）重量比	−0.2%~+1%
8	耐海水（5%盐水 23℃×72h）重量比	≤1%
9	橡胶与金属的粘合强度	≥3.9MPa

4.1.2　常用橡胶隔振器的类型

1）常用橡胶隔振器的类型和主要特征见表 19-5-18。

第 19 篇

表 19-5-18 常用隔振器的类型和主要特性

序号	类型	代号	简图	主要特性
1	平板形隔振器	JP		额定载荷范围为 4.41~153.35N,结构紧凑,连接方便。垂直方向的固有角频率为 13.5~15Hz,水平方向的固有角频率为 30~35Hz
2	碗形隔振器	JW		额定载荷范围为 4.41~153.35N,结构紧凑,连接方便。垂直方向的固有角频率为 13.5~15Hz,水平方向的固有角频率为 30~35Hz
3	加固形隔振器	JG		
4	封闭形隔振器	JF		能承受高达 323.4~980N 的较大额定载荷。当隔振器橡胶损坏时,能防止设备与基础脱开,因此可用于支承在水平、倾斜和竖直基础上的设备
5	封闭形隔振器（耐油）	JF-A		
6	封闭形隔振器（耐油）	JF-B		允许在润滑油、柴油和海水长期浸泡条件下工作,适用环境温度为 -5~70℃
7	弧形隔振器	JH		耐振强度小,随所加载荷方向的不同,特性变化较大

续表

序号	类型	代号	简 图	主 要 特 性
8	剪切形隔振器	JJQ	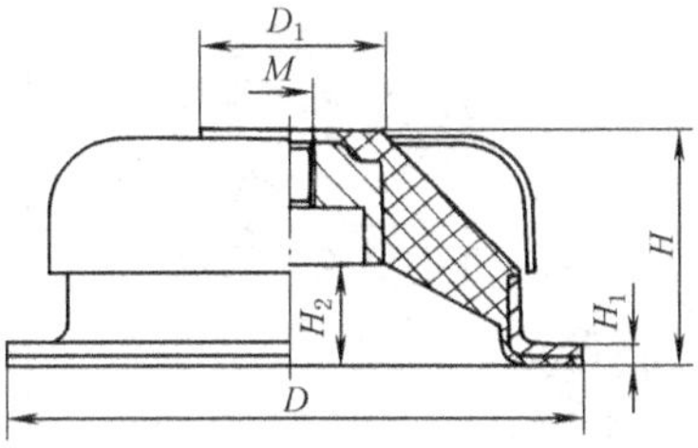	刚度小、阻尼大,支承稳定。额定载荷为 98~1176N
9	三向等刚度隔振器	JPD	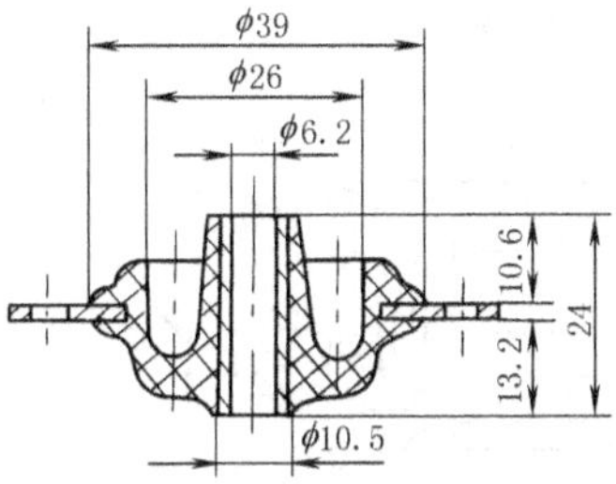	三个方向等刚度,垂直方向固有角频率为 7~12Hz,水平方向为 8~12.5Hz,额定载荷为 980~9800N
10	支柱形隔振器	JZ	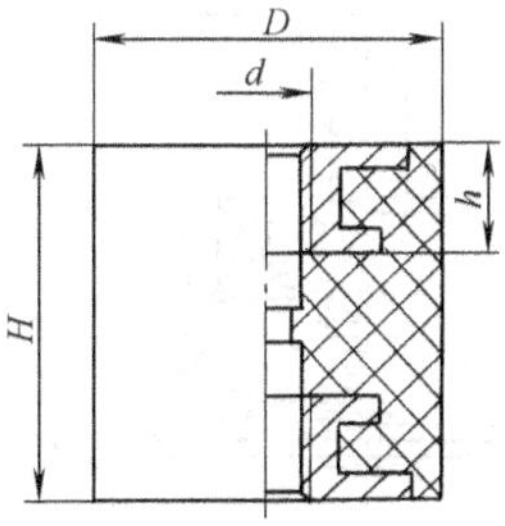	水平方向固有角频率为 6~7Hz,垂直方向为 11~13Hz,大多用于水平方向的隔振
11	支脚形隔振器	JJ	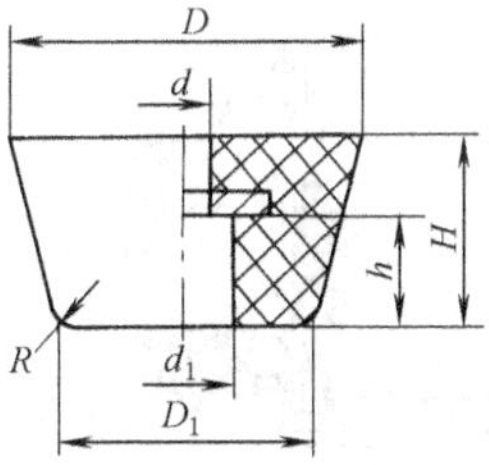	结构简单,成本低,额定载荷小,为 98~588N
12	框架形隔振器	JK	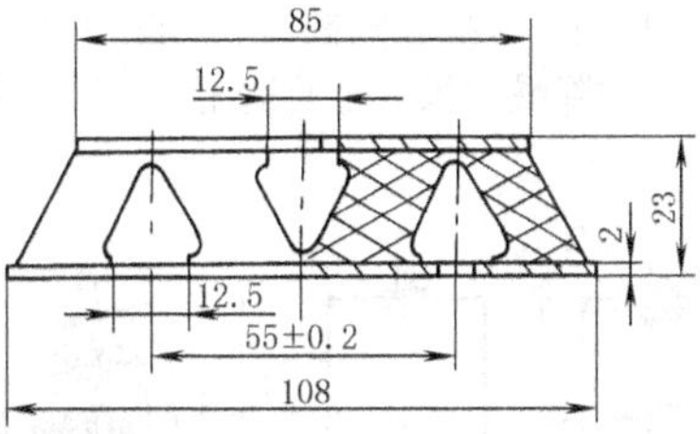	用来保护无线电设备整机振动与冲击隔离,额定载荷为 147~245.3N
13	衬套形隔振器	JC	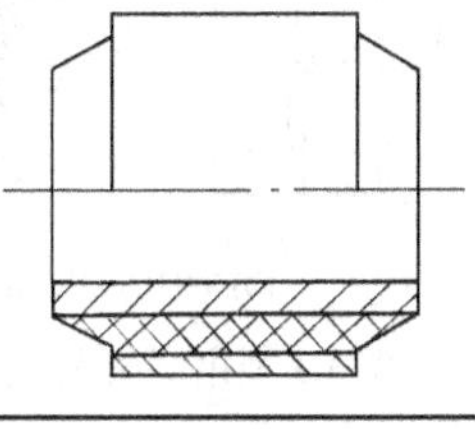	结构简单、紧凑,性能稳定,用于小型设备的单个隔振,能承受水平和垂直两个方向的载荷

第 **19** 篇

序号	类型	代号	简图	主要特性
14	球形隔振器	JQ	JQ球形减振器 螺钉连接放大	水平和垂直方向固有角频率相近,平均为 11~12Hz,应力分布均匀,额定载荷为 19.6~78.5N
15	橡胶等频隔振器	JX	上法兰 橡胶体 中法兰 下芯板	非线性隔振器,承载范围大,既能用于隔振,也可用于冲击隔离
16	空气阻尼隔振器	JQZ		可通过改变孔径来调节阻尼系数,只能承受垂直方向载荷,额定载荷为 3.92~147.15N
17	金属网阻尼隔振器	JWL		性能稳定,不会老化,用于环境恶劣的场合,能承受较大的线性过载,额定载荷为 14.7~147.15N

2)其他橡胶隔振器,品种较多。如 JSD 型低频橡胶隔振器等。图 19-5-25 为 WHD 型吊式橡胶隔振器是由金属隔振元件与橡胶组成,对固体传声有明显的降噪效果,主要适用于各种大小设备及管道的吊装隔振。已使用于国家大剧院风管和设备吊装隔振消声。

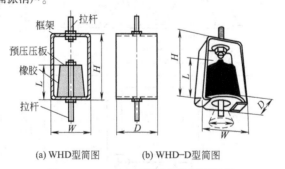

(a) WHD型简图　　　(b) WHD–D型简图

图 19-5-25　WHD 型吊式橡胶隔振器

4.2 不锈钢丝绳减振器

4.2.1 主要特点

1）金属材料制成 能抗疲劳、耐辐射、耐高低温。钢丝绳全部采用军用航空绳（1Cr18Ni9Ti 不锈钢丝绳），固定板选用优质钢，表面电镀处理。特种也可选用 1Cr18Ni9Ti 不锈钢制作固定板（称全不锈钢）。

2）变刚度特性 在外载荷作用下，减振器弹簧的径向曲率半径随之发生变化，使得应力比应变呈软非线性特性，因此具有较好的隔冲效果。

3）变阻尼特性 当外界激励频率变化时减振器的阻尼也随之发生变化。共振点阻尼很大（$C/C_c \geqslant 0.17$）有效地抑制共振峰，越过共振点后，阻尼迅速减小，从而具有良好的隔振效果。

4）刚度大 能隔离任意方向的振动与冲击激励。

综合起来，钢丝绳作为减振元件具有低频大阻尼的高频低刚度的变参数性能，因而能有效地降低机体振动。与传统的橡胶减振器相比，除上述优点外，还具有抗油、抗腐蚀、抗温差、耐老化以及体积小等优点。

钢丝绳减振器的隔振效果主要取决于它的非线性迟滞特性，如图 19-5-26 所示。

图 19-5-27 表明钢丝绳隔振器的加速度传递率。由该图可见，即使在共振情况下，钢丝绳隔振器的加速度传递率也小于 1。

图 19-5-28 为钢丝绳隔振器典型的隔振传递率曲线。

图 19-5-29 为钢丝绳隔振器典型的隔冲传递率曲线。

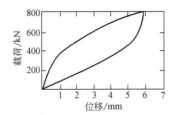

图 19-5-26　钢丝绳静刚度曲线

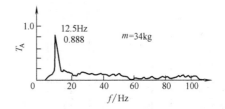

图 19-5-27　钢丝绳隔振器的加速度传递率

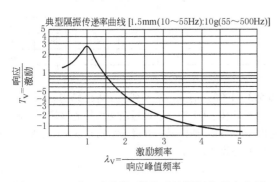

图 19-5-28　钢丝绳隔振器典型的隔振传递率曲线

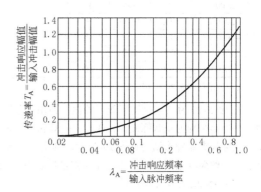

图 19-5-29　钢丝绳隔振器典型的隔冲传递率曲线

钢丝绳减振器广泛地用于宇航、飞机、车辆、导弹、卫星、运载工具、舰船电器、舰用灯具及军用仪表仪器、海洋平台、高层建筑、核工业装置以及工业各类动力机械的隔振防冲。主要为轻型，重型及车用、船用、固定装置用或其他专用。例如有螺旋引进型、引进改良型（反螺旋形）、圆形、拱形（超重型）。圆形主要用于船用灯具、铁路、公路、大桥灯具及输送架、海洋平台照明灯具；重型或超重型实用性广，具备侧向承载能力强、固有频率较低的特点。其中两种形状见表 19-5-19 及图 19-5-29。其他还有：JTF 轻型钢丝绳减振器、GSF 型钢丝绳隔振器、GJT 重型负载系列钢丝绳减振器、HVG 钢丝绳减振器 FXG 型非线性金属弹簧隔振器等。

减振器型号一般标明其品种、所选用的钢丝绳径尺寸和负载能力。

现在已有承载 5～20000N 的各种型号的产品，并可另行定制更小或更大的产品。

4.2.2 选型原则与方法

选型原则与方法如下。

1）在保证系统稳定性前提下，尽量降低系统动刚度，增大动变形空间。

2）首先知道物体大小和自身重量，自身重量平衡力点如何布局安装，隔振器安装布点应确保系统刚度中心与质量中心重合，有利于消除振动耦合。

3）物体所需要技术条件，如在什么样的环境中使用及它的冲击、振动频率是多少；系统最大冲击输入能量和冲击力应不大于隔振器许可值，并应适当增加所需的保险因素，使其能抗冲击又能防振动。

4）当设备高宽（或深）之比大于 1 时，应考虑增设稳定用隔振器。

表 19-5-19 为 GJY 轻型负载系列部分数据。还有 GJTF 型轻型负载系列，GJTZ、GJG 重型负载系列（未列出）。

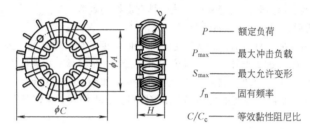

P——额定负荷

P_{max}——最大冲击负载

S_{max}——最大允许变形

f_n——固有频率

C/C_c——等效黏性阻尼比

表 19-5-19   **GJY 型负载系列**

型号规格	性能参数						安装尺寸/mm				
	P/N	P_{max}/N	S_{max}/mm	f_n/Hz	C/C_c	试验规格	ϕA	b	ϕC	H	等分
GJY-10N	10	30	6				35	4	52	21	4
							50	4	52	21	2
GJY-15N	15	45	6				45	4	70	20	4
							68	4	70	20	2
GJY-32N	32	90	10				104	6	146	33	4
GJY-100N	100	300	10	5~28	≥0.15	MIL-STD-167-1	179	9	170	40	3
GJY-1000N	1000	3000	30			GJB4.48—83					
GJY-2000N	2000	6000	35			GJB150.18—86					
GJY-3000N	3000	9500	40								
GJY-4000N	4000	13000	45								
GJY-5000N	5000	16000	50				325	13	505	180	4
GJY-6000N	6000	18000	60				375	13	572	191	4

注：生产厂家为常州环宇减振器厂。

表 19-5-20 为"全金属钢丝绳隔振器通用规范"（SJ 20593—1996）的隔振器系列，按外形结构分为四类：T 型——外形结构为条状螺旋体；Q 型——球状体；B 型——半环状体；QT 型——外形结构为其他形状。T 型全金属钢丝绳隔振器外形结构见图 19-5-30。其主要承载方向见图 19-5-31。结构形式有对称结构和反对称结构。T 型全金属钢丝绳隔振器外形结构尺寸与质量见表 19-5-20。其性能参数见表 19-5-21。

表 19-5-22 为其安装方式。

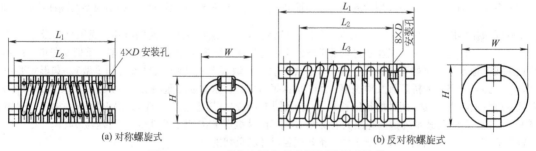

(a) 对称螺旋式   (b) 反对称螺旋式

图 19-5-30   T 型全金属钢丝绳隔振器外形结构

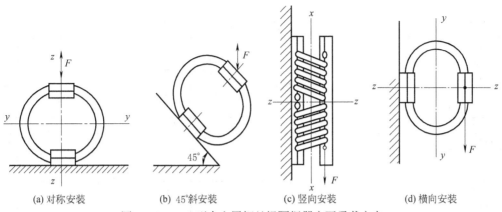

(a) 对称安装　　　　　　　(b) 45°斜安装　　　　　　　(c) 竖向安装　　　　　　　(d) 横向安装

图 19-5-31　T 型全金属钢丝绳隔振器主要承载方向

表 19-5-20　　　　　　　　T 型全金属钢丝绳隔振器外形结构尺寸与质量　　　　　　　　mm

型号	L_1	L_2	L_3	W	H	D	质量/kg
GG0.46-18				25	18		0.020
GG0.59-20				28	20		0.022
GG0.64-25	80	69±0.2	—	30	25	M4-5H	0.024
GG0.66-28				33	28		0.025
GG0.62-30				36	30		0.028
GG0.58-33				38	33		0.030
GG2.1-23				28	23		0.055
GG2.7-25				30	25		0.057
GG3.0-28	112	100±0.2	—	33	28	M5-5H	0.060
GG2.8-33				38	33		0.065
GG2.5-36				41	36		0.068
GG2.3-38				43	38		0.070
GG2.5-28				36	28		0.085
GG3.9-30				38	30		0.092
GG4.6-33	128	116±0.2	—	41	33	M6-5H	0.100
GG5.3-36				43	36		0.115
GG4.3-38				46	38		0.125
GG4.3-41				48	41		0.130
GG8.7-30				36	30		0.190
GG9.3-33				38	33		0.198
GG9.7-34	128	116±0.2	—	40	34	M6-5H	0.205
GG11-38				43	38		0.212
GG12-41				46	41		0.220
GG9.5-45				50	45		0.230
GG30-48				56	48		0.61
GG44-54				64	54		0.62
GG53-59	146	102±0.2	—	71	59	M8-6H	0.63
GG48-64				80	64		0.64
GG44-65				89	65		0.65
GG42-67				95	67		0.66
GG51-71				84	71		1.39
GG54-75				90	75		1.41
GG55-76	178	156±0.5	66±0.5	105	76	M8-6H	1.44
GG51-83				108	83		1.47
GG43-89				110	89		1.50
GG39-105				121	105		1.52

第 19 篇

续表

型号	L_1	L_2	L_3	W	H	D	质量/kg
GG72-71	216	156±0.5	66±0.5	84	71	M8-6H	1.55
GG79-75				90	75		1.58
GG86-76				105	76		1.62
GG83-83				108	83		1.65
GG68-89				110	89		1.68
GG65-105				121	105		1.72
GG190-83	178	156±0.5	66±0.5	102	83	M8-6H	2.10
GG240-90				105	90		2.13
GG230-95				121	95		2.18
GG220-108				133	108		2.22
GG220-124				144	124		2.28
GG220-137				156	137		2.33
GG230-83	216	156±0.5	66±0.5	102	83	M8-6H	2.50
GG270-90				105	90		2.66
GG270-95				121	95		2.80
GG270-108				133	108		2.85
GG280-124				144	124		2.93
GG250-137				156	137		3.00
GG440-90	268	192±0.5	82±0.5	103	90	M10-6H	3.60
GG430-99				112	99		4.05
GG500-109				135	109		4.50
GG550-119				152	119		5.25
GG480-127				165	127		5.77
GG920-133	370	268±0.5	114±0.5	140	133	M16-6H	11.25
GG1000-152				165	152		12.25
GG1200-159				178	159		12.90
GG1300-191				210	191		15.00
GG1100-216				235	216		16.90

表 19-5-21　　　　　　　　T 型全金属钢丝绳隔振器性能参数

型号	最大动变形/mm			最大冲击力/kN			最大承受输入能量(能容)/J		
	$\Delta S_x \, \Delta S_y$	ΔS_{45}	ΔS_z	$P_x \, P_y$	P_{45}	P_z	$E_{mx} \, E_{my}$	E_{m45}	E_{mz}
GG0.46-18	7	—	7		0.19	0.14	0.32		0.46
GG0.59-20	9	16	10	0.11	0.20	0.12	0.48	1.8	0.59
GG0.64-25	14	18	12	—	0.21	—	0.60	—	0.64
GG0.66-28	16	21	18	0.10	0.23	0.09	0.66	1.8	0.66
GG0.62-30	21	22	20	—	0.25	0.07	0.73	1.7	0.62
GG0.58-33	22	25	23	0.08	0.27	0.07	0.68	1.5	0.58
GG2.1-23	9	18	7	0.47	0.51	0.53	2.1	5.9	2.1
GG2.7-25	11	20	8	0.51	—	0.44	2.5	6.4	2.7
GG3.0-28	13	21	10	0.56	0.53	0.31	2.5	7.0	3.0
GG2.8-33	14	22	13	0.40	0.51	0.26	2.5	7.2	2.8
GG2.5-36	16	25	15	0.30	—	0.22	2.3	7.5	2.5
GG2.3-38	18	34	18	0.31	0.56	0.20	2.4	8.8	2.3
GG2.5-28	9	—	5	—	—	—	4.4	6.8	2.5
GG3.9-30	14	20	10	0.80	0.58	1.1	4.8	6.7	3.9
GG4.6-33	16	23	13	0.48	0.52	1.0	5.1	6.6	4.6
GG5.3-36	18	25	17	—	0.43	0.79	4.7	6.3	5.3
GG4.3-38	20	27	—	0.44	0.39	0.73	4.5	5.8	4.3
GG4.3-41	21	34	18	0.38	—	0.42	4.5	4.6	4.3

续表

型号	最大动变形/mm			最大冲击力/kN			最大承受输入能量（能容）/J		
	$\Delta S_x\Delta S_y$	ΔS_{45}	ΔS_z	P_x、P_y	P_{45}	P_z	E_{mx}、E_{my}	E_{m45}	E_{mz}
GG8.7-30	—	9	7	1.4	1.3	—	6.7	8.8	8.7
GG9.3-33	9	14	8	1.2	1.2	1.7	6.8	11	9.3
GG9.7-34	11	16	10	1.0	1.2	1.7	6.0	15	9.7
GG11-38	11	18	13	1.1	—	—	5.8	16	11
GG12-41	11	20	18	1.2	1.1	1.7	5.7	15	12
GG9.5-45	14	23	22	1.2	1.0	1.3	5.6	14	9.5
GG30-48	18	34	15	2.8	2.3	4.0	19	62	30
GG44-54	23	41	20	1.9	1.7	2.4	21	64	44
GG53-59	30	50	25	—	1.9	2.3	25	64	53
GG48-64	37	53	28	1.4	1.3	—	26	53	48
GG44-65	39	57	33	1.4	1.0	1.6	28	48	44
GG42-67	43	62	38	1.2	1.1	1.3	26	45	42
GG51-71	23	34	25	2.1	2.3	—	26	57	51
GG54-75	25	46	28	2.4	2.1	3.3	29	64	54
GG55-76	34	53	33	2.0	2.0	—	34	90	55
GG51-83	37	64	38	1.8	2.1	2.9	35	100	51
GG43-89	39	80	41	1.6	1.8	2.8	—	120	43
GG39-105	46	91	50	1.7	1.6	1.8	35	110	39
GG72-71	23	34	25	2.8	3.0	4.4	37	91	72
GG79-75	25	46	28	3.2	2.8	4.9	42	100	79
GG86-76	34	53	33	2.6	2.7	4.4	49	140	86
GG83-83	37	64	38	2.4	2.8	3.9	55	150	83
GG68-89	39	80	46	2.1	2.5	3.8	54	160	68
GG65-105	46	91	50	2.3	2.1	2.4	58	150	65
GG190-83	27	57	38	5.1	5.1	8.3	46	230	190
GG240-90	30	62	41	4.3	4.3	7.3	53	240	240
GG230-95	34	73	43	2.8	3.4	6.0	58	250	230
GG220-108	41	80	58	—	3.0	—	62	240	220
GG220-124	53	91	71	2.1	2.3	4.0	73	200	220
GG220-137	59	103	89	1.7	4.0	4.3	69	160	220
GG230-83	27	57	38	6.8	6.8	11	150	220	230
GG270-90	30	62	40	5.7	5.7	9.8	160	240	270
GG270-95	34	73	43	3.8	4.5	8.0	140	270	270
GG270-108	41	80	58	1.8	4.0	6.8	160	270	270
GG280-124	53	91	71	2.8	3.1	5.3	180	230	280
GG250-137	59	103	90	2.3	5.3	4.8	160	190	250
GG440-90	27	41	30	18	13	27	280	580	440
GG430-99	32	53	35	13	11	19	320	510	430
GG500-109	41	65	46	8.1	7.6	13	310	440	500
GG550-119	50	73	56	8.7	5.6	11	290	400	550
GG480-127	57	82	63	8.3	7.6	13	270	350	480
GG920-133	48	57	46	22	27	31	840	1000	920
GG1000-152	59	73	53	26	26	33	880	1200	1000
GG1200-159	66	87	58	20	22	31	930	1400	1200
GG1300-191	75	107	86	22	24	27	870	1600	1300
GG1100-216	91	146	106	20	21	19	870	1700	1100

注：1. ΔS_x、ΔS_y、ΔS_{45}、ΔS_z 分别为隔振器作纵向、横向、45°斜支承、垂向压缩支承时的最大动变形。见图19-5-31。

2. P_x、P_y、P_{45}、P_z 分别为隔振器作纵向、横向、45°斜支承、垂向压缩支承时的最大冲击力。

3. E_{mx}、E_{my}、E_{m45}、E_{mz} 分别为隔振器作纵向、横向、45°斜支承、垂向压缩支承时的最大承受输入能量（能容）。

第

19

篇

表 19-5-22　　　　　　　　　　　　GG 系列钢丝绳隔振器安装方式

示　意　图	说　明	示　意　图	说　明
1. 垂向压缩支承 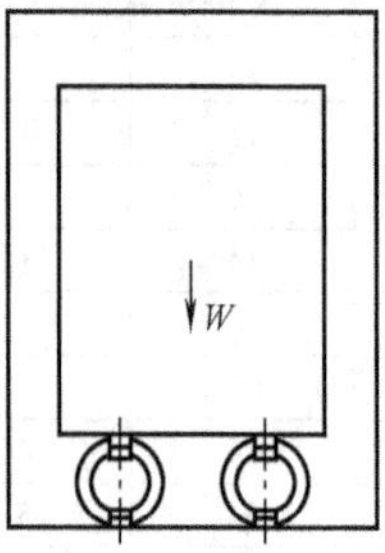	基础支承 　常用安装方式,中心较高,常用于高宽比很小的情况下。当高宽比较大时,或者当干扰幅值较大时,容易产生倾覆力矩,建议采用稳定用隔振器附加支承(见示意图2)	6. 侧向悬挂	侧悬挂支承 　可实现隔振系统较低的峰值响应频率。应注意安装的力学对称性
2. 垂向压缩支承 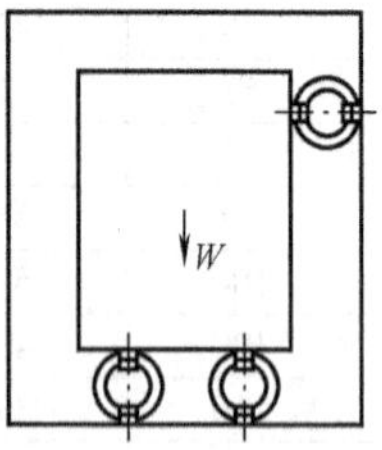	基础支承 　一般在设备侧顶部增装稳定用隔振器。稳定性好。当高宽比大于1时常用此安装方式	7. 壁挂式支承	常用壁挂式安装方式
3. 45°压缩支承	45°基础支承 　其优点是系统在图示平面内于水平、垂直两方向上具有基本相同的动态特性。系统兼顾优良的隔振、缓(抗)冲性能,稳定性好。旋转机械常用安装形式	8. 顶悬吊	吊装 　隔振元件呈拉伸变形状态,稳定性较好,但承载能力不大。尽量不要单独采用这种形式
4. 壁挂式支承	常用壁挂式安装方式	9. 顶悬吊 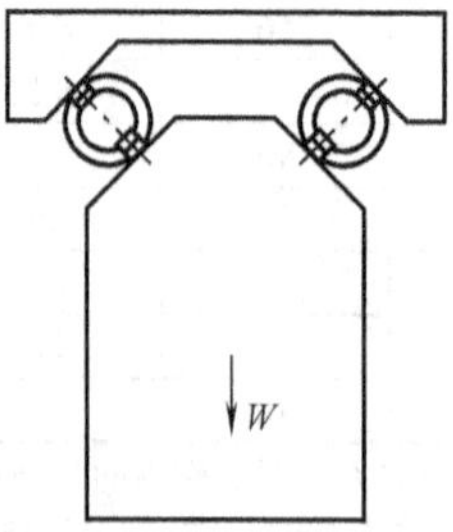	45°吊装 　隔振元件呈拉伸变形状态,稳定性较好,有一定承载能力。尽量少单独采用这种形式
5. 侧向悬挂	侧悬挂支承 　可实现隔振系统较低的峰值响应频率。应注意安装的力学对称性		

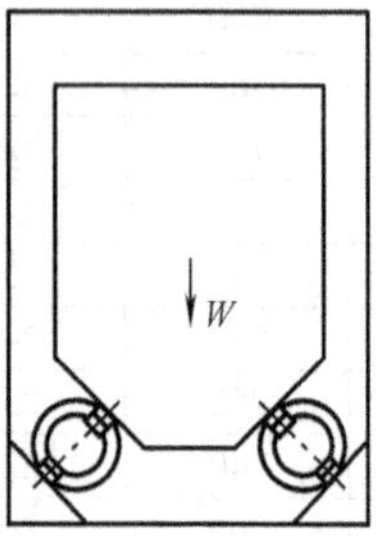

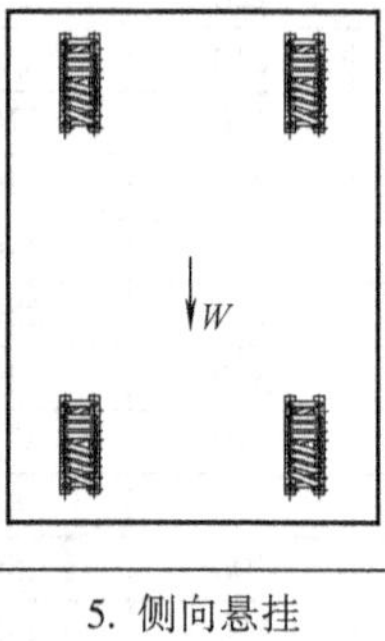

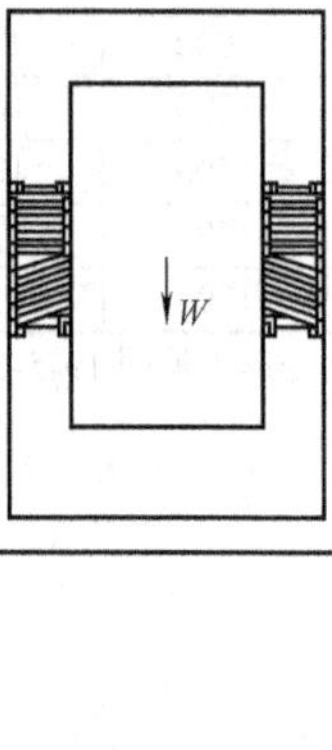

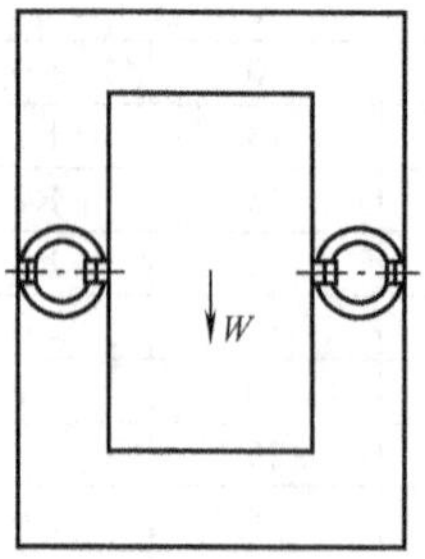

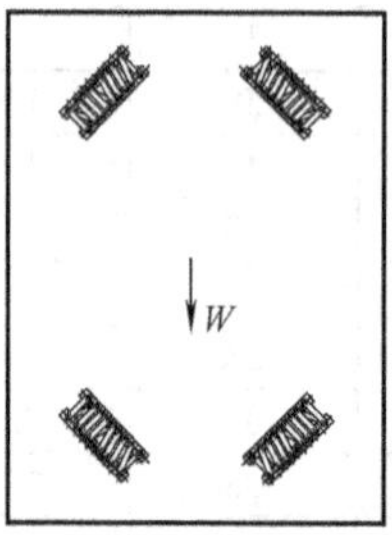

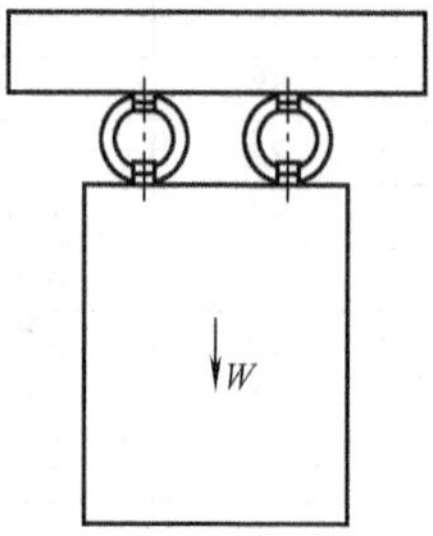

4.2.3　组合形式的金属弹簧隔振器

图 19-5-32 为 FXG 型非线性金属弹簧隔振器简图，是由钢板和金属弹簧组合而成，钢丝绳作侧向限位和阻尼作用，同时在受冲击时分担了一部分冲击力。产品低频性好，阻尼比大，结构简单，适用于各类动力设备的隔振。

图 b 为非线性复合阻尼隔振器（GB/T 14527—2007），它配有非线性的阻尼隔振器与刚性负载组成的弹性系统，适用于电子设备、仪器仪表隔板、防冲击使用的隔振器和阻尼器的设计、生产和验收。

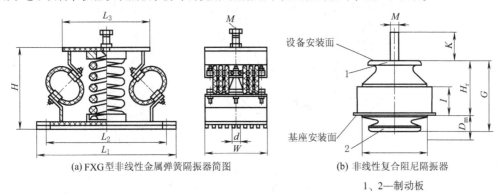

(a) FXG 型非线性金属弹簧隔振器简图　　(b) 非线性复合阻尼隔振器

1、2—制动板

图 19-5-32

4.3　扭转振动减振器

扭转振动减振器的常用结构形式见表 19-5-23；其结构图见图 19-5-33a（GB/T 16305—2009）。

表 19-5-23　　　　　　　　　　扭转振动减振器的常用结构形式

序号	减振器形式	代号	序号	减振器形式	代号
1	硅油型	GY	5	簧片滑油型	HH
2	弹簧型	TH	6	注入式橡胶型	YJ
3	橡胶硅油型	JG	7	硫化橡胶型	LJ
4	卷簧型	JH			

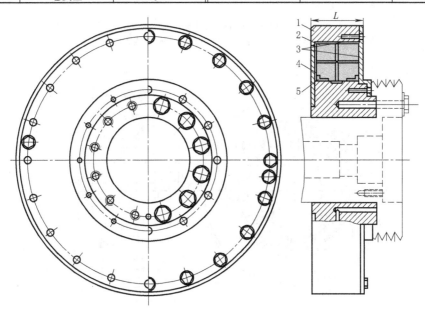

(a) 序号1　硅油减振器

1—壳体；2—惯性块；3—盖板；4—硅油；5—摩擦环

图 19-5-33

19 篇

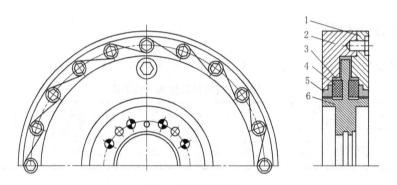

$A—A$

(b) 序号2 弹簧减振器

1—惯性块;2—定距块;3—挡块;4—主动盘;5—弹簧座;6—滑瓦;7—弹簧

(c) 序号3 橡胶硅油减振器

1—惯性块Ⅰ;2—惯性块Ⅱ;3—硅油;4—橡胶环;5—摩擦环;6—主动盘

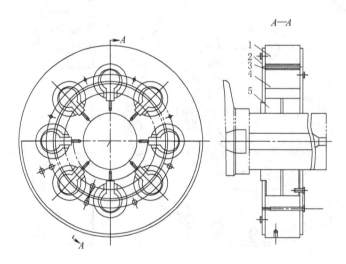

$A—A$

(d) 序号4 卷簧减振器

1—惯性块;2—侧板;3—卷簧组;4—限制块;5—主动盘(减振器座)

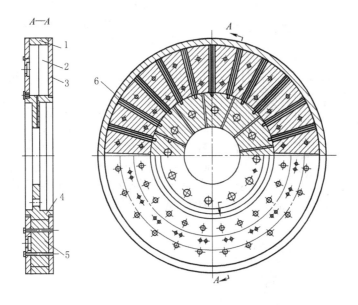

(e) 序号5 簧片滑油减振器

1—紧固圈；2—簧片组；3—侧板；4—主动盘；5—中间块；6—滑油

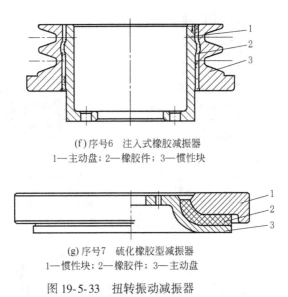

(f) 序号6 注入式橡胶减振器

1—主动盘；2—橡胶件；3—惯性块

(g) 序号7 硫化橡胶型减振器

1—惯性块；2—橡胶件；3—主动盘

图 19-5-33 扭转振动减振器

4.4 新型可控减振器

4.4.1 磁性液体

磁性液体（磁液）是由纳米级铁氧体、Fe、Ni、Co 金属及其合金或铁磁性氮化铁超细磁性颗粒借助表面活性剂高度、均匀弥散于载液（基液）中所形成的一种稳定的胶体溶液，是固、液相混的二相流体，兼有液体的流动性和磁性材料的磁性，目前还发展了复合磁性液体材料及磁流变液。它广泛应用于科学和工程技术领域中，现已深入到电子、化工、能源、冶金、仪表、环保、医疗等各个领域。

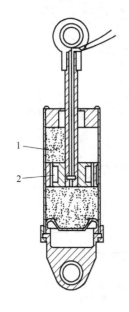

图 19-5-34　一种惯性阻尼器结构示意图
1—马达；2—轴；3,8—联轴器；4—阻尼器壳；
5—磁液；6—永磁体；7—密封盖

当外磁场作用于磁液，其全部磁液的磁化强度随着磁场的增强而增强；当取消外磁场时磁矩很快就随机化了。磁液产生的力取决于外加磁场强度和磁液的饱和磁化强度值，并且，磁液的流变黏度随外加磁场增强而增高，从而它的阻尼作用也增大。因此这两种功能均受外加磁场所精确控制，显然具有了智能化的特性。

应用后一特性可制作各种阻尼器、减振器、缓冲器、联轴器、制动器和阀门等。图 19-5-34 为一种惯性阻尼器结构示意图。圆柱状永磁体 6 作为惯性材料被悬浮于磁液 5 中而构成了阻尼器。在运行时，阻尼器同心地与马达的轴 2 连接，通过磁液膜被剪切而建立起来的粘滞剪切力消耗掉由旋转轴 2 接收来的旋转能，从而实现阻尼。

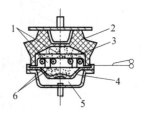

(a)　一种轻负载阻尼器的结构示意图
1—电流变液体；2—线圈

(b)　电流变液体的液力悬置
1—溢流孔；2—橡胶；3—电流变液体；
4—橡胶膜；5—空气；6—电极

图 19-5-35

4.4.2　磁流变液

磁流变液可在固体与液态之间进行毫秒（ms）级快速可逆转化，其黏度在磁场作用下会逐渐增大，当磁场强度大到一定值时由液态完全转变成固态，其过程快速可逆，黏度保持连续无级可控，可实现实时主动控制，耗能极小，因而在航空航天、机械工程、汽车工业、精密加工、建筑工程、医疗卫生等领域广泛应用，可完成智能传动、制动、减振、降噪等功能，制成阀式、剪切式和挤压式各类磁流变液器件，如液压控制伺服阀、离合器与制动器、振动悬架、减振器等。

图 19-5-35a 是一种轻负载阻尼器的结构示意图。该减振阻尼器总长（活塞伸出后）21.5cm，缸体直径 3.8cm，共用磁流变液 50ml，行程±2.5cm。在 0~3V 直流电压下活塞头部

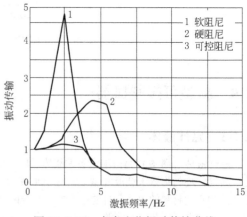

图 19-5-36　卡车座位振动传输曲线

线圈产生 0~1A 的电流，于是在活塞头部流孔周围产生磁场以控制 MR 液的流通使其变粘直至固化，从而改变阻尼大小。这种阻尼器最大功率小于 10W，产生的阻尼力超过 3000N，在 -40~150℃ 温度范围内变化率小于 10%，响应时间为 8ms。一种商品化的磁流变液卡车座位减振器，全长 15cm，有效流体需量仅 0.3cm³，耗功仅 15W，代替普通减振器，使卡车座位振幅减小 50% 以上（图 19-5-36），大大减少了卡车司机在矿山崎岖道路上驾车的危险。

图 19-5-35b 是一半主动控制式液力悬置系统，根据输入信号（如发动机激励，路况，行驶状态和载荷等）利用低功率作动器调节系统参数，来优化系统动力学特性，实现最佳减振。电流变液体或磁流变液体在电场作用下的这种从液态属性到固态属性间的变化是可逆的，可控制的。可以被用来制作电流变离合器、电流变减振器、电流变液压阀、机器人的活动关节等。

5 动力吸振器

所谓动力吸振就是借助于转移振动系统的能量来减小振动。

5.1 动力吸振器设计

5.1.1 动力吸振器工作原理

表 19-5-24

项 目	简 图	说 明
使用条件		基本恒定的激振圆频率 ω 接近于主系统的固有角频率 $\omega_n = \sqrt{K_1/m_1}$，系统处于共振状态，又无足够阻尼抑制振动，振动比较强烈
增设辅助弹簧质量系统		当 $\omega \approx \omega_n = \sqrt{K_1/m_1}$ 时，在主系统上再安装一个 m_2 和 K_2 的辅助系统，要求条件是 $\omega_{22} = \sqrt{K_2/m_2} = \omega_n$，把单自由度系统变为二自由度系统
二自由度系统的稳态响应		系统不可能无阻尼：$$B_1 \approx 0$$ $$B_2 = \frac{1}{(1-Z^2)(1+S_1-Z^2)-S_1} \times \frac{F_0}{K_1}$$ 主系统的强烈振动为辅助系统所吸收

(续)

项　目	简　图	说　明
系统的频率特性		$$\begin{aligned}\omega_{n1}^2\\\omega_{n2}^2\end{aligned}=\omega_n^2\left[\left(1+\frac{\mu}{2}\right)\mp\sqrt{\mu+\frac{\mu^2}{4}}\right]$$ 给出 μ 值，就可以找到系统的两个固有角频率，从图中可以看出在 μ 不太大时，这两个固有角频率之间的频带相当窄。从二自由度系统稳态响应图中主质量 m_1 的幅频响应曲线可以看出，无阻尼动力吸振器有效工作频带就更窄，因为在 ω_n 的左右不远处各有一个固有角频率 ω_{n1} 和 ω_{n2}。所以，使用不当时，很容易带来产生共振的弊端

注：ω_n—主系统的固有角频率，$\omega_n^2=K_1/m_1$，rad/s；ω_{22}—辅助系统的固有角频率，$\omega_{22}^2=K_2/m_2$，rad/s；ω_{n1}，ω_{n2}—二自由度系统的一、二阶固有角频率，rad/s；μ—质量比，$\mu=m_2/m_1$；S_1—刚度比，$S_1=K_2/K_1$；Z—频率比，$Z=\omega/\omega_n$；F_0—简谐激振力幅值，N；B_1、B_2—振幅。

5.1.2　动力吸振器的设计

表 19-5-25

项　目	设　计　原　则	说　明
设计已知条件	已知激振力幅值 F_0、频率 ω、主系统质量 m_1 和固有角频率 ω_n	如果 ω 和 ω_n 未知，可通过测试直接获得。如果 F_0 未知，可通过主系统振幅测试，经换算得出
质量 m_2 的确定	通常根据新共振点频率比限定值（例如：$\dfrac{\omega_{n1}}{\omega_n}<0.9$，$\dfrac{\omega_{n2}}{\omega_n}>1.1$）按公式 $$\left(\frac{\omega_{n1}}{\omega_n}\right)^2=\left(1+\frac{\mu}{2}\right)-\sqrt{\mu+\frac{\mu^2}{4}}<0.9^2$$ $$\left(\frac{\omega_{n2}}{\omega_n}\right)^2=\left(1+\frac{\mu}{2}\right)+\sqrt{\mu+\frac{\mu^2}{4}}>1.1^2$$ 确定质量比 μ，最终得到 $m_2=\mu m_1$	根据给定新共振点频率比（或在新共振点频率没给定条件下，可自行选择频率比），可从表 19-5-24 中系统频率特性曲线图查出 μ
弹簧 K_2 的参数确定	吸振器弹簧总刚度 $K_2=m_2\omega_n^2$ 并确定一只弹簧的刚度 K_2'。弹簧的最大相对变形量 $\delta_{max}=|B_1|+|B_2|$，因 $|B_1|\approx0$，所以，$$\delta_{max}\geqslant B_{2max}=F_0/K_2$$ 于是可根据确定的 K_2' 和 δ_{max} 进行弹簧设计	在没有确切知道激振力幅值 F_0 的条件下，弹簧的最大相对变形量可以估计得稍偏高一点
系统调试设计	（1）在 m_2 固定的条件下，采用如图 19-5-37 所示动力消振装置，凭借改变悬臂梁的悬臂长来调整 K_2，保证 $\omega_{22}=\omega_n$ （2）在 K_2 固定条件下，采用如图 19-5-38 所示动力消振装置，凭借改变 m_2 来保证 $\omega_{22}=\omega_n$。下面的大质量块，是进行宏观调节的，上面的小质量块是进行细微调节的	动力吸振器是一种单频窄带吸振器，ω 偏离 ω_n 的程度、新共振点频带宽和弹簧的制造安装误差都影响动力吸振器的工作有效性，所以，调试设计应引起足够的重视。在 ω_n 未知的条件下，也可以通过逐渐试验的办法，寻找动力吸振器的最佳参数，这样虽具有盲目性，但对解决工程实际问题是很重要的
动力吸振器与主系统的连接点选择	若主系统为多自由度系统，动力吸振器只要不附连在主系统的振动节点（振幅为零位置）上，总能在窄带范围内使连接点邻近区域的振动得到抑制。当动力吸振器附连在激振力作用点或欲抑制振动的振幅最大处，效果都很好	当机械设备和安装基础在激振力作用下产生共振，并采用动力吸振器控制主系统振动时，应注意动力吸振器的安装位置

第 19 篇

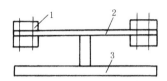

图 19-5-37 卧式动力吸振器

1—质量；2—板弹簧；3—底座

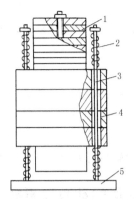

图 19-5-38 立式动力吸振器

1—调整质量；2—弹簧；3—导
杆；4—质量；5—底座

5.1.3 动力吸振器附连点设计

首先，为了方便调试，板弹簧设计长度应考虑可在±15%的范围内调节；其次，如果动力吸振器附连在机械设备的机座下面，可直接将激振力的能量吸收，消减机械设备的振动，但有时机械设备上不具备这种附连条件，也可将动力吸振器分解为几个，放在机械设备周围的基础上，附连点应放在基础振动的最强烈部位，同样可以达到消减基础和机械设备振动的目的。

5.1.4 设计示例

某安装在厂房三楼的机械设备 $m_1 = 7830\text{kg}$，系统的固有角频率 $\omega_n = 93.2\text{rad/s}$，激振力频率 $\omega = 93.2\text{rad/s}$，激振力幅值 $F_0 = 5200\text{N}$。设计一动力吸振器，要求新共振频率比 $\left(\dfrac{\omega_{n1}}{\omega_n}\right) < 0.9$，$\dfrac{\omega_{n2}}{\omega_n} > 1.1$。

（1）确定吸振器的质量

$$\left(\frac{\omega_{n1}}{\omega_n}\right)^2 = \left(1 + \frac{\mu}{2}\right) - \sqrt{\mu + \frac{\mu^2}{4}} < 0.9 \quad \text{则}: \mu > 0.048$$

$$\left(\frac{\omega_{n2}}{\omega_n}\right)^2 = \left(1 + \frac{\mu}{2}\right) + \sqrt{\mu + \frac{\mu^2}{4}} > 1.1 \quad \text{则}: \mu > 0.04$$

选取质量比 $\mu = 0.05$，则

$$\frac{\omega_{n1}}{\omega_n} = \sqrt{\left(1 + \frac{0.05}{2}\right) - \sqrt{0.05 + \frac{0.05^2}{4}}} = 0.89 < 0.9$$

$$\frac{\omega_{n2}}{\omega_n} = \sqrt{\left(1 + \frac{0.05}{2}\right) + \sqrt{0.05 + \frac{0.05^2}{4}}} = 1.12 > 1.1$$

所以，吸振器质量

$$m_2 = \mu m_1 = 0.05 \times 7830 = 392\text{kg}$$

采用图 19-5-37 形式的动力吸振器，将质量均匀分成 6 块，每块质量

$$m_2' = \frac{m_2}{6} = \frac{392}{6} = 65.33\text{kg}$$

选取每块质量 $m_2' = 65\text{kg}$，总质量 $m_2 = 390\text{kg}$。

（2）吸振器弹簧参数确定

吸振器弹簧刚度

$$K_2 = m_2\omega_{22}^2 = m_2\omega_n^2 = 390\times93.2^2 = 3.4\times10^6\,\text{N/m}$$

吸振弹簧采用 6 只矩形截面的悬臂梁形式的板弹簧，一只弹簧的刚度

$$K_2' = \frac{K_2}{6} = \frac{3.4\times10^6}{6} = 5.67\times10^5\,\text{N/m}$$

吸振器弹簧的最大相对变形量

$$\delta_{\max} = \frac{F_0}{K_2} = \frac{5200}{3.4\times10^6} = 0.0015\text{m}$$

为安全起见，选取 $\delta_{\max} = 0.002$m。于是吸振器弹簧可根据 K_2' 和 $\delta_{\max}$ 进行设计。

5.2 加阻尼的动力吸振器

5.2.1 设计思想

动力吸振器是一种单频窄带吸振器，当激振力频率 ω 发生变化时，动力吸振器就失去了作用，但是，若在辅助系统中再增加适当的阻尼 C_2，将动力吸振器变为如图 19-5-39 所示的减振吸振器，其消减振动的性能得到了明显的改善。

辅助振动系统加上阻尼 C_2 时，主系统振动的共振曲线如图 19-5-40 所示。其中，$Z = \omega/\omega_n$，$\omega_n = \sqrt{K_1/m_1}$，$\zeta = \alpha/\omega_n$，$\alpha = C_2/C_c$，$C_c = 2\sqrt{m_2K_2}$，$\mu = m_2/m_1$，$\omega_{22} = \sqrt{K_2/m_2}$，$S = \omega_{22}/\omega_n$。

图 19-5-40 表明：当阻尼小时，系统有两个共振点，随着阻尼的增大，共振振幅变小，当阻尼超过某值时，则共振点变成了一个，且共振振幅随着阻尼的增加而增加。阻尼为 0 的共振曲线和阻尼为 ∞ 的共振曲线交点有两个，分别为 P 点和 Q 点，无论阻尼大小如何，所有的共振曲线都通过这两点。PQ 点理论还指出，(ω_{22}/ω_n) 越大，P 点的高度越大，而 Q 点的高度就越小。

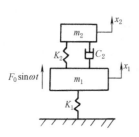

图 19-5-39　减振吸振器
系统力学模型

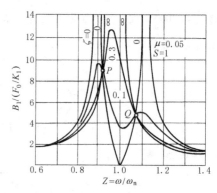

图 19-5-40　具有减振吸振器的主
振动系统的位移共振曲线

为了提高减振吸振器消减振动的效果，减振吸振器的设计就是要尽可能降低 P 点和 Q 点的高度，并保证 P 点和 Q 点之间较宽的频带范围内的振幅稳定。要做到这两点，一是适当地选取 (ω_{22}/ω_n) 比值，使 P 点和 Q 点高度相等；二是适当地选取阻尼使 P 点和 Q 点高度最低，并在两点出现振幅最大值。选取最佳的 (ω_{22}/ω_n) 和 (α/ω_n) 的共振曲线如图 19-5-41 所示。当减振吸振器选好了合适参数后，主系统的振幅就能得到相当好的控制，而且当主系统为单自由度系统时，减振吸振器的有效使用频带是不受限制的，因而减振吸振器属于宽带吸振器。减振吸振器按其调谐频率比 S 值，可分为最佳调谐 $\left(S = \dfrac{1}{1+\mu}\right)$、等频率调谐（$S=1$）和兰契司特（$S=0$）三类；按阻尼特性可分为黏性阻尼和库仑阻尼两类。最常用的依次是最佳调谐黏性阻尼减振吸振器、等频率调谐黏性阻尼减振吸振器、兰契特黏性阻尼减振吸振器和兰契司特库仑阻尼减振吸振器四种。黏性阻尼兰契司特减振吸振器的主振系统的共振曲线如图 19-5-42 所示。

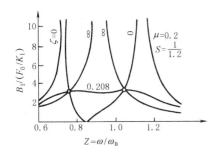

图 19-5-41 具有减振吸振器的主
振动系统的最佳共振曲线

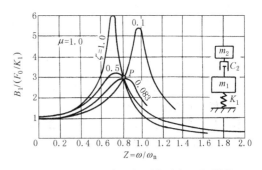

图 19-5-42 具有兰契司特减振吸振器的
主振动系统的共振曲线

5.2.2 减振吸振器的最佳参数

表 19-5-26

项　　目	最佳调谐黏性阻尼减振吸振器	等频率调谐黏性阻尼减振吸振器	兰契司特黏性阻尼减振吸振器
调谐频率比 $S=\omega_{22}/\omega_n$	$S=\dfrac{1}{1+\mu}$	$S=1$	$S=0$
阻尼比 $\zeta=C/C_c$	$\zeta^2=\dfrac{3\mu}{8(1+\mu)^3}$	$\zeta^2=\dfrac{\mu(\mu+3)\left[1+\sqrt{\mu/(\mu+2)}\,\right]}{8(1+\mu)}$	$\zeta^2=\dfrac{1}{2(2+\mu)(1+\mu)}$
减振吸振系数 $T=B_1/(F_0/K_1)$	$T=\sqrt{1+\dfrac{2}{\mu}}$	$T=\dfrac{1}{-\mu+(1+\mu)\sqrt{\mu/(\mu+2)}}$	$T=1+\dfrac{2}{\mu}$
最大相对位移比 $\Delta=\delta_{max}/(F_0/K_1)$		$\Delta=\sqrt{\dfrac{B_1}{2\mu Z\zeta(F_0/K_1)}}$	

兰契司特库仑阻尼减振吸振器	调谐频率比 $S=0$	减振吸振系数 $T=\dfrac{\pi^2}{4\mu}=\dfrac{2.46}{\mu}$

注：各符号意义与 5.1 和 5.2.1 相同。

5.2.3 减振吸振器的设计步骤

（1）质量比

根据已知的激振角频率 ω、主系统的固有角频率 ω_n，以及期望的两个新共振点 ω_{n1} 和 ω_{n2} 之间的频带宽，按照表 19-5-26 中系统频率特性公式或曲线图，求得相应的 μ 值，为避免减振吸振器其他参数超出允许限值，设计选取的 μ 值通常都大于计算值。

（2）弹簧刚度

吸振器的弹簧刚度

$$K_2=m_2\omega_{22}^2=m_2S^2\omega_n^2 \tag{19-5-8}$$

式中　S——调谐频率比$\left(S=\dfrac{\omega_{22}}{\omega_n}\right)$，可按表 19-5-26 中的公式计算，一般情况下多采用最佳调谐减振吸振器，$S=1/(1+\mu)$。

（3）阻尼系数

不同形式的减振吸振器的阻尼比 ζ 可按表 19-5-26 公式算出，或从图 19-5-43a 中查出。因阻尼比 $\zeta=C/C_c$，临界阻尼系数 $C_c=2\sqrt{m_2K_2}$，$m_2=\mu m_1$，所以，吸振器的黏性阻尼系数

$$C=\zeta C_c=2\zeta\sqrt{\mu m_1K_2} \tag{19-5-9}$$

对于兰契司特库仑阻尼减振吸振器的等效黏性阻尼比 ζ_e 可参照兰契司特黏性阻尼减振吸振器的公式或曲线图确定。

（4）主要考核指标的校核

不同形式减振吸振器的主要考核指标 T 可按表 19-5-26 公式算出，或从图 19-5-43b 中查出。于是主质量的振动幅值

$$B_1 = TF_0/K_1 < [B_1] \tag{19-5-10}$$

式中　$[B_1]$——主质量 m_1 的允许振动幅值，m。

（5）辅助考核指标的校核

不同形式减振吸振器的辅助考核指标 Δ 可按表 19-5-26 公式算出，或从图 19-5-43c 中查出。于是主质量 m_1 和吸振器质量 m_2 间的最大相对位移

$$\delta_{\max} = \Delta F_0/K_1 < [\delta] \tag{19-5-11}$$

式中　$[\delta]$——主质量 m_1 和吸振器质量 m_2 间的允许相对位移，m。

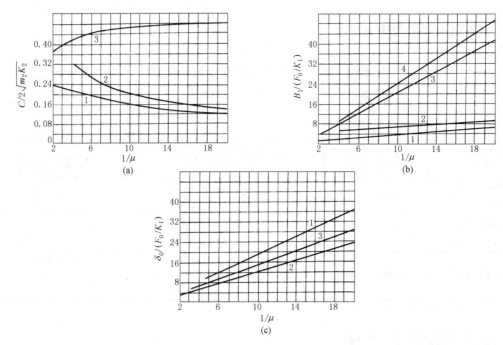

图 19-5-43　几种减振吸振器的设计参数图线

1—最佳调谐黏性阻尼减振吸振器；2—单频率调谐黏性阻尼减振吸振器；

3—兰契司特黏性阻尼减振吸振器；4—兰契司特库仑阻尼减振吸振器

（6）吸振器质量 m_2

如果上述各设计参数均在允许范围内，则表明最初确定的质量比 μ 是合适的。如果上述设计参数有一个参数不合适，就要根据该参数超限量重新确定质量比 μ 值，重新计算上述各参数，按上述（1）~（6）的程序反复进行，直至各参数均达到最佳为止。按最后确定的最佳质量比 μ_{OP} 确定的弹簧刚度 K_{OP} 和阻尼系数 C_{OP}，是减振吸振器的最佳参数。吸振器的质量

$$m_2 = \mu_{OP} m_1 \tag{19-5-12}$$

（7）吸振器弹簧设计

根据最佳刚度系数 K_{OP} 确定一只弹簧的刚度 K_{OP}，再根据最大相对位移 $\delta_{\max}$ 确定弹簧的各变形量，参照第 3 卷第 12 篇设计弹簧。

（8）阻尼器的设计

根据最佳阻尼系数 C_{OP}（等效线性阻尼系数）确定一只阻尼器的最佳阻尼系数 C'_{OP}，再根据最大相对位移 $\delta_{\max}$ 确定阻尼器的工作行程，参照本章第 3 节进行阻尼器设计。

5.3 二级减振隔振器设计

5.3.1 设计思想

PQ 点理论指出：作为二级减振隔振器的二自由度系统与动力吸振器系统一样，在激振力 $F_0\sin\omega t$ 作用于主质量的情况下，同样存在着 P、Q 两个定点，因而它们的设计基本思想也是一样的，即尽可能地降低 PQ 点的高度，同时又使 P、Q 点高度相等，并在 P、Q 点或其附近出现最大振幅。与设计动力吸振器所不同的是主系统的频率比 ($Z=\omega/\omega_n$) 通常都在 3~5 范围内，因而在选取弹簧刚度比时，与动力吸振器调谐频率比有所不同。根据这一基本设计思想，对二级减振隔振器系统进行理论分析，可以得出类似于表 19-5-26 各参数间的关系式，为了方便设计，直接将这些参数关系绘制成量纲-参数关系曲线图。

5.3.2 二级减振隔振器动力参数设计

（1）设计的已知条件

二级减振隔振器动力参数的设计是在一次隔振设计基础上进行的，因此，主质量 m_1、主刚度 K_1、激振角频率 ω 和支承运动位移幅值 U（或主动隔振激振力幅值 F_0 和一次隔振弹簧刚度 K_1 之比）都是二级减振隔振器的已知参数。

（2）阻尼器与主质量组合的减振隔振器设计

该二级减振隔振器系统的力学模型及其参数设计曲线如图 19-5-44 所示。

使用图 19-5-44 进行设计时，在给定 μ 和 S 值的条件下，从 μ 的实线部分和 S 线交点所确定的 ζ 再求出 C_1 值，满足其相应的定点（P 或 Q）出现最大值条件；在只给出 μ 值的条件下，对应此值两条曲线的交点的 S 值和 ζ 值，即能使 P、Q 点高度相等，又能使 P、Q 点都出现振幅最大值。设计时通常选用二级隔振器的质量比作为二级减振隔振器的质量比（即 μ 值给定），如果再选用二级隔振器的刚度比作为二级减振隔振器的刚度比（即 S 值也给定），得出的阻尼 C_1 满足使 P 点和 Q 点出现最大值条件，在 μ 和 S 值同时给定条件下，具有最佳阻尼参数值的共振曲线的例子如图 19-5-45 所示（虽然 P 点和 Q 点的最大值不相等，但在很宽的频带范围内是相当平坦的）。

（3）阻尼器与二级隔振架组合的减振隔振器设计

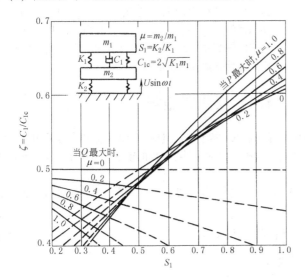

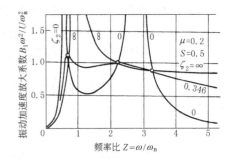

图 19-5-44　阻尼器与主质量组合减振隔振器的设计曲线

图 19-5-45　最佳系统的共振曲线

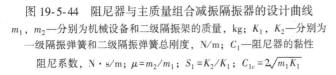

m_1，m_2—分别为机械设备和二级隔振架的质量，kg；K_1，K_2—分别为
一级隔振弹簧和二级隔振弹簧总刚度，N/m；C_1—阻尼器的黏性
阻尼系数，N·s/m；$\mu=m_2/m_1$；$S_1=K_2/K_1$；$C_{1c}=2\sqrt{m_1K_1}$

该二级减振隔振器的力学模型及其参数设计曲线如图 19-5-46 所示。图中参数除 C_2 为阻尼器阻尼系数（N·s/m），$\zeta = C_2/C_{2c}$，$C_{2c} = 2\sqrt{m_2 K_2}$ 外，其他参数同前，设计方法也同前。

（4）库仑阻尼器与主质量组合的减振隔振器设计

该二级减振隔振器系统的力学模型及其参数设计曲线如图 19-5-47 所示。除阻尼为库仑阻尼外，其他参数同前，设计方法也同前。图 19-5-48 所示的是两种阻尼器隔振效果的比较。

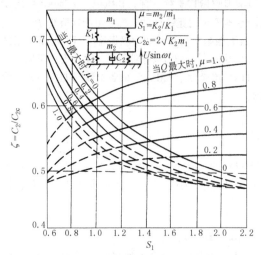

图 19-5-46　阻尼器与二级隔振架组
合减振隔振器的设计曲线

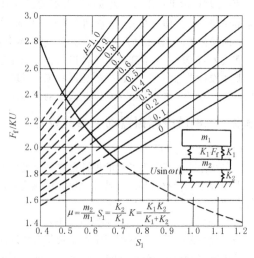

图 19-5-47　库仑阻尼与主质量组合
的减振隔振器的设计曲线

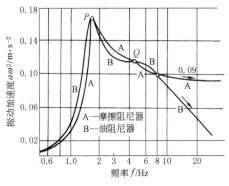

图 19-5-48　摩擦阻尼器与油阻尼器系统的特性比较

（5）二级减振隔振器的参数校核

根据设计的已知条件和通过上述设计确定的 μ、S_1、ζ（$S_1 = MS^2$），求得相应的 m_2、K_2、C_1 或 C_2。在二自由度系统参数全部已知的条件下，根据第 3 章表 19-3-9 中 1 和 3 的公式计算出稳态振幅 B_1、B_2 和相位差角 ψ_1、ψ_2。即可校核主动隔振的 $B_{1\text{max}}$、$\delta_{1\text{max}}$、$B_{2\text{max}}$、F_{T2}，被动隔振的 δ_{max}、$\delta_{1\text{max}}$、$\delta_{2\text{max}}$、B_1 各参数。其次就是根据确定的弹簧原始设计参数设计弹簧，根据确定的阻尼器原始设计参数设计阻尼器。

5.4　摆式减振器

图 19-5-49 表示一种摆式减振器，利用其动力作用可以减小扭转系统的扭振。摆式减振器通常采用离心摆的形式，其固有频率与旋转速度成正比。当激振频率也与转速成比例时，则在系统的整个运转速度范围内都有减振作用。

装有摆式减振器的旋转系统可以简化为图 19-5-50 所示的力学模型，对于角位移微小的微幅振动的摆的运动微分方程式：

$$\ddot{\phi} + \frac{R}{l}\Omega^2\phi = \left(1+\frac{R}{l}\right)\omega_j^2\phi_0\sin\omega_j t \qquad (19\text{-}5\text{-}13)$$

可求得摆的稳态振幅 ϕ_0 与主系统振幅 θ_0 的关系式如下：

$$\theta_0 = \frac{\phi_0(\omega_n^2 - \omega_j^2)}{\left(1+\dfrac{R}{l}\right)\omega_j^2} \qquad (19\text{-}5\text{-}14)$$

式中　Ω——系统的工作角速度；

ω_n——离心摆的固有角频率，$\omega_n = \Omega \sqrt{\dfrac{R}{l}}$。

上式令 $S = \sqrt{\dfrac{R}{l}} = \dfrac{\omega_n}{\Omega}$ 或

$$\omega_n = S\Omega \qquad (19\text{-}5\text{-}15)$$

旋转机械发生扭振时，激振力的频率通常为系统工作角速度 Ω 的整数倍，即 $\omega_j = n\Omega$（$n = 1, 2, \cdots$），所以适当选择摆的固有频率，使 $\omega_n = \omega_j$，则主系统的频率 $\theta_0 = 0$，从而达到减振的目的。因此，摆悬挂点至回转中心的距离 R 与摆长之间应采用如下的关系式：$S = \sqrt{\dfrac{R}{l}} = n$，则对某 n 次激振达到完全减振的作用。

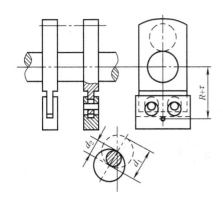

图 19-5-49　双离心摆式减振器

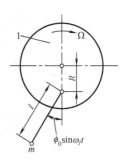

图 19-5-50　摆式减振器的力学模型

摆式减振器有挂摆式、滚摆式、环摆式等，部分原理、结构和计算见表 19-5-27。

表 19-5-27　　　　　　　　几种摆式减振器的原理、结构和计算

类型	原理	结构	计算公式
滚摆式			$S^2 = \dfrac{R}{l} \times \dfrac{1}{1 + \dfrac{4I_2}{md^2}}$ $\phi_0 = \dfrac{M_j}{\left[m(R+l) + \dfrac{2l^2}{d} \right] l\omega_j^2}$
环摆式			$S^2 = \dfrac{R}{l} \times \dfrac{1}{1 + \dfrac{4I_2}{mD^2}}$ $\phi_0 = \dfrac{M_j}{\left[m(R+l) + \dfrac{2l^2}{D} \right] l\omega_j^2}$

注：S—调谐比；ϕ_0—共振时摆的振幅；m—摆的质量，kg；I_2—摆的转动惯量，kg·m²；M_j—激振力矩，N·m；ω_j—激振角频率，rad/s；d—滚子的外径，m；D—环的外径，m。

5.5　冲击减振器

冲击阻尼减振器是利用非完全弹性体碰撞时所引起动能损耗的原理设计制造的。这类减振器重量轻、体积小、制造简单，通常适用于减少振动力不大的高频振动的振幅，也属于动力减振器。最常用的是车床上的车刀减振器。

图 19-5-51 为最简单的冲击减振器。为减少轴 3 的振动，轴上套有冲击环 4，当轴产生弯曲振动时，冲击环 4

的内表面与轴 3 的外表面产生冲击，阻尼轴的振动。此时，间隙 b 是工作间隙。而当轴产生扭转振动时，冲击环 4 通过冲击钉 1 与轴的相配孔产生冲击，此时，间隙 a 是工作间隙。可用更换冲击钉来改变此间隙的大小。平衡钉 2 起平衡配重作用，它与轴的间隙大，不与轴接触。冲击钉 1 和平衡钉 2 与冲击环 4 的配合有过盈。图 19-5-52 为安装于铣床的轴式冲击减振器。

图 19-5-53 为可减小镗杆弯曲振动的冲击减振镗杆结构图。根据经验，冲击质量块的质量可取镗杆外伸部分质量的 0.1~0.125 倍，冲击质量块与镗杆内孔的配合为 $\dfrac{H7}{g6}$，轴向间隙无严格要求，以不妨碍冲击块的运动为宜。冲击块的材料宜采用淬硬钢。为了增加冲击块的密度，可将冲击块挖空，并在孔内灌铅。若采用硬质合金作为冲击块的材料，由于其密度和恢复系数提高，因而可增加减振效果。

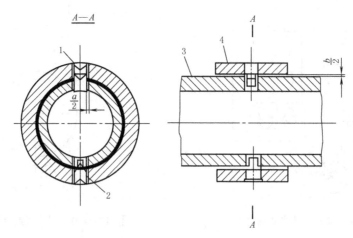

图 19-5-51　冲击减振环
1—冲击钉；2—平衡钉；3—轴；4—冲击环

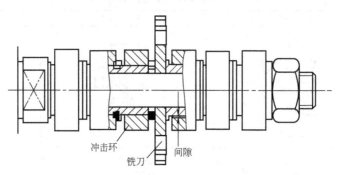

图 19-5-52　铣床的轴式冲击减振器

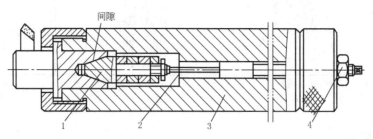

图 19-5-53　冲击减振镗杆
1—冲击块；2—软弹性杆；3—镗杆；4—调节螺母

图 19-5-54 为冲击减振器在镗刀上的安装图。这里冲击块 2 或冲击环 5 与镗杆 3 之间的间隙是工作间隙。图 b 的冲击环安装在镗刀外，重量较大，减振效果较图 a 好。

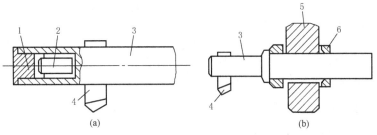

图 19-5-54　镗杆上的冲击减振器

1—螺塞；2—冲击块；3—镗杆；4—镗刀；5—冲击环；6—限位环

　　近年来为了简化冲击减振器的结构，采用铅弹、水银或水来代替整体冲击块。试验表明，以采用铅弹的效果为最好。

5.6　可控式动力吸振器示例

　　磁流变弹性体自调谐式吸振器，安装于振动设备之上。其吸振器的结构示意图见图 19-5-55。工作原理为：上轴线圈 6、上轴铁芯 8、导磁侧板 9、侧轴线圈 10 和侧轴铁芯 11 等组件与磁流变弹性构成闭合磁回路，这些组件安装在铜制安装基 5 上，构成了吸振器的动子。吸振器的基座上安装有四根导杆。导杆外套有支撑弹簧 3，这些支撑弹簧主要用来支撑动体质量，从而消除了原来作用在磁流变弹性体中的静变形量。吸振器的固有频率 f 为：

$$f = \frac{1}{2\pi}\sqrt{\frac{GA}{hm}} \qquad (19\text{-}5\text{-}16)$$

式中　G——磁流变弹性体剪切模量，N/m^2；

　　　A——磁流变弹性体发生剪切的面积，m^2；

　　　h——磁流变弹性体厚度，m；

　　　m——振子的质量，kg。

　　磁流变弹性体中的铁磁性颗粒在磁场作用下被磁化，磁化后颗粒之间的磁场作用力导致剪切模量的增加。磁流变弹性体的剪切模量将发生改变，因而在剪切方向上的剪切刚度也随之发生改变，最终引起吸振器的固有频率的改变。这样，通过改变磁场强度便可控制改变吸振器的固有频率，使之跟踪主系统的外界干扰频率。

　　磁流变弹性体自调谐式吸振器控制系统图及磁流变弹性体自调谐式吸振器控制系统图略。

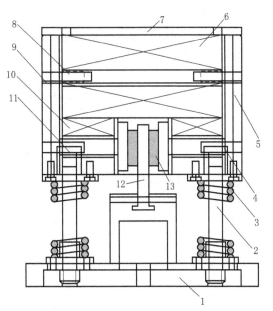

图 19-5-55　吸振器结构示意图

1—基座；2—导杆组；3—支撑弹簧；4—线性轴承；
5—铜制安装基；6—上轴线圈；7—盖板；8—上轴铁芯；
9—导磁侧板；10—侧轴线圈；11—侧轴铁芯；
12—剪切片；13—磁流变弹性体

6　缓冲器设计

6.1　设计思想

　　隔振系统所受的激励是振动，缓冲系统所受的激励是冲击。所以缓冲问题与隔振减振问题是有所不同的，但又有相似的地方。不同的是：隔振减振处理的是稳态的振动，振幅较小；缓冲则主要处理瞬态振动，振幅大。由于振幅大,有时就必须考虑非线性问题。隔振器的设计,主要是寻求激振角频率和系统固有角频率间的关系,使传递系数控制在允许范围内;缓冲的主要问题是要求所设计的缓冲器能够储存冲击作用的能量,冲击结束后将此能量以系统作衰减自由振动的形式释放出来。故缓冲器实际上是一个储能装置,使冲击波以较缓和的形式作用于基础和设备。隔振器与缓冲器都是要阻止或减少振动能量的危害,其所用的理论、材料、甚至有些设备都是模拟的。例如车辆的缓冲器往往就被通俗地称作减振器。

6.1.1 冲击现象及冲击传递系数

1）常遇到的冲击及其受力状态如表 19-5-28 所示。

表 19-5-28

起吊重物	汽车制动	锤头下落	包装物下落碰撞地面

2）缓冲问题也就是冲击隔离问题。因此,像隔振问题一样,可将缓冲问题分为主动（积极）缓冲和被动（消极）缓冲两类。缓冲系统的力学模型见图 19-5-56,在忽略阻尼和非线性影响以及冲击作用时间的条件下,可以得到两个数学意义相同的运动方程:

主动缓冲时

$$\begin{cases} m\ddot{x} + Kx = F(t) \\ F(t) = \begin{cases} F_m & 0 \leq t \leq \tau \\ 0 & t > \tau \end{cases} \end{cases}$$

$$\tau = \frac{1}{F_m} \int_0^{t_1} F(t)\,\mathrm{d}t$$

式中　F_m——冲击力最大值。

被动缓冲时

$$\begin{cases} m\ddot{\delta} + K\delta = -m\ddot{u}(t) \\ \ddot{u}(t) = \begin{cases} \ddot{u}_m & 0 \leq t \leq \tau \\ 0 & t > \tau \end{cases} \end{cases}$$

$$\tau = \frac{1}{\ddot{u}_m} \int_0^{t_1} \ddot{u}(t)\,\mathrm{d}t, \quad \delta = x - u$$

式中　$\ddot{u}_m$——基础加速度脉冲最大值。

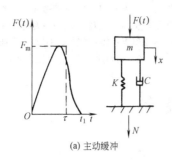

(a) 主动缓冲

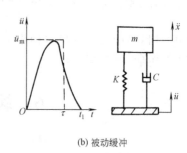

(b) 被动缓冲

图 19-5-56　缓冲系统力学模型

评价缓冲器品质的重要指标是冲击传递系数。被缓冲器保护的基础或机械设备所受的最大冲击力为 N_m,无缓冲器时基础或机械设备所受的最大冲击力为 $N_{m\infty}$,则冲击传递系数:

主动缓冲时

$$T_s = \frac{N_m}{N_{m\infty}} = \frac{N_m}{F_m} \tag{19-5-17}$$

被动缓冲时

$$T_s = \frac{N_m}{N_{m\infty}} = \frac{m\ddot{X}_m}{m\ddot{u}_m} = \frac{\ddot{X}_m}{\ddot{u}_m} \tag{19-5-18}$$

冲击传递系数也称冲击隔离系数，为冲击响应加速度的幅值 $\ddot{X}_m$ 与冲击激励加速度幅值 $\overline{u}_m$ 之比，$\eta_B = \frac{\ddot{X}_m}{\ddot{u}_m}$。如（19-5-18）式所示。只有该值小于1时才起隔振作用。

从力学模型、运动微分方程和传递系数上看，缓冲和隔振非常相似。因此，缓冲问题也会像隔振问题一样，从被动缓冲模型动力分析中所得出的结论会完全适用于主动缓冲。

6.1.2 速度阶跃激励及冲击的简化计算

冲击激振函数分脉冲型和阶跃型两大类。上面的公式看出脉冲型冲击响应可分为两个阶段：脉冲作用期间为第一阶段，脉冲停止作用后的自由振动为第二阶段。而工程上最感兴趣的通常是冲击载荷引起结构的最大响应。（最大受力 f_m、最大位移 X_m 或最大加速度 $\ddot{X}_m$ 之一，因为它们可以互换，见式（19-5-19）。对于过程并不着重。当作用时间很短时，脉冲波虽然不同，物体产生的速度阶跃则是一样的故在工程设计时常采用速度阶跃作为缓冲器设计的理想模型。即把速度阶跃作为激励函数。如果是力或加速度的冲击，只要作用时间短，都可以化为速度阶跃来计算。系统的运动方程和初始条件为：

$$\begin{cases} m\ddot{X} - F(\delta, \dot{\delta}) = 0 \\ \delta(0) = 0, \dot{\delta}(0) = \dot{u}_m \end{cases} \tag{19-5-19}$$

式中 $F(\delta, \dot{\delta})$——缓冲器的恢复力和阻尼力函数；

$\dot{u}_m$——速度阶跃，近似地作为激励的加速度脉冲。

例如，一般冲击力作用时间 τ 远小于系统的固有周期 $T(\tau < 0.3T)$，根据冲动量定理，冲量等于系统动量的改变。系统受到的冲量 I 等于系统产生的速度阶跃与其直接受到冲击的参振质量 m 的乘积：

$$I = \int_0^\tau f(t)\,\mathrm{d}t = \Delta\dot{u}_m = m\dot{u}_m$$

$\dot{u}_m$——速度阶跃。

令弹簧的刚度为 k，冲击后运动最大位移为：$X_m = \dfrac{\dot{u}_m}{\omega_n} = \dfrac{I}{m\omega_n} \tag{19-5-20}$

最大受力为：

$$F_m = kX_m = \frac{k\dot{u}_m}{\omega_n} = \frac{kI}{m\omega_n} = I\omega_n = \sqrt{mk}\,\dot{u}_m \tag{19-5-21}$$

这种计算在一般工程中是比较方便的。必须说明：

1）如果冲击力函数作用时间比较长，超过了系统固有周期的0.3倍，计算是不够准确的；

2）这种计算在实践中是偏大的。因为冲击中能量损失是很大的。如碰撞的能量损失、局部变形、摩擦、声音等的损失。当然还有运动中的阻尼没有计算。有时候必须将冲量乘以一小于1的系数才能满足设计的要求。例如车辆阻车器的弹簧，实际的尺寸比计算所需的尺寸要小。

例 如图19-5-57所示，设质量为 m_1 的车1以速度 v_1 向质量为 m 的车（静止）撞去，撞后车 m 的速度为 v，车 m_1 的速度为 v_2，碰撞恢复系数为 e，由 $m_1v_1 = mv + m_1v_2$ 及 $e = (v-v_2)/v_1$ 知：

$$\dot{u}_m = v = \frac{m_1(1+e)v_1}{m+m_1}$$

知道弹簧刚度后按式（19-5-20）、式（19-5-21）本来是可以算得弹簧所受最大的力和长度的，或者按设定的位移来求得弹簧所需的刚度。但是一般阻车器 m 的弹簧有预紧，令预压缩量 $X_0 = aX_m$，按能量转换原理可算得（仍没有考虑阻尼损失）。

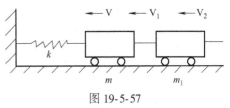

图 19-5-57

$$X_{\mathrm{m}}=\frac{\dot{u}_{\mathrm{m}}}{\omega_{\mathrm{n}}\sqrt{1+2a}}; \quad F_{\mathrm{m}}=k(X_{\mathrm{m}}+X_0)=kX_{\mathrm{m}}(1+a)$$

如设定弹簧的长度，就可选得弹簧的刚度 k。实际设计中由于考虑有各种阻尼存在而选用较小的 k 值。实际情况比这要复杂，如：车头还有弹簧、碰撞恢复系数 e 将变化难定等。

6.1.3 缓冲弹簧的储能特性

缓冲弹簧的储能特性为：

当 $\delta=\delta_{\mathrm{m}}$ 时，$U=\int_0^{\delta_{\mathrm{m}}}-F(\delta)\mathrm{d}\delta$

它应该大于或等于从外部来的激励的能量 $\frac{1}{2}m\dot{u}_{\mathrm{m}}^2$。缓冲弹簧的特性不同，其储能特性分别列于表 19-5-29（没考虑阻尼）。在工程设计中则往往根据所选弹簧的特性 $F=F(\delta)$ 曲线，取其下面的面积即为弹簧的可能储能。对于硬特性或软特性，则将其曲线用几个折线来取代，这就简化了计算。

速度阶跃理想模型所得到的结果具有较好的准确性。

表 19-5-29

类型	线性弹簧	非线性弹簧	
		硬特性弹簧	软特性弹簧
特性曲线			
储能特性	当 $\delta=\delta_{\mathrm{m}}$ 时 $\int_0^{\delta_{\mathrm{m}}}F_{\mathrm{s}}(\delta)\mathrm{d}\delta=\frac{1}{2}m\dot{u}_{\mathrm{m}}^2$ δ_{m}——最大相对位移		
各参数间的关系	$\ddot{X}_{\mathrm{m}}=\omega_{\mathrm{n}}^2\delta_{\mathrm{m}}=\omega_{\mathrm{n}}\dot{u}_{\mathrm{m}}$ $\dot{u}_{\mathrm{m}}=\omega_{\mathrm{n}}\delta_{\mathrm{m}}$	$\dfrac{\ddot{X}_{\mathrm{m}}}{\omega_{\mathrm{n}}^2 d}=\dfrac{2}{\pi}\tan\dfrac{\pi\delta_{\mathrm{m}}}{2d}$ $\dfrac{\dot{u}_{\mathrm{m}}^2}{\omega_{\mathrm{n}}^2 d^2}=\dfrac{8}{\pi^2}\ln\left(\sec\dfrac{\pi\delta_{\mathrm{m}}}{2d}\right)$ $\dfrac{\ddot{X}_{\mathrm{m}}\delta_{\mathrm{m}}}{\dot{u}_{\mathrm{m}}^2}=\dfrac{\dfrac{\pi\delta_{\mathrm{m}}}{d}\tan\dfrac{\pi\delta_{\mathrm{m}}}{2d}}{4\ln\left(\sec\dfrac{\pi\delta_{\mathrm{m}}}{2d}\right)}$ $\left(\dfrac{\ddot{X}_{\mathrm{m}}\delta_{\mathrm{m}}}{\dot{u}_{\mathrm{m}}^2}\right)$、$\left(\dfrac{\dot{u}_{\mathrm{m}}}{\omega_{\mathrm{n}}}\right)$与$\dfrac{\delta_{\mathrm{m}}}{d}$的关系曲线见图 19-5-58（无量纲）	$\dfrac{\ddot{X}_{\mathrm{m}}}{\omega_{\mathrm{n}}^2 d_1}=\mathrm{th}\dfrac{\delta_{\mathrm{m}}}{d_1}$ $\dfrac{\dot{u}_{\mathrm{m}}^2}{\omega_{\mathrm{n}}^2 d_1^2}=\ln\left(\mathrm{Ch}^2\dfrac{\delta_{\mathrm{m}}}{d_1}\right)$ $\dfrac{\ddot{X}_{\mathrm{m}}\delta_{\mathrm{m}}}{\dot{u}_{\mathrm{m}}^2}=\dfrac{\dfrac{\delta_{\mathrm{m}}}{d_1}\mathrm{th}\dfrac{\delta_{\mathrm{m}}}{d_1}}{\ln\left(\mathrm{Ch}^2\dfrac{\delta_{\mathrm{m}}}{d_1}\right)}$ $\left(\dfrac{\ddot{X}_{\mathrm{m}}\delta_{\mathrm{m}}}{\dot{u}_{\mathrm{m}}^2}\right)$、$\left(\dfrac{\dot{u}_{\mathrm{m}}}{\omega_{\mathrm{n}}d_1}\right)$与$\dfrac{\delta_{\mathrm{m}}}{d_1}$的关系曲线见图 19-5-59（无量纲）
说明	ω_{n}——弹簧固有频率 $\omega_{\mathrm{n}}=\sqrt{K/m}$	K——弹簧的初始刚度，图中曲线的初始斜率 d——曲线渐近线的 $\delta=d$，见图 ω_{n}——弹簧初始刚度固有频率（δ很小时），式子同左	d_1——曲线渐近线，与（力值）kd_1相当的 δ 值，见上图 其他同左
	1	>1	<1
η_0 值	$\eta_0=\dfrac{\ddot{X}_{\mathrm{m}}\delta_{\mathrm{m}}}{\dot{u}_{\mathrm{m}}^2}$ 是弹簧按 $F_{\mathrm{m}}\delta_{\mathrm{m}}/2$ 计算可能储存的能量与弹簧实际所需储存外来能量之比，即斜线 $F=k\delta$ 下 $0\sim\delta_{\mathrm{m}}$ 三角形面积与弹簧特性曲线下 $0\sim\delta_{\mathrm{m}}$ 面积之比		

第 19 篇

类型	线 性 弹 簧	非线性弹簧	
		硬特性弹簧	软特性弹簧
特性比较		缓冲效果差 抗超载能力强	缓冲效果好 抗超载能力小，小冲击能引起大变形
典型弹簧	金属螺旋弹簧	橡胶弹簧、泡沫塑料、金属锥形螺旋弹簧	垂直方向预压的橡胶剪切弹簧、空气弹簧

注：$\dot{u}_m$——缓冲器受到的速度跃阶的最大值；δ_m——缓冲器受到冲击时得到的最大变形值；$\ddot{X}_m$——缓冲器受冲击时的最大加速度值。

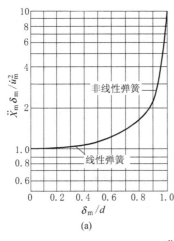

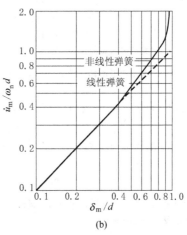

图 19-5-58　硬特性弹簧 $\left(\dfrac{\ddot{X}_m \delta_m}{\dot{u}_m^2}\right)$、$\left(\dfrac{\dot{u}_m}{\omega_n d}\right)$ 与 $\left(\dfrac{\delta_m}{d}\right)$ 的关系曲线

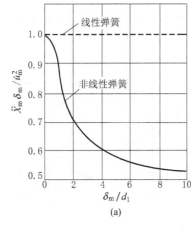

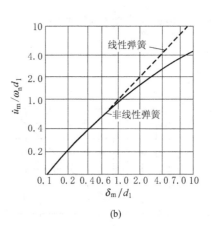

图 19-5-59　软特性弹簧 $\left(\dfrac{\ddot{X}_m \delta_m}{\dot{u}_m^2}\right)$、$\left(\dfrac{\dot{u}_m}{\omega_n d_1}\right)$ 与 $\left(\dfrac{\delta_m}{d_1}\right)$ 的关系曲线

例　设备重 30kg，刚性，基础受速度阶跃 $\dot{u}_m = 2.5 \text{m/s}$ 的冲击，设备允许最大加速度 $[\ddot{X}_m] = 25g$（245m/s^2），冲击缓冲隔振器最大允许变形 $[\delta_m] = 0.026 \text{m}$。

1）用金属弹簧隔振器：

根据最大加速度条件，隔振器的频率应为：$\omega_n \leqslant \dfrac{\ddot{X}_m}{\dot{u}_m} = \dfrac{245}{2.5} = 98 \text{rad/s}$

根据隔振器最大变形条件，频率应为：$\omega_n \geqslant \dfrac{\dot{u}_m}{\delta_m} = \dfrac{2.5}{0.026} = 96.1 \text{rad/s}$

选 $\omega_n = 98\text{rad/s}$，周期 $f = 2\pi \times 98 = 615.71/\text{s}$ 的弹簧组，求弹簧组的刚度：

$$k = m\omega_n^2 = 30 \times 98^2 = 2.88 \times 10^5 \text{N/m}$$

校核冲击缓冲隔振器最大变形为 $2.5/98 = 0.0255\text{m}$。符合 $\eta_0 = \dfrac{\ddot{X}_m \delta_m}{\dot{u}_m^2} = 1$。

2）用硬特性弹簧：

因 $\eta_0 = \dfrac{\ddot{X}_m \delta_m}{\dot{u}_m^2} = \dfrac{245 \times 0.026}{2.5^2} = 1.019 > 1$

查图 19-5-58a 知 δ_m/d 约 0.5，得 $d = \delta_m/0.5 = 0.052$。

选 $\omega_n = 96.1\text{rad/s}$ 的弹簧组，其初期的刚度：$k = m\omega_n^2 = 30 \times 96.1^2 = 2.77 \times 10^5 \text{N/m}$。具体数字代入表 19-5-29 表头的公式即可求得弹簧硬特性的力与变形的关系。实际工作中一般不这么做，而是根据现有的弹簧特性曲线选择符合要求，即：

① 弹簧变形 $\delta = \delta_m$ 时，弹簧的最大载荷 $\geqslant 30 \times 245 = 7350\text{N}$；

② 弹簧特性曲线下 $0 \sim \delta_m$ 范围内的面积 $\geqslant \dfrac{1}{2} m\dot{u}_m^2 = \dfrac{1}{2} \times 30 \times 2.5^2 = 93.7 \text{N} \cdot \text{m}$。

3）如果用软特性弹簧，由于 $\dfrac{\ddot{X}_m \delta_m}{\dot{u}_m^2} > 1$，不在图 19-5-59a 范围内，可改变参数计算，例如令 $\dfrac{\ddot{X}_m \delta_m}{\dot{u}_m^2} = 0.65$，从该图中对应的 $\dfrac{\delta_m}{d_1} = 3$，令 $\ddot{X}_m = 230\text{m/s}^2$（留有富裕）得：$\delta_m = 0.65 \times 2.5^2/230 = 0.0177\text{cm} < [\delta_m]$

由图 19-5-59b 查得 $\delta_m/d_1 = 3$ 时，$\dfrac{\dot{u}_m}{\omega_n d_1} = 2.1$，而 $d_1 = 0.0177/3 = 0.0059\text{cm}$，则 $\omega_n = 2.5/(2.1 \times 0.0059) = 201\text{rad/s}$

可算得弹簧初始刚度和力与变形的关系，选出的弹簧初始刚度将要增大很多。

建议仍采用上述①、②点的办法来选择。

6.1.4 阻尼参数选择

令 C 为阻尼系数，相对阻尼系数为 $\xi = \dfrac{C}{2m\omega_n} = \dfrac{C}{2\sqrt{mk}}$ 时，对于线性弹簧，图 19-5-60a 为经过冲击减振隔振器最大加速度与阻尼的关系，$\dfrac{\ddot{X}_m}{\omega_n \dot{u}_m}$ 随 ξ 变化曲线；图 b 为经过冲击减振隔振器吸收的能量与阻尼的关系，$\dfrac{\ddot{X}_m \delta_m}{\dot{u}_m^2}$ 随 ξ 变化曲线。

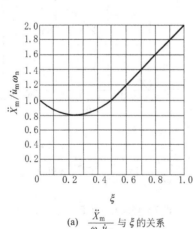
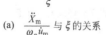

(a) $\dfrac{\ddot{X}_m}{\omega_n \dot{u}_m}$ 与 ξ 的关系

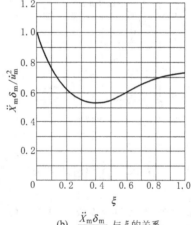

(b) $\dfrac{\ddot{X}_m \delta_m}{\dot{u}_m^2}$ 与 ξ 的关系

图 19-5-60　黏性阻尼冲击隔离（单自由度）

从分析研究或图中可以看出：

1）$\xi<0.5$ 时，$\dfrac{\ddot{X}_m}{\omega_n \dot{u}_m}<1$，上表算得为 $\dfrac{\ddot{X}_m}{\omega_n \dot{u}_m}=1$，说明阻尼的存在使最大加速度减小，提高了缓冲效果：$\xi>0.5$ 时则相反。

2）在 $\xi=0.265$ 处，$\dfrac{\ddot{X}_m}{\omega_n \dot{u}_m}$ 值最小，为 0.81，所以 $\xi=0.265$ 为弹簧刚度和外激励固定时的最佳阻尼比。

3）图 19-5-60b 看出，有阻尼时 $\dfrac{\ddot{X}_m \delta_n}{\dot{u}_m^2}<1$，所需的吸收能量变小，在 $\xi=0.404$ 处，$\dfrac{\ddot{X}_m \delta_n}{\dot{u}_m^2}$ 值最小，为 0.52，所以 $\xi=0.404$ 为弹簧最大变形和外激励固定时的最佳阻尼比。

例 上节示例设备重 30kg，刚性，基础受速度阶跃 $\dot{u}_m=2.5\text{m/s}$ 的冲击，冲击缓冲隔振器最大允许变形 $[\delta_m]=0.026\text{m}$。设备允许最大加速度 $[\ddot{X}_m]$ 可降为多少？

1）用线性弹簧加黏性阻尼，由于线性弹簧加了黏性阻尼，弹簧变细，为留有一点裕度，取最大变形 $\delta_m=2.4\text{cm}$。按图 19-5-60b 选 $\xi=0.4$，加速度最小，$\dfrac{\ddot{X}_m \delta_m}{\dot{u}_m^2}=0.52$，$\ddot{X}_m=0.52\times2.5^2/0.024=135.4\text{m/s}^2$

选小于允许值。$[\ddot{X}_m]=25g$（245m/s^2）。按图 a，$\xi=0.4$ 时，$\dfrac{\ddot{X}_m}{\omega_n \dot{u}_m}=0.86$，得

$$\omega_n=135.4/0.86/2.5=63.7\text{l/s}$$

弹簧刚度只要 $k=30\times63.7^2=122\times10^3\text{N/m}$

阻尼系数为 $C=2\xi m\omega_n=2\times0.4\times30\times63.7=1529\text{N}\cdot\text{s/m}$

2）用库仑阻尼，使缓冲行程中保持有一定的摩擦力 F_f，则弹簧要吸收的总能量为：

$$\frac{1}{2}m\ddot{X}_m\delta_m=\frac{1}{2}m\dot{u}_m^2-F_f\delta_m$$

代入具体数字后就可求得 $\ddot{X}_m$ 及弹簧固有频率 ω_n 和刚度。

6.2 一级缓冲器设计

6.2.1 缓冲器的设计原则

1）由冲击激励性质分析，确定计算模型。冲击激励一般可以表达为力脉冲、加速度脉冲或速度阶跃。由于缓冲系统的固有振动周期比较长，而冲击的作用时间比较短，所以各种冲击作用一般可以简化为速度阶跃这一较理想的冲击模型，而不致有大的误差。这一模型可使设计计算简化，且偏保守。当需要用力脉冲或加速度脉冲作为冲击输入时，常见的各种形状的脉冲可以简化为等效的矩形脉冲，所得结果能满足工程的精度要求。

2）根据缓冲要求，确定缓冲器设计控制量，即缓冲器的最大压缩量 δ_m，所保护的对象受到的最大力 F_m 或最大加速度 $\ddot{X}_m$。

3）分析缓冲器的工作环境，看是否有隔振要求。若要求隔振，则设计就变得复杂。隔振器和缓冲器的设计侧重点不尽相同，应采用前述相应章节分析，进行综合设计。

4）阻尼的处理是缓冲器设计中的一个重要问题。阻尼的作用是耗散部分冲击能，从而减小冲击力。设计时，一般取相对黏性阻尼系数为 0.3，如果阻尼太大（如>0.5），反而使受保护设备所受的冲击增大。

5）根据缓冲对象及缓冲器工作空间环境要求，确定在所设计的缓冲器中是否需加限位器。

6）无论哪种缓冲器或减振器设计说明中都应标明其缓冲特性，并要求作特性的实测及调整记录。

6.2.2 设计要求

主动缓冲：在已知机械设备质量 m、最大冲击力 F_m 和作用时间 τ（已知 $\dot{u}_m=F_m\tau/m$）的条件下，要求通过缓冲器传给基础的最大冲击力 N_m、作用基础的最大冲量和缓冲器的最大变形量 δ_m 小于许可值。

被动缓冲：在已知机械设备质量 m、最大冲击加速度 $\dot{u}_m$ 和持续时间 τ（已知 $\dot{u}_m=\ddot{u}_m\tau$）的条件下，要求通过缓冲器传递到机械设备最大冲击加速度 $\ddot{X}_m$、最大冲量和缓冲器的最大变形量 δ_m 小于许用值。

6.2.3 一级缓冲器动力参数设计

如果再知道最大允许加速度 $\ddot{X}_s$ 和最大允许变形 δ_a，可求缓冲弹簧的参数（线性弹簧 K；硬特性弹簧 K、d；软特性弹簧 K、d_1）。

线性弹簧：由 $\ddot{X}_m = \omega_n \dot{u}_m \leqslant \ddot{X}_a$，求出 ω_n 的最大允许值，再由 $\delta_m = \dfrac{\dot{u}_m}{\omega_n} \leqslant \delta_a$，求出 ω_n 的最小允许值，然后再在 ω_n 的最大允许值和最小允许值之间找到合适的值。由 ω_n 值求 K 值。

硬特性弹簧：由 $\dfrac{\ddot{X}_m \delta_m}{\dot{u}_m^2}$ 值在图 19-5-58a 的曲线上查得 $\dfrac{\delta_m}{d}$ 值，再在图 19-5-58b 中查得 ω_n 值，由 ω_n 值求 K 值。

软特性弹簧：根据 $\dfrac{\ddot{X}_m \delta_m}{\dot{u}_m^2}$ 值在图 19-5-59a 的曲线上查得 $\dfrac{\delta_m}{d_1}$ 值，再在图 19-5-59b 中查得 ω_n 值，由 ω_n 值求 K 值。

线性弹簧黏性阻尼可依照 6.1.4 节的方法，在弹簧刚度固定时，选取 $\zeta = 0.265$，在最大变形固定条件下选 $\zeta = 0.404$。阻尼 ζ 稍有变化对冲击传递系数影响不是很显著，但对限制最大变形量 δ_m 是很有益的。

6.2.4 加速度脉冲激励波形影响提示

当加速度脉冲 $\dot{u}_m$ 的持续时间（或冲击力作用时间）$\tau > 0.3T$ 时，再用速度阶跃激励则过于保守，甚至会得出完全错误的结果，需参考有关文献，考虑加速度脉冲形状对缓冲的影响。

6.3 二级缓冲器的设计

表 19-5-30

项　目	基础运动冲击		外力冲击	
力学模型及运动方程（暂忽略阻尼）		$\delta_1 = x_1 - x_2$ $\delta_2 = x_2 - \mu$ $\mu = m_2/m_1$ $S = \omega_2/\omega_1$ $\omega_1 = \sqrt{K_1/m_1}$ $\omega_2 = \sqrt{K_2/m_2}$		$\delta_1 = x_1 - x_2$ $\delta_2 = x_2$ $\mu = m_2/m_1$ $S = \omega_2/\omega_1$ $\omega_1 = \sqrt{K_1/m_1}$ $\omega_2 = \sqrt{K_2/m_2}$
	$m_2\ddot{\delta}_2 + K_2\delta_2 = K_1\delta_1 - m_1\ddot{u}$ $m_1\ddot{\delta}_1 + K_1\delta_1 = -m_1\ddot{\delta}_2 - m_1\ddot{u}$ $\delta_{1(0)} = \delta_{2(0)} = \dot{\delta}_{1(0)} = 0$ $\dot{\delta}_{2(0)} = \dot{u}_m$		$\ddot{\delta}_1 + \omega_1^2\delta_1 = -\ddot{\delta}_2$ $\ddot{\delta}_2 + \omega_2^2\delta_2 = \mu\omega_1^2\delta_1$ $\delta_{1(0)} = \delta_{2(0)} = 0$ $\dot{\delta}_{1(0)} = \dot{u}_m = I/m_1$ $I = \displaystyle\int_0^\tau F(t)\,\mathrm{d}t$	
防冲效应	$\ddot{x}_{1m} = \dfrac{\dot{u}_m\omega_1}{\sqrt{(S-1)^2 + \mu S^2}}$ $\delta_{2m} = \dfrac{\dot{u}_m[1 + S(1+\mu)]}{\omega_2\sqrt{(1+S)^2 + \mu S^2}}$		$\delta_{1m} = \dfrac{I}{m_1\omega_1\sqrt{1 + \mu/(1+S)^2}}$ $N_m = \dfrac{I\omega_1}{\sqrt{(1-S)^2 + \mu S^2}}$	
参数设计	（1）给定 m_1、K_1（一级缓冲器设计确定），减小 K_2 时，能使 $\ddot{x}_{1m}$ 和 N_m 下降，提高缓冲能力 （2）给定 m_1、K_1、K_2，增加 m_2（μ 随着增加）时，使 $\ddot{X}_{1m}$ 和 N_m 下降。由于 μ 增加，则 S 下降，所以 $\ddot{X}_{1m}$ 和 N_m 又上升。其综合效果 $\ddot{x}_{1m}$ 和 N_m 是下降的，提高了缓冲能力，但第二级弹簧变形量增加			
阻尼比	$\zeta_1 = \zeta_2 = 0.05$			

7 平 衡 法

7.1 结构的设计

在结构设计时就应该考虑到受力的平衡及构件受到振动时所能承受的振动力。最明显的例子是大跨度的架空索道承载索在支架上的八个托索轮，两两地用平衡架相连，再用更长的平衡架将两轮平衡架连成四轮平衡架，最后用更长的平衡架将四轮平衡架连成八轮平衡架。这样，客车通过支架时八个轮子基本上将分担客车的重量并承受相同的冲击力。

图 19-5-61 为三轴汽车中桥与后桥的平衡悬架，在不平道路上行驶时，能使中、后桥车轮的载荷与所受冲击力较为均布。

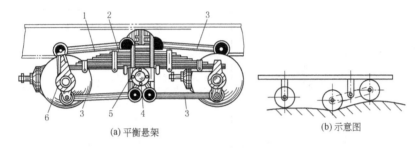

(a) 平衡悬架　　　　　　　　(b) 示意图

图 19-5-61　三轴汽车中桥与后桥的平衡悬架
1,3—反作用杆；2—钢板弹簧；4—芯轴；5—芯轴轴承毂；6—半轴套管座架

7.2 转子的平衡

不平衡的原因：材质不均匀；制造和装配误差；初始弯曲；转动部件间的相对移动；热变形或者设计上的缺陷，可能使得转子的每个轴段的质心偏离旋转轴线。这种振动的特点是振动的频率和转子转动频率相同。

转子不平衡的类型可分为三类或四类：①静不平衡；②准静不平衡；③偶不平衡；④动不平衡。①、②可合称为静不平衡。

由于转子质量偏心可能沿轴长分布是随机性的未知函数，即使是同一类型同一尺寸的转子，其偏心量的大小、方向和沿轴线方向的分布也是不相同的。当转子旋转时转子每个轴段的质量偏心将产生惯性力，从而引起转子和整个旋转机器的振动。

转子的"平衡"是在转子上选定适当的校正平面，在其上加上适当的校正质量（或质量组），使得转子（或轴承）的振动（或力）减小到某个允许值以下。

转子不平衡量可以在任意两平面校正的，或可以用刚性转子平衡技术平衡的称刚性转子或准刚性转子，如齿轮；有不平衡量轴向分布已知的转子，如带有带轮的砂轮、离心式压气机转子；有不平衡量轴向分布未知的转子，如多级离心泵、中压汽轮机转子；还有不能用刚性转子平衡技术平衡而要用高速平衡的挠性转子，如二级及以上的发电机转子，等等。它们的分类与要求各不相同。

总结起来，刚性转子的平衡方法有①单面平衡法；②二平面平衡法。柔性转子的平衡方法有①振型平衡法；②影响系数法。

在本手册第1篇第8章"装配工艺性"第3节"转动件的平衡"中已详细阐述了该部分内容可参考。

这里提醒一下，轴承座、台架及基础的弹性对小型转子振动的影响一般可忽略，但对于大型转子来说，支承件特性将对系统的振动有明显的影响。对于结构简单的支承，可通过计算求出支承特性，而对于结构复杂的支承，由于接合面多，边界条件难以准确决定，因此用试验的办法来确定支承特性比较有效。可以用正弦激振、冲击激振或其他激振方法，测量支承的机械阻抗或导纳以确定支承结构的动特性。表 19-5-31 为支承简化模型。

表 19-5-31　　　　　　　　　　　　　　　　　　支承简化模型

支 承 模 型	条 件	实 例
	简支或一弹簧	刚性很大的支承座 非常轻的支承座 阻尼很小的支承座	板弹簧支承 小型轴承座
	一弹簧 一阻尼	支承的共振点比工作转速高得多	在刚性基础上固定的刚性高的轴承座
	一质量 一弹簧 一阻尼	支承的共振点低于工作转速或在其附近	通常的大型机械的轴承座
	动刚度，其质量、弹簧、阻尼是振动频率的函数	支承共振点低于工作转速或在其附近，需考虑基础的影响	复杂支承结构的大型机械轴承座
	共同台架	各支承的动特性相互影响，彼此不独立	燃气轮机 共同台架的重型转子

7.3　往复机械的平衡

　　往复机械运转时所产生的往复惯性力、旋转惯性力以及反扭矩将最终传递到往复机械的机体支承，以力和力矩的形式出现。这些力和力矩都是曲轴转角的周期函数，对往复机械的支承及其机架是一种周期性的激励，引起系统的振动。

　　所谓往复机械的平衡，就是采取某些措施抵消上述三种惯性力或使它们减小到容许的程度。通常采取的措施是使由惯性力和惯性力矩所产生的不平衡性尽可能在往复机械的内部解决，使其尽量不传或尽可能少地传到机外。

为了保证往复机械得到较好的静力平衡和动力平衡，在设计和制造过程中应使各缸活塞组的重量、连杆重量以及连杆组重量在其大端和小端的分配时控制在一定的公差带内。曲轴在装入往复机械以前，也应将其不平衡的质量（包括静平衡和动平衡）控制在规定的公差范围内。

往复质量惯性力的平衡方法如下。

（1）连杆的质量折算

为简化计算，将连杆两头的质量各算入两端，其杆部按重心划分也各算入两端。这样，只有滑块活塞阀往复运动和曲柄的回转运动。

（2）活塞的惯性力

按简化计算活塞（图 19-5-62）的加速度可求得活塞的惯性力为：

$$Q = Rm\omega^2(\cos\alpha + \lambda\cos 2\alpha) \qquad (19\text{-}5\text{-}22)$$

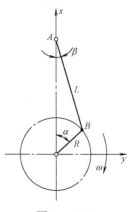

图 19-5-62

式中　m——往复运动的质量；

　　　R——曲柄半径；

　　　λ——曲柄半径与连杆长度之比 R/L。

（3）单缸发动机往复惯性力的平衡

式（19-5-22）第一项为一阶往复惯性力，可改写成：

$$Q = Rm_A\omega^2\cos\omega t$$

式中　m_A——包括曲柄等在内的旋转质量。

通常在曲柄销的另一端对等距离处加装一个质量相等的平衡质量。这样，一阶往复惯性力可以得到平衡，而水平方向（图 19-5-62 y 向）的惯性力增加了为：

$$Q = Rm_A\omega^2\sin\omega t$$

它与连杆的水平力组成了二阶往复惯性力，虽有平衡方法但复杂，一般不用。

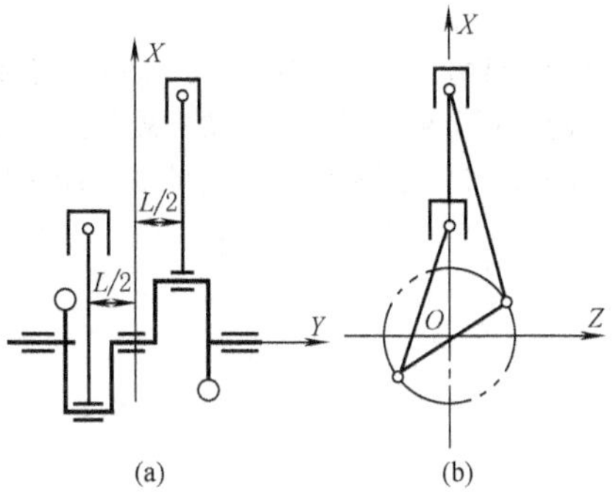

（4）双缸发动机及多缸发动机

计算方法原理是一样的。首先在于曲轴与气缸的布置使各曲柄活塞的惯性力可相互平衡而部分抵消。例如图 19-5-63 布置的二缸发动机，图 b 中一阶往复惯性力矩已平衡，二阶往复惯性力矩则还存在。图 a 中则相反，二阶往复惯性力矩已平衡，一阶往复惯性力矩则还存在。

关于平面机构的平衡，在本手册第 4 篇第 1 章第 3 节"平面机构的受力分析"中有较详细的阐述。

图 19-5-63　二缸发动机

第 6 章 机械振动的利用

1 概 述

振动的利用主要表现在几个方面。

1）各种振动机械。利用振动来完成生产过程的机器称为"振动机械"。包括各种工艺过程需要的设备，振动试验装置等。振动机械种类很多，例如，振动压路机就有多种，有振荡式、垂直式、混沌式，冲击式，智能式等，都用到振动原理。

2）检测诊断设备。利用振动来检测和诊断设备或零部件内部的状态或试验设备的工作状态。

3）医疗及保健器械，包括各种按摩器，生活用具，美容器械（例如，利用机械振动的原理，产生高速超声波使细胞间隙的宽度扩大，提高药剂进入皮肤的通透性）等。医疗器械（包括检测与辅助治疗）及生活卫生等方面的内容，这些都是专门的课题，与机械振动密切相关的还有电磁振荡设备，各种波、声、超声、激光、射线、核磁共振等都可以用来为人们服务。不在本手册范围之内。

由于振动机械具有结构简单、制造容易、重量轻、成本低、能耗少和安装方便等一系列优点，所以在很多工业部门中得到了广泛的应用。目前应用于工业各部门的振动机械品种已超过百余种。但有些振动机械存在着工作状态不稳定、调试比较困难、动载荷较大、零件使用寿命低和噪声大等缺点，这些正是设计中应当注意的问题。

本章主要介绍振动机械设备，简单介绍钢丝绳拉力的振动检测方法。

1.1 振动机械的用途及工艺特性

表 19-6-1

类别	工 艺 特 性	实 例
振动输送	物料在工作机体内作滑行或抛掷运动，达到输送或边输送边加工的目的。对黏性物料和料仓结拱有一定疏松作用	水平振动输送机，垂直振动输送机，振动给料机，振动料斗，仓壁振动器，振动冷却机，振动烘干机，振动布料器，振动排队器等
振动分选	物料在工作体内作相对运动，产生一定的惯性力，能提高物料的筛分、选别、脱水和脱介质的效率	振动筛，共振筛，弹簧摇床，振动离心摇床，振动离心脱水机，重介质振动溜槽淘汰机等
破碎研磨清理	借工作机体内的物料和介质、工件和磨料、工件和机体间的相对运动和冲击作用，使矿物破碎、粉磨、或对机械零件打磨、光饰、落砂，清理和除尘等目的	振动颚式破碎机、振动圆锥破碎机、各种振动球（棒）磨机、振动光饰机、振动粉磨机、振动落砂机，振动除灰机，矿车清底振动器等
成型紧实	能降低颗粒状物料的内摩擦，使物料具有类似于流体的性质，因而易于充填模具中的空间并达到一定密实度	石墨制品振动成型机，耐火材料振动成型机，混凝土预制件振动成型机，铸造砂型振动造型机等
振动夯实	借振动体对物料的冲击作用，达到夯实目的。有时还将夯实和振动成型结合起来，从而提高振动成型的密实度	振动夯土机，振捣器，振动压路机，重锤加压式振动成型机等
沉拔插入	当某物体要贯入或拔出土壤和物料堆时，振动能降低插入拔出时的阻力	振动沉拔桩机，振动装载机，风动或液压冲击器等
振动时效	振动可加快铸件或焊接件内部形变晶粒的重新排列，缩短消除内应力的时间	时效振动台

类别	工 艺 特 性	实 例
振动切削	刀杆沿切削速度方向作高频振动,可以淬硬高速钢、软铅等特殊材料进行镜面切削,加工精度高	振动切削机床、刨床、镗床、铣床、振动切削滚齿机、插齿机、拉床、磨床等
振动加工	振动使加工能集中为脉冲形式,使材料得到高速加工,使加工表面光滑,拉、压的深度提高	如振动拉丝、振动轧制、振动拉深、振动冲裁、振动压印
试验检测	回转零部件的动平衡试验,设备仪器的耐振试验,机器零部件的振动试验、耐疲劳试验 钢丝绳的拉力检测	振动试验台,试验机,振动测量仪,各种检测装置,索桥钢丝绳拉力检测仪
状态监测与故障诊断	结构件、铸件的故障检测,回转机械、转子轴的状态监测与故障诊断	回转机械或往复机械的振动监测与诊断设备,裂纹检测设备等

1.2　振动机械的组成

振动机械设备的共同特点通常由下列三部分组成:
1) 工作机体(包括平衡机体);
2) 弹性元件(弹簧)(包括主振弹簧与隔振弹簧);
3) 激振器(用以产生激振力)。
最常见的激振器形式有惯性式、弹性连杆式、电磁式、电动式、液压式、气动式和电液式等多种。
电磁式振动机常用于供料、输送、筛分与落砂等各种工作。该种振动机通常在近共振条件下工作,可以使工作机体的激振力显著减小,激振器线圈的电流及电磁铁的体积和重量也可以相应减小。
对于激振器工作质体,有单质体的,有双质体的,有多质体的。
对弹性元件的特性,有线性的,有非丝性的。
对工作状态,有近共振的,有非共振的,还有冲击式的。
由上述的不同特点,按动力学特征可为如下四类。
近共振的有:电磁振动给料机、输送机,螺旋电磁振动上料机,惯性式和连杆式共振给料机、输送机,共振筛、冷却机,离心脱水机,振动炉排,混凝土振捣器机等。
线性非共振的有:惯性式振动给料机、惯性式输送机、落砂机、球磨机、光饰机、冷却机、成型机、试验台、压路机、振动筛、自同步概率筛、插入式振捣器等。
非线性的有:非线性振动给料机、输送机、共振筛、离心脱水机、离心摇床、弹簧摇床,振动沉拔桩机、附着式振捣器等。
冲击式的有:蛙式振动夯土机、抛离式振动夯土机、振动钻探机、振动锤锻机、风动式或液压式冲击器、冲击式电磁振动落砂机、冲击式振动造型机等。

1.3　振动机械的频率特性及结构特征

表 19-6-2

类　别	频率特性	结构特征	应用说明
共振机械	频率比 $Z = \dfrac{\omega}{\omega_n} = 1$(共振) ω——激振角频率,rad/s ω_n——振动系统的固有角频率,rad/s		由于共振机械参振质量和阻尼(例如物料的等效参振质量和等效阻尼系数)及激振角频率的稍许变化,振动工况很不稳定,因此很少采用
弹性连杆式振动机		具有双振动质体、主振弹簧、隔振弹簧和弹性连杆激振器	振幅稳定性较好,特别是具有硬特性的弹簧具有振幅稳定调节作用,所需激振力小,功率消耗少,传给基础动载荷小等特点
惯性近共振动机	$Z = 0.75 \sim 0.95$(近低共振)	激振器为惯性激振器,其他同上	
电磁式振动机		激振器为电磁激振器,其他同上	同上。但设计、制造要求较高

续表

类　别	频率特性	结构特征	应用说明
近超共振振动机	$Z=1.05\sim1.2$（近超共振）	上述三种激振器均可，其他同上	当主振弹簧具有软特性时，振幅稳定性较好，但启动、停机过程中振动也较强烈，较少采用；当主振弹簧为硬特性时，振幅稳定性较差，无法采用
单质体近共振振动机	$Z=0.75\sim0.95$ 或 $Z=1.05\sim1.2$	具有单质体，无隔振弹簧，其他同上	传给基础的动载荷较大，使用受到限制。其他同上
惯性振动机	$Z=2.5\sim8$（远超共振）	除二次隔振外，均具有单质体、隔振弹簧和惯性激振器	振幅稳定性好，阻尼影响小，隔振效果好，但激振力和功率消耗大。应用广泛
非惯性振动机			激振力很大，弹性连杆或电磁激振器均承受不了。很少采用
远低共振振动机	$Z<0.7$		任何形式激振器均不能满足生产需要。不能采用

注：1. 通常所说的弹性连杆式振动机、惯性共振式振动机、电磁式振动机，如不加说明，均指双质体近低共振振动机。
2. 通常所说的惯性振动机，如不加说明，指的是远超共振振动机。

2　振动输送类振动机的运动参数

2.1　机械振动指数

工程上把机体振动加速度最大值$\ddot{x}_{max}$与重力加速度g的比值称为机械指数，即振动强度：

$$K_{jq}=\ddot{x}_{max}/g=\frac{B\omega^2}{g}\qquad(19\text{-}6\text{-}1)$$

式中　$\ddot{x}_{max}$——机体振动最大加速度，$\ddot{x}_{max}=B\omega^2$，m/s^2；

B——机体振幅，m；

ω——机体振动角频率，rad/s。

K_{jq}越大，输送物料的速度越快，机械所受的动载荷也就越大。通常受机械强度的限制，一般选$K_{jq}\leqslant6$。

2.2　物料的滑行运动

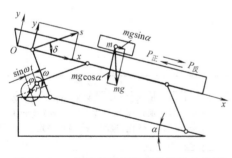

图 19-6-1　槽体运动规律及物料受力分析

若输送槽体作简谐运动，槽体内的物料和槽体的受力情况如图19-6-1所示。根据出现滑行运动时的受力平衡条件，可推出物料正向滑动（相对工作面沿 x 方向前进）的条件为正向滑行指数 $D_k>1$：

$$D_k=\frac{B\omega^2}{g}\times\frac{\cos(\mu_0-\delta)}{\sin(\mu_0-\alpha)}\qquad(19\text{-}6\text{-}2)$$

而反向滑动的条件是反向滑行指数 $D_q>1$：

$$D_q=\frac{B\omega^2}{g}\times\frac{\cos(\mu_0+\delta)}{\sin(\mu_0+\alpha)}\qquad(19\text{-}6\text{-}3)$$

式中　α——槽面与水平面夹角；

δ——振动方向角，即振动方向线与输送槽面夹角；

μ_0——静摩擦角，$\tan\mu_0=f_0$；

f_0——物料与槽面的摩擦因数。

按滑行原理工作的振动机械，大多采用 $D_k>1$、$D_q<1$；对于少数振动机械，如槽式振动冷却机、低速振动筛，采用 $D_k>1$、$D_q>1$ 状态工作。

对于物料运动轨迹相对于槽面近于直线的振动输送机，即以滑行为主的输送机，在设计计算中，首先根据工作要求、物料情况，选定 D_k、D_q、α 的具体数值，再进行如下计算。

（1）振动方向角 δ

$$\delta = \arctan \frac{1-C}{(1+C)f_0} \qquad (19\text{-}6\text{-}4)$$

式中

$$C = \frac{D_q \sin(\mu_0+\alpha)}{D_k \sin(\mu_0-\alpha)}$$

（2）振动强度 K_{jq}

$$K_{jq} = \frac{B\omega^2}{g} = D_k \frac{\sin(\mu_0-\alpha)}{\cos(\mu_0-\delta)} \qquad (19\text{-}6\text{-}5)$$

（3）选定振幅 B 后，计算每分钟振动次数 n

$$n = 30\omega/\pi \qquad (19\text{-}6\text{-}6)$$

例 用于输送不要求破碎物品的输送机，输送长度 20m，物料对工作面的摩擦因数 $f_0=0.9$，求其运动系参数。

解 因输送易碎物品，不抛掷，选正向滑行指数 $D_k=3$，反向滑行指数 $D_q \approx 1$。长距离输送，取 $\alpha=0$，$\mu_0=\arctan 0.9=42°$。

按式（19-6-4）计算：

$$C = \frac{D_q \sin(\mu_0+\alpha)}{D_k \sin(\mu_0-\alpha)} = \frac{1}{3}\frac{\sin(42°+0°)}{\sin(42°-0°)} = 0.33$$

$$\delta = \arctan \frac{1-C}{(1+C)f_0} = \arctan \frac{1-0.33}{(1+0.33)\times 0.9} \approx 30°$$

按式（19-6-5）计算振动强度：

$$\frac{B\omega^2}{g} = D_k \frac{\sin(\mu_0-\alpha)}{\cos(\mu_0-\delta)} = 3\times \frac{\sin(42°-0°)}{\cos(42°-30°)} = 2.05$$

按机械结构，取振幅 $B=5\text{mm}=0.005\text{m}$，得：

$$\omega = \sqrt{2.05\times 9.81/0.005} = 63.4 \quad \text{rad/s}$$

$$n = 30\times 63.4/\pi = 605.2 \quad \text{r/min}$$

2.3 物料抛掷指数

如图 19-6-1，若输送槽体作简谐运动 $s = B\sin\omega t = B\sin\varphi$，由动力平衡方程可得：

$$N = mg\cos\alpha - m\ddot{s}\sin\delta \qquad (19\text{-}6\text{-}7)$$

如果物料在输送过程中被抛离了工作面，则此瞬时正压力 $N=0$。工程上把 $m\ddot{s}\sin\delta$ 的幅值和 $mg\cos\alpha$ 之比称为物料抛掷指数 D，即

$$D = \frac{B\omega^2\sin\delta}{g\cos\alpha} \qquad (19\text{-}6\text{-}8)$$

对应物料开始出现抛掷运动瞬时，槽体振动的相位角称为抛始角 φ_d，即

$$\varphi_d = \arcsin \frac{1}{D} \qquad (19\text{-}6\text{-}9)$$

在该瞬时之前，物料和工作面沿 y 方向是一起运动的；在该瞬时之后，物料抛离工作面，在重力作用下在空中作抛物运动，$\Delta\ddot{y} = -g\cos\alpha + B\omega^2\sin\delta\sin\varphi$，积分两次得到相对位移 Δy 的表达式，当相对位移 $\Delta y=0$ 时，物料重新落至槽体，抛掷运动终止。此时槽体的相角 $\varphi=\varphi_z$，称 φ_z 为抛止角。$\theta_d = \varphi_z-\varphi_d$，称 θ_d 为抛离角。抛离角 θ_d 和抛始角 φ_d 的关系

$$\cot\varphi_d = \frac{\frac{1}{2}\theta_d-(1-\cos\theta_d)}{\theta_d-\sin\theta_d} = \sqrt{D^2-1} \qquad (19\text{-}6\text{-}10)$$

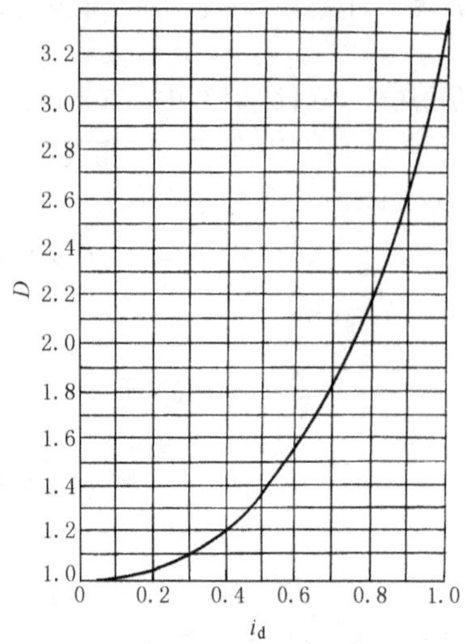

图 19-6-2 抛掷指数 D 与
抛离系数 i_d 的关系

物料抛掷一次的时间与机体振动周期之比称为抛离系数 i_d

$$i_d = \frac{\theta_d}{2\pi} \qquad (19\text{-}6\text{-}11)$$

抛离系数 i_d 和抛掷指数 D 的关系

$$D = \sqrt{\left[\frac{2\pi^2 i_d^2 + \cos(2\pi i_d) - 1}{2\pi i_d - \sin(2\pi i_d)}\right]^2 + 1} \qquad (19\text{-}6\text{-}12)$$

i_d 值可根据给定 D 值按式(19-6-12) 求得，也可从图 19-6-2 查得。

当 $D<1$ 时，物料相对槽体静止或只作滑动；当 $D>1$ 时，物料相对槽体的运动状态以抛掷运动为主，这样可以降低物料运动的阻力和减少物料对槽体的磨损，但抛掷运动过于激烈又易使物料破碎或使输送状态不稳。一般取 $1<D\leqslant3.3$，因为在这样的条件下，在机体的一个振动周期中，物料完成一次抛掷运动，工作状态稳定。个别时取 $4.6<D\leqslant6.36$（如振动成型机等），在这种条件下，在机体的两个振动周期中，物料只完成一次抛掷运动。当输送脆性易碎物料时，D 值应小于 1 或略大于 1。

2.4 常用振动机的振动参数

表 19-6-3

	激 振 形 式		惯 性 式					弹 性 连 杆 式	
			输 送			筛分和给料		成型密实	输 送	筛 分
	用 途	长距离	上倾	下倾	单轴	双轴	落砂清理		
参 数	频率 f/Hz	12~16					25~30	5~16	
	振幅 B/mm	5~6			3~6	3~5	0.8~1.2	5~15	6~9
	方向角 δ/(°)	20~30	20~45	20~30		30~60 多用45	90	25~35	30~60 多用45
	倾角 α/(°)	0	-8~-3	5~15	12~20	0~10	0	0~10	0~10

注：1. 表内数据为大致范围，只供选择参考。
2. 输送速度近似与频率 $f\left(\omega = 2\pi f = \frac{\pi n}{30}\right)$ 成反比，与 $\sqrt{B}$ 成正比，因此，采用低频大振幅可以提高输送速度。
3. 输送磨损性大的物料时，δ 宜取较大值；输送易碎性物料时，δ 可取得小些；筛分时，δ 可选得大些，最大可取 $\delta_{max}=65°$。
4. 上倾角 α 应小于静摩擦角；下倾角 α 加大时，可提高输送速度，但会增加槽体的磨损。
5. 垂直输送的螺旋升角和振动方向角与上倾输送相同。

2.5 物料平均速度

$$v_m = C_\alpha C_h C_m C_w \frac{\pi g i_d^2 \cos(\alpha - \delta)}{\omega \sin\delta} \qquad (\text{m/s}) \qquad (19\text{-}6\text{-}13)$$

式中各影响系数可由下列各表查得。上式只适用于计算 $1<D\leqslant3.3$ 时的 v_m。若 $D=4.6\sim6.36$，计算 v_m 时，上式的右端应乘以 0.5。

表 19-6-4　　　　　　　　　　倾角影响系数 C_α

倾角 α/(°)	-15	-10	-5	0	5	10	15
C_α	0.6~0.8	0.8~0.9	0.9~0.95	1	1.05~1.1	1.3~1.4	1.5~2

表 19-6-5　　　　　　　　　　料层厚度影响系数 C_h

料层厚度	薄 料 层	中 厚 料 层	厚 料 层
C_h	0.9~1	0.8~0.9	0.7~0.8

注：通常筛分为薄料层，振动输送为中厚料层，振动给料为中厚料层或厚料层。

表 19-6-6 物料性质影响系数 C_m

物料性质	块状物料	颗粒状物料	粉状物料
C_m	0.8~0.9	0.9~1	0.6~0.7

注：物料的粒度、密度、水分、摩擦因数、黏度等都对物料输送速度有影响，由于影响因素多而复杂，目前尚缺乏充足的实验资料，表中只给出了约略的数值。

表 19-6-7 滑动运动影响系数 C_w

抛掷指数 D	1	1.25	1.5	1.75	2	2.5	3
C_w	1.18	1.16	1.15	1.1~1.15	1.05~1.1	1~1.05	1

注：物料平均运动速度是按抛掷运动进行计算的，在一个振动周期中，除完成一次抛掷运动外，还伴随有一定的滑行运动。

2.6 输送能力与输送槽体尺寸的确定

振动输送机，振动给料机和振动筛的生产能力

$$Q = 3600 h b v_m \rho \quad （\text{t}/\text{h}） \tag{19-6-14}$$

式中　h——料层厚度，m；

　　　b——槽体宽度，m；

　　　ρ——物料松散密度，t/m^3；

　　　v_m——物料平均速度，m/s。

对振动输送机，矩形槽一般取 $h = (0.7 \sim 0.8) H$，H 为槽体高度；输送圆管一般取 $h \leqslant \dfrac{D_1}{2}$，$D_1$ 为管体内径。

对振动给料机，槽体侧板高度取 $H = 0.15 \sim 0.3\text{m}$，利用侧挡板将料层厚度加厚到 $h = 0.3 \sim 0.7\text{m}$。对振动筛，当薄层筛分时，可取 $h = (1 \sim 2) a$，a 为筛分分离粒度；当普通筛分时，取 $h = (3 \sim 5) a$；当厚层筛分时，取 $h = (10 \sim 20) a$，筛箱通过高度 H 为最大给料块度的二倍。根据生产能力要求或工艺对槽体尺寸的要求，按式 (19-6-14) 即可计算其他参数。槽体内物料质量：

$$m_m = Q L / (3600 v_m) \quad （\text{kg}） \tag{19-6-15}$$

式中　L——槽体长度，m。

2.7 物料的等效参振质量和等效阻尼系数

对振动机械的振动系统进行正确的分析，必须考虑物料对机器振动的影响。考虑这些影响最简便的方法，是将物料的各种作用力归化到惯性力与阻尼力之中。从而得出该振动系统物料的结合质量和当量阻尼。

运动物料相当有百分之几参振，称等效参振系数或等效参振折算系数 K_m，物料对振动机体产生的阻尼用当量阻尼系数 C_m 表示。当抛掷指数 $D = 2 \sim 3$ 时，当量阻尼系数 C_m 在 $(0.16 \sim 0.18) m_m \omega$ 之间变化。K_m 值与 D、δ 有关，可按图 19-6-3 查得。表 19-6-8 列出了对应于 $D = 1.75 \sim 3.25$ 的 K_m 值（近似）。

表 19-6-8 不同抛掷指数的物料等效参振质量折算系数 K_m 和等效阻尼系数 C_m

D	$\varphi_d/(°)$	$\varphi_z/(°)$	K_{my}	K_{mx}	K_m	C_{my}	C_{mx}	C_m
1.75	34.85	261.65	−0.902	−0.014	0.236			
2.00	30	289.2	−0.766	−1.805	0.192			
2.25	26.38	307.2	−0.600	−1.608	0.155	$0.66V$	0	$0.16V$
2.50	23.58	333.2	−0.328	−1.410	0.092	$0.726V$	0	$0.18V$
2.75	21.32	361.65	−0.044	−0.004	0.008	$0.71V$	0	$0.17V$
3.00	19.38	379.47	−0.002	0	0	$0.66V$	0	$0.165V$
3.25	17.92	395.92	0.360	0.005	−0.086			

注：$K_{my} = b_{1y} / m_m w^2 B_y$，$K_{mx} = b_{1x} / m_{mx} w^2 B_x$，$V = m_m w$，$C_{my} = a_{1y} / w B_y$，$C_{mx} = a_{1x} / w B_x$。$a_{1x}$、$b_{1x}$、$a_{1y}$、$b_{1y}$ 为傅里叶展开的一级谐波，见表 19-4-8，x、y 为下标指方向，x 向或 y 向。

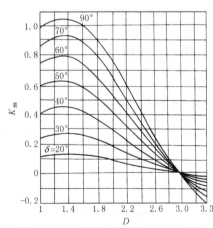

图 19-6-3　不同 δ 角时的 D-K_m 曲线

对于振动成型机的加压重锤或振动落砂机上的铸件,$D=4.6\sim6.36$,K_m 变为负值,C_m 变化不大,此时主要计算垂直方向的数据,K_{my} 和 C_{my} 与 D 的关系见表 19-6-9。

表 19-6-9 不同抛掷指数的重物等效参振质量折算系数 K_{my} 和等效阻尼系数 C_{my}

D	$\varphi_d/(°)$	$\varphi_z/(°)$	K_{my}	C_{my}
4.6	12.56	577.56	0.361	$0.007V$
4.8	12.02	610.02	0.35	$0.058V$
5.0	11.54	635.54	0.343	$0.134V$
5.2	11.09	654.09	0.31	$0.2V$
5.4	10.67	669.67	0.26	$0.254V$
5.6	10.29	683.79	0.198	$0.294V$
5.8	9.93	696.43	0.133	$0.318V$
6.0	9.59	708.59	0.065	$0.327V$
6.2	9.28	719.78	0.001	$0.322V$
6.36	9.05	729.05	-0.05	$0.311V$

注:$V=m_m\omega$。

总阻尼系数 $$C=\sum C_m$$

式中 $\sum C_m$——各阻尼系数之和。

系统的阻尼系数除计算外,还可通过振动试验求得。

用于放矿溜井,上台面全压满矿石的振动放矿机,按其台板所受总压力来换算其物料质量,再乘以参振系数来确定参振质量,且以重力作用重心作为物料中心。

2.8 振动系统的计算质量

计算质量 m'

$$m'=m+K_m m_m+\sum K_b m_b$$

式中　m——振动体质量,kg;

　　m_m——物料质量,kg;

　　K_m——物料参振系数;

　　$\sum K_b m_b$——各弹性元件参振质量之和,kg。

2.9 激振力和功率

(1) 最大激振力之和 P

$$P=\sum m_0 r\omega^2 \quad (N) \tag{19-6-16}$$

式中　m_0——偏心块质量,kg;

　　r——偏心半径,m。

(2) 电功功率 N

振动阻尼所消耗功率:

$$N_z=\frac{C_0}{1000}C\omega^2 B^2 \quad (kW) \tag{19-6-17}$$

轴承摩擦所消耗功率:

$$N_f=\mu\sum m_0 r\omega^3 \frac{d_1}{2000}=\frac{\mu P\omega d_1}{2000} \quad (kW)$$

总功率 $$N=\frac{1}{\eta}(N_z+N_f) \quad (kW) \tag{19-6-18}$$

$$C=(0.1\sim0.14)m\omega$$

式中　η——传动效率,一般取 0.95;

　　d_1——轴承平均直径,$d_1=(D+d)/2$,m;

D, d——轴承外径和内径，m；

μ——滚动轴承摩擦因数，一般 $\mu = 0.005 \sim 0.007$；

C_0——系数。对非定向振动，例如单轴激振器系统、圆振动系统，$C_0 = 1$；对定向振动，例如双轴激振系统、直线振动系统，$C_0 = 0.5$。

在概算时，可选 $N_f = (0.5 \sim 1.0) N_z$。考虑振动状态参数的变化、计算的误差，实际选用功率应当放大。
在实际工作中，对恶劣条件下，例如矿用振动放矿机，用最大可能功耗来决定电机最大功率，此时，

对非定向振动输送机
$$N = \frac{\sqrt{2}}{2000} P\omega B \quad (\text{kW}) \qquad (19\text{-}6\text{-}19)$$

对定向振动输送机
$$N = \frac{\sqrt{2}}{4000} P\omega B \quad (\text{kW}) \qquad (19\text{-}6\text{-}20)$$

式（19-6-19）和式（19-6-20）计算结果远大于式（19-6-17）和式（19-6-18）的计算结果。

3 单轴惯性激振器设计

3.1 平面运动单轴惯性激振器

单轴惯性激振器如图 19-6-4 所示。

1）激振器回转中心与振动机体质心重合。振动机结构和力学模型如图 19-6-5。振动机的阻尼力和弹性力远小于机体的惯性力与激振力，对机体运动的影响很小。尽管 $K_x < K_y$（隔振弹簧采用悬吊安装时，$K_x = 0$），x 方向和 y 方向振动幅值 B_x 和 B_y 近似相等，机体上的质点基本上在一平面上沿圆轨迹运动。单轴惯性激振器激振力幅值

$$m_0 r \omega^2 = \frac{1}{\cos\varphi}(K_y - m'\omega^2)B \qquad (19\text{-}6\text{-}21)$$

式中　m_0——偏心块质量，kg；

　　　r——偏心半径，m；

　　　ω——回转角速度，rad/s；

　　　m'——振动机计算质量，kg；（见前面 2.8 节）。

　　　K_y——隔振弹簧沿 y 方向的刚度，N/m；

　　　B——振动体稳态振动的幅值，m；

　　　φ——振动响应滞后激振力的相位差角，rad，$\varphi = \arctan \dfrac{C\omega}{K_y - m'\omega^2}$；

　　　C——系统的振动阻尼，实验指出，一般振动机 $C \leqslant (0.1 \sim 0.14) m'\omega$。

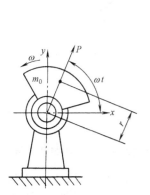

图 19-6-4　单轴惯
性激振器

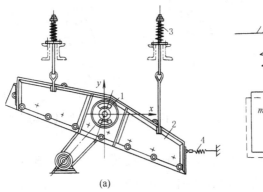

(a)

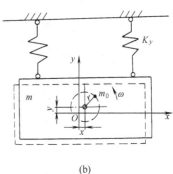

(b)

图 19-6-5　单轴惯性振动机及力学模型
1—单轴惯性激振器；2—振动机体；
3—隔振弹簧；4—前拉弹簧

第 **19** 篇

如果设计时，考虑激振力的调节，将所需激振力放大，可将阻尼和弹性都忽略，单轴惯性激振器激振力幅值

$$m_0 r\omega^2 \approx -m'B\omega^2 \quad 即 \quad B = -rm_0/m' \quad (19\text{-}6\text{-}22)$$

上式表明在振动过程中，机体与偏心块始终处在振动中心的两侧，机体在上时，偏心块在下，机体在左时，偏心块在右，或者相反。实际上振动中心就是机体和偏心块的合成质心。机体质心 O、偏心块质心 O_2 和振动中心 O_1 的关系如图 19-6-6 所示。图中大圆为偏心块运动相对于其中心 C 的轨迹，由于 r 大于 B 很多，所以就作为绝对轨迹。如果采用带传动的话，将带轮回转中心设在 O_1 处，则振动中带轮基本不振动。

2）当单轴惯性激振器的回转中心离开了机体的质心，如图 19-6-7 所示。近似计算时（忽略了阻尼和弹性力），机体质心 O 的运动轨迹仍是圆。由于激振器中心偏离机体质心，离心力对机体有力矩作用，设机体及偏心块绕机体质心 O 的转动惯量为 I 及 I_0，以图示旋转方向，以 O_x 轴为起点，可由下列方程式推求：

$$m'\ddot{x} = m_0 r\omega^2 \cos\omega t$$

$$m'\ddot{y} = m_0 r\omega^2 \sin\omega t$$

$$(I+I_0)\ddot{\psi} = m_0 r\omega^2 (l_{0y}\cos\omega t + l_{0x}\sin\omega t)$$

得：

$$x_0 = -\frac{m_0 r}{m'}\cos\omega t$$

$$y_0 = -\frac{m_0 r}{m'}\sin\omega t \quad (19\text{-}6\text{-}23)$$

$$\psi = \frac{m_0 r}{J+J_0}(l_{0y}\cos\omega t + l_{0x}\sin\omega t) \quad (19\text{-}6\text{-}24)$$

对距 O 为 l_{ex}，l_{ey} 的任意点：

$$x = x_0 + \psi l_{ey}$$

$$y = y_0 - \psi l_{ex} \quad (19\text{-}6\text{-}25)$$

由式（19-6-23）可知，机体质心的运动轨迹是一个圆，其半径，即振幅为：$B = \dfrac{m_0 r}{m'}$；由式（19-6-25）可算得机体质心的前面的点及前面点的运动轨迹，它们是各种椭圆，如图 19-6-7b 所示。

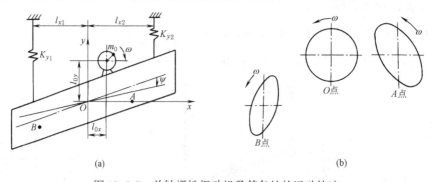

（a）　　　　　　　　　　　　　　　　（b）

图 19-6-7　单轴惯性振动机及其各处的运动轨迹

摆动最大角度，即幅角为：$B_\psi = \dfrac{m_0 r}{J+J_0} l_{00_2}$，（$l_{00_2} = \sqrt{l_{0x}^2 + l_{0y}^2}$）如果该振动机为单轴惯性振动筛，物料从 A 端进入，从 A 点椭圆运动轨迹的长轴大小和方向来看，有利于物料的迅速散开，运动速度快；而排料端，从 B 点椭圆运动轨迹长轴的大小和方向来看，将不利于物料的输送。常借助于大倾角来改善排料条件，即使如此，有时处理不当，仍然产生堵料现象，所以，设计这种振动机最根本的是机体不宜长，激振器回转中心不能离机体质心太远。

图 19-6-6　自定中心原理图

3.2 空间运动单轴惯性激振器

图 19-6-8 所示立式振动粉磨机或光饰机由单轴惯性激振器驱动。激振器的轴垂直安装。轴上下两端的偏心块夹角为 γ。因此,激振器产生在水平平面 xOy 内沿 x 方向和 y 方向合成的激振力 $P(t)$,以及由绕 x 轴和绕 y 轴的激振力矩所合成的激振力矩 $M(t)$ 分别为:

$$P(t) = \sum m_0 r \omega^2 \cos\frac{\gamma}{2}(\cos\omega t + i\sin\omega t) = \sum m_0 r \omega^2 \cos\frac{\gamma}{2}e^{i\omega t}$$

$$M(t) = \sum m_0 r \omega^2 L e^{i(\omega t - \beta)}$$

式中 $L = \sqrt{\left(\dfrac{1}{2}l_0 + l_1\right)^2 \cos^2\dfrac{\gamma}{2} + \dfrac{1}{4}l_0^2 \sin^2\dfrac{\gamma}{2}}$;

$$\beta = \arctan\frac{\tan\gamma}{1 + \dfrac{2l_1}{l_0}};$$

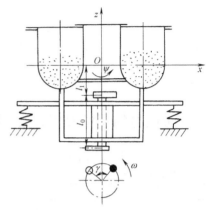

l_0——上下偏心块的垂直距离,m;

l_1——上偏心块至机体质心距离,m;

其他符号同前。

图 19-6-8 立式振动光饰机力学模型

在忽略阻尼的情况下,机体水平振动稳态振幅 B 和摇摆振动的幅值(幅角)B_ψ 为:

$$B = \frac{\sum m_0 r \cos\dfrac{\gamma}{2}}{m\left(\dfrac{1}{Z^2} - 1\right)}, \quad B_\psi = \frac{\sum m_0 rL}{I\left(\dfrac{1}{Z_\psi^2} - 1\right)} \tag{19-6-26}$$

式中 Z, Z_ψ——频率比,$Z = \omega/\omega_n$,$\omega_n^2 = K/m$,$Z_\psi = \omega/\omega_{n\psi}$,$\omega_{n\psi}^2 = K_\psi/I$;频率比 Z、Z_ψ 均在 3~8 的范围内选取;

m, I——机体的质量及对 x 轴和 y 轴的转动惯量,kg,kg·m²;

K, K_ψ——水平方向及摇摆方向的刚度,N/m,N·m/rad。

为了提高工作效率,要合理选择偏心块夹角 γ。试验证明 $\gamma = 90°$ 时,水平振动和摇摆振动都比较强烈,这种复合振动研磨效果最佳。

当机体 m、I 和工艺要求的振动参数 B、B_ψ、ω 已知,并由隔振设计确定了 K、K_ψ 的条件下,可从式 (19-6-26) 的前式求得 $\sum m_0 r$,再根据后式求得 L 值。根据 $\sum m_0 r$ 设计偏心块,根据 L 值设计 l_0、l_1。

3.3 单轴惯性激振器动力参数(远超共振类)

表 19-6-10

项　目	计算公式	参数选择与说明
隔振弹簧总刚度	$K_y = \dfrac{1}{Z^2}m\omega^2$ (N/m) 物料对隔振弹簧的影响在频率比的选取中考虑	m——机体质量,kg;ω——振动频率,rad/s;隔振弹簧与第 5 章隔振器设计相同,一般隔振器设计取 $Z = 3~5$,对有物料作用的振动机,Z 值可取得小些,物料量越多,Z 值越小
等效参振质量	$m' = m + K_m m_m$ (kg)	物料质量 m_m 按式(19-6-15)计算;物料 m_m 的等效参振质量折算系数 K_m 可参照表 19-6-8 和表 19-6-9 选取
等效阻尼系数及相位差角	$C = (0.1~0.14)m\omega$ (N·s/m) $\varphi = \arctan\dfrac{C\omega}{K_y - m\omega^2}$	
激振力幅值及偏心质量矩	$\sum m_0 r \omega^2 = \dfrac{1}{\cos\varphi}(K_y - m\omega^2)B$ $\approx m\omega^2 B$ (N) $\sum m_0 r = \sum m_0 r \omega^2/\omega^2 = mB$	B——振动的振幅,m m_0——偏心块质量,kg r——偏心半径,m 根据 $\sum m_0 r$ 设计偏心块

项　　目	计 算 公 式	参 数 选 择 与 说 明
电机功率	见本章 2.9 节	
稳态振幅	$B = \dfrac{\sum m_0 r \omega^2 \cos\varphi}{K_y - m\omega^2}$　（m）	
传给基础的动载荷	$F_y = K_y B_y$，$F_x = K_x B_x$ 启动、停止时， $F_y' = (3 \sim 7) F_y$，$F_x' = (3 \sim 7) F_x$	K_y，K_x——分别为垂直方向和水平方向的刚度，N/m B_y，B_x——分别为垂直方向和水平方向的振幅，m 悬挂弹簧时，$F_x \approx 0$，$F_y' \approx F_y$

3.4　激振力的调整及滚动轴承

（1）激振器的振激力调整（见表 19-6-11）

表 19-6-11

调整方式	结 构 简 图	调整说明及调整范围
无级调整	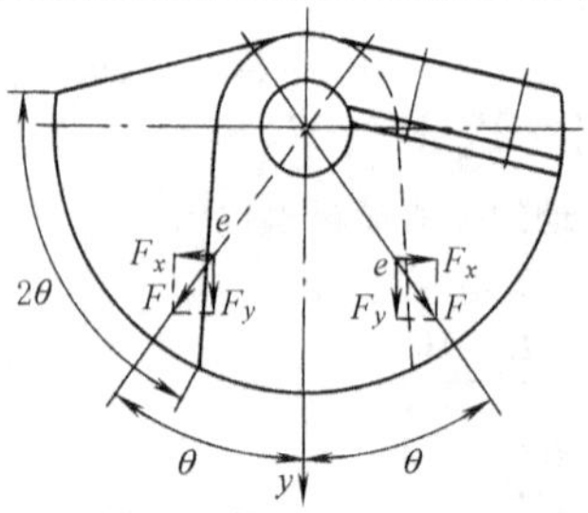	两偏心块，一块固定，另一块可调，动块相对定块可转动 2θ 角，转动某一角度后，用螺栓将动块夹紧固定在轴上。单块离心力 $F = m_0 r \omega^2$，两块合成离心力，即激振力 $F_y = 2 m_0 r \omega^2 \cos\theta$。激振力可在 $0 \sim 2 m_0 r \omega^2$ 范围内无级调整
有级调整	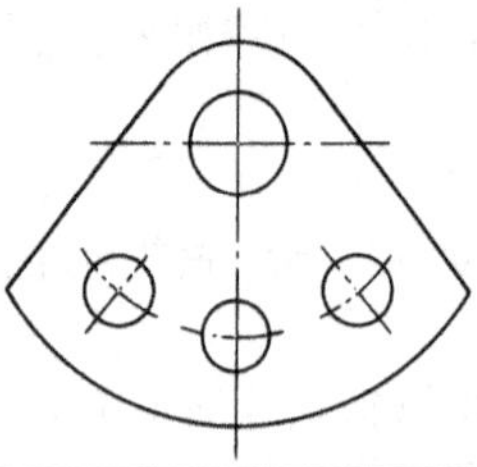	偏心块上钻三个孔，用圆环和圆柱或灌铅的方式，对称填充不同位置的孔，使离心力即激振力增加相应的值，实现有级调整激振力，调整范围有限
	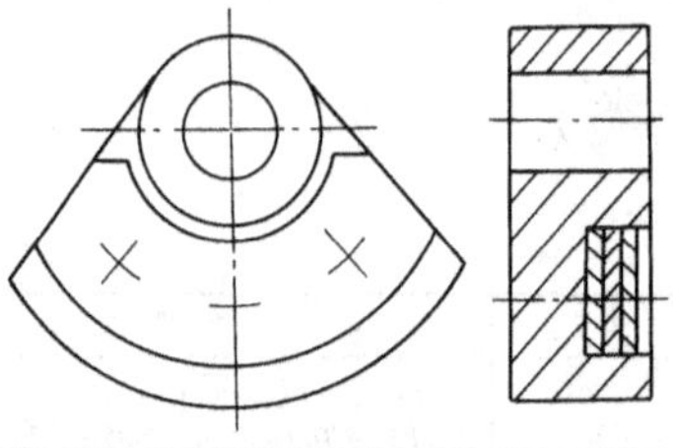	在偏心块侧面切槽，然后加扇形调整片调整激振力，调整范围有限，但较前一种有级调整方法略宽些

（2）滚动轴承的载荷及径向游隙

滚动轴承的径向载荷为 $\sum m_0 r \omega^2$（N），轴向载荷通常取为 $(0.1 \sim 0.2) \sum m_0 r \omega^2$，然后按轴承常规方法进行设计。

为了提高滚动轴承的极限转速、降低滚动轴承的摩擦力矩，防止由配合和温升所造成的径向游隙过小，惯性激振器的轴承应当选用大游隙轴承。

3.5　用单轴激振器的几种机械示例

3.5.1　混凝土振捣器

通常将混凝土振动器按频率分为：低频振动器，其振动频率在 50Hz 左右；高频振动器，其振动频率在

200Hz 左右。振动器的振幅一般都控制在 0.7~2.8mm 之间。

振动棒的形式有：偏心轴式（图 19-6-9）和行星轮式（图 19-6-10）。

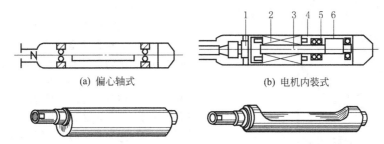

(a) 偏心轴式　　　　　　　(b) 电机内装式

(c) 两种偏心振动子

图 19-6-9　偏心轴式振动棒激振原理示意图

1—电源接头；2—电机定子；3—电机转子；4—棒壳；5—轴承；6—偏心轴

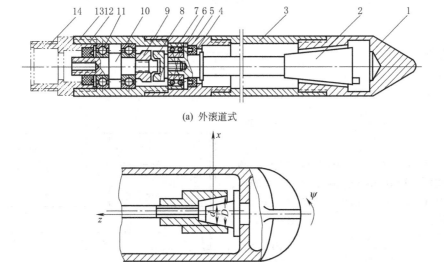

(a) 外滚道式

(b) 内滚道式

图 19-6-10　行星轮式振动棒激振原理示意图

1—外滚道；2—锥形滚子；3—棒壳；4,12—橡胶油封；5—调心轴承座；6—挡圈；7—调心轴承；8—外接手；
9—内接手；10—传动轴；11—向心轴承；13—向心轴承座；14—管夹子

（1）偏心轴式振动棒

利用振动棒中心安装的具有偏心质量的转轴，在作高速旋转时产生的离心力，通过轴承传递给振动棒壳体，使其产生圆振动。为适应各种性质的混凝土和提高生产率，现在对插入式振动器的振动频率一般都要求达到 125Hz 以上或更高。对偏心式振动器来说其偏心轴的转速将达到 7000r/min 以上，因而这种振动器主要采用转速较高的串激电动机驱动并经软轴传动；或者将电机内装插入式混凝土振动器，以变频机组供电，如图 19-6-9b 所示。此时振动棒电机的转速可达：

$$n = \frac{60}{P} f$$

式中　n——电动机的转速，r/min；

P——电动机的电极对数；

f——电动机的供电频率，Hz。

（2）行星轮式振动棒

行星式的激振器见图 19-6-10，图 a 为外滚道式，图 b 为内滚道式。它是利用振动棒中一端空旋的转轴，在它旋转时，其空旋下垂端的圆锥部分沿棒壳内的圆锥面滚动，从而形成滚动体的行星运动以驱动棒体产生圆振动。转轴滚锥沿滚道每公转一周，振动棒体即可产生一次振动，与行星运动不同的是锥体与转轴是固定为一体

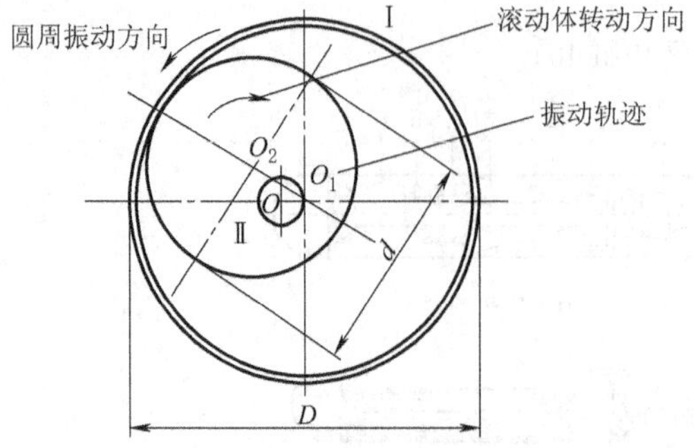

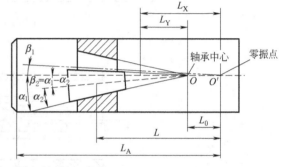

图 19-6-11 转轴的公转示意图

O_1—振动棒中心；O_2—转轴中心；O—振动棒振动中心

原理可由图 19-6-11 算出转轴的公转公式（ω_1）

令 n_0——转轴转速，r/min；

n——轴的公转转速，r/min；

d——轴锥体外径，mm，见图 19-6-11 及图 19-6-10b；

D——振动壳体滚道内径，mm。

锥体的角速度为 $\omega = 2\pi n_0/60$，周边的速度为：

$$v = \omega d/2$$

由于振动壳体被限定，不能转动，所以轴中心 O_2 只有向相反的方向以速度 v 运动，由于偏心 O_1O_2 等于 $(D-d)/2$，所以轴中心 O_2 向相反的方向转动的角速度为：

$$\omega_1 = \frac{v}{(D-d)/2}$$

从两式可得：

$$\omega_1 = \frac{\omega}{\dfrac{D}{d}-1}$$

即振动次数为：

$$n = \frac{n_0}{\dfrac{D}{d}-1} \qquad (19\text{-}6\text{-}27)$$

对于内滚道式振动棒原理相似，可求得振动次数为：

$$n = \frac{n_0}{1-\dfrac{D}{d}} \qquad (19\text{-}6\text{-}28)$$

式（19-6-27）是近似的计算。由于转轴的上面一端的轴承中心与振动棒中心相近，振动棒工作时的运动状态如图 19-6-12 所示，振动频率按式（19-6-29）计算更为精确：

$$n = \frac{n_0 \sin\alpha_2}{\sin\alpha_1 - \sin\alpha_2} \qquad (19\text{-}6\text{-}29)$$

3.5.2 破碎粉磨机械

（1）颚式振动破碎机

目前国内外颚式破碎机采用振动形式的还比较少，尤其是单轴传动的。图 19-6-13 是我国设计的单轴颚式振动破碎机专利示意图。图 19-6-14 是国外的

图 19-6-12 振动棒工作时的运动状态

α_1—滚道锥角之半；α_2—滚锥锥角之半；β_1—振锥角之半；β_2—滚锥摆角之半；L_0—轴承中心至零振点距离；L—合力作用点至零振点距离；L_A—棒顶平面至零振点距离；L_Y—振动棒某截面至零振点距离；L_X—振动棒某截面至轴承中心距离

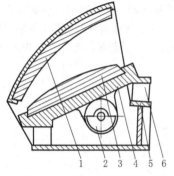

图 19-6-13 单轴颚式破碎机专利

1—定颚；2—不平衡转子；3—动颚衬；
4—动颚；5—底架；6—主振弹簧

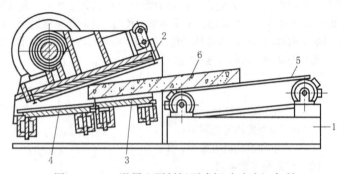

图 19-6-14 混凝土预制板颚式振动破碎机专利

1—机座；2—动颚；3,4—定颚；
5—运输机；6—混凝土板

一个单轴颚式振动破碎机专利，专门用来破碎混凝土预制板的。双轴振动颚式振动破碎机则较为合理，已有生产应用，见本章 4.5 节。

（2）振动圆锥破碎机

国内外设计、研制和使用最多的是惯性圆锥破碎机。它也是利用偏心块的旋转使动锥相对定锥转动、靠拢来破碎物料的。振动圆锥破碎机实质上是利用了振动系统改进了惯性圆锥破碎机的工作点及破碎的参数。使破碎机可以在亚共振区、共振区或远共振区工作以适应对破碎物料的要求。如在亚共振区工作，可获得较大的产量；在共振区工作，可获得较好的节能效果或较细的物料。惯性圆锥破碎机和振动圆锥破碎机的产品种类很多，专利也很多。大同小异，仅各举一例，PZ 系列惯性圆锥破碎机见图 19-6-15a，其最大破碎比可达 30；振动圆锥破碎机专利见图 19-6-15b，其特点是构造简单，没有像普通圆锥破碎机那样采用球面滑动轴承。

图 19-6-16 则是振动辊式破碎机，它利用偏心块的振动使破碎滚子碾压、冲击来粉碎物料。

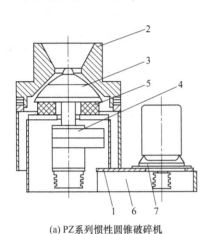

(a) PZ系列惯性圆锥破碎机

1—机座；2—外锥；3—内锥；4—偏心块；
5—橡胶弹簧支承；6—V 带；7—电机

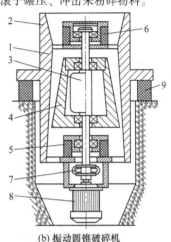

(b) 振动圆锥破碎机

1—外壳；2—给料口；3—不平衡转子；4—内圆锥；
5，6，9—弹簧；7—传动装置；8—电机

图 19-6-15

（3）振动磨机

图 19-6-17 为振动球磨机结构示意图，它有上下设置的两个管形筒体 1，筒体之间由 2～4 个支承板 2 连接；支承板由橡胶弹簧 3 支撑于机架上；在支承板中部装有主轴 4 的轴承，主轴上固定有偏心重块，电动机通过万向联轴器驱动主轴。

小规格的振动球磨机有两个偏心重块，大规格的有四个偏心重块。每个偏心重块各由两件组成，其间相互角度可调，以调节偏心力的大小。通常给料部和排料部分别设置在筒体两端，振动球磨机的直径和长度分别达 200～650mm 和 1300～4300mm，电动机最大功率达 200kW。调整振幅、振次、管径、研磨介质、填充率和控制给料等就能得到所需的产品粒度。随着管径的增加，在有效断面内，低能区所占比重较大。目前正在研制新型单筒偏心振动磨，主要是要解决筒中心区研磨的效率问题。

图 19-6-18 是我国超级细粉磨和分级的振动磨专利图。该机目的是可获得 5～10μm 的微粉。其计算方法见本章 3.2 节。

单筒偏心振动磨采用椭圆或近直线运动轨迹，加强了研磨作用，较普通球磨机能量用于磨矿的成分高，效率高，发热量小。图 19-6-19 为特大型振动磨，目前已设计出 3500mm 直径的特大型振动磨，装机功率可达 2500kW。用于各种矿物、水泥、食品行业。

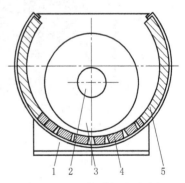

图 19-6-16 振动辊式破碎机

1—底架；2—不平衡转子；3—破碎
滚子；4—筛板；5—衬板

3.5.3 圆形振动筛

图 19-6-20 为圆形振动筛的基本结构。减振器 5 由均布的 16 个尺寸、刚度相等的弹簧组成。振动体由激振器和筛框组成。

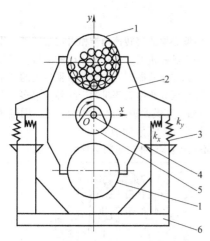

图 19-6-17　振动球磨机结构示意图

1—筒体；2—支承板；3—隔振弹簧；
4—主轴；5—偏心重块；6—机座

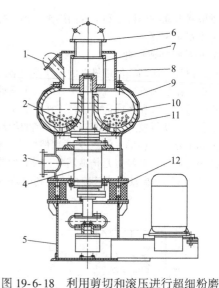

图 19-6-18　利用剪切和滚压进行超细粉磨
和分级的振动磨专利图

1—进料口；2—进气板；3—进风口；4—不平衡转子；
5—底架；6—出料口；7—分级轮；8—分级部；9—外壳；
10—粉磨腔；11—研磨介质；12—主振弹簧

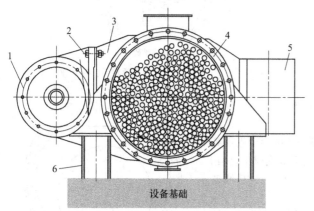

设备基础

图 19-6-19　单筒偏心振动磨

1—激振器；2—连接螺栓；3—环形连接架；
4—磨体；5—配重；6—弹簧

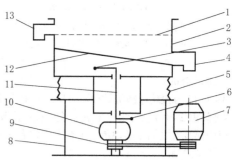

图 19-6-20　圆形筛结构示意图

1—筛网；2—框体；3—上偏心块；4—排浆口；5—减振
弹簧；6—下偏心块；7—电动机；8—底座；9—传动胶
带及胶带轮；10—胶带联轴器；11—激振轴；
12—泥浆收集板；13—排渣口

激振器的激振轴 11 通过轴承垂直安装在筛框上。调整上、下偏心块的夹角及偏心质量的大小，可控制物料的运动轨迹及振幅的大小。

当激振轴以一定的角速度 ω 旋转时，上、下偏心块质量产生沿 x、y、z 方向周期性变化的激振力及使振动体偏转的激振力矩，迫使振动体系统作周期性变化的空间运动。钻井泥浆流到振动筛网的中心部位，泥浆及小于网孔尺寸的颗粒透过筛网孔眼流到泥浆收集板，经排浆门排出，使泥浆得到回收；不能透过筛网孔眼的钻屑颗粒，从筛面的中心部位螺旋状地向筛网边沿运动，经排渣口清出。

通常振动筛的工作频率远离共振区，系统的运动阻尼可忽略不计。计算同本章 3.2 节。

高频振动筛振动频率可达 3000 次/分，对细粒度、高黏度物料过筛效果更明显。适用于食品工业、化工行业、医药行业、磨料陶瓷、冶金工业的任何粉、粒、粘液的筛分过滤。其工作特点：体积小、重量轻、安装移动方便、可自由调节、筛分精度高、效率高。

其他例子还有：振动压路机、搅拌机振动叶片等，不一一列举。例如，振动压路机的原理是利用机械高频率的振动（对土壤为 17~50Hz），使被压材料颗粒产生振动，使其颗粒之间的摩擦减小，使其易被压实。搅拌机振动叶片的原理是振动轴上安装有 2 个偏心块，使物料在搅拌器中受到循环搅拌作用之外，还受到振动的作用。

4 双轴惯性激振器

4.1 产生单向激振力的双轴惯性激振器

图 19-6-21a 所示为产生单向激振力的双轴惯性激振器，质量为 m_0 的两偏心块以 ω 的角速度同步反向回转，如果初相角 φ 对称 s 轴，则沿 s 方向和 e 方向的激振力为：

$$P_s = 2m_0 r\omega^2 \sin\omega t \tag{19-6-30}$$
$$P_e = 0$$

单向激振力 P_s 作用于图 19-6-21b 所示的振动机机体的质心，将使机体产生沿 s 方向的直线振动。因阻尼系数 $C \ll m\omega$，隔振弹簧沿 s 方向刚度 $K_s \ll m\omega^2$，偏心质量 $m_0 \ll m$，在忽略阻尼、隔振弹簧和偏心块质量偏离重心对振动影响的条件下，机体的振幅：

$$B = -\frac{2m_0 r}{m} \tag{19-6-31}$$

且 $\quad P_y = P_s\sin\delta, \quad P_x = P_s\cos\delta, \quad B_y = B\sin\delta, \quad B_x = B\cos\delta, \quad B = \sqrt{B_y^2 + B_x^2}$

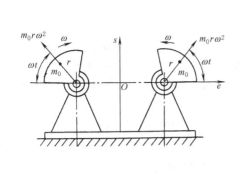
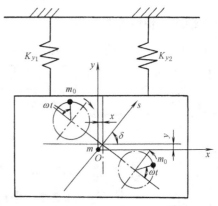

(a) 产生单向激振力的双轴惯性激振器   (b) 单向激振力双轴惯性振动机力学模型

图 19-6-21

使两偏心块同步反向回转的方法：①用传动比为 1 的一对外啮合齿轮强迫实现，机体振动的直线性很好；②激振器的两轴分别由两台同型号的异步电动机带动，之间无任何机械联系，由力学的质心守恒原理使两轴自动保持反向同步回转，结构简单，但由于两电机驱动力矩的差异和两激振器回转摩擦阻力矩的不同，振动机的运动轨迹可能出现轻微的椭圆。

4.2 空间运动双轴惯性激振器

垂直振动输送机，广泛适用于冶金、煤炭、建材、粮食、机械、医药、食品等行业，用于粉状、颗粒状物料的垂直提升作业，也可对物料进行干燥、冷却作业。

垂直振动输送机以振动电机作为激振源，与其他类型的输送机、斗式提升机等相比具有以下特点：①占地面积小，便于工艺布置；②节约电能，料槽磨损小；③噪声低，结构简单，安装、维修便利；④物料可向上输送，亦可向下输送。

第 **19** 篇

图 19-6-22 所示的螺旋振动输送机，若实现绕垂直坐标 z 的螺旋振动，要求其双轴惯性激振器同时产生沿 z 方向的激振力和绕 z 轴的激振力矩。螺旋振动输送机的惯性激振器有交叉轴式和平行轴式两种。

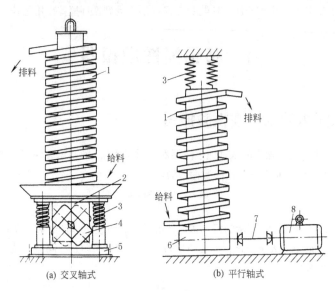

(a) 交叉轴式　　　　(b) 平行轴式

图 19-6-22　螺旋振动输送机

1—螺旋输送槽；2—激振器座；3—隔振弹簧；4—振动电机；5—机座；
6—平行轴式激振器；7—万向联轴器；8—电机

4.2.1　交叉轴式双轴惯性激振器

如图 19-6-23 所示，两转子轴各与 Z 轴成一夹角 α（方向相反），两轴上转子质心初始相位角为反向，当两轴反向同步旋转时，参照图 19-6-21，α 为零时的一端的 P_y 力为 $m_0 r \omega^2 \cos\omega t$，$\alpha$ 不为零时，此时沿 Z 方向的激振力和绕 Z 轴方向的激振力矩分别为：

$$P_Z = 4m_0 r\omega^2 \sin\alpha\cos\omega t$$
$$M_Z = 4m_0 r\omega^2 R\cos\alpha\cos\omega t \tag{19-6-32}$$

式中　R——旋转轴和 Z 轴的距离，m。

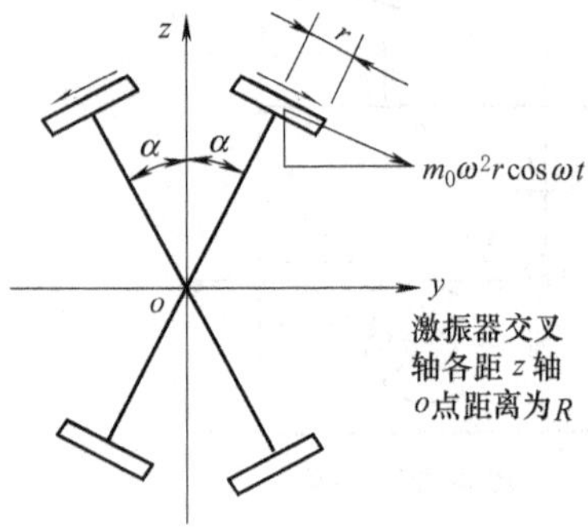

图 19-6-23　交叉轴双轴惯性
激振器工作原理图

激振器交叉
轴各距 z 轴
o 点距离为 R

4.2.2　平行轴式双轴惯性激振器

如图 19-6-24 所示，当偏心块在两轴上的安装角为初相角，且 $\varphi_1 = \varphi_2 = \pi-\varphi_3 = \pi-\varphi_4$，令 $\alpha = \varphi_1$，可求得沿 z 方向的激振力和绕 z 轴方向的激振力矩分别为：

$$P_Z = 4m_0 r\omega^2 \sin\alpha\cos\omega t$$
$$M_Z = 4m_0 r\omega^2 R\cos\alpha\cos\omega t$$

此两式与式（19-6-32）是相同的。

当 Z 轴通过机体质心时，机体的质量为 m，机体绕 Y 轴的转动惯量为 I，与前相同，在忽略阻尼、隔振弹簧及偏心块的质量 m_0 偏离重心和转动惯量 I_0 对振动的影响的条件下，很容易求得机体在式（19-6-32）的 P_Z 和 M_Z 作用下，机体在 Z 方向和绕 Z 轴方向上的振幅和振动幅角：

$$B_Z = \frac{4m_0 r\sin\alpha}{m}$$

$$B_{\psi2} = \theta_Z = \frac{4m_0 rR\cos\alpha}{I} \tag{19-6-33}$$

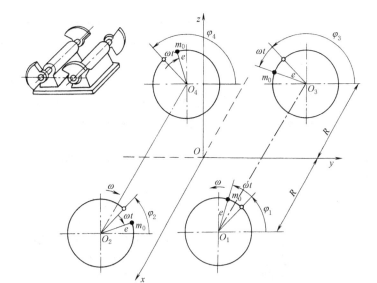

图 19-6-24 平行轴式双轴惯性激振器

按式(19-6-33) 求得 B_z 和 θ_z 后，可进一步求出机体上距 z 轴为 ρ 的任一点的合成振幅和振动角（振动方向与水平面夹角）：

$$B = \sqrt{B_z^2 + \theta_z^2 \rho^2} \qquad \delta = \arctan \frac{B_z}{\theta_z \rho} \qquad (19\text{-}6\text{-}34)$$

从式(19-6-34) 可以看出，输送槽上的任意点，实际上都是在做直线振动。一般振动角 δ 比螺旋角大 $20° \sim 35°$。

由于平行轴式双轴惯性激振多采用强同步，因此，设计激振器时，首先根据工艺要求的合成振幅 B 和振动角 δ，求得相应的 B_z 和 θ_z，再从式(19-6-33) 求得 $\sum m_0 r$、a（同一轴上两偏心块距离之半）和 α（同一轴上两偏心块夹角之半）。装配时应保证各偏心块离心力作用线与 z 轴夹角为 α。

交叉轴式双轴惯性激振器常采用两台同型号振动电机作为激振器同步反向回转，靠自同步实现，所以，激振力和两激振器轴夹角都便于调整，这样就使设计参数 $\sum m_0 r$、R、α 的匹配变得容易。计算公式相同。

4.3 双轴惯性激振器动力参数（远超共振类）

表 19-6-12

项 目	平面运动	空间运动	
		交叉轴式	平行轴式
隔振弹簧总刚度	$K_y = \dfrac{1}{Z^2} m\omega^2$	m——机体质量，kg；Z——频率比，$Z = \omega/\omega_{ny}$，通常取 $Z = 3 \sim 5$； ω_{ny}——固有角频率，rad/s，$\omega_{ny} = \sqrt{\dfrac{\sum K_y}{m}}$； y——垂直坐标方向的位移，下标有 y 的参数就是在 y 方向的，m	
等效参振质量	$m' = m + K_m m_m$ m_m 按式(19-6-15)计算，K_m 按表19-6-8 或表19-6-9 选取	$m' = m + K_m m_m \quad I' = I + K_m m_m \rho^2$ m_m 按式(19-6-15)计算，K_m 按表19-6-8 或表19-6-9 选取，ρ 为输送槽的平均半径，m	
等效阻尼系数及相位差角	$C = (0.1 \sim 0.14) m\omega (\text{N} \cdot \text{s/m})$ $\varphi = \arctan \dfrac{C\omega}{K_s - m\omega^2}$ $K_s = K_y \sin^2 \delta + K_x \sin^2 \delta$	$C = C_y = (0.1 \sim 0.14) m\omega$ $C_\theta = (0.1 \sim 0.14) m\rho\omega$ $\varphi \approx \varphi_x \approx \varphi_\theta \approx \varphi_y = \arctan \dfrac{C_y \omega^2}{K_y - m\omega^2}$	

续表

项　目	平面运动	空间运动	
		交叉轴式	平行轴式
激振力、偏心质量矩及距离 a	$P=\sum m_0 r\omega^2=\dfrac{B}{\cos\varphi}(K_s-m\omega^2)$ (N) $\sum m_0 r=P/\omega^2$ (kg·m)	$P=\dfrac{B}{\cos\varphi\sin\alpha}(K_y-m\omega^2)$ $\sum m_0 r=P/\omega^2$ $a=\dfrac{(K_\theta-I\omega^2)\theta_y}{P\cos\varphi_y\cos\alpha}$ K_θ——隔振弹簧绕 y 轴方向扭转刚度,N·m/rad $K_\theta=K_x\rho_1$ K_x——隔振弹簧水平刚度,N/m ρ_1——隔振弹簧离 y 轴的距离,m 预定 B 或 θ_y,给定 α 值计算出 $\sum m_0 r$、a,再根据 $\sum m_0 r$ 和 a,调整 α,重新计算 $\sum m_0 r$ 和 a,直至 $\sum m_0 r$、a、α 达到最佳匹配为止	$P=\dfrac{B}{\cos\varphi\cos\alpha}(K_y-m\omega^2)$ $\sum m_0 r=P/\omega^2$ $a=\dfrac{(K_\theta-I\omega^2)\theta_y}{P\cos\varphi_y\sin\alpha}$
振幅和振动幅角	$B=\dfrac{P\cos\varphi}{K_s-m\omega^2}$ $B_y=B\sin\delta$ $B_x=B\cos\delta$	$B_y=\dfrac{P\sin\alpha\cos\varphi}{K_y-m\omega^2}$ $\theta_y=\dfrac{Pa\sin\alpha\cos\varphi}{K_\theta-I\omega^2}$	$B_y=\dfrac{P\cos\alpha\cos\varphi}{K_y-m\omega^2}$ $\theta_y=\dfrac{Pa\sin\alpha\cos\varphi}{K_\theta-I\omega^2}$
		$B_x=\rho_1\theta_y$ $B=\sqrt{B_y^2+\rho_1^2\theta_y^2}$	
电机功率	见本章 2.9 节		
传给基础的动载荷	$F_y=K_y B_y$ $F_x=K_x B_x$ 启动和停止时,$F_y'=(3\sim7)F_y$, $F_x'=(3\sim7)F_x$	说明:如为悬挂弹簧,$F_y'=K_y B_y$,$F_x\approx0$ K_y、K_x、B_y、B_x 分别为垂直与水平方向刚度及振幅	

注:激振器偏转式自同步双轴惯性激振器虽然有力矩作用,但摆动不很大,可近似按产生单向激振力双轴惯性激振器进行程序设计。

4.4　自同步条件及激振器位置

表 19-6-13

项　目	自　同　步	激振器偏转式自同步
激振器位置简图	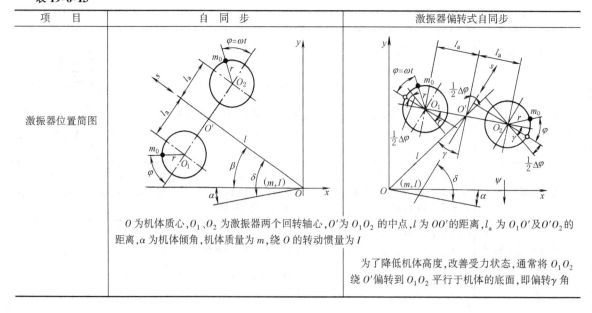	

O 为机体质心,O_1、O_2 为激振器两个回转轴心,O' 为 $O_1 O_2$ 的中点,l 为 OO' 的距离,l_a 为 $O_1 O'$ 及 $O' O_2$ 的距离,α 为机体倾角,机体质量为 m,绕 O 的转动惯量为 I

为了降低机体高度,改善受力状态,通常将 $O_1 O_2$ 绕 O' 偏转到 $O_1 O_2$ 平行于机体的底面,即偏转 γ 角

续表

项 目	自 同 步	激振器偏转式自同步
同步性条件		$\left\|\dfrac{m_0^2 r^2 \omega^2 W}{\Delta M_g - \Delta M_f}\right\| \geqslant 1$

式中　W—稳定性指数,计算较为复杂,(略),对远超共振振动机稳定性条件:$W \approx \dfrac{l_a}{l + \sum I_0} > 0$

从同步性条件和稳定性条件来看,l_a 越大,两电动机驱动力矩差 ΔM_g 及两激振器摩擦阻矩差 ΔM_f 越小,越容易同步

项 目	自 同 步	激振器偏转式自同步
振动方向角	$\delta = \beta + \alpha$	$\delta = 90° - \gamma + \dfrac{1}{2}\Delta\varphi$ $\Delta\varphi = -\cot\dfrac{l^2 + l_a^2 \cos 2\gamma}{l_a \sin 2\gamma}$
机体运动轨迹	全机体直线运动轨迹	有力矩作用和摆动,机体除质心外为近于直线的椭圆轨迹

4.5 用双轴激振器的几种机械示例

4.5.1 双轴振动颚式振动破碎机

图 19-6-25 为双轴振动的颚式振动破碎机示意图。加拿大生产的某型号双轴振动的颚式振动破碎机,两个动颚由高速旋转（1800r/min）的偏心轴驱动,最大规格的给料口尺寸为 $14'' \times 48''$,破碎比可达 20～40,处理能力可达 150t/h。俄罗斯研制的双轴振动颚式振动破碎机,最大规格的给料口尺寸为 520mm×900mm,固有振动频率为 52r/s,电机功率 (2×54)kW,机重 7540kg。

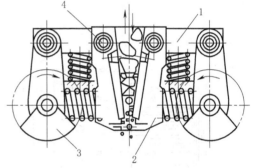

图 19-6-25　双轴振动的颚式振动破碎机示意图
1—机座；2—颚板；3—激振器；4—扭力轴

4.5.2 振动钻进

振动器的振动力传到钻头周围的岩土中,使岩土的抗剪强度下降,在钻具和振动器的自重及振动力的作用下,钻头很容易切入岩土中。振动钻进可以有两种方式：振动器在孔上的上位冲锤（图 19-6-26a）和振动器在孔下的下位冲锤（图 19-6-26b）。后者可使振动钻进的孔深达到 25～30m,钻进 4～5 级岩石。钻进过程中还可以利用振动器来下、拔套管,处理孔内事故等。

振动钻进常用的振动器有无簧式和有簧式两类。图 19-6-26c 所示为有簧式振动锤,它由电动机、振动器、弹簧、冲头、砧子和接头组成。其特点是振动器与钻具分开。冲头与砧子可以接触,也可不接触,这样既可振动钻进,又可进行冲击振动钻进。冲击振动钻进的效率高,适用于在致密土壤中钻进。用直流电机或采用液压马达无级变速来改变偏心轮的转速。在工程钻探中,除单纯采用振动钻进方法外,还发展了振动与回转、振动与冲击相结合的多功能钻机。

4.5.3 离心机

卧式振动离心机的结构如图 19-6-27 所示。具有偏心质量的振动电机 7 转动产生对壳体 10 的激振作用力,使旋转主轴及筛篮 8 转动,并产生沿轴线方向的振动,含有水分的物料由入料管 9 落入筛篮底部；小于筛孔尺寸的物料在离心力作用下透过筛篮,通过离心液出口 13 排出,固体物料落入出料口 11,实现对加工物料的固液分离。

卧式振动离心机的动力学模型如图 19-6-28 所示。图中 m_1、k_1、c_1 构成主系统,m_2、k_2、c_2 构成吸振器。其动力学方程为：

$$m_1 \ddot{x}_1 + c_1 \dot{x}_1 + c_2(\dot{x}_1 - \dot{x}_2) + k_1 x_1 + k_2(x_1 - x_2) = f(t)$$
$$m_2 \ddot{x}_2 - c_2(\dot{x}_1 - \dot{x}_2) - k_2(x_1 - x_2) = 0$$

(19-6-35)

第 19 篇

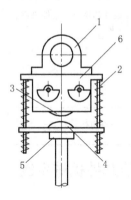

(a) 上位冲锤　(b) 下位冲锤　　　(c) 振动锤示意图

1—振动器；2—地表冲击筒；　　　1—电机(或液压马达)；　2—弹簧；3—冲头；
3—钻杆；4—振动钻头；5—接头；　4—砧子；5—接头；　6—振动器
6—潜孔冲击筒

图 19-6-26　振动钻进

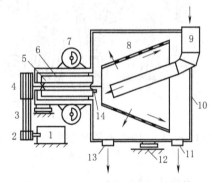

图 19-6-27　卧式振动离心机结构

1—电动机；2—主动轮；3—三角带；4—大带轮；5—旋转主轴；
6—隔振橡胶弹簧；7—振动电机；8—筛篮；9—入料管；
10—壳体；11—出料口；12—支承橡胶弹簧；
13—离心液出口；14—轴承

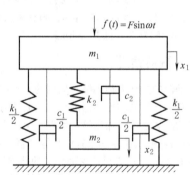

图 19-6-28　卧式振动离心机的动力学模型

此为非线性方程组，或写成如下形式（求解方法略）。

$$\begin{bmatrix} m_1 & 0 \\ 0 & m_2 \end{bmatrix} \begin{Bmatrix} \ddot{x}_1 \\ \ddot{x}_2 \end{Bmatrix} + \begin{bmatrix} c_1+c_2 & -c_2 \\ -c_2 & c_2 \end{bmatrix} \begin{Bmatrix} \dot{x}_1 \\ \dot{x}_2 \end{Bmatrix} + \begin{bmatrix} k_1+k_2 & -k_2 \\ -k_2 & k_2 \end{bmatrix} \begin{Bmatrix} x_1 \\ x_2 \end{Bmatrix} = \begin{Bmatrix} f(t) \\ 0 \end{Bmatrix}$$

式中　m_1——离心机外壳、振动电机的质量，kg；

m_2——筛篮、旋转主轴、从动轮的质量，kg；

c_1——支撑橡胶弹簧的阻尼系数，N·s/mm；

c_2——隔振橡胶弹簧的阻尼系数，N·s/mm；

k_1——支撑橡胶弹簧的刚度，N/m；

k_2——隔振橡胶弹簧的刚度，N/m；

$f(t)$——振动电机的激振作用力，kN。

5 其他各种形式的激振器

除前述偏心块激振器以外，尚有电动式振动器、电液式振动器、液压式振动器和气动式振动器等。

5.1 行星轮式激振器

振动轴上安装有曲柄，曲柄的另一端安装有行星轮，行星轮上安装有可调节偏心距的重块，行星轮沿固定的齿圈内轨道滚动，因偏心质量而产生振动。因重块偏心距是可调节的，激振力就可调。由于行星轮是旋转的，激振力的幅值是变化的。激振力矢量的矢端曲线也随之变化。这更有利于振动筛分等设备。

5.2 混 激振器

由于混沌振动具有比简谐振动更宽的振动频率，更剧烈的速度变化，有利于作振动压实，振动筛选，振动钻进，振动切削，振动时效，振动落料及宽频振动试验等工作，故1995年，有人研制出具有很强的几何及物理非线性的混沌激振器，可作为各种振动作业器械的高效振源，并取得国家专利。在机制、农机、轻工、石油、化工、食品、土建、矿冶、制药、制烟、制茶等各行业均有广泛应用前景。

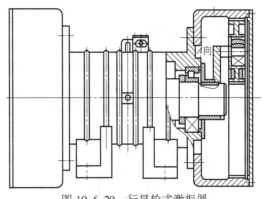

图 19-6-29 行星轮式激振器

图 19-6-30a 为双偏心盘加速度分析图。图中，小圆为偏心轴；大圆为偏心盘。偏心轴转角 $\varphi_1 = \omega t$；偏心盘转角 φ_2；R 为偏心盘孔径；m 为偏心盘质量；ρ_0 为偏心盘对 O 点的回转半径。

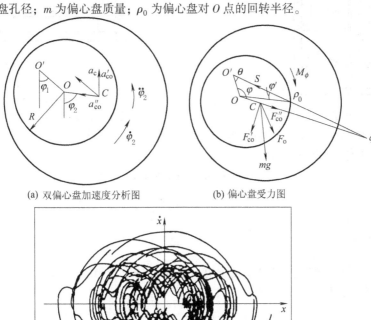

(a) 双偏心盘加速度分析图   (b) 偏心盘受力图

(c) 偏心盘相对偏心轴振动的相轨迹

图 19-6-30

O'—偏心轴转动中心；O—偏心轴的几何中心；C—偏心盘质心；$OO' = e_1$；$CO = e_2$

偏心盘质心 C 的加速度为：

$$a_c = a_0 + a'_{co} + a''_{co} = e_1\omega^2 + e_2\ddot{\varphi}_2 + e_2\dot{\varphi}_2^2$$

偏心盘受力包括惯性力和力矩，如图 19-6-30b 所示。图中 $\varphi' = \arctan\mu$，（μ——动摩擦因数），S 为全反力（$F_0 \gg mg$ 时过 O' 点）。

令 J_C 为偏心盘相对质心的转动惯量　则偏心盘的惯性力矩 $M_\Phi = J_C\ddot{\varphi}_2$；偏心盘质心的惯性力 F_C 为：

$$F_c = F_o + F'_{co} + F''_{co} = me_1\omega^2 + me_2\ddot{\varphi}_2 + me_2\dot{\varphi}_2^2$$

要编程计算。例，当参数为 $\mu = 0.15$，$R = 3.725$cm，$e_1 = e_2 = 0.94$cm，$\rho_0 = 4.784$cm，$\omega = 314$rad/s 时，混沌激振器中偏心盘相对偏心轴振动的相轨迹见图 19-6-30c。从相轨不重复性和复杂性可知，偏心盘相对偏心轴作混沌振动。

5.3　电动式激振器

图 19-6-31，励磁线圈 5 中通入直流电而产生恒定磁场，将交变电流通入动线圈 7，线圈电流 i 在给定的磁场中，将产生一个受周期变化的电磁激励力 F 而产生振动，带动顶杆作往复运动。激振器的振动频率取决于交流电的频率，可由几 Hz 到 10000Hz。激振力 F 为：

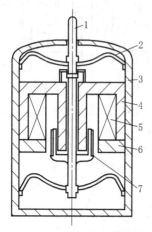

图 19-6-31　电动式激振器
1—顶杆；2—弹簧；3—壳体；4—铁芯；5—直流线圈；
6—磁极板；7—交流动线圈

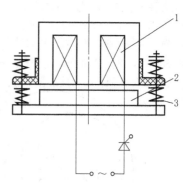

图 19-6-32　电磁式激振器示意图
1—铁芯；2—衔铁；3—弹簧

$$F = 1.02Bli = 1.02BlI_m\sin\omega t \tag{19-6-36}$$

式中　$i = I_m\sin\omega t$；

　　B——磁感应强度，T；

　　l——动圈绕线有效长度，m；

　　I_m——通过动圈的电流幅值，A。

由顶杆给试件的激振力，实际上应该是电磁力 F 和可动部件的惯性力、弹性力、阻尼力之差。因为弹性力与阻尼力都很小，近似计算时可忽略。

5.4　电磁式激振器

图 19-6-32，振动机械中应用的电磁式激振器通常由带有线圈的电磁铁铁芯和衔铁组成，在铁芯与衔铁之间装有弹簧。当将周期变化的交流电，或交流电加直流电，或半波整流后的脉动电流输入电磁铁线圈时，在被激件与电磁铁之间便产生周期变化的激励力。这种激振器通常是将衔铁直接固定于需要振动的工作部件上。

各种电磁振荡器、电振荡器种类繁多，有各种专门的书籍、手册介绍，不在本手册范围之内。

5.5 电液式激振器

电液式激振器的工作原理是：利用小功率电动激振器或电磁式振动发生器，带动液压阀或伺服阀，控制管道中的液压力介质，使液压缸中的活塞产生很大的激励力，从而使被激件获得振动。随着流入及流出的油量发生变化，振幅及振动速度也发生变化。电磁式振动发生器则靠输入信号与反馈信号及反馈信号的信号差来驱动。油的可压缩性引起的弹性及包括试验物体在内的可动部分的质量形成一个完整的质量-弹簧系统，该系统在一定条件下可能发生共振。

液压激振器的主要类型有（图19-6-33）：

（a）无配流式液压激振器，特点：构造简单，振动稳定，惯性较大。

（b）强制配流式液压激振器，有转阀式及滑阀式；按控制方式，又分为机械式及电磁式。特点：惯性较大，振动频率小于17Hz。

（c）反馈配流式液压激振器，特点：振动活塞反馈控制配油阀，易于调节。

（d）液体弹簧式液压激振器，其特点为：靠液体弹性和活塞惯性维持振动。振动活塞兼作配油用，结构简单、振动频率高，可达100~150Hz，效率高、噪声小、体积较大。

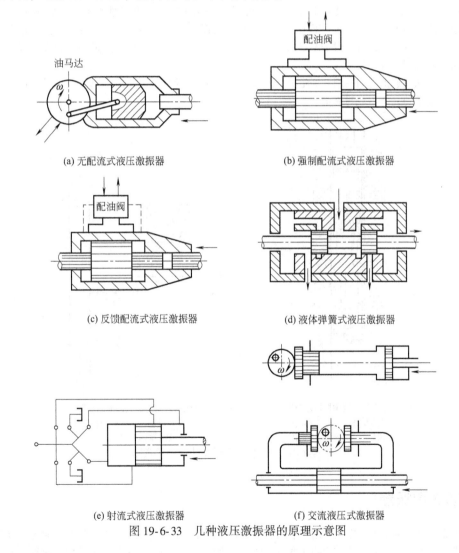

(a) 无配流式液压激振器   (b) 强制配流式液压激振器

(c) 反馈配流式液压激振器   (d) 液体弹簧式液压激振器

(e) 射流式液压激振器   (f) 交流液压式激振器

图 19-6-33　几种液压激振器的原理示意图

（e）射流式液压激振器，通过射流元件的自动切换，实现活塞的振动。结构简单，制造安装方便；工作稳定，维修容易。详见下面5.6节。

（f）交流液压式激振器，特点：液体不在回路中循环，对工作液要求不高，可采用不同的工作液；选择余地大，检修容易，效率偏低，要求防振。

5.6　液压射流激振器

（1）　用振动法激活油层

用油管将激振器下到油井的油层段，激振器的上、下封隔器将井筒封隔，在两封隔器之间产生液压振动波。此振动波穿过套管的射孔孔道以强烈的交变压力作用于油层，在油层内产生周期性的张压应力。其主要作用有四：①清除堵塞，即液压振动波可激发油层空隙堵塞物，迅速地松动堵塞物且将其剥蚀下来；②粉碎射孔弹在孔壁上产生的不渗透层；③加速扩展和延伸油层已有裂缝并造出新裂缝。由于油层抗张强度低，在液压振动波诱发的交变应力作用下易于破裂；④液压振动波对被作用油层流体的物性和流态产生影响，降低原油黏度。液压双稳射流激振器结构如图19-6-34a所示，其工作原理如图19-6-34b所示。

（2）液压振荡器

激振器的核心构件是切换器，它是一个液压附壁式双稳振荡器。利用附壁效应使输入液流左右切换。其换向过程如图19-6-35所示。液流从主喷嘴喷出射流，若射流首先附于右壁，沿右通道流出（如图a），由于通道逐渐扩大，流速下降，压力升高，很小一部分液流进入右反馈管3（如图b）。右反馈管的液流通过右反馈喷嘴对射流作用，使其向左壁靠近，直到附于左壁沿左通道流出（如图c）。射流从右通道切换到左通道，同样有很小一部分液流进入左反馈管（如图d）。

同样可将射流从左通道再切换到右通道，如此反复形成周期性切换，其切换周期t可由液流的压力、流量和喷嘴、通道、反馈管的几何参数等决定。

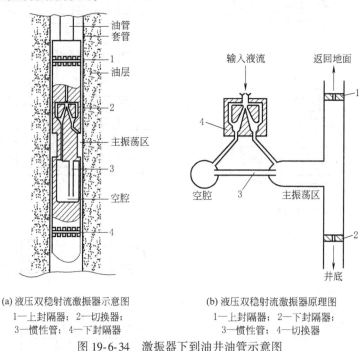

(a) 液压双稳射流激振器示意图
1—上封隔器；2—切换器；
3—惯性管；4—下封隔器

(b) 液压双稳射流激振器原理图
1—上封隔器；2—下封隔器；
3—惯性管；4—切换器

图19-6-34　激振器下到油井油管示意图

5.7　气动式激振器

目前主要是气动式冲击器。广泛应用与于凿岩、破碎、铸件的清砂等各种工作。气动式冲击器有两种：一种是无阀冲击器，其活塞的往复运动是依赖活塞自身的运动来调配压缩空气交替地进入前后活塞缸；另一种是有阀冲击器，其活塞的往复运动是依靠阀片或阀杆的运动使压缩空气交替地进入前后活塞缸，使其产生振动。

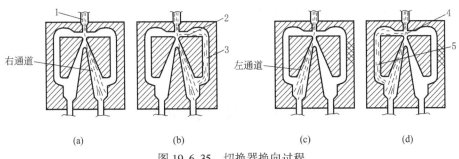

图 19-6-35 切换器换向过程

1—主喷嘴；2—右反馈喷嘴；3—右反馈管；4—左反馈喷嘴；5—左反馈管

图 19-6-36a 为钻井用的气动泥浆筛，改变气缸 5 的充气可改变筛面的倾斜角。通过改变气动激振器的相互位置和控制进气的先后顺序，振动筛箱即可做不同的振动形式，如直线运动、圆运动或椭圆运动。直线振动的气动激振器与筛面的安装角一般在 $30° \sim 90°$ 之间。

图 19-6-36b 为气动式激振器。工作原理是：当气动激振器的换向阀 4 处于如图所示的上位时，压缩空气从气道 1 经进入气缸的上腔，推动活塞向下运动；下腔气体经排气孔 7、8 排入大气。当活塞封闭排气孔 7 后，气缸下腔的气体受到压缩而使压力升高，当活塞运动到排气孔 6 打开后，上腔的压缩空气迅速排放，压力很快下降到与大气压力相等。此时，作用在换向阀上表面的气压大于阀下表面的气压，使阀下移封死进气口 3，气缸上腔停止进气。压缩空气从气道 1、经配气室 2、气道 II 和回程进气口 5 进入气缸下腔，开始回程运动。

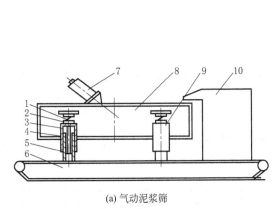

(a) 气动泥浆筛

1—隔振弹簧；2—弹簧座；3—支承套；
4—缸体；5—活塞；6—底座；
7—气动激振器；8—筛箱；
9—支承气缸；10—泥浆缓冲箱

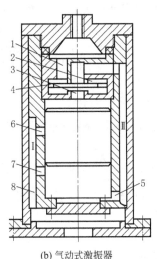

(b) 气动式激振器

1 (I、II)—气道；2—配气室；3—进气口；
4—换向阀；5—回程进气口；6～8—排气孔

图 19-6-36

5.8　其他激振器

（1）强声响式激振器

机械式激振方式所产生的振动只能从一个特定的面或特定的点传递一个方向的振动，强声响式振动器用来研究飞行物体或其零件在强声环境下的振动习性或作检验其可靠性的试验。

（2）超声波振荡器

超声波振荡器的基本原理是振荡器产生高频电振荡由转换器转换成正弦波及纵向振荡。这些波动被传输到共振器，然后均匀传输至被振物。

例：泥浆超声振动摇床、筛等装置，有一个向下倾斜的带有上翻边的金属盘，和可以产生自由振动挠曲及波动的悬吊缆索或支承。盘下装有多个超声振子。将流动泥浆从盘的上端以薄层流动沿盘长度方向下行，超声振动能对所有颗粒和团聚物都具有"显微洗涤"作用，破坏颗粒的表面张力，净化颗粒表面，把细煤粒或其他有用矿物从不同组分颗粒和凝胶、矿泥、藻类、黏土或渣的包覆中分离开。

6　近共振类振动机

6.1　惯性共振式

6.1.1　主振系统的动力参数

图 19-6-37a 为单轴惯性共振式振动机，该机在单轴惯性激振器激励下会产生摆动。但与主振动系统相比，还是很小的。图 19-6-37b 为双轴惯性共振式振动机，会产生直线振动。以图 a 为例，s 方向的微分方程式为：

$$m_1 \ddot{s}_1 + C(\dot{s}_1 - \dot{s}_2) + K(s_1 - s_2) + K_1 s_1 = 0$$

$$m_2 \ddot{s}_1 - C(\dot{s}_1 - \dot{s}_2) - K(s_1 - s_2) = m_0 r \omega^2 \sin\omega t$$

式中　K——主振弹簧 s 方向的总刚度；

K_1，K_2——分别作用于质体 m_1、m_2 上的隔振弹簧沿 s 方向的总刚度。可由图示的 K_{11}、K_{12} 求得。本图 $K_2 = 0$，

　　　$K_1 = K_y \sin^2\beta$，β 为振动方向与水平夹角；

K_x，K_y——为 K_{11}、K_{12} 在 x、y 方向的总刚度，本图 $K_x = 0$，$K_y = \sum K_{11} + \sum K_{12}$；

　　　C——质体 1 和质体 2 相对运动的阻力系数，$C = 2\xi m\omega / Z$；

　　　Z——频率比，$Z = \omega / \omega_n$；

　　　ω——主振弹簧的角频率。

经过对弹性力的转化为参振质量及简化，引入诱导质量计算，（例，第 1 式，由 $\ddot{s}_1 = -\omega^2 s_1$，得 $K_1 s_1 = -\dfrac{K_1}{\omega^2} \ddot{s}_1$，

与第 1 项合并得 $m_1' = m_1 - \dfrac{K_1}{\omega^2}$）。振动机主系统的力学模型如图 19-6-37c 所示。双轴惯性共振式振动机同此图。除参振质量不同外，计算方法与结果都是一样的。其参数设计计算列于表 19-6-14 第二列；第三列为 6.2.1 节弹性连杆式振动机的数据。

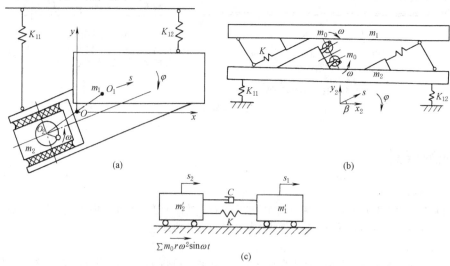

图 19-6-37　惯性共振式振动机及主振系统的力学模型

表 19-6-14　　　　　　　　　　惯性共振式及弹性连杆共振式动力参数设计计算

项目	惯性共振式 (图 19-6-37)	弹性连杆式 (图 19-6-39)
隔振弹簧总刚度	$K_g = \dfrac{1}{Z_0^2}(m_1 + m_2)\omega^2$ 　(N/m) Z_0——频率比，通常取 $Z_0 = 3 \sim 5$，对有物料作用的振动机，可适当取小些	
工作机体质量 m_1	根据振动机的工作要求(包括机体尺寸、产量、频率等)与机体强度、刚度等确定	
质体 2 的质量 m_2	$m_2 = (0.4 \sim 0.8)m_1$，在主振弹簧允许的情况下应尽量减小。m_2 越小则相对运动的振幅越大	
诱导质量 m	$m = \dfrac{m_1' m_2'}{m_1' + m_2'}$ 　(kg) 图 a　$m_1' = m_1 - \dfrac{K_1}{\omega^2}, m_2' = m_2$ 图 b　$m_1' = m_1, m_2' = m_2 - \dfrac{K_2}{\omega^2}$ m_2 包括偏心块质量 m_0 重载时 m_1 包括物料参振质量 $K_m m_m$，等效参振质量折算系数 K_m 见表 19-6-8	$m_1' = m_1, m_2' = m_2 - \dfrac{K_2}{\omega^2}$
主振弹簧总刚度	$K = \dfrac{1}{Z^2}m\omega^2$ 　(N/m) $Z = \dfrac{\omega}{\omega_n}$ 频率比通常取 $Z = 0.75 \sim 0.95$	$K + K_0 = m\omega^2, K = m\omega^2, \text{N/m}$ $K_0 = \left(\dfrac{1}{Z^2} - 1\right)K, K_0 \approx (0.2 \sim 0.5)K$ $Z = \dfrac{\omega}{\omega_n}$，在有载情况下： 线性振动机取 $Z = 0.8 \sim 0.9$ 非线性振动机取 $Z = 0.85 \sim 0.95$
相位差角	$\alpha = \arctan \dfrac{2\zeta Z}{1 - Z^2}$ Z——阻尼比，通常取 $0.02 \sim 0.07$	
相对运动振幅	$B = -\dfrac{m}{m_2'} \times \dfrac{m_0 r \omega^2 \cos\alpha}{K - m\omega^2} = -\dfrac{1}{m_2'} \times \dfrac{Z^2 m_0 r \cos\alpha}{1 - Z^2}$ 　(m)	$B = \dfrac{K_0 r \cos\alpha}{K_0 + K - m\omega^2}$ (m) m——所有偏心块质量，kg r——偏心块质心旋转半径，m
绝对振幅	$B_1 = -\dfrac{m}{m_1' Z^2}B\gamma_1$ (m) $B_2 = (B_1 - B)\gamma_2$ (m) $\gamma_1 = \sqrt{1 + 4\zeta^2 z^2} \approx 1$ $\gamma_2 = \sqrt{1 + \left(\dfrac{2\zeta Z}{1 - \dfrac{m_1'}{m}Z^2}\right)^2} \approx 1$	$B_1 = \dfrac{m}{m_1'}B$ $B_2 = -\dfrac{m}{m_2'}B = B_1 - B$
传给基础的动载荷	$F_x = K_x B_{1x}, B_{1x}, B_{1y}$——$x$、$y$ 方向弹簧 K_1(或 K_2)的振幅，m $F_y = K_y B_{1y}, K_x, K_y$——弹簧 K_1 在 x、y 方向的刚度，N/m 说明：需另外加静载荷(包括设备及物料的总重量)	

6.1.2　激振器动力参数设计

表 19-6-15

项　　目	计　算　公　式	概　算　公　式
激振力振幅和偏心块质量矩	$\sum m_0 r \omega^2 = -\dfrac{m_2' B(K - m\omega^2)}{m\cos\alpha}$ 　(N) $\sum m_0 r = (\sum m_0 r \omega^2)/\omega^2$ 　(kg·m)	$\sum m_0 r = -\dfrac{m_2' B(1 - Z^2)}{Z^2}$ Z——频率比，通常取 $Z = 0.75 \sim 0.95$
电机功率	振动阻尼所消耗的功率： $N_z = \dfrac{1}{2000}C\omega^2 B^2$ 轴承摩擦所消耗的功率： $N_f = \dfrac{1}{2000}f_d \sum m_0 r \omega^3 d_1$ 总功率： $N = \dfrac{1}{\eta}(N_z + N_f)$ $C = 2\zeta m\omega/Z$	ζ——阻尼比，通常取 $\zeta = 0.02 \sim 0.07$ f_d——轴承摩擦因数，通常取 　$f_d = 0.005 \sim 0.007$ d_1——轴承内外圈平均直径，m η——传动效率，通常取 $\eta = 0.95$ m——诱导质量，见表 19-6-14

注：概算公式只在假定参振质量 m 条件下试算时用。

6.2 弹性连杆式

6.2.1 主振系统的动力参数

弹性连杆式激振器如图 19-6-38 所示。当曲柄回转时，通过连杆和连杆弹簧能够带动工作机体实现直线往复运动。弹性连杆式振动机为近共振类振动机，如果振动机为单质体，势必会使传给基础的动载荷很大。如将激振器装在如图 19-6-39a 所示的两个振动质体之间，驱动两质体作相对直线运动，经过隔振，传给基础的动载荷明显减小。主振系统的力学模型如图 19-6-39b 所示。其相对运动微分方程为：

$$m\ddot{s} + C\dot{s} + (K + K_0)s = K_0 r \sin\omega t \qquad (19\text{-}6\text{-}37)$$

式中　m——诱导质量，kg，$m = \dfrac{m_1' m_2'}{m_1' + m_2'}$，$m_1' = m_1 - \dfrac{K_1}{\omega^2}$，$m_2' = m_2 - \dfrac{K_2}{\omega^2}$；

K_1，K_2——分别为作用于 m_1、m_2 的隔振弹簧 β 方向的总刚度，N/m，图 19-6-39a 所示系统中 $K_1 = 0$，$K_2 = (K_{11y} + K_{12y}) \times \sin^2\beta + (K_{11x} + K_{12x})\cos^2\beta$。

设计参数见表 19-6-16。

图 19-6-40 是弹性连杆式垂直振动输送机，在弹性连杆激振力的作用下，槽体沿一定的倾斜方向作扭转振动。扭转振动的方向与导向杆相垂直。由于槽体的振动，物料将沿螺旋槽体向上运动。

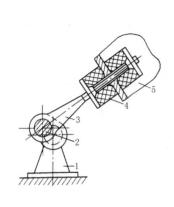

图 19-6-38　弹性连杆式激振器
1—基座；2—曲柄；3—连杆；
4—弹簧；5—工作机体

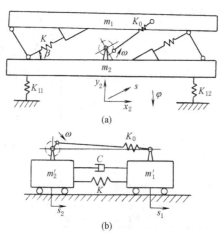

(a)

(b)

图 19-6-39　弹性连杆式振动机及主振系统的力学模型

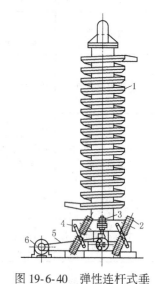

图 19-6-40　弹性连杆式垂直振动输送机
1—螺旋槽体；2—主振弹簧；
3—弹性连杆式激振器；4—导向杆；5—传动带；6—电动机

6.2.2 激振器动力参数设计

表 19-6-16

项　目	计　算　公　式	参　数　选　择
连杆受力最小条件	主振弹簧刚度 $K = m\omega^2$　（N/m）	当频率比 Z 按空载条件选取时，m 也按空载计算（参振物料质量为零）
连杆弹簧刚度	$K_0 = \left(\dfrac{1}{Z^2} - 1\right)m\omega^2 = \left(\dfrac{1}{Z^2} - 1\right)K$　（N/m）	空载条件下，线性振动机取 $Z = 0.82 \sim 0.88$，非线性振动机取 $Z = 0.85 \sim 0.95$

项 目	计 算 公 式	参 数 选 择
曲柄半径	$r=\dfrac{B}{\cos\alpha}$	相位差 $\quad \alpha=\arctan\dfrac{2\zeta Z}{1-Z^2}$ $\quad \zeta=0.02\sim0.07$
名义激振力	$P=K_0 r=\dfrac{K_0 B}{\cos\alpha}$	
最大启动力矩（按静刚度计算）	线性振动机 $M_c=\dfrac{K_0 K r^2}{2(K_0+K)}\quad(\text{N}\cdot\text{m})$	K_0——连杆弹簧刚度，N/m K——主振弹簧刚度，N/m r——曲柄半径，m
电机功率	按启动力矩计算 $N_c=M_c\omega/(1000\eta K_c)\quad(\text{kW})$ 正常工作时的功率 $N=\dfrac{K_0 r^2\omega\sin2\alpha}{4000\eta}=\dfrac{c\omega^2 B^2}{2000\eta}\quad(\text{kW})$ 或参照 2.9 节式（19-6-20）	K_c——启动转矩系数，考虑到 M_c 未乘安全系数，通常取 $K_c=1.2\sim1.5$ η——传动效率，通常取 $\eta=0.9\sim0.95$ 正常工作时功率也可按表 19-6-15 计算
连杆所受最大力	启动时：$F_c=2M_c/r\quad(\text{N})$ 正常工作时：$F=K_0\sqrt{B^2+r^2-2Br\cos\alpha}\quad(\text{N})$	取连杆主振弹簧刚度 $K=m\omega^2$ 时 $F=c\omega B\quad(\text{N})$

6.3 主振系统的动力平衡——多质体平衡式振动机

对于如图 19-6-37b 和图 19-6-39 所示的直线振动机，可采用图 19-6-41 所示的动力平衡机构。两质体之间有如图 19-6-43 所示的橡胶铰链式导向杆，整个机器通过此导向杆的中间铰链与刚性底座或弹性底座固定。工作时，两质体绕导向杆中间摆动，两质体运动方向相反，惯性力方向也相反。当两质体质量相等时，两惯性力可以获得平衡。实际上，两质体的质量及其中的物料的质量很难完全相等，所以，还有一部分未平衡的惯性力传给基础。如基础能够承受，就采用图 19-6-41a 所示刚性底座形式。如果承受不了，还可采用图 19-6-41b 的形式，进一步减振。

如果图 19-6-37b 和图 19-6-39a 所示的振动机是一个有弹性支座的单槽振动输送机，采取上述动力平衡措施后，动力特性也有相应变化，其动力参数计算见表 19-6-17。

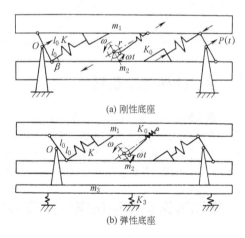

(a) 刚性底座

(b) 弹性底座

图 19-6-41 平衡式近共振类振动机

表 19-6-17 　　　　动力参数计算

项目	刚性底座（图 19-6-41a）	弹性底座（图 19-6-41b）
隔振弹簧总刚度	$K_g=\dfrac{1}{Z_0^2}(m_1+m_2)\omega^2\quad(\text{N/m})$	$K_g=\dfrac{1}{Z^2}(m_1+m_2+m_3)\omega^2\quad(\text{N/m})$
	Z_0——频率比，通常取 $Z_0=3\sim5$，对有物料作用的振动机，可适当取小些	
空载诱导质量	$m_k=\dfrac{1}{4}(m_1+m_2)$	$m_k=\dfrac{1}{4}\left[m_1+m_2-\dfrac{(m_1-m_2)^2}{m_1+m_2-m_3'}\right]$

项目	刚性底座(图 19-6-41a)	弹性底座(图 19-6-41b)
重载诱导质量	$m = \dfrac{1}{4}(m_1' + m_2')$	$m = \dfrac{1}{4}\left[m_1' + m_2' - \dfrac{(m_1' - m_2')^2}{m_1' + m_2' + m_3'} \right]$
诱导阻力系数		$C = (C_1 - C_2)/4$
说明	$m_1' = m_1 + K_m m_m$ $m_2' = m_2 + K_m m_m$ C_1,C_2——质体 1、2 的阻力系数 K_m——见表 19-6-8 ζ——由本表算得的 $C = 2\zeta m\omega/Z$	$m_1' = m_1 + K_m m_m$ $m_2' = m_2 + K_m m_m$ $m_3' = m_3 - \dfrac{K_3}{\omega^2}$ m_3——底架部分实际质量,kg K_3——隔振弹簧沿振动方向的刚度
固有频率		$\omega_n = \sqrt{\dfrac{K + K_0}{m}}$
相位差角		$\alpha = \arctan \dfrac{2\zeta Z}{1 - Z^2}$
频率比	$Z = \omega/\omega_n$,Z 通常取 $0.85 \sim 0.95$	$Z = \omega/\omega_n$,Z 通常取 $0.85 \sim 0.9$
相对振幅	$B = \dfrac{K_0 r\cos\alpha}{(K + K_0)(1 - Z^2)}$	$B = \dfrac{K_0 r}{(K + K_0)(1 - Z^2)}$
绝对振幅	$B_1 = -B_2 = \dfrac{B}{2}$	$B_3 = \dfrac{-(m_1' - m_2')}{2(m_1' + m_2' + m_3')}B$ $B_1 = \dfrac{1}{2}B + B_3$;$B_2 = -\dfrac{1}{2}B + B_3$
基础受动力	$P = (m_1' - m_2')\omega^2 B_1$ 沿 s 方向	垂直方向 $P_c = \sum K_{3c} B_3 \sin\delta$ 水平方向 $P_s = \sum K_{3s} B_3 \cos\delta$ δ——振动方向线与水平线夹角,近似按 β 选取 $\sum K_{3c}$,$\sum K_{3s}$——隔振弹簧垂直、水平方向的总刚度

6.4 导向杆和橡胶铰链

近共振类振动机主振系统采用的导向杆常见的有两种:一种是板弹簧导向杆(图 19-6-42),可用弹簧钢板、酚醛压层板、竹片或优质木材等制成,多用于中小型振动机;另一种是橡胶铰链导向杆,多用于大中型振动机。图 19-6-43 是平衡式振动机的刚性导向杆,能承受较大负荷,在导向杆的两端和中间部位有三个孔,孔中装有如图 19-6-44 所示的橡胶铰链,橡胶铰链可以根据它所承受的扭矩和径向力按本手册第 12 篇橡胶弹簧进行设计。

6.5 振动输送类振动机整体刚度和局部刚度的计算

槽体的刚度计算是一项重要的工作。计算槽体的刚度,实际上是计算槽体横向振动的固有角频率。槽体横向振动固有角频率与工作频率一致时,就会使槽体的弯曲振动显著增大。更严重的是,当出现较大弯曲振动时,会使它的振幅和振动方向角发生明显变化;在槽体不同位置上物料平均输送速度有显著差异;某些部位物料急剧跳动,物料快速向前运动;另一些部位,物料仅轻微滑动,有时甚至会出现反方向运动,使机器难以正常工作。因此,在设计与调试时,必须避免槽体各阶弯曲振动的固有角频率与工作频率相接近。

各段槽体固有角频率按表 19-6-18 公式计算。通过对各段槽体固有角频率的计算,可以确定较为合理的支承点间距 l。支承点间距越小,固有角频率越高。因此,支承点间距要根据振动输送机工作频率高低及机器大小在 2.5m 的范围内进行选择。工作频率越高,支承点间距 l 越小;机器越小,即断面惯性矩 J_a 也越小,支承点间距 l 也应越小。通常振动强度 $K = 4 \sim 6$ 及小型机器时,$l < 1m$;振动强度 $K < 4$ 及大机器时,$l = 1 \sim 2.5m$;当支承点间有集中载荷时,应取较小值。

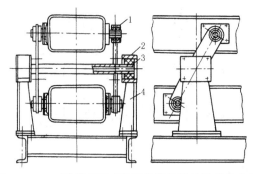

图 19-6-43　平衡式振动输送机的橡胶铰链式导向杆

1—两端橡胶铰链；2—滑块；3—中间橡胶铰链；4—支座

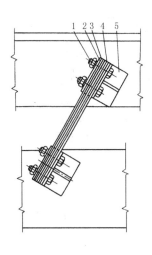

图 19-6-42　板弹簧的结构

1—紧固螺栓；2—压板；

3—板弹簧；4—垫片；5—支座

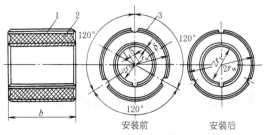

安装前　　　　安装后

图 19-6-44　橡胶铰链结构

1—橡胶圈；2—内环；3—外环

表 19-6-18　　　　　　　　　　　　振动输送槽体段的固有角频率

典 型 模 型	固有角频率/rad · s⁻¹	适 用 范 围
l　m_c	$\omega_{n1} = \left(\dfrac{n\pi}{l}\right)^2 \sqrt{\dfrac{EJ_a}{m_c}}\ (n=1,2,3,\cdots)$	振动输送机导向杆之间的各段槽体
l　l_1　m_c	$\omega_{n1} = \left(\dfrac{a_1}{l}\right)^2 \sqrt{\dfrac{EJ_a}{m_c}}$	振动输送机两端槽体段，系数 a_1 参见表 19-6-19
l　a　b　m_c　m	$\omega_{n1} = \sqrt{\dfrac{3EJ_a}{(m/l+0.49m_c)a^2 b^2}}$	振动输送机安装有传动部或给料口、排料口的槽体段。集中力为相应部分质量的惯性力
l　m_c　m	$\omega_{n1} = \sqrt{\dfrac{3EJ_a}{(m/l+0.24m_c)l^4}}$	振动输送机两端有给料口或排料口槽体段

注：J_a—槽体的截面惯性矩，m^4；m—集中质量，kg；m_c—分布质量，kg/m；l—两支承的距离或悬臂长度，m；l_1—外伸端长度，m；a，b—集中质量与两端的距离。

表 19-6-19　　　　　　　　　　　　系数 a_1

l_0/l	1	0.75	0.5	0.33	0.2
a_1	1.5	1.9	2.5	2.9	3.1

弹簧隔振双质体振动输送机总体出现弹性弯曲振动的固有角频率：

第 19 篇

$$\omega_{n1} = \sqrt{\left[\left(\frac{4.73}{l}\right)^4 E\sum J_1 + \sum K_1\right]\frac{1}{\sum m_1}}$$

$$\omega_{n2} = \sqrt{\left[\left(\frac{7.853}{l}\right)^4 E\sum J_1 + \sum K_1\right]\frac{1}{\sum m_1}}$$

$$\omega_{n3} = \sqrt{\left[\left(\frac{10.996}{l}\right)^4 E\sum J_1 + \sum K_1\right]\frac{1}{\sum m_1}}$$

(19-6-38)

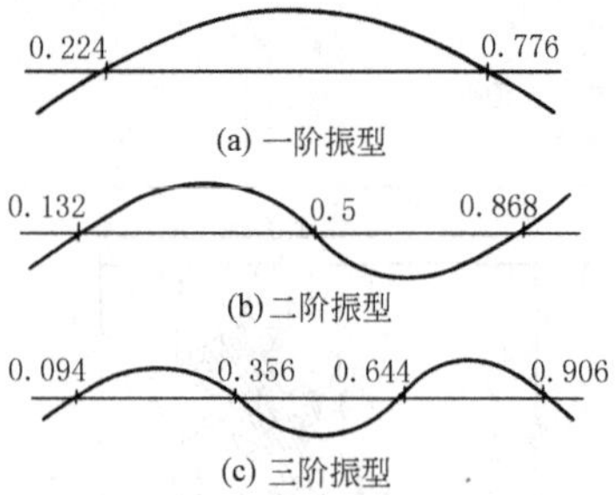

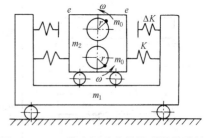

0.224   0.776

(a) 一阶振型

0.132   0.5   0.868

(b) 二阶振型

0.094   0.356   0.644   0.906

(c) 三阶振型

图 19-6-45   振动输送机的弯曲
振动的振型

式中 l——输送机长度，m；

$\sum J_1$——弯曲振动方向上总截面惯性矩，m^4；

$\sum m_1$——单位长度上的总质量，kg；

$\sum K_1$——槽体单位长度上所安装的隔振弹簧刚度，N/m。

各阶固有角频率对应的振型如图 19-6-45 所示。

槽体出现弹性弯曲时，主要的调试方法是改变隔振弹簧刚度和支承点，或增减配重，使工作频率避开固有圆频率。

6.6   近共振类振动机工作点的调试

借助测试，可以了解近共振振动机的固有角频率，确定怎样调试，向哪个方向调试。因此，设计时应考虑调试方法：①弹簧数目较多时，可通过改变刚度方法调试工作点；②弹簧数量少时，主要是通过增减配重来进行调试，设计时应留有增减配重的装置；③当激振器采用带传动时，可以适当修改传动带轮直径，改变工作转速可调节频率比，但改变不能太大，以免影响机械的工作性能；④弹性连杆激振器可通过改变连杆弹簧的预压量来改变总体刚度。

6.7   间隙式非线性振动机及其弹簧设计

在共振筛类振动机械中，常常应用间隙式非线性的弹簧连杆式振动机构，可以采用比较接近共振点的工作状态，而减小所需激振力，还能使工作槽体获得较大的冲击加速度，而提高机器的工作效率。调节弹簧的间隙就可以调整机器的工作点。带有间隙式分段线性弹簧的振动机力学模型见图 19-6-46。简化为线性计算，主振系统弹簧的等效刚度为：

$$K_e = K + K_{el}$$

(19-6-39)

图 19-6-46   带有间隙非线性弹簧的惯性
共振式振动机力学模型

$$K_{le} = \Delta K\left\{1 - \frac{\pi}{4}\left(\frac{e}{B}\right)\left[1 - \frac{1}{6}\left(\frac{e}{B}\right)^2 - \frac{1}{40}\left(\frac{e}{B}\right)^4\right]\right\}$$

(19-6-40)

式中 K——主振弹簧中线性弹簧的刚度；

K_{el}——主振弹簧中间隙线性弹簧的折算刚度；

ΔK——间隙线性弹簧的刚度；

$\left(\frac{e}{B}\right)$——隙幅比，通常 $\left(\frac{e}{B}\right) = 0.3\sim0.5$，$e$ 为弹簧的平均间隙，B 为振动机振幅。振动机及其激振器动力参数的计算，除启动力矩按下式计算外，都可以用表 19-6-14 右列弹性连杆式的公式和表 19-6-16 的公式计算，当然，要用 K_e 来代替该表中的 K 值。

最大启动力矩：

$$M_c = \frac{K_0 K_e r^2}{2(K_0 + K_e)}\left(\sin 2\varphi_m - \frac{2e}{B}\cos\varphi_m\right)，其中$$

$$\varphi_{m} = \arcsin\left[\frac{1}{4}\left(\frac{e}{r}\right) \pm \sqrt{\left(\frac{e}{4r}\right)^2 + 0.5}\right]$$

r——偏心块半径，m。

根据振动机要求，可按主振系统线性计算公式求得总等效刚度 K_e，并可按式（19-6-39）和式（19-6-40）算得：

$$\Delta K = \frac{(K_e - K)}{1 - \frac{\pi}{4}\left(\frac{e}{B}\right)\left[1 - \frac{1}{6}\left(\frac{e}{B}\right)^2 - \frac{1}{40}\left(\frac{e}{B}\right)^4\right]}$$

当 $K \ll \Delta K$ 时，只要主振系统允许浮动，K 可取为零。

7 振动机械动力参数设计示例

7.1 远超共振惯性振动机动力参数设计示例

已知某自同步振动给料机（图 19-6-21），振动质体的总质量为 740kg，转速 $n = 930 r/min$，振幅 $B = 5mm$，物料呈抛掷运动状态，给料量 $Q = 220t/h$，物料平均输送速度 $v_m = 0.308 m/s$，槽体长 $L = 1.5m$，振动方向角 $\delta = 30°$，槽体倾角 $\alpha = 0°$，设计其动力参数。

（1）隔振弹簧刚度

查表 19-6-2 取隔振系统频率比 $Z = 4$，系统振动的圆频率：

$$\omega = \frac{\pi n}{30} = \frac{\pi \times 930}{30} = 97.4 rad/s$$

隔振弹簧总刚度：

$$\sum K = \frac{1}{Z^2}m\omega^2 = \frac{1}{4^2} \times \frac{740}{1000} \times 97.4^2 = 438.7 kN/m$$

取 $\sum K = 440 kN/m$，采用四只悬吊弹簧，则每只弹簧刚度：

$$K = \frac{\sum K}{4} = \frac{440}{4} = 110 kN/m$$

（2）参振质量

根据式（19-6-8），

$$D = \frac{B\omega^2\sin\delta}{g\cos\alpha} = \frac{0.005 \times 97.4^2\sin30°}{9.8 \times \cos0°} = 2.42$$

由表 19-6-8 插入法查得 $K_m = 0.12$，再根据式（19-6-15）

$$m_m = \frac{QL}{3600v_m} = \frac{220 \times 1000 \times 1.5}{3600 \times 0.308} = 292 kg$$

参振质量：

$$m = m_p + K_m m_m = 740 + 0.12 \times 292 = 775 kg$$

（3）等效阻尼系数

$$C = 0.14m\omega = 0.14 \times \frac{775}{1000} \times 97.4 = 10.57 kN \cdot s/m$$

（4）激振力幅值和偏心质量矩

按图 19-6-21，折算到 s 方向上的弹簧刚度：

$$K_s = \sum K\sin^2\delta = 440 \times \sin^2 30° = 110 kN/m$$

相位差角，（按表 19-6-12）：

$$\alpha = \arctan \frac{C\omega}{K_s - m\omega^2} = \arctan \frac{10.57 \times 97.4}{110 - 0.775 \times 97.4^2} = 172°$$

激振力幅值：

$$P = \sum m_0 r\omega^2 = \frac{1}{\cos\alpha}(K_s - m\omega^2)B = \frac{1}{\cos 172°}(110 - 0.775 \times 97.4^2) \times 0.005 = 36.57\text{kN}$$

因采用双轴自同步激振器，每一激振器的激振力为 18.28kN，每一激振器采用四片偏心块，每片偏心块的质量矩

$$m_0 r = \frac{18.28 \times 1000}{4 \times 97.4^2} = 0.48\text{kg} \cdot \text{m}$$

（5）电机功率（按 2.9 节）

振动阻尼所消耗的功率：

$$取 C_0 = 0.5, \quad C = 0.14m\omega$$

$$N_z = \frac{0.14}{2000}m\omega^3 B^2 = \frac{0.14}{2000} \times 775 \times 97.4^3 \times 0.005^2 = 1.25\text{kW}$$

轴承摩擦所消耗的功率：

$$取轴承中径 d_1 = 0.05\text{m}, \quad \mu_d = 0.007, \quad 则$$

$$N_f = \frac{1}{2000}\mu_d /P\omega d_1 = \frac{1}{2000} \times 0.007 \times 36570 \times 97.4 \times 0.05 = 0.62\text{kW}$$

总功率：取 $\eta = 0.95$，则

$$N = \frac{1}{\eta}(N_z + N_f) = \frac{1}{0.95}(1.25 + 0.62) = 1.97\text{kW}$$

选用两台振动电机以自同步形式作为激振器，根据激振力、激振频率、功率要求，选取两台 YZO-19-6 型振动电机，激振力为 20×2=40kN，激振频率为 950r/min，功率为 1.5×2=3kW，满足设计要求。

（6）传给基础的动载荷

按表 19-6-12 说明，因是悬挂弹簧，

$$F_y = \sum KB\sin\delta = 438.7 \times 0.005 \times \sin 30° = 1.1\text{kN}$$

7.2 惯性共振式振动机动力参数设计示例

某非线性振动共振筛，力学模型如图 19-6-37b 所示，但机体与水平成 $\alpha_0 = 5°$ 倾角安装（图中右端低），主振弹簧 K 采用间隙隔振类似图 19-6-46 形式，其筛体质量 $m_1 = 835\text{kg}$，振动方向角 $\delta = 45°$，转速 $n = 800\text{r/min}$，振幅 $B_1 = 6.5\text{mm}$，机体内的平均物料量 $m_m = 750\text{kg}$，试进行其动力参数设计。

（1）预估参振质量

振动机械设计中的主要困难就是未知量太多，首先遇到的问题是参振质量，甚至 m_1、m_2 全未知，m_m 可从运动学参数设计中确定。m_1 可根据机体尺寸、振动参数、结构强度预估为 $m_1 = 835\text{kg}$，m_2 受到主振弹簧允许变形量的限制，预估 $m_2/m_1 = 0.7$，$m_2 = 0.7m_1 = 0.7 \times 835 = 584.5\text{kg}$。

（2）隔振弹簧刚度

选取隔振弹簧 K_1（图 19-6-37b 中的 K_{11}、K_{12}）的频率比 $Z_0 = 3.2$。以下按表 19-6-14 计算。

激振角频率 $\omega = \dfrac{\pi n}{30} = \dfrac{\pi \times 800}{30} = 83.78\text{rad/s}$，隔振弹簧总刚度为：

$$\sum K_1 = \frac{1}{Z_0^2}(m_1 + m_2)\omega^2 = \frac{1}{3.2^2} \times (835 + 584.5) \times 83.78^2 = 972.9 \times 10^3 \text{N/m} = 972.9\text{kN/m}$$

隔振弹簧采用四角均匀布置，每角 2 只弹簧，一只弹簧的刚度为：

$$K_1 = \frac{\sum K_1}{8} = \frac{972.9}{8} = 121.6 \text{kN/m}$$

（3）诱导质量式（19-6-8）：

由于 $D = \frac{B_1 \omega^2 \sin\delta}{g\cos\alpha_o} = \frac{0.0065 \times 83.78^2 \times \sin45°}{9.8 \times \cos5°} = 3.3$，从表19-6-8查得 $K_m \approx 0$，为安全起见，取 $K_m = 0.01$。

筛体的折算质量：

$$m_1' = m_1 + K_m m_m - \frac{\sum K_1}{\omega^2} = 835 + 0.01 \times 750 - \frac{972.9 \times 10^3}{83.78^2} = 704 \text{kg}$$

诱导质量：

$$m = \frac{m_1' m_2}{m_1' + m_2} = \frac{704 \times 584.5}{704 + 584.5} = 319 \text{kg}$$

（4）主振弹簧刚度

选取频率比 $Z = 0.9$，则

$$K_e = \frac{1}{Z^2} m\omega^2 = \frac{1}{0.9^2} \times \frac{319 \times 83.78^2}{1000} = 2764 \text{kN/m}$$

如果主振弹簧为分段线性弹簧，选取 $\frac{e}{B} = 0.4$，软特性弹簧 $K = 600 \text{kN/m}$，即采用6只刚度为 100kN/m 的弹簧连接两个质体（如图19-6-46），则硬弹簧刚度按式（19-6-39）、式（19-6-40）计算：

$$\Delta K = \frac{K_e - K}{1 - \frac{\pi}{4}\left(\frac{e}{B}\right)\left[1 - \frac{1}{6}\left(\frac{e}{B}\right)^2 - \frac{1}{40}\left(\frac{e}{B}\right)^4\right]}$$

$$= \frac{2764 - 600}{1 - \frac{\pi}{4} \times 0.4 \times \left(1 - \frac{1}{6} \times 0.4^2 - \frac{1}{40} \times 0.4^4\right)} = 3116 \text{kN/m}$$

当硬弹簧采用3只并联弹簧时，则1只弹簧刚度

$$\Delta K' = \frac{\Delta K}{3} = \frac{3116}{3} = 1038 \text{kN/m}$$

（5）相位差角

选取阻尼比 $\zeta = 0.05$，则

$$\alpha = \arctan\frac{2\zeta Z}{1 - Z^2} = \arctan\frac{2 \times 0.05 \times 0.9}{1 - 0.9^2} = 25.3°$$

（6）相对振幅

由于已知 B_1，查表19-6-14，$K = \frac{1}{Z^2} m\omega^2$ 及 $B_1 = \frac{KB}{m_1'\omega^2}$（令 $r_1 = r_2 = 1$）可得

$$B = \frac{m_1'}{m} \frac{Z^2}{1} B_1 = \frac{704 \times 0.9^2}{319} \times 0.0065 = 0.0116 \text{m}$$

$$B_2 = B_1 - B = 0.0065 - 0.0116 = -0.0051 \text{m}$$

（7）偏心质量矩

$$\sum m_0 r = \frac{m_2 B(1 - Z^2)}{Z^2 \cos\alpha} = \frac{584.5 \times 0.0116 \times (1 - 0.9^2)}{0.9^2 \times \cos25.3°} = 1.76 \text{kg} \cdot \text{m}$$

（8）激振力幅

$$\sum m_0 r\omega^2 = 1.76 \times 83.78^2 = 12354 \text{N}$$

（9）电机功率（按 2.9 节）

振动阻尼所消耗的功率：$C=2\zeta m\dfrac{\omega}{Z}=2\times0.05\times m\omega/0.9=0.11m\omega$

$$N_z=\frac{1}{2000}C\omega^2B^2=\frac{0.11}{2000}m\omega^3B^2$$

$$=\frac{0.11}{2000}\times319\times83.78^3\times0.0116^2=1.39\text{kW}$$

轴承摩擦所消耗的功率取：$N_f=0.8N_z$

总功率：$N=\dfrac{1}{\eta}(N_z+N_f)=\dfrac{1}{0.95}(1.39+0.8\times1.39)=2.63\text{kW}$

选用一台 3kW 的电机。

（10）传给基础的动载荷

$$F_T=\sum K_1B_1\sin(\delta-\alpha_o)=972.9\times0.0051\times\sin(45°-5°)=3.2\text{kN}$$

振动机械的设计过程大致可分为这样几个阶段。首先在预估参振质量 m_1 的条件下，协调好 m_1、m_2、主振弹簧 K、绝对振幅 B_1、相对振幅 B 之间的关系，然后进行主振弹簧、隔振弹簧设计，激振器设计，初步设计告一段落。设计的第二阶段为绘制设计草图，计算出参振机体的质量 m_1、转动惯量 I_1、质心位置 O_1，第二阶段主要是结构设计阶段。第三阶段为精确设计计算阶段，这一阶段，根据精确质量 m_1、I_1 协调各动力参数关系，再重新校核各零件的设计参数，最终设计参数被确定。

7.3 弹性连杆式振动机动力参数设计示例

如图 19-6-41 所示的平衡式弹性连杆式振动输送机，经过初步设计之后，确定上槽体质量 $m_1=1838\text{kg}$，下槽体质量 $m_2=2150\text{kg}$，两槽体中的平均物料量均为 $m_m=1600\text{kg}$，底架质量 $m_3=6130\text{kg}$，该输送机振动方向角 $\delta=30°$，水平布置，转速 $n=600\text{r/min}$（$\omega=62.8\text{rad/s}$），振动槽体的振幅 $A_1=-A_2=7\text{mm}$。试设计其动力学参数。

（1）隔振弹簧刚度（按表 19-6-14）

选取隔振频率比 $Z_0=3$，则

$$\sum K_3=\frac{1}{Z_0^2}(m_1+m_2+m_3)\omega^2=\frac{1}{3^2}\times\frac{1838+2150+6130}{1000}\times62.8^2=4434\text{kN/m}$$

（2）诱导质量

由于 $D=\dfrac{B_1\omega^2\sin\delta}{g\cos\alpha}=\dfrac{0.007\times62.8^2\times\sin30°}{9.8\times\cos0°}=1.4$，从表 19-6-8 可推得 $K_m=0.25$，所以

$$m_1'=m_1+K_mm_m=1838+0.25\times1600=2238\text{kg}$$

$$m_2'=m_2+K_mm_m=2150+0.25\times1600=2550\text{kg}$$

$$m_3'=m_3-\frac{\sum K_3}{\omega^2}=6130-\frac{4434\times10^3}{62.8^2}=5008\text{kg}$$

空载诱导质量（表 19-6-17）：

$$m=\frac{1}{4}\left[m_1+m_2-\frac{(m_1-m_2)^2}{m_1+m_2+m_3'}\right]=\frac{1}{4}\times\left[1838+2150-\frac{(1838-2150)^2}{1838+2150+5008}\right]=994\text{kg}$$

有载诱导质量（表 19-6-17）：

$$m'=\frac{1}{4}\left[m_1'+m_2'-\frac{(m_1'-m_2')^2}{m_1'+m_2'+m_3'}\right]=\frac{1}{4}\times\left[2238+2550-\frac{(2238-2550)^2}{2238+2550+5008}\right]=1194\text{kg}$$

（3）主振弹簧刚度（表 19-6-14）

$$K = m'\omega^2 = \frac{1194 \times 62.8^2}{1000} = 4708\text{kN/m}$$

（4）连杆弹簧刚度（表 19-6-14）

取 $Z = 0.85$，则

$$K_0 = \left(\frac{1}{Z^2} - 1\right)m'\omega^2 = \left(\frac{1}{0.85^2} - 1\right) \times \frac{1194}{1000} \times 62.8^2 = 1808\text{kN/m}$$

（5）相对振幅和相位差角

根据表 19-6-17 平衡式振动输送机振幅关系可求得：

$$B = B_1 + B_2 = 0.007 + 0.007 = 0.014\text{m}$$

当阻尼比取 $\zeta = 0.07$ 时，相位差角（表 19-6-14）

$$\alpha = \arctan\frac{2\zeta Z}{1 - Z^2} = \arctan\frac{2 \times 0.07 \times 0.85}{1 - 0.85^2} = 23.2°$$

（6）曲柄半径（表 19-6-16）

$$r = \frac{B}{\cos\alpha} = \frac{0.014}{\cos23.2°} = 0.0145\text{m}$$

（7）名义激振力（表 19-6-16）

$$K_0 r = 1808 \times 0.0145 = 26.2\text{kN}$$

（8）所需功率（表 19-6-16）

最大启动力矩：

$$M_c = \frac{K_0 K r^2}{2(K_0 + K)} = \frac{1808 \times 4708 \times 0.0145^2}{2 \times (1808 + 4708)} = 0.14 \text{ kN·m}$$

按启动力矩计算电动机功率：取 $\eta = 0.95$，$K_c = 1.3$

$$N_c = \frac{M_c \omega}{\eta K_c} = \frac{0.14 \times 62.8}{0.95 \times 1.3} = 7.12\text{kW}$$

正常工作时的电动机功率：

$$N = \frac{K_0 r^2 \omega \sin2\alpha}{4\eta} = \frac{1808 \times 0.0145^2 \times 62.8 \times \sin(23.2 \times 2)}{4 \times 0.95} = 4.55\text{kW}$$

选用 Y160M-6 型电动机，功率为 7.5kW，转速 $n = 970\text{r/min}$。

（9）传给基础的动载荷

底架 m_3 的振幅按下式近似计算：

$$B_3 = \left|\frac{B}{2} \times \frac{m'_1 - m'_2}{m'_1 + m'_2 + m'_3}\right| = \left|\frac{0.0145 \times (2238 - 2550)}{2 \times (2238 + 2550 + 5008)}\right| = 2.3 \times 10^{-4}\text{m}$$

当隔振弹簧按照 $\sum K_3 = ky = 4434\text{kN/m}$ 设计时，隔振弹簧沿 y 方向和 x 方向的刚度分别为 $\sum K_y = 4434\text{kN/m}$，$\sum K_x = 2306\text{kN/m}$（按弹簧性能选定）。

沿 y 方向传给基础的动载荷：

$$F_{Ty} = \sum K_y B_3 \sin\delta = 4434 \times 2.3 \times 10^{-4} \times \sin30° = 0.51\text{kN}$$

沿 x 方向传给基础的动载荷：

$$F_{Tx} = \sum K_x B_3 \cos\delta = 2306 \times 2.3 \times 10^{-4} \times \cos30° = 0.46\text{kN}$$

8　其他一些机械振动的应用实例

8.1　多轴式惯性振动机

图 19-6-47 为四轴惯性振动摇床。一对轴低速相对旋转；另一对轴高速相对旋转。一般设定其频率比为 1：

2；高频轴与低频轴的相角差 θ。如忽略阻力，运动可看成是两个简谐运动的合成：

$$x = A_1 \sin\omega t + A_2 \sin(2\omega t + \theta) \qquad (19\text{-}6\text{-}41)$$

式中　振幅 $A_1 = -\dfrac{\sum m_1' r_1}{m}$，$A_2 = -\dfrac{\sum m_2 r_2}{m}$；

　　　m——振动体总质量（包括偏心块质量）；

$\sum m_1$，$\sum m_2$——分别为低频偏心块质量、高频偏心块质量；

　　　r_1，r_2——分别为低频偏心块偏心距、高频偏心块的偏心距。

合成激振力为：$F = \sum m_1 r_1 \omega^2 \sin\omega t + 4\sum m_2 r_2 \omega^2 \sin(2\omega t + \theta) \qquad (19\text{-}6\text{-}42)$

激振力与床面的运动方向始终是相反的。

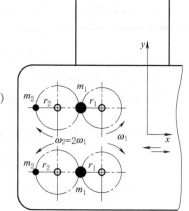

图 19-6-47　四轴惯性振动摇床

8.2　混　振动的设计例

8.2.1　多连杆振动台

　　如图 19-6-48 的振动台，如图中连杆 S_1、S_2 不存在，是个四连杆机构。连杆 S_3 转动时，连杆 BDE（振动台）将产生上下、左右的振动。通过加大运动副的间隙，可产生混沌振动，但间隙的存在会引起运动副间的冲击，碰撞，产生噪声，加快其疲劳失效。该图的设计是用短杆 S_1、S_2 代替间隙。当连杆 S_3 转动时，台面就是具有很强几何非线性的水平混沌振动台。

　　曲柄（即振动台面）的加速度图与相轨图（图略）看来，台面的加速度是非线性的；台面的相轨图呈现无穷缠绕和折叠的情况，运动具有混沌性质。

　　由水平摇动的平台上固定筛子，即为振动筛。与普通振动筛的实验对比，大致情况是：两台设备的效果相当，但混沌振动台功率（100W）小于振筛机的功率（370W），且混沌振动台无需同时周期性地打击筛子上的盖。

8.2.2　双偏心盘混沌激振器在振动压实中的应用

　　如 5.2 节图 19-6-30 的双偏心盘混沌激振器，对砂子做振动压实试验：压前压后先后以大采样环刀取样，再用天平称。振动压实前取样称得为 150.4g，正弦激振压实 5 分钟后取样，称得为 152.2g；混沌振动压实 5min 后取样，称得为 162.2g。证明混沌激振有更好的振动减摩作用与压实效果。

　　由于双偏心盘的混沌振动的振动频带有一定的宽度，正好可以适合混凝土中不同大小颗粒的沙石的共振要求，更好地压实混凝土，已有应用这一原理设计制造的混凝土块压制机，可以预制混凝土板、梁、块。由于振动波在混凝土中的传播衰减较快，对于较长的压制混凝土（板、梁、块）机，最好是设有两个振动源的双向振动机。

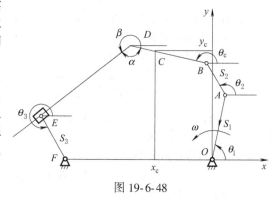

图 19-6-48

8.3　利用振动的拉拔

　　振动拉拔是指在常规拉拔的过程中，对拉模施加振动的一种塑性加工工艺。振动拉拔的频率一般分为低频（25~500Hz）和高频（16~800kHz）两种。施振方式多数沿拉模的轴向。拉拔工艺与传统拉拔相比，一方面可以大幅度降低拉拔力、减少拉拔道次（或提高道次变形量），另一方面还可以提高棒、线或管材等的表面加工质量。例如，采用水耦合式的超声振动拉丝，能得到表面光洁度极高的线材。下面简单介绍一种计算方法。

　　设模具作简谐振动，运动速度为 $v_{\mathrm{d}}\cos\omega t$；模具出口端外的金属流动近似均匀流动，速度为 v_{m}（按 x 方向为负值），则金属相对于模具的速度为：

$$\Delta v = v_{\mathrm{d}}\cos\omega t - v_{\mathrm{m}}$$

　　一般在振动拉拔过程中，$|v_{\mathrm{m}}| < v_{\mathrm{d}}$；

工程实践表明 模具静止不动时，当拉拔速度较低时，拉拔应力随拉拔速度的增加而有所增加。当拉拔速度增加到 6~50m/min 时，拉拔应力开始下降。继续增加拉拔速度，拉拔力变化不大。拉拔速度增大时，模具与被拉拔金属间的摩擦因数通常减小，在相同的材质和拉拔几何条件下，最大拉拔速度与摩擦因数的平方的乘积为一常数。故拉拔速度增大后，原摩擦因数减小的幅度并不显著。

弹性阶段的阻力 P_e 和塑性阶段的阻力 P_p 可写成：

$$P_e = k_e \Delta v; P_p = k_p \Delta v + \sigma_t S = k_p \Delta v + P_0 \tag{19-6-43}$$

式中　k_e，k_p——模具阻力影响系数；

　　　σ_t——静态拉拔应力；

　　　S——拉拔金属模具出口处的截面积；

　　　P_0——静态拉拔力，$P_0 = \sigma_t S$。

模具阻力的滞回线如图 19-6-49a 所示，振动拉拔系统的力学模型如图 19-6-49b 所示。

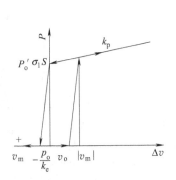

(a) 模具阻力关于相对速度的滞回线　　　　(b) 振动拉拔系统的力学模型

图 19-6-49

系统的运动微分方程为：

$$m\ddot{x} + c\dot{x} + kx + P(\dot{x}, x) = F\sin\omega t \tag{19-6-44}$$

令　v_0——工件开始弹性变形时模具的速度。

滞回约束力函数由图 19-6-49 可写为（注意到 v_m 为-，v_0 为+，及 $\Delta v = \dot{x} - x_m$）

$$P(x, \dot{x}) = \begin{cases} O & \dot{x} \leq v_0 & \text{出现滑动之后} \\ k_e(\dot{x} - v_0) & \dot{x} \geq v_0 & \text{塑性流动之前} \\ k_p(x - v_m) + p_0 & \dot{x} \geq |v_m| & \text{塑性流动之后} \\ k_e(\dot{x} - v_m) + p_0 & |v_m| - p_0/k_e \leq \dot{x} \leq |v_m| & \text{塑性流动结束后} \end{cases}$$

下面就是进行求解的计算。可以用无量纲的方法简化，可以籍计算机用数值计算方法等。（略）同样的例子还有振动压路机、矿物破碎机等，只是它们各自有不同的被动物质，有不同的滞回约束力函数。关键的问题是要取得准确的原始参数的测试数据，合乎实际的简化及公式的准确性。最后当然还要以实物的实验测试和修改为定论。

8.4　振动时效技术应用

在工件的铸造、焊接、锻造、机械加工、热处理、校直等制造过程中在工件的内部产生残余应力，这会导致一些不良的后果出现。有人研究用不同的激振频率进行金属型铸件的振动凝固，研究表明采用铸模系统的低阶固有频率进行振动凝固，铸模系统各部位的位移振幅达到极大值，相应会取得极佳的降低和匀化铸造残余应力的效果，达到免于时效处理的程度。

振动时效技术，旨在通过专业的振动时效设备，使被处理的工件产生共振，将一定的振动能量传递到工件的所有部位，使工件内部发生微观的塑性变形，被歪曲的晶格逐渐回复平衡状态。

在焊接中，振动时效源自于敲击时效，施焊一段时间后立即用小锤对焊缝及周边进行敲击，随时将焊接应力消除一些以防止裂纹产生，以免最终产生较大的应力集中。但敲击法能量有限，后来发现使工件产生共振可消除残余应力。

激振频率：选择共振区，一般铸件可以采用中频大激振力，焊接件可分频激振。

激振力：由构件上最大的动应力来确定，一般铸件为∓20N/mm^2，软钢件为∓70N/mm^2。

激振时间：振动的前10min残余应力变化最快，20min后趋于稳定，一般认为处理20~50min即可。工件质量对应振动时间的大致关系见表19-6-20。

表 19-6-20　工件质量对应振动时间的大致关系

工件质量/t	<1	1~3	3~6	6~10	10~50	>50
振动时间/min	10	12	15	20	25	30~50

8.5　声波钻进

如图19-6-50所示，声波钻进是一种新型钻探技术方法，主要设备是振动头，能够产生可以调节的高频振动和低速回转作用，再加上向下的压力，使钻柱和环形钻头不断向岩土中推进。振动头产生的振动频率通常为50~185Hz，转速100~200r/min。当振动与钻柱的自然谐振频率叠合时，就会产生共振。此时钻柱把极大的能量直接传递给钻头。高频振动作用使钻头的切刃以切削、剪切、断裂的方式排开其钻进路径上的物质，甚至还会引起周围土粒液化，让钻进变得非常容易。另外，振动作用还把土粒从钻具的侧面移开，降低钻具与孔壁的摩擦阻力，也大大提高了钻进速度，在许多地层中钻速高达30.5cm/min。比常规回转钻进和螺旋钻进快3~5倍。

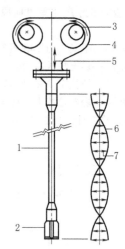

图 19-6-50　声波钻进示意图
1—钻柱；2—回转和振动的钻头；3—旋转方向相反的摆轮；4—高功率振动器；5—沿钻柱轴线的高频正弦波力；6—钻柱中形成的第三谐频驻波；7—水平箭头代表钻柱材料质点的垂直运动

9　主要零部件

9.1　三相异步振动电机

9.1.1　部颁标准

按JB/T 5330—2007"三相异步振动电机技术条件"制造。型号为："产品代号—规格—安装形式"。产品代号由厂家制定。例：YZU—10—4B表示额定激振力为10kN，4极，B型安装尺寸的YZU系列三相异步振动电机。振动电机的安装尺寸分A型和B型。A型采用安装底脚与端盖相连结构；B型采用安装底脚与机座相连结构。绝缘结构采用B级或F级。振动电机的额定电压为380V，额定频率为50Hz。振动电机的定额是连续工作制。卧式任意方向安装。环境温度不超过40℃，最低为-15℃；海拔不超过1000m。

国内生产振动电机的厂家很多，品种也很多。有立式的，单相的（220V，380V），半波整流的振动电机。还可以根据用户的要求设计生产。还有按引进技术参数生产的。

表 19-6-21　　振动电机代号、额定激振力、额定激振功率和同步转速的关系
（摘自 JB/T 5330—2007）

规格代号	额定激振力/kN	额定激振功率/kW	同步转速/r·min^{-1}	规格代号	额定激振力/kN	额定激振功率/kW	同步转速/r·min^{-1}
0.6—2	0.6	0.06	3000	3—2	3	0.25	3000
1—2	1	0.09		5—2	5	0.37	
2—2	2	0.18		10—2	10	0.75	

续表

规格代号	额定激振力 /kN	额定激振功率 /kW	同步转速 /r·min⁻¹	规格代号	额定激振力 /kN	额定激振功率 /kW	同步转速 /r·min⁻¹
15—2	15	1.1		40—6	40	3.0	
20—2	20	1.5		50—6	50	3.7	
30—2	30	2.2	3000	75—6	75	5.5	
40—2	40	3.0		100—6	100	7.5	
50—2	50	3.7		135—6	135	9	1000
2—4	2	0.12		165—6	165	11	
3—4	3	0.18		185—6	185	13	
5—4	5	0.25		210—6	210	15	
8—4	8	0.37		3—8	3	0.25	
10—4	10	0.55		5—8	5	0.37	
15—4	15	0.75	1500	8—8	8	0.55	
20—4	20	1.1		10—8	10	0.75	
30—4	30	1.5		15—8	15	1.1	
50—4	50	2.2		20—8	20	1.5	
75—4	75	3.7		30—8	30	2.2	
100—4	100	6.3		50—8	50	3.7	
1.5—6	1.5	0.12		75—8	75	5.5	750
2—6	2	0.2		100—8	100	7.5	
3—6	3	0.25		135—8	135	9	
5—6	5	0.37		165—8	165	11	
8—6	8	0.55	1000	185—8	185	13	
10—6	10	0.75		210—8	210	15	
15—6	15	1.1					
20—6	20	1.5					
30—6	30	2.2					

振动电机的安装尺寸及公差应符合表 19-6-22 的规定，外形尺寸应不大于表中的规定（按 JB/T 5330—2007）。

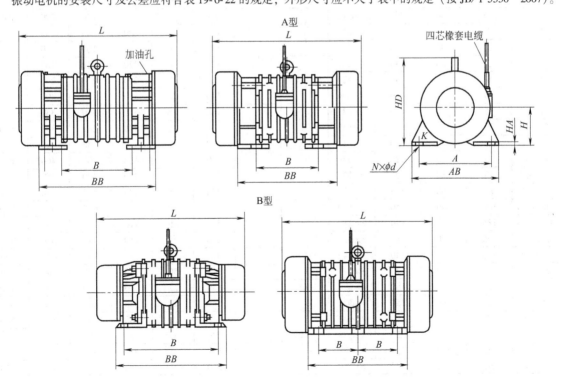

B型

表 19-6-22 振动电机的安装尺寸、公差和外形尺寸

规格代号	激振力/kN	安装尺寸					外形尺寸					
		A	B	K			H	HA	AB	BB	HD	L
		基本尺寸		N×φd	极限偏差	位置度公差						
0.6—2	0.6	106	62	4×φ10	+0.36 0	φ1.0Ⓜ	65	10	145	70	170	190
1—2	1	120	40	4×φ10			65	10	145	70	170	200
2—2	2	130	80	4×φ12	+0.43 0		80	12	160	130	200	230
3—2	3	150	90	4×φ14			90	14	180	150	210	260
5—2	5	180	110	4×φ18		φ1.0Ⓜ	100	16	220	160	230	340
10—2A	10	190	210	4×φ22	+0.52 0		100	18	250	260	240	390
15—2	16	250	260	4×φ26			140	22	320	320	310	460
20—2A	20	250	260	4×φ26			140	22	320	320	310	480
30—2A	30	290	300	4×φ33	+0.62 0	φ1.5Ⓜ	160	28	380	370	390	500
40—2	40	290	300	4×φ33			160	28	380	370	390	520
10—2B	10	200	140	4×φ22	+0.52 0	φ1.0Ⓜ	100	18	250	190	240	390
20—2B	20	260	150	4×φ26			140	22	320	240	310	480
30—2B	30	300	170	4×φ33	+0.62 0	φ1.5Ⓜ	160	28	380	270	390	520
50—2B	50	350	220	4×φ39			190	33	430	310	400	580
2—4	2	130	80	4×φ12	+0.43 0		80	12	160	130	200	240
3—4	3	150	90	4×φ14			90	14	180	150	210	250
5—4	5	180	110	4×φ18		φ1.0Ⓜ	100	16	220	160	230	330
8—4	8	220	140	4×φ22	+0.52 0		120	18	270	220	260	370
10—4	10	220	140	4×φ22			120	18	270	220	260	390
15—4	15	260	150	4×φ26			140	22	320	240	300	460
20—4	20	260	150	4×φ26			140	22	320	240	300	480
30—4	30	310	170	4×φ33	+0.62 0	φ1.5Ⓜ	160	28	380	280	340	530
50—4	50	350	220	4×φ36			190	33	430	350	400	590
75—4B	75	380	125	6×φ39			220	35	480	400	460	650
100—4B	100	440	140	6×φ39			240	40	530	450	520	720
1.5—6	1.5	130	80	4×φ12	+0.43 0		80	12	160	130	200	240
2—6	2	180	110	4×φ14			100	16	220	160	230	350
3—6	3	180	110	4×φ14		φ1.0Ⓜ	100	16	220	160	230	370
5—6	5	220	140	4×φ22	+0.52 0		120	18	270	220	260	450
8—6	8	220	140	4×φ22			120	18	270	220	260	460
10—6	10	260	150	4×φ26			140	22	320	240	300	480
15—6	15	310	170	4×φ33			160	28	380	280	340	500
20—6	20	310	170	4×φ33			160	28	380	280	340	530
30—6	30	350	220	4×φ39	+0.62 0	φ1.5Ⓜ	190	33	430	350	400	590
40—6	40	350	220	4×φ39			220	35	480	400	460	650
50—6B	50	380	125	6×φ39			220	35	480	400	460	700
75—6B	75	380	125	6×φ39			220	35	480	400	460	790
100—6B	100	440	140	6×φ39	+0.62 0	φ1.5Ⓜ	260	40	640	690	590	890
135—6B	135	480	140	8×φ39			280	45	710	770	640	960
165—6	165	480	140	8×φ39			280	45	710	770	640	1000
185—6	185	540	140	8×φ45	+0.74 0	φ2.0Ⓜ	310	50	730	790	640	1100
210—6	210	540	170	8×φ45			310	50	730	790	640	1140
3—8	3	260	150	4×φ26	+0.52 0	φ1.0Ⓜ	140	22	320	240	300	450
5—8	5	260	150	4×φ26			140	22	320	240	300	480
10—8	10	310	170	4×φ33	+0.62 0	φ1.5Ⓜ	160	28	380	280	340	530
15—8	15	350	220	4×φ39			190	33	430	350	400	570
20—8	20	350	220	4×φ39			190	33	430	350	400	590
30—8B	30	380	125	6×φ39			220	35	480	400	460	710

续表

规格代号	激振力/kN	安装尺寸					外形尺寸					
		A	B	K			H	HA	AB	BB	HD	L
		基本尺寸		N×φd	极限偏差	位置度公差						
50—8B	50	380	125	6×φ39	+0.62 0	φ1.5Ⓜ	220	35	480	400	460	790
75—8B	75	440	140	6×φ45			260	40	640	690	590	910
100—8B	100	480	140	8×φ45			280	40	710	770	640	1030
135—8B	135	480	140	8×φ45			280	40	710	770	640	1100
165—8	165	480	140	8×φ45			280	40	710	770	640	1150
185—8	185	540	140	8×φ45	+0.74 0	φ2.0Ⓜ	310	50	730	790	640	1200
210—8	210	540	170	8×φ45			310	50	730	790	640	1250

9.1.2　立式振动电机与防爆振动电机

立式振动电机的安装法兰位置可以在中间、上部或下部（单法兰结构）。可用来产生圆形或椭圆形复合振动。激振力易于无级调整。可调整水平、垂直、倾斜等方向多元激振力，使物料形成快速平面分散、或中心聚集、或平面旋转、三维旋转等多种运动方式。调节范围广。主要应用于旋振筛、旋振清理机、振动破碎机、振动混料机等设备。

另外，还有防爆（隔振）振动电机，尚没有标准。防爆（隔振）振动电机基本上参照、符合普通振动电机尺寸或各厂家另行设计，包括隔爆型系列振动电机、隔爆型系列立式振动电机、户外隔爆型振动电动机、户外立式隔爆型振动电动机、设计成细长结构的隔爆型振动电动机、铝壳的隔爆型振动电动机；还有两电机连为一体，作直线振动源的结构等，型号种类很多。防爆标志为：EXdⅠ，（一类防爆设备）适用煤炭、矿山行业（瓦斯、煤尘）；EXdⅡ（二类防爆设备）适用化工、医药、粮油行业（易燃易爆气体）。绝缘等级：F-B，外壳防护等级：IP55-IP54。

例如，YBZD 系列户外隔爆型振动三相异步电动机，其防爆性能符合 GB 3836.2—2010《爆炸性环境用电气设备——隔爆型"d"》。防爆标志为 EXdⅡBT4，使用于Ⅱ类 A、B 级 T1～T4 组可燃性气体或蒸汽与空气形成的爆炸性混合物的场所。例如，BZDL 立式防爆振动电机，激振力约为 2.5～40kN，频率约由 910～1410r/min 等。

9.2　仓壁振动器

按 "JB/T 3002—2008 仓壁振动器　形式、基本参数和尺寸"，CZ 形式为电磁式；CZG 为惯性式。例：CZ50 为电磁式的仓壁振动器，激振力为 500N。仓壁振动器的基本参数和尺寸应符合表 19-6-23 及表头图图 a、图 b、图 c 的规定

仓壁振动器的基本参数和尺寸

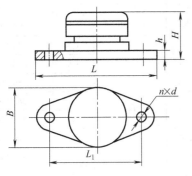

(a) CZ10、CZ25、CZ50、CZ80、CZ100

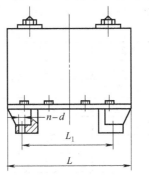

(b) CZ160、CZ250、CZ400、CZ630、CZ800

第 19 篇

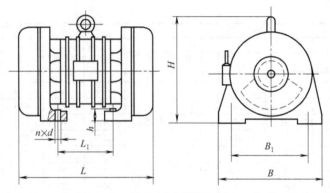

(c) CZG100、CZG200、CZG315、CZG500、CZG1000

表 19-6-23　　　　　　仓壁振动器的基本参数和尺寸（摘自 JB/T 3002—2008）

型号	激振力 /N	适用料仓		振动频率 /Hz	额定电压 /V	功率 /kW	尺寸						
		容量 /t	壁厚 /mm				L	L_1	B	B_1	H	h	$n×\phi d$
							mm						
CZ10	100	0.02	0.6~0.8	50	220	0.015	166	146	120	—	71	10	2×φ10
CZ25	250	0.04	0.8~1.2			0.025	190	160	130	—	110	10	2×φ10
CZ50	500	0.10	1.2~1.6			0.05	280	250	180	—	115	12	2×φ13
CZ80	800	0.35	1.6~2.5			0.07	—	—	—	—	—	—	—
CZ100	1000	0.50	2.5~3.2			0.10	300	260	205	—	185	16	2×φ18
CZ160	1600	1.0	3.2~4.5			0.15	—	—	—	—	—	—	—
CZ250	2500	3.0	4.5~6.0			0.25	400	230	170	145	328	15	4×φ13
CZ400	4000	20	8.0~10			0.50	400	230	245	210	330	16	4×φ13
CZ630	6300	50	10~12			0.65	400	230	245	210	330	16	4×φ13
CZ800	8000	60	12~14			0.85	512	200	346	306	380	23	4×φ18
CZG100	1000	1.0	3.2~4.5	50	380	0.09	190	40	145	120	150	10	4×φ10
CZG200	2000	3.0	4.5~6.0			0.18	230	80	180	150	190	12	4×φ12
CZG315	3150	20	8.0~10			0.25	245	90	180	150	190	12	4×φ14
CZG500	5000	50	10~12			0.37	330	110	240	190	240	13	4×φ19
CZG1000	10000	60	12~14			0.75	370	210	250	190	240	16	4×φ24

　　另外还有电机式的仓壁振动器，ZFB 型。一般用于容量小的钢制结构料仓或钢制溜槽、导料管。振动器装在仓壁外面。振动时，料仓局部产生弹性振动，并进一步将振动渗透到物料中一定深度，活化部分物料流动，达到破拱、防闭塞目的。其性能参数见表 19-6-24。

表 19-6-24　　　　　　　　　　ZFB 系列防闭塞装置的性能参数

型号	电压 /V	功率 /kW	适仓壁板厚 /mm	仓钳部容量 /t	激振力 /kg	激振频率 /r·min^{-1}	振幅 /mm	外形尺寸 /mm×mm×mm
ZFB-3	380	0.09	2-3	0.5	100	3000	1.5	240×150×215
ZFB-4		0.18	3.2-4.5	1	200		1.5	240×150×215
ZFB-5		0.25	4.5-6	3	300		2	280×160×230
ZFB-6		0.37	6-8	10	500		2	280×160×230
ZFB-9		0.75	8-10	20	1000		4	420×200×240
ZFB-12		1.5	10-13	50	2000		4	520×300×290
ZFB-20		2.2	13-25	150	3000		5	520×300×290
ZFB-30		3.7	25-40	200	5000		5	525×390×360

　　注：该产品执行 JB/T 5330 "三相异步振动电机技术条件"。海安恒业机电制造有限公司等生产。

表 19-6-25　　　　　　　　　　**ZFB 系列防闭塞装置的外形尺寸**

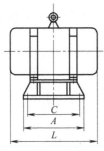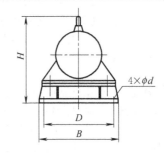

型号 尺寸	ZFB-3	ZFB-4	ZFB-5	ZFB-6	ZFB-9	ZFB-12	ZFB-20	ZFB-30
L	240	240	280	280	420	520	520	523
A	180	180	190	190	310	320	320	363
B	190	190	200	200	250	360	360	410
H	215	215	225	225	240	290	290	360
C	140	140	150	150	250	260	260	303
D	150	150	160	160	200	300	300	390
φ	10	10	14	14	20	22	34	34

仓壁振动器的安装位置见图 19-6-51

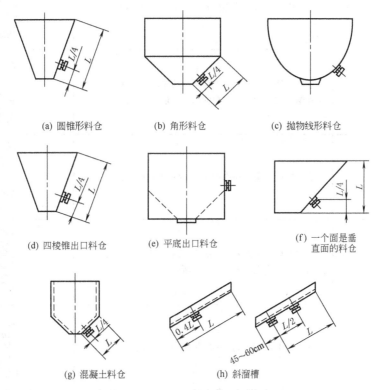

(a) 圆锥形料仓　　(b) 角形料仓　　(c) 抛物线形料仓

(d) 四棱锥出口料仓　　(e) 平底出口料仓　　(f) 一个面是垂直面的料仓

(g) 混凝土料仓　　(h) 斜溜槽

图 19-6-51　仓壁振动器的安装位置图

9.3　橡胶——金属螺旋复合弹簧

复合弹簧是由金属螺旋弹簧与橡胶（或其他高分子材料）经热塑处理后复合而成的一种筒状弹性体。还可以利用高强度纤维与其他高分子材料做成复合材料弹簧。

金属螺旋复合橡胶弹簧广泛地用作各类振动机械的弹性元件,一方面它支承着振动机体,使机体实现所需要的振动,另一方面起减振作用,减小机体传递给基础的动载荷。还可用作汽车前后桥的悬挂弹簧、列车车辆的枕弹簧和各类动力设备(如风机、柴油机、电动机、减速机等)的减振元件。

复合弹簧既有金属螺旋弹簧承载大、变形大、刚度低的特点,又有橡胶和空气弹簧的非线性、结构阻尼特性、各向刚度特性;既克服金属弹簧不适应高频振动、噪声大、横向刚度小、结构阻尼小的缺点,又克服了橡胶弹簧承载小、刚度不能做得很低,性能环境变化出现的不稳定等缺点;结构维护比空气弹簧简便,使用寿命比空气弹簧长。用于振动机械上可使振动平稳,横向摆动减小,起停机时间比金属弹簧缩短50%,过共振时振幅降低40%,减振效率提高,整机噪声减小。对于撞击等引起的高频振动的吸收作用,使得振动机械的机体焊接框架不易开裂,紧固体不易松动,电机轴承寿命得以延长,提高了设备的寿命和安全性。用作列车车辆的枕弹簧,可在路况不变的条件下,提高列车的蛇形运动速度,减小横向摆动以及由于列车启动、制动、溜放、挂靠等操作而引起的车辆加速度值的急剧增加。其对高频振动的吸收作用,使得列车运行更平稳,减振降噪,乘客(客车)更舒适。

在振动利用工程技术领域,还有一种变节距螺旋金属橡胶复合弹簧。由变节距螺旋金属弹簧和橡胶包覆层两部分复合而成。所述变节距螺旋金属弹簧至少有3圈以上的有效螺旋,且至少有2圈以上的有效节距为不同节距的螺旋。

复合弹簧的品种见表19-6-26;尺寸种类可以很多,表19-6-27仅为一例。可以按非标准设计制造。

表 19-6-26 **复合弹簧的代号、名称和结构形式**

代号	名称	结构形式	图示
FA	直筒型	金属螺旋弹簧内外均被光滑筒型的橡胶所包裹	
FB	外螺内直型	金属螺旋弹簧外表面为螺旋型的橡胶所包裹,金属螺旋弹簧内表面为光滑筒型的橡胶所包裹	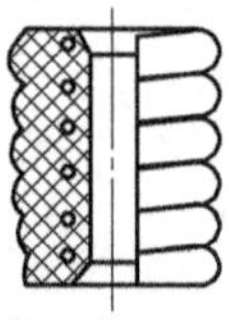
FC	内外螺旋型	金属螺旋弹簧内外均被螺旋型的橡胶所包裹	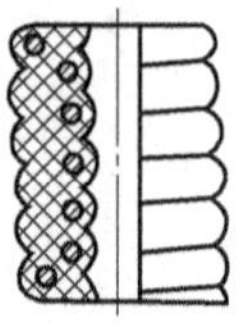
FD	外直内螺型	金属螺旋弹簧内表面为螺旋型的橡胶所包裹,金属螺旋弹簧表面为光滑筒型的橡胶所包裹	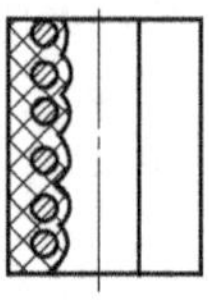
FTA	带铁板直筒型	代号为FA的复合弹簧的两端或一端硫化有铁板	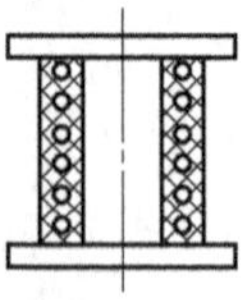
FTB	带铁板外螺内直型	代号为FB的复合弹簧的两端或一端硫化有铁板	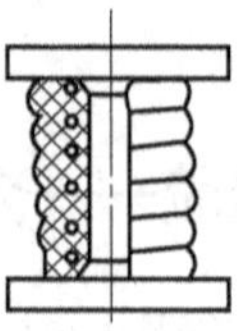

第19篇

续表

代号	名称	结构形式	图示
FTC	带铁板内外螺旋型	代号为 FC 的复合弹簧的两端或一端硫化有铁板	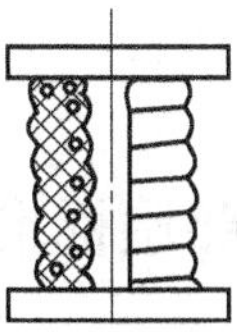
FTD	带铁板外直内螺型	代号为 FD 的复合弹簧的两端或一端硫化有铁板	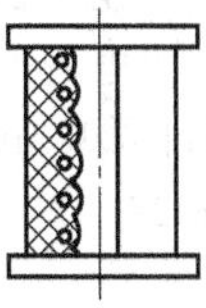

表 19-6-27　　　　　　　　　　复合弹簧尺寸系列表

规格 D×H×d/mm×mm×mm	外径 D /mm	内径 d /mm	自由高度 H /mm	工作变形量 FV /cm	刚度 KL /N·cm⁻¹	工作载荷/Pa
φ50×50×φ18	50	18	50	0.8	500	80
φ60×60×φ20	60	20	60	0.8	600	100
φ80×80×φ25	80	25	80	0.8	1000	200
φ80×80×φ30	80	30	80	0.8	1000	200
φ100×100×φ25	100	25	100	1	1400	500
φ100×100×φ30	100	30	100	1	1400	500
φ100×130×φ30	100	30	130	1	1500	550
φ120×120×φ30	120	30	120	1.2	2200	600
φ120×140×φ30	120	30	140	1.2	2300	650
φ127×127×φ30	127	30	127	1.2	2300	640
φ130×130×φ30	130	30	130	1.3	2400	680
φ140×140×φ30	140	30	140	1.4	3000	700
φ140×160×φ30	140	30	160	1.4	3500	680
φ140×160×φ40	160	40	160	1.4	3500	680
φ160×160×φ30	160	30	160	1.6	3500	750
φ160×160×φ40	160	40	160	1.6	3500	750
φ160×160×φ50	160	50	160	1.6	3500	750
φ160×160×φ60	160	60	160	1.6	3500	750
φ160×235×φ40	160	40	235	1.6	4000	800
φ160×240×φ40	160	40	240	1.6	4000	800
φ180×180×φ40	180	40	180	1.8	4000	800
φ180×240×φ40	180	40	240	1.8	4000	1000
φ200×150×φ65	200	65	150	1.5	3500	800
φ200×200×φ40	200	40	200	2	4500	1000
φ200×200×φ50	200	50	200	2	4500	1000
φ200×300×φ50	200	50	300	2	4800	1300
φ220×220×φ40	220	40	220	2.2	5000	1500
φ220×220×φ50	220	50	220	2.2	500	1500
φ240×240×φ50	240	50	240	2.4	550	1800
φ250×250×φ50	250	50	250	2.5	580	2000
φ300×245×φ80	300	80	245	1	480	2800

10 振动给料机

10.1 部颁标准

按 JB/T 7555—2008 "惯性振动给料机"标准，GZG125-4 表示：通用型惯性振动给料机的型号，给料槽宽 1250 mm，4 极电机；DZDZ 型为重型。给料机的基本参数应符合表 19-6-28 的规定。尺寸应符合表 19-6-29 的规定。运行条件同振动电机的运行条件。

表 19-6-28 给料机的基本参数

型号	给料槽宽度 /mm	额定给料量 $r=1.6t/m^3$ 水平 t/h	下倾10°	最大给料粒度 /mm	振动器转速 /r·min⁻¹	振幅（双峰值）/mm	额定电压 /V	额定电流 /A	电源频率 /Hz	功率 /kW
GZG40-4	400	30	40	100				2×0.75		2×0.25
GZG50-4	500	60	85	150						
GZG63-4	630	110	150	200				2×1.55		2×0.55
GZG70-4	700	120	170							
GZG80-4	800	160	230	250		4.0		2×1.95		2×0.75
GZG90-4	900	180	250							
GZG100-4	1000	270	380	300	1450			2×2.75		2×1.10
GZG110-4	1100	300	420							
GZG125-4	1250	460	650	350				2×3.55		2×1.50
GZG130-4	1300	480	670							
GZG150-1	1500	720	1000			3.5		2×5.20		2×2.20
GZG160-4	1600	770	1100	500		4.0				
GZG180-4	1800	900	1200			3.0		2×6.85		2×3.00
GZG200-4	2000	1000	1400			2.5				
GZG70-6	700	130	180	200			380	2×1.85	50	2×0.55
GZG80-6	800	170	250	250						
GZG90-6	900	200	270							
GZG100-6	1000	290	410	300				2×2.50		2×0.75
GZG110-6	1100	320	450					2×3.00		2×1.10
GZG125-6	1250	500	700	350						
GZG130-5	1300	520	720					2×4.00		2×1.50
GZG150-6	1500	780	1080		960	5.0		2×6.00		2×2.20
GZG160-6	1600	830	1190	500						
GZG180-6	1800	970	1320					2×8.50		2×3.00
GZG125-6	1250	500	700	350				2×4.00		2×1.50
GZG130-6	1300	520	730							
GZG150-6	1500	780	1080					2×6.00		2×2.20
GZG160-6	1600	830	1190	600						
GZG180-6	1800	970	1300					2×10.50		2×4.00
GZG200-6	2000	1300	1800							

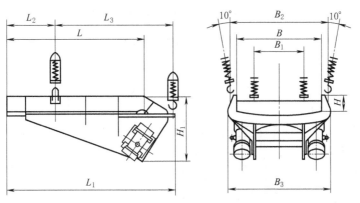

表 19-6-29　　　　　　　　　　　　　给料机的基本尺寸　　　　　　　　　　　　　　　　　　mm

型号	基本尺寸			外形尺寸						
	B	L	H	B_1	B_2	B_3	L_1	L_2	L_3	H_1
GZG40-4	400	1000	200	287	500	750	1337	361	950	600
GZG50-4	500	1000	200	340	626	800	1374	413	930	630
GZG63-4	630	1250	250	410	782	1000	1648	515	1100	767
GZG70-4	700	1250	250	420	850	1010	1548	465	1050	787
GZG80-4	800	1500	250	583	957	1180	1910	550	1320	850
GZG90-4	900	1500	250	573	1057	1170	2003	500	1470	960
GZG100-4	1000	1750	250	633	1157	1362	2190	650	1500	900
GZG110-4	1100	1750	250	633	1257	1362	2151	630	1485	970
GZG125-4	1250	2000	315	760	1426	1506	2540	750	1750	1030
GZG130-4	1300	2000	300	760	1470	1556	2544	750	1750	1084
GZG150-4	1500	2250	300	836	1676	1776	2794	800	1950	1220
GZG160-4	1600	2500	315	886	1776	1850	3050	910	2100	1110
GZG180-4	1800	2325	375	1352	1980	2210	2885	735	2100	1260
GZG200-4	2000	3000	400	1450	2180	2400	3490	775	2665	1220
GZG70-6	700	1250	250	420	850	1010	1548	465	1050	791
GZG80-6	800	1500	250	583	957	1180	1910	550	1320	850
GZG90-6	900	1500	250	573	1057	1170	2003	500	1470	960
GZG100-6	1000	1750	250	631	1157	1238	2190	650	1500	912
GZG110-6	1100	1750	250	631	1257	1362	2151	630	1485	980
GZG125-6	1250	2000	315	758	1426	1506	2540	750	1750	1009
GZG130-6	1300	2000	300	758	1476	1556	2544	750	1750	1119
GZG150-6	1500	2250	300	834	1676	1776	2791	800	1950	1220
GZG160-6	1600	2500	315	884	1776	1876	3050	910	2100	1101
GZG180-6	1800	2325	375	1352	1980	2210	2880	735	2100	1318
GZGZ125-6	1250	2000	315	960	1426	1506	2534	750	1750	1075
GZGZ130-6	1300	2040	300	960	1476	1556	2534	750	1750	1177
GZGZ150-6	1500	2250	300	1065	1681	1776	2784	800	1950	1216
GZGZ160-6	1600	2500	315	1065	1781	1866	3044	900	2100	1170
GZGZ180-6	1800	2325	375	1351	2000	2200	2925	735	2140	1555
GZGZ200-6	2000	3000	400	2200	2351	2400	3680	775	2855	1560

10.2　XZC 型振动给料机

　　XZG 型振动给料机及 FZC 系列振动出矿机专门供金属及类似矿山应用。该两种型号的振动机广泛用于冶金、化工、建材、煤炭等行业，作散状物料、矿物的放矿和给料用。适应于多尘及载矿量有较大波动，环境温度不大于 40℃，空气相对湿度不大于 90% 的场合。该两系列振动机结构先进，具有节能高效、维护方便、可频繁启动等特点。XZG 型为橡胶弹簧振动给料机，给料量 5~1800t/h，给料粒度可达到 800~1000mm。

XZG 型系列振动给料机

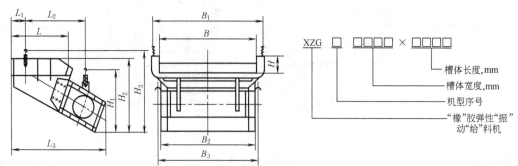

表 19-6-30

型号	槽形尺寸 （宽×长×高）/mm	生产率/t·h⁻¹ 水平	-10°	-12°	给料粒度/mm	振动频率	振幅/mm	电流/A	电压/V	功率/kW	质量/kg
XZG1	200×600×100	5	10	15	50	1000	2	0.32	220~380	0.2	70
XZG2	300×800×120	10	20	30	50	1000	2.5	0.4	220~380	0.2	140
XZG3	400×900×150	20	50	80	70	1000	2.5	0.62	220~380	0.2	200
XZG4	500×1100×200	50	100	150	100	1000	3	1.24	380~660	0.45	350
XZG5	700×1200×250	100	150	200	150	1000	3	1.74	380~660	0.75	650
XZG6	900×1600×250	150	250	350	200	1000	3.5	3.5	380~660	1.52	1240
XZG7	1100×1800×250	250	400	550	250	1000	3.5	8.4	380~660	2.4	1900
XZG8	1300×2200×300	400	600	800	300	1000	4	10.5	380~660	3.7	3000
XZG9	1500×2400×300	600	850	900	350	1000	4	11.4	380~660	5.5	3700
XZG10	1800×2500×375	750	1100	1300	500	1000	5	17.2	380~660	7.5	6450
XZG11	2000×2800×375	1100	1500	1800	500	1000	5	22.4	380~660	10	7630
XZGK1	1600×1400×250	—	200	250	100	1000	3.5	8.4	380~660	2.4	1600
XZGK2	1900×1400×250	—	250	300	100	1000	3.5	8.4	380~660	2.4	1650
XZGK3	2200×1400×250	—	270	350	100	1000	4	10.5	380~660	3.2	1760
XZGK4	2500×1400×250	—	300	400	100	1000	4	10.5	380~660	3.2	1856

型号	外形尺寸/mm B	B₁	B₂	B₃	H	H₁	H₂	H₃	L	L₁	L₂	L₃
XZG1	200	280	220	230	100	470	500	690	600	209	550	970
XZG2	300	388	220	230	120	490	520	690	800	310	660	1140
XZG3	400	496	230	240	150	470	500	700	311	100	200	500
XZG4	500	623	430	580	200	680	850	1100	1100	416	960	1460
XZG5	700	850	562	692	250	730	1000	1390	1200	465	1050	1630
XZG6	900	1057	560	720	250	1035	1200	1640	1600	500	1360	2300
XZG7	1100	1257	960	1100	250	1400	1320	1850	1800	650	1465	2550
XZG8	1300	1476	1200	1060	300	1460	1343	1995	2200	750	1800	2960
XZG9	1500	1676	1200	1340	300	1580	1440	2200	2400	800	2000	3180
XZG10	1800	2014	2304	1000	375	1500	1450	2235	2500	900	2120	3630
XZG11	2000	2294	2425	1010	375	1580	1545	2310	2800	900	2370	4060
XZGK1	1600	1750	1200	1350	250	1330	1090	1720	1400	450	1260	2050
XZGK2	1900	2050	1200	1350	250	1330	1090	1720	1400	450	1260	2050
XZGK3	2200	2350	1200	1350	250	1330	1090	1720	1400	450	1260	2050
XZGK4	2500	2650	1200	1350	250	1330	1090	1720	1400	450	1260	2050

注：1. XZG 和 FZC 系列振动出矿机为北京有色冶金设计研究总院组织有关设计研究院联合设计的。

2. 生产厂家为河南省鹤壁市煤化机械厂等。

10.3　FZC 系列振动出矿机

　　FZC 系列振动出矿机也是一种以振动电机为激振源的振动出矿设备，主要用于矿石溜井出矿用。振动机的尾部直接插于溜井内，振动出矿机运转时，机械振动可直接传给溜井内矿石，起到松动矿石、破坏矿石的结拱作用。如图 19-6-52 所示。生产能力可达 2760t/h。可有效地防止跑矿、悬拱、卡矿等现象。

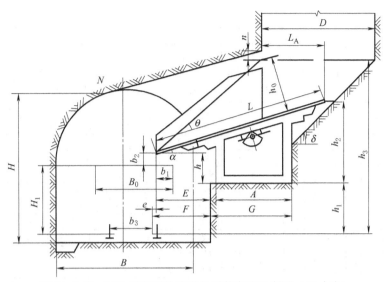

图 19-6-52　FZC 系列振动出矿机工艺布置示意图（尺寸略）

FZC 系列振动出矿机型号表示方法：

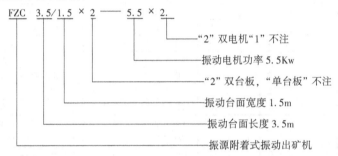

$$\text{FZC} \quad 3.5/1.5 \times 2 \; \text{—} \; 5.5 \times 2.$$

- "2" 双电机 "1" 不注
- 振动电机功率 5.5Kw
- "2" 双台板，"单台板" 不注
- 振动台面宽度 1.5m
- 振动台面长度 3.5m
- 振源附着式振动出矿机

FZC 型系列振动出矿机主要技术特性及其埋设参数

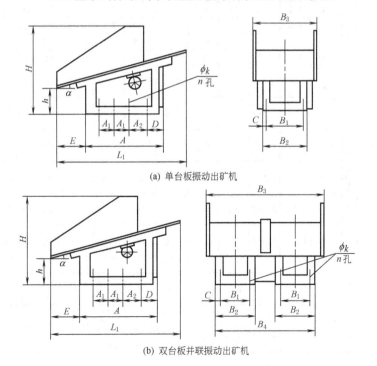

(a) 单台板振动出矿机

(b) 双台板并联振动出矿机

第
19
篇

表 19-6-31

机号	振动出矿机型号	技术特性										机重 G/kg	埋设参数		
		台面长度 L/m	台面宽度 B/m	台面面积 F/m²	台面倾角 α/(°)	额定振频 n /min⁻¹	振动幅值 A/mm	最大激振力 P/t	额定功率 N/kW	工况系数 K_k	技术生产能力 Q/t·h⁻¹		埋设深度 LA/m	眉线高度 h_0/m	眉线角 ϕ/(°)
1	FZC-1.6/1~1.5	1.6	1.0	1.6	12	1400	0.8	1.0	1.5	0.89	300~360	440	0.6	0.6	40
2①	FZC-1.8/0.9~1.5	1.8	0.9		12	1400	0.9	1.0	1.5	0.88	350~400	430	0.6	0.7	40
3	FZC-2/0.8~1.5	2.0	0.8		14	1400	0.9	1.0	1.5	0.89	310~370	490	0.6	0.7	38
4	FZC-2.3/0.7~1.5	2.3	0.7		16	1400	0.8	1.0	1.5	0.89	290~330	575	0.7	0.7	38
5①	FZC-2/1~3	2.0	1.0	2	14	940	3.0	2.0	3.0	1.43	850~1000	690	0.7	0.7	40
6	FZC-2.3/0.9~3	2.3	0.9		14	940	3.0	2.0	3.0	1.38	770~910	870	0.8	0.8	40
7①	FZC-2.3/1.2~3	2.3	1.2	2.8	14	940	1.8	2.0	3.0	1.04	630~760	960	0.8	0.8	40
8	FZC-2.8/1~3	2.8	1.0		18	940	1.7	2.0	3.0	1.02	580~690	1000	0.9	0.9	41
9	FZC-2.3/1.2~4	2.3	1.2		14	1420	0.9	3.0	4.0	1.55	630~730	1010	0.9	0.8	41
10	FZC-2.5/1.2~3	2.5	1.2		16	940	1.7	2.0	3.0	0.95	590~720	980	0.8	0.8	39
11	FZC-3.1/1~3	3.1	1.0	3.1	18	940	1.7	2.0	3.0	0.92	560~670	1060	0.8	0.9	38
12①	FZC-2.5/1.2~4	2.5	1.2		16	1420	0.9	3.0	4.0	1.43	660~770	1030	0.9	0.9	41
13	FZC-3.1/1~4	3.1	1.0		18	1420	1.0	3.0	4.0	1.38	760~870	1110	0.9	0.9	38
14	FZC-3.5/0.9~4	3.5	0.9		18	1420	1.0	3.0	4.0	1.36	730~830	1130	0.9	1.0	37
15①	FZC-2.3/1.4~5.5	2.5	1.4	3.5	14	960	2.0	4.0	5.5	1.63	990~1180	1360	0.9	0.9	41
16	FZC-3.5/1~5.5	3.5	1.0		18	960	2.0	4.0	5.5	1.63	980~1150	1525	1.1	1.1	40
17	FZC-2.8/1.4~5.5	2.8	1.4	4.0	14	960	1.8	4.0	5.5	1.46	900~1080	1460	1.0	1.0	41
18①	FZC-3.1/1.2~5.5	3.1	1.2		14	960	1.8	4.0	5.5	1.54	910~1090	1515	1.1	1.1	40
19	FZC-3.1/1.4~5.5	3.1	1.4	4.5	14	960	1.7	4.0	5.5	1.32	920~1120	1600	1.0	1.1	39
20①	FZC-3.5/1.2~5.5	3.5	1.2		14	960	1.8	4.0	5.5	1.36	870~1050	1670	1.1	1.1	36
21	FZC-4.5/1~5.5	4.5	1.0		18	960	1.8	4.0	5.5	1.59	830~980	2040	1.1	1.1	34
22	FZC-3.1/1.4~7.5	3.1	1.4		14	960	2.0	5.0	7.5	1.65	1260~1500	1875	1.1	1.1	40
23	FZC-3.5/1.2~7.5	3.5	1.2	4.5	14	960	2.1	5.0	7.5	1.70	1220~1440	1810	1.2	1.2	39
24	FZC-4.5/1~7.5	4.5	1.0		18	960	2.0	5.0	7.5	1.59	1290~1510	2225	1.2	1.4	39
25①	FZC-3.5/1.4~7.5	3.5	1.4		14	960	1.8	5.0	7.5	1.46	1160~1380	2000	1.0	1.2	37
26	FZC-4/1.2~7.5	4.0	1.2	5.0	18	960	1.6	5.0	7.5	1.49	870~1040	1935	1.2	1.2	39
27	FZC-5/1~7.5	5.0	1.0		18	960	1.6	5.0	7.5	1.43	840~1010	2355	1.2	1.4	37
28	FZC-4/1.6~10	4.0	1.6	6.3	16	960	1.8	7.5	10	1.67	1570~1870	2355	1.2	1.4	40
29①	FZC-5/1.4~10	5.0	1.4	7.0	18	960	1.7	7.5	10	1.53	1300~1550	2800	1.4	1.4	38
30	FZC-3.1/1×2~4×2	3.1	1.0×2	3.1×2	18	1420	1.0	3.0×2	4.0×2	1.38	1520~1740	2220	0.9	0.9	38
31	FZC-3.5/1×2~5.5×2	3.5	1.0×2	3.5×2	18	960	2.0	4.0×2	5.5×2	1.63	1960~2300	3050	1.1	1.1	40
32	FZC-3.1/1.2×2~5.5×2	3.1	1.2×2	4.0×2	14	960	1.8	4.0×2	5.5×2	1.54	1820~2180	3030	1.1	1.1	40
33①	FZC-3.5/1.2×2~5.5×2	3.5	1.2×2	4.5×2	14	960	1.8	4.0×2	5.5×2	1.36	1740~2100	3310	1.0	1.1	36
34	FZC-3.5/1.4×2~7.5×2	3.5	1.4×2	5.0×2	14	960	1.8	5.0×2	7.5×2	1.46	2320~2760	3970	1.0	1.2	37
35	FZC-4/1.2×2~7.5×2	4.0	1.2×2	5.0×2	18	960	1.6	5.0×2	7.5×2	1.49	1740~2080	3870	1.2	1.2	39

机型分类(第二列纵向跨行): 单台板振动出矿机(1~14)、单台板振动出矿机(15~29)、双台板并联振动出矿机(30~35)

机号	型号	外形及安装尺寸/mm												
		α /(°)	A	A_1	A_2	B_1	B_2	B_3	C	D	E	h	H	L_1	n	ϕk
1	FZC-1.6/1~1.5	12	806	200	—	610	700	1000	45	206	460	544	1257	1565	4	18
2	FZC-1.8/0.9~1.5	12	806	200	—	610	700	900	45	206	607	522	1278	1760	4	18
3	FZC-2/0.8~1.5	14	906	250	—	610	700	800	45	206	673	594	1587	1940	4	18

续表

机号	型 号		α/(°)	A	A₁	A₂	B₁	B₂	B₃	C	D	E	h	H	L₁	n	φk
4	FZC-2.3/0.7~1.5		16	1006	250	—	510	600	730	45	256	819	571	1661	2210	4	18
5	FZC-2/1~3		14	906	250	—	610	700	1000	45	206	673	594	1560	1940	4	18
6	FZC-2.3/0.9~3		14	906	400	—	640	700	1026	30	256	809	900	1988	2232	4	18
7	FZC-2.3/1.2~3		14	1206	600	—	840	900	1326	30	306	588	1028	2125	2232	4	18
8	FZC-2.8/1~3		18	1406	600	—	840	900	1126	30	406	727	713	2196	2663	4	18
9	FZC-2.3/1.2~4		14	1206	600	—	840	900	1326	30	306	588	1028	2100	2232	4	18
10	FZC-2.5/1.2~3		16	1206	600	—	840	900	1326	30	306	673	884	2140	2403	4	18
11	FZC-3.1/1~3		18	1606	400	400	840	900	1126	30	406	812	620	2228	2948	6	18
12	FZC-2.5/1.2~4		16	1206	600	—	840	900	1326	30	306	673	884	2245	2403	4	18
13	FZC-3.1/1~4		18	1606	400	400	840	900	1126	30	406	812	620	2196	2948	6	18
14	FZC-3.5/0.9~4		18	1806	500	500	740	800	1026	30	406	945	512	2256	3329	6	18
15	FZC-2.5/1.4~5.5		14	1232	370	480	874	934	1420	30	195	770	1010	2250	2426	6	22
16	FZC-3.5/1~5.5		18	1608	610	610	775	835	1020	30	198	1099	850	2612	3329	6	22
17	FZC-2.8/1.4~5.5		14	1232	370	480	874	934	1420	30	195	961	962	2354	2717	6	22
18	FZC-3.1/1.2~5.5		14	1232	370	480	874	934	1220	30	195	1152	920	2405	3008	6	22
19	FZC-3.1/1.4~5.5		14	1232	370	480	874	934	1420	30	195	1252	895	2405	3008	6	22
20	FZC-3.5/1.2~5.5		14	1608	610	610	775	835	1220	30	198	1066	900	2466	3396	6	22
21	FZC-4.5/1~5.5		18	2806	700	700	840	900	1030	30	306	1023	407	2493	4280	8	22
22	FZC-3.1/1.4~7.5		14	1706	550	550	1100	1160	1400	30	306	692	1100	2670	3008	6	22
23	FZC-3.5/1.2~7.5		14	1706	550	550	940	1000	1200	30	306	980	1028	2770	3396	6	22
24	FZC-4.5/1~7.5		18	2806	700	700	840	900	1072	30	306	773	700	3100	4280	8	22
25	FZC-3.5/1.4~7.5		14	1706	550	550	1100	1160	1400	30	306	1081	1003	2770	3396	6	22
26	FZC-4/1.2~7.5		18	2008	500	500	940	1000	1200	30	308	1139	430	2463	3804	8	22
27	FZC-5/1~7.5		18	2806	700	700	840	900	1072	30	306	1250	545	3100	4756	8	22
28	FZC-4/1.6~10		16	2208	440	440	1226	1300	1726	37	446	1018	311	2381	3844	8	27
29	FZC-5/1.4~10		18	2808	700	700	1186	1260	1420	37	308	1250	545	3031	4755	8	27
30	FZC-3.1/1×2~4×2	双台板并联振动出矿机	18	1606	400	400	840	900	2050 1950	30	406	812	620	2130	2948	12	18
31	FZC-3.5/1×2~5.5×2		18	1608	610	610	775	835	2050 1885	30	198	1099	850	2630	3329	12	22
32	FZC-3.1/1.2×2~5.5×2		14	1232	370	480	874	934	2450 2184	30	195	1152	920	2445	3008	12	22
33	FZC-3.5/1.2×2~5.5×2		14	1608	610	610	775	835	2450 2085	30	198	1066	900	2500	3396	12	22
34	FZC-3.5/1.4×2~7.5×2		14	1706	550	550	1100	1160	2850 2610	30	306	1081	1003	2710	3396	12	22
35	FZC-4/1.2×2~7.5×2		18	2008	500	500	940	1000	2450 2250	30	308	1139	430	2463	3804	16	22

① 为主要机型，其余为派生机型。

注：1. 工况系数 K_k 供设计部门选择机型时使用。公式为 $P = K_k p F_2$，取 $p = 0.7 t/m^2$。

2. 本表采用 ZDJ 系列振动电机，推荐使用 JZO 系列节能型振动电机。

3. 生产厂家为河南省鹤壁市煤化机械厂。

11　利用振动来监测缆索拉力

近年来，随着大跨度桥梁设计的轻柔化以及结构形式与功能的日趋复杂化，大型桥梁结构安全监测已成为国内外工程界和学术界关注的热点。特别是利用振动法对悬索桥和斜拉桥的钢丝绳拉力的监测方法有许多的研究，这里作重点介绍。

对于两端固定的架空索道承载索是完全可以利用振动的方法来检测的。钢丝振弦应变仪就是利用振动来测量钢丝绳的拉力，比电阻应变仪准确，且已有产品用于索桥钢丝绳的拉力测量。对于两端固定的架空索道承载索，尚没有现成产品，但完全可以仿制，毕竟拉力要小得多。下面作简单的介绍。

振动法测索力是目前测量斜拉桥索力应用最广泛的一种方法。在这种方法中，以环境振动或者强迫激励拉索，传感器记录下时程数据，并由此识别出索的振动频率。而索的拉力与其固有频率之间存在着特定的关系。于是，索力就可由测得的频率经换算而间接得到。振动法测索力，设备均可重复使用。当前的电子仪器也日趋小型化，整套仪器携带、安装均很方便，测定结果也可信。所以振动法测索力得到了广泛的应用。

11.1 测量弦振动计算索拉力

桥梁索力动测的仪表型号很多，所用基本原理相同，都是按拉力与振动频率的关系公式进行换算。但修正系数则简繁有别。钢索测量的特点是必须有钢索的原始测定数据。下面只介绍一种测试仪表，其他形式的仪器类似，可参考有关资料。

11.1.1 弦振动测量原理

根据弦的振动原理，知道波在弦索中的传播速度由下式表示：

$$a = \sqrt{\frac{T}{q}} \tag{19-6-45}$$

式中　T——索的拉力，N；

　　　q——弦索的单位长度质量，kg/m。

令 L 为索的计算长度；f 为振动频率，用下标 $n=1$，2，…表示第 n 阶的固有频率 f_n。则波在弦索中从一端传播至另一端再返回来的时间为：

$$t = 2L/a，\quad 即 \quad a = 2L/t$$

式中　a——波在弦索中的传播速度，m/s。

代入式（19-6-45）就可得：$T = 4qL^2/t^2 = 4qL^2f^2$

或

$$T = 4A_0qL^2f_n^2/n^2 \tag{19-6-46}$$

式中　A_0——考虑钢丝绳与弦的特性不同而修正的系数，由实验确定。

在实际应用中，拉索由于自重具有一定垂度和具有一定的抗弯刚度及边界条件的影响，为准确使用振动法测定索力，必须考虑这两个因素，对弦公式进行修正。有的学者用差分的方法和有限元的方法很好地解决了这个问题，不仅同时考虑了以上两个因素，而且还可以考虑拉索上装有阻尼减振器等的影响。特别是桥梁的斜拉索，由于长度较短，一阶频率（基频）不容易测量准确，而采用频差法。而对大跨度架空索道的钢丝绳来说测量一阶频率是不会有问题的。

下面将介绍运用该原理的实际设备。

11.1.2 MGH 型锚索测力仪

MGH 型锚索测力仪用于钢索斜拉桥、大坝、岩土工程边坡、大型地基基础、隧道等处对锚索或锚杆拉力进行检测，及对其应力变化情况进行长期监测；还可用于预应力混凝土桥梁钢筋张拉力的检测和波纹管摩阻的测定，以保证安全和取得准确数据。

（1）结构原理

MGH 型锚索测力仪由 MGH 型锚索测力传感器与 GSJ-2 型检测仪、GSJ-2 型便携式检测仪或 GSJ-2A 型多功能电脑检测仪配套使用，直接显示锚索拉力。

锚索拉力施压于油缸，使其内部油压升高，油压经过油管传到振弦液压传感器的工作膜，膜挠曲使弦张力减小，固有振动频率降低。若其电缆接 GSJ-2 型检测仪，启动电源，因其内部装有激发电路，则力、油压被转换为频率信号输出。GSJ-2 型的测频电路测定频率 f 后，单片机按以下数学模型计算出拉力 T 并直接数字显示。

$$T = A_1(f^2 - f_0^2) - B(f - f_0) \tag{19-6-47}$$

式中　A_1，B——传感器常数；

f_0——初频（力 $T=0$ 时的频率）；

f——力为 T 时的输出频率。

（2）性能特点

1）振弦液压传感器的设计精度较高；

2）具有良好的抗振能力，并经过多种老化处理，故在大载荷作用下具有良好的长期稳定性；

3）当温度不同于标定温度时，只要将传感器放在现场2h，待热平衡后，测定现场温度的初频作为 f_0 输入式（19-6-47），则由 f 计算 T 仍然准确。对于长期埋设的传感器，若要求精度较高，可事先实测出初频 f_0 与温度 t 的关系曲线，检测时测定传感器的温度 t，找出对应的 f_0 输入式（19-6-47），即可完成温漂修正，获得比较准确的结果。

4）已实现温度补偿。工程上若允许误差在2%以内，不需进行温漂修正。

（3）主要技术参数（FS—频率标准）

量程	200~10000kN
准确度（%FS）	0.5、1.0
重复性（%FS）	0.2、0.4
分辨率（%FS）	0.1~0.01
温度系数	≤0.025%FS/℃（%FS—满量程的百分比）
稳定性	准确度的年漂移一般不大于准确度

11.2 按两端受拉梁的振动测量索拉力

11.2.1 两端受拉梁的振动测量原理

把钢丝绳当作一根两端固定（简支）并承受拉力的梁，测量其振动频率来计算实际拉力也是一个有效的方法。

从本篇表19-2-10序号11中可以查到，两端简支并承受拉力的梁的固有振动频率为：

$$\omega = \left(\frac{a_n \pi}{L}\right)^2 \sqrt{\frac{EJ}{\rho_l}} \sqrt{1 + \frac{PL^2}{EJa_n^2\pi^2}} \qquad (a_n = 1, \ 2, \ \cdots)$$

式中 E——梁的弹性模量。

令 $P=T$；$\rho_l = q$；$\omega = 2\pi f_n$（参数符号同11.1节）代入，整理后可得：

$$T = \frac{4f_n^2 L^2 q}{a_n^2} \left(1 - \frac{EJa_n^4\pi^2}{4f^2 L^4 q}\right) \tag{19-6-48}$$

高屏溪桥斜张钢缆的检测基本采用这个原理。

11.2.2 高屏溪桥斜张钢缆检测部分简介

高屏溪河川桥主桥系采单桥塔非对称复合式斜张桥设计。桥长510m，主跨330m为全焊接箱型钢梁，侧跨180m则为双箱室预力混凝土箱型梁。两侧单面混合扇形斜张钢缆系统分别锚碇于塔柱及箱梁中央处。钢筋混凝土桥塔高183.5m，采用造型雄伟且结构稳定性高的倒Y形设计。

斜张钢缆承受风力时，其反复振动将可能引起钢绞索产生疲劳现象或在支承处产生裂缝破坏，将降低其耐久性与安全性。钢缆的风力效应主要包括有涡流振动、尾流驰振及风雨诱发振动等。当涡漩振动的频率与结构体的固有频率或扭转频率近似或相等时，便会产生共振现象，此时结构体会有较大的位移振动。经计算斜张钢缆的固有频率即可推得发生涡流振动时的临界风速，一般而言，临界风速多发生在第一模态，且此时具有最大的振幅。在分析高屏溪桥自编号F101最长钢缆及至编号F114最短钢缆时，发现其固有频率为第一模态时，仅有编号B114钢缆在风速1.5m/s时会发生共振现象。但由于此时风速极低，几乎无法扰动钢缆。因此，于斜张钢缆上装设一速度测震计，当钢缆受自然力扰动而产生激振反应时，速度计可将此振动传送到FFT分析器，经由快速傅里叶转换解析，判定振动波形内稳态反应的振动频率后，再透过计算式即可求得钢缆的受力，亦即钢缆索力大小。

考虑斜张钢缆刚度（含外套管刚度），使用轴向拉力梁理论，当受弯曲梁含轴向拉力时的自由振动运动方程式为：

$$EJ\frac{\partial^4 y}{\partial x^4}+T\frac{\partial^2 y}{\partial x^2}+q\frac{\partial^2 y}{\partial t^2}=0$$

式中　T——轴向拉力；

　　　q——单位长度质量；

　　　δ——中垂度与钢缆长度之比；

　　　J——截面惯性矩。

令

$$\xi=\sqrt{\frac{T}{EJ}}\times L \tag{19-6-49}$$

$$c=\sqrt{\frac{EJ}{qL^4}} \tag{19-6-50}$$

$$\Gamma=\sqrt{\frac{qL}{128EA\delta^3\cos^5\theta}}\times\frac{0.31\xi+0.5}{0.31-0.5} \tag{19-6-51}$$

式中　L——钢缆长度；

　　　θ——钢缆的倾斜角。

1）钢缆具较小垂度时，即 $\Gamma\geqslant 3$，则适用于下列力与第一振动频率关系式（这里已代入钢丝绳的具体数据，且考虑到阻尼，求得）：

$$T=4m(f_1L)^2\left[1-2.2\left(\frac{c}{f_1}\right)-0.55\left(\frac{c}{f_1}\right)^2\right]\quad(当\ \xi\geqslant 17\ 时)$$

$$T=4m(f_1L)^2\left[0.865-11.6\left(\frac{c}{f_1}\right)^2\right]\quad(当\ 6\leqslant\xi\leqslant 17\ 时)$$

$$T=4m(f_1L)^2\left[0.828-10.56\left(\frac{c}{f_1}\right)^2\right]\quad(当\ 0\leqslant\xi\leqslant 6\ 时) \tag{19-6-52}$$

2）钢缆具较大垂度时，即 $\Gamma\leqslant 3$，则适用于下列力与第二振动频率关系式：

$$T=m(f_2L)^2\left[1-4.4\left(\frac{c}{f_2}\right)-1.1\left(\frac{c}{f_2}\right)^2\right]\quad(当\ \xi\geqslant 60\ 时)$$

$$T=m(f_2L)^2\left[1.03-6.33\left(\frac{c}{f_2}\right)-1.58\left(\frac{c}{f_2}\right)^2\right]\quad(当\ 17\leqslant\xi\leqslant 60\ 时)$$

$$T=m(f_2L)^2\left[0.882-85\left(\frac{c}{f_2}\right)^2\right]\quad(当\ 0\leqslant\xi\leqslant 17\ 时) \tag{19-6-53}$$

3）钢缆长度较长时，适用于下列力与频率关系式：

$$T=\frac{4m}{n^2}(f_nL)^2\left[1-2.2\left(\frac{nc}{f_n}\right)^2\right]\quad(当\ n\geqslant 2,\ \xi\geqslant 200\ 时) \tag{19-6-54}$$

式中　f_1，f_2，f_n——第1、第2、第 n 阶振动频率。

此桥斜张钢缆对涡漩振动不甚敏感。此外，由于钢缆涡流振动、尾流驰振及风雨诱发振动等风力因素相当复杂，若仅欲以数值分析探讨其行为模式似显粗糙且不可靠，因此钢缆风力现象仍主要以经验法则配合钢缆频率与阻尼量测值进行综合研判，且研判时机通常选择设定于施工期间与完工后较佳。

由于斜张钢缆在长期预拉力、风力、地震力及车行动载荷下，将随时间变化产生应力松弛现象，造成斜张桥整体结构系统应力的重新分配，如此将影响桥梁的结构静力及动力特性。综观国内外相关施工经验得知，监测系统在斜张桥完工后均规划有定期检测钢缆实存索力的作业，以检核结构系统的稳定性。该桥在检核斜张钢缆受力情形或预力变化时，采用自然振动频率法进行测量。

一般而言，通常选择较不受乱流干扰的第二振动频率，即可经式（19-6-54）求得钢缆拉力 T，亦即钢缆的索力值。

检测结果如下。

1）本桥在斜张钢缆进行预力施拉作业时，配合液压泵实际输出压力读数对照式（19-6-54）计算所得钢缆索力值时，发现两者相当接近；

2）本工程于钢缆施拉预力作业时，亦随机挑选某一钢绞索装设单枪测力器检核钢缆的实际索力；

3）另外于主跨钢缆锚碇承压板内侧及侧跨钢缆锚碇螺母处装设有钢缆应变计，亦可同时量测钢缆索力的变化情况。

经由相互比较结果发现，液压泵实际输出压力读数、单枪测力器测量值、钢缆应变计读数以及固有振动频率计算值等，彼此间数值差异并不大。因此推论日后桥梁维护计划中有关钢缆索力变化检核作业应可借由固有频率振动法及钢缆应变计进行综合监测。

下面介绍钢缆振动试验（动静态服务载重试验）。

基于阻尼值为判断钢缆抗风稳定性的关键因素，为求得较正确的阻尼值，本工程亦即进行强制振动借以求得较合理的振幅。

该工程钢缆强制振动试验系利用大型吊车以绳索拖拉的方式提供钢缆初始变位值，并利用角材提供临时支撑，再以卡车迅速将角材拖离，让钢缆产生激振反应，并逐渐衰减至停止。试验主要以主跨外侧钢缆为对象，共计七根钢缆，每根钢缆进行二次试验。

按主跨最外侧五根钢缆强制振动试验计算资料，其值显示所有钢缆的对数阻尼衰减值均大于 5%，参考前述相关的稳定度判读原则，则可推估所有钢缆均具有相当高的抗风稳定度，此一结果与现场观测结果相当接近。

经由长时间的观测结果初判该桥钢缆系统抗风稳定性相当高。虽然强风期间外侧较长钢缆产生振动现象，但振动行为相当稳定，且振幅不大，对于钢缆服务寿命并无任何影响。但考虑钢缆风力行为不确定因素繁多，故仍规划在桥梁通车后持续进行观测。若发现钢缆产生不稳定振动，则建议于钢缆锚碇处附近安装黏性剪力型阻尼器，以提供抗风所需的额外阻尼量。

11.3 索拉力振动检测的一些最新方法

对于索桥的索拉力检测的研究和试验最近十年来非常活跃，成果也很多。例如，新基频法、用有限元法，模态参数识别法、优化模型的建立以及检测仪表的基频识别方法的研究等。参考文献[78~93]的作者们研究了拉索垂度的影响、拉索抗弯刚度的影响、边界条件的影响、温度的影响、测试系统分析精度的影响、其他因素的影响，如外界多余的约束装置、各种附加质量的影响，等等。这些方法的特点是必须有钢索的原始测定数据且要与钢索实际测量的数据进行比较，得出相应的修正系数。但总的说来，没有脱离基本公式，即式（19-6-16）。当式中不考虑修正系数 A_0，且按一阶振频 $n=1$ 计算时：

$$T = 4qL^2 f_1^2 \qquad (19\text{-}6\text{-}55)$$

有的实际试验测试结果表明，用频率法按照上面公式测定斜拉索张拉力误差可控制在 5% 以内，满足工程应用要求。顺便提一下，钢索的使用经过一段时间会伸长，初张力会变小，需要重新张紧和重新测试。

对于斜拉桥拉索的建模，现在大致有三种方法。

1）等效弹性模量法。在斜拉桥拉索建模中，用具有等效弹性模量的直杆代替实际的曲线索。此模型仅适用于初步静力设计，不宜用于动力分析。

2）多段直杆法。

3）曲线索单元法。

这些方法过于专门化不予介绍，读者可以找有关的书籍和论文。下面介绍我国在这方面的研究成果之一。

11.3.1 考虑索的垂度和弹性伸长 λ

$$\lambda^2 = \left(\frac{ql}{H}\right)^2 \frac{EA}{HL_s} \qquad (19\text{-}6\text{-}56)$$

式中　L_s——索线的弧长；

　　　H——索平行于弦的拉力；

　　　A——索的截面积；

　　其他参数同前。

根据研究分析，考虑索的垂度、弹性的影响等因素，索的拉力与索的基频的实用关系可以采用以下的公式计算，其计算误差都保证在1%以内：

$$\omega = \frac{\pi}{l}\sqrt{\frac{H}{q}} \quad (当 \lambda^2 \leqslant 0.17 时) \qquad (19\text{-}6\text{-}57)$$

$$\omega^2 = \pi^2 \frac{H}{ql^2} + 0.777\frac{EA}{q}\left(\frac{q}{H}\right)^2 \quad (当 0.17 \leqslant \lambda^2 \leqslant 4\pi^2 时)$$

$$\omega = \frac{2\pi}{l}\sqrt{\frac{H}{q}} \quad (当 4\pi^2 \leqslant \lambda^2 时) \qquad (19\text{-}6\text{-}58)$$

或由上式算得：

$$H = 4ql^2 f^2 (当 \lambda^2 \leqslant 0.17 时) \qquad (19\text{-}6\text{-}59)$$

$$H^3 = 4ql^2 f^2 H^2 + 0.0787 EFq^2 l^2 = 0 \quad (当 0.17 \leqslant \lambda^2 \leqslant 4\pi^2 时)$$

$$H = ql^2 f^2 (当 4\pi^2 \leqslant \lambda^2 时) \qquad (19\text{-}6\text{-}60)$$

索的抗弯刚度的影响较小，从略。

11.3.2　频差法

振动在某个较高的阶数之后，频差将趋于稳定，为一常数，而且是弦理论的基频。令该稳定的频差为 $\Delta\omega$，则

$$\Delta\omega = \frac{\pi}{l}\sqrt{\frac{T}{q}}$$

即
$$T = 4ql^2 \Delta f^2 \qquad (19\text{-}6\text{-}61)$$

如测得索的高阶频差，索力就可方便地确定，而不必考虑是否有垂度的影响。

11.3.3　拉索基频识别工具箱

拉索基频识别工具箱 GUI，用于福建闽江斜拉桥的检测。原理是当索力一定时，高阶频率是基频的数倍，表现在功率谱上是出现一系列等间距的峰值。峰值的间距就是基频。拾取这一系列峰值，求相邻峰值间距的平均数，即为基频，这是功率谱频差法。由于环境振动测试得到的功率谱结果不够理想，还采用倒频谱分析作为功率谱峰值法的补充。所以该工具箱可绘制自功率谱和倒频谱，各种参数可随时调整。可用鼠标精确捕捉峰值（频谱值），并自动计算差值，亦即所要识别的基频。

鉴于架空索道承载索跨度大，测量基频就能达到目的。

第7章 机械振动测量技术

1 概　　述

1.1　测量在机械振动系统设计中的作用

测量是获取准确设计资料的重要手段。在第5、6章各类机械振动系统的设计中，系统的频率比、阻尼比以及零件材料的弹性模量和阻尼系数等的取值范围都相当宽，振动参数的取值直接影响振动系统和振动元件的设计质量，对大量机械振动系统中各种参数的测量是获取和积累准确设计资料的重要手段。在工程上也经常遇见某些原始设计参数需要直接从测量中获得。例如动力吸振器设计中主系统的固有频率、随机振动隔振器设计中的载荷谱、缓冲器设计中的最大冲击力和冲击作用时间等，往往需依靠测量手段获得。

调试工作更直接依靠测量。由于在机械振动系统设计之前，对实际振动系统进行了简化和抽象，忽略了诸多影响振动的因素，设计中又会遇到参数选取的准确性问题，再加上制造、安装上的误差，因而很难保证机械振动系统一经安装就能满足工程需要，一般要经过调试才能使各项参数符合设计要求。例如动力吸振器和近共振类振动机工作点（频率比）的调试。对于一个经验丰富的设计人员，可以凭借经验对振动系统进行调试。但对于一般设计人员和调试人员，则需要通过测量和对测量结果的分析，确定调试方案。另外，振动测量结果及其分析也是机械振动系统设计验收的依据。

1.2　振动的测量方法

1.2.1　振动测量的主要内容

1）振动量　振动体上选定点的位移、速度、加速度的大小，振动的时间历程曲线、频率、相位、频谱、激振力等。

2）系统的特征参数　系统的刚度、阻尼、固有频率、振型、动态响应特性（系统的频率响应函数、脉冲响应函数）等。

3）机械结构或零部件的动力强度　对机械或零部件进行模拟环境条件的振动或冲击试验，以检验其耐振寿命、性能的稳定性，以及设计、制造、安装、包装运输的合理性。

4）设备、装置或运行机械的振动监测　在线监测、测取振动信息、诊断其运行状态与故障发生的可能性，及时作出处理以保证其可靠的运行。

1.2.2　振动测量的类别

振动测量可以分为被动式的振动测量和主动式的振动测量。后者是指振动可人为施加，且振源特性可控可测，即采用了激振设备。

必须指出"振动"和"冲击"有时没有明确的界限，如瞬态振动也可叫复杂脉冲，两者所用的传感器和仪器很多也可通用。

振动与冲击测量，按力学原理可分为相对式（分顶杆式、非接触式）测量法和惯性式（又称绝对式，测量惯性坐标系的绝对振动）测量法。

按振动信号的转换方式，可分为机械测振法、电测法和光测法。最近还发展有超声波法。

（1）机械测振法

将工程振动的参量转换成机械信号，再经机械系统放大后，进行测量、记录。常用的仪器有杠杆式测振仪和盖格尔测振仪，能测量的频率较低，精度也较差（见表 19-7-1）。但在现场测试时较为简单方便。

表 19-7-1　　　　　　　　　　用杠杆或惯性原理接收并记录振动的机械法的优缺点

项　　目	相对式	惯性式
测量范围/mm	0.01~15	0.01~20
频率范围/Hz	0~330	2~330
供电电源	无	
体积	大	
灵敏度	低	
价格	便宜	
测试环境	无电磁干扰、但须考虑温度、安装及腐蚀问题	
举例	手持式仪	盖格尔测振仪

（2）光测法

光测法是将机械振动转换为光信息进行测量的方法。目前常用的仪器是光导纤维式拾振器，原理是由于外界因素（温度、压力、电场、磁场、振动等）对光纤的作用，会引起光波特征参量（如振幅、相位、偏振态等）发生变化。因此人们只要能测出这些参量随外界因素的关系变化，就可以用它作为传感器元件来检测温度、压力、电流、振动等物理量的变化。

目前生产的有：非接触测量的光纤位移传感器（包括反射式强度调制位移传感器，反射补偿式位移传感器）；光纤接触式位移传感器；集成光学微位移传感器；光纤加速度拾振器等。

光纤本身就能够制作成许多光信号传播的器件（比如分束器、合束器、复用器、过滤器和延时线路），从而形成全光纤化的测量系统。特别是内部传感器是光纤一体化的系统，更多的应用在测量旋转、应变、声音和振动。由于光纤传感是抗电磁干扰的，因此它能够在巨大电器设备（如发电机、电动机）附近稳定工作，它也能够大大降低雷电对传感器带来的可能破坏。目前发展的是光纤传感器的分布式传感技术、研制超窄线宽高功率激光器等。

（3）电测法

电测法主要采用电量传感器，电量传感器是用来将被测的工程振动参量换成电信号，经电子线路放大后显示和记录的装置。这是目前应用得最广泛的测量方法。它与机械式方法比较，有以下几方面的优点：较宽的频带；较高的灵敏度和分辨率；具有较大的动态测量范围；振动传感器可以做得很小，以减小传感器对试验对象的附加影响；可以做成非接触式的测量系统；可以根据被测参量的不同来选用不同的振动传感器；能进行远距离测量；适合于多点测量和对信号进行实时分析；便于对测得的信号进行储存。电测法基本系统示意图见图 19-7-1。

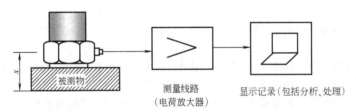

图 19-7-1　电测法基本系统示意图

电测法所用的传感器按机电变换可分为发电型和参量型。发电型是将振动转化为电压或电荷，为电动式或压电式；参量型是将振动转化为电阻、电容、电感等参量，有变电阻式、变电容式、电感式、压阻式、电涡流式。

按测量的机械量可分为位移计（包括速度计、加速度计、应变计）和力传感器（包括扭矩传感器、角度传感器）。

按接收与变换是否反馈可分为非伺服式和伺服式（包括无源伺服和有源伺服式）。

光测法与电测法的优缺点见表 19-7-2。

表 19-7-2   **光测法与电测法的优缺点**

	光 测 法	电 测 法
测量范围	1/4 波长或更低	大、中、小量程均有
频率范围	中低频	宽（大、中、小量程均有）
可选传感器	较少	规格型号多
电源或光源	激光或其他光源	需要电源
体积	大、中、小	中、小
灵敏度	高（<光波长，如<1μm）	高、中、低均有
价格	贵	高档、中档、低档均有
测试环境	一般要求隔振、现场测量较困难、不接触式、温度及腐蚀要求低	需考虑温度、湿度、腐蚀及电磁干扰等影响
举例	读数显微镜 激光干涉仪（麦克尔逊干涉条纹） 激光散斑法（ESPI 电子散斑） 高速摄影法	伺服式加速度计 各种振动测量仪 压电式加速度计 涡流式位移计 惯性式速度计 角位移计

1.3   测振原理

1.3.1   线性系统振动量时间历程曲线的测量

对于线性系统，无论施加给振动系统的激励是确定性激励还是随机激励，系统所产生的位移，速度和加速度之间始终存在着下列关系：

$$\dot{x} = \frac{\mathrm{d}x}{\mathrm{d}t} \quad \ddot{x} = \frac{\mathrm{d}\,\dot{x}}{\mathrm{d}t} = \frac{\mathrm{d}^2 x}{\mathrm{d}t^2} \tag{19-7-1}$$

因此，对于线性振动来说，只要测得振动位移、速度、加速度三者之一，就可换算出另外两个量。如果知道了激励和多点线性振动的时间历程曲线，通过分析，即可得出其相应的振幅、相位等各种物理量。因此，测量线性振动加速度（或者速度、位移）的时间历程曲线在振动测量中占有重要地位。

实际振动系统往往具有一定的非线性性质，但对大多数工程实际系统来说，这种非线性性质都是很弱的，非线性系统振动的某些物理现象可能存在。但是在比较高次谐波振动和基频振动幅值时，就会发现高次谐波振动的幅值远小于基频振动幅值，测量弱非线性系统振动得到的时间历程曲线，几乎与测量线性系统振动所得到的时间历程曲线是相同的。

在线性振动测量中，简谐振动的测量十分重要。因工程中的实际振动问题多数具有简谐变化性质或周期变化性质；其次，在识别系统的动态特性（例如频率响应函数）时，一般施加给系统的激励都是简谐激励（因动态特性与激励性质无关），系统产生的振动也是简谐振动。简谐振动的振幅、相位、频谱、激振力和线性系统刚度、阻尼、固有频率和振型等参数的相互变换也非常方便。

1.3.2   测振原理

图 19-7-2 为测振仪原理图。测振仪包括惯性测振装置，位移计、加速度计等。采用线性阻尼系统，一自由度，测振仪机壳固定于振动物体，随其一起振动；拾振物体 m 相对于壳体作相对运动。系统输入的是壳体运动引起的惯性力，输出的是质量 m 的位移。低频段输出与加速度成正比；高频段输出与位移成正比。

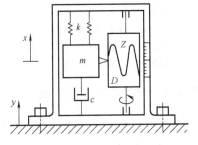

图 19-7-2   测振仪原理图

1.4 振动测量系统图示例

以单点动态特性测试为例,仪器设备布置框图见图19-7-3。其中记录仪不是必需的,其目的是为了可以重放现场各种环境振动波形。

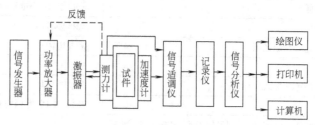

图 19-7-3 振动测试仪器设备布置框图示例

2 数据采集与处理

2.1 信号

2.1.1 信号的类别

信号有数字量和模拟量。信号的类别如图19-7-4所示。

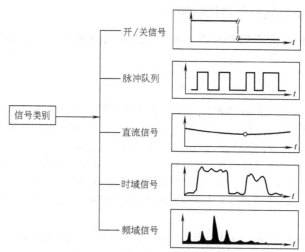

图 19-7-4 信号的类别

信号输出的内容包括信息的状态、速率、幅值、波形、频率等。

电压信号可输出包括温度、压力、流量、应力等。

时域信号可输出包括雷达回波、血液变化、内燃机点火波形等。

频域信号可输出包括振动、语音、声呐等。

2.1.2 振动波形因素与波形图

每一个振动量对时间坐标作出的波形,可以得到峰值、峰峰值(正峰值到负峰值)、有效值和平均绝对值等量值。它们之间存在一定的关系。振动量的描述常用峰值表示,但在研究比较复杂的波形时,只用峰值描述振动过程是不够的。因为峰值只能描述振动大小的瞬时值,不包含产生振动的时间过程。在考虑时间过程时的进一步描述，是平均绝对值和有效（均方根）值。有效值与振动的能量有直接关系，使用较多。

平均绝对值的定义是

$$y_C = \frac{1}{T} \int_0^T |y(t)| \, dt$$

有效值的定义是

$$y_E = \sqrt{\frac{1}{T} \int_0^T y^2(t) \, dt}$$

设波峰为 y_m，则

波峰因数为：

$$f_f = \frac{y_m}{y_E}$$

波形因数为：

$$f_x = \frac{y_E}{y_C}$$

对于正弦波，$f_f = \sqrt{2}$，$f_x = \dfrac{\pi}{2\sqrt{2}}$。

关于波形峰值、有效值和平均绝对值之关系的分析，对位移、速度、加速度和各种信号波形都是适用的。但各种不同波形的 f_f 和 f_x 值是不一样的，有时有很大的差别。正弦波、三角波和方波，其 f_f 值与 f_x 值分别列于表19-7-3。

表 19-7-3　　　　　　　　　　　　　三种波的波形因数与波峰因数

波形	波形因数 f_x	波峰因数 f_f
正弦波	1.111	1.414
三角波	1.155	1.732
方波	1.000	1.000
高斯随机波	1.253	—

波形图现代的测试方法一般是用压电晶体加速度计。经电荷放大器放大后，送往示波器得到加速度波形图。若要得到速度或位移的波形，则需经过积分线路。

2.2　信号的频谱分析

频谱是构成信号的各频率分量的集合，它完整地表示信号的频率结构，即信号由哪些谐波组成，各谐波分量的幅值大小及初始相位，从而揭示了信号的频率信息。信号的频谱可分为幅值谱、相位谱、功率谱、对数谱等。对信号作频谱分析的设备主要是频谱分析仪。其工作方式有模拟式和数字式两种。

（1）周期信号的频谱分析

周期信号是经过一定时间可以重复出现的信号，即

$$x(t) = x(t + nT)$$

一般可展开成为傅里叶级数，通常有实数形式表达式：

$$x(x) = a_0 + \sum_{n=1}^{\infty} a_n \cos n\omega_0 t + \sum_{n=1}^{\infty} b_n \sin n\omega_0 t$$

或

$$x(x) = A_0 + \sum_{n=1}^{\infty} A_n \cos(n\omega_0 t - \varphi_n)$$

式中，T 为周期；ω_0 为基波角频率；a_n，b_n，A_n，φ_n 为信号的傅里叶系数，表示信号在频率 f_n 处的成分大小。

以 f_n 为横坐标；以 a_n，b_n 为纵坐标画图，称为实频-虚频谱图；以 A_n，φ_n 为纵坐标画图，称为幅值-相位谱；以 A_n^2 为纵坐标画图，则称为功率谱。如图 19-7-5 所示。

（2）非周期信号的频谱分析

非周期信号是在时间上不会重复出现的信号。这种信号的频域分析手段也是傅里叶变换。其计算与周期信号

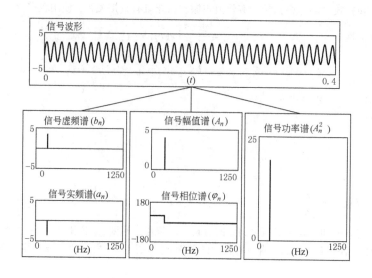

图 19-7-5　周期信号的频谱表示方法

相似，所不同的是，由于非周期信号的周期 $T \to \infty$，基频 $\omega_0 \to \mathrm{d}\omega$，它包含了从零到无穷大的所有频率分量，各频率分量的幅值为无穷小量，所以频谱不能再用幅值表示，而必须用幅值密度函数描述。与周期信号不同的是，非周期信号的谱线出现在 $0 \sim f_{\max}$ 的各连续频率值上，这种频谱称为连续谱。如图 19-7-6 所示，不再赘述。

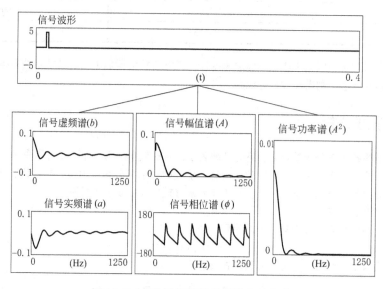

图 19-7-6　非周期信号的频谱表示方法

2.3　信号发生器及力锤的应用

2.3.1　信号发生器

　　激振信号由控制振荡频率变化的信号发生器供给。为了将所需的激振信号变为激振力施加于被测系统上，就需要使用各种激振器。常用激振器有电动式、电磁式和电液式三种。随机激振是一种宽带激振方法，一般用白噪声或伪随机信号发生器作为信号源。白噪声发生器能产生连续的随机信号，其所用设备较复杂（功率谱密度函数为常数的信号称白噪声）。

2.3.2 力锤及应用

　　力锤又称手锤，是手握式冲击激励装置，也是目前试验模态分析中经常采用的一种激励设备。图 19-7-7 为力锤的结构示意图。它由锤帽、锤体和力传感器等几个主要部件组合而成。当用力锤敲击试件时，冲击力的大小与波形由力传感器测得并通过放大记录设备输出、记录。使用不同的锤帽材料可以得到不同脉宽的力脉冲，相应的力谱也不同。常用的锤帽材料有橡胶、尼龙、铝、钢等。一般橡胶锤帽的带宽窄，钢最宽。因此，要根据相同的结构和分析频带选用不同的锤。常用力锤的锤体重约几克到几十千克，冲击力可达数万牛顿。由于力锤结构简单，便于制作，使用十分方便，而且避免了使用价格昂贵的激振设备及其安装激振器带来的大量工作，因此，它被广泛地应用于现场及室内的激振试验。

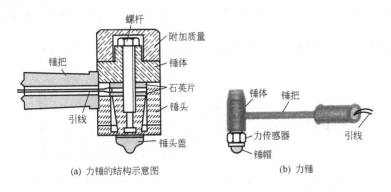

(a) 力锤的结构示意图　　　(b) 力锤

图 19-7-7　力锤

　　脉冲锤击激振法，是采用力锤对试件敲击，系统示意图如图 19-7-8 所示；冲击力函数和频谱如图 19-7-9 所示。为了消除噪声干扰，采用脉冲锤击法时，必须采用多次平均。

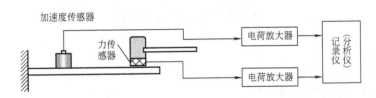

图 19-7-8　脉冲锤击激振法示意图

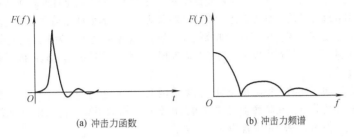

(a) 冲击力函数　　　(b) 冲击力频谱

图 19-7-9　冲击力函数和频谱

2.4　数据采集系统

　　振动的数据采集系统一般由拾振器（传感器）、放大器（包括滤波器）和记录器三部分组成。即信号采集过程：

　　拾振器（传感器）——信号调理（放大、滤波、信号转换）——输入计算机——处理——输出

第 **19** 篇

典型信号采集系统见图19-7-10。

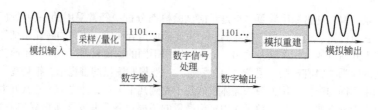

图 19-7-10　典型信号采集系统

信号采集一般使用采集卡，对其要求：驱动能力，通道数，频率（时钟频率，采样频率），分辨率，精度等。

由压电式加速度计、双积分线路电荷放大器和记录仪组成的典型测试系统见图19-7-11。

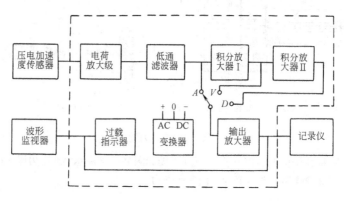

图 19-7-11　典型电测系统

2.5　数据处理

本节概略地介绍机械振动的数据处理问题。

2.5.1　数据处理方法

振动信号按其特征可分为两大类，一类是确定性振动，它可以用一个确定性的时间函数来描述。另一类是随机振动信号，它只能用数理统计的方法去描述。确定性振动又分为周期性振动和非周期性振动。对于周期性振动，可从振动时间历程中得到一些有用信息，如峰值（振幅）、基本周期等，为了知道周期振动中所包含的各个频率分量的大小，只需做频谱分析就可以了；对于非周期振动中的准周期振动也只需做频谱分析，对瞬态振动处理，则常用冲击响应谱分析。

对于统计特性不随时间变化的平稳随机振动，在幅值域上，可以进行均值分析、均方根值分析、概率分布分析等；在时域上可进行相关分析；在频域上可进行谱密度分析、频响函数分析和相干分析。对于非平稳随机振动，目前虽有很多方法，但尚无一个很完善的分析方法。

2.5.2　数字处理系统

数据处理可分为模拟数据分析和数字数据分析两大类。20世纪70年代之前振动分析设备以模拟式分析仪为主。由于电子技术和计算技术的迅速发展，各种数字分析仪相继问世，特别是快速傅里叶变换（FFT）分析技术得到应用后，目前数字分析仪已成为振动数据处理设备的发展方向。数值分析系统如图19-7-12所示。

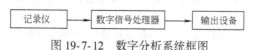

图 19-7-12　数字分析系统框图

数字分析仪有以下特点。

1）运算功能多，数字分析仪一般都具有十几种或几十种功能，随机振动时域、频域、幅值域的各种参数都可以经数字分析仪处理得到；

2）运算速度快，实时能力强，可用于高速振动的在线监测和控制系统中；

3）分辨能力和分析精度高，特别是细化快速傅里叶变换的出现，在不扩大计算机容量条件下，大大提高所感兴趣频段的频率分辨力；

4）操作简单，显示直观，复制与储存、扩展与再处理等均方便，每一种功能运算只要一次或几次按键就可以完成，运算要求和程序调配，可以实现人机对话；

5）分析仪一般均留有接口，为扩大和开发新的功能以及进行数字通信提供条件。

2.6 智能化数据采集与分析处理、监测系统

振动测试仪器布置框图示例已见图 19-7-3。

（1）智能化振动数据采集分析系统

智能模块化结构以 DSP 系统为核心模块，作为主-次处理器。通过接口把各模块和 PC 机连成整体，配置相应的软件，成为功能全面的监测、预测和诊断系统。开发的 DSP 系统，包括存储器分配、系统控制、各种接口电路、总线等，满足现代旋转机械振动数据采集分析的需要。例如，用于发电机组等旋转机械的振动数据采集分析装置。DSP（数字信号处理器）是市场可以购置的。

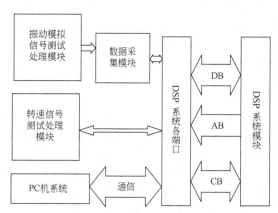

图 19-7-13　振动数据采集分析装置的主-次处理器结构框图

振动数据采集分析装置的主-次处理器结构的框图，如图 19-7-13 所示。

数据采集模块，是经两通道的 D/A 程控放大器和 A/D 转换器与 DSP 系统接口的。DSP 系统模块软件由 DSP 汇编语言编制调试而成。可以实时地进行大量的振动信号和转速信号的数据采集，实时滤波、实时 FFT 分析及其他实时分析等；可进行人机对话，可输入装置的参数、变量、命令等；可以显示数据、绘制图形、打印结果等。有用于连接其他计算机（PC）的接口和多用途的 I/O 引线，进行数据交换。

（2）传感器与数据采集卡的选用

对于机械设计人员来说，振动的处理与分析主要是了解其内容及可能有的方法和其优缺点、适用范围等，以便于购买或定制。网上可查到很多制造传感器与生产数据采集卡的公司和厂家，也有研制测试、监控全系统的单位。

3 振动幅值测量

目前市场上已有多种成熟的振动检测设备产品，可以测量到各种设备的振动参数，包括振动加速度、速度、振运位移等，还可以自动完成数据采集、信号处理、振动噪声、动态测试等功能，自动跟踪转速信号的变化，解决了旋转机械在不同转速下实现整周期采样的问题。在一个完整的信号周期内实现采样 N 点数。有的仪表设备除实时检测和以人工智能分析机械设备经历的和当前的状态外，还可以预测随后的发展，即预测维修系统。例如主要功能有：幅值趋势图显示，时域波形显示，频谱显示，三维谱图显示，用旋转机械故障诊断专家系统进行离线故障诊断，对频谱进行自动比较，识别由于旋转机械转速变化所引起的频率漂移，并提供自动报警等。有的设备专门针对关于旋转机械叶片振动的检测方法。这些仪器在外形结构上体现小型、轻便、携带式的优点。

对于非接触、远距离、网络化在线测量，应用超声波测量或激光测量已较普遍。已有多种仪器问世，且一直有不少机构或个人在研究发展。例如汽轮机叶片的振动的研究，根据叶片声信号的多普勒效应信号输出，进行调

解，还原成叶片的振动信号并进行分析，进而确定出叶片的振动强度有无叶片裂纹扩展等。计算机仿真以及模拟旋转机械转子叶片的振动等。

超声波振幅，例如超声波焊接设备的振幅，其测量难点在于频率高和振幅小。通常频率在 $10\sim60kHz$ 之间，振幅在 $1\sim100\mu m$ 之间。用激光束多普勒振动测试仪可以测得。目前系统的测量范围已可达 $1\sim100kHz$。多激光束多普勒振动测试仪可以一次同时测量目标上 16 个点的振动。

本节及以下各节（4 节~6 节）只是在基本原理上来阐述振动参数的测量。

振动幅值是指位移幅值（振幅）、速度幅值、加速度幅值。如本章 1.3.1 节所述，位移、速度、加速度是由公式（19-7-1）关联的，但如果只测得其幅值，则还需要知道其振动频率或角频率。

3.1 光测位移幅值法

（1）振幅牌测量振幅

这是视觉滞留作用法的一种测量方法。直观法测振幅只需要一个如图 19-7-14a 或图 19-7-15a 所示振幅牌，当被测物做直线振动时，振幅牌为一直角三角形（也有用等腰三角形）。直角三角形的高（或等腰三角形的底）b 必须是实际尺寸，同时将另一直角边（或等腰三角形的腰）l 分为若干等分。例如：当最大量程 $b=10mm$ 时，最好将 l 等分为 5 等分（或 10 等分、20 等分），并在下方标注上平行于 b 的线段的实际高度。利用振幅牌测量振幅，必须使振动体的振动方向与三角形的高 b 相平行。测量时需将振幅牌固定在振动体上。随着质体的振动，此三角形在两死点位置之间移动。应用视觉暂留原理，可以观察出直角三角形直角边与斜边的交点（图 19-7-14b），交点所对应的读数，即为质体振幅的二倍，通常称为双振幅。

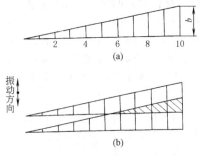

图 19-7-14 直线振动振幅牌及运动轨迹

当被测物体做圆运动时，其振幅牌是由一系列直径不等的圆组成的，如图 19-7-15a 所示。例如：当最大量程为 $d_{max}=10mm$ 时，类似前面振幅牌将 l 等分，也可以分别以直径 $d_3=10mm$、$d_2=8mm$、$d_1=6mm$ 做三个圆，并在每个圆附近标上对应直径数值。测量时将振幅牌固定在振动体上，随着质体的振动，振幅牌各圆上的每一个点的运动轨迹都是直径相等的圆，这圆轨迹的直径即为待测的双振幅。于是根据视觉暂留原理，振幅牌上各圆都有一外包络线圆和一内包络线圆，如图 19-7-15b 所示。某圆内包络线圆刚好为一点时，则此圆直径即为质体双振幅。该振幅牌也可用来测量直线振动的幅值，如图 19-7-15c 所示。既然圆振幅牌能测直线振动幅值和圆振动幅值，按理也应能测量介于两者之间的椭圆运动轨迹的长轴和短轴，只是其内包络线的椭圆模糊不清，不易分辨而已。

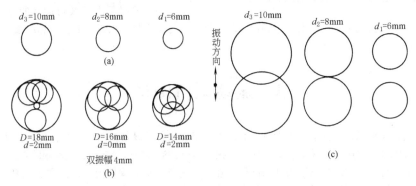

图 19-7-15 圆振幅牌及运动轨迹

振幅牌测量位移的最大量程为 $b/2$（或 $d_{max}/2$）。精度与 l/b（或 d_n/d_{n+1}）成比例。通常采用 $b=20mm$（或 $d_{max}=20mm$）。这种测量方法一般用于频率大于 10Hz、振幅大于 0.1mm 的振动测量。

（2）读数显微镜测量位移幅值

如果要求精度较高，可采用读数显微镜观测振幅，在振动体上贴上一细砂纸，用灯光照射，砂纸上砂粒位移的反射光通过读数显微镜可观测到被测位移幅值。所能测量振幅的大小，由读数显微镜放大倍数决定，一般不超过 1mm。测量要求与用振幅牌测量相同，只是这种测量要求振动稳定性好。

3.2 电测振动幅值法

本章第 2 节已较详细地介绍了电测信号的形成与典型的测量加速度的框图。最简单的办法是用双积分电荷放大器接加速度传感器就可测得系统的位移幅值或速度幅值或加速度幅值：

系统的幅值＝输出电压×传感器倍率×单位额定机械量×量程倍率

其中，输出电压由峰值电压表测得；传感器倍率由传感器的技术特性确定；单位额定机械量由电荷放大器技术特性给出；量程倍率由被测量的过载限制决定。

电测振动幅值法不仅可直接测定简谐振动的位移、速度、加速度的幅值，还可以测定非简谐振动的位移、速度、加速度的幅值和随机振动的位移、速度、加速度的幅值。

3.3 激光干涉测量振动法

3.3.1 光学多普勒干涉原理测量物体的振动

激光测量是一种非接触式测量，其测量精度高、测量动态范围大，同时不影响被测物体的运动，具有很高的空间分辨率。

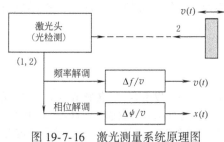

图 19-7-16 激光测量系统原理图

多普勒干涉原理是：光源发射一束频率为 f_0 的光照射到物体表面，运动物体接收到光信号后把它反射出来，光接收器接收到频率为 f 光波信号，其频率随运动物体速度增加而增加。激光多普勒干涉技术用于振动测量就是应用此原理。激光振动测量仪发出的激光经过透镜分成两束光（图 19-7-16），光束 1 是参考光束，直接被光检测器接收；另一束光经过一对可摆动的透镜照射在物体表面上，受运动物体表面粒子散射或反射的光为光束 2。它被集光镜收集后由光检测器接收，经过干涉产生正比于运动物体速度的多普勒信号，通过频率和相位解调便可得到运动物体速度和位移的时间历程信号。

3.3.2 低频激光测振仪

图 19-7-17 为一台低频激光测振仪光路示意图。图中参考光路为：激光至 M_1、B_1、M_2、M_3、M_4、M_5、M_6 反射镜，并由 M_6 自准直后再返回至分光镜 B_1，经 B_1 透射后入射至光电倍增管。为使参考光路长短可调，M_4 可以前后移动，以平衡参考光路和实际的水平台和垂直台测量光路。

垂直台测量光路为：激光至 M_1、B_1 反射后至 M_9、M_{11}（此时反射镜 M_{10} 退出光路，见 A 向视图）。经自准直后，由 M_{11} 沿原路返回 M_9、B_1，并透过 B_1 至光电倍增管，于是参考光及测量光相干涉，产生干涉条纹。水平台测量光路为：激光至 M_1、B_1，此时经反射镜 M_{10} 进入光路，光由 M_{12} 至 M_{13}（C 向视图），经自准直调节后，由 M_{13} 返回 M_{12}、B_1 至光电倍增管。此时，水平台测量光与参考光干涉，产生干涉条纹。

以低频激光测振仪的激光波长为长度绝对标准，对振动台振幅 A 进行测量与测量振动周期的绝对时间标准配合，可测得振动表面振幅、速度、加速度等各振动参数。最终对振动传感器的位移、速度和加速度等振动参数进行绝对标定。本系统利用条纹计数法对振动平台的台面振动进行测量，振幅和条纹数之间的关系可以用下式算出：

$$A = \frac{1}{8}N\lambda$$

式中 A——振动台的振幅；

N——条纹数；

λ——激光的波长。

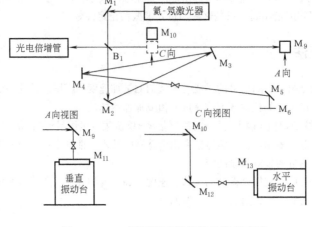

图 19-7-17　低频激光测振仪光路示意图

A 向视图—激光到垂直振动台的视图；*C* 向视图—水平振动台的视图

4　振动频率与相位的测量

在振动测量中，振动频率的测量比其他参数的测量容易实现。然而，它在振动测量中却占据很重要的地位，而且往往是首先遇到和必须解决的问题。

4.1　李沙育图形法

利用李沙育图形测量振动频率，所用的仪器为阴极射线示波器和正弦信号发生器。将传感器感受到的信号，接到示波器的垂直（或水平）输入，再把正弦信号发生器的输出接至示波器的水平（或垂直）输入。同时把"*x* 轴选择"开关置于"*x* 轴增幅"位置，并适当调整"*x* 轴增幅"与"*y* 轴增幅"的旋钮，就会在示波器的荧光屏上出现两信号的合成图形。调节正弦信号发生器的输出频率，使荧光屏上出现稳定的椭圆或圆形波形。这时被测信号的频率就等于正弦信号发生器的频率。从正弦信号发生器的刻度盘上可读出输出信号的频率值，即被测振动信号频率。若示波器荧光屏上出现的是其他复杂稳定图形，同样可根据正弦信号发生器的输出频率值，来确定被测信号的频率。这时需要根据图 19-7-18 判断正弦信号发生器的输出频率和被测振动频率的比值（*m*/*n*）。

由此可见，利用李沙育图形，可以测量出被测振动信号的频率。其测量精度和信号发生器的频率指示精度一样。在测量过程中，应当注意选用示波器和信号发生器的工作频率范围，必须能够覆盖测量所需的数值。对于机械振动量来说，主要是下限频率应满足测量要求。

4.2　标准时间法

标准时间法测量振动频率，通常是用带有时间标度的示波器。若振动信号波形一个周期占据 5 格，而每格代表 1μs，因频率是周期的倒数，故该振动信号的频率为 200kHz。

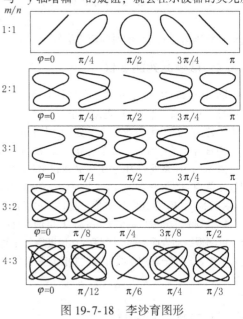

图 19-7-18　李沙育图形

m—沿水平轴简谐振动信号的频率；

n—沿垂直轴简谐振动信号的频率

4.3 闪光测频法

闪光测频是通过闪光仪来实现的。如果闪光频率正好和物体振动频率一致，那么，当振动体每次被照亮时，它正好振动到同一位置，看起来振动体就好像稳定在一个位置不动一样。这时从闪光仪上读出闪光频率，就是物体的振动频率。但应注意，当物体的振动频率是闪光频率的整数倍时，同样会出现振动稳定在一个位置不动的情况，这就需要从低频至高频反复调节闪光频率，以确定振动体的真实振动频率，或者根据振动系统的特性凭经验确定振动体的实际振动频率。可测频率范围：1～2400Hz。

4.4 数字频率计测频法

测量振动频率的直读仪器，目前多采用数字式频率计，这是因为数字式频率计具有很高的精确度和稳定性，同时数字显示使用也很方便。

数字频率计测量频率的过程，就是在标准单位时间内，记录电信号变化的周波数。典型的数字频率计的方框图如图 19-7-19 所示。显然数字频率计必须有一高精度的时间标准。通常由石英晶体振荡器经分频器分频后，获得不同的时间标准。被测信号首先进入放大整形电路，将周期信号放大并整形为前沿陡峭的脉冲信号。然后再把此信号送入计数门。计数门的开闭由标准时间信号控制。当计数门打开的标准时间内通过计数门的信号脉冲数被计数器记录下来，该脉冲数即为被测信号的频率。

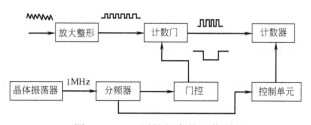

图 19-7-19　测量频率的工作原理

当用频率计测量频率较低的振动时，误差很大。所以对低频信号改为测周期，测量周期的原理（图 19-7-20）与测量频率是相反的，这样就会明显地提高准确度。

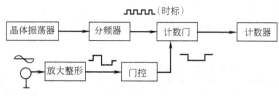

图 19-7-20　测量周期的工作原理

4.5 振动频率测量分析仪

目前市场上的振动频率测量分析仪不仅能测量机械设备的振动加速度、速度、位移，还能测量它的主频率。一般仪器采用单片机电路及各种技术设计而成，可靠性高、耗电量小、抗干扰能力强、体积小、操作携带方便等特点，采用电池供电。

还有频谱分析仪，将周期振动信号输入频谱分析仪，就可直接测量出信号中所包含的各次谐波的频率。

4.6 相位的测量

振动测试中感兴趣的通常不是某一正弦波的初相位，而是两同频率正弦波间的相位差。可用相位计测量，还可用示波器测量。有线性扫描法、椭圆法和填充计数式相位测量。目前市场上供应有相位表。

例如，填充计数式相位测量是将两个同频被测信号整形为两个方波信号，然后测量出这两个同频方波的前沿（或后沿）之间的时间差比例，即为这两个被测信号之间的相位差。要获得这个时间差比例，通常采用脉冲信号填充计数之：设两信号经整形后形成 A 和 B 两路方波，若 A 的两个前沿之间（一个信号周期）的计数脉冲的个数为 N 个、A 与 B 的两个相邻前沿之间的计数脉冲的个数为 n 个，则 A，B 两路之间的相位差为 $2\pi n/N$。

又如，用双线示波器测量各点的相位关系；取双线示波器中的一条扫描记录参考点的信号，另一条扫描逐点显示各测点的波形，以参考点波形为基准来对比，逐点读出各测点的相位。

5 系统固有频率与振型的测定

固有频率是振动系统一项重要参数。它取决于振动系统结构本身的质量、刚度及分布。确定系统固有频率可以通过理论计算或振动测量得到。对较复杂系统只有通过测量才能得到较准确的系统固有频率。确定系统固有频率的常用方法有自由衰减振动法与共振法。

5.1 自由衰减振动法

设法使被测系统产生自由振动，同时记录下振动波形与时标信号，然后进行比较，可求得系统自由衰减振动的频率 f 由于阻尼的存在，它与系统的固有频率 f_0 之间关系为：

$$f=f_0\sqrt{1-\zeta^2} \tag{19-7-2}$$

式中 ζ——系统的阻尼比。

由式（19-7-2）可知，用自由振动法测出的系统固有频率，略小于实际的固有频率，当阻尼很小时，两者是很接近的。

为使系统产生自由振动，通常采用敲击法对系统施加一冲击力，但应注意力的作用点、大小和作用时间等。

5.2 共振法

该方法是利用激振器对被测系统施以简谐干扰力，使系统产生受迫振动，然后连续改变干扰力频率，进行扫描激振，当干扰力频率和系统固有频率相近时，系统产生共振（振动幅值最大）。只要逐渐调节干扰力频率，同时测量振动幅值，绘出幅频响应曲线。曲线峰值所对应的频率即为系统的各阶固有频率。

应当指出：由于测量振动参数不同，存在位移共振、速度共振、加速度共振，它们对应的共振频率之间的关系见表 19-7-4。

表 19-7-4 单自由度系统固有频率和共振频率关系

阻 尼	固有频率	位移共振频率	速度共振频率	加速度共振频率
无阻尼	ω_n	ω_n	ω_n	ω_n
有阻尼	$\omega_n\sqrt{1-\zeta^2}$	$\omega_n\sqrt{1-2\zeta^2}$	ω_n	$\omega_n\sqrt{1+2\zeta^2}$

由表 19-7-4 可见，在有阻尼情况下，只有速度共振时，测得速度共振频率就是系统的无阻尼固有角频率。所以在测量中，最好测速度信号。位移共振频率和加速度共振频率，只有阻尼不大时，才接近无阻尼固有角频率。

5.3 频谱分析法

给系统一个激励，如果同时测试输入的激励以及物体引起的振动（位移、速度或加速度），就可以求取输出（振动）与输入（力）的关系——即物体或结构的响应函数。该系统响应函数反映了机械结构固有的力学特征。

设 $X(s)$ 表示对系统的输入，$Y(s)$ 表示系统的输出，$H(s)$ 表示系统函数，s 为广义参量，则机械结构的响应函数为：

$$H(s) = \frac{Y(s)}{X(s)}$$

如果以频率为参量，则 $H(s)$ 成为频响函数。频响函数上的各个峰值所对应的频率即为结构的各阶固有频率。

特别地，当输入力为标准脉冲力 $\delta(t)$ 时，其频谱幅度恒定为 1，$X(s) = \delta(s) = 1$；直接对响应信号（振动信号）进行频谱分析，即可得到结构的频响函数。

例如，对叶片敲击时，相当于对叶片施加一个准脉冲力，然后用微型加速度传感器将其振动信号送入仪器进行频率分析，即得到响应信号的频谱，亦即叶片频响函数。频谱上的峰值对应的频率即为叶片固有频率。

可采用频率分析仪测定固有频率，过程是：传感器将拾取叶片振动信号，经电荷放大器转换为电压信号，然后滤掉无用的频率成分，放大后送 A/D 转换器转换成数字量送入微处理器，微处理器将信号进行频谱分析，分析结果在液晶显示器上显示出来，其峰值点对应的频率即为叶片固有频率。

另外，还有试验模态分析法等。

5.4 振型的测定

振型的测定常与固有频率的测定同时进行。

要测定结构的振型，可施加一激振力使结构物在某一阶固有频率下振动，即可得单一的振型，如此时测定结构物上各点的位移值，即可得到结构对应于该频率的主振型。

在工程上，往往还只是用激振器激振结构找出共振时各点的位移值，用连接起来的振动曲线，作为振型处理。

此外，亦可把结构物（或模型）放于振动台上进行激振，这样测得的振型是由基础运动引起的强迫振动情况下的振型。

振型的测定大致有如下几种方法：

1）谱分析法（基本同 5.3 节）；

2）试验模态分析法；

3）探针法；

4）砂型法；

5）激光法：本方法发展得很快，它具有许多优点：除了非接触、精度高以外，还可以用于具有粗糙表面的三维体机器及其零部件，还能得到全部振动表面的振幅等高线。激光法有：激光多普勒测振仪测振法，激光全息摄像法，脉冲激光电子斑点干涉法等。

对于比较复杂、大型、刚度较大的部件或结构，需用传感器及测振仪器，测出被测结构上各点的振幅（或加速度）值及相位，以绘出其振型曲线。

例如，用紫外线示波器记录在共振时各点振动信号，然后读出同一瞬时各点振幅值和各振幅间的相位关系。按各点振幅值画出即为第一振型；当相位差 180° 时，按各点振幅值及相位关系画出即为第二振型。

又如，用上面谈到的双线示波器测量各点间的相位关系，逐点读出测点的相位，亦可求得振型。

6 阻尼参数的测定

阻尼是影响振动响应的重要因素之一。确定系统的阻尼系数，多数用实测方法，这里介绍几种常用测定方法。

6.1 自由衰减振动法

用自由衰减振动法测出系统自由振动衰减曲线（图 19-7-21），即测出振动幅值（可以是位移、速度或加速度幅值）随时间 t 而变化的曲线，然后从衰减曲线上，量出相隔 n 个周期的两个振幅值 A_1 和 A_{n+1}，则对数减幅系数：

$$\delta = \frac{1}{n}\ln\frac{A_1}{A_{n+1}} = \frac{2\pi\zeta}{\sqrt{1-\zeta^2}} \qquad (19\text{-}7\text{-}3)$$

从超越方程(19-7-3)中可求得阻尼比 ζ。当 $\zeta \leq 0.1$ 时，

$$\zeta = \frac{1}{2\pi n}\ln\frac{A_1}{A_{n+1}} \qquad (19\text{-}7\text{-}4)$$

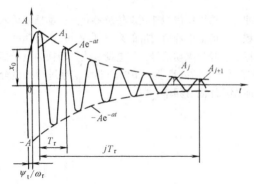

图 19-7-21　自由振动衰减曲线

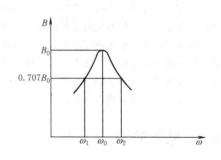

图 19-7-22　共振曲线

6.2　带宽法

在简谐激振力作用下，使系统产生共振，在共振峰附近，改变激振频率，记录相应的振动幅值，作出如图 19-7-22 的共振曲线，利用下式求出阻尼比：

$$\zeta = \frac{\omega_2 - \omega_1}{2\omega_n} \qquad (19\text{-}7\text{-}5)$$

式中　ω_n——系统固有角频率，rad/s；

ω_1，ω_2——分别为幅频响应曲线上对应幅值为 $0.707B_0$ 的角频率（B_0 为共振振幅），rad/s。

带宽法既可用于低阶，也可用于高阶下阻尼的测定，但两个角频率值需相差较大，否则误差很大，甚至失效。

第  章 轴和轴系的临界转速

1 概 述

轴系由轴、联轴器、安装在轴上的传动件、转动件、紧固件等各种零件以及轴的支承组成。激起轴系共振的转速称为临界转速。当转子的转速接近临界转速时，轴系将引起剧烈的振动，严重时造成轴、轴承及轴上零件破坏，而当转速在临界转速的一定范围之外时，运转趋于平稳。若不考虑陀螺效应和工作环境等因素，轴系的临界转速在数值上等于轴系不转动而仅作横向弯曲振动的固有频率：

$$n_c = 60 f_n = \frac{30}{\pi} \omega_n \qquad (19\text{-}8\text{-}1)$$

式中 n_c——临界转速，r/min；

       f_n——固有频率，Hz；

       ω_n——固有角频率，rad/s。

由于转子是弹性体，理论上应有无穷多阶固有频率和相应的临界转速，按数值从小到大排列为 n_{c1}、n_{c2}、…、n_{ck}、…，分别称为一阶、二阶、……、k 阶临界转速。在工程中有实际意义的只是前几阶，特别是一阶临界转速。

为了保证机器安全运行和正常工作，在机械设计时，应使各转子的工作转速 n 离开其各阶临界转速一定的范围。一般的要求是，对工作转速 n 低于其一阶临界转速的轴系，$n < 0.75 n_{c1}$；对工作转速高于其一阶临界转速的轴系，$1.4 n_{ck} < n < 0.7 n_{ck+1}$。

临界转速的大小与轴的材料、几何形状、尺寸、结构形式、支承情况、工作环境以及安装在轴上的零件等因素有关。要同时考虑全部影响因素，准确计算临界转速是很困难的，也是不必要的。实际上，常按不同设计要求，只考虑主要影响因素，建立简化计算模型，求得临界转速的近似值。

本手册第 7 篇第 1 章 1.7 "轴的临界转速校核" 可以对照参考。

2 简单转子的临界转速

2.1 力学模型

表 19-8-1

轴系组成	简 化 模 型	说 明

两支承轴	等直径均匀分布质量模型 m_0	阶梯轴当量直径：
		$$D_m = a \frac{\sum d_1 \Delta l_1}{\sum \Delta l_1}$$
		式中 d_1——阶梯轴各阶直径，m；
		     Δl_1——对应 d_1 段的轴段长度，m；
		     a——经验修正系数

	两支承等直径梁刚度模型 EJ	若阶梯轴最初段长超过全长 50%，$a=1$；小于 15%，此段轴可以看成以次粗段直径为直径的轴上套一轴环；a 值一般可参考有准确解的轴通过试算找出，例如一般的压缩机、离心机、鼓风机转子 $a = 1.094$

续表

轴系组成	简 化 模 型	说 明
圆盘	集中质量模型 m_1	适用转子转速不高,圆盘位于两支承的中点附近回转力矩影响较小的情况
支承	刚性支承模型。各种轴承刚性支承形式按下图选取 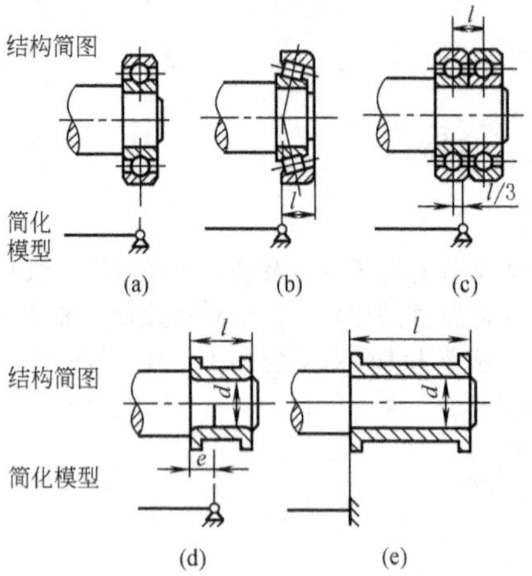 结构简图 简化模型 (a) (b) (c) 结构简图 简化模型 (d) (e)	刚性支承反力作用点: 图 a 为深沟球轴承;图 b 为角接触球轴承或圆锥滚子轴承;图 c 为成对安装角接触球轴承、双列角接触球轴承、调心球轴承、双列短圆柱滚子轴承、调心滚子轴承、双列圆锥滚子轴承;图 d 为短滑动轴承($l/d<2$);当 $l/d\leqslant1$ 时, $e=0.5l$,当 $l/d>1$ 时, $e=0.5d$;图 e 为长滑动轴承($l/d>2$)和四列滚动轴承 一般小型机组转速不高,支座总刚度比转子本身刚度大得多,可按刚性支座计算临界转速

2.2 两支承轴的临界转速

转轴 k 阶临界转速:

$$n_{ck}=\frac{30\lambda_k}{\pi L^2}\sqrt{\frac{EJL}{m_0}}\quad(\text{r/min})\tag{19-8-2}$$

式中 m_0 ——轴质量,kg;

L ——轴长,m;

E ——材料弹性模量,Pa;

J ——轴的截面惯性矩,m^4;

λ_k ——计算 k 阶临界转速的支承形式系数,见表 19-8-2。

表 19-8-2 　　　　　　　　　　　　　　　　等直径轴支承形式系数 λ_k

支 座 形 式	λ_1	λ_2	λ_3	支 座 形 式	λ_1	λ_2	λ_3
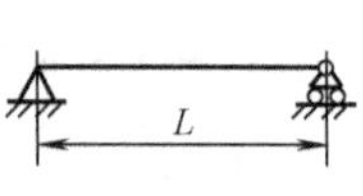 L	9.87	39.48	88.83	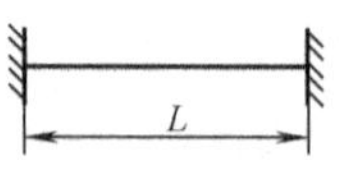 L	22.37	61.67	120.9
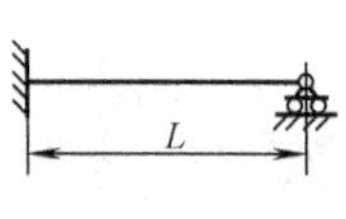 L	15.42	49.97	104.2				

支 座 形 式	λ₁											μ₂
	μ₁											
	0	0.05	0.10	0.15	0.20	0.25	0.30	0.35	0.40	0.45	0.50	
两端外伸轴	9.87*	10.92*	12.11*	13.34*	14.44*	15.06*	14.57*	13.13*	11.50*	9.983*	8.716*	0
		12.15	13.58	15.06	16.41	17.06	16.32	14.52	12.52	10.80	9.37	0.05
			15.22	16.94	18.41	18.82	17.55	15.26	13.05	11.17	9.70	0.10
				18.90	20.41	20.54	18.66	15.96	13.54	11.58	10.02	0.15
					21.89	21.76	19.56	16.65	14.07	12.03	10.39	0.20
						21.70	20.05	17.18	14.61	12.48	10.80	0.25
							19.56	17.55	15.10	12.97	11.29	0.30
								17.18	15.51	13.54	11.78	0.35
									15.46	14.11	12.41	0.40
										14.43	13.15	0.45
											14.06	0.50

注: 1. μ_1、μ_2 为外伸端轴长与轴总长 L 的比例系数, μ_1 和 μ_2 之中有一值为零, 即为一端外伸。

2. 表中只给出 $\mu_2=0$ 左端外伸时一阶支承形式系数 λ_1, 见标记 * 值, 当 $\mu_1=0$ 右端外伸只是把表中 μ_1 当成 μ_2, 仍查标记 * 值。

2.3　两支承单盘转子的临界转速

表 19-8-3

支 承 形 式	不计轴的质量 m_0	考虑轴的质量 m_0
	$n_{c1}=\dfrac{30}{\pi L^2}\sqrt{\dfrac{K}{m_1}}$	$n_{c1}=\dfrac{30\lambda_1}{\pi L^2}\sqrt{\dfrac{EJL}{m_0+\beta m_1}}$
	$K=\dfrac{3EJL}{\mu^2(1-\mu)^2}$	$\beta=32.47\mu^2(1-\mu)^2$
	$K=\dfrac{12EJL}{\mu^3(1-\mu)^2(4-\mu)}$	$\beta=19.84\mu^3(1-\mu)^2(4-\mu)$
	$K=\dfrac{3EJL}{\mu^3(1-\mu)^3}$	$\beta=166.8\mu^3(1-\mu)^3$
	$K=\dfrac{3EJL}{(1-\mu)^2}$	$\beta=\dfrac{1}{3}(1-\mu)^2\lambda_1^2$

注: m_1—圆盘质量, kg; m_0—轴的质量, kg; E—轴材料弹性模量, Pa; J—轴的截面惯性矩, m^4; λ_1—支座形式系数, 见表 19-8-2; β—集中质量 m_1 转换为分布质量的折算系数; μ—轴段长与轴全长 L 之比的比例系数。

第 **19** 篇

3 两支承多圆盘转子临界转速的近似计算

3.1 带多个圆盘轴的一阶临界转速

带多个圆盘并需计及轴的自重时，按如下公式可以计算一阶的临界转速 n_{c1}:

$$\frac{1}{n_{c1}^2} = \frac{1}{n_0^2} + \frac{1}{n_{01}^2} + \frac{1}{n_{02}^2} + \cdots\cdots + \frac{1}{n_{0n}^2}$$

(19-8-3)

式中　　　　　　　n_0——只有轴自重时轴的一阶临界转速；

n_{01}，n_{02}，$\cdots$，n_{0n}——分别表示只装一个圆盘（盘 1，2，$\cdots$，n）且不考虑轴自重时的一阶临界转速。

应用表 19-8-2 及表 19-8-3 可以分别计算 n_0 及各 n_{01}，n_{02}，$\cdots$值，代入即可求得 n_{c1}。

在本手册第 2 卷第 7 篇第 1 章 1.7.4 列有几种光轴带多圆盘的一阶临界转速的表，可以参看。

对阶梯轴及复杂转子的轴则用下面的方法计算。本方法是较古老的算法，在没有软件的情况下，设计者可手算求得。一般还是推荐运用本章第 5 节轴系临界转速的计算的方法去求解原理是相同的。

3.2 力学模型

将实际转子按轴径和载荷（轴段和轴段上安装零件的重力）的不同，简化成为如图 19-8-1 所示 m 段受均布载荷作用的阶梯轴。各段的均布载荷 $q_i = \frac{m_i g}{l_i}$（N/m），m_i 为 i 段轴和装在该段轴上零件的质量，kg；l_i 为该轴段长度，m；g 为重力加速度，$g = 9.8 \mathrm{m/s^2}$。支承为刚性简支，各种形式支承的位置按表 19-8-1 中支承图选取。

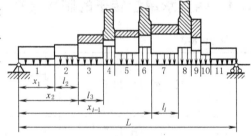

图 19-8-1　轴系的计算模型

3.3 临界转速计算公式

由公式（19-8-2），将 $\lambda_1 = 9.87$ 及 $g = 9.8 \mathrm{m/s^2}$ 代入，得

$$n_{ck} = \frac{2.95 \times 10^2 k^2}{L^2 \sqrt{\left(\sum_{i=1}^{m} q_i \Delta_i \right) \left(\sum_{i=1}^{m} \frac{\Delta_i}{E_i J_i} \right)}}$$

对于钢轴 $E = 2.1 \times 10^{11} \mathrm{N/m^2}$，则

$$n_{ck} = \frac{4.28 \times 10^2 k^2}{L^2} \sqrt{\frac{J_{\max} \times 10^{11}}{\left(\sum_{i=1}^{m} q_i \Delta_i \right) \left(\sum_{i=1}^{m} \frac{J_{\max}}{J_i} \Delta_i \right)}}$$

(19-8-4)

式中　k——临界转速阶次，通常只计算一、二阶临界转速，用于计算高于三阶临界转速时误差较大；

L——转子两支承跨距，m；

q_i——第 i 段轴的均布载荷，$q_i = m_i g / l_i$，N/m；

J_i——第 i 段轴截面惯性矩，$J_i = \pi d_i^4 / 64$，$\mathrm{m^4}$；

$J_{\max} / J_i$——最大截面惯性矩与第 i 段轴截面惯性矩之比；

d_i——第 i 段轴的直径，m；

Δ_i——第 i 段轴的位置函数，$\Delta_i = \phi(\lambda_i) - \phi(\lambda_{i-1})$，$\lambda_i = k x_i / L$，$\phi(\lambda_i) = \lambda_i - \frac{\sin 2\pi \lambda_i}{2\pi}$，也可由表 19-8-4 查出。

表 19-8-4 函数 $\phi(\lambda)$ 数值表

λ	$\phi(\lambda)$	λ	$\phi(\lambda)$	λ	$\phi(\lambda)$	λ	$\phi(\lambda)$	λ	$\phi(\lambda)$
0.000	0	0.115	0.00975	0.375	0.2625	0.635	0.7544	0.895	0.9926
0.002	0.0000004	0.120	0.0111	0.380	0.2711	0.640	0.7626	0.900	0.99343
0.004	0.0000014	0.125	0.0125	0.385	0.2797	0.645	0.7708	0.902	0.99381
0.006	0.0000014	0.130	0.0140	0.390	0.2886	0.650	0.7788	0.904	0.99418
0.008	0.0000034	0.135	0.0156	0.395	0.2975	0.655	0.7866	0.906	0.99455
0.010	0.0000066	0.140	0.0174	0.400	0.3064	0.660	0.7944	0.908	0.99488
0.012	0.000011	0.145	0.0192	0.405	0.3155	0.665	0.8020	0.910	0.99521
0.014	0.000018	0.150	0.0212	0.410	0.3247	0.670	0.8095	0.912	0.99552
0.016	0.000027	0.155	0.0234	0.415	0.3340	0.675	0.8168	0.914	0.99582
0.018	0.000038	0.160	0.0256	0.420	0.3433	0.680	0.8240	0.916	0.99611
0.020	0.000053	0.165	0.0280	0.425	0.3527	0.685	0.8311	0.918	0.99638
0.022	0.00007	0.170	0.0305	0.430	0.3622	0.690	0.8380	0.920	0.99663
0.024	0.000091	0.175	0.0332	0.435	0.3718	0.695	0.8447	0.922	0.99688
0.026	0.000115	0.180	0.0360	0.440	0.3814	0.700	0.8514	0.924	0.99711
0.028	0.000144	0.185	0.0389	0.445	0.3911	0.705	0.8578	0.926	0.99734
0.030	0.000177	0.190	0.0420	0.450	0.4008	0.710	0.8641	0.928	0.99755
0.032	0.000215	0.195	0.0453	0.455	0.4106	0.715	0.8704	0.930	0.99774
0.034	0.000258	0.200	0.0486	0.460	0.4204	0.720	0.8763	0.932	0.99796
0.036	0.000306	0.205	0.0522	0.465	0.4302	0.725	0.8822	0.934	0.99812
0.038	0.00036	0.210	0.0558	0.470	0.4402	0.730	0.8879	0.936	0.99828
0.040	0.00042	0.215	0.0597	0.475	0.4501	0.735	0.8935	0.938	0.99843
0.042	0.000487	0.220	0.0637	0.480	0.4601	0.740	0.8988	0.940	0.99858
0.044	0.00056	0.225	0.0678	0.485	0.4700	0.745	0.9041	0.942	0.99872
0.046	0.00064	0.230	0.0721	0.490	0.4800	0.750	0.9092	0.944	0.99885
0.048	0.000725	0.235	0.0766	0.495	0.4900	0.755	0.9141	0.946	0.99897
0.050	0.00082	0.240	0.0812	0.500	0.5000	0.760	0.9188	0.948	0.99908
0.052	0.00092	0.245	0.0859	0.505	0.5100	0.765	0.9234	0.950	0.99918
0.054	0.00103	0.250	0.0908	0.510	0.5200	0.770	0.9279	0.952	0.999275
0.056	0.00115	0.255	0.0959	0.515	0.5300	0.775	0.9322	0.954	0.99936
0.058	0.00128	0.260	0.1012	0.520	0.5400	0.780	0.9363	0.956	0.99944
0.060	0.00142	0.265	0.1066	0.525	0.5499	0.785	0.9403	0.958	0.999513
0.062	0.00157	0.270	0.1121	0.530	0.5598	0.790	0.9441	0.960	0.99958
0.064	0.00172	0.275	0.1178	0.535	0.5697	0.795	0.9478	0.962	0.99964
0.066	0.00188	0.280	0.1237	0.540	0.5796	0.800	0.9514	0.964	0.999694
0.068	0.00204	0.285	0.1297	0.545	0.5894	0.805	0.9547	0.966	0.999742
0.070	0.00226	0.290	0.1358	0.550	0.5992	0.810	0.9580	0.968	0.999785
0.072	0.00245	0.295	0.1412	0.555	0.6089	0.815	0.9611	0.970	0.999823
0.074	0.00266	0.300	0.1486	0.560	0.6186	0.820	0.9640	0.972	0.999856
0.076	0.00289	0.305	0.1553	0.565	0.6282	0.825	0.9668	0.974	0.999885
0.078	0.00312	0.310	0.1620	0.570	0.6378	0.830	0.9695	0.976	0.999906
0.080	0.00337	0.315	0.1689	0.575	0.6473	0.835	0.9720	0.978	0.999993
0.082	0.00362	0.320	0.1760	0.580	0.6567	0.840	0.9744	0.980	0.999947
0.084	0.00389	0.325	0.1823	0.585	0.6660	0.845	0.9766	0.982	0.999962
0.086	0.00418	0.330	0.1905	0.590	0.6753	0.850	0.9788	0.984	0.999973
0.088	0.00448	0.335	0.1980	0.595	0.6845	0.855	0.9808	0.986	0.999982
0.090	0.00479	0.340	0.2056	0.600	0.6935	0.860	0.9826	0.988	0.999989
0.092	0.00512	0.345	0.2134	0.605	0.7025	0.865	0.9844	0.990	0.9999934
0.094	0.00545	0.350	0.2212	0.610	0.7114	0.870	0.9860	0.992	0.9999956
0.096	0.00581	0.355	0.2292	0.615	0.7203	0.875	0.9875	0.994	0.9999986
0.098	0.00619	0.360	0.2374	0.620	0.7289	0.880	0.9890	0.996	0.9999996
0.100	0.00645	0.365	0.2456	0.625	0.7375	0.885	0.9902	0.998	1
0.105	0.00745	0.370	0.2540	0.630	0.7460	0.890	0.9915	1.000	1
0.110	0.00855								

注：当 $\lambda > 1$ 时，$\phi(\lambda)$ 的整数部分与 λ 的整数部分相等。小数部分由表中查得。

第
19
篇

3.4 计算示例

某转子系统简化成为如图 19-8-1 所示的 11 段阶梯轴均布载荷计算模型，已知条件、计算过程和按式（19-8-4）计算的 n_{c1} 和 n_{c2} 列于表 19-8-5。

表 19-8-5 临界转速近似计算表

轴段号	已知条件				均布载荷 q_i /N·m^{-1}	截面惯性矩 J_i /10^{-6}m^4	$\dfrac{J_{\max}}{J_i}$	$k=1$				
	质量 m_i /kg	轴段长 l_i/m	轴径 d_i /m	坐标 x_i /m				λ_i	$\phi(\lambda_i)$	Δ_i	$\dfrac{J_{\max}}{J_i}\Delta_i$	$q_i\Delta_i$
1	4.16	0.16	0.065	0.16	254.8	0.876	11.62	0.123	0.0119	0.0119	0.138	3.03
2	8.85	0.168	0.085	0.328	516.3	2.562	3.97	0.252	0.0928	0.0809	0.321	41.77
3	7.74	0.155	0.09	0.483	489.4	3.221	3.16	0.372	0.2574	0.1646	0.520	80.56
4	54.08	0.06	0.105	0.543	8833	5.967	1.71	0.418	0.3396	0.0822	0.141	726.07
5	18.31	0.18	0.11	0.723	996.9	7.187	1.42	0.556	0.6108	0.2712	0.385	270.36
6	53.88	0.06	0.115	0.783	8800	6.585	1.55	0.602	0.6971	0.0863	0.103	759.44
7	18.75	0.15	0.12	0.933	1225	10.18	1	0.718	0.8739	0.1768	0.177	216.58
8	56.84	0.077	0.12	1.01	7234	10.18	1	0.777	0.9338	0.0599	0.060	433.32
9	20.75	0.08	0.11	1.09	2542	7.187	1.42	0.838	0.9734	0.0396	0.056	100.66
10	4.15	0.05	0.10	1.14	813.4	4.909	2.07	0.877	0.9881	0.0147	0.030	11.96
11	4.71	0.16	0.07	1.30	288.5	1.179	8.63	1	1	0.0119	0.103	3.43
总和	252.22	1.30									2.034	2647.18

轴段号	n_{c1}/r·min^{-1}			$k=2$					n_{c2}/r·min^{-1}		
	近似	精确	误差	λ_i	$\phi(\lambda_i)$	Δ_i	$\dfrac{J_{\max}}{J_i}\Delta_i$	$q_i\Delta_i$	近似	精确	误差
1				0.246	0.0869	0.0869	1.010	22.14			
2				0.564	0.6263	0.5394	2.141	278.49			
3				0.744	0.0030	0.2767	0.874	135.42			
4				0.836	0.9725	0.0895	0.153	790.55			
5				1.112	1.0090	0.0365	0.052	36.39			
6	3478	3584	2.96%	1.204	1.0515	0.0425	0.066	374	12788	13430	4.78%
7				1.436	1.3737	0.3222	0.322	394.7			
8				1.554	1.6070	0.2333	0.233	1687.69			
9				1.676	1.8182	0.2112	0.299	536.87			
10				1.754	1.9131	0.0949	0.196	77.15			
11				2	2	0.0869	0.750	25.07			
总和							5.863	4358			

3.5 简略计算方法

1）如只要作近似的计算，按表 19-8-1 将阶梯轴化作一等效当量直径为 d_e 的光轴的计算。其长度不变。这方法简单，但是，因为轴的截面惯性矩是和轴直径的四次方成正比的，所以是很粗略的估算。只适用于某些特定的设备，且经过试验取得修正系数后使用。

2）最常用的是能量法。由于轴的临界转速角频率与其作为梁的横向振动角频率相同，只要按梁的挠度推求振动角频率即可，不算剪切变形，误差约为 2%：

$$\omega_n = \sqrt{\frac{g \sum m_i y_i}{\sum m_i y_i^2}} \quad \text{rad/s}$$

式中　m_i——各阶段轴的质量（参见图 19-8-1），kg；

　　　y_i——各阶段轴中点的变形（挠度），cm；

　　　g——重力加速度，981cm/s²。

3）关于变截面梁的挠度 y_i 可按材料力学的方法计算。由于挠度很小，这里介绍另一方法。

由轴上的荷载可计算轴的弯矩图，计算各阶段轴两截面的剪力、弯矩，按照这些力可计算各阶段轴右截面相对于左截面的转角 Δ_i 和位移 δ_i，则各截面相对于支点 O 的转角和位移各为：$\sum \Delta_i$、$\delta_{0i} = \sum \delta_i$，支点 n 相对于支点 O 的转角和位移为：

$$\Delta_{0n} = \sum_1^n \Delta_i \; ; \delta_{0n} = \sum_1^n \delta_i$$

因 n 点实际位移为 0，所有转角都要减去：$\theta = \dfrac{\delta_{0n}}{L}$，（此亦为 0 截面的转角）。所有位移都各要减去 $\delta'_{0i} = x_i \theta$。即 $y'_i = \delta_{0i} - x_i \theta$，这里是以截面右端的位移来代替各阶段轴中点的位移。可以取两端截面位移的平均值来算得 y_i 值：$y_i = \dfrac{y'_{i-1} + y'_i}{2}$。用列表进行计算。

4）上面只是求一阶临界转速。若要推求二阶临界转速，必须先设定中间某一点，将轴分成两段，且令该点的位移为零，试算两段轴的临界转速，若两段轴的临界转速相等，则此临界转速即为二阶临界转速。若不相等，则移动该点，重新计算，比较麻烦，不如编程序进行计算。或者，近似的取二阶临界转速为一阶临界转速的四倍来估算。

4　轴系的模型与参数

4.1　力学模型

表 19-8-6

轴系组成	简　化　模　型	说　　明
圆盘	刚性质量圆盘模型 m_{ci} 和 $I_i(I_{pf})$	将转子按轴径变化和装在轴上零件不同分为若干段。每段的质量以集中质量代替，并按质心不变原则分配到该段轴的两端。两质量间以弹性无质量等截面梁连接，弯曲刚度 EJ_i 和实际轴段相等。对轴段划分越细，计算精度越高，但计算工作量也越大。有时为简化计算，还可略去轴的质量，仅计轴上件质量
转轴	离散质量模型 $m'_i = m'_{i,i} + m'_{i,i+1}(I'_i = I'_{i,i} + I'_{i,i+1})$	
	无质量弹性梁模型 EJ_i、l_i、a_i、GA_i	

(续)

轴系组成	简 化 模 型	说 明
支承	**弹性支承模型** 支承形式如下图,图 a 只考虑支承静刚度 K;图 b 同时考虑支承静刚度 K 和扭转刚度 K_θ;图 c 同时考虑支承静刚度 K_2、油膜刚度 K_1 及参振质量为 m 的弹性支承;图 d 同时考虑支承静刚度 K 和阻尼系数 C 的弹性支承 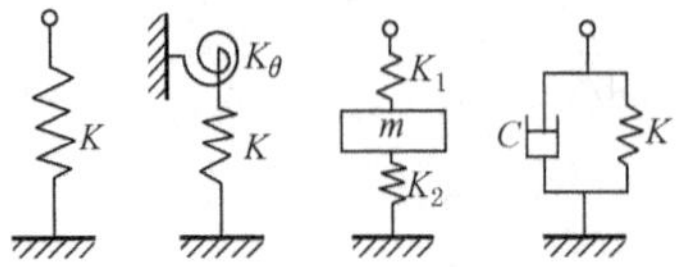 (a)　　(b)　　(c)　　(d)	弹性支承的刚度可通过测试方法获得。也可按 4.2 节的方法确定滚动轴承支承的刚度,按 4.3 节的方法确定滑动轴承的刚度。对于大中型机组支承总刚度与转子刚度相近、且较精确计算轴系临界转速时,支承必须按弹性支承考虑。特别是支承的动刚度随转子转速的变化而变化,转速越高支座的动刚度越低,因此,在计算高速转子和高阶临界转速时,支承更应按弹性支承考虑。
	刚性支承模型	刚性支承形式和支反力作用点及模型适用范围完全与表 19-8-1 刚性支承模型相同

4.2 滚动轴承支承刚度

表 19-8-7

项　　目		计 算 公 式	公 式 使 用 说 明
单个滚动轴承径向刚度		$K = \dfrac{F}{\delta_1 + \delta_2 + \delta_3}(\text{N/}\mu\text{m})$	F——径向负荷,N; δ_1——轴承的径向弹性位移,μm δ_2——轴承外圈与箱体的接触变形,μm
滚动轴承径向弹性位移	已经预紧时	$\delta_1 = \beta\delta_0(\mu\text{m})$	δ_3——轴承内圈与轴颈的接触变形,μm β——弹性位移系数,根据相对间隙 g/δ_0 从图 19-8-2 查出 δ_0——轴承中游隙为零时的径向弹性位移,μm,根据表 19-8-8 的公式进行计算
	存在游隙时	$\delta_1 = \beta\delta_0 - g/2(\mu\text{m})$	g——轴承的径向游隙,有游隙时取正号,预紧时取负号,μm
轴承配合表面接触变形(外圈或内圈)	有间隙的配合	$\delta_2 = \delta_3 = H_1\Delta(\mu\text{m})$	Δ——直径上的配合间隙或过盈,μm H_1——系数,由图 19-8-3a 根据 n 查出,$n = \dfrac{0.096}{\Delta}\sqrt{\dfrac{2F}{bd}}$ H_2——系数,由图 19-8-3b 根据 Δ/d 查出,当轴承内圈与轴颈为锥体配合时,H_2 可取 0.05,间隙为零时,H_2 可取 0.25 b——轴承套圈宽度,cm
	有过盈的配合	$\delta_2 = \delta_3 = \dfrac{0.204FH_2}{\pi bd}(\mu\text{m})$	d——配合表面直径,cm,计算 δ_3 时为轴承内径,计算 δ_2 时为轴承外径

例 某机器的支承中装有一个双列圆柱滚子轴承 3182120(NN3020k)($d=100$mm,$D=150$mm,$b=37$mm,$i=2$,$z=30$,$d_\delta=11$mm,$l=11$mm,$r=0.8$mm)。轴承的预紧量为 5μm(即 $g=-5\mu$m),外圆与箱体孔的配合过盈量为 5μm(即 $\Delta=5\mu$m),$F=4900$N。求支承的刚度。

解 (1)求间隙为零时轴承的径向弹性位移 δ_0

根据表 19-8-8

$$\delta_0 = \frac{0.0625F^{0.893}}{d^{0.815}} = \frac{0.0625 \times 4900^{0.893}}{100^{0.815}}$$

$$= 2.89\mu\text{m}$$

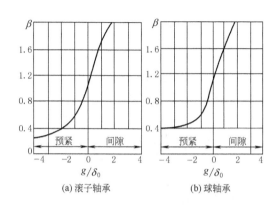

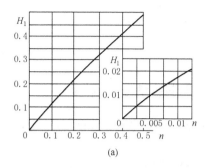

(a)

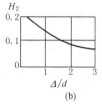

(b)

图 19-8-2　弹性位移系数

图 19-8-3　接触变形系数曲线

表 19-8-8　　　　　　滚动轴承游隙为零时径向弹性位移 δ_0 计算公式

轴承类型	径向弹性位移 $\delta_0/\mu m$	轴承类型	径向弹性位移 $\delta_0/\mu m$
深沟球轴承	$\delta_0 = 0.437\sqrt[3]{Q^2/d_\delta}$ $= 1.277\sqrt[3]{\left(\dfrac{F}{z}\right)^2 / d_\delta}$	角接触球轴承	$\delta_0 = \dfrac{0.437}{\cos\alpha}\sqrt[3]{\dfrac{Q^2}{d_\delta}}$
调心球轴承	$\delta_0 = \dfrac{0.699}{\cos\alpha}\sqrt[3]{\dfrac{Q^2}{d_\delta}}$	圆柱滚子轴承	$\delta_0 = 0.0769(Q^{0.9}/d_\delta^{0.8})$ $= 0.3333\left(\dfrac{F}{iz}\right)^{0.9}/l_n^{0.8}$
双列圆柱滚子轴承	$\delta_0 = \dfrac{0.0625 F^{0.893}}{d^{0.815}}$	内圈无挡边双列圆柱滚子轴承	$\delta_0 = \dfrac{0.045 F^{0.897}}{d^{0.8}}$
圆锥滚子轴承	$\delta_0 = \dfrac{0.0769 Q^{0.9}}{l_a^{0.8}\cos\alpha}$	滚动体上的负荷	$Q = \dfrac{5F}{iz\cos\alpha}(\text{N})$

注：F—轴承的径向负荷，N；i—滚动体列数；z—每列中滚动体数；d_δ—滚动体直径，mm；d—轴承孔径，mm；α—轴承的接触角，(°)；l_a—滚动体有效长度，mm，$l_a = l - 2r$；l—滚子长度，mm；r—滚子倒圆角半径，mm。

（2）求轴承有 5μm 预紧量时的径向弹性位移 δ_1

计算相对间隙：$g/\delta_0 = -5/2.89 = -1.73$

从图 19-8-2 查得：$\beta = 0.47$，于是得

$$\delta_1 = \beta\delta_0 = 0.47 \times 2.89 = 1.35\mu m$$

（3）求轴承外圈与箱体孔的接触变形 δ_2

计算 Δ/D：$\Delta/D = 5/15 = 0.333$，从图 19-8-3b 查得 $H_2 = 0.2$，于是

$$\delta_2 = \frac{0.204 FH_2}{\pi bD} = \frac{0.204 \times 4900 \times 0.2}{\pi \times 3.7 \times 15} = 1.15\mu m$$

（4）求轴承内圈与轴颈的接触变形 δ_3

因内圈为锥体配合，故 $H_2 = 0.05$，于是

$$\delta_3 = \frac{0.204 FH_2}{\pi bD} = \frac{0.204 \times 4900 \times 0.05}{\pi \times 3.7 \times 10} = 0.43\mu m$$

第 **19** 篇

（5）求支承刚度

将 δ_1，δ_2，δ_3 代入刚度公式得

$$K = \frac{F}{\delta_1 + \delta_2 + \delta_3} = \frac{4900}{1.35 + 1.15 + 0.43} = 1672 \text{N}/\mu\text{m}$$

4.3 滑动轴承支承刚度

滑动轴承的力学模型如图 19-8-4。沿各方向的刚度：

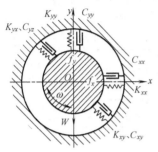

$$K_{yy} = \frac{\overline{K}_{yy}W}{c}(\text{N/m}) \qquad K_{xx} = \frac{\overline{K}_{xx}W}{c}(\text{N/m})$$

$$K_{yx} = \frac{\overline{K}_{yx}W}{c}(\text{N/m}) \qquad K_{xy} = \frac{\overline{K}_{xy}W}{c}(\text{N/m}) \qquad (19\text{-}8\text{-}5)$$

式中　　　W——轴颈上受的稳定静载荷，N；

c——轴承半径间隙，m；

图 19-8-4　滑动轴承力学模型

$\overline{K}_{yy}$，$\overline{K}_{xx}$，$\overline{K}_{yx}$，$\overline{K}_{xy}$——无量纲，刚度系数，可根据轴瓦形式、S、L/D 和 δ 值由表 19-8-9 查得。

几种常用轴瓦的参数值

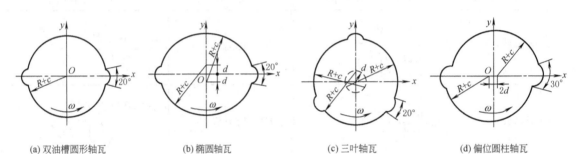

(a) 双油槽圆形轴瓦　　　(b) 椭圆轴瓦　　　(c) 三叶轴瓦　　　(d) 偏位圆柱轴瓦

表 19-8-9

S	ε	ψ	$\overline{Q}$	$\overline{P}$	$\overline{T}$	$\overline{K}_{xx}$	$\overline{K}_{xy}$	$\overline{K}_{yx}$	$\overline{K}_{yy}$	$\overline{C}_{xx}$	$\overline{C}_{xy} = \overline{C}_{yx}$	$\overline{C}_{yy}$
双油槽圆形轴瓦 $L/D = 0.5$												
6.430	0.071	81.89	0.121	0.860	5.7	1.88	6.60	−14.41	1.55	13.31	−1.89	28.75
3.937	0.114	77.32	0.192	0.846	5.9	1.89	4.20	−9.27	1.57	8.58	−1.93	18.44
2.634	0.165	72.36	0.271	0.833	6.2	1.91	3.01	−6.74	1.61	6.28	−2.00	13.36
2.030	0.207	68.75	0.332	0.835	6.6	1.93	2.50	−5.67	1.65	5.33	−2.07	11.18
1.656	0.244	65.85	0.383	0.835	7.0	1.95	2.20	−5.06	1.69	4.80	−2.15	9.93
0.917	0.372	57.45	0.540	0.850	8.5	1.85	1.30	−4.01	2.12	3.23	−2.06	7.70
0.580	0.477	51.01	0.651	0.900	10.5	1.75	0.78	−3.70	2.67	2.40	−1.94	6.96
0.376	0.570	45.43	0.737	0.977	13.4	1.68	0.43	−3.64	3.33	1.89	−1.87	6.76
0.244	0.655	40.25	0.804	1.096	17.9	1.64	0.13	−3.74	4.21	1.54	−1.82	6.87
0.194	0.695	37.72	0.833	1.156	21.3	1.62	−0.01	−3.84	4.78	1.40	−1.80	7.03
0.151	0.734	35.20	0.858	1.240	25.8	1.61	−0.15	−3.98	5.48	1.27	−1.79	7.26
0.133	0.753	33.93	0.870	1.289	28.7	1.60	−0.22	−4.07	5.89	1.20	−1.79	7.41
0.126	0.761	33.42	0.875	1.310	30.0	1.60	−0.25	−4.11	6.07	1.18	−1.79	7.48
0.116	0.772	32.65	0.881	1.343	32.2	1.60	−0.30	−4.17	6.36	1.15	−1.79	7.59
0.086	0.809	30.04	0.902	1.473	41.4	1.59	−0.47	−4.42	7.51	1.03	−1.79	8.03
0.042	0.879	24.41	0.936	1.881	80.9	1.60	−0.92	−5.23	11.45	0.82	−1.80	9.48

S	ε	ψ	$\overline{Q}$	$\overline{P}$	$\overline{T}$	$\overline{K}_{xx}$	$\overline{K}_{xy}$	$\overline{K}_{yx}$	$\overline{K}_{yy}$	$\overline{C}_{xx}$	$\overline{C}_{xy}=\overline{C}_{yx}$	$\overline{C}_{yy}$
双油槽圆形轴瓦 $L/D=1$												
1.470	0.103	75.99	0.135	0.850	5.9	1.50	3.01	−10.14	1.53	6.15	−1.53	20.34
0.991	0.150	70.58	0.189	0.844	6.2	1.52	2.16	−7.29	1.56	4.49	−1.58	14.66
0.636	0.224	63.54	0.264	0.843	6.9	1.56	1.57	−5.33	1.62	3.41	−1.70	10.80
0.358	0.352	55.41	0.369	0.853	8.7	1.48	0.97	−3.94	1.95	2.37	−1.63	8.02
0.235	0.460	49.27	0.436	0.914	11.1	1.55	0.80	−3.57	2.19	2.19	−1.89	7.36
0.159	0.559	44.33	0.484	1.005	14.2	1.48	0.48	−3.36	2.73	1.74	−1.78	6.94
0.108	0.650	39.72	0.516	1.136	19.2	1.44	0.23	−3.34	3.45	1.43	−1.72	6.89
0.071	0.734	35.16	0.534	1.323	27.9	1.44	−0.03	−3.50	4.49	1.20	−1.70	7.15
0.056	0.773	32.82	0.540	1.449	34.9	1.45	−0.18	−3.65	5.23	1.10	−1.71	7.42
0.050	0.793	31.62	0.541	1.524	39.6	1.45	−0.26	−3.75	5.69	1.06	−1.71	7.60
0.044	0.811	30.39	0.543	1.608	45.3	1.46	−0.35	−3.88	6.22	1.01	−1.72	7.81
0.024	0.883	25.02	0.543	2.104	89.6	1.53	−0.83	−4.69	9.77	0.83	−1.78	9.17
椭圆轴瓦,预载 $\delta=0.5$, $L/D=0.5$												
7.079	0.024	88.79	0.512	1.313	9.8	1.29	57.12	−40.32	91.58	45.50	63.29	159.20
2.723	0.061	88.58	0.518	1.315	10.0	0.74	22.03	−15.77	35.54	17.80	23.96	61.63
1.889	0.086	88.33	0.525	1.318	10.3	0.71	15.33	−11.18	24.93	12.59	16.31	43.14
1.229	0.127	87.75	0.541	1.325	10.8	0.78	10.03	−7.66	16.68	8.57	10.11	28.65
0.976	0.155	87.22	0.555	1.332	11.2	0.84	7.99	−6.39	13.59	7.08	7.66	23.20
0.832	0.176	86.75	0.567	1.338	11.6	0.90	6.82	−5.69	11.88	6.23	6.23	20.14
0.494	0.254	84.36	0.624	1.371	13.5	1.00	3.99	−4.28	8.11	4.27	2.76	13.26
0.318	0.323	81.08	0.684	1.421	16.4	1.23	2.34	−3.82	6.52	3.15	0.81	10.03
0.236	0.364	78.09	0.723	1.468	19.4	1.31	1.49	−3.76	6.07	2.54	−0.11	8.80
0.187	0.391	75.18	0.747	1.515	22.6	1.37	0.92	−3.82	6.03	2.13	−0.66	8.23
0.153	0.410	72.26	0.762	1.562	26.1	1.41	0.52	−3.92	6.21	1.82	−1.02	7.98
0.127	0.424	69.31	0.770	1.612	30.1	1.45	0.21	−4.04	6.53	1.58	−1.26	7.91
0.090	0.444	63.24	0.772	1.727	40.1	1.50	−0.23	−4.33	7.55	1.23	−1.54	8.11
椭圆轴瓦,预载 $\delta=0.5$, $L/D=1$												
1.442	0.050	93.81	0.309	1.338	10.8	−1.29	22.14	−22.65	38.58	18.60	28.14	79.05
0.698	0.100	93.12	0.320	1.345	11.2	−0.24	10.79	−11.25	18.93	9.40	12.97	38.73
0.442	0.150	91.97	0.338	1.357	11.9	0.26	6.87	−7.45	12.28	6.36	7.50	25.00
0.308	0.200	90.37	0.361	1.376	12.8	0.58	4.79	−5.58	8.93	4.82	4.50	17.99
0.282	0.213	89.87	0.368	1.382	13.1	0.66	4.38	−5.24	8.30	4.53	3.91	16.66
0.271	0.220	89.61	0.372	1.385	13.2	0.69	4.20	−5.09	8.03	4.40	3.64	16.08
0.261	0.226	89.37	0.375	1.388	13.4	0.72	4.03	−4.96	7.79	4.28	3.41	15.57
0.240	0.239	88.80	0.383	1.396	13.7	0.77	3.70	−4.70	7.31	4.04	2.93	14.54
0.224	0.250	88.28	0.389	1.403	14.1	0.82	3.43	−4.51	6.95	3.86	2.55	13.74
0.211	0.260	87.79	0.395	1.409	14.4	0.86	3.21	−4.36	6.65	3.70	2.23	13.09
0.161	0.304	85.29	0.423	1.445	16.2	1.01	2.32	−3.84	5.63	3.07	1.02	10.75
0.120	0.350	81.80	0.452	1.500	19.1	1.14	1.52	−3.54	4.99	2.49	0.01	9.04
0.097	0.381	78.65	0.470	1.554	22.1	1.21	1.01	−3.46	4.82	2.10	−0.56	8.26
0.081	0.403	75.63	0.479	1.607	25.4	1.26	0.65	−3.47	4.87	1.82	−0.92	7.87
0.069	0.419	72.65	0.484	1.664	29.1	1.31	0.38	−3.52	5.06	1.60	−1.17	7.71
0.060	0.432	69.69	0.485	1.724	33.4	1.34	0.16	−3.60	5.36	1.42	−1.34	7.67
0.045	0.451	63.70	0.478	1.867	44.3	1.40	−0.19	−3.83	6.25	1.16	−1.56	7.88

第

19

篇

S	ε	ψ	$\overline{Q}$	$\overline{P}$	$\overline{T}$	$\overline{K}_{xx}$	$\overline{K}_{xy}$	$\overline{K}_{yx}$	$\overline{K}_{yy}$	$\overline{C}_{xx}$	$\overline{C}_{xy}=\overline{C}_{yx}$	$\overline{C}_{yy}$
三叶轴瓦,预载 $\delta=0.5,L/D=0.5$												
6.574	0.018	55.45	0.250	1.420	8.2	31.32	46.78	−45.43	34.58	93.55	1.46	97.87
3.682	0.031	56.03	0.251	1.421	8.5	17.08	26.57	−25.35	20.35	51.73	1.35	56.10
2.523	0.045	56.57	0.252	1.423	8.9	11.48	18.48	−17.41	14.75	35.06	1.22	39.50
1.621	0.070	57.35	0.255	1.429	9.5	7.25	12.20	−11.38	10.53	22.25	1.01	26.81
1.169	0.094	57.95	0.259	1.437	10.2	5.26	9.06	−8.49	8.56	15.96	0.79	20.62
0.717	0.144	58.62	0.271	1.461	11.8	3.49	5.92	−5.85	6.85	9.93	0.37	14.74
0.491	0.192	58.63	0.285	1.497	13.8	2.77	4.34	−4.75	6.27	7.12	−0.02	12.07
0.356	0.237	58.14	0.300	1.543	16.2	2.41	3.35	−4.26	6.15	5.51	−0.36	10.67
0.267	0.278	57.30	0.315	1.599	19.1	2.19	2.63	−4.05	6.29	4.46	−0.66	9.87
0.203	0.314	56.18	0.331	1.665	22.8	2.04	2.05	−4.00	6.62	3.68	−0.91	9.43
0.156	0.347	54.85	0.345	1.742	27.6	1.90	1.55	−4.05	7.11	3.06	−1.12	9.23
0.141	0.360	54.26	0.352	1.776	29.8	1.85	1.36	−4.10	7.35	2.84	−1.20	9.20
0.121	0.377	53.31	0.361	1.830	33.6	1.78	1.09	−4.19	7.77	2.54	−1.30	9.20
0.093	0.402	51.55	0.379	1.931	41.6	1.67	0.67	−4.39	8.63	2.10	−1.44	9.30
0.055	0.441	47.10	0.419	2.182	66.1	1.49	−0.14	−4.94	11.07	1.29	−1.61	9.91
三叶轴瓦,预载 $\delta=0.5,L/D=1$												
3.256	0.020	59.21	0.132	1.424	8.8	25.25	43.40	−43.30	28.31	88.33	1.11	94.58
1.818	0.035	59.68	0.133	1.426	9.2	13.70	24.34	−24.39	16.74	48.27	0.98	54.59
1.243	0.050	60.09	0.134	1.429	9.6	9.18	16.72	−16.93	12.21	32.37	0.84	38.75
0.796	0.076	60.62	0.136	1.436	10.4	5.80	10.82	−11.26	8.82	20.18	0.61	26.62
0.574	0.103	60.95	0.139	1.447	11.2	4.24	7.90	−8.55	7.24	14.27	0.37	20.73
0.353	0.155	61.00	0.147	1.478	13.0	2.89	5.02	−6.07	5.91	8.70	−0.06	15.15
0.245	0.203	60.44	0.156	1.521	15.2	2.36	3.60	−5.01	5.48	6.16	−0.43	12.59
0.181	0.246	59.46	0.165	1.574	17.8	2.09	2.74	−4.49	5.41	4.73	−0.73	11.20
0.138	0.285	58.22	0.173	1.637	21.0	1.92	2.12	−4.22	5.54	3.81	−0.98	10.39
0.108	0.320	56.80	0.181	1.710	24.9	1.80	1.65	−4.10	5.83	3.16	−1.18	9.91
0.085	0.351	55.23	0.189	1.794	29.9	1.71	1.26	−4.08	6.25	2.67	−1.35	9.64
0.068	0.379	53.54	0.197	1.891	36.2	1.62	0.92	−4.13	6.82	2.29	−1.48	9.54
0.062	0.389	52.82	0.201	1.934	39.2	1.59	0.79	−4.17	7.09	2.16	−1.52	9.54
0.054	0.403	51.68	0.208	2.014	44.4	1.54	0.57	−4.25	7.56	1.92	−1.57	9.57
0.034	0.441	47.19	0.232	2.290	69.8	1.42	−0.11	−4.65	9.70	1.23	−1.67	10.03
偏位圆柱轴瓦,预载 $\delta=0.5,L/D=0.5$												
8.519	0.025	−4.87	1.664	0.971	7.7	64.74	−5.48	−82.04	47.06	59.71	−45.00	97.56
4.240	0.050	−4.82	1.664	0.972	8.0	32.32	−2.64	−41.06	23.60	29.94	−22.62	49.04
2.805	0.075	−4.72	1.664	0.975	8.4	21.49	−1.65	−27.42	15.81	20.06	−15.22	32.97
2.081	0.100	−4.59	1.664	0.978	8.8	16.05	−1.12	−20.61	11.93	15.15	−11.56	25.01
1.339	0.150	−4.14	1.660	0.988	9.7	10.56	−0.54	−13.79	8.08	10.25	−7.98	17.15
0.953	0.200	−3.47	1.649	1.002	10.8	7.78	−0.20	−10.39	6.18	7.83	−6.31	13.34
0.717	0.250	−2.76	1.641	1.023	12.1	6.15	0.05	−8.45	5.14	6.51	−5.43	11.29
0.555	0.300	−2.02	1.637	1.036	13.7	5.00	0.09	−7.20	4.63	5.38	−4.76	10.00
0.493	0.325	−1.78	1.637	1.052	14.2	4.53	−0.01	−6.72	4.56	4.74	−4.38	9.49
0.353	0.400	−1.70	1.645	1.108	16.5	3.53	−0.22	−5.78	4.63	3.40	−3.56	8.51
0.284	0.450	−2.00	1.656	1.154	18.4	3.08	−0.33	−5.40	4.85	2.79	−3.18	8.17
0.228	0.500	−2.51	1.671	1.210	21.0	2.74	−0.42	−5.15	5.18	2.34	−2.88	7.99
0.182	0.551	−3.19	1.690	1.276	24.4	2.48	−0.51	−5.01	5.65	1.98	−2.65	7.95
0.162	0.576	−3.58	1.700	1.314	26.5	2.37	−0.55	−4.97	5.93	1.82	−2.55	7.97
0.143	0.601	−4.02	1.711	1.357	28.9	2.27	−0.60	−4.95	6.26	1.69	−2.46	8.02
0.126	0.627	−4.49	1.723	1.404	31.9	2.19	−0.65	−4.95	6.64	1.56	−2.38	8.10

续表

S	ε	ψ	$\overline{Q}$	$\overline{P}$	$\overline{T}$	$\overline{K}_{xx}$	$\overline{K}_{xy}$	$\overline{K}_{yx}$	$\overline{K}_{yy}$	$\overline{C}_{xx}$	$\overline{C}_{xy}=\overline{C}_{yx}$	$\overline{C}_{yy}$
偏位圆柱轴瓦,预载 $\delta=0.5,L/D=1$												
3.780	0.025	-8.21	1.271	1.030	7.7	56.69	-8.14	-83.73	52.13	47.10	-42.08	113.96
1.883	0.051	-8.16	1.271	1.031	8.0	28.31	-3.99	-41.89	26.11	23.61	-21.13	57.20
1.247	0.076	-8.08	1.271	1.034	8.3	18.83	-2.57	-27.95	17.45	15.81	-14.19	38.38
0.927	0.101	-7.96	1.271	1.037	8.7	14.08	-1.83	-20.99	13.13	11.93	-10.75	29.04
0.596	0.151	-7.46	1.266	1.047	9.5	9.22	-1.05	-13.89	8.74	8.00	-7.33	19.61
0.418	0.201	-6.58	1.244	1.061	10.6	6.68	-0.62	-10.17	6.44	5.96	-5.64	14.73
0.316	0.251	-5.85	1.224	1.081	11.8	5.26	-0.33	-8.13	5.22	4.90	-4.78	12.18
0.248	0.301	-5.10	1.206	1.105	13.3	4.35	-0.11	-6.87	4.49	4.28	-4.30	10.71
0.198	0.351	-4.29	1.191	1.133	15.3	3.70	0.04	-6.02	4.08	3.83	-3.99	9.80
0.160	0.401	-3.59	1.179	1.168	17.4	3.17	-0.01	-5.40	4.00	3.22	-3.57	9.07
0.130	0.451	-3.27	1.171	1.223	19.6	2.76	-0.12	-4.96	4.13	2.65	-3.15	8.55
0.107	0.501	-3.28	1.166	1.289	22.4	2.46	-0.22	-4.68	4.37	2.22	-2.84	8.23
0.087	0.551	-3.54	1.165	1.369	26.1	2.23	-0.31	-4.50	4.74	1.89	-2.60	8.08
0.078	0.576	-3.76	1.166	1.415	28.5	2.14	-0.36	-4.45	4.98	1.75	-2.50	8.06
0.070	0.601	-4.03	1.167	1.466	31.2	2.06	-0.41	-4.42	5.25	1.63	-2.42	8.07

S 值的确定方法,一般是先预估轴瓦中油的温度,并确定润滑油的运动黏度 η,再算出 Sommerfeld 数,即 S 值:

$$S=\frac{\eta NDL}{W}\left(\frac{R}{c}\right)^2$$

式中　η——润滑油动力黏度,N·s/m²;

D——轴颈直径,m;

R——轴颈半径,m;

N——轴颈转速,r/s;

L——轴颈长,m。

查表用到的量值:

L/D——油颈的长径比;

δ——无量纲预载,$\delta=d/c$;

d——轴瓦各段曲面圆心至轴瓦中心距离,不同形式轴瓦的预载详见表 19-8-9 表头图。

根据轴瓦形式、L/D、δ 和预估油温条件下的 S 值,可由表 19-8-9 查出该轴瓦的无量纲值 $\overline{Q}$、$\overline{P}$、$\overline{T}$。若假定 80% 的摩擦热为润滑油吸收,利用热平衡关系就能得到轴承工作温度:

$$T_{\text{工作}}=T_{\text{供油}}+0.8\frac{P}{c_v Q}T_{\text{供油}}+0.8\frac{\eta\omega}{c_v}\left(\frac{R}{c}\right)^2 4\pi\frac{\overline{P}}{\overline{Q}} \tag{19-8-6}$$

式中　$\overline{Q}$——量纲边流,$\overline{Q}=Q/(0.5\pi NDLc)$,查表 19-8-9;

$\overline{P}$——无量纲摩擦功耗,$\overline{P}=Pc/(\pi^3\eta N^2 LD^3)$,查表 19-8-9;

$\overline{T}$——轴瓦无量纲温升,$\overline{T}=\Delta T/\frac{\eta\omega}{c_v}\left(\frac{R}{c}\right)^2$,查表 19-8-9;

c_v——单位体积润滑油的比热容,J/(m³·℃);

ω——轴颈的转动角速度,rad/s;

P——每秒消耗的摩擦功,N·m/s。

油膜中的最高温度

$$T_{\max}=T_{\text{工作}}+\Delta T=T_{\text{工作}}+\frac{\eta\omega}{c_v}\left(\frac{R}{c}\right)^2\overline{T} \tag{19-8-7}$$

第 **19** 篇

所以，可用 T_{max} 作为确定润滑油黏度的温度。如果 T_{max} 与最初估计的温度值不同，就需重新估计温度再按上述过程计算，直到两温度值基本一致为止，最后确定了正确的 S 值，按该 S 值从表 19-8-9 查得无量纲刚度系数 $\overline{K}_{yy}$、$\overline{K}_{xx}$、$\overline{K}_{yx}$、$\overline{K}_{xy}$，这些值虽有差别，但差别不大，所以，在计算轴系临界转速时，只考虑 $\overline{K}_{yy}$。

4.4 支承阻尼

各类支承的阻尼值，一般通过试验求得，目前尚无准确的计算公式，表 19-8-10 列出了各类轴承阻尼比的概略值。

表 19-8-10 各类轴承阻尼比的概略值

轴 承 类 型		阻尼比 ζ	轴 承 类 型		阻尼比 ζ
滚动轴承	无预负荷	$0.01 \sim 0.02$	滑动轴承	单油楔动压轴承	$0.03 \sim 0.045$
				多油楔动压轴承	$0.04 \sim 0.06$
	有预负荷	$0.02 \sim 0.03$		静压轴承	$0.045 \sim 0.065$

注：滑动轴承阻尼系数也可按本章 4.3 节的方法从表 19-8-9 查得量纲——阻尼系数 $\overline{C}_{yy}$、$\overline{C}_{xx}$、$\overline{C}_{xy}$、$\overline{C}_{yx}$ 值，换算成有单位的阻尼系数，$C_{yy} = \overline{C}_{yy} W/c\omega$、$C_{xx} = \overline{C}_{xx} W/c\omega$、$C_{xy} = C_{yx} = \overline{C}_{xy} W/c\omega$。（$W$、$c$ 见式 (19-8-5) 说明）

5 轴系的临界转速计算

在本篇第 3 章表 19-3-7 中已列出多自由度系统自由振动模型参数及其特征：特征方程、振幅联立方程。在该章表 19-3-10 中列出了数值求解这些方程的几种方法。本节仅限于介绍传递矩阵法。

5.1 传递矩阵法计算轴弯曲振动的临界转速

通常轴系支承在同一水平线上。由于转子的重力作用，未旋转时转轴就产生了弯曲静变形。转动时，这种弯曲变形有可能加大。实际上，当转子以 ω 的角速度回转时，由于不平衡质量激励，轴系只能作同步正向窝动，即圆盘相对于轴线弯曲平面的角速度为零。这种状态下，转轴不承受交变弯矩。轴材料的内阻不起作用。轴系的运动微分方程就是轴系的弯曲振动微分方程。轴系的临界转速问题即为轴系的弯曲振动的特征值问题。即轴系的临界转速等于轴系的横向固有振动频率。目前计算临界转速最通用、最简便的方法是传递矩阵法。

5.1.1 传递矩阵

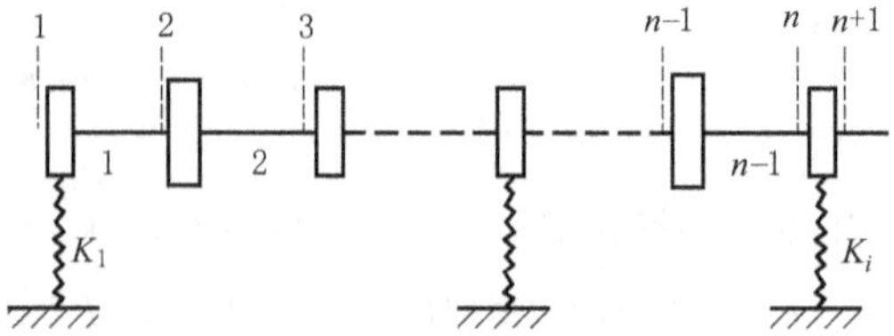

把轴系简化为质量离散化的有限元模型，如图 19-8-5 所示的系统；n 个圆盘，各对应一根轴为一单元，共 $n-1$ 根轴，n 轴的长度为零。从左至右编号。支座按弹性支座考虑，以 K 表示其刚度。例如，对于多支座的汽轮发电机组支座多为流体动压滑动轴承，其动压油膜具有一定的刚度。

图 19-8-5 轴系各单元编号

各点的力学参数有位移 y、偏角 θ、弯矩 M、剪切力 Q，以 $\{Z\}$ 表示这些参数；$\{Z\}_i = \{y, \theta, M, Q\}_i$。各单元右边参数可由左边参数计算得到：

$$\{Z\}_2 = [T]_1 \{Z\}_1$$

$$\cdots$$

$$\{Z\}_i = [T]_{i-1} \{Z\}_{i-1} = [T]_{i-1} [T]_{i-2} \cdots [T]_1 \{Z\}_1 = [a]_{i-1} \{Z\}_1$$

$$\cdots$$

$$\{Z\}_{n+1} = [T]_n \{Z\}_n = [T]_n [T]_{n-1} \cdots [T]_1 \{Z\}_1 = [a]_n \{Z\}_1 \tag{19-8-8}$$

$$
\begin{bmatrix} y \\ \theta \\ M \\ Q \end{bmatrix}_{n+1} = \begin{bmatrix} a_{11} & a_{12} & a_{13} & a_{14} \\ a_{21} & a_{22} & a_{23} & a_{24} \\ a_{31} & a_{32} & a_{33} & a_{34} \\ a_{41} & a_{42} & a_{43} & a_{44} \end{bmatrix} \begin{bmatrix} y \\ \theta \\ M \\ Q \end{bmatrix}_1 \tag{19-8-9}
$$

从以上算式看出，从初始参数即可推导出后面各点参数。$[T]_i$ 即为传递矩阵。$[a]$ 为轴系统的传递矩阵。由下节计算。（下面，$\{Z\}_{n+1}$ 即 $\{Z\}_i^R$，右上角 R 表示为单元右边）。

5.1.2 传递矩阵的推求

各单元的传递矩阵由两部分组成：圆盘左边的参数传递到圆盘的右边，称点矩阵 $[D]$；再从圆盘的右边（即轴的左边）传递到轴的右边，称场矩阵 $[B]$：

$$
[T]_i = [D]_i [B]_i \tag{19-8-10}
$$

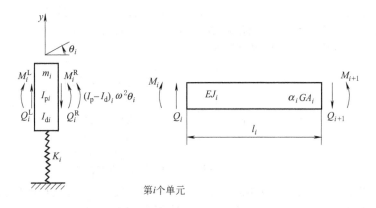

第 i 个单元

图 19-8-6　单元受力分析

（1）点矩阵

① 如图 19-8-6 圆盘有弹性支承时：

$$
\begin{bmatrix} y \\ \theta \\ M \\ Q \end{bmatrix}_i^R = \begin{bmatrix} 1 & 0 & 0 & 0 \\ 0 & 1 & 0 & 0 \\ 0 & (I_p - I_d)\omega^2 & 1 & 0 \\ m\omega^2 - K_i & 0 & 0 & 0 \end{bmatrix} \begin{bmatrix} y \\ \theta \\ M \\ Q \end{bmatrix}_i \tag{19-8-11}
$$

即　$\{Z\}_i^R = [D]_i \{Z\}_i$

式中　　$[D]_i$——i 标号的点矩阵；

K_i——该弹性支承的刚度；

m——圆盘的质量；

I_p——圆盘对于中心的转动惯量；

I_d——圆盘对圆直径的转动惯量；

J——轴截面对轴直径惯性矩。

$(I_p - I_d)\omega^2$ 为圆盘因轴偏转 θ 角而产生对轴的弯矩，即陀螺力矩（该关系只在转速 ω 小于等于临界转速 ω_n 时适用）。右上角 R 指圆盘右边；右上角 L 指圆盘左边，略去。

② 如对于通常不带弹性支承的圆盘，则令式（19-8-11）中，$K_i = 0$。

③ 如支座处无旋转质量，则令式（19-8-11）中，$m = 0$。

④ 如不计算圆盘的偏转 θ 角产生的陀螺力矩，则令式（19-8-11）中，$(I_p - I_d) = 0$。

（2）场矩阵

① 不考虑弹性轴的质量时：

$$
\{Z\}_{i+1} = [B]_i \{Z\}_i^R
$$

$$[B]_i = \begin{Bmatrix} 1 & l & \dfrac{l^2}{2EJ} & \dfrac{l^3(1-\nu)}{6EJ} \\ 0 & 1 & \dfrac{l}{EJ} & \dfrac{l^2}{2EJ} \\ 0 & 0 & 1 & l \\ 0 & 0 & 0 & 1 \end{Bmatrix}_i \qquad (19\text{-}8\text{-}12)$$

式中

$$\nu = \frac{6EJ_i}{\alpha_i GA_i l_i^2}$$

α_i 为与截面形状有关的因子；对于实心圆轴，$\alpha_i = 0.886$；G 为切变模量，A 为轴的截面积。

② 不考虑剪切变形时，令式（19-8-12）中 $\nu = 0$。

（3）传递矩阵

按式（19-8-10），将式（19-8-11）和式（19-8-12）合成即为该单元的传递矩阵。

例如，对于无弹性支承的圆盘，不考虑陀螺力矩及不计算剪切变形，则按式（19-8-11）及其②、④的说明和式（19-8-12）及其②的说明，得 i 单元传递矩阵为：

$$[T]_i = [D]_i[B]_i = \begin{bmatrix} 1 & l & \dfrac{l^2}{2EJ} & \dfrac{l^3}{6EJ} \\ 0 & 1 & \dfrac{l}{EJ} & \dfrac{l^2}{2EJ} \\ 0 & 0 & 1 & l \\ m\omega^2 & ml\omega^2 & \dfrac{ml^2\omega^2}{2EJ} & \dfrac{ml^3\omega^2}{6EJ} \end{bmatrix}_i \qquad (19\text{-}8\text{-}13)$$

计算得各单元传递矩阵后，按式（19-8-8）可计算得各截面的参数，直至最终得到式（19-8-9）。由式（19-8-13）可看出，式（19-8-9）中矩阵 $[A]$ 内包括有 ω^2 的各高次方的多项式。

5.1.3　临界转速的推求

根据边界条件，例如：

① 两端弹性支座（如图 19-8-5 所示）：$M_1 = 0$，$Q_1 = 0$ 及 $M_{n+1} = 0$，$Q_{n+1} = 0$。

由 $M_1 = 0$，$Q_1 = 0$，式（19-8-9）中的轴系矩阵 $[A]$ 后两列为零，由 $M_{n+1} = 0$，$Q_{n+1} = 0$，得

$$\begin{bmatrix} M_{n+1} \\ Q_{n+1} \end{bmatrix} = \begin{bmatrix} a_{31} & a_{32} \\ a_{41} & a_{42} \end{bmatrix} \begin{bmatrix} y \\ \theta \end{bmatrix}_1 = \begin{bmatrix} 0 \\ 0 \end{bmatrix}$$

即

$$a_{31}y_1 + a_{32}\theta_1 = 0$$
$$a_{41}y_1 + a_{42}\theta_1 = 0 \qquad (19\text{-}8\text{-}14)$$

由于 y_1、θ_1 不能再为零，则必须令其系数的行列式为零：

$$a_{31}a_{42} - a_{32}a_{41} = 0 \qquad (19\text{-}8\text{-}15)$$

该式为 ω^2 的高次方的多项式，即频率方程式。求得各正数的 ω^2 解，即可算得各阶的临界转速。因为这情况下 y_1、θ_1 最大。此时，按式（19-8-8）到各单元的总传递矩阵算得的各参数 $\{Z\}_i$ 表明了在临界转速下轴系的振动状态。

本计算方法只能通过软件由计算机进行数值计算分析完成。

② 如果两端为刚性简支（中间不能为刚性简支）则：$y_1 = 0$，$M_1 = 0$ 及 $y_{n+1} = 0$，$M_{n+1} = 0$，同理得：

$$a_{12}a_{34} - a_{14}a_{32} = 0 \qquad (19\text{-}8\text{-}16)$$

③ 中间 i 点有固定支座时，传递到 i 为止。此时，$y_1 = 0$，$M_1 = 0$ 及 $y_i = 0$，$\theta_i = 0$：

$$a_{12}a_{24} - a_{14}a_{22} = 0 \qquad (19\text{-}8\text{-}17)$$

④ 中间 i 点为铰接刚性支座时，如图 19-8-7 所示，当剪切力传递到该跨右端的刚性支座 i 处，因该支座的反力 V_i 为未知数，就要修改后再继续传递。

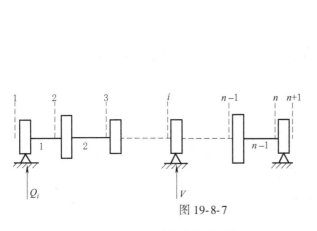 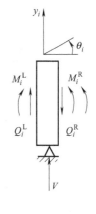

图 19-8-7

仿照式（19-8-9），由于 $y_1=0$，$M_1=0$，i 处的参数可写成：

$$y_i=(a_{12})_{i-1}\theta_1+(a_{14})_{i-1}Q_1=0$$

$$Q_1=-\left(\frac{a_{12}}{a_{14}}\right)_{i-1}\theta_1$$

因而得知 i 点参数可表示为 θ_1 的关系：

$$\begin{bmatrix}y\\\theta\\M\\Q\end{bmatrix}_i=\begin{bmatrix}0\\a_{22}-a_{24}a_{12}/a_{14}\\a_{32}-a_{34}a_{12}/a_{14}\\a_{42}-a_{44}a_{12}/a_{14}\end{bmatrix}_{i-1}\theta_1$$

轴承右边：$y_i^{\mathrm{R}}=y_i$，$\theta_i^{\mathrm{R}}=\theta_i$，$M_i^{\mathrm{R}}=M_i$，$Q_i^{\mathrm{R}}=Q_i+V$，

$$\{z\}_i^{\mathrm{R}}=\begin{bmatrix}y\\\theta\\M\\Q\end{bmatrix}_i^{\mathrm{R}}=\begin{bmatrix}0&0\\a_{22}-a_{24}a_{12}/a_{14}&0\\a_{32}-a_{34}a_{12}/a_{14}&0\\a_{42}-a_{44}a_{12}/a_{14}&1\end{bmatrix}_{i-1}\begin{bmatrix}\theta\\V\end{bmatrix}_i \tag{19-8-18}$$

这是经过中间刚性铰支轴承后的初始参数。以后各单元仍按上面的传递矩阵进行传递。如还有第 2 个中间刚性铰支轴承，按同法处理。最后，到最右端的刚性铰支轴承，有边界条件：$y_{n+1}=0$，$M_{n+1}=0$，求得频率方程。

此外，还有其他的改进的传递矩阵解法，不一一介绍了。

5.2 传递矩阵法计算轴扭转振动的临界转速

轴扭转振动的临界转速就是轴扭转自振的固有频率。轴扭转振动的传递矩阵计算如下：设

M ——轴扭矩；

φ ——扭转角；

k ——轴扭转刚度，$k=GJ_{\mathrm{p}}/l$，N·m/rad；

I ——圆盘的转动惯量，即 I_{p}；

J_{p} ——轴截面对于轴中心的惯性矩；

l ——轴长度。

各单元的圆盘和轴的标号如图 19-8-8 所示。轴的转动惯量较小，不计或分配到两端圆盘上，则轴两端的扭矩相等。传递公式如下面各小节所示。

5.2.1 单轴扭转振动的临界转速

令 ω 为扭振角速度，由 $M_i=M_{i-1}+I\ddot{\varphi}_i=M_{i-1}-I_i\omega^2\varphi_i$，及 $\varphi_{i+1}=\varphi_i+M_i/K_{i+1}$ 即 $\varphi_i=\varphi_{i-1}+M_{i-1}/K_i$ 代入前式，写

成矩阵形式

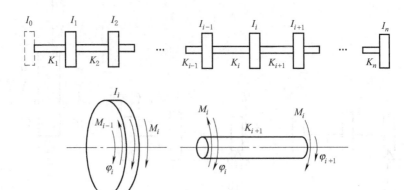

图 19-8-8 i 圆盘

$$\begin{bmatrix} \varphi \\ M \end{bmatrix}_i = \begin{bmatrix} 1 & 1\big/K_i \\ -\omega^2 I_i & 1-\omega^2 I_i\big/K_i \end{bmatrix} \begin{bmatrix} \varphi \\ M \end{bmatrix}_{i-1} \tag{19-8-19}$$

则可求得；

$$\begin{bmatrix} \varphi \\ M \end{bmatrix}_n = [T] \begin{bmatrix} \varphi \\ M \end{bmatrix}_0 = \begin{bmatrix} a_{11} & a_{12} \\ a_{21} & a_{22} \end{bmatrix} \begin{bmatrix} \varphi \\ M \end{bmatrix}_0 \tag{19-8-20}$$

再依据边界条件，求得频率方程式，计算各 ω 值，即为各阶临界转速。

① 例如两端为自由的轴： $\qquad M_0 = M_n = 0$

知 $\qquad \varphi_n = a_{11}\varphi_0, \, a_{21}\varphi_0 = 0$

则包含 ω^2 高次方的频率方程式为： $\qquad a_{21} = 0 \tag{19-8-21}$

由满足该式的各 ω^2 即为轴的各阶固有频率。

② 一端固定，一端自由： $\varphi_0 = 0$，$M_n = 0$

频率方程式为： $\qquad a_{22} = 0 \qquad (19\text{-}8\text{-}22)$

例 如图 19-8-9 所示，一根直径相等的轴上有等距 l 的三个圆盘。圆盘的转动惯量 $I_1 = I_3 = I$，$I_2 = 2I$，用传递矩阵法求系统的固有频率。

由图知 $\varphi_0 = 0$，$M_3^R = 0$ 则

按式（19-8-19）及 5.2 节说明，并令 $\lambda = \omega^2 I/K = \omega^2 Ie/GJ_p$（$\lambda$ 为无量纲数）
$\tag{19-8-23}$

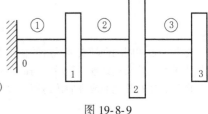

图 19-8-9

$$[T_1] = [T_3] = \left\{ \begin{matrix} 1 & 1\big/K \\ -\omega^2 I & 1-\omega^2 I\big/K \end{matrix} \right\} = \left\{ \begin{matrix} 1 & 1\big/K \\ -\omega^2 I & 1-\lambda \end{matrix} \right\}$$

$$[T_2] = \left\{ \begin{matrix} 1 & 1\big/K \\ -2\omega^2 I & 1-2\omega^2 I\big/K \end{matrix} \right\} = \left\{ \begin{matrix} 1 & 1\big/K \\ -2\omega^2 I & 1-2\lambda \end{matrix} \right\}$$

因 $\varphi_0 = 0$

$$\begin{bmatrix} \varphi \\ M \end{bmatrix}_1 = [T] M_0 = \begin{bmatrix} 1\big/K \\ 1-\lambda \end{bmatrix} M_0 \tag{19-8-24}$$

$$\begin{bmatrix} \varphi \\ M \end{bmatrix}_2 = [T_2] \begin{bmatrix} \varphi \\ M \end{bmatrix}_1 = \begin{bmatrix} (2-\lambda)\big/K \\ 2\lambda^2 - 5\lambda + 1 \end{bmatrix} M_0 \tag{19-8-25}$$

第 **19** 篇

$$\begin{bmatrix}\varphi \\ M\end{bmatrix}_3 = \begin{bmatrix} T_3 \end{bmatrix}\begin{bmatrix}\varphi \\ M\end{bmatrix}_2 = \begin{bmatrix}\left(3-6\lambda+2\lambda^2\right)\Big/K \\ -2\lambda^3+8\lambda^2-8\lambda+1\end{bmatrix}M_0 \qquad (19\text{-}8\text{-}26)$$

因 $M_3 = 0$，故解

$$2\lambda^3-8\lambda^2+8\lambda-1=0$$

得 $\qquad\qquad\qquad \lambda_1 = 0.145, \lambda_2 = 1.40, \lambda_3 = 2.45$

代入式（19-8-23），得：$\omega_1^2 = 0.145k/I$，$\omega_2^2 = 1.40k/I$，$\omega_3^2 = 2.45k/I$

代入具体的数据后，就可求得固有圆频率 ω_1，ω_2，ω_3。

说明：注意到式（19-8-24），$M_0/k = \varphi_1$，以其作为1，各 λ 值代入式（19-8-24）~式（19-8-26），则可得到系统的三个主振型 $\psi = |\varphi_1, \varphi_2, \varphi_3|$：

$$\psi_1 = \begin{bmatrix} 1 \\ 1.85 \\ 2.17 \end{bmatrix} \quad \psi_2 = \begin{bmatrix} 1 \\ 0.60 \\ -1.48 \end{bmatrix} \quad \psi_3 = \begin{bmatrix} 1 \\ -0.45 \\ 0.31 \end{bmatrix}$$

5.2.2 分支系统扭转振动的临界转速

如图 19-8-10a 的传动系统，（图中各轴只画出一个圆盘，可以是多个圆盘），齿数 $Z_A : Z_B = j : 1$。一般情况是将 B 轴经过如下换算直联于 A 轴计算，如图 19-8-10b 所示：以图示方向为正，因其转速 $\omega_B = -j\omega$，转角为 $\varphi_B = -j\varphi$，扭矩为 $M_B = -M/j$ 轴上圆盘的转动惯量折算为 $I'_2 = j^2 I_2$，轴的刚度折算为 $k'_2 = j^2 k_2$，扭转角 $\varphi' = \varphi_B/j$。

如果是如图所示速比 $j > 1$，且以 B 轴为主要目标时，可只校核 B 轴或将 A 轴折算至 B 轴。也可以从两端向齿轮传递，于齿轮处按传动条件相符来计算。

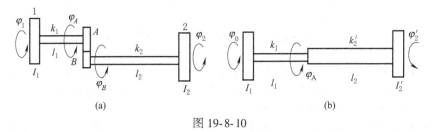

图 19-8-10

如图 19-8-11a 的分支系统，按上面的折算方法可简化为如图 19-8-11b 的直联系统。以分支点为0，向各端传递矩阵。传动条件是；

$$\varphi_{A0} = \varphi_{B0} = \varphi_{C0} = \varphi_0$$
及 $\qquad\qquad\qquad M_A + M_B + M_C = 0 \qquad\qquad (19\text{-}8\text{-}27)$

各传递矩阵为：

$$\begin{bmatrix}\varphi_A \\ M_A\end{bmatrix}_n = \begin{bmatrix} a_{11} & a_{12} \\ a_{21} & a_{22} \end{bmatrix}\begin{bmatrix}\varphi \\ M_A\end{bmatrix}_0$$

$$\begin{bmatrix}\varphi_B \\ M_B\end{bmatrix}_n = \begin{bmatrix} b_{11} & b_{12} \\ b_{21} & b_{22} \end{bmatrix}\begin{bmatrix}\varphi \\ M_B\end{bmatrix}_0$$

$$\begin{bmatrix}\varphi_C \\ M_C\end{bmatrix}_n = \begin{bmatrix} c_{11} & c_{12} \\ c_{21} & c_{22} \end{bmatrix}\begin{bmatrix}\varphi \\ M_C\end{bmatrix}_0 \qquad (19\text{-}8\text{-}28)$$

或合成为：

$$\begin{bmatrix}\varphi_A \\ M_A \\ \varphi_B \\ M_B \\ \varphi_C \\ M_C\end{bmatrix}_n = \begin{bmatrix} a_{11} & a_{12} & 0 & 0 \\ a_{21} & a_{22} & 0 & 0 \\ b_{11} & 0 & b_{12} & 0 \\ b_{21} & 0 & b_{22} & 0 \\ c_{11} & 0 & 0 & c_{12} \\ c_{21} & 0 & 0 & c_{22} \end{bmatrix}\begin{bmatrix}\varphi \\ M_A \\ M_B \\ M_C\end{bmatrix}_0 \qquad (19\text{-}8\text{-}29)$$

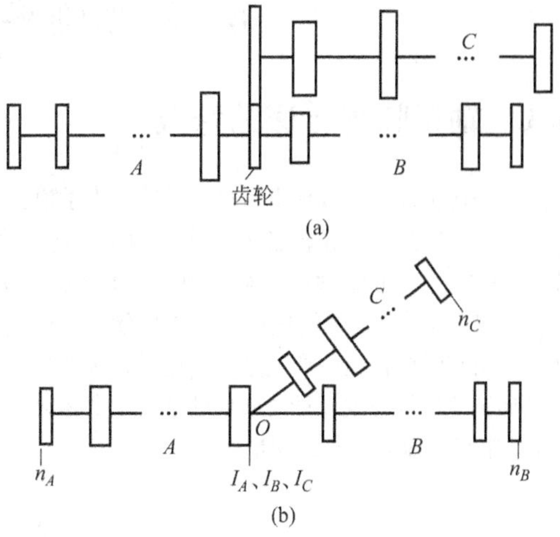

图 19-8-11

第 **19** 篇

左边有一半元素取决于边界条件，端部为自由，弯矩为零；端部为固定，扭角为零。

例：如图 19-8-11 所示，A、B、C 轴三端皆为自由端，则 $M_{A,n} = M_{B,n} = M_C$，$n = 0$，只保留与其有关的三行，再加上传动条件，由式 (19-8-27)，则得到齿轮处的 φ、M_A、M_B、M_C 的齐次方程式：

$$0 = \begin{bmatrix} a_{21} & a_{22} & 0 & 0 \\ b_{21} & 0 & b_{22} & 0 \\ c_{21} & 0 & 0 & c_{22} \\ 0 & 1 & 1 & 1 \end{bmatrix} \begin{bmatrix} \varphi \\ M_A \\ M_B \\ M_C \end{bmatrix}_0$$

其非零解的条件是行列式等于零：

$$\begin{vmatrix} a_{21} & a_{22} & 0 & 0 \\ b_{21} & 0 & b_{22} & 0 \\ c_{21} & 0 & 0 & c_{22} \\ 0 & 1 & 1 & 1 \end{vmatrix} = 0$$

展开得含 ω^2 的高次方的频率方程式：

$$a_{21}b_{22}c_{22} + b_{21}a_{22}c_{22} + c_{21}a_{22}b_{22} = 0$$

解之，可得系统的各阶固有频率。

5.3 影响轴系临界转速的因素

1）传递矩阵法在用于求解高速大型转子的动力学问题时，有可能出现数值不稳定现象。必要时要采用改进的传递矩阵法。

2）本计算中未考虑轴质量。在横向振动中，有时长轴自重的均布载荷是应该计入的。这可以根据梁的力学公式仿照上面的方法在各单元中增加项目。

3）上面的计算虽然考虑了油膜和轴承的弹性，但支座、地基等都是有一定弹性的，没法准确的计算。

4）回转力矩在本法计算中是引入了。但在大多数计算中都是按一集中的点来分析的，就有可能出现如第 3 章 9.3 节所述的陀螺力矩。它将改变临界转速的计算值。

5）联轴器的影响。联轴器可以作为一个圆盘参与轴系的计算，但是因为它内部有弹性，有的还有内部位移，都影响轴系的临界转速计算的精确性。

6）其他影响因素：影响临界转速的因素很多，包括轴向力、横向力、温度场、阻尼、多支承的轴心不同心，以及转轴的结构形式特殊等等。例如相邻轴上齿轮啮合的影响，轮齿的变形影响。有些是很难计算的，有些是有专著可作特殊处理的。但最终是要以实物测试来修正和确定其实在的临界转速。

6 轴系临界转速的修改和组合

6.1 轴系临界转速的修改

当按初步设计图纸提出简化临界转速力学模型，用特征值数值计算方法求出各阶临界转速及对应的振型矢量以后。如发现某阶临界转速 n_{ci} 与轴系的工作转速接近，立即将计算得到的第 i 阶振型矢量进行正规化处理，即按表 19-3-7 中 7 的公式，求得正规化因子 μ_i，用 μ_i 去除振型矢量的各个值。然后利用轴系同步正向涡动的特征方程导出的第 i 阶临界转速对参数 S_j 的敏感度公式（见表 19-8-11），并给出参数微小变化量 ΔS_j（通常 <20%），计算出引起临界转速的变化量。通过对各种参数改变计算结果的比较，优化组合，选出最佳参数修改组合，对轴系临界转速进行修改设计。如果轴系有 n 个参数 S_j 同时有微小变化（$j = 1, 2, \cdots, n$），改变量分别为 ΔS_j，轴系第 i 阶临界转速的相对改变量：

$$\Delta n_{ci} = \sum_{j=1}^{n} \frac{\partial n_{ci}}{\partial S_j} \Delta S_j \tag{19-8-30}$$

参数修改后轴系的第 i 阶临界转速：

$$n_{ci}^1 = n_{ci} + \Delta n_{ci} \qquad (19\text{-}8\text{-}31)$$

表 19-8-11　临界转速对各种参数的敏感度计算公式

改变参数的前提	敏感度计算公式	敏感度说明
设 $S_j = EJ_j$，即考虑系统第 j 段轴的抗弯刚度有微小变化，但对该段轴两端的质量影响不大，并忽略不计	$\dfrac{\partial n_{ci}}{\partial(EJ_j)} = \dfrac{1800}{\pi^2 n_{ci} l_j^3}\left[3(\overline{Y}_j - \overline{Y}_{j+1})^2 + 3l_j(\overline{Y}_j - \overline{Y}_{j+1})(\overline{\theta}_j + \overline{\theta}_{j+1}) + l_j^2(\overline{\theta}_j^2 + \overline{\theta}_j\overline{\theta}_{j+1} + \overline{\theta}_{j+1}^2)\right]$ $(i = 1,2\cdots; j = 1,2,\cdots,n-1)$ $\overline{Y}_j、\overline{Y}_{j+i}、\theta_j、\overline{\theta}_{j+1}$ 为第 i 阶正规化振型中，第 j 段轴两端质点的挠度值和转角值	
设 $S_j = l_j$，即考虑第 j 段轴的长度有微小变化，但对该段轴两端的质量影响不大，并忽略不计	$\dfrac{\partial n_{ci}}{\partial l_j} = -\dfrac{1800}{\pi^2 n_{ci}}\left(\dfrac{EJ_j}{l_j^4}\right)\left[9(\overline{Y}_j - \overline{Y}_{j+1})^2 + 6l_j(\overline{Y}_j - \overline{Y}_{j+1})(\overline{\theta}_j + \overline{\theta}_{j+1}) + l_j^2(\overline{\theta}_j^2 + \overline{\theta}_j\overline{\theta}_{j+1} + \overline{\theta}_{j+1}^2)\right]$ $(i = 1,2,\cdots; j = 1,2,\cdots,n-1)$	
设 $S_j = m_j$，即考虑第 j 个圆盘的质量有微小变化，但不计由此引起圆盘转动惯量的变化	$\dfrac{\partial n_{ci}}{\partial m_j} = -\dfrac{n_{ci}}{2}\overline{Y}_j^2$ $\begin{pmatrix} i = 1,2,\cdots \\ j = 1,2,\cdots,n \end{pmatrix}$	敏感度为负值，说明质量增加，n_{ci} 将下降；如果振型中 $\overline{Y}_j$ 较大，说明敏感，否则相反
设 $S_j = m_{bj}$，即考虑第 j 个轴承座的等效质量有微小变化	$\dfrac{\partial n_{ci}}{\partial m_{bj}} = -\dfrac{n_{ci}}{2}$ $\left(\dfrac{K_{pj}}{K_{pj} + K_{bj} - m_{bj}\omega_{nj}^2}\right)^2 \overline{Y}_{s(j)}^2$ $\begin{pmatrix} i = 1,2,\cdots \\ j = 1,2,\cdots,l \end{pmatrix}$　$\overline{Y}_{s(j)}$ 第 i 阶 正规振型中对应第 j 个支承轴质点 $S(j)$ 的挠度值	等效质量 m_{bj} 增加，临界转速 n_{ci} 下降
设 $S_j = K_{bj}$，即考虑第 j 个轴承座的等效静刚度有微小变化	$\dfrac{\partial n_{ci}}{\partial K_{bj}} = -\dfrac{450}{\pi^2 n_{ci}}$ $\left(\dfrac{K_{pj}}{K_{pj} + K_{bj} - m_{bj}\omega_{ni}^2}\right)^2 \overline{Y}_{s(j)}^2$ $\begin{pmatrix} i = 1,2,\cdots \\ j = 1,2,\cdots,l \end{pmatrix}$	—
设 $S_j = K_{pj}$，即考虑第 j 个轴承油膜刚度有微小变化	$\dfrac{\partial n_{ci}}{\partial K_{pj}} = -\dfrac{450}{\pi^2 n_{ci}}$ $\left(\dfrac{K_{bj} - m_{bj}\omega_{ni}^2}{K_{pj} + K_{bj} - m_{bj}\omega_{ni}^2}\right)^2 \overline{Y}_{s(j)}^2$ $\begin{pmatrix} i = 1,2,\cdots \\ j = 1,2,\cdots,l \end{pmatrix}$	油膜刚度增加，临界转速上升
设 $S_j = K_j$，即支承为刚度系数为 K_j 弹性支承，刚度有微小变化时	$\dfrac{\partial n_{ci}}{\partial K_j} = \dfrac{450}{\pi^2 n_{ci}}\overline{Y}_{s(j)}^2$ $\begin{pmatrix} i = 1,2,\cdots \\ j = 1,2,\cdots,l \end{pmatrix}$	支承刚度增加，临界转速上升

第 **19** 篇

6.2 轴系临界转速的组合

转子系统经常是由多个转子组合而成。组合转子系统和各单个转子的临界转速间既有区别又有联系，其间存在一定的规律。这种联系就是各轴系具有相同形式的特征方程。设 A、B 为两个不同的转子，如图 19-8-12a 所示，各转子分别有 r 和 s 个圆盘，为简单起见，设各支承为等刚度支承，这一组合系统的特征值方程：

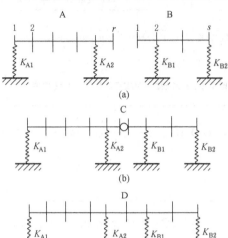

图 19-8-12 轴系组合模型

$$\left[\begin{array}{c|c} (K_A - \omega_n^2 M_A) & 0 \\ \hline 0 & (K_B - \omega_n^2 M_B) \end{array}\right] \left\{\begin{array}{c} x_A \\ x_B \end{array}\right\} = 0 \quad (19\text{-}8\text{-}32)$$

式中

$$x_A = [y_{A1}, \theta_{A1}, y_{A2}, \theta_{A2}, \cdots, y_{Ar}, \theta_{Ar}]^T$$

$$x_B = [y_{B1}, \theta_{B1}, y_{B2}, \theta_{B2}, \cdots, y_{Bs}, \theta_{Bs}]^T$$

K_A、K_B、M_A、M_B 分别为 A、B 两个转子的刚度矩阵和质量矩阵。

当对系统坐标进行如下线性变换：

$$\left.\begin{array}{l} q_{2i-1} = y_{Ai} \\ q_{2i} = \theta_{Ai} \end{array}\right\} \ (i = 1, 2, \cdots, r) \quad \begin{array}{l} q_{2(r+i)-1} = y_{Bi} \ (i = 2, 3, \cdots, s) \\ q_{2(r+i)} = \theta_{Bi} \ (i = 1, 2, \cdots, s) \end{array}$$

$$q_{2r+1} = y_{Ar} - y_{B1}$$

$$(K' - \omega_n^2 M') q = 0$$

式中 $q = [q_1, q_2, \cdots, q_{2(r+s)}]^T$

系统的频率方程：

$$\Delta(\omega_n^2) \mid K' - \omega_n^2 M' \mid = 0 \quad (19\text{-}8\text{-}33)$$

线性变换不改变系统的特性值。现将 A、B 两转子端部铰接成图 19-8-12b 所示的系统 C，由连续性条件 $y_{Ar} = y_{B1}$ 决定 $q_{2r+1} = 0$，系统 C 的频率方程实际上就是式（19-8-33）划去 $2r+1$ 行和 $2r+1$ 列的行列式 $\Delta_{2r+1}(\omega_n^2) = 0$。由频率方程根的可分离定理知，系统 C 的临界角速度应介于在原系统 A 和 B 各临界角速度之间，这是组合系统与各单个转子临界角速度间的一条重要规律。同理再将系统 C 的铰接改为图 19-8-12c 所示的刚性连接系统 D 作同样变换，又会得出 D 系统的临界角速度界于在 C 系统各临界角速度之间。综合以上结果，这一重要规律可概括为：如果将组合前各系统的所有阶临界角速度混在一起由小到大排列：

$$\omega_1^{A+B} < \omega_2^{A+B} < \cdots \omega_i^{A+B} < \cdots < \omega_{2(r+s)}^{A+B}$$

则按 C 系统组合后第 i 阶临界转速与组合前临界转速之间的关系为

$$\omega_i^{A+B} \leqslant \omega_i^C \leqslant \omega_{i+1}^{A+B} \quad [i = 1, 2, \cdots, 2(r+s)-1]$$

按 D 系统组合后临界转速与组合前临界转速关系为

$$\omega_i^C \leqslant \omega_i^D \leqslant \omega_{i+1}^C \quad [i = 1, 2, \cdots, 2(r+s-1)]$$

由以上两式可知 $\quad \omega_i^{A+B} \leqslant \omega_i^D \leqslant \omega_{i+2}^{A+B} \quad [i = 1, 2, \cdots, 2(r+s-1)]$ （19-8-34）

现以 20 万千瓦汽轮发电机组为例，组合前后都用数值计算方法计算系统低于 3600r/min 的各阶固有频率及振型矢量，临界转速的计算结果按从小至大排列，列于表 19-8-12，组合后的各阶振型如图 19-8-13 所示。

计算结果也验证了机组的临界转速界于各单机临界转速间，这就使得在设计中，有可能根据各个转子的临界转速去估计机组的临界转速的分布情况，也有助于判断机组临界转速计算结果是否合理，有无遗漏等。由图 19-

8-13 中各阶主振型可以看出，机组的一阶主振型，发电机振动显著，其他转子振动相对较小，所以称一阶主振型为发电机转子型，这一结果对现场测试布点具有重要意义。

表 19-8-12   单个转子和机组转子的临界转速   r/min

类型	n_{c1}	n_{c2}	n_{c3}	n_{c4}	n_{c5}
	发电机转子型	中压转子型	高压转子型	低压转子型	发电机转子型
单个转子	943	1221	1693	1740	2654
机组转子	1002	1470	1936	2014	2678

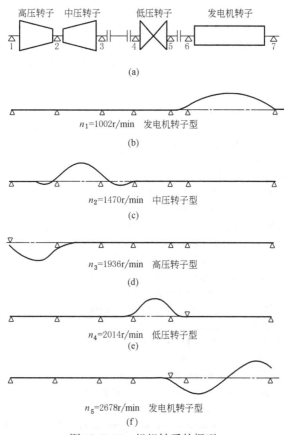

图 19-8-13   机组转子的振型

参 考 文 献

［1］ 韩润昌. 隔振降噪产品应用手册. 哈尔滨：哈尔滨工业大学出版社，2003.

［2］ 关文远. 汽车构造. 第2版. 北京：机械工业出版社，2005.

［3］ 闻邦椿，刘树英，何勋. 振动机械的理论与动态设计方法. 北京：机械工业出版社，2002.

［4］ 张阿舟. 实用振动工程（2），振动的控制与设计. 北京：航空工业出版社，1997.

［5］ 方同，薛璞. 振动理论及应用. 西安：西北工业大学出版社，1998.

［6］ ［美］F. S. 谢 I. E. 摩尔. 机械振动：理论及应用. 沈文均，张景绘译. 北京：国防工业出版社，1984.

［7］ 张思. 振动测试与分析技术. 北京：清华大学出版社，1992.

［8］ 孙利民. 振动测试技术. 郑州：郑州大学出版社，2004.

［9］ 龙运佳. 混沌振动研究：方法与实践. 北京：清华大学出版社，1996.

［10］ 《机械工程手册》、《机电工程手册》编辑委员会. 机械工程手册. 第2版. 北京：机械工业出版社，1996.

［11］ 《振动与冲击手册》编辑委员会. 振动与冲击手册. 北京：国防工业出版社，1992.

［12］ 闻邦椿等. 振动筛，振动给料机，振动输送机的设计与调试. 北京：化学工业出版社，1989.

［13］ 严济宽. 机械振动隔离技术. 上海：上海科学技术文献出版社，1986.

［14］ 张阿舟等. 振动控制工程. 北京：航空工业出版社，1989.

［15］ 张阿舟等. 振动环境工程. 北京：航空工业出版社，1986.

［16］ 方明山. 项海帆等超大跨径桥梁结构中的特殊力学问题. 重庆交通学院学报，1998，（12）.

［17］ 陈刚. 振动法测索力与实用公式. 福州大学，2003，（12）.

［18］ 西北工业大学. 复合弹簧，淄博市信息中心，2003.

［19］ 庄辉雄，蔡同宏. 高屏溪桥监测计书概述，中华技术：2001，10.

［20］ 闻邦椿，刘凤翘. 振动机械的理论与应用. 北京：机械工业出版社，1982.

［21］ 丁文镜. 减振理论. 北京：清华大学出版社，1988.

［22］ 李方泽，刘馥清，王正. 工程振动测试与分析. 北京：高等教育出版社，1992.

［23］ 徐小力，梁福平等. 旋转机械状态监测及预测技术的发展与研究. 建设机械技术与管理，2003，16（7）.

［24］ 刘棣华，粘弹性阻尼减振降噪应用技术，北京：中国宇航出版社，1990.

［25］ 姚光义，蔡学熙. 悬索横向振动的实测和运用. 化工矿山技术：1974，2.

［26］ 戴德沛. 阻尼技术的工程应用. 北京：清华大学出版社，1991.

［27］ 张洪方等. 叠层橡胶支座在结构抗地震中的应用. 振动与冲击：1999，18（3）.

［28］ GB 10889—1999 泵的振动测量与评价方法.

［29］ S. 铁摩辛柯等. 工程中的振动问题. 北京：人民铁道出版社，1978.

［30］ 蔡学熙. 钢丝绳拉力的振动测量. 矿山机械，2006，（11）.

［31］ 黄永强，陈树勋. 机械振动理论. 北京：机械工业出版社，1996.

［32］ 华中科技大学/深圳蓝津信息技术有限公司，工程测试实验指导书，2006.

［33］ 师汉民. 机械振动系统：分析·测试·建模·对策. 上册. 2004.

［34］ J Michael Robichaud, P. Eng, Reference Standards for Vibration Monitoring and Analysis, 2003, 9.

［35］ Kumaraswamy. S, Rakesh. J and Amol Kumar Nalavade, Standardization of Absolute Vibration Level and Damage Factors for Machinery Health Monitoring, Proceedings of VETOMAC-2, 16-18, 9, 2002.

［36］ VIBRATION MEASUREMENT AND ANALYSIS www.sintechnology.com.

［37］ W. T. Thomson. Theory of Vibration with Application New Jersey：Pren tice Hall Inc，1972.

［38］ C. M. Harris and C. E. Crede. Shock and Vibration Handbook. New York：Mc Graw-Hill Co. ，1976.

［39］ L. Meirovitch. Elements of Vibration Analysis. New York. McGraw Hill Book Co. ，1975.

［40］ A. D. Dimarogonas. Vibration Engineering. West Publishing Co. 1976.

［41］ Francis S. Tse, Ivan, E. Morse, Rolland T. Hinkle. Mechanical Vibrations Theory and Applications. Aliyn and Bacon Inc，1978.

［42］ 国际电气电子中心，IEEEC 专题.

［43］ 王贡献，沈荣瀛. 起重机臂架在起升冲击载荷作用下动态特性研究. 机械强度，2005，（05）.

［44］ 王大方，赵桂范. 汽车动力总成及其传递系统振动模态分析. 振动工程学报，2004，（2）.

［45］ 郭晓东等. 汽车变速器模态分析及振动噪声测试实验研究. 现代制造工程，2004，（04）.

［46］ 程广利等. 齿轮箱振动测试与分析. 海军工程大学学报，2004，（06）.

［47］ 刘杰等. 平面刚架横向振动模态分析新方法探讨. 江苏理工大学学报（自然科学报），2001，（5）.

［48］ 电机工程手册编辑委员会. 机械工程手册. 第二版. 北京：机械工业出版社，1997.

[49] 胡少伟, 苗同臣. 结构振动理论及其应用. 北京: 中国建筑工业出版社, 2005.
[50] 顾海明主编. 机械振动理论与应用. 南京: 东南大学出版社, 2007.
[51] 郭长城. 建筑结构振动计算续编. 南京: 中国建筑工业出版社, 1992.
[52] 师汉民. 机械振动系统——分析·测试·建模·对策. 第二版. 武汉: 华中科技大学出版社, 2004.
[53] 朱石坚等. 振动理论与隔振技术. 北京: 国防工业出版社, 2008.
[54] 庞剑等. 汽车噪声与振动. 北京: 北京理工大学出版社, 2008.
[55] 邬喆华, 陈勇. 磁流变阻尼器对斜拉索的振动控制. 北京: 科学出版社, 2007.
[56] 胡少伟, 苗同臣. 结构振动理论及其利用. 北京: 中国建筑工业出版社, 2005.
[57] 寇胜利. 汽轮发电机组的振动及现场平衡. 北京: 中国电力出版社, 2007.
[58] 金栋平, 胡海岩. 碰撞振动与控制. 北京: 科学出版社, 2008.
[59] 闻邦椿等. 振动利用工程. 北京: 科学出版社, 2005.
[60] 闻邦椿等. 机械振动理论及应用. 北京: 高等教育出版社, 2009.
[61] 张世礼. 振动粉碎理论及设备. 北京: 冶金工业出版社, 2005.
[62] 邹家祥等. 轧钢机现代设计理论, 北京: 冶金工业出版社, 1991.
[63] William T. Thomson & Marie Dillon Dahleh Theory of Vibration Qith Applications (Fifth Edition). 北京: 清华大学出版社, 2008.
[64] 唐百瑜等. 现代机构动力学及其工程应用: 建模、分析、仿真、修改、控制、优化. 北京: 机械工业出版社, 2003.
[65] 姚起杭, 葛祖德, 潘树祥. 航空用高阻尼减振器研制. 航空学报, 1998. (7)
[66] 徐振邦等. 机械自调谐式动力吸振器的研究. 中国机械工程, 2009. (5)
[67] 王莲花等. 磁流变弹性体自调谐式吸振器及其优化控制. 实验力学, 2007, (8).
[68] 陈宜通. 混凝土机械. 北京: 中国建材工业出版社, 2002.
[69] 赵国珍. 钻井振动筛的工作理论与测试技术. 北京: 石油工业出版社, 1996.
[70] 高纪念等. 液压双稳射流激振器的理论分析与仿真. 石油机械, 1999. (6).
[71] 于宝成等. 微波液压激振器的设计和应用. 液压和气动, 2001 (6).
[72] 张世礼. 特大型振动磨及其应用. 北京: 冶金工业出版社, 2007.
[73] 刘克铭等. 卧式振动离心机的动力学分析与响应测试. 煤炭学报, 2010 (09).
[74] 闻邦椿等. 振动与波利用技术的新进展. 沈阳: 东北大学出版社, 2000.
[75] 鄢泰宁. 岩石钻掘工程学. 武汉: 中国地质大学出版社, 2001.
[76] 张义民等. 振动利用与控制工程的若干理论及应用. 吉林: 吉林科学技术出版社, 2000.
[77] 钱若军, 杨联萍等. 张力结构的分析·设计·施工. 南京: 东南大学出版社, 2003.
[78] 周先雁等. 基于频率法的斜拉索索力测试研究. 中南林业科技大学学报, 2009, (4).
[79] 刘志军等. 超长斜拉索张力振动法测量研究. 振动与冲击, 2008, 27 (1).
[80] 陈淮, 董建华. 中、下承式拱桥吊索张力测定的振动法实用公式. 中国公路学报, 2007, 20 (3).
[81] 孟新田. 斜拉桥单梁多索模型的非线性振动. 中南大学学报 (自然科学版), 2009, 40 (3).
[82] 秦艳岚等. 提高斜拉桥索力测试精度的方法研究. 现代制造工程, 2008, (5).
[83] 高建勋. 斜拉桥索力测试方法及误差研究. 公路与汽运, 2004, (8).
[84] 李红. 斜拉桥索力的频率法测试及其参数分析. 科技资讯, 2010, (2).
[85] 刘凤奎等. 矮塔斜拉桥拉索初张力优化. 兰州铁道学院学报 (自然科学版), 2003, 22 (4).
[86] 田养军, 王鸿龙. 悬索桥主缆施工控制与监测. 地球科学与环境学报, 2005, 27 (2).
[87] 陈再发, 冯志敏. 一种斜拉桥索力检测的基频混合识别方法. 微型机与应用, 2011, (10).
[88] 李春静. 钢丝绳张力检测的研究现状及趋势. 煤矿安全, 2006, (1).
[89] 林志宏, 徐郁峰. 频率法测量斜拉桥索力的关键技术. 中外公路, 2003, 23 (5).
[90] 吴海军等. 斜拉桥索力测试方法研究. 重庆交通学院学报, 2001, 20 (4).
[91] 程波. 关于斜拉桥索力的分析. 重庆交通学院硕士论文, 2005.
[92] 肖昌量. 提高频谱法测量斜拉桥索力精度的方法. 世界桥梁, 2011, (2).
[93] 江征风. 测试技术基础 (第2版). 北京: 北京大学出版社, 2010.
[94] 徐小力, 梁福平等. 旋转机械状态监测及预测技术的发展与研究. 北京机械工业学院学报, 2005 (6).
[95] 杜彬. 旋转机械振动检测装置数据采集的实现. 仪表技术, 2004, (4)
[96] 王江萍 主编. 机械设备故障诊断技术及应用. 西安: 西北工业大学出版社, 2001.
[97] 王少清等. 用光子相关法测量振动频率. 光电工程, 2009, 36 (11).
[98] 闻邦椿, 顾家柳主编. 高等转子动力学——理论、技术及应用. 北京: 机械工业出版社, 2010.
[99] 崔光彩, 杨光朝. 机械零件振动计算. 郑州: 河南科学技术出版社, 1988.
[100] 邢誉峰, 李敏. 工程振动基础. 北京: 北京航空航天大学, 2011.

机械设计手册

第六版

第 **4** 卷

HANDBOOK OF MECHANICAL OF DESIGN

第20篇 机架设计

主要撰稿 蔡学熙

审 稿 王 正

本篇主要符号

A——垂直于风向的迎风面积，m^2

A——梁闭口截面壁厚中心线所围成的面积

A_0——剪切或弯矩相对于拉压的折减系数

A_1，A_2——截面面积

A_1——单片桁架结构的外轮廓面积，m^2

A_2——后片结构的迎风面积，m^2

B——双力矩，$N \cdot cm^2$

B——与结构自振周期有关的指数

C——风力系数

C——柔度系数，cm/N

D——圆形截面直径

d——直径、距离

E——弹性模量

F——力

F_{ij}——结点 i 到结点 j 的杆件的内力，拉、压力

f——挠度

f_1——垂直挠度

$[f_T]$——永久载荷和可变载荷标准值产生的挠度容许值

$[f_Q]$——可变载荷标准值产生的挠度容许值

G——材料的切变模量

g——重力加速度，取 $9.81 m/s^2$

H——水平力、钢丝绳的水平拉力

H——高度

H_i——质点 i 的计算高度，m

h_0——高度

I——杆截面的回转半径

I——横截面对中性轴的惯性矩，cm^4

I_e——等效惯性矩，cm^4

I_t——截面的扭转常数（截面抗扭惯性矩），cm^4

I_y——截面对 y 轴的惯性矩，cm^4

I_1——一个翼缘的惯性矩，cm^4

I_W——扇性惯性矩，cm^6

K——结构的刚度，N/cm

K_0——许用应力折减系数

K_1——载荷类别 I 的折减系数

K_d——动力系数

K_r——铆焊连接许用应力折减系数值

K_h——考虑风压高度变化的系数

k——计算梁时所用的系数，cm^{-1}

k——截面的扭转常数

k_0——截面形状系数

k_0，k_1，k_2，k_3——影响系数

k_0——剪力修正系数

k_1——校正系数

L——长度、总长度

L，λ——起重机跨度

λ——长度、节间长度

λ_C——结构件的计算长度，mm

M——质量

m_e——设备的操作质量，kg

m_{eq}——等效总质量，kg

m_i——集中于 i 点的等效质量，kg

M_k——实际外载荷作用下的各杆件弯矩图；

$\overline{M}_i$——位移方向单位力 $P_i = 1$ 作用下产生的各杆件弯矩图

M_n——梁截面的扭矩，自由扭转扭矩，$N \cdot cm$

M_P——由载荷 P 所产生的弯矩

M_S——截面扭转扭矩，$N \cdot cm$

M_{su}——杆件受弯曲时按其截面塑性变形时能承受的弯矩

M_t——外扭矩，$N \cdot cm$

M_W——约束扭矩，$N \cdot cm$

M_x——截面 x 向弯矩，$N \cdot cm$

M_y——截面 y 向弯矩，$N \cdot cm$

N_i——桁架各构件的内力，N；

N_P——外载荷 P 所产生的桁架各杆件的内力

$\overline{N}_i$——杆件 i 的未知力 $N_i = 1$ 时所产生的桁架各杆件的内力

$\overline{N}_k$——单位虚载荷 $P_k = 1$ 所产生的桁架各杆件的内力

N_e^0——力 P 在代替构件中产生的轴力

N_i^0——力 P 在代替桁架各构件中产生的轴力

$\overline{N}_{iX}$——力 $X_1 = 1$ 在代替桁架各构件中产生的轴力

n——安全系数

n——质点数、组成截面的狭长矩形的数目

P——外载荷，集中力

P_I——载荷类别 I，近静载荷

P_{II}——载荷类别 II，脉动载荷

P_{III}——载荷类别 III，循环载荷

P_{zI}——正常工作下的各种可能载荷的组合

P_{zII}——非正常工作下的各种可能载荷与此时允许工作的最大风压作用的组合

P_{zIII}——不允许工作时的各种可能载荷与可能的最大风压（暴风）作用的组合

P_k——作用于 k 点的集中力

P_H——设备或结构的总水平地震作用力

P_n——作用于 n 点的集中力

P_s——雪载荷，kN/m^2

P_{s0}——基本雪压，kN/m^2

P_v——总竖向地震作用力，N

P_{vi}——质点 i 的竖向地震作用，N

P_w——作用在机器上或物品上的风载荷，N

Q——截面的剪切力

q——计算风压，N/m^2

q——单位自重力，N/mm

q_0——均布载荷

R——反力

R_P——由载荷 P 的作用，在附加联系 i 内产生的反力或反力矩

R——构件毛截面对某轴的回转半径，mm

R_1，R_2——截面最外层、最内层的原始曲率半径

r——断面中心的原始曲率半径

r_0——截面惯性中心的原始曲率半径

r_{ik}——由转角或位移 $Z_k = 1$ 引起的附加联系 i 内产生的反力或反力矩

S——截面半边对中心轴 x 的面积矩，cm^3

S——曲线长度

S_1——腹板上边面积对中心轴 x 的面积矩，cm^3

S_w——扇性静矩，cm^4

s——截面中线的总长

s_i——第 i 个狭长矩形的长度

t，t_W——壁厚

t——温度改变量，℃

t_i——第 i 个狭长矩形的厚度

T——钢绳拉力

T——设备的自振周期，s

T_g——特征周期，s

T_s——结构自振周期，s

V——垂直反力

v_s——计算风速，m/s

W——截面系数

W_t——抗扭截面系数

W_x，W_y——截面对 x、y 轴的截面系数

W_Z——曲梁修正的抗弯截面系数

X_i——未知内力

Y——横截面上距中性轴最远的点，y 表示与 x 的垂直方向

y_0——上拱度

$\bar{y}$——对应于 M 弯矩图形心处 $\bar{M}$ 的纵坐标

y_i——对应于 M_k 弯矩图形心处 $\bar{M}_i$ 的纵坐标（简写）

y_k——对应于 $\bar{M}_i$ 弯矩图形心处 M_k 的纵坐标（简写）

Z_k——刚架结点 k 的未知转角或位移

α——对应于结构基本自振周期的水平地震影响系数

α_{max}——水平地震影响系数的最大值

α_{vmax}——竖向地震影响系数最大值

Δ——变形量、挠度、位移

Δ_t——温度变量，℃

Δ_k——k 点作用有集中力 P 时 n 点的挠度

Δ_p——n 点作用有集中力 P 时 n 点的挠度

Δ_q——均布载荷时 n 点的挠度

Δ_R——k 点作用有水平力 R 时 n 点的挠度

Δ_x——x 方向变形量

Δ_{iP}——载荷 P 产生的结构在 i 的变位（在力 X_i 方向）

Δ_{kC}——支座位移 C 引起的 k 点的位移

Δ_{kt}——温度差引起的 k 点的位移

ΔL——L 的变形量

δ——挠度

δ_{ik}——力 $X_k = 1$ 产生的结构在力 X_i 方向的变位

ε——伸长变形量

φ——弯矩作用平面内轴心受压构件稳定系数

φ，φ_1，φ_2——扭转角

η——挡风折减系数

θ——转角

λ——构件长细比

λ_h——换算长细比

λ_m——等效质量系数

λ_P——许用长细比

μ——积雪分布系数

μ——材料的泊松比

μ_1，μ_2，μ_3——长度系数

ρ——密度，g/cm^3

σ——横截面上最大的拉伸或压缩正应力

σ_b——钢材的抗拉强度，N/mm^2

$[\sigma_d]$——端面承压许用应力（起重机设计规范），N/mm^2

σ_j——极限状态设计法机架在最大的特殊载荷，最不利的情况下可能出现的最大应力

σ_{jp}——基本许用应力

σ_{lim}——极限应力值

σ_{max}——载荷引起的最大应力

σ_{min}——载荷引起的最小应力

σ_p——许用应力

σ_s——钢材屈服点，N/mm^2

σ_{1p}——一类载荷的基本许用应力

σ_W——扇性正应力

τ——切应力

τ_P——许用切应力

τ_{jd}——端面承压许用应力

τ_{jP}——基本许用切应力

ψ——折减系数（刚度）

ω——扇性坐标，cm^2

Ω_k——M_k 弯矩图的面积

Ω_i——$\bar{M}_i$ 弯矩图的面积

第 **1** 章　机架结构概论

在机器（或设备）中支撑、承托或容纳且支承机器或机械零部件的设备装置称机架。即，机器的底座、机架、箱体等零部件，统称为机架。如支承储罐的塔架、机械的臂架、固定发动机的机架、容纳且支承传动齿轮的减速器壳体、机床的床身等。机架不仅包括支承系统，还可以是机器的一部分运动件，如起重机的悬臂架、铲车的辕架等。有些机架兼作运动部件的滑道（导轨）。机架使整个机器组成一个整体，起基准作用，以保证各部件正确的相对位置，并且承受机器中的作用力。

无论是传统机械产品还是现代机械产品，机械的机身、框架、机械连接等的支持结构都是机械的基础。现代机械产品引进电子技术以后，使产品的技术性能、功能和水平都有了很大提高，因此对机械结构也提出了更高的要求。由于机械本体在整个产品中占有较大的体积和重量，而机架部分又在机械本体中占很大的一部分，因此要求采用新结构、新材料、新工艺，以适应现代机械产品在多功能、可靠、高效、节能、小型、轻量、美观等方面的要求，因而现代机械系统中的机械结构和机架仍然是一个富有创造性的领域。

1　机架结构类型

1.1　按机架结构形式分类

机架种类繁多，形式多样，功能也不相同。按结构形式应合理地划分为如下几大类（表20-1-1）：

表 20-1-1　　　　　　　　　　　　　　　机架的结构形式

整块式	梁式	柱式	组合式	架式	箱式
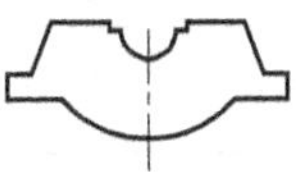 底座	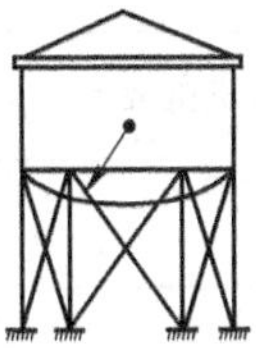 网络式储罐塔架	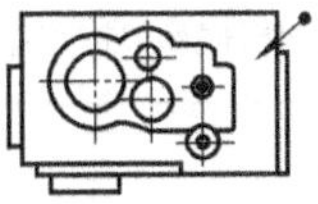 减速箱体	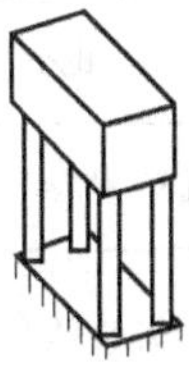 柱式压力机	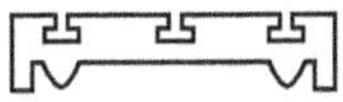 工作台	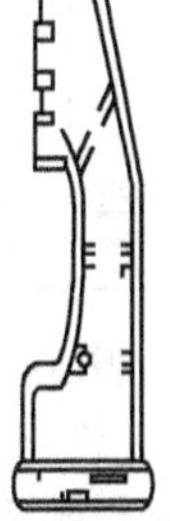 机床立座

1）整块式（底座、车床床身等）；

2）梁式（水平底座、工作台、各种车底盘、板制摇架等）；

3）柱式（各式立座）；

4）组合式（由梁和柱及其形变组成式各样的机架，例如钻机的梁柱式机架、门式机座、环式机座等）；

5）架式（桁架式、框架式、网架式等）；

6）箱式（传动箱体、减速箱体等）；

7）其他（上述未能包括的特殊机架，例如胶带输送机的钢丝绳机架、煤矿工作面刮板运输机的机槽、露天工作面平行推动的运输机的与类似轨道相连的机座）。

说明：组合式和架式是有重复之嫌，但为了突出桁架及框架的特点，单独列出架式。有些机架如柱式压力机，可以说是梁和柱的组合，也是一个只有一间的框架；环式机座也是一个圆形的架子而已。

1.2 按机架的材料和制造方法分类

1.2.1 按材料分

按材料可分为金属机架和非金属机架。

（1）金属材料

作机架的金属材料有钢、铸铁及铁合金（各种不锈钢等）、钛合金、铝合金、镁合金、铜合金和其他（如钢丝绳等）。常用作机架的金属材料举例见表 20-1-2。

表 20-1-2　　　　　　　　　常用作机架的金属材料举例

名称	牌号	常用机架举例
铸铁	HT150	大多数机床的底座、减速机和变速器的箱体
	HT200 HT250	各种机器的机身、机座与机架、齿轮箱体，如机床的立柱、横梁、滑板、工作台等
	HT300	轧钢机机座、重型机床的床身与机座、多轴机床的主轴箱等
球墨铸铁	QT800-2	冶金、矿山机械的减速机机体等
	QT500-7 QT450-10	曲柄压力机机身等
	QT400-15 QT400-18	各种减速器、差速器、离合器的箱体，例如汽车和拖拉机驱动桥的壳体
铸钢	ZG200-400 ZG230-450	各种机座、机架、箱体
	ZG270-500	各种大型机座、机架、箱体，如轧钢机架、机体、辊道架、水压机与压力机的梁架、立柱、破碎机机架等
	ZG310-570	重要机架
铸铝合金	ZL101（ZAlSi7Mg）	船用柴油机机体、汽车传动箱体等
	ZL104（ZAlSi9Mg）	中小型高速柴油机机体等
	ZL105A （ZAlSi5Cu1Mg）	高速柴油机机体等
	ZL401 （Za1Zn11Si7）	大型、复杂和承受较高载荷而又不便进行热处理的零件，如特殊柴油机机体等
压铸铝合金	YL11、YL113、 YL102、YL104	承受较高液压力的壳体、电动机底座、曲柄箱、打字机机架等
钢板及型钢焊接	Q235、Q345、25、 20Mn、0Cr18Ni9 等	各种大型机座、机架、箱体

除表 20-1-2 列举的例子之外，镁合金、钛及钛合金用作机架的介绍如下。

1）镁合金　可以制作镁合金车架、内支撑件、镁合金发电机支承，具有重量轻、减振性能好、节能、降噪、抗电磁辐射等优点。用镁合金制造的折叠式自行车可轻到 5.6kg，是用冷、热压铸机设备，微弧氧化等后处理生产线生产的。

2）钛及钛合金　纯钛和以钛为主的合金是新型的结构材料。钛及钛合金的密度较小（$3.5 \sim 4.5 \mathrm{g/cm^3}$），即重量几乎只有同体积的钢铁的一半，而其硬度与钢铁差不多，且强度高，耐热性好（熔点高达 1725℃）。钛耐腐蚀，在常温下，钛可以"安然无恙"地"躺"在各种强酸强碱的溶液中。就连最凶猛的王水，也不能腐蚀它。钛不怕海水。

用钛制作的零部件越来越广，例如，钛合金锻造的主桨毂、公路车架、钛合金山地越野架。

（2）非金属材料

非金属机架有钢筋混凝土机架或机座、素混凝土机座平台、花岗岩机架或机座、塑料机架、玻璃纤维机架、碳素纤维机架或其他材料机架。

1）混凝土材料　混凝土的相对密度是钢的 1/3，弹性模量是钢的 1/10~1/15，阻尼高于铸铁，成本低廉。应用于制造受载面积大、抗振性要求高的支承件，如机床中的床身、立柱、底座等。目前，在超高速切削机床的床身制造中，由于主轴直径的圆周速度已达到或超过 125m/s，为了获得良好的动态性能，床身完全由聚合水泥混凝土材料制成。

2）天然岩石及陶瓷材料　这类材料线胀系数小，热稳定性好，又经长期自然时效，残余应力小，性能稳定、精度保持性好，阻尼系数比钢大 15 倍，耐磨性比铸铁高 5~10 倍。目前在三坐标测量机工作台、金刚石车床床身的制造中，已将花岗岩、大理石作为其标准材料，国外还出现了采用陶瓷制造的支承件。

3）塑料　轻型设备可以用塑料作为架子。多层塑料燃油箱可满足市场对汽车燃油箱阻渗性越来越高的要求。

4）玻璃纤维机架　各种玻璃纤维增强复合材料可用于生产行李厢底板、蓄电池槽、备胎架、发动机底座、多功能支架、蓄电池托架、仪表板托架等。

5）碳素纤维机架　碳素纤维的密度比玻璃纤维小约 30%，强度大 40%，尤其是弹性模量高 3~8 倍。但碳纤维的价格大约是玻璃纤维价格的 10 倍。

碳纤维含碳量在 90% 以上。具有十分优异的力学性能，与其他高性能纤维相比具有最高比强度和最高比模量、低密度、高升华热、耐高温、耐腐蚀、耐摩擦、抗疲劳、高震动衰减性、低线胀系数、导电导热性、电磁屏蔽性、优良的纺织加工性等优点。高强度中模量碳纤维 T800H 纤维抗拉强度达到 5.5GPa。应用多功能的树脂或复合树脂，可制作汽车主承载结构和车身。例如，用碳纤维材料作高级乘用汽车的底盘，可将目前约 300kg 的钢铁底盘质量降低到 150kg 左右。即如果改用碳纤维与树脂合成的碳纤维强化塑料，则可将 1.5t 左右的汽车总质量减轻一成。

增强材料除玻璃纤维及碳纤维外，还有硼纤维、芳纶纤维、金属丝和硬质细粒、碳化硅纤维与陶瓷复合材料等。

1.2.2　按制造方法分

按机架的制造方法分类如下。

1）铸造机架，常用的材料是铸铁，有时也用铸钢、铸铝合金和铸铜等。铸铁机架的特点是结构形状可以较复杂，有较好的吸振性和机加工性能，常用于成批生产的中小型箱体。注塑机架的制造方法类似，它适用于大批量生产的小型、载荷很轻的机架。

2）焊接机架，由钢板、型钢或铸钢件焊接而成，结构要求较简单，生产周期较短。焊接机架适用于单件小批量生产，尤其是大件箱体，采用焊接件可大大降低成本。

3）螺栓连接机架或铆接机架，适用于大型结构的机架。这两种机架大部分被焊接机架代替，但螺栓连接机架仍被广泛应用于需要拆卸移动的场合。还有楔接机架。

4）冲压机架，适用于大批量生产的小型、轻载和结构形状简单的机架。

5）专业的轧制、锻造机架。

6）其他，各种金属机架或非金属机架的独自制造方法。例如，玻璃纤维缠绕机架，钢丝绳机架等。

这只是大概的分类。其实，机架的成品是综合了几种制造方法的结果，即组合的制造方法。从本章第 5 节的例子看出，例如汽车车架，不仅采用了几种制造方法装配，并且使用的材料也是组合成的。

金属机架的铸造工艺设计、冲压工艺设计、锻造和焊接工艺设计可参考本手册第 1 篇有关章节。螺栓连接和铆接可查看本手册第 5 篇第 1 章和第 2 章。

本篇主要介绍钢结构形式的机架。

1.3　按力学模型分类

表 20-1-3

结构类型	杆系结构	板壳结构	实体结构
几何特征	结构由杆件组成，而杆件（直杆或曲杆）长度远大于其他两个方向的尺寸	结构由薄壁构件组成，而薄壁构件（薄板或薄壳）厚度远小于其他两个方向的尺寸	结构三个方向的尺寸是同一数量级的
机架举例	网架式机架，多数框架式和梁柱式机架	多数板块式和箱壳式机架	少数板块式、框架式和箱壳式机架

注：对某一具体机架，有时很难把它归于哪种结构，因为它可能介于杆系和板壳或板壳和实体两种结构之间。究竟按哪种结构计算，取决于计算工作量和计算精度。若计算精度满足机架设计要求，则按简化计算，否则详细计算。有的机架要简化为几种结构的组合，用有限元法计算。

2 杆系结构机架

2.1 机器的稳定性

作为一个机器，在空间有不在一条直线上的三个点就可以使其平衡。只要这三个点能够承受机器所施予的各种力。化作平面问题，一个物体或一根梁有两个铰就可以使其平衡。所以简单的各种承托式整体式机架只是计算的问题。但是对于由杆系组成的架式机架则会出现机架本身是否稳定的问题。

不少机架都可以看成是由杆件组成的，但是并非把若干杆件随意组合起来就能成为合理机架结构。也就是杆系机架本身（可结合机器本身一起考虑）必须是几何不变性的，并且还应避免是几何瞬变体系。

2.2 杆系的组成规则

2.2.1 平面杆系的组成规则

要保证一个杆系的几何不变性必须要有足够数目的约束；但是约束数目足够，并不能肯定几何不变，因为还有一个约束布置的问题。几何不变杆系的组成规则（表 20-1-4）就是为保证杆系几何不变，使约束数目足够又布置合理而规定的准则。

表 20-1-4　　　　　　　　　　　平面杆系几何不变性规则

规则名称	几何不变且无多余约束的组成条件	组成示意图	分析举例
二元体规则	两根链杆各用一个铰相连于一个平面刚体上，且三个铰不在同一直线上(若三铰共线,则几何瞬变)	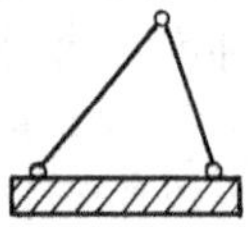	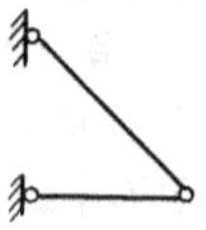
三连杆规则	两个平面刚体用三根链杆相连，且三根链杆不交于一点(若交于一点，则实交点时，几何可变；虚交点时，几何瞬变)		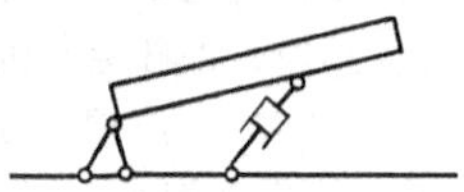

注：连杆可以是刚体，也可以是长度可控的，如油缸等。

2.2.2 空间杆系的几何不变准则

所谓平面杆系实际上实体都不是平面的。例如上述的两铰支承的梁是有宽度的，而铰也有一定的宽度，梁才不会有侧向翻转的倾向。如果梁足够宽而成平台，则众所周知通常在宽度延伸方向再加一个铰。对于表 20-1-4 中的二元体就要改成三元锥体，如图 20-1-1a 所示。对于表 20-1-4 中的三连杆，在宽度延伸方向理论上再加一个连杆就足够了。因为上面的工作台平面有三个点定位。但是这新加的连杆的上端点是未定位的，所以实际设计时往往在宽度延伸方向再加一个相同的支点，且认定连杆的铰只在图面方向可以转动，而把图中的缸式连杆设置于台的中部，以使工作台受力均匀。否则，还要增加一个斜连杆，如图 20-1-1c 的侧视图中虚线所示。

所以，对于空间架子，必须保证有两个相互正交（或相交）的垂直面上有三根不交于一点的连杆组成，这架子才是稳定的（这里说的是杆件和机体铰接的或按铰接计算的情况）。可以将机体沿三个相互垂直的轴 X、Y、Z 方向推动，研究机体是否可能移动；再将机体绕这三个轴 X、Y、Z 转动，研究机体是否可能摆动。如果没有微动的可能，说明机架是几何不变的、稳定的。例如图 20-1-2 所示的储罐塔架，支腿与顶圈梁按铰接计算（或者支腿经过垫板直接焊接于罐体），无论前后、左右晃动或者绕中心轴轻微扭动，都有斜杆顶着或拉着。所以是稳定的。

　　如上所述，可以在两个相互交叉的平面内来分析平面杆件的方法来分析空间架子。下面就只讨论平面杆系的自由度问题。由于机架一般都是由比较简单的、少量的杆件组成，所以下面 2.3 节可以只在有必要的情况下参阅。

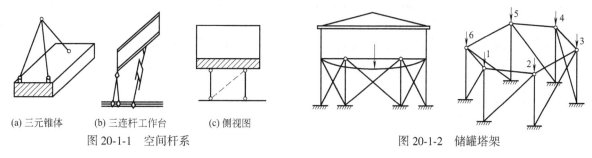

(a) 三元锥体　　(b) 三连杆工作台　　(c) 侧视图

图 20-1-1　空间杆系　　　　　　　　　　图 20-1-2　储罐塔架

2.3　平面杆系的自由度计算

2.3.1　平面杆系的约束类型

表 20-1-5

约束名称	约束方式	约束示意图	约束数	说　明
简单铰结	一个铰结连两个刚体		2	
复杂铰结	一个铰结连 n 个刚体		$2(n-1)$	相当于 $n-1$ 个简单铰结
简单刚结	一个刚结连两个刚体		3	
复杂刚结	一个刚结连 n 个刚体		$3(n-1)$	相当于 $n-1$ 个简单刚结
简单链杆	一根杆连两个铰点		1	
复杂链杆	一根杆连 n 个铰点		$2n-3$	相当于 $2n-3$ 个简单链杆

2.3.2 平面铰接杆系的自由度计算

由于刚性连接的杆件可以看成一个整体的杆件,对有刚性连接和又有铰接的机架,只需计算铰接杆系的自由度;对于刚性连接的机架,因是静不定框架,只有用变位的条件来补充计算。平面杆系自由度计算方法见表20-1-6。

表 20-1-6 平面杆系自由度计算方法

计算方法	算 法 1	算 法 2
基本观点	杆系由若干平面刚体受铰结、刚结和链杆的约束而组成	杆系由若干结点受链杆的约束而组成
计算公式	$W=3m-(3g+2h+b)$	$W=2J-B$
	W——平面杆系的计算自由度数	
	m——平面刚体数 g——简单刚结数 h——简单铰结数 b——支承链杆数	J——结点数 B——简单链杆数
计算举例	原有简单铰结数 $h_1=5$(A、B、C、F、G 点) 折算简单铰结数 $h_2=2\times(3-1)$(D、E 点复杂铰结,$n=3$) 简单铰结总数 $h=h_1+h_2=9$ 平面刚体数 $m=7$(AC、CB、AD、DF、DE、EG、EB) 简单刚结数 $g=0$(无刚结点) 支承链杆数 $b=3$(A 处两根,B 处一根) 计算自由度数 $W=3\times7-2\times9-3=0$	原有简单链杆数 $B_1=8$(AD、DF、DE、EG、EB 三根支杆) 折算简单链杆数 $B_2=2\times(2\times3-3)$(AC、BC 复杂链杆,$n=3$) 简单链杆总数 $B=B_1+B_2=14$ 结点数 $J=7$(A、B、C、D、E、F、G 点) 计算自由度数 $W=2\times7-14=0$
结论	$W>0$ 为几何可变杆系 $W\leqslant0$ 为几何不变杆系的必要条件(但非充分条件,必须布置合理)	

2.4 杆系几何特性与静定特性的关系

杆系静力分析的基本方法是:截断约束,取分离体,用约束力代替约束;根据分离体的平衡方程,解出约束力。可见,平衡方程总数和未知约束力总数是杆系静力分析的两个基本要素。这两个基本要素的计算见表20-1-7。

表 20-1-7 杆系平衡方程数和约束力数

	所用自由度计算方法	表 20-1-6 算法 1			表 20-1-6 算法 2
	截取的分离体	平面刚体			结 点
平衡方程数	所截分离体数目	m			J
	每个分离体平衡方程数	3			2
	杆系平衡方程总数	$3m$			$2J$
未知约束力数	被截断的约束	简单刚结	简单铰结	支承链杆	简单链杆
	被截约束数目	g	h	b	B
	每个约束的约束力数	3	2	1	1
	杆系未知约束力总数	$3g+2h+b$			B

按表 20-1-6 和表 20-1-7 计算自由度数 W，可得表 20-1-8。

表 20-1-8

$W=0$	静定结构	平衡方程数等于未知力数	有唯一解
$W<0$	超静定结构	平衡方程数少于未知力数	要有变位等条件求解

上面只是个综合的分析，在实际设计分析中要简化得多。例如两端铰接的杆件，只有一个沿杆件中心线的作用力；只有两个铰接点的实体，只有一个沿两个铰接点连线的作用力等，可大大简化计算。

3 机架设计的准则和要求

3.1 机架设计的准则

（1）工况要求

任何机架的设计首先必须保证机器的特定工作要求。例如，保证机架上安装的零部件能顺利运转，机架的外形或内部结构不致有阻碍运动件通过的突起；设置执行某一工况所必需的平台；保证上下料的要求、人工操作的方便及安全等。

（2）刚度要求

在必须保证特定外形的条件下，对机架的主要要求是刚度。例如机床的零部件中，床身的刚度决定了机床的生产率和加工产品的精度；在齿轮减速器中，箱壳的刚度决定了齿轮的啮合性及运转性能。

（3）强度要求

对于一般设备的机架，刚度达到要求的同时，也能满足强度的要求。但对于重载设备的强度要求必须引起足够的重视。其准则是在机器运转中可能发生的最大载荷情况下，机架上任何点的应力都不得大于允许应力。此外，还要满足疲劳强度的要求。

对于某些机器的机架尚需满足振动或抗振的要求。例如振动机械的机架；受冲击的机架；考虑地震影响的高架等。

（4）稳定性要求

对于细长的或薄壁的受压结构及受弯-压结构存在失稳问题，某些板壳结构也存在失稳问题或局部失稳问题。失稳对结构会产生很大的破坏，设计时必须校核。

（5）其他特殊要求

如散热的要求；耐蚀及特定环境的要求；对于精密机械、仪表等热变形小的要求等。

（6）工艺的合理性

特别提出注意的是，设计和工艺是相辅相成的，设计的基础是工艺。所以设计要遵循工艺的规范，要考虑工艺的可能性、先进性和经济性，要考虑到适合批量生产还是少量生产的不同工艺。

3.2 机架设计的一般要求

在满足机架设计准则的前提下，必须根据机架的不同用途和所处环境，考虑下列各项要求，并有所偏重。

① 机架的重量轻，材料选择合适，成本低。

② 结构合理，便于制造。

③ 结构应使机架上的零部件安装、调整、修理和更换都方便。

④ 结构设计合理，工艺性好，还应使机架本身的内应力小，由温度变化引起的变形应力小。

⑤ 抗振性能好。

⑥ 噪声低。

⑦ 耐腐蚀，使机架结构在服务期限内尽量少修理。

第 **20** 篇

⑧ 有导轨的机架要求导轨面受力合理，耐磨性良好。

⑨ 美观。目前对机器的要求不仅要能完成特定的工作，还要使外形美观。

3.3 设计步骤

① 初步确定机架的形状和尺寸。根据设计准则和一般要求，初步确定机架结构的形状和尺寸，以保证其内外部零部件能正常运转。

② 根据机架的制造数量、结构形状及尺寸大小，初定制造工艺。例如非标准设备单件的机架、机座，可采用焊接代替铸造。

③ 分析载荷情况，载荷包括机架上的设备重量、机架本身重量、设备运转的动载荷等。对于高架结构，还要考虑风载、雪载和地震载荷。

④ 确定结构的形式，例如采用桁架结构还是板结构等。再参考有关资料，确定结构的主要参数（即高、宽、板厚与材料等）。

⑤ 画出结构简图。

⑥ 参照类似设备的有关规范、规程，确定本机架结构所允许的挠度和应力。

⑦ 进行计算，确定尺寸。

⑧ 有必要时，进行详细计算并校核或做模型试验，对设计进行修改，确定最终尺寸。对于复杂重要的机架，要批量生产的机架，有时采用计算机数值计算且与实验测试相结合的办法，最后确定各部分的尺寸。

⑨ 标明各种技术特征和技术要求。例如机架的允许载荷、应用场合等的限定；制造工艺和材料的要求，制造与安装偏差，热处理要求，运输、吊装的特殊要求，检测或探测的规定；除锈和上漆要求，以及其他各种特殊的要求等。

4 架式机架结构的选择

机架结构形式的选择是一个较复杂的过程。根据所要设计设备的状况，再根据前面的准则和要求，参考类似设备的机架结构形式，首先进行机架形式的选择。对结构形式、构件截面和结点构造等均需要结合具体的情况进行仔细的分析。可以选用几种方案初步比较来确定。对于大批量的设备机架或特大型的机架，还应该对结构方案进行技术经济比较。

由于各种设备各有不同的规范和要求，制定统一的机架结构选择方法较困难。但是，总的原则无非是实用、可靠、经济和美观。

对于整体机架的各支架横截面，空心的长方形截面在相同材料情况下能承受更大的弯矩；而空心的圆截面能承受更大的转矩。所以这两种截面形式（或其变形）在支架截面中运用较多。可以从本手册第1篇第1章或其他相关书籍中找到各种截面形状的截面惯性矩等资料，本篇不赘述。一些支架的实际采用的截面形状在以后的章节中介绍。这里只是利用结构力学的知识，提出由型材制作的钢结构的设计选择的一般规律。

4.1 一般规则

1）结构的内力分布情况要与材料的性能相适应，以便发挥材料的优点。

① 轴力较弯矩能更充分地利用材料。杆件受轴力作用时，截面上材料的应力分布是均匀的（图 20-1-3a）。所有材料都得到充分利用。在弯矩作用下截面上的应力分布是不均匀的（图 20-1-3b），所以材料的利用不够经济。

② 机械结构中许多构件所受的载荷都设计成沿垂直于杆轴的方向作用。弯矩沿杆长变化很迅速，最大的弯矩仅限于一小段内，因此可设计变截面梁或在局部范围内加大、加高截面。

③ 有横向垂直载荷处，弯矩曲线有曲率，曲率与载荷密集度成正比。在较长段内材料不能充分利用，这与②款相似。如有可能应设法使载荷分散传播。例如，用桁架来代替梁。梁所以常用于小跨结构是因为构造简单和制作方便。在大跨结构中，桁架更为经济。

④ 在塑性设计中，钢构件在弯矩作用下的极限状态的应力分布如图 20-1-3c 所示；钢筋混凝土构件相应的应力分布如图 20-1-3d 所示。虽然由这些应力图可知，塑性设计比弹性设计要经济一些，但在机架设计中有动载荷的情况下一般是不考虑塑性设计的，只能用来考虑极端情况下的不损坏状态。

⑤壳体结构由于主要受轴力作用，使用材料极为经济，在可能的情况下应采用。下文关于浓密机底座的设计将再谈这个设计实例。

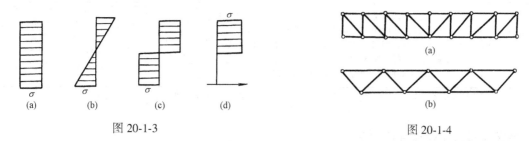

图 20-1-3   图 20-1-4

2）结构的作用在于把载荷由施力点传到基础。载荷传递的路程愈短，结构使用的材料愈省。

图 20-1-4a 和 b 所示为钢架常用的两种腹杆布置。图 a 为斜杆腹系，长斜杆在载荷作用下承受拉力，这是一个优点。但是载荷通过交替的斜杆和竖杆传到桁架的两端所经的路程很长。在图 b 所示的三角形腹系中，载荷通过斜杆传到桁架两端所经的路程就比较短。因此，图 b 所示桁架使用材料较少。

图 20-1-5 是梁和桁架的组合体系，在载荷较大时，要比一般桁架经济。

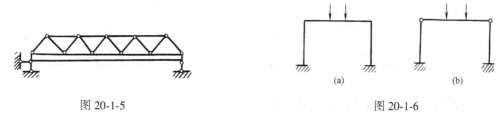

图 20-1-5   图 20-1-6

3）结构的连续性可以降低内力，节省材料。

例如，连续梁比一串简支梁经济，连续桁架也比一串简支桁架经济。在刚架中由于结点的刚性使弯矩降低，例如在同样载荷下图 20-1-6a 所示刚架受到的弯矩比图 20-1-6b 所示刚架受到的要小。一般来说，连续刚架比孤立的梁柱体系要经济。

以上规则在实际应用中有时是互相矛盾的。例如图 20-1-6a 所示结构和 b 所示结构比较起来，是互有利弊的。一方面由于结构的刚性，图 a 所示结构中梁的弯矩较小，但在另一方面由于结点的刚性，柱的弯矩增加了。

4.2 静定结构与超静定结构的比较

表 20-1-9

比较项目	静定结构	超静定结构
防护能力	静定结构没有多余约束。当任一约束突然破坏，即变成几何可变杆系,不能承受任何载荷,所以防护能力差	超静定结构有多余约束。多余约束突然破坏后,仍能维持几何不变性,还能承受一定的载荷,所以防护能力强
内力分布	由于没有多余约束,局部载荷对结构的影响范围小,内力分布很不均匀,内力峰值大	由于有多余约束,局部载荷对结构的影响范围大,内力分布比较均匀,内力峰值较小
结构刚度和稳定性	由于没有多余约束,载荷作用下的结构变形,受不到多余约束的进一步限制,结构的刚度和稳定性差	由于有多余约束,载荷作用下的结构变形要受到多余约束的进一步限制,结构的刚度和稳定性较好
结构材料和杆件截面的影响	静定结构的内力只需用静力平衡方程即可确定,所以内力与结构材料性质和杆件截面尺寸无关	超静定结构的内力不能单用静力平衡方程来确定,还需同时考虑变形条件,所以内力与结构的材料性质和杆件截面尺寸有关

续表

比较项目	静定结构	超静定结构
非载荷因素（支座移动、温度改变、材料收缩和制造误差）的影响	非载荷因素只引起静定结构的位移和变形，不在静定结构中产生内力（因为位移和变形受不到多余约束的限制）	非载荷因素不仅引起超静定结构的变形，而且还在超静定结构中产生内力（因为变形要受到多余约束的限制）
杆件截面设计的简单程度和调整结构内力分布的能力	静定结构杆件截面尺寸设计简单，只要结构外形及其尺寸（指用杆轴表示的力学模型）一定，即可由平衡方程求出内力，再按强度条件设计杆件截面。但静定结构的内力分布与杆件刚度比值无关，故不能通过改变杆件刚度来调整内力分布	超静定结构杆件截面尺寸设计复杂，只有事先假定截面尺寸才能求出内力，然后再根据内力重新设计杆件截面，若设计截面与假定截面相差过大，需重新计算。但超静定结构的内力分布与杆件刚度比值有关，故可通过改变杆件刚度来调整内力分布

注：静定结构的优点是设计计算方便，外力诸多因素清楚后，受力得到了保证，通常设计者愿意选用。

4.3 静定桁架与刚架的比较

表 20-1-10

比较项目	静定桁架	刚架
是否便于使用	由于桁架结点都是铰结点，所以为了保证杆系的几何不变性，所用的杆件数目较多，而且占据了内部空间，不便使用	由于刚架结点主要是刚结点，所以刚架的几何不变性，除了支座的约束作用外，主要依靠刚结点的连接作用，所用的杆件数目较少，内部空间大，便于使用
是否节省材料	由于桁架杆件都是二力杆件，只有轴力，所以内力沿杆轴和应力沿杆件截面都是均匀分布的，充分利用了材料	由于刚架杆件大都是梁式杆件，内力主要是弯矩，所以内力沿杆轴和应力沿杆件截面都是非均匀分布的，没有充分利用材料

4.4 几种杆系结构力学性能的比较

机架的典型结构形式有梁、刚架、桁架和组合结构，还可按其结构受力有以下两种分类方式。

1）无推力结构和有推力结构。梁和梁式桁架属于前者；三铰拱、三铰刚架、拱式桁架和某些组合结构属于后者。

2）将杆件分为链杆和梁式杆。只两端有正作用力的为链杆，横向有作用力或端部有弯矩的为梁式杆。桁架中除横向有作用力的杆件外，都是链杆。

对于梁式杆，应尽量减小杆件中的弯矩。现从这个角度，讨论各杆系结构的特点。

① 在静定多跨梁和伸臂梁中，利用杆端的负弯矩可以减小跨中的正弯矩（图 20-1-7b）。

② 在有推力结构中，利用水平推力的作用可以减小弯矩峰值（图 20-1-7e）。

③ 在桁架中，利用杆件的铰结和合理布置以及载荷的结点传递方式，可使桁架中的各杆处于无弯矩状态。

为了对各种杆系结构形式的力学特点进行综合比较，在图 20-1-7 中给出了几种结构形式在相同跨度和相同载荷（全跨受均布载荷 q）作用下的主要内力数值。

a. 图 20-1-7a 是简支梁$\left(\text{跨中截面 } C \text{ 的弯矩为 } M_C^0 = \dfrac{ql^2}{8}\right)$。图 20-1-7b 是伸臂梁。为了使弯矩减小，设法使支座负弯矩与跨中正弯矩正好相等。根据这个条件可以求出伸臂长度应为 0.207l，这时弯矩峰值下降为 $\dfrac{1}{6}M_C^0$。

b. 图 20-1-7c 是带拉杆的三角形三铰架，拉杆受拉力为 $H = M_C^0/f$，由于此力的作用，使上弦杆的弯矩峰值下降为 $\dfrac{1}{4}M_C^0$。图 20-1-7e 原理与其相同。

c. 图 20-1-7d 中，拉杆与上弦杆端部之间有一个偏心距 $e = f/6$，这样，上弦杆端部负弯矩与杆中正弯矩正好相等，弯矩峰值进一步下降为 $\dfrac{1}{6}M_C^0$，这两种情况都属于三铰刚架的特殊情况。

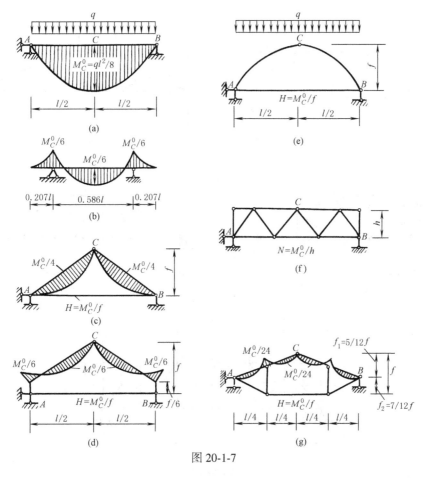

图 20-1-7

d. 图 20-1-7f 是梁式桁架，在结点载荷作用下，各杆处于无弯矩状态，中间下弦杆的轴力为 M_C^0/h。

e. 图 20-1-7g 是组合结构，为了使正弦杆的结点负弯矩与杆中正弯矩正好相等，故取 $f_1=\frac{5}{12}f$，$f_2=\frac{7}{12}f$，这时上弦杆的弯矩峰值下降为 $\frac{1}{24}M^0_C$，中间下弦杆的轴力为 $\dfrac{M^0_C}{f}$。

从以上的分析和比较可看出，在相同跨度和相同载荷下，简支梁的弯矩最大，伸臂梁、静定多跨梁、三铰刚架、组合结构的弯矩次之，而桁架中除了受均布载荷作用的杆件有弯矩外，其他杆件的弯矩为零。基于这些受力特点，所以在工程实际中，简支梁多用于小跨度结构；伸臂梁、静定多跨梁、三铰刚架和组合结构可用于跨度较大的结构；当跨度更大时，则多采用桁架。

另一方面，各种结构形式都有它的优点和缺点。简支梁虽然具有上述缺点，但也有许多优点，如制造简单、使用方便。所以在工程实际中简支梁仍然是广泛使用的一种结构形式。其他结构形式虽具有某些优点，但也有其缺点：如桁架的杆件很多，结点构造比较复杂；三铰刚架要求基础能承受推力（或需要设置拉杆承受推力）。所以选择结构形式时，不能只从受力状态这一方面去看，而必须进行全面的分析和比较。

4.5 几种桁架结构力学性能的比较

（1）力学性能比较

对于几种常见形式的桁架，为了便于比较，使它们的跨度、节距及承受的载荷（上弦各结点承受的载荷）都相同。又为了方便计算，使各结点载荷均等于 1。

1）平行弦桁架（图 20-1-8a）

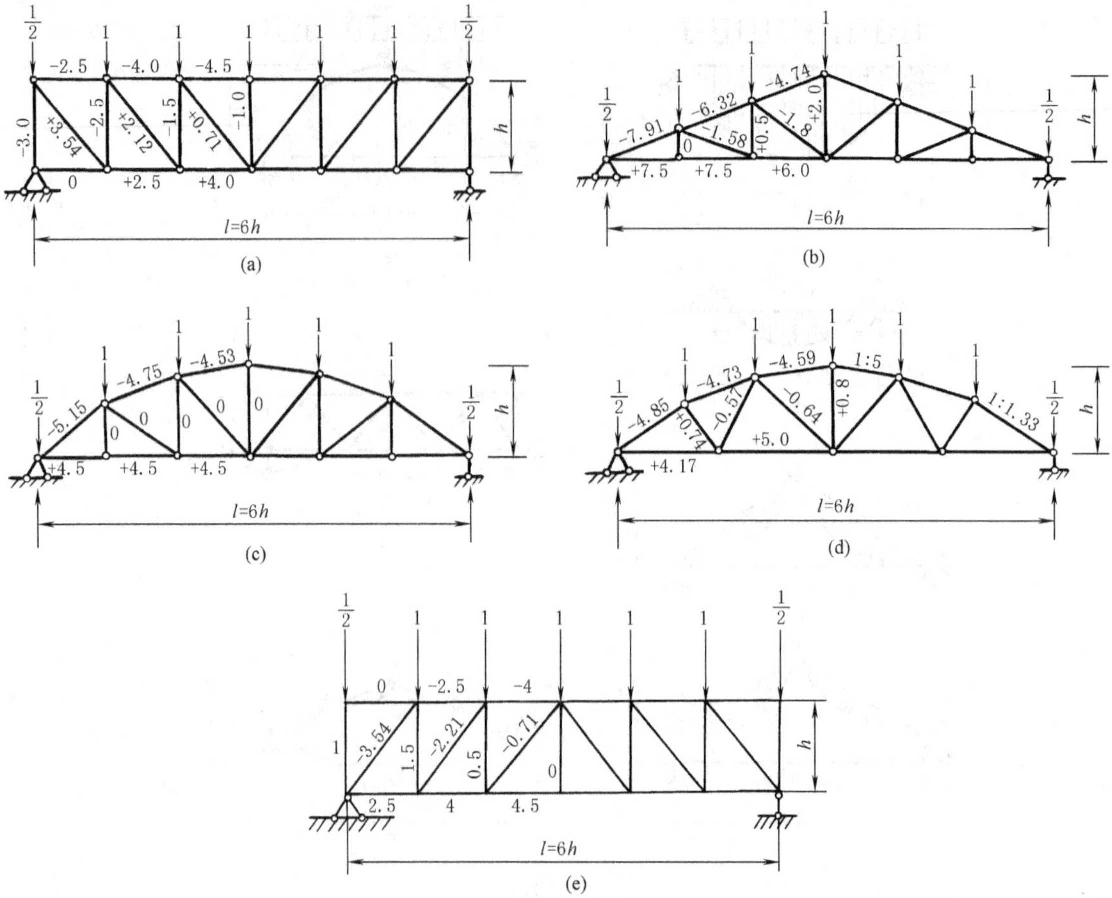

图 20-1-8

① 弦杆轴力　设与桁架同跨度、同载荷的简支梁上，对应于桁架各结点的截面弯矩为 M^0，则弦杆的轴力可表示为

$$N = \pm \frac{M^0}{h}$$

式中，h 见图 20-1-8a；右边的正号表示下弦杆的轴力为拉力，负号表示上弦杆的轴力为压力。因为平行弦桁架的轴力与梁相应结点处的 M^0 值成比例，所以，中间弦杆的轴力大，两端弦杆的轴力小。

② 腹杆轴力　求桁架腹杆轴力时用截面法。斜杆的铅垂分力和竖杆的轴力，分别等于简支梁相应节间的剪力 Q^0，即

$$V_{斜杆} = +Q^0$$

$$N_{竖杆} = -Q^0$$

上式表明，这里的斜杆轴力为拉力，竖杆轴力为压力。图 20-1-8a 中，给出了平行弦桁架各杆的轴力值（因载荷取值为 1，所以此内力值也就是内力系数）。

若对上边平行弦桁架与实体梁的内力进行比较，可以看出二者有许多类似之点。桁架弦杆主要承受弯矩，相当于工字梁中翼缘的作用；腹杆主要承受剪力，相当于工字梁中腹板的作用。

2）三角形桁架（图 20-1-8b）

① 弦杆轴力　弦杆所对应的力臂，由中间到两端按直线规律变化。设力臂为 r，则弦杆轴力仍可表示为

$$N = \pm \frac{M^0}{r}$$

力臂 r 向两端减小的速度比 M^0 要快，因而 $\dfrac{M^0}{r}$ 向两端渐增。所以，弦杆越靠近两端，其轴力越大。

② 腹杆轴力 由截面法可知，斜杆轴力为压力，竖杆轴力为拉力，并且二者都是越靠近桁架中间，其轴力越大。三角形桁架各杆的轴力如图 20-1-8b 所示。

3）抛物线桁架（图 20-1-8c）

① 弦杆轴力 所有例子中，均布载荷产生的弯矩是按抛物线分布的，抛物线桁架下弦杆的轴力和上弦杆轴力的水平分力的力矩按抛物线分布。抛物线桁架的竖杆的长度就是力臂，它也按抛物线分布。因此，桁架各下弦杆的轴力和各上弦杆轴力的水平分力的大小是相等的。上弦杆的轴力则按其水平角度有所变化。

② 腹杆轴力 由于下弦杆轴力与上弦杆轴力的水平分力相等，根据截面法，由 $\sum X = 0$，可知各斜杆轴力均等于零。不难断定，各竖杆的轴力也均等于零。

4）折线形桁架（图 20-1-8d） 是三角形桁架和抛物线形桁架的一种中间形式。由于上弦改成折线，端节间上弦杆的坡度比三角形桁架大，因而使力臂 r 向两端递减得慢一些，这就减小了弦杆特别是端弦杆的内力，虽然 $\dfrac{M^0}{r}$ 值也逐渐增大，但比三角形桁架的变化要小。

由上面的分析，可得以下结论。

① 平行弦桁架的内力分布不均匀，弦杆内力向中间增加，因而弦杆截面要随着改变，这就增加了拼接的困难；如用同样的截面，又浪费材料。但是，由于它在构造上有许多优点，如可使结点构造划一，腹杆标准化等，因而仍得到广泛应用；不过多限于轻型桁架，这样便于采用截面一致的弦杆，而不致有很大的浪费。

② 三角形桁架的内力分布也不均匀。弦杆的内力近支座处最大，并且端结点夹角很小，构造复杂。由于其两面斜坡的外形符合屋顶构造的要求，所以三角形桁架只在屋顶结构中应用。其半桁架则常作为悬臂架。

③ 抛物线形桁架的内力分布均匀，从受力角度来看是比较好的桁架形式。但是，曲弦上每一结点均须设置接头，构造较复杂。

④ 折线形桁架的内力分布近似抛物线形桁架，但制造较方便。

（2）桁架腹杆的布置对其内力的影响

在平行弦桁架中（图 20-1-8a），若腹杆的布置由 N 式变为反 N 式（图 20-1-8e），则其内力的性质也随着改变，斜杆由受拉变为受压，竖杆由受压变为受拉。至于斜杆的内力大小，则与其倾角有关。斜杆与弦杆的夹角小，则斜杆的内力大。腹杆的布置对桁架的构造和制造有影响。如桁架节间长度变小，斜杆与弦杆夹角加大，其内力虽较小，但腹杆增多，结点数目增加，制造工作量较大，反而不一定经济，所以布置腹杆需要全面权衡。

在三角形桁架中（图 20-1-8b），若腹杆的布置由 N 式变为反 N 式，则腹杆内力的性质也要改变，即斜杆受拉，竖杆受压。以前钢屋架采用这种形式，可以避免钢材压杆过长容易失稳的缺点。用钢筋混凝土或钢材做成的三角形桁架，跨度较大时，腹杆采用 N 式或反 N 式，都使下弦结点和腹杆太多，不够经济，故常采用如图20-1-9 a、b 所示的形式。图 20-1-9c 表示三角形桁架的另一种形式，由于改变了腹杆的布置，使压杆短而拉杆长。压杆采用钢筋混凝土，截面大，不易失稳，拉杆采用钢材，使两种材料都能发挥各自的长处。

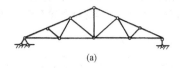
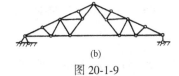
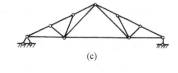

(a)　　　　　　　　　　(b)　　　　　　　　　　(c)

图 20-1-9

5　几种典型机架结构形式

本节提供一些设备所采用的机架结构形式，供设计选用时参考。首先以汽车车架作为典型来介绍机架的多样性。

5.1　汽车车架

汽车车架是机架设计与制造中最为复杂的构件。它不仅要有足够的强度和刚度、扭转刚度，还要承受汽车行驶时产生的动载荷；要有平稳性，安全性；在发生碰撞时车架能吸收大部分冲击力。既要求有足够的空间，将发动机、变速器、转向器及车身部分都固定其上，并留出操纵的空间；又要求尽量能减轻重量，并满足一定的载重量和速度。

汽车车架首先根据汽车车身结构来分类：非承载式车身的汽车有刚性车架，又称底盘大梁架；承载式车身的汽车，车身和底架共同组成了车身本体的刚性空间结构；还有半承载式车身，介于非承载式车身和承载式车身之间的车身结构。

5.1.1 梁式车架

非承载式车身本体悬置于车架上，用弹性元件连接。车架的振动通过弹性元件传到车身上，大部分振动被减弱或消除。车架强度和刚度大，车厢变形小，平稳性和安全性好，厢内噪声低。但这种车身和车架都比较笨重，质量大，汽车质心高，高速行驶稳定性较差。一般用在货车、客车和越野车上。

车架有边梁式、钢管式等形式，其中边梁式是采用最广泛的一种车架。

（1）边梁式车架

边梁式车架由两根长纵梁及若干根短横梁铆接或焊接成形。纵梁主要承负弯曲载荷，一般采用具有较大抗弯强度的钢梁。钢梁有槽形、工字形、Z形、箱形；也有采用钢管的，但多用于轻型车架上。一般纵梁中部受力最大，因此设计者一般将纵梁中部的截面高度加大，两端的截面高度逐渐减少。这样可使应力分布均匀，同时也减轻了重量。可以由焊接或冲压低合金钢钢板制作。横梁有槽形、箱形或管形，以保证车架的扭转刚度和抗弯强度，及用以安装发动机、变速器、车身和燃油箱等。纵梁与横梁用焊接或铆接连接成一刚性的整体。

图 20-1-10a 为梯形车架；图 20-1-10b 为周边形车架，这种车架中部水平面较低，使整体装配后的重心较低。有的车架，例如君威车的车架，由三道结实的大梁纵贯前后，有多达五道的横向梁从车头至车尾均匀分布，构成一个高刚性地板框架支撑结构。

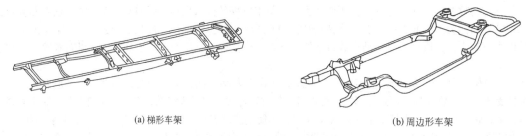

(a) 梯形车架   (b) 周边形车架

图 20-1-10 边梁式汽车车架

图 20-1-11 为解放 CA1091 汽车车架实例。东风 EQ1090E 型汽车车架与解放牌汽车车相似。但解放 CA1091 汽车车架前面窄后面宽，前面宽度缩小的原因是为了让出一定的空间给转向轮和转向杆，以保证车轮有最大的偏转角。

（2）各种变形边梁式车架

① X 形布置的车架，这也属于边梁式车架。为适应不同的车型，横梁布置有多种方式，如为了提高车架的扭转刚度采用 X 形布置的横梁或纵梁。图 20-1-12a 为将横梁做成 X 形的边梁车架，目的是要提高车架的抗扭刚度；图 20-1-12b 是将纵梁做成 X 形的车架。

② 平台式车架，是一种将底板从车身中分出来，而与车架组成一个整体的平台底车架，车身通过螺栓与车架相连接。这种车架强度和刚度大，还可以减少空气阻力和汽车的颠簸。适合轿车使用。见图 20-1-12c。

（3）脊梁式车架

脊梁式车架亦称中梁式车架。车架只有一根位于汽车中间的纵梁，可以是槽形、箱形或管形。有些汽车的传动轴可以通过空心的中梁。这种形式的优点是抗扭转刚度较好；前轮转向角较大，便于安装独立悬架以提高汽车的越野性；质心低，故稳定性较好。其缺点是制造工艺复杂，总成安装困难，维修也不方便。脊梁式车架如图 20-1-13a 所示。可由边梁式车架和中梁式车架联合构成综合式车架。车架前部是边梁式，而后部是中梁式。图 20-1-13b 是脊梁综合式轿车底盘。

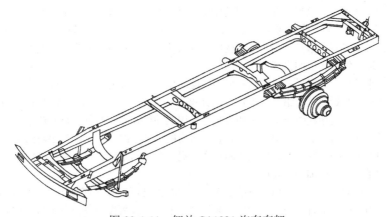

图 20-1-11　解放 CA1091 汽车车架

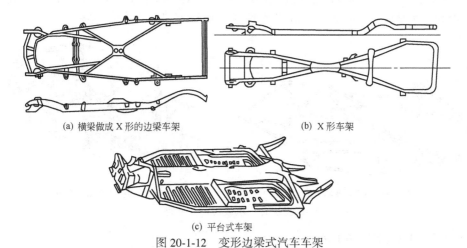

(a) 横梁做成 X 形的边梁车架　　　　(b) X 形车架

(c) 平台式车架

图 20-1-12　变形边梁式汽车车架

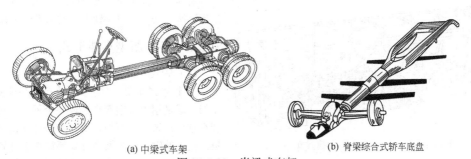

(a) 中梁式车架　　　　(b) 脊梁综合式轿车底盘

图 20-1-13　脊梁式车架

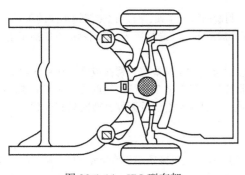

图 20-1-14　IRS 型车架

（4）IRS 型车架

某些高级轿车采用了 IRS 型车架，后部车架与前部车架用活动铰链连接，后驱动桥总成安装在后车架上，半轴与驱动轮之间用万向联轴器连接。这样不仅由于独立悬架可使汽车获得良好的行驶平顺性，而且活动铰链点处的橡胶衬套也使整车获得一定的缓冲，从而进一步提高了汽车行驶平顺性（图 20-1-14）。

5.1.2　承载式车身车架

1）半承载式车身车架是车身本体与底架用焊接或螺栓刚

第 **20** 篇

性连接，加强了部分车身底架而起到一部分车架的作用。可参看 5.1.3 节（3）的内容。

2）承载式车身车架也称为整体式或单体式车架，由钢（或铝）经冲压、焊接而制成坚固的车身，再将发动机、悬架等机械零件直接安装在车身上，车身承受所有的载荷。这个对设计和生产工艺的要求都很高。成形的车架是个带有坐舱、发动机舱和底板的骨架。

承载式车身车架重量小，高度低，汽车重心低，装配简单，有很好的操控响应性，高速行驶稳定性较好。但由于道路负载会通过悬架装置直接传给车身本体，因此噪声和振动较大。刚度（尤其是抗扭刚度）不足也是承载式车身的一大缺陷。它一般用在轿车上，一些客车也采用这种形式。一些针对良好道路环境设计的越野车也有弃大梁车架而改用承载式车身的趋势。对于大功率、大扭力的高性能跑车，要求有很高的车架刚度。因此近年的高性能汽车，除了功率不断提升外，各车厂也不断致力于提高车身的刚度，目前主要采取的办法是优化车架的几何形状和采用局部增粗或补焊以加强抗扭能力。

对于采用承载式车身的大型客车，由于取消了大梁，旅游大巴可以在车底腾出巨大且左右贯通的行李空间，用于市区的公共汽车则可以将地台降至与人行道等高以便于上下车（要配合特殊的低置车桥）。

例如，上海桑塔纳、一汽奥迪 100、红旗 CA7220、捷达/高尔夫轿车皆为承载式车身车架。奥迪 A8 是用铝合金冲压成型做的车架结构。本田 NSX 也使用铝合金。承载式车身车架的形式见图 20-1-15。

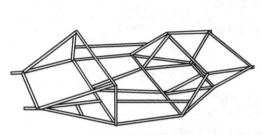

(a) 钢管焊接的桁架式车架

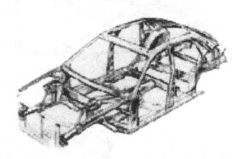

(b) 铝合金承载式车架

图 20-1-15　承载式车身车架

大客车整体承载式车身见图 20-1-16。

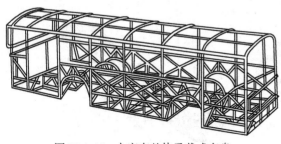

图 20-1-16　大客车整体承载式车身

有些轿车为了减轻车架重量，尽量做到轻量化，采用了半车架。即只是轿车的前部采用承载式车架。

5.1.3　各种新型车架形式

（1）管式车架

① 钢管式车架。对于少量生产的轿车采用钢管式车架，就是用很多钢管焊接成一个框架，再将零部件装在这个框架上。原因是可以省去冲压设备的巨大投资。由于对钢管式车架进行局部加强十分容易（只需加焊钢管），在质量相等的情况下，往往可以得到比承载式车架更强的刚度，这也是很多跑车厂仍喜欢用它的原因。

② 轻型的新钢种车架。使用新钢种用内高压成形制成的钢管制造的汽车车架，可以比传统钢车架的重量轻。特制管件钢材可制造成渐收形几何形状的汽车纵梁。采用滚压变形加工工艺制造的管材，其材料的性能高于用一般传统的变形加工工艺制造出的材料。

③ 铝合金方管式车架。另一种类型的铝合金车架是将高强度铝合金方条梁焊接、铆接或贴合在一起组成一个框架，可以理解为钢管车架的变种，只是铝合金是方梁状而非管状。铝合金车架最大优点是轻（相同刚度的情况下）。但是成本高，不宜大量生产，而且铝合金本身的特性决定了其承载能力受限制，暂时只有少数车厂运用在小型的跑车上。

（2）碳纤维车架

制造方法是用碳纤维浇铸成一体化的底板、坐舱和引擎舱结构，再装上机械零件和车身覆盖件。碳纤维车架的刚度极高，重量比其他任何车架都要轻，重心也可以造得很低。但是制造成本太高。目前都只用于不计成本的赛车和极少数量产的车上。碳纤维的刚度不仅有利于操控，对提高安全性也有很大的作用。

（3）副车架与组合车架

副车架并非完整的车架，只是支承前后车轿、悬架的支架，使车轿、悬架通过它再与"正车架"相连。副架的作用是阻隔振动和噪声，减少其直接进入车厢，所以大多出现在豪华的轿车和越野车上，有些汽车还为发动机装上副架。

近年出现了融合梁式和承载式车架优点的车架设计方案：在承载式结构的车厢底部增加了独立的钢框架，从而在保证刚度的同时，重量和重心又比大梁式结构大为下降。

5.2 摩托车车架和拖拉机架

1）拖拉机车架类似于汽车车架，但简单得多。图 20-1-17 为履带式拖拉机机架型式。机架按结构类型主要分为半架式和全架式。图 a 为半架式机架，由后桥壳体和纵横梁组成，刚性较好，广泛用于采用整体台车行走系的履带拖拉机，特别是工业用履带拖拉机。图 b 为全架式机架，由纵横梁组成，各部件均安装在上面，拆装方便，多用于采用平衡台车或独立台车行走系的履带拖拉机。轮式拖拉机的履带变型采用无架式和半架式。

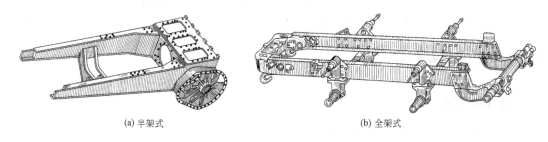

(a) 半架式　　　　　　　　　　　　(b) 全架式

图 20-1-17　履带式拖拉机机架型式

2）目前摩托车车架的形式主要分成三大类：

① 主梁结构式车架又称脊骨型车架，见图 20-1-18a，是用一根或两根主梁作脊骨的车架，这种车架应用比较广泛。

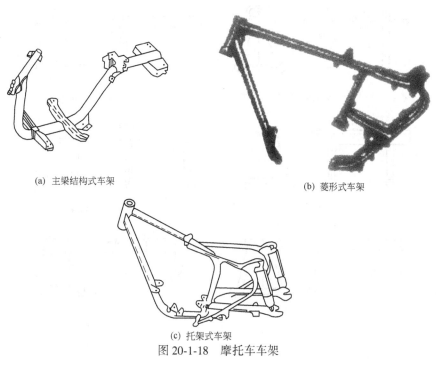

(a) 主梁结构式车架

(b) 菱形式车架

(c) 托架式车架

图 20-1-18　摩托车车架

② 菱形式车架（车架形似钻石状，又称钻石式车架），见图 20-1-18b，这种车架属于空间结构形式。发动机横置在钻石形内，作为车架的一个支承点，能增强车架的强度和刚度，道路竞赛摩托车应用较多。

③ 托架式车架（车架形似摇篮，又称摇篮式车架），见图 20-1-18c，也属空间结构形式。发动机安装在摇篮形中，由于发动机下面有钢管支承，对发动机能起保护作用，所以许多越野车用此类车架。

摩托车的车架看上去只是几支杆件焊接在一起，比较简单，实际上它的设计涉及多方面的因素。车架除必须要有足够的强度和刚度外，而且在重量、造型等方面也有相应的要求。

① 不同使用对象的摩托车车架强度是不一样的，例如街车就比越野车的强度要低。

② 车架的结构尺寸要符合要求。车架的设计既要考虑到车辆的敏捷又不宜太灵活，既要稳定又不宜太沉重。车架有些部分，影响摩托车运行的平稳性。例如转向轴头，涉及到前叉倾角。前叉倾角大，转向时方向把手移动的角度也就小，拖拽距就大，前轮回转中的扭力也就越大，车子也就觉得越稳定。所以美式摩托车车型虽然较大，但由于前叉角度较大，行驶起来十分平稳。但拖拽距越大转向就越重，因此一般轻型摩托车的拖拽距在85~120mm 之间。

③ 摩托车在行驶中所产生的转向力、离心力及车子的颠簸，都会促使转向轴头向侧扭，为抵抗这种侧向扭力，车架常使用粗大的管梁和加强杆，从发动机两侧伸延至转向轴头位置焊接。

④ 车架重量要轻，多用含有钛、铌、钒等微量元素的高强度钢材。有些车辆已应用铝合金车架或钛合金车架。减轻摩托车本身的重量，等于增加了发动机的功率。

5.3 起重运输设备机架

5.3.1 起重机机架

起重机的类型很多，综合起来大致可分为三大类：①桥式起重机；②架式或门架式起重机（包括门式起重机、装卸桥等）；③臂架式起重机（包括转臂式起重机、流动式起重机、浮式起重机、高架式起重机、门座式起重机等）。主要的结构是梁、柱、桁架、框架及其组合。对于非标准设计的机架，它们可以作为很有价值的参考。

1) 门架式起重机的结构，有图 20-1-19 所示的类型。

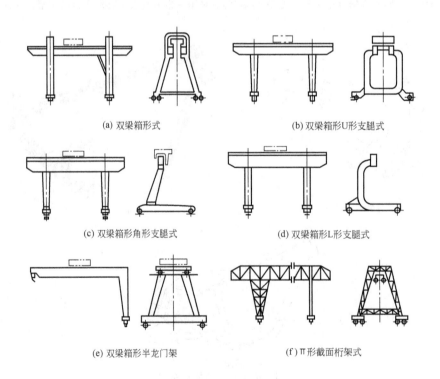

(a) 双梁箱形式　　　　　　　　　　(b) 双梁箱形U形支腿式

(c) 双梁箱形角形支腿式　　　　　　(d) 双梁箱形L形支腿式

(e) 双梁箱形半龙门架　　　　　　　(f) Π形截面桁架式

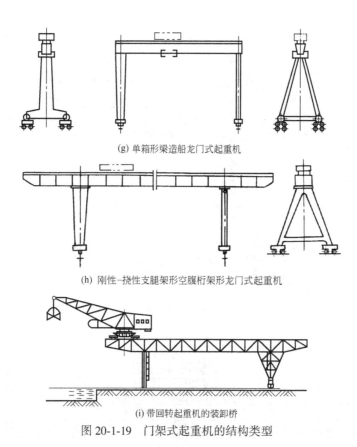

(g) 单箱形梁造船龙门式起重机

(h) 刚性-挠性支腿架形空腹桁架形龙门式起重机

(i) 带回转起重机的装卸桥

图 20-1-19　门架式起重机的结构类型

2）图 20-1-20 为两种门座式起重机的门架结构类型，其他参见第 4 章。

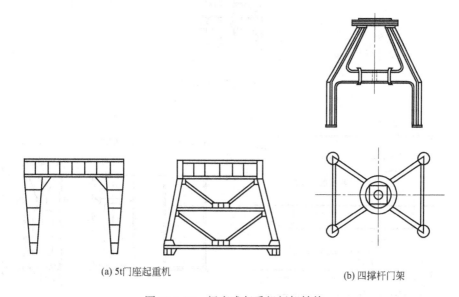

(a) 5t门座起重机

(b) 四撑杆门架

图 20-1-20　门座式起重机门架结构

3）桥式起重机，有单梁式桥架、双梁式桥架和四桁架式桥架。图 20-1-21 为桥式起重机的三种大梁类型。图 a 所示机架为桁架式起重机机架（起重量 20t 的加料起重机）；图 b 所示为空腹式框架式起重机机架（15t 刚性肥料起重机）；图 c 所示为箱形梁式起重机机架。

第 **20** 篇

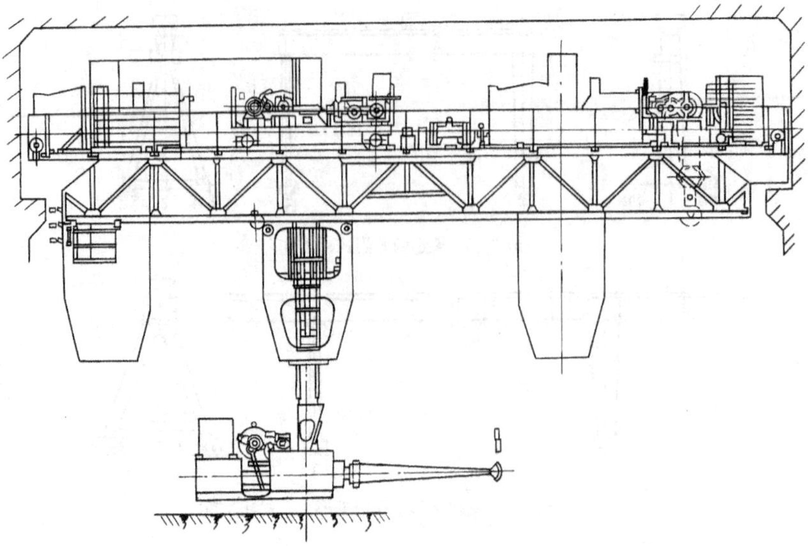

(a) 桁架式机架

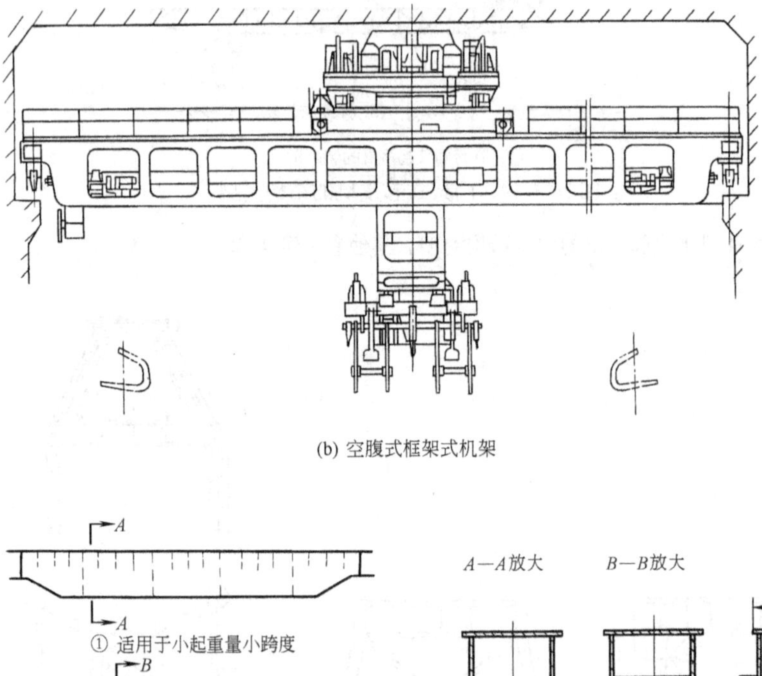

(b) 空腹式框架式机架

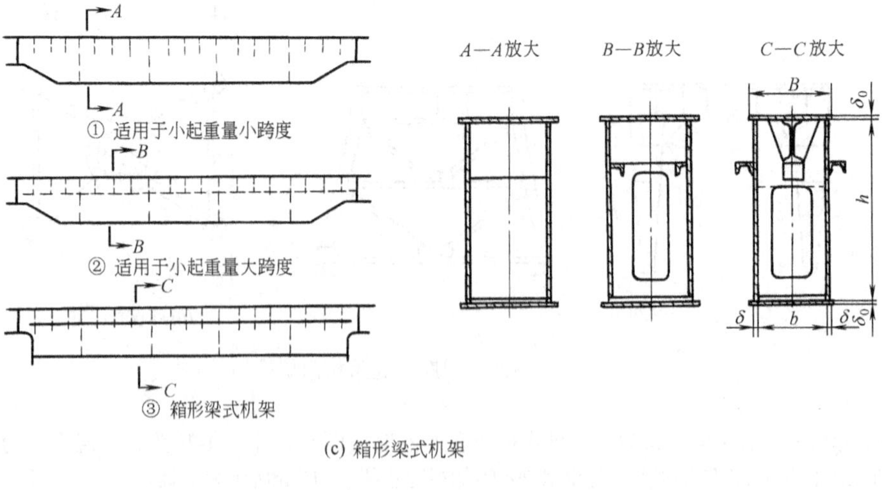

① 适用于小起重量小跨度

② 适用于小起重量大跨度

③ 箱形梁式机架

(c) 箱形梁式机架

$A-A$ 放大　　$B-B$ 放大　　$C-C$ 放大

图 20-1-21　桥式起重机机架

4）图 20-1-22 是象鼻组合臂架，图 a 是其一种形式；图 b 是象鼻梁结构图。

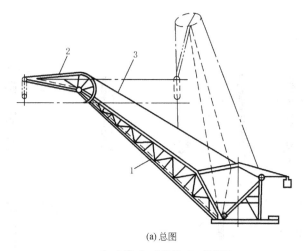

(a) 总图

1—大臂；2—象鼻梁；3—钢丝绳

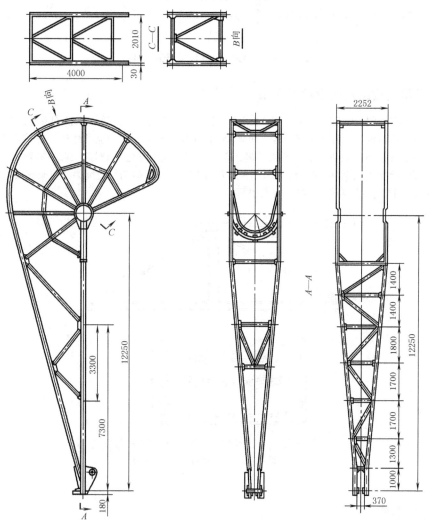

(b) 象鼻梁结构

图 20-1-22　象鼻组合臂架

5.3.2 缆索起重机架

图 20-1-23 是缆索起重机的桅杆式机架。

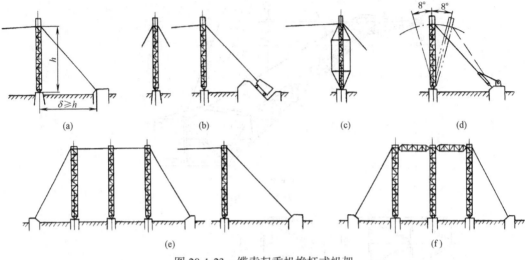

图 20-1-23　缆索起重机桅杆式机架

5.3.3 吊挂式带式输送机的钢丝绳机架

图 20-1-24 为带式输送机机架的一种——吊挂式带式输送的钢绳机架。这是柔性的支持系统，安装其上的零部件所受的动载荷明显较小。目前在国外地下和露天矿山中用得很多，我国也已经有一些厂家定型生产吊挂托辊组，承载托辊一般有 3~5 节托辊组成，节数越多，柔性越好，成弧性也就越好。其结构特点是其构成托辊之间为柔性连接，托辊组通过抓手可与槽钢、钢管等刚性机架挂接，也可以与钢丝绳柔性机架挂接。抓手可以是刚性的，也可以是柔性的，其结构不同，成弧特点也不同。

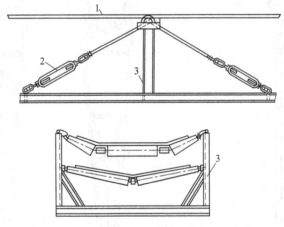

图 20-1-24　吊挂式带式输送机的钢丝绳机架
1—机架绳；2—花篮螺钉；3—收绳架

5.4 挖掘机机架

1) 图 20-1-25 为 4m³ 采矿挖掘机底架的下架图，与履带架组成支持整机的底架。

该下架为呈蜂窝状的焊接箱形结构，内部用隔板 6、井字板 8 焊成井字形，对角焊有斜板 5。上下盖板留有开孔，便于进行检修、安装工作。

箱形结构的下架刚度大，承载能力强，能保证机器原地转弯时有较好的刚性。

2）图 20-1-26 所示是 23m³ 采矿挖掘机的下架，该下架是焊接的箱形结构，是由上下盖板间许多纵横交错、垂直布置的隔板焊接而成。下架中一些关键性隔板，都是由具有耐低温、高冲击韧性的优质钢材制造。随着抗疲劳设计原理和焊接技术的迅速发展，结构不连续所引起的应力集中已减小到最低限度。

3）履带架。履带架是用来承受来自下架的载荷并传递给支重轮的构件，有铸钢件也有焊接件，是一封闭箱形结构，简单可靠。

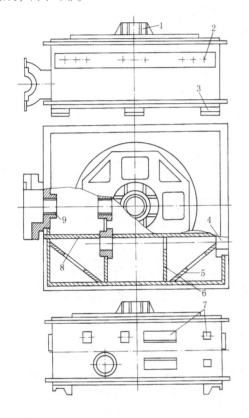

图 20-1-25　4m³ 采矿挖掘机底架的下架
1—轴座；2—螺栓孔；3—钩牙；4—轴孔；5—斜板；
6—隔板；7—机座；8—井字板；9—轴孔

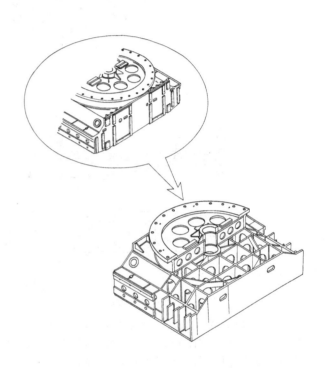

图 20-1-26　23m³ 挖掘机下架

图 20-1-27 所示是 4m³ 采矿挖掘机的履带架，其左端开有装张紧机和导向轮的轴孔 1，三个装支重轮的心轴孔 2，右端为减速器的机壳 4 及驱动轮的轴孔 3，上面是缓倾斜的斜面并加工有与下架联接用的螺钉孔 5，下面有三个同下架相连的钩牙 6。

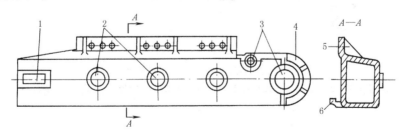

图 20-1-27　履带架
1,3—轴孔；2—心轴孔；4—机壳；5—螺钉孔；6—钩牙

4）图 20-1-28 所示为卡特皮勒公司 235 型液压挖掘机的回转平台。它用螺栓固定在回转轴承组件的外侧，并支承行走机构上面的部件。两个箱形截面纵梁构成平台的主梁，它和箱形截面的横梁连接，形成臂杆支承架组件和回转驱动机构的坚固支座。中心箱形结构件的四周焊有槽钢，构成整个机架，并为安装燃油箱、液压油箱、液压控制阀、电池和驾驶室提供坚固的支座。

5）斗桥。链斗挖泥船中，斗桥是支承全部斗链进行挖掘工作的大梁，为桁架结构，如图 20-1-29 所示。

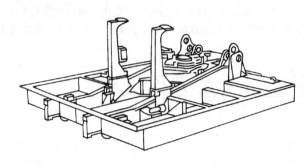

图 20-1-28　回转平台

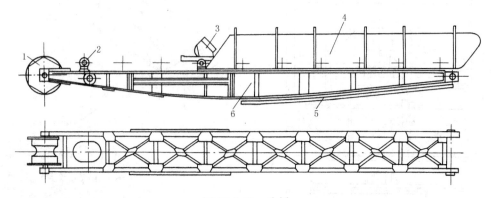

图 20-1-29　斗桥

1—下导轮；2—导链滚筒；3—斗链；4—上部挡泥板；5—底部挡泥板；6—斗桥

6）图 20-1-30 为铲运机工作装置的辕架，主要由曲梁（俗称象鼻梁）和 Ⅱ 形架组成。曲梁 2 用钢板焊接成箱形断面，其后端焊接在横梁 4 的中部。臂杆 5 也为整体箱形断面，按等强度原则作变断面设计，其前部焊接在横梁的两端。因横梁在铲运机作业中主要受扭，故作圆形断面设计。连接座 6 为球形铰座。

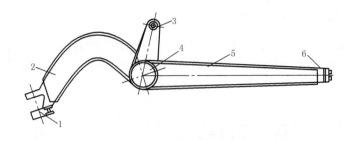

图 20-1-30　CL7 型铲运机辕架

1—牵引架；2—曲梁；3—提升油缸支座；4—横梁；5—臂杆；6—铲运斗球销连接座

5.5　管架

固定管架的基本形式见图 20-1-31。

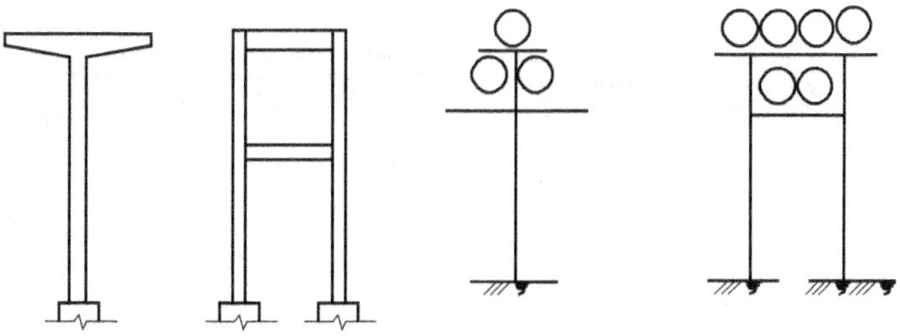

(a) 单层T形　　(b) 单层H形　　(c) 双层"干"形　　(d) 双层H形

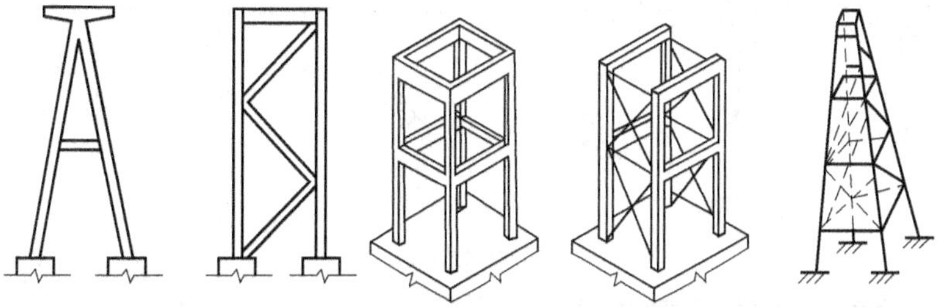

(e) A形单片平面管架　(f) 单片平面管架　(g) 空间刚架一　(h) 空间刚架二　(i) 塔架

图 20-1-31　管架形式

表 20-1-11 　　　　　　　　　　　　　建筑中常用的管架结构形式

序号	项　　目	内　　　　容	图　　号
1	独立式管架	这种管架适于在管径较大、管道数量不多的情况下采用。有单柱式和双柱式两种(根据管架宽度和推力大小而定)。这种形式,应用较为普遍,设计和施工也较简单	20-1-32a
2	悬臂式管架	悬臂式管架与一般独立式管架不同点在于把柱顶的横梁改为纵向悬臂,作管路的中间管座,延长了独立式管架的间距,使造型轻巧、美观。其缺点是管路排列不多,一般管架宽度在 1.0m 以内	20-1-32b
3	梁式管架	梁式管架可分为单层和双层,又有单梁和双梁之分。常用的梁式管架为单层双梁结构,跨度一般在 8～12m 之间,适用于管路推力不太大的情况。可根据管路跨度不同,在纵向梁上按需要架设不同间距的横梁,作为管道的支点或固定点,也可成横架式	20-1-32c
4	桁架式管架	适用于管路数量众多,而且作用在管架上推力大的线路上。跨度一般在 16～24m 之间,这种形式的管架外形比较宏伟,刚度也大,但投资和钢材耗量也大	20-1-32d
5	悬杆式管架	这种管架适用于管架较小、多根排列的情况。要求管路较直,跨度一般在15～20m 之间,中间悬梁一般悬吊在跨中 1/3 长度处。其优点是造型轻巧,柱距大,结构受力合理。缺点是钢材耗量多,横向刚性差(对风力和振动的抵抗力较好),施工和维修要求较高,常需校正标高(用花兰螺栓),而且拉杆金属易被腐蚀性气体腐蚀	20-1-32e
6	悬索式管架	这种管架适用于管路直径较小,需跨越宽阔马路、河流等情况;跨越大跨度时可采用小垂度悬索管架。悬索下垂度与跨度之比,一般可选 1/10～1/20	20-1-33a
7	钢绞线铰接管架	管架与管架之间设拉杆,在沿管路方向,由于管架底部能够转动,不会产生弯矩,固定管架及端部的中间管架采用钢绞线斜拉杆,使整体形成稳定。作用于管架的轴向推力,全部由水平拉杆或斜拉杆承受。适用于管路推力大和管架变位量大的情况	20-1-33b
8	拱形管道	当管路跨越公路、河流、山谷等障碍物时,利用管路自身的刚度,煨成弧状,形成一个无铰拱,使管路本身除输送介质外,兼作管承结构,拱形又可考虑作为管路的补偿设施,这种方案称为拱形管道	20-1-33c
9	下悬管道	适用于小直径管路通过公路、河流、山谷等障碍物,管路内介质或凝结水允许有一定积存时,利用管路自身的刚度作为支承结构的情况	20-1-33d
10	墙架	当管径较小,管道数量也少,且有可能沿建筑物(或构筑物)的墙壁敷设时,可以采用如图所示的各种形式的墙架	20-1-33e
11	长臂管架	长臂管架可分为单长臂管架与双长臂管架两种。单长臂管架适用于 $DN150mm$ 以下的管道。长臂管架的优点是增大管架跨距,解决小管径架空敷设时管架过密的问题	20-1-33f、g

第

20

篇

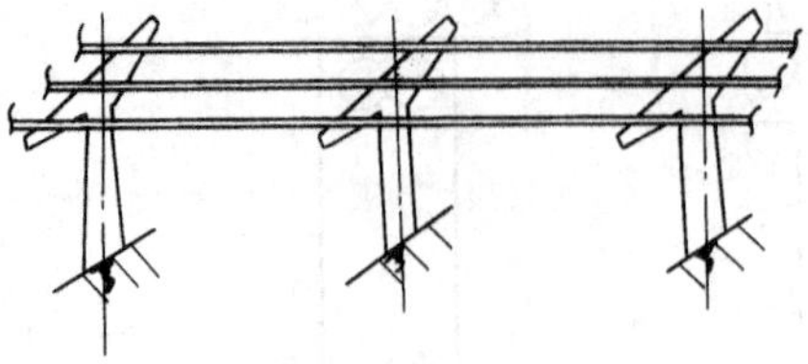

(a) 独立式管架

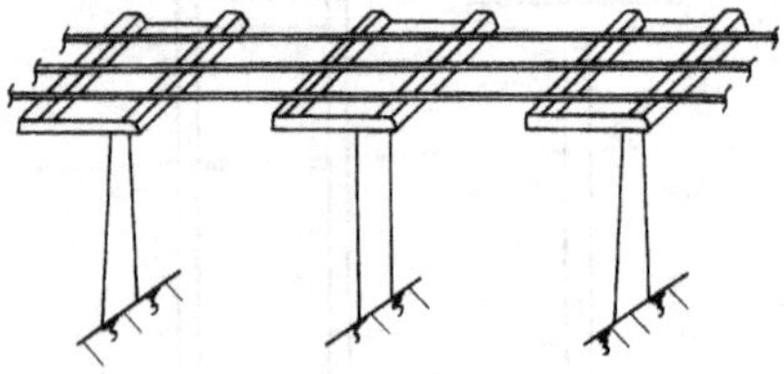

(b) 悬臂式管架

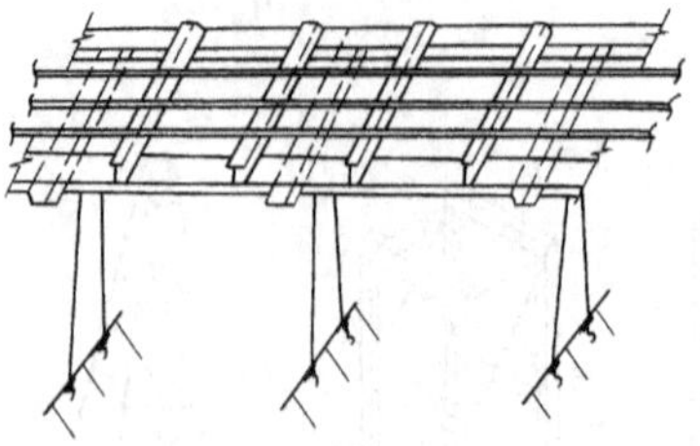

梁式纵架式

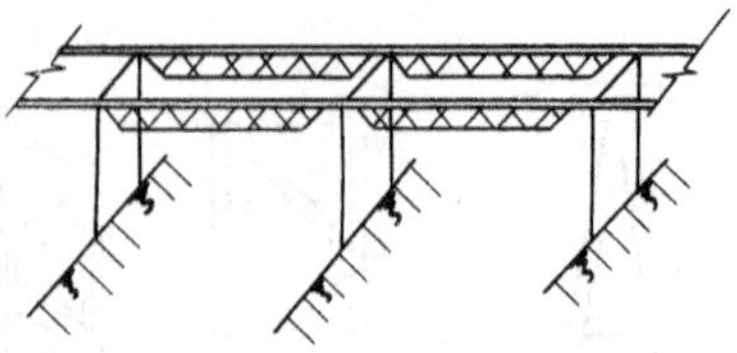

横架式

(c) 梁式管架

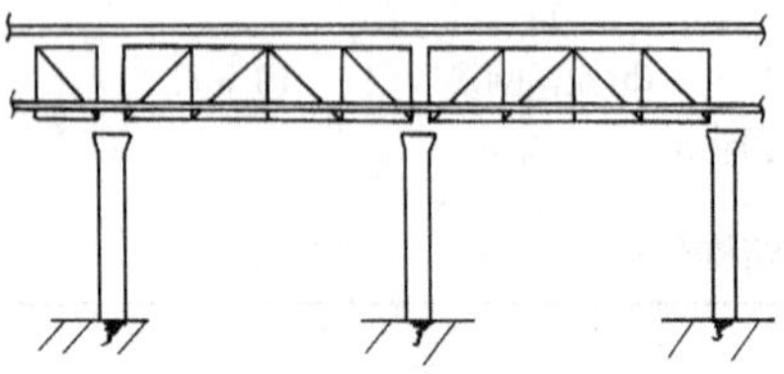

(d) 桁架式管架

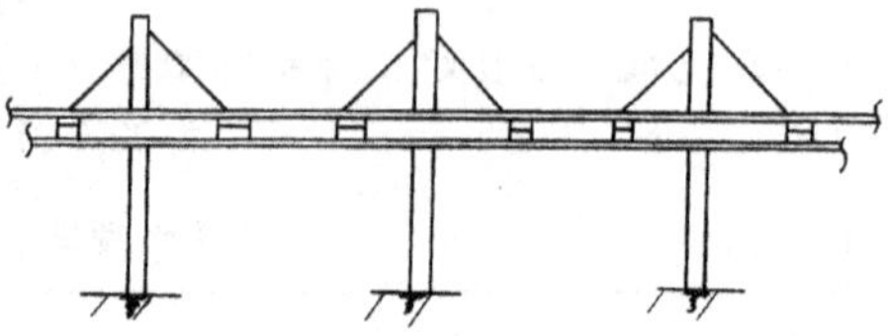

图 20-1-32 管架

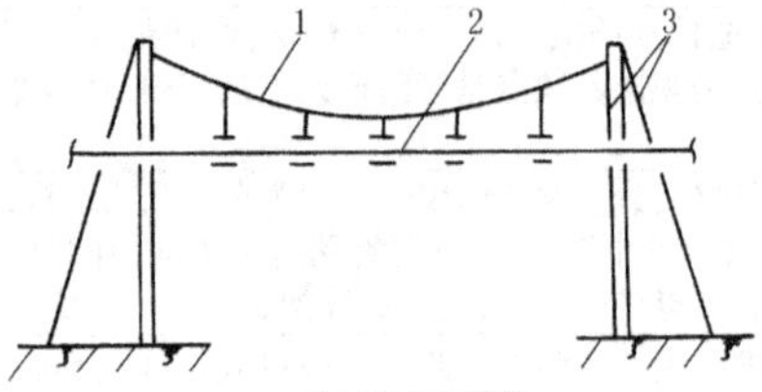

(e) 悬杆式管架

(a) 悬索式管架
1—钢索吊架;2—管道;3—钢拉杆

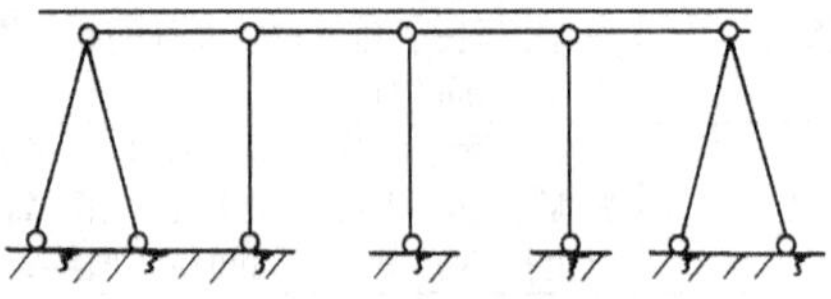

(b) 钢绞线铰接管架

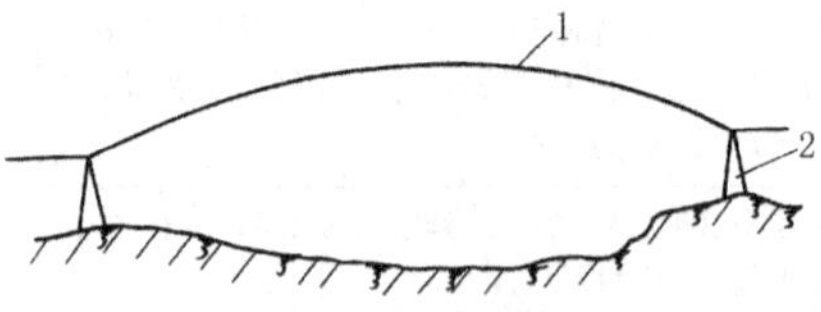

(c) 拱形管道
1—管道;2—固定管架

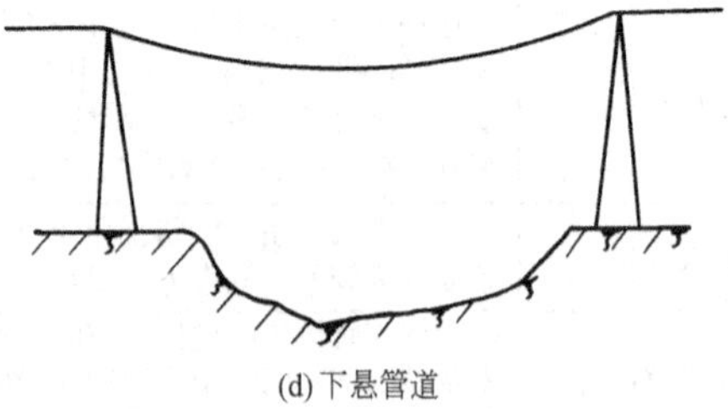

(d) 下悬管道

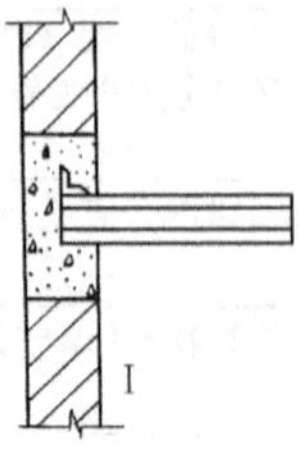

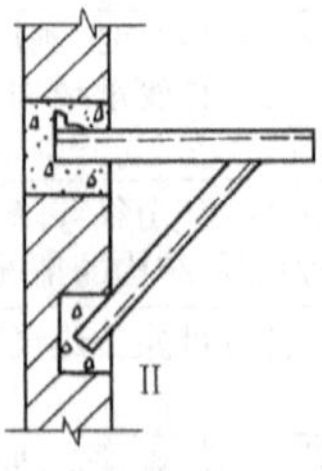

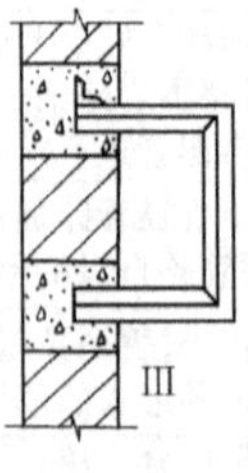

I   II   III

(e) 墙架

第 20 篇

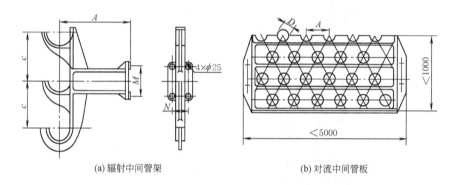

(f) 单长臂支架　　　　　　　　　(g) 双长臂支架

图 20-1-33　管架

管子典型的支吊架标准零部件有国家标准，还有部颁标准；管架标准图及钢结构管架通用图集（包括桁架式管架通用图、纵梁式管架通用图、独立式管架通用图等系列通用图），可供一般情况下选用。

设计计算则可依据标准《压力管道规范》。

各厂家或公司还根据用途不同生产有各种类型的管架。例如，图 20-1-34 所示的管架。

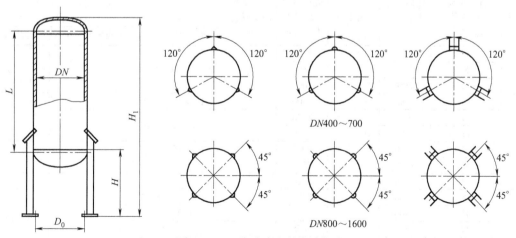

(a) 辐射中间管架　　　　　　　　　　(b) 对流中间管板

图 20-1-34　管架

5.6　标准容器支座

容器支座已有部颁标准。包括鞍式、腿式、耳式和支承式。

腿式支座的布置方式见图 20-1-35。腿式支座的结构有角钢为支腿的 AN、A 型；圆管为支腿的 BN、B 型；H 钢或钢板结构的 CN、C 型。

以 C 型腿式支座为例，见图 20-1-36。CN 型则是无垫板与容器相焊接的（见本图上标明的垂直垫板）。C、CN 型腿式支座的主要型号参数见表 20-1-12（各尺寸略）。

图 20-1-35　腿式支座的布置方式

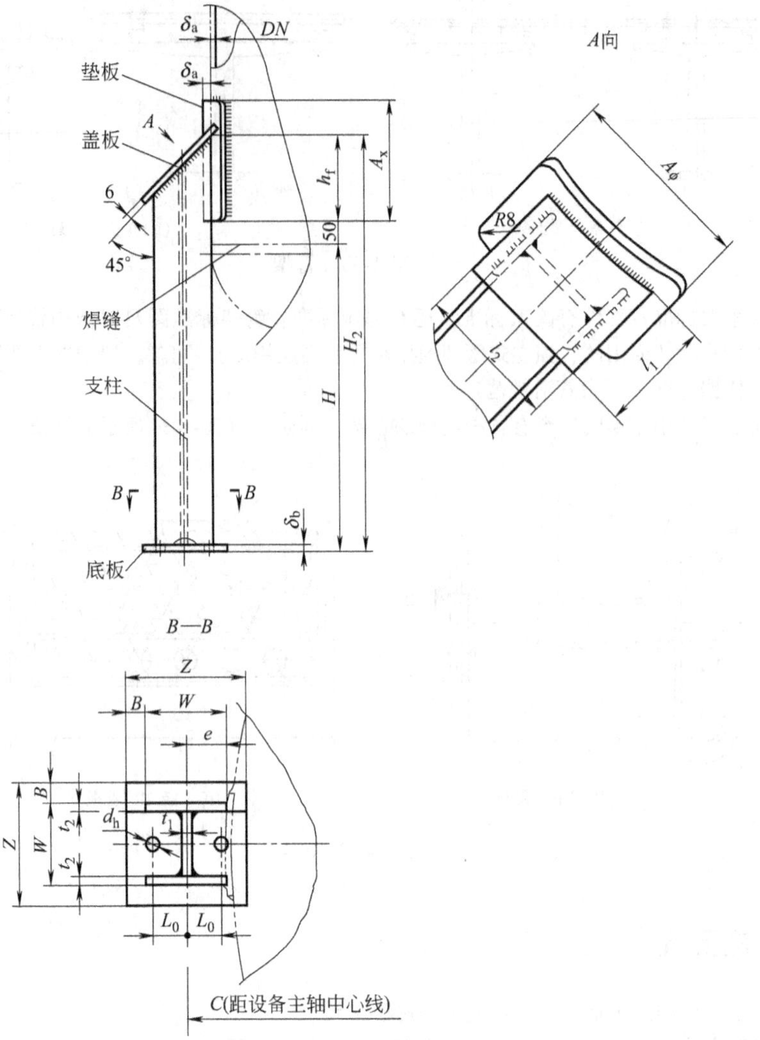

图 20-1-36　C 型腿式支座

表 20-1-12　　　　　　　　　C、CN 型腿式支座的主要型号参数

支座号	允许载荷（在 H 高度下）Q_0/kN	适用公称直径 DN /mm	支腿数量	壳体最大切线距 L_{max}/mm	最大支承高度 H_{max} /mm	H 型钢支柱		
						规格 $W \times W \times t_1/t_2$	腹板厚 t_1/mm	翼板厚 t_2/mm
1	6	400	3	2000	1600	125×125×6/8	6	8
	8	500		2500				
2	10	600		3000				
3	14	700		3500		125×125×6/10		10
4	14	800	4	4000	1800	150×150×8/10	8	
	17	900		4500				
5	22	1000		5000		150×150×8/12		12
6	27	1100		5500		180×180×8/12		
7	33	1200		5824		180×180×8/12		
8	38	1300		5797	1900	180×180×8/14		14
9	43	1400		5772		200×200×8/14		
10	49	1500		5655	2000	250×250×8/14		
	54	1600		5630				

鞍式支座分固定式（代号 F）和滑动式（代号 S）两种安装形式。鞍式支座分轻型（代号 A）和重型（代号 B）两种。

重型鞍式支座按制作方式、包角及附带垫板情况分 5 种型号。各种型号的鞍式支座结构特征见表 20-1-13。

图 20-1-37 为 $DN2100 \sim 4000mm$、150°包角重型带垫板鞍式支座结构（尺寸表略）。

表 20-1-13　　　　　　　　　　　　　　鞍式支座结构特征

类型			包角	垫板	筋板数	适用公称直径 DN/mm
轻型	焊制	A	120°	有	4	$1000 \sim 2000$
					6	$2100 \sim 4000$
重型	焊制	B Ⅰ	120°	有	1	$159 \sim 426$
						$300 \sim 450$
					2	$500 \sim 900$
					4	$1000 \sim 2000$
					6	$2100 \sim 4000$
		B Ⅱ	150°	有	4	$1000 \sim 2000$
					6	$2100 \sim 4000$
		B Ⅲ	120°	无	1	$159 \sim 426$
						$300 \sim 450$
					2	$500 \sim 900$
	弯制	B Ⅳ	120°	有	1	$159 \sim 426$
						$300 \sim 450$
					2	$500 \sim 900$
		B Ⅴ	120°	无	1	$159 \sim 426$
						$300 \sim 450$
					2	$500 \sim 900$

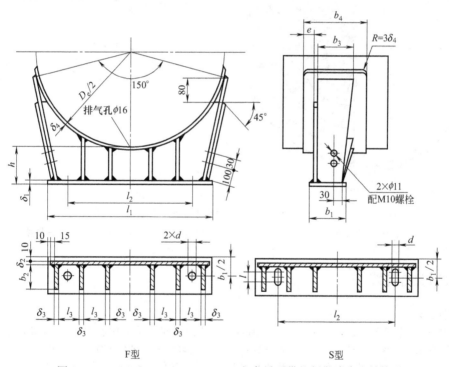

图 20-1-37　$DN2100 \sim 4000mm$、150°包角重型带垫板鞍式支座结构

5.7　大型容器支架

下面以浓密机支架为例，其他圆形容器支架请参看第 5 章 6.2。"圆形容器支承桁架"。

图 20-1-38 为直径 15m 浓密机的支座和立架。立架 1 支承浓密机全部机器的重量，共 21.5t。用 100×100 的角钢作立杆，用 80×80 的角钢作斜杆。储矿槽约贮存矿浆 1200t，槽壁厚 10mm，用 16 根主梁和 16 根辅梁及 5 个圈梁托于立柱 4 上。立柱用两 36 号工字钢制造。这是属于通常的设计方法，即把底盘看成是平板来设计计算。底板厚度至少要 16mm。如果按柔性设计方法考虑，底板厚度只要 4mm，并且可以取消辅梁和圈梁。详细计算方法见第 7 章 5.2 节。

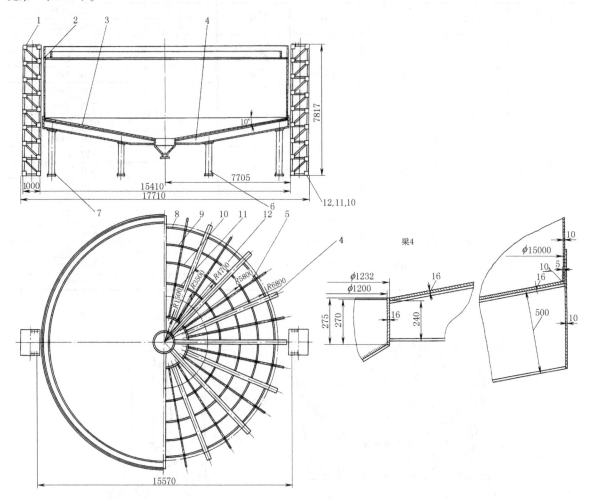

图 20-1-38　浓密机支座和立架

1—立架；2—壁；3—底；4—梁（有立柱）；5—梁（无立柱）；6，7—立柱；8~12—圈梁

5.8　其他形式机架

（1）柔性机架

还有几种关于柔性机架的说法。一种是说采用恒压负荷控制使机架承受恒定的压力，称机架为柔性机架。另一种是说机架支承于柔性（弹性）体上，如筛床四周由 2~8 支软轴支承的斜面筛选机，由于筛床四周采用柔性支承产生筛床不平稳运转，明显提高了物料筛选的效果，克服了普通圆筛机四周由偏心轴承等支承易磨损、成本高的缺陷，提高了机器的免维护性。类似的有振动筛，机架安装于弹簧上振动。这两种实际上都不完全是柔性机架。而前文介绍的缆索起重机的承载索及钢绳支架可归于柔性机架。

（2）组合机架

图 20-1-39 为各种组合机架型式。图 a 为典型的机架。图 b 是叠板式机架，它一般是用整张钢板切出中间的工作空间，通过螺钉、销钉和楔块组合成一个整体。如美国 196MN 模锻水压机就是由每块 60t 的 12 张整块钢板

叠成一个机架。由于钢板的强度可靠性高，因而叠板机架比铸锻机架具有更高的强度可靠性。图 c 是闭式曲柄压力机机架。梁柱均为箱形结构，通过螺栓预紧成一整体。图 d 是由于重型液压机超重超限的困难，而采用两个"C"形的半框合并成一个"O"形的框架。图 e 为钢丝缠绕机架（立柱 2 为锻钢，半圆梁 3 为铸钢）。图 f 为选板式缠绕机架。图 g 为拱形梁式缠绕机架。图 h 为预应力混凝土机架。

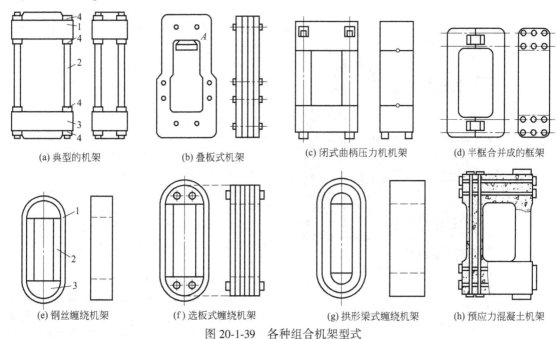

(a) 典型的机架　　　(b) 叠板式机架　　　(c) 闭式曲柄压力机机架　　　(d) 半框合并成的框架

(e) 钢丝缠绕机架　　(f) 选板式缠绕机架　　(g) 拱形梁式缠绕机架　　(h) 预应力混凝土机架

图 20-1-39　各种组合机架型式

（3）螺栓预应力组合机架

在承载前，对结构施加预紧载荷，使其特定部位产生的预应力与工作载荷引起的应力相抵消，以提高结构的承载能力。这种结构称为预应力结构。

在压机的通常机架结构中，立柱均在有较大拉应力振幅的脉动循环载荷下工作，特别是在立柱与横梁的连接部位，由于截面形状的剧烈变化，均会带来应力集中，很容易导致疲劳破坏。图 20-1-40a 为压机中采用的预应力拉紧杆组合机架的结构原理简图。拉紧杆预先受拉，施立柱以极大的压力。压机工作时将对立柱作用拉力，被预

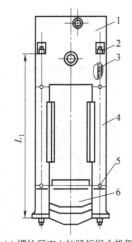

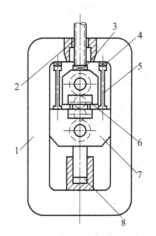

(a) 螺栓预应力拉紧杆组合机架　　　　(b) 预应力热轧钢板轧机结构示意图

1—上梁；2—螺母；3—预紧螺栓；　　　1—机架；2—压下装置；3,4—测压仪；5—预应力压杆；
4—立柱；5—定位销；6—底座　　　　6—上轴承座；7—下轴承座；8—预应力加载液压缸

图 20-1-40　预应力机架结构原理简图

紧的压力抵消，立柱则仍受到较小的压力，拉紧杆受到的拉力则不变。

图 20-1-40b 为一种预应力热轧钢板轧机结构示意图。这种轧机比一般钢板轧机增加了预应力压杆 5 和预应力加载液压缸 8。在轧制前，先把辊缝调至要求的位置，然后使液压缸 8 充液进行预应力加载，施加的最小预紧力 P_0 为轧制力的 1.5 倍。压力变化由预应力压杆 5 承受，机架受不变的拉力。

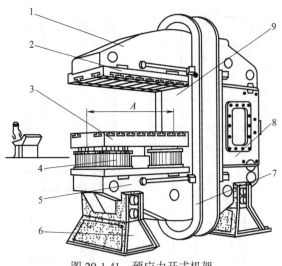

图 20-1-41　预应力开式机架

1—上梁；2—上工作台板；3—下工作台板；4—工作液压缸；
5—下梁；6—支座；7—预应力钢丝预紧层；
8—补偿平衡装置；9—立柱

（4）预应力钢丝缠绕机架

预应力钢丝缠绕机架是迅速发展的一种新型重型承载机架。它强度高、重量轻、疲劳抗力好，广泛应用于各种专用超高压液压机。

预应力开式机架见图 20-1-41。其中补偿平衡装置 8 用以减小上、下工作台板间的平行度误差。钢丝层将上、下梁及立柱预紧成一个整体。此种预应力开式机架最大的特点是可以制成很深的喉口（图中的 A 值可达 5m），而不会引起梁柱过渡处的应力集中。由于喉口很深，因而使压机有很强的工艺适应性。它广泛应用厚板弯曲、封头压制、冲压等工艺。此类压机最大吨位达 800MN，而主机自重仅数百吨。

对于一台缠绕机架，除要进行结构设计及强度、刚度计算外，还要进行缠绕设计。读者可参阅相关资料。

（5）钢板预应力机架

采用多层钢板重叠包扎在机架外面，在施加预应力的情况下，外面的钢板层处于拉应力状态，机架则被预紧。这种预应力层板包扎机架结构主要解决预应力钢丝缠绕机架存在的制造工艺繁复，需特制的缠绕设备，钢丝需钢厂专门制造，预应力施加不便等问题。

（6）预应力混凝土机架

近几十年来，在用预应力钢筋混凝土制造强大压力的液压机机架方面，国内外都做了不少工作。采用高强材料，就有可能获得强度、刚度很大的钢筋混凝土结构，由于施加了预应力，使混凝土总在受压状态下工作，以防止出现裂纹。重型液压机的一些金属消耗量特别大的零件（例如液压机的三梁四柱），采用钢筋混凝土结构，可以获得一些比较先进的技术经济指标。

预应力钢筋混凝土机架一般是现场浇铸的整体框架，如图 20-1-42a 所示。混凝土浇铸成的机架从三个方向上

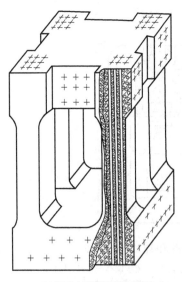

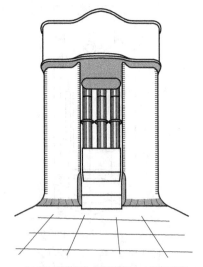

（a）预应力钢筋混凝土机架　　　　　　（b）50MN预应力钢筋混凝土水压机外形

图 20-1-42　预应力钢筋混凝土示意图

用预应力高强钢丝束预紧。预应力钢丝束用小直径（φ5mm 左右）的高强钢丝组成，其抗拉强度极限约在 1800MPa 左右。在混凝土浇注时，在混凝土块体中预先为钢丝束留出孔道，并用预埋螺钉来安装导轨等部件。在混凝土养护到有足够强度后，用油压千斤顶，张拉钢丝束两端的锚头，然后垫上垫板。

在机架受力分析及计算的基础上，配置预应力钢丝束。同时，考虑到主应力的分布情况，尚应配一些斜向的结构钢筋。图 20-1-42b 为 50MN 预应力钢筋混凝土水压机外形。

（7）人造花岗岩机床床身

人造花岗石（树脂混凝土）材质是近年来国际上新兴起的用于代替机床基础材料铸铁的一种新型优良材料。目前，欧洲、美国、日本等国家和地区已普遍将其应用于高精度的高速加工中心、超精加工设备和高速检测影像扫描设备等项目上。它是优质的天然花岗岩加微量元素和结合剂经特殊工艺铸造而成。与灰铸铁比，它除了具有好的阻尼性能（阻尼为灰铸铁的 8~10 倍）外，还具有尺寸稳定性好、耐蚀性强、热容量大、热导率低、构件的热变形小、制造成本低等优点。缺点是脆性、抗弯强度较低、弹性模量小（约为灰铸铁的 1/4~1/3）。它多用于制造床身或支件等。目前我国已有许多生产人造花岗石原料和床身的厂家。有整体为人造花岗岩的床身。

人造花岗石床身的结构形式一般可以分为以下三种，如图 20-1-43 所示。

图 a 为整体结构，该结构除了一些金属预埋件外，其余部分均为人造花岗石材质。导轨也可以是人造花岗石材质，而采用耐磨的非金属材质作为导轨面。图 b 为框架结构，其特点是周边缘为金属型材质焊接而成，其内浇铸人造花岗石材质，以防止边角受到冲撞而破坏。它适合于结构简单的大、中型机床床身。图 c 为分块结构，对于结构形状较复杂的大型床身构件，可以把它分成几个形状简单，便于浇铸的部分，分别浇铸后，再用黏结剂或其他形式连接起来。这样可使浇铸模具的结构设计简化。

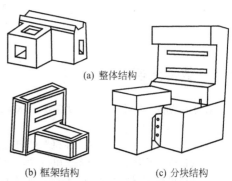

(a) 整体结构

(b) 框架结构　　(c) 分块结构

图 20-1-43　人造花岗石床身的结构形式

从结构设计来看，灰铸铁床身为带筋的薄壁结构，而人造花岗石床身的截面形状多以短形为主，壁厚取得较厚，约为灰铸铁的 3~5 倍。

图 20-1-44 所示为床身与金属零部件的连接形式。床身结构设计时，应尽量简化表面形状和避免薄壁结构。如采用图 20-1-45a 所示的结构以形成冷却润滑液沟槽或容屑槽，采取图 b 所示的结构以避免表面不等高，简化了结构。

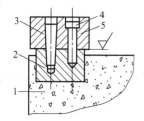
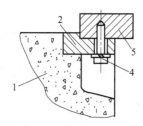
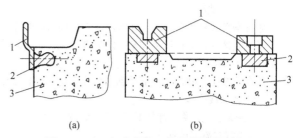

图 20-1-44　人造花岗石床身与金属零部件的连接
1—人造花岗石材料；2—预埋件；
3—销钉；4—螺钉；5—被连接件

图 20-1-45　人造花岗石构件的结构与简化
1—金属件；2—预埋件；
3—AG 材料

(a)　　　　(b)

第 ② 章　机架设计的一般规定

1　载　荷

1.1　载荷分类

作用在设备上的载荷一般分为三类：基本载荷、附加载荷和特殊载荷。

（1）基本载荷

基本载荷指始终和经常作用在机架结构上的载荷，包括自重力 P_G 及设备运行时产生的动载荷 P_d。自重力包括机架的自重力及其上机械设备、电气设备和附加装置的重力。例如其上设有物料贮仓的自重力及物料重力等。

动载荷可根据设备的各种工作情况来进行计算（计算方法根据设备工作机构的工作状况而定，此处略）。对于有设计规范的设备按其规范进行计算。对于相似的设备应按其相近的规范进行计算。一般在工程设计中为了避免复杂的振动分析计算，可用动力系数 K_d 乘以运动部件的自重力来作为基本载荷。动力系数 K_d 值见表20-2-1。

表 20-2-1　　　　　　　　　　　　　　　动力系数 K_d

较小冲击、一般振动	一般冲击、中等振动	较大冲击、单向强力振动	强烈冲击、双向振动
1.1~1.25	1.25~1.5	1.5~2	2~3(4)

（2）附加载荷

附加载荷是指设备正常工作时不一定有而可能经常或偶尔出现的载荷。如设备运转偏离正常工作状态时可能产生的附加载荷。允许设备在某一定强度的风、雪、冰条件下工作时的风、雪、冰的载荷。

（3）特殊载荷

设备在非工作状态下可能受到的最大载荷，或在工作状态下设备偶尔承受的不利载荷。用以校核设备的无破坏可能。特殊载荷包括：

1）最大的风、雪、冰的载荷，计算见本章1.3及1.4节；

2）地震载荷，计算见本章1.5节；

3）工作状态下有可能受到的突发载荷；

4）安装载荷及试验载荷。

1.2　组合载荷与非标准机架的载荷

（1）组合载荷

基本载荷、附加载荷、特殊载荷按可能同时出现的情况进行组合。

P_{zI}——正常工作下的各种可能载荷的组合，还加上与此时允许工作的平均风压作用。

P_{zII}——非正常工作下的各种可能载荷与此时允许工作的最大风压作用的组合。

P_{zIII}——不允许工作时的各种可能载荷与可能的最大风压（暴风）作用的组合。

以三种不同的载荷组合只表示外载荷的情况。应用不同的安全系数来计算结构和连接的强度和稳定性。本章

3.2 节有对应于三种载荷组合的安全系数。疲劳强度只以 P_{zI} 来计算，且可不包括风压。而 $P_{zⅢ}$ 用于校核机架的完整性，见本章 3.4 节。

（2）非标准机架的载荷

由于对于工程中的非标准设备的机架，往往只按工作中最不利的各种可能载荷与此时允许工作的最大风压作用的组合，即 $P_{zⅡ}$ 来计算（包括动载荷），下面的章节皆以此为准来阐述。由于该载荷中的动载荷作用，引起机架的应力变化不同而分为 Ⅰ、Ⅱ、Ⅲ 类，采用不同的安全系数（以折减系数表现），见本章 3.1.2 节。通常机架计算属 Ⅰ 类的居多。但由于没有进行动载荷的计算，只是按上面的表 20-2-1 计入动力系数，往往在许用应力的选取上按 Ⅱ 类或 Ⅰ、Ⅱ 类之间的数据选用。而 $P_{zⅢ}$ 与上面的相同，用于校核机架的完整性，见本章 3.4 节。

对于移动的载荷，计算时必须使移动载荷处于对所计算结构或连接最不利的位置。

1.3 雪载荷和冰载荷

（1）雪载荷

只对大型机架平面才考虑。

$$P_S = \mu P_{SO} \tag{20-2-1}$$

式中　P_S——雪载荷，kN/m^2；

　　　μ——积雪分布系数，均匀分布时 $\mu = 1$；

　　　P_{SO}——基本雪压，kN/m^2，按当地年最大雪压资料（50 年一遇）统计确定。

（2）冰载荷

高架的结构件或绳索等裹冰后引起的载荷及由此增加挡风面积应该考虑。应按离地高 10m 处的观测资料取统计 50 年一遇的最大裹冰厚度为标准。无资料的情况下，在重裹冰区基本裹冰厚度取 10~20mm；轻裹冰区基本裹冰厚度取 5~10mm。

全国各城市的 50 年一遇雪压和风压值见 GB 50009《建筑结构荷载规范》附录。

1.4 风载荷

露天设备的大型机架应考虑风载荷。工作状态下机架及其上设备或机构所受到的最大风载荷作用对机架所产生的水平载荷 P_{WH}，要与基本载荷中的水平载荷按最不利的方向叠加。

$$P_W = CK_h qA \tag{20-2-2}$$

式中　P_W——作用在机器上或物品上的风载荷，N；

　　　C——风力系数；

　　　q——计算风压，N/m^2；

　　　K_h——考虑风压高度变化的系数，它与地区、地貌等有关，但只有超过 30m 才变化较大，并且允许工作时的风载荷不大，可以取 $K_h = 1$；

　　　A——垂直于风向的迎风面积，m^2。

以上是按风向垂直于平面计算的，如果一平面的面积是 A_0，风向与平面不垂直而有一角度 θ，则 $A = A_0 \sin\theta$，且由于风压为分力，式（20-2-2）应为

$$P_W = CK_h qA_0 \sin^2\theta \tag{20-2-3}$$

计算机架风载时，应考虑风对机架沿着最不利的方向作用。

（1）计算风压 q

风压与空气密度和风速有关，按式（20-2-4）计算。

$$q = \frac{1}{2}\rho v_s^2 \tag{20-2-4}$$

式中　q——计算风压，N/m^2；

　　　ρ——空气密度，kg/m^3；

　　　v_s——计算风速，m/s。

按《起重机设计规范》（GB/T 3811），计算风速规定为按空旷地区离地 10m 高度处的阵风风速（3s 时距的

平均瞬时风速）。工作状态阵风风速取 10min 时距的平均瞬时风速的 1.5 倍。非工作状态阵风风速取 10min 时距的平均瞬时风速的 1.4 倍。也可按《建筑结构荷载规范》（GB 10009）所附全国基本风压分布图计算。

起重机机架工作状态的计算风压见表 20-2-2。起重机非工作状态下的计算风压见表 20-2-3。表中计算风速 $v_s = 15.5\text{m/s}$ 时，计算风压 q 为 150N/m^2。这里是用空气密度 $\rho = 1.25\text{kg/m}^3$ 计算的，没有考虑高原空气稀薄，密度降低的结果。例如，在格尔木市地区气压只有 0.75 大气压左右，空气密度 $\rho = 0.75 \times 1.225 = 0.92\text{kg/m}^3$，计算风速 $v_s = 15.5\text{m/s}$ 时，在 15℃ 温度下计算风压只有 $q = 0.75 \times 0.92 \times 15.5^2 = 111\text{N/m}^2$。

表 20-2-2　　　　　　　　　　　　　工作状态的计算风压

地　　区		计算风压 $q/\text{N} \cdot \text{m}^{-2}$		计算风速 $v_s/\text{m} \cdot \text{s}^{-1}$
		P_{I}	P_{II}	
在一般风力工作下的起重机	内陆	0.6P_{II}	150	15.5
	沿海、台湾及南海诸岛		250	20.0
在 8 级风中应继续工作的起重机			500	28.3

注：沿海地区指离海岸线 100km 以内的陆地或海岛地区。

表 20-2-3　　　　　　　　　　　　　非工作状态的计算风压

地　　区	计算风速 $v_s/\text{m} \cdot \text{s}^{-1}$	计算风压 $q/\text{N} \cdot \text{m}^{-2}$
内陆	28.3~31.0	500~600
沿海	31.0~40.0	600~1000
中国台湾及南海诸岛	49.0	1500

注：华北、华中、华南地区宜取小值，西北、西南、东北和长江下游等地区宜取大值；沿海地区以上海为界，上海可取 800N/m³，上海以北取小值，以南取大值。

（2）风压高度变化系数

表 20-2-4　　　　　　　　　　　　　风压高度变化系数 K_h

离地面高度 h/m	≤10	10~20	20~30	30~40	40~50	50~60	60~70	70~80	80~90	90~100	100~110
陆上按 $\left(\dfrac{h}{10}\right)^{0.3}$ 计算	1.00	1.13	1.32	1.46	1.57	1.67	1.75	1.83	1.90	1.96	2.02
海上及海岛按 $\left(\dfrac{h}{10}\right)^{0.2}$ 计算	1.00	1.08	1.20	1.28	1.35	1.40	1.45	1.49	1.53	1.56	1.60

注：计算非工作状态风载荷时，可沿高度划分成 10m 高的等风压段来计算，也可以取结构顶部的风压作为全高的风压。

（3）风力系数 C

风力系数与结构物的形状、尺寸等有关，按下列各种情况确定。

① 单根构件根据其长细比，即迎风的长度 l 与宽度 b 或直径 D 之比：$\dfrac{l}{b}$ 或 $\dfrac{l}{D}$ 来选取风力系数，见表 20-2-6。

② 单片桁架按结构的风力系数按充实率 φ（见表 20-2-5）和表 20-2-6 选取。充实率 φ 见图 20-2-1，单片桁架结构的迎风面积：

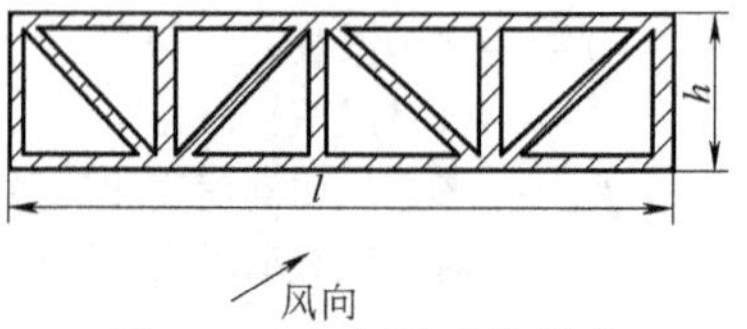

$$A = \varphi A_1 \tag{20-2-5}$$

图 20-2-1　结构或物品的面积轮廓示意图

式中　A_1——单片桁架结构的外轮廓面积，m^2，如图 20-2-1 所示，$A_1 = hl$；
　　　A——桁架结构的各构件迎风面积总和。

表 20-2-5　　　　　　　　　　　　　结构的充实率 φ

受风结构类型和物品	实体结构和物品	1.0
	机构	0.8~1.0
	型钢制成的桁架	0.3~0.6
	钢管桁架结构	0.2~0.4

③ 对两片并列等高、相同类型的结构，考虑前片对后一片的挡风作用，其总迎风面积按下式计算。

$$A = A_1 + \eta A_2 \tag{20-2-6}$$

式中　A_1——前片结构的迎风面积，$A_1 = \varphi_1 A_{11}$；

A_2——后片结构的迎风面积，$A_2 = \varphi_2 A_{12}$；

η——两片相邻桁架前片对后片的挡风折减系数，它与第一片（前片）结构的充实率 φ_1 及两片桁架之间

的间隔比 $\dfrac{a}{B}$ 或 $\dfrac{a}{b}$（见图 20-2-2）有关，按表 20-2-7 查取。

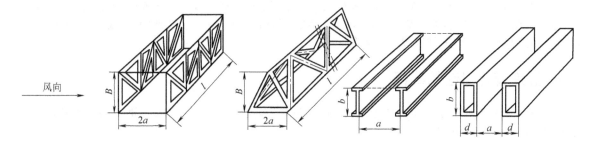

间隔比 $= \dfrac{a}{B}$ 或 $\dfrac{a}{b}$

图 20-2-2　并列结构的间隔比

表 20-2-6　　　　　　　　　　　　　　　　　　单根构件与单片桁架的风力系数 C

类　型	说　　明		空气动力长细比 l/b 或 l/D					
			≤5	10	20	30	40	≥50
单根构件	轧制型钢、矩形型材、空心型材、钢板		1.30	1.35	1.60	1.65	1.70	1.90
	圆形型钢构件	$Dv_s < 6\text{m}^2/\text{s}$	0.75	0.80	0.90	0.95	1.00	1.10
		$Dv_s \geq 6\text{m}^2/\text{s}$	0.60	0.65	0.70	0.70	0.75	0.80
	箱形截面构件，大于 350mm 的正方形和 250mm× 450mm 的矩形	b/d						
		≥2	1.55	1.75	1.95	2.10	2.20	
		1	1.40	1.55	1.75	1.85	1.90	
		0.5	1.00	1.20	1.30	1.35	1.40	
		0.25	0.80	0.90	0.90	1.00	1.00	
单片平面桁架	直边型钢桁架结构		1.70					
	圆形型钢桁架结构	$Dv_s < 6\text{m}^2/\text{s}$	1.20					
		$Dv_s \geq 6\text{m}^2/\text{s}$	0.80					
机器房等	地面上或实体基础上的矩形外壳结构		1.10					
	空中悬置的机器房或平衡重等		1.20					

注：1. 单片平面桁架式结构上的风载荷可按单根构件的风力系数逐根计算后相加，也可按整片方式选用直边型钢或圆形型钢桁架结构的风力系数进行计算；当桁架结构由直边型钢和圆形型钢混合制成时，宜根据每根构件的空气动力长细比和不同气流状态（$Dv_s < 6\text{m}^2/\text{s}$ 或 $Dv_s \geq 6\text{m}^2/\text{s}$，$D$ 为圆形型钢直径，单位为 m），采用逐根计算后相加的方法。

2. 除了本表提供的数据之外，由风洞试验或者实物模型试验获得的风力系数值，也可以使用。

表 20-2-7　　　　　　　　　　　　　　　　　　挡风折减系数 η

间隔比 a/b 或 a/B	结构迎风面充实率 φ					
	0.1	0.2	0.3	0.4	0.5	≥0.6
0.5	0.75	0.40	0.32	0.21	0.15	0.10
1.0	0.92	0.75	0.59	0.43	0.25	0.10
2.0	0.95	0.80	0.63	0.50	0.33	0.20
4.0	1.00	0.88	0.76	0.66	0.55	0.45
5.0	1.00	0.95	0.88	0.81	0.75	0.68
6.0	1.00	1.00	1.00	1.00	1.00	1.00

④ 对多片并列等高、相同类型的结构，其总迎风面积按下式计算：

$$A = A_1 + \eta A_2 + \eta^2 A_3 + \cdots + \eta^{n-1} A_n \qquad (20\text{-}2\text{-}7)$$

式中　A_n——各片的迎风面积；

n——片数。

⑤ 正方形格构式塔架的风力系数。在计算正方形格构塔架正向迎风面的总风载荷时，应将实体迎风面积乘

以下列总风力系数。

　　a. 由直边型材构成的塔身，总风力系数为 $1.7(1+\eta)$；

　　b. 由圆形型材构成的塔身：$Dv_s<6\mathrm{m}^2/\mathrm{s}$ 时，总风力系数为 $1.2(1+\eta)$；$Dv_s\geq6\mathrm{m}^2/\mathrm{s}$ 时，总风力系数为 1.4。其中挡风折减系数 η 值按表 20-2-7 中的 $a/b=1$ 时相对应的结构迎风面的充实率 φ 查取。

　　在正方形塔架中，当风沿塔身截面对角线方向作用时，风载荷最大，可取为正向迎风面风载荷的 1.2 倍。

　　⑥ 其他情况需详细计算时可以查阅有关规范或参照上述的数据类比确定。机架上设备或物品的轮廓尺寸不确定时，迎风面积允许采用近似方法加以估算。

1.5　温度变化引起的载荷

　　一般不考虑温度载荷。但在温度变化剧烈的地区，要考虑温度变化是否会引起设备脱离正常位置或构件膨胀与收缩受到约束所产生的应力。

1.6　地震载荷

　　一般不考虑地震引起的载荷。只有在会构成重大危险时，例如与核电站、剧毒容器有关联的设备，才考虑地震造成的损害。这种情况下必须对高度 10m 以上的设备或高度与直径（或宽度）之比大于 10 的装置进行地震水平力的校核计算；对于长度与直径比大于或等于 5 的卧式设备，考虑竖向地震作用，并与水平地震作用进行不利的组合。设防烈度为 7 度及以下时可以不进行截面抗震验算，仅需满足抗震构造要求。如政府或规范或用户对设备有关地震的特殊要求时，地震作用应按设备所在地的抗震设防基本烈度进行计算；设防烈度为 9 度时应同时考虑竖向地震与水平地震作用的不利组合。

　　有关地震的详细计算可参见 GB 50009《建筑结构载荷规范》的附录及相关资料。也可按一般工程力学的方法进行计算。

　　下面对底部剪力法进行简单介绍。该法适用于单质点或可简化为单质点的设备，或平面对称，立面比较规则，刚度和质量沿高度分布较均匀，且高度不超过 40m，以剪切变形为主的设备。

　　（1）地震水平作用力（图 20-2-3）

　　各质点按一个自由度考虑，其地震水平作用力为

$$P_\mathrm{H}=k_z a m_\mathrm{eq} g \tag{20-2-8}$$

式中　P_H——设备或结构的总水平地震作用力，N；

　　　k_z——综合影响系数按表 20-2-8 选取；

　　　a——对应于结构基本自振周期的水平地震影响系数，见图 20-2-4；

　　　m_eq——结构在操作状态下的等效总质量，kg；

　　　g——重力加速度，取 $9.81\mathrm{m/s}^2$。

表 20-2-8　　　　　　　　　　　　　　　综合影响系数 k_z

设备及支承结构类型	k_z
裙座式直立设备	0.50
管式加热炉	0.45
钢支柱支承的球罐	0.45
卧式设备	0.45
支腿式直立设备	0.45
立式圆筒形储罐	0.40
钢筋混凝土构架	0.35
钢构架	0.30

　　图 20-2-4 中，a_max 为水平地震影响系数的最大值，见表 20-2-9；T_g 为特征周期，s，按设备场地类别和近震、远震由表 20-2-10 选取；T 为设备的自振周期，由下式算得：

$$T = 2\pi \sqrt{\frac{m_{eq}}{K}} \tag{20-2-9}$$

式中 K——结构的刚度，N/m。

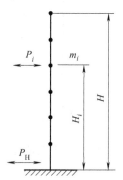

图 20-2-3　水平地震作用力计算简图

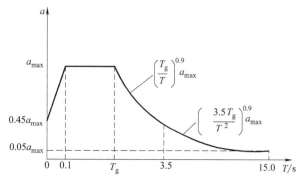

图 20-2-4　水平地震影响系数曲线

结构基本自振周期的经验公式见 GB 50009 附录。

表 20-2-9　　　　　　　　　水平地震影响系数的最大值 a_{max}

设防烈度	6	7	8	9
a_{max}	0.11	0.23	0.45	0.90

表 20-2-10　　　　　　　　　　特征周期 T_g　　　　　　　　　　　　　s

场 地 类 别	近　　震	远　　震
I	0.20	0.25
II	0.30	0.40
III	0.40	0.55
IV	0.65	0.85

　　注：场地类别是根据岩石的剪切波速（或土的等效波速）及覆盖层厚度来分类的，一般覆盖层薄的岩石为 I 类。详细分类方法可参看 GB 50011《建筑抗震设计规范》。

　　结构或设备分多段时（图 20-2-3）的等效总质量 m_{eq} 可按下式计算：

$$m_{eq} = \lambda_m \sum_{i=1}^{n} m_i \tag{20-2-10}$$

式中　λ_m——等效质量系数，单质点体系取 1，多质点体系时，加热炉取 1，其他结构取 0.85；

　　　　m_i——集中在质点 i 的操作质量，kg。

　　分配到各质点的水平力为

$$P_i = \frac{m_i H_i^b}{\sum\limits_{i=1}^{n} m_i H_i^b} P_H \tag{20-2-11}$$

式中　H_i——质点 i 的计算高度，m；

　　　　n——质点数；

　　　　b——与结构自振周期有关的指数，见表 20-2-11。

表 20-2-11　　　　　　　　　与结构自振周期有关的指数 b

设备基本自振周期 T/s	<0.5	0.5~2.5	>2.5
b	1.0	$0.75 + 0.5T_s$	2

（2）竖向地震作用力（图 20-2-5）

直立设备、重叠式卧式设备的地震作用，按下列公式计算。

总竖向地震作用力：

$$P_v = k_z a_{vmax} m_e g \qquad (20\text{-}2\text{-}12)$$

式中　P_v——总竖向地震作用力，N；

a_{vmax}——竖向地震影响系数最大值，取水平地震影响系数最大
值的 50%；

m_e——设备的操作质量，kg，取各质点质量的总和。

各质点的竖向地震作用力：

$$P_{vi} = \frac{m_i H_i}{\sum\limits_{i=1}^{n} m_i H_i} P_v \qquad (20\text{-}2\text{-}13)$$

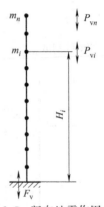

图 20-2-5　竖向地震作用力简图

式中　P_{vi}——质点 i 的竖向地震作用，N。

非重叠式卧式设备的竖向地震作用，当抗震设防烈度为 8 度、9 度时，应分别取该设备重力荷载的
10%、20%。

2　刚　度　要　求

2.1　刚度的要求

对机架设计来说，刚度要求最为重要。绝大多数设备都有各自的刚度要求规范，且各不相同。

例如，机床在加工过程中，承受的各种静态力与动态力。机床的各个部件在这些力的作用下，将产生变形。
包括固定连接表面或运动啮合表面的接触变形，各个支承部件的弯曲和扭转变形，以及某些支承构件的局部变形
等。这些变形都会直接或间接地引起刀具和工件之间的相对位移，从而引起工件的加工误差，或者影响机床切削
过程的特性。因而结构刚度是有严格要求的。对不同的机床有不同的精度规范及精度等级规定和静刚度标准，可
查看 GB/T 和 JB/T 的相关标准。数控机床的结构设计除了要求具有较高的几何精度、传动精度、定位精度和热
稳定性及实现辅助操作自动化的结构外，还要求具有大切削功率，高的静、动刚度和良好的抗振性能，因而要求
具有更高的静刚度和动刚度。有标准规定数控机床的刚度系数应比类似的普通机床高 50%。由于工作情况复杂，
一般很难对结构刚度进行精确的理论计算。设计者只能对部分构件（如轴、丝杠等）用计算方法求算其刚度，
而对于床身、立柱、工作台、箱体等零部件的弯曲和扭转变形，接合面的接触变形等，只能将其简化进行近似计
算。计算结果往往与实际相差很大，故只能作为定性分析的参考。一般来讲，在设计时仍然需要对模型、实物或
类似的样机进行试验、分析相对比以确定合理的结构方案，以提高机床的结构刚度。这是专门化的问题，本手册
不予以阐述。

建议：除对精度有特殊要求因而挠度必须控制在很小范围内的设备机架（如机床立柱等）之外，对一般机
架来说，建议在垂直方向挠度与长度（跨度）之比或水平方向位移与高度之比都以限制在 1/1000～1/500 以下为
宜，并且一般只考虑静刚度的计算。

下面介绍建筑结构与起重机的刚度要求以供设计者对非标准件机架设计时参考。

2.2　《钢结构设计规范》的规定

① GB 50017《钢结构设计规范》规定的受弯构件挠度不得超过表 20-2-12 所列的允许值。计算时可不考虑
螺钉或铆钉引起的截面削弱，以计算载荷（基本载荷乘以动力系数，见前文）进行校核。

表 20-2-12　　　　　　　　　　　　　受弯构件挠度容许值

项 次	构 件 类 别	挠度容许值	
		$[f_T]$	$[f_Q]$
1	吊车梁和吊车桁架(按自重和起重量最大的一台吊车计算挠度) (1)手动吊车和单梁吊车(含悬挂吊车) (2)轻级工作制桥式吊车 (3)中级工作制桥式吊车 (4)重级工作制桥式吊车	$l/500$ $l/800$ $l/1000$ $l/1200$	—
2	手动或电动葫芦的轨道梁	$l/400$	—
3	有重轨(重量等于或大于 38kg/m)轨道的工作平台梁 有轻轨(重量等于或小于 24kg/m)轨道的工作平台梁	$l/600$ $l/400$	—
4	楼(屋)盖梁或桁架、工作平台梁(第 3 项除外)和平台板 (1)主梁或桁架(包括设有悬挂起重设备的梁和桁架) (2)抹灰顶棚的次梁 (3)除(1)、(2)款外的其他梁(包括楼梯梁) (4)略 (5)平台板	$l/400$ $l/250$ $l/250$ $l/150$	$l/500$ $l/350$ $l/300$
5	墙架构件(风荷载不考虑阵风系数) (1)支柱 (2)抗风桁架(作为连续支柱的支承时) (3)砌体墙的横梁(水平方向) (4)支承压型金属板、瓦楞铁和石棉瓦墙面的横梁(水平方向) (5)带有玻璃窗的横梁(竖直和水平方向)	— — — — $l/200$	$l/400$ $l/1000$ $l/300$ $l/200$ $l/200$

注：1. l 为受弯构件的跨度（对悬臂梁和伸臂梁为悬伸长度的 2 倍）。

2. $[f_T]$ 为永久和可变荷载标准值产生的挠度（如有起拱应减去拱度）的容许值；$[f_Q]$ 为可变荷载标准值产生的挠度的容许值。

② 冶金工厂或类似车间中设有工作级别为 A7、A8 级吊车的车间，其跨间每侧吊车梁或吊车桁架的制动结构，由一台最大吊车横向水平荷载（按荷载规范取值）所产生的挠度不宜超过制动结构跨度的 1/2200。

③ 在冶金工厂或类似车间中设有 A7、A8 级吊车的厂房柱和设有中级和重级工作制吊车的露天栈桥柱，在吊车梁或吊车桁架的顶面标高处，由一台最大吊车水平荷载（按荷载规范取值）所产生的计算水平变形值，不宜超过表 20-2-13 所列的容许值。

表 20-2-13　　　　　　　　　　柱水平位移（计算值）的容许值

项次	位移的种类	按平面结构图形计算	按空间结构图形计算
1	厂房柱的横向位移	$H_c/1250$	$H_c/2000$
2	露天栈桥柱的横向位移	$H_c/2500$	—
3	厂房和露天栈桥柱的纵向位移	$H_c/4000$	—

注：1. H_c 为基础顶面至吊车梁或吊车桁架顶面的高度。

2. 计算厂房或露天栈桥柱的纵向位移时，可假定吊车的纵向水平制动力分配在温度区段内所有柱间支撑或纵向框架上。

3. 在设有 A8 级吊车的厂房中，厂房柱的水平位移容许值宜减小 10%。

4. 在设有 A6 级吊车的厂房柱的纵向位移宜符合表中的要求。

2.3 《起重机设计规范》的规定

GB/T 3811《起重机设计规范》对一般起重不校核动态刚度，仅对静态刚度提出如下要求，可供设计者设计各种有动载荷的机架时参考。

（1）桥架式手动起重机

手动小车（或手动葫芦）位于桥架主梁跨中位置时，由额定起升载荷及手动小车（或手动葫芦）自重载荷在该处产生的垂直静挠度 f 与起重机跨度 L 的关系，推荐为 $f \leqslant \dfrac{1}{400}L$。

（2）桥架式电动起重机

自行式小车（或电动葫芦）位于桥架主梁跨中位置时，由额定起升载荷及自行式小车（或电动葫芦）自重载荷在该处产生的垂直静挠度 f 与起重机跨度 L 的关系，推荐为如下。

① 对低定位精度要求的起重机，有无级调速控制特性的起重机，或采用低起升速度和低加速度能达到可接受定位精度（可接受定位精度是指低与中等之间的定位精度）的起重机：$f \leqslant \dfrac{1}{500}L$。

② 使用简单控制系统能达到中等定位精度特性的起重机：$f \leqslant \dfrac{1}{750}L$。

③ 需要高定位精度特性的起重机：$f \leqslant \dfrac{1}{1000}L$

（3）有效悬臂长度

自行式小车（或电动葫芦）位于桥架主梁有效总臂长度位置时，由额定起升载荷及小车（或电动葫芦）自重载荷在该处产生的垂直静挠度 f_1 与有效悬臂长度 L_1 的关系，推荐为 $f_1 \leqslant \dfrac{1}{350}L_1$。

（4）塔式起重机

在额定起升载荷（有小车时应包括小车自重）作用下，塔身（或转柱）在其与臂架连接处产生的水平静位移 ΔL 与塔身自由高度 H 的关系，推荐为 $\Delta L \leqslant \dfrac{1.34}{100}H$。

（5）汽车起重机和轮胎起重机的箱形伸缩式臂架

① 在相应工作幅度起升额定载荷，且只考虑臂架的变形时，臂架端部在变幅平面内垂直于臂架轴线方向的静位移 f_L 与臂架长度 L_C 的关系，推荐为：$f_L \leqslant 0.1\ (L_C/100)^2$。当 $L_C \geqslant 45$m 时，式中系数 0.1 可适当增大（单位皆为 m）。

② 在相应工作幅度起升额定载荷及在臂架端部施加数值为 5%额定载荷的水平侧向力时，臂架端部在回转平面内的水平静位移 ΔL 与臂架长度 L_C 的关系，推荐为 $\Delta L \leqslant 0.07\ (L_C/100)^2$。

2.4　提高刚度的方法

提高结构刚度的主要措施可有以下几点：

1）用构件受拉、压代替受弯曲；

2）合理布置受弯曲零件的支承（包括支承点数量、支承点的位置），避免对刚度不利的受载形式；

3）合理设计受弯曲零件的断面形状，使在相同截面面积的条件下，能有尽可能大的断面惯性矩；

4）尽量使用封闭式截面，因它的刚度比不封闭式截面的刚度大很多；

5）如壁上需要开孔时，将使刚度下降，应在孔周加上凸缘，使抗弯刚度得到恢复；

6）正确采用筋板、隔板以加强刚度，尽可能使筋板受压；

7）用预变形（由预应力产生的）抵消工作时的受载变形；

8）选用合适的结构，例如用桁架、板结构代替梁等；

9）机架内部有空间时可填塞阻尼材料如沙土、混凝土等以增加机架的抗振动阻尼；

10）对于机架上有相对运动的零部件，要求它们的安装精度比较高，运动副的间隙比较小，运动较平稳。

3　强　度　要　求

一般来说，机架通过挠度校核，强度是不会有太大问题的。但为了设计选材方便，都首先进行强度计算。

必须说明，《钢结构设计规范》所规定的强度设计值是不可以直接应用的。因为《钢结构设计规范》的制定是按全概率分析，分项系数表达式而来的，而机械设计尚未应用极限状态设计法。在新的《起重机设计规范》中，也允许采用极限状态设计法，在附录中引入了该方法，可以作为参考，但该规范的制定仍以许用应力法为主。在非标准机架设计是以许用应力法为准，还是以偏安全为主。极限状态设计法可以用来校核最大的特殊载荷下机架的完整性。下面首先介绍许用应力方法，再介绍《起重机设计规范》的许用应力值，再介绍极限状态设计法。要说明的是，在实际的非标准设备机架中或一些定型的设备机架中，机架的强度是相当大的，校算它们的许用应力往往都远小于下面所述的许用应力的数值。原因是凭习惯选用且担心机架不结实而盲目加大有关。这是设计者普遍存在的问题。

3.1 许用应力

$$\sigma_p = \sigma_{jp}/K_0 \tag{20-2-14}$$

式中 σ_p——许用应力；

  σ_{jp}——基本许用应力；

  K_0——折减系数。

3.1.1 基本许用应力

① 基本许用应力：

塑性材料 $\qquad\qquad\qquad\qquad\qquad \sigma_{jp} = \sigma_s/n_s \tag{20-2-15}$

脆性材料 $\qquad\qquad\qquad\qquad\qquad \sigma_{jp} = \sigma_b/n_b \tag{20-2-16}$

式中，n_s、n_b 按表 20-2-14 选取。

表 20-2-14 基本安全系数

n_s		n_b	
轧、锻钢	铸 钢	钢	铸 铁
1.2~1.5	1.5~2.0	2.0~2.5	3.5

② 名义计算的弯曲、剪切或扭转时的基本许用应力应乘以表 20-2-15 所列的系数 A_0。

表 20-2-15 系数 A_0

变形情况	弯曲 σ_{jp}	剪切 τ_{jp}	扭转 τ_{jp}
塑性材料	1.0~1.2	0.6~0.8	0.5~0.7
脆性材料	1.0	0.8~1.0	0.8~1.0

③ 受偶然骤加载荷，许用弯曲应力可为屈服极限 σ_s；拉应力可为 $0.9\sigma_s$。

3.1.2 折减系数 K_0

折减系数 K_0 按构件的重要性、耐用性、刚性、受力的波动情况选取（表 20-2-16）。

表 20-2-16 折减系数 K_0

要　　求	一　　般	稍　　高	较　　高
K_0	1~1.1	1.1~1.2	1.2~1.4

通常以 $K_0 = 1.1 \sim 1.2$ 为宜。

3.1.3 基本许用应力表

表 20-2-17～表 20-2-19 分别为钢、铸钢及灰铸铁的基本许用应力。表中 Ⅰ、Ⅱ、Ⅲ 分别为载荷类型。通常，机架所受的载荷为第 Ⅰ 类载荷，即

$$0.85 \leqslant r \leqslant 1 \tag{20-2-17}$$

$$r = \sigma_{min}/\sigma_{max} \tag{20-2-18}$$

式中 σ_{min}——载荷引起的最小应力；

  σ_{max}——载荷引起的最大应力。

第 Ⅱ、Ⅲ 类分别为脉动循环载荷（$-0.25 \leqslant r \leqslant 0.25$）和对称循环载荷（$-1 \leqslant r \leqslant -0.7$）。基本许用应力已按疲劳极限计算，但许用应力仍应乘以折减系数（根据载荷振动强度、表面及开孔等情况选取）。

表 20-2-17   普通碳钢及优质碳钢构件基本许用应力   MPa

材料类别	材料标号	截面尺寸/mm	热处理	材料性能 抗拉强度 σ_b 屈服强度 σ_s /MPa	拉压 I σ_{Ijp}	拉压 II σ_{IIjp}	拉压 III σ_{IIIjp}	弯曲 I σ_{Ijp}	弯曲 II σ_{IIjp}	弯曲 III σ_{IIIjp}	扭转 I τ_{Ijp}	扭转 II τ_{IIjp}	扭转 III τ_{IIIjp}	剪切 I τ_{Ijp}	剪切 II τ_{IIjp}	剪切 III τ_{IIIjp}
普通碳钢	Q215	100	热轧	σ_b335~410 σ_s185~215	145	125	90	175	140	105	95	90	60	100	90	60
	Q235		热轧	σ_b375~460 σ_s205~235	160	140	100	190	160	120	105	95	65	110	100	70
	Q275			σ_b490~610 σ_s235~275	175	150	110	210	170	130	115	105	70	120	110	80
优质碳钢	20	≤100	正火	σ_b410 σ_s245	175	145	105	210	165	125	115	105	70	120	105	75
	25		正火	σ_b450 σ_s275	195	160	115	230	175	135	125	115	75	135	120	80
	35		正火	σ_b530 σ_s315	210	180	125	250	200	150	135	120	85	145	120	85
			调质	σ_b550~750 σ_s320~370	210	185	130	250	205	155	135	125	85	145	120	85
	45		正火	σ_b600 σ_s355	230	200	145	270	220	170	150	135	90	160	140	95
			调质	σ_b630~800 σ_s370~430	250	215	150	300	235	180	160	150	100	175	150	100
	50	≤25	正火	σ_b630 σ_s375	250	215	150	300	235	180	160	150	100	175	150	100
		≤100	调质	σ_b>700 σ_s>400	265	235	165	310	260	195	170	155	105	180	160	110

注：1. 本表数值不应直接作为"许用应力"采用，应根据构件不同情况取表值并引入相应的 K_I、K_{II}、K_{III} 折减系数以求得所需的"许用应力"值。

2. 本表按原矿山非标准设备设计的推荐值，较为安全。机架设计中一般只用到第 I 类或第 II 类载荷。K_I 可取表 20-2-16 中稍高的 K_0 值；K_{II} 可取较高的折减系数。

表 20-2-18   铸钢基本许用应力   MPa

材料标号	截面尺寸/mm	热处理	材料性能 抗拉强度 σ_b 屈服强度 σ_s /MPa	拉压 I σ_{Ijp}	拉压 II σ_{IIjp}	拉压 III σ_{IIIjp}	弯曲 I σ_{Ijp}	弯曲 II σ_{IIjp}	弯曲 III σ_{IIIjp}	扭转 I τ_{Ijp}	扭转 II τ_{IIjp}	扭转 III τ_{IIIjp}	剪切 I τ_{Ijp}	剪切 II τ_{IIjp}	剪切 III τ_{IIIjp}
ZG200~400	100	正火及回火	σ_b400 σ_s200	135	120	90	160	135	105	90	80	60	95	85	60
ZG230~450			σ_b450 σ_s230	155	140	100	185	155	120	100	85	65	110	90	65
ZG270~500			σ_b500 σ_s270	175	160	115	210	175	135	115	100	75	120	105	75
ZG310~570			σ_b570 σ_s310	190	170	125	230	190	145	125	105	80	130	110	80
ZG340~640			σ_b640 σ_s340	200	180	130	240	205	155	130	115	87	140	120	87

注：见表 20-2-17 表注。

表 20-2-19   灰铸铁基本许用应力   MPa

材料标号	壁厚/mm	抗压强度/MPa	抗拉强度/MPa	中心拉压 压 I σ_{Ijp}	中心拉压 压 II σ_{IIjp}	中心拉压 拉 I σ_{Ijp}	中心拉压 拉 II σ_{IIjp}	中心拉压 拉-压 III σ_{IIIjp}	弯曲 I τ_{Ijp}	弯曲 II τ_{IIjp}	弯曲 III τ_{IIIjp}	扭剪 I τ_{Ijp}	扭剪 II τ_{IIjp}	扭剪 III τ_{IIIjp}
HT-150	>2.5~10	500~700	175	140	80	50	28	20	50	30	23	45	24	18
	>10~20		145	140	80	41	24	17	41	25	19	37	20	15
	>20~30		130	140	80	37	21	15	37	22	17	33	18	13
	>30~50		120	140	80	34	19	14	34	21	15	31	17	12

续表

材料标号	壁 厚/mm	抗压强度/MPa	抗拉强度/MPa	中 心 拉 压 压 σ_{Ijp}	II σ_{IIjp}	拉 I σ_{Ijp}	II σ_{IIjp}	拉-压 III σ_{IIIjp}	弯 曲 I τ_{Ijp}	II τ_{IIjp}	III τ_{IIIjp}	扭 剪 I τ_{Ijp}	II τ_{IIjp}	III τ_{IIIjp}
HT-200	>2.5~10	600~800	220	170	100	63	36	25	63	38	28	57	31	23
	>10~20		195	170	100	56	32	22	56	33	25	50	27	20
	>20~30		170	170	100	49	28	19	49	29	22	44	24	17
	>30~50		160	170	100	46	26	18	46	27	21	41	22	16
HT-250	>4.0~10	800~1000	270	230	130	77	44	31	77	46	35	69	37	28
	>10~20		240	230	130	69	39	27	69	41	31	62	33	25
	>20~30		220	230	130	63	36	25	63	38	28	57	31	23
	>30~50		200	230	130	57	32	23	57	34	26	51	28	21
HT-300	>10~20	1000~1200	290	285	160	83	47	33	83	50	37	75	40	30
	>20~30		250	285	160	71	41	29	71	43	32	64	35	26
	>30~50		230	285	160	66	37	26	66	39	30	59	32	24
HT-350	>10~20	1100~1300	340	315	180	97	55	39	97	58	44	87	47	35
	>20~30		290	315	180	83	47	33	83	50	37	75	40	30
	>30~50		260	315	180	74	42	30	74	44	33	67	36	27

注：见表 20-2-17 表注。

3.2 起重机钢架的安全系数和许用应力

1）对于 $\sigma_s/\sigma_b < 0.7$ 的钢材，基本许用应力 σ_{jp} 为钢材屈服点 σ_s 除以强度安全系数 n，见表 20-2-20。

表 20-2-20 　　　　　　　　强度安全系数 n 和钢材的基本许用应力 σ_{jp}

载荷组合	P_{zI}	P_{zII}	P_{zIII}
强度安全系数 n	1.48	1.54	1.22
基本许用应力 $\sigma_{jp}/\text{N} \cdot \text{mm}^{-2}$	$\sigma_s/1.48$	$\sigma_s/1.54$	$\sigma_s/1.22$

注：σ_s 值应根据钢材的厚度选取。

2）对于 $\sigma_s/\sigma_b \geqslant 0.7$ 的钢材，基本许用应力 σ_{jp} 按下式计算：

$$\sigma_{jp} = \frac{0.5\sigma_s + 0.35\sigma_b}{n} \tag{20-2-19}$$

式中　σ_{jp}——钢材的基本许用应力，N/mm^2；

σ_s——钢材屈服点，N/mm^2；

σ_b——钢材的抗拉强度，N/mm^2。

3）剪切的许用应力，按下式计算：

$$\tau_{jp} = \frac{\sigma_{jp}}{\sqrt{3}} \tag{20-2-20}$$

其中，σ_{jp} 按上面 1）或 2）求得。

4）端面承压许用应力 σ_d（N/mm^2）按下式计算：

$$\sigma_{jd} = 1.4\sigma_{jp} \tag{20-2-21}$$

其中，σ_{jp} 按上面 1）或 2）求得。

3.3 铆焊连接基本许用应力

各种铆、焊、螺栓连接在本手册第 6 篇已有详细介绍，可以参照。为方便计算，此处简单列出，铆焊连接的基本许用应力见表 20-2-21。由于用于非标准机架的设计，数值偏于安全。结构承受移动载荷或振动载荷或其他载荷产生变化内力时，还应乘折减系数 K_r 以折减其许用应力，K_r 见表 20-2-22。如果在计算载荷时已考虑了表 20-2-1 所列的动载系数 K_d，则可以对比 K_r 取大值。对于特别重要的连接，则应进行详细的计算合成的应力和标明检测的要求。

表 20-2-21   铆焊连接的基本许用应力   MPa

铆 或 焊	应力种类	结 构 钢	
		Q195、Q215	Q235
铆钉(冲孔)	剪 切	100	100
	挤 压	240	280
铆钉(钻孔)	剪 切	140	140
	挤 压	280	320
铆钉	钉头拉断	90	90
	应力种类	薄涂焊条手工焊接	厚涂焊条及熔剂下自动焊
			结构钢 Q195、Q215 结构钢 Q235
焊缝	压 力	110	125 145
	拉 力	100	110 130
	剪 切	80	100 110

表 20-2-22   铆焊连接许用应力折减系数 K_r 值

铆 接	变 号 应 力		同 号 应 力
	Q195、Q215、Q235、Q255	Q275	
	按式(20-2-22)	按式(20-2-23)	—
焊 接	对 接 焊		填 角 焊	
	变号应力	同号应力	变号应力	同号应力
	按式(20-2-22)	1	按式(20-2-23)	0.85

$$K_r = \frac{1}{1 - 0.3 \dfrac{N_{\min}}{N_{\max}}} \qquad (20\text{-}2\text{-}22)$$

$$K_r = \frac{1}{1.2 - 0.8 \dfrac{N_{\min}}{N_{\max}}} \qquad (20\text{-}2\text{-}23)$$

其中，$N_{\min}$ 和 $N_{\max}$ 分别为载荷在被连接杆件中产生的最小及最大内力，代入式中计算，应加上作用力本身的正负号。

3.4 极限状态设计法

极限状态设计法可以用来校核最大的特殊载荷下机架的完整性。按式（20-2-24）或式（20-2-25）计算：机架的杆件受拉、压时取小值；杆件受弯曲时取 1。

$$\sigma_j \leq \sigma_{\lim} = (0.9 \sim 1)\sigma_s \qquad (20\text{-}2\text{-}24)$$

或 $$M_j \leq 0.9 M_{su} \qquad (20\text{-}2\text{-}25)$$

式中 σ_j，M_j ——机架在最大的特殊载荷、最不利的情况下，可能出现的最大应力或弯矩；

          $\sigma_{\lim}$ ——极限应力值；

          σ_s ——钢材的屈服点；

          M_{su} ——杆件受弯曲时按其截面塑性变形时能承受的弯矩。

4   机架结构的简化方法

机架结构计算的内容涉及三个方面：把实际机架抽象为力学模型；对力学模型进行力学分析和计算；把力学

分析和计算结果用于机架的结构设计。

4.1 选取力学模型的原则

选定机架结构的力学模型时，一方面要反映结构的工作情况，使计算结果与实际情况足够接近；同时也要略去次要的细节，使计算工作得以简化。

实际机架结构往往比较复杂，各部分之间存在着多种多样的联系。如何对各种联系进行合理的简化，是确定结构力学模型的一个主要问题。为此需要分析联系的性质，并找出决定联系性质的主要因素。决定联系性质的主要因素是结构各部分刚度的比值，即结构各部分的相对刚度。

力学模型的选择，受到多种因素的影响。虽有一般规律可以遵循，但在运用时要注意灵活性。影响力学模型的主要因素如下。

① 结构的重要性 对重要的结构应采用比较精确的力学模型。

② 设计阶段 在初步设计阶段可使用粗糙的力学模型，在技术设计阶段再使用比较精确的力学模型。

③ 计算问题的性质 一般说来，对结构作静力计算时，可使用比较复杂的力学模型；对结构作动力计算和稳定计算时，由于问题比较复杂，要使用比较简单的力学模型。

④ 计算工具 使用的计算工具愈先进，采用的力学模型就可以愈精确。计算机的应用使许多复杂的力学模型得以采用。

此外，还应注意到，从实际结构得出合理的力学模型，这只是一个方面。另一方面，在选定力学模型之后，还应采取适当的构造措施，使所设计的结构体现出力学模型的要求。

4.2 支座的简化

计算中选用的支座简图必须与支座的实际构造和变形特点相符合。支座通常可简化为活动铰支座、固定铰支座、固定端支座三种。有时需精确计算而简化为弹性支座。弹性支座所提供的反力与结构支承端相应的位移成正比。

在对实际支座进行简化时，有的支座构造特征明显，很容易简化，例如图 20-2-6 所示的车辆常用的叠板弹簧的左支座 A 和右支座 B 就分别是活动铰支座和固定铰支座。有的并不明显。因为铰支座的计算比较方便，因此，对于非标准设计的机架，在满足下列条件下都可按活动铰支座或固定铰支座计算：

① 该支座简化为铰支座后，结构仍是稳定的；

② 该支座简化为铰支座后，结构杆件内的应力仍在许用应力范围之内。

一般地基上部的基础是结构的支座。如以不在一条直线上的三个和三个以上的螺钉牢固安装在基础上，且支架座有足够的刚度时，视为固定端支座。例如本章 5.2 节中的图 20-2-32、图 20-2-33 为固定端支座。除此两图外，本章 5.1、5.2 节各种支座图（包括固定支座）皆可作为铰支座而使计算工作量大为简化。对于插入混凝土的钢支柱，当插入基础深度是柱宽边宽度 1.5 倍以上，且不小于 500mm 时，可作为固定支座。否则仍可作为铰支座。除了是悬臂的支柱支座无法简化为铰支座外，为简化计算也可以简化为铰支座（铰支点一般以插入长度的 1/2 处计算）。

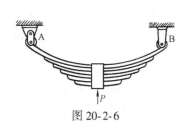

图 20-2-6

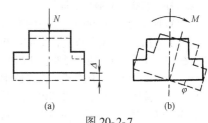

图 20-2-7

有的支座构造特征很不明显，需要具体分析支座处构件和基础的相对变形或刚度。有时，支座的计算简图决定于基础的构造。当地基土壤比较坚实，其变形可以忽略时，地基上部的支座中心即支点。当地基土壤较软，变形比较显著时，可以把基础简化为弹性支座（图 20-2-7）。

例如一根受均布载荷 q 的连续梁，各支点都固结时（这是比较难实现的），按两端固定梁计算，最大内弯矩发生在支点处，为 $M=ql^2/12$（l 为两支点间跨度）；按各支点为铰结的连续梁来计算，最大内弯矩也发生在支点处，为 $M=ql^2/10$。应力相差约 20%。

4.3 结点的简化

计算中选用的结点简图要考虑结点的实际构造，通常将结点简化为铰结点和刚结点两种。

对实际结点进行简化时，一般都把用铆接连接钢构件的结点（图 20-2-8）和连接木构件的结点简化为铰结点。至于焊接结点和螺栓连接的结点，就需按连接的具体方式进行简化，一般，把无加劲肋的焊接结点（图 20-2-9）简化为铰结点，把有加劲肋的焊接结点（图 20-2-10）简化为刚结点；把沿构件截面局部位置用螺栓连接的结点（图 20-2-11）简化为铰结点，此时螺栓主要起定位作用；把沿构件整体截面用螺栓连接的结点（图 20-2-12）简化为刚结点，此时螺栓起刚性固结作用，但计算中为方便起见，也常化简为铰结点，这样，梁的内力加大了。

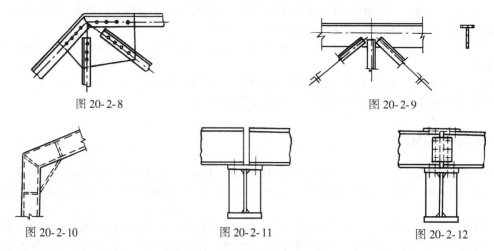

图 20-2-8   图 20-2-9

图 20-2-10   图 20-2-11   图 20-2-12

总之，结点简图是根据结点的受力状态而确定的。影响结点受力状态的因素主要有两个：一个是结点的构造情况；另一个是结构的几何组成情况。凡是由于结点构造上的原因，或者由于几何组成上的原因，在结点处各杆的杆端弯矩较小而可以忽略时，都可以简化成铰结点。

4.4 构件的简化

杆件的截面尺寸（宽度、厚度）通常比杆件长度小得多，截面上的应力可根据截面的内力（弯矩、轴力、剪力）来确定。因此，在计算简图中，杆件用其轴线表示，杆件之间的连接区用结点表示，杆长用结点间的距离表示，而载荷的作用点也转移到轴线上。以上是构件简化的一般原则。下面再说明几个具体问题。

（1）以直杆代替微弯或微折的杆件

图 20-2-13a 所示为一门式刚架。因为杆件是变截面的，梁截面形心的连线不是直线，柱截面形心的连线不是竖直线。为了简化，在计算简图（图 20-2-13b）中，横梁的轴线采用从横梁顶部截面形心引出的平行于上表面的直线，柱的轴线采用从柱底截面形心引出的竖直线。

还需指出，按以上计算简图算出的内力是计算简图轴线上的内力。因为计算简图的轴线并不是各截面形心的连线，因此在选择截面尺寸时，应将算得的内力转化为截面形心轴处的内力。例如在图 20-2-13c 中，某截面求得的内力为 M 和 N。因为计算简图的轴线与截面形心有偏心距 e。故截面形心处的内力为 $M'=M-Ne$ 和 N。

（2）以实体杆件代替格构式杆件

在比较复杂的结构中，常以实体杆件代替格构式杆件，使计算简化。以承受弯矩时的转角相等求等效惯性矩，此时有以下几种情况。

① 如格构式杆件是等截面的，则格构式杆件的截面惯性矩即为杆件的惯性矩。

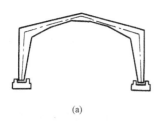 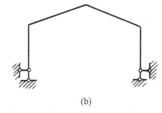 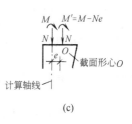

(a)   (b)   (c)

图 20-2-13

② 如格构式杆件在长度方向是梯形的或锥形的，则杆件的等效惯性矩 I_e 近似为

$$I_e = \sqrt{I_1 I_2} \tag{20-2-26}$$

式中 I_1，I_2——格构式杆件两端的惯性矩。

③ 如格构式杆件的长度是由两段各不相同的长度和惯性矩组成，则杆件的等效惯性矩 I_e 为

$$I_e = \frac{l}{\dfrac{l_1}{I_1} + \dfrac{l_2}{I_2}} \quad (l = l_1 + l_2) \tag{20-2-27}$$

式中 l_1，l_2——各段长度；

     I_1，I_2——相应各段的截面惯性矩。

④ 如格构式杆件由 n 段各不相同的长度和惯性矩的杆断组成，则杆件的等效惯性矩 I_e 为

$$I_e = \frac{l}{\displaystyle\sum_{i=1}^{n} \frac{l_i}{I_i}} \quad \left(l = \sum_{i=1}^{n} l_i \right) \tag{20-2-28}$$

式中 l_i，I_i——各段长度及相应各段的截面惯性矩。

（3）杆件刚度的简化

结构中某一构件与其他构件相比，如果它的刚度大很多，则可把它的刚度设为无限大；反之，如果它的刚度小很多，则可把它的刚度设为零。采用这种假设，可使计算得到简化。

图 20-2-14a 为矿山工程中常遇到的有贮仓的框架结构。由于贮仓的刚度很大，计算刚架时，可以假设它的刚度为无限大（图 20-2-14b）。计算简图如图 20-2-14c 所示。横梁 CD 的 $EI = \infty$，A、B、C 和 D 点的转角为零。

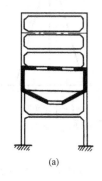 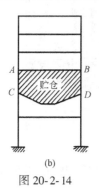 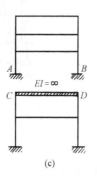 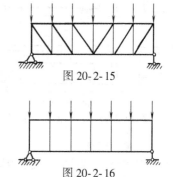

图 20-2-15

(a)   (b)   (c)

图 20-2-14   图 20-2-16

4.5 简化综述及举例

确定结点简图时，除要考虑结点的构造情况外，还要考虑结构的几何组成情况。例如图 20-2-15 所示结构，结点可取为铰结点，按桁架计算；图 20-2-16 所示结构，结点却必须取为刚结点，按刚架计算，否则为几何可变体系。

桁架和刚架的基本区别是：桁架的所有结点虽然都是铰结点，但由于杆件布置方面的原因，仍能维持几何不变；刚架则不同，如果所有结点都改成铰结点，固定支座都改成铰支座，则不能维持几何不变。即桁架的几何不变性依赖于杆的布置，而不依靠结点的刚性；而刚架的几何不变性则依靠结点的刚性。工程中的钢桁架和钢筋

混凝土桁架，虽然从结点构造上看接近于刚结点，但其受力状态与一般刚架不同，轴力是主要的，而弯曲内力是次要的，因此计算时可把它简化为铰结点。

桁架即使具有刚结点，但按铰结体系计算所求得的内力仍是主要内力。所以在一般情况下，桁架按铰结体系计算是可以满足设计要求的。另一方面，这里也指出了次内力的存在及其产生的来源。

下面是汽车车身简化计算的具体方法，见图20-2-17。

（1）非承载式车身

承载载荷只作用在车架平面上，其余各构件不作为垂直载荷的受力件，载荷由地板传到车架的纵梁及横梁，纵、横梁均简化为简支梁。乘客重量与一部分车身（顶与侧壁）重量成为集中于横梁两端的载荷。由于横梁刚度比立柱大得多，立柱引起的弯矩可以不计，立柱与横梁连接点可认为是铰接点。

按静载荷计算，安全系数取3~4。由于未计算车身骨架的承载能力，实际应力比计算应力小，安全系数可取下限。

（2）半承载式车身

车身自重和乘客重量由横梁传到桁架各结点，根据平衡条件算出悬架的反作用力，对于桁架（图20-2-17b）可直接计算各杆件内力；对于刚架（图20-2-17c）可将其作为超静定刚架计算。刚性侧板也作为简支梁计算。

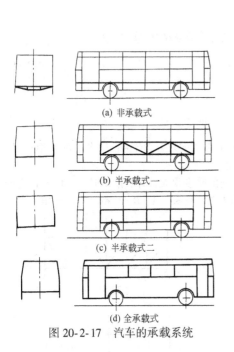

(a) 非承载式

(b) 半承载式一

(c) 半承载式二

(d) 全承载式

图 20-2-17　汽车的承载系统

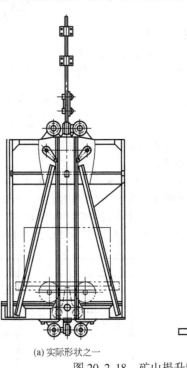

(a) 实际形状之一　　(b) 简化计算图

图 20-2-18　矿山提升罐笼

（3）承载式车身

将车身作为空心简支梁，支点为悬架支点，先计算出悬架的支承反作用力，并作出弯矩和剪力计算，然后按预定的杆件断面计算出中轴位置和惯性矩。

又如图20-2-18a为矿山提升罐笼中最简单的一种实际形状。笼体的计算可分成两片架子，每片架子承受矿车车轴的一半压力，以铰结来简化杆件的计算，如图20-2-18b所示。甚至，中间的竖杆与底盘的连接亦可用铰来代替。这样只要求出竖杆和斜杆内的拉力或压力就可以了。应力是增加了很多，但是偏向安全。

图20-2-19为导弹车车架简化为桁架计算图。节点都按铰接，简化了计算。

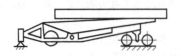
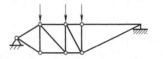

图 20-2-19　导弹车车架

图 20-2-20 为冷轧机机架简化为一框方框架。

图 20-2-21 为龙门起重机门架受力简化图。

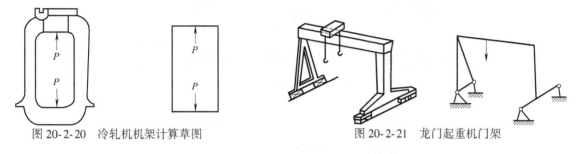

图 20-2-20　冷轧机机架计算草图　　　　　图 20-2-21　龙门起重机门架

5　杆系结构的支座形式

5.1　用于梁和刚架或桁架的支座

无须考虑温度变化剧烈时，或安装于钢质设备上时，最简单的形式是梁或钢架的端部可焊接垫板直接架设于有基础的垫板上。若端面面积是按承受压强计算得到的，则应刨平顶紧，见图 20-2-22a；如采用图 20-2-22b 所示的凸缘加肋板形式，则其伸出的长度不得大于其厚度的 2 倍。图 20-2-22c 所示为桁架的直接架设，用螺钉或螺栓或焊接固定，适宜于跨度小于 20m、支承于砖石墙和未加钢筋的柱或基础上的桁架。如不符合上述情况，则另一端要留出使桁架有一定的微量位移的间隙，例如长形螺孔或滑槽等。

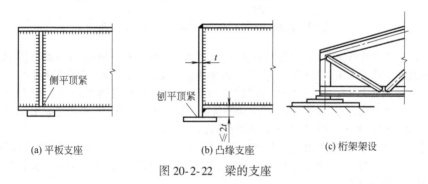

(a) 平板支座　　　　　　(b) 凸缘支座　　　　　　(c) 桁架架设

图 20-2-22　梁的支座

图 20-2-23 所示是梁和桁架的几种轻型铰支座形式，其中平板或圆弧板可使结构绕支座微小转动，并沿水平方向微小移动，其中图 20-2-23d 所示的支座适宜用于跨度小于 40m 的桁架。图 20-2-24 和图 20-2-25 分别是几种重型铰支座和重型滚轴支座，它们都有较大的支承面以传递大的载荷，又有较完善的可移动和可转动的机构。其中图 20-2-25c 滚轴支座适宜用于跨度大于 40m 的桁架。图 20-2-26 是专门用于连续梁或连续桁架非端部的支座，也是活动铰支座，其中 20-2-26c 为走轮式。

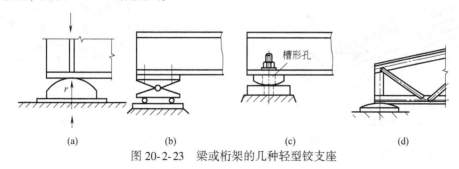

(a)　　　　　　(b)　　　　　　(c)　　　　　　(d)

图 20-2-23　梁或桁架的几种轻型铰支座

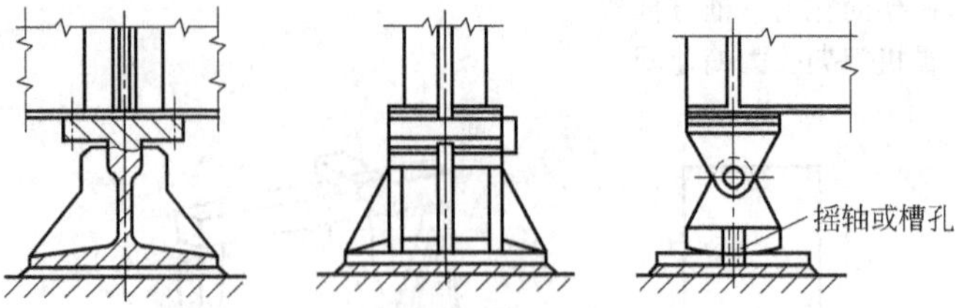

图 20-2-24　重型铰支座

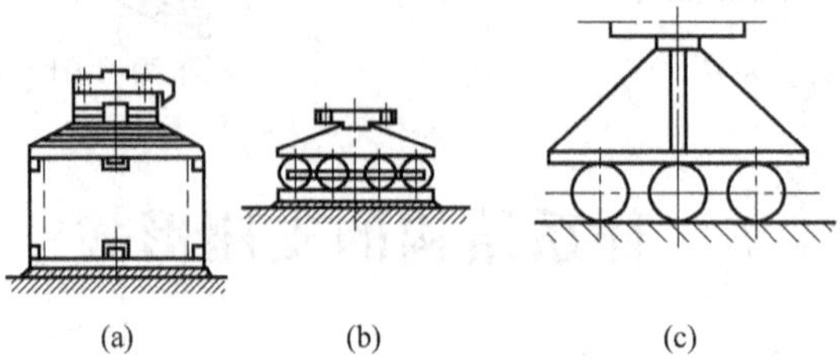

（a）　　　　　　　（b）　　　　　　　（c）

图 20-2-25　重型滚轴支座

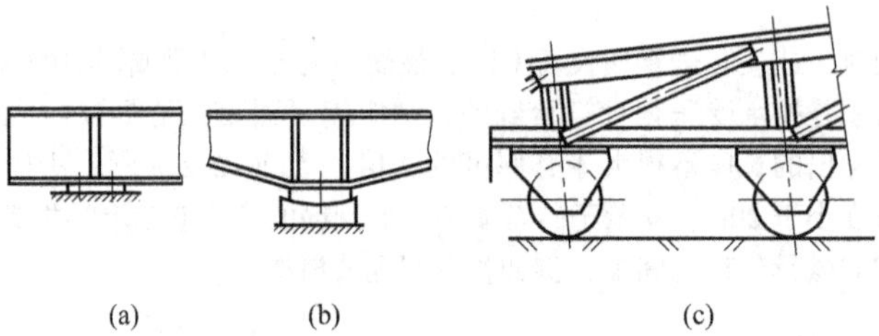

（a）　　　　　　　（b）　　　　　　　（c）

图 20-2-26　连续梁或连续桁架非端部的支座

以上是钢支座。为了降低振动，在公路桥梁中还采用了橡胶支座。主要由钢构件与聚四氟乙烯组成。中小跨度公路桥一般采用板式橡胶支座，大跨度连续梁桥一般采用盆式橡胶支座。盆式橡胶支座可以制成固定式支座或活动式支座。盆式橡胶支座具有承载能力大（橡胶的容许抗压强度可以提高到 25MPa）、水平位移量大、转动灵活等特点，适用于支座承载力为 1000kN 以上的大跨径桥梁。盆式橡胶支座的一般构造如图 20-2-27 所示。承压橡胶板的硬度一般为 50~60HS，橡胶板的厚度约为直径的 1/15~1/10。

支座的其他形式还有弹簧式、拉压式、混凝土式、铅芯式等。图 20-2-28 为铅芯式橡胶支座构造示意图。铅芯式橡胶支座的优点是，当板式支座的钢板和橡胶紧夹住铅芯时，使铅芯发生塑性剪切变形改变了支座的滞回曲线，使支座具有良好的阻尼效果。

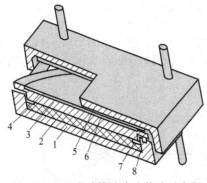

图 20-2-27　盆式橡胶支座构造示意图

1—钢盆；2—承压橡胶板；3—钢衬板；

4—聚四氟乙烯板；5—上支座板；

6—不锈钢滑板；7—钢紧箍圈；8—密封胶圈

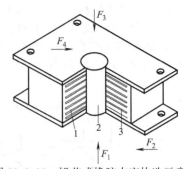

图 20-2-28　铅芯式橡胶支座构造示意图

1—橡胶；2—铅芯；3—钢板

实际的支座结构要复杂得多，图 20-2-29 为大型挖掘机单梁动臂支持于回转平台的连接图。动臂 2 的支腿不是直接与回转平台相连，而是将其叉子插在球面轴承 3 上，轴承 3 用销轴 4 装在平台支腿 1 的铰销孔中。动臂在回转过程中承受的惯性扭矩及其他载荷传到支腿上，此时振动则由缓冲装置来吸收，使动臂支腿可以绕球铰向上及向前稍微移动。

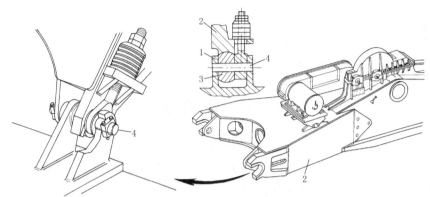

图 20-2-29　大型挖掘机单梁动臂支持于回转平台的连接
1—支腿；2—动臂；3—球面轴承；4—销轴

5.2　用于柱和刚架的支座

1）图 20-2-30 是几种固定铰支座，其中图 a 是轻型的，柱的压力由焊缝传给底板，再由底板传给基础；图 b~d 是重型的，在柱端与底板之间增设靴梁、肋板和隔板等中间传力零件，以增加柱与底板之间的焊缝长度，并将底板分隔成几个区格，使底板所受弯矩减小；图 20-2-31 和图 20-2-32 分别是整体式和分离式固定端支座，其中整体式用于实腹柱和柱肢间距小于 1.5m 的格构柱。为了保证柱端与基础之间形成刚性连接，锚栓应固定在刚度较大的零件上。请参见第 4 章 2.2 节。

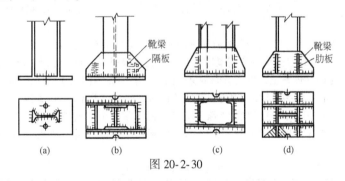

图 20-2-30

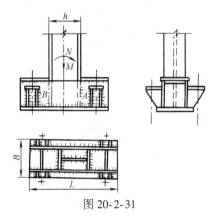

图 20-2-31

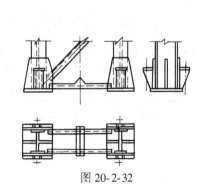

图 20-2-32

第 20 篇

2）对于插入混凝土基础的钢柱，插入混凝土基础杯口的最小深度 d_m 为下列数值，但不宜小于 500mm，且不宜小于吊装时钢柱高度的 1/20：

$$对实腹柱 \quad d_m = 1.5h \ 或 1.5d$$

对双肢格构柱（单口杯或双口杯）$d_m = 0.5h$ 或 $1.5b$（或 d）的较大值

式中　h——柱截面高度（长边尺寸）；

b——柱截面宽度；

d——圆管柱外径。

钢柱底端至基础杯口底的距离一般采用 50mm；当柱有底板时，可采用 200mm。

6　技　术　要　求

① 材质应符合国家标准的规定。根据需要情况进行复验、补项检验，包括强度试验、化学成分检验等。

② 型材尺寸与偏差符合国家标准。不得有裂纹、分层、重皮、夹渣等缺陷，麻条或划痕深度不得大于钢材厚度负公差的一半，且不得大于 0.5mm，并有出厂合格证书与标号说明。

③ 各连接件、焊条、焊丝、焊剂应按被焊材料选定，并符合国家标准。

④ 工艺技术要求，如加工误差要求，铸件的圆角要求，焊缝的形式等必须注明，按有关规定执行。

⑤ 钢架焊接零件的下料加工尺寸应根据要求确定，对一般钢桁架的下料尺寸，极限偏差不得大于 2mm。在焊接、组装前必须清除表面的油污、飞溅、毛刺、铁锈等污物。切口必须整齐，缺棱不得大于 1mm。

对于气切或机械剪切的零件须机械加工时，边缘加工的允许偏差是 ±0.1mm，允许加工面粗糙度是 $\overset{50}{\triangledown}$。

⑥ 热处理要求，例如对铸铁机架的时效处理；铸钢机架的热处理，一般有正火加回火，退火，高温扩散退火，补焊后回火等。

⑦ 螺栓孔孔距允许偏差见表 20-2-23。

⑧ 涂漆前的表面处理要求，一般用工具或喷砂或加除锈剂将表面处理干净，再涂漆。涂漆的次数和厚度为：一般为底漆两遍、面漆两遍，漆膜的总厚度为 100~150μm（室内）、125~175μm（室外）。大型桁架在现场涂漆时，要在出厂前涂一遍底漆，厚度不小于 25μm。油漆的材料要注明。涂漆前要对油漆进行抽样检查。涂后不得有漆液流痕、皱褶等。

⑨ 完工后要进行检查和验收。并且施工验收文件应齐全，包括钢材、连接件（或焊接材料）、油漆等的合格证明与检验报告，焊工及无损检验人员的资料复印件，焊缝的检验报告，施工记录，设计文件及修改文件等。

⑩ 钢材的局部表面允许补焊矫正，矫正后的钢材表面不应有明显的凹面或损伤，划痕深度不得大于 0.5mm，且不应大于该钢材厚度负允许偏差的 1/2。钢材形状的矫正后的允许偏差见表 20-2-24。

⑪ 钢结构的制造尺寸的极限偏差，如无特殊要求可按机械零件的各种规定执行，或按《钢结构工程施工质量验收规范》（GB/T 50205）及其附录中的钢结构各种制作组装的尺寸、外形尺寸的允许偏差选取。见表 20-2-25、表 20-2-26。

表 20-2-23　　　　　　　　　螺栓孔孔距允许偏差　　　　　　　　　　　　mm

螺栓孔距范围	≤500	501~1200	1201~3000	>3000
同一组内任意两孔间距离	±1.0	±1.5	—	—
相邻两组的端孔间距离	±1.5	±2.0	±2.5	±3.0

注：1. 在节点中连接板与一根杆件相连的所有螺栓孔为一组。

2. 对接接头在拼接板一侧的螺栓孔为一组。

3. 在两相邻节点或接头间的螺栓孔为一组，但不包括上述两款所规定的螺栓孔。

4. 受弯构件翼缘上的连接螺栓孔，每米长度范围内的螺栓孔为一组。

表 20-2-24　　　　　　　　　钢材矫正后的允许偏差　　　　　　　　　　　　mm

项　　目		允许偏差	图　　例
钢板的局部平面度	$t \leq 14$	1.5	
	$t > 14$	1.0	

续表

项　　目	允 许 偏 差	图　　例
型钢弯曲矢高	$l/1000$,且不应大于 5.0 (l 为钢材长度)	
角钢肢的垂直度	$b/100$,双肢栓接角钢 的角度不得大于 90°	
槽钢翼缘对腹板的垂直度	$b/80$	
工字钢、H 型钢翼缘对腹板的垂直度	$b/100$,且不大于 2.0	

表 20-2-25　　　　　　　焊接实腹钢梁外形尺寸的允许偏差　　　　　　　mm

项　　目		允许偏差	检验方法	图　　例
梁长度 l	端部有凸缘 支座板	0 −5.0	用钢尺检查	
	其他形式	±1/2500 ±10.0		
端部高度 h	$h\leqslant2000$	±2.0		
	$h>2000$	±3.0		
拱度	设计要求起拱	±$l/5000$	用拉线和 钢尺检查	
	设计未要求起拱	10.0 −5.0		
侧弯矢高		$l/2000$,且 不应大于 10.0		
扭曲		$h/250$,且 不应大于 10.0	用拉线吊线 和钢尺检查	
腹板局部 平面度 f	$t\leqslant14$	5.0	用 1m 直尺 和塞尺检查	
	$t>14$	4.0		
翼缘板对腹板的垂直度		$b/100$, 且不应大于 3.0	用直角尺和 钢尺检查	
吊车梁上翼缘与 轨道接触面平面度		1.0	用 200nm、1m 直尺和塞尺检查	
箱型截面对角线 l_1 与 l_2 之差		5.0	用钢尺检查	

续表

项目		允许偏差	检验方法	图例
箱型截面两腹板至翼缘板中心线距离 a	连接处	1.0	用钢尺检查	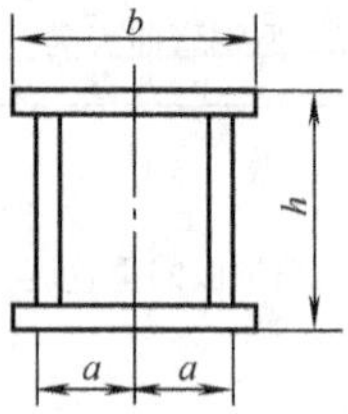
	其他处	1.5		
梁端板的平面度（只允许凹进）		$h/500$，且不应大于 2.0	用直角尺和钢尺检查	
梁端板与腹板的垂直度		$h/500$，且不应大于 2.0	用直角尺和钢尺检查	

表 20-2-26　　　　　　　　钢桁架外形尺寸的允许偏差　　　　　　　　mm

项目		允许偏差	检验方法	图例
桁架最外端两个孔或两端支承面最外侧距离	$l \leqslant 24m$	$+3.0$ -7.0	用钢尺检查	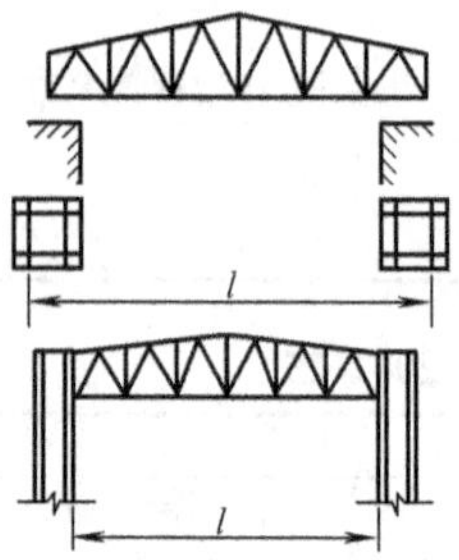
	$l > 24m$	$+5.0$ -10.0		
桁架跨中高度		± 10.0		
桁架跨中拱度	设计要求起拱	$\pm l/5000$		
	设计未要求起拱	10.0 -5.0		
相邻节间弦杆弯曲（受压除外）		$L/1000$		
支承面到第一个安装孔距离 a		± 1.0	用钢尺检查	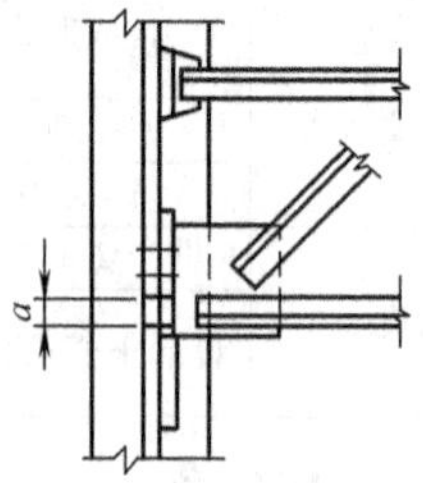
檩条连接支座间距 a		± 5.0		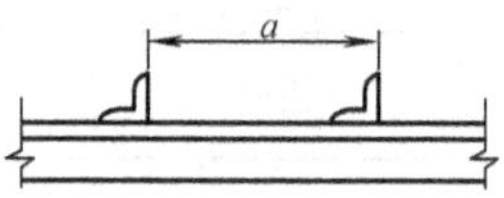

7　设计计算方法简介

（1）传统的方法

本篇是采用传统的设计计算方法，即按力学的理论来计算和分析结构的强度和刚度，以校核其是否达到设计规定的要求。除了地震载荷等极限载荷可采用本章 3.4 节极限强度计算法外，整篇的计算都以许用应力作为强度的准绳，以允许挠度作为刚度的准绳。

对于动载荷，是乘以不同的动载系数来考虑的，见本章 1.1 节"载荷分类"中的基本载荷。如果机架上有较大的动载荷，例如机架上有小车启动、运行和制动，或有重物的突然起吊和卸载，或有振动载荷和受到轻微的碰撞，计算方法是用工程力学的理论和方法，求得其动载荷，加于静载荷之上来进行强度和允许挠度的校核。其许用应力则按动载荷所占比例选择不同的许用应力，见本章 3.1.3 节的相关说明。所以机架的刚度是力与挠度的比值（N/cm），称静刚度。

这种方法适用于大多数机架的计算，特别是非标准机架。在未采用现代新的方法之前，只有这种方法。到目前为止仍是主要的方法。

当机架上有振动的设备时：

1）如果设备的动作用力的振动频率远小于机架的振动频率，动载荷可以用上段所述，将动载荷加于静载荷之上来进行计算，即认为动刚度和静刚度基本相同。

2）如果设备的振动频率比机架的低阶振动频率大很多，结构则不容易变形，即结构的动刚度相对较大，则基本上可以不考虑动载荷，仅采用表 20-2-1 动力系数 K_d 的办法来计算就可以了。

3）如果设备的振动的动作用力的频率和机架的振动频率相近，则机架就可能发生共振。此时变形大，动刚度较小。本方法的主要缺点就在于很难确定机架哪一位置可能发生较剧烈的振动。以往的方法是设计者根据经验分析机架的薄弱环节而加强之。例如节点的加固，加肋等。

有些机架必须计算在动态激振力作用下结构的变形情况，这就要引入动刚度的计算。动刚度的定义为："机械系统中，某点的力与该点或另一点位移的复数比"（GB/T 2298—2010）。即动刚度 k_d 可理解为在机架上引起某一 i 点（或 j 点）单位振幅所需要的 j 点（i 点）的动态力（N/cm）。静刚度与动刚度之比 k/k_d 称放大因子。刚度的倒数为柔度（cm/N）。它与传递函数、频响函数具有相同的物理意义。

在动态激振力作用下结构动刚度与激振力的大小、激励频率及阻尼有关。

有关振动而产生的位移及因而求得的动力放大因子或动刚度可参见第 19 篇第 3 章"线性振动"。

（2）有限元法

随着计算机应用的发展，近几十年来有限元法在结构设计计算中已普遍应用，在数值计算上更为准确、快速，但需要有前期的软件程序编制工作。所以只用于重要的或批量生产的设备零部件，或者是可以套用的、规格的结构。其力学的理论和计算分析结构的强度和刚度的方法是相同的。

有限元法在结构方面已可以应用于动力分析，即动力有限元法。用来计算结构的固有频率、振型、强迫振动、动力响应等；还可以计算箱体的热特性，如热变形、热应力等的计算，以及箱体的温度场；与计算机辅助设计 CAD 相结合，还可以自动绘制机架的三维图形、几何造型和零件工作图。

（3）模态分析

"基于叠加原理的振动分析方法，用复杂结构系统自身的振动模型，即固有频率、模态阻尼和模态振型来表示其振动特性"（GB/T 2298—2010）。因此，在动态激振力作用下结构刚度是激励频率的函数。如果结构动刚度特性在某频率附近较差，可以通过进一步的模态分析和受迫模态振型分析等得到结构在该频率下的整体动态响应特性，确定刚度薄弱的区域以便进行改进。模态分析还可以包括模态试验，模拟噪声的传播、温度的分布等。模态分析也是要应用振动理论、有限元法、边界元法、模态频响分析、曲线分析与振动型的动画显示方法、优化设计、模态修改技术等部分的理论与方法。可以让设计者在屏幕上看到机架在某些振动激励下的振动状态，可以画出各阶的振型图。对于汽车车架来说，这是很值得分析的。因为汽车车架不但要"结实"（强度、刚度足够）、重量轻，还要舒适。

模态分析在我国各个工程领域的应用已近二三十年，也作出了一些初步的成绩。如对某型齿轮箱的模态、振动烈度和振动加速度进行测试；上海东方明珠电视塔的振动模态试验；目前世界上跨度第一的斜拉索杨浦大桥的振动试验对大桥抗风振动的安全性分析与故障诊断提供了技术依据。但总的来说，还只做了部分工作，还有不少工作要做，还没有广泛地在工程领域内应用。

第 3 章　梁的设计与计算

机架结构的主要构件是梁。桁架可看成是一个组合的梁。立式塔梁也可看成是一个直立的悬臂梁。

1　梁的设计

1.1　纵梁的结构设计

1.1.1　纵梁的结构

纵梁形状一般中部断面较大，两端较小，与所受的弯矩大体适应。不用大型压制设备时，也可采用等断面纵梁。对于大断面的梁，可用钢板焊接、铆接或螺钉连接。图 20-3-1 为汽车纵梁的外形和截面图。有时，将纵梁前端适当下弯以简化横梁的设计，或将下翼缘局部加宽以增加横梁的紧固件数。在汽车的多品种系列化生产中，为了适应轴距与汽车总重的变化，常使各种槽形纵梁的变断面部分和等断面部分的内高保持不变，而只改变其等断面部分的长度。改用不同强度的材料，采用加强板（图 20-3-1b）改变板厚或翼缘宽度，以便横梁可以通用。

(a) 纵梁外形　　　　　　　　　　　　　　　(b) 截面形状

图 20-3-1　汽车纵梁

图 20-3-2 和图 20-3-3 为起重机主梁的断面形状。其中图 20-3-2a~f 为手动梁式起重机常用的主梁截面形式简图；图 g~k 为电动单梁起重机主梁截面形式简图；图 l、m 为电动葫芦双梁起重机主梁常用的截面形式。图 20-3-3 为桥式起重机桥架主梁的截面基本形式。

对于焊接的梁，通常还有如图 20-3-4 所示的外形及图 20-3-5 所示的截面形状。在图 20-3-5 中，图 m 为日本生产的起重机主梁截面形状；图 n 为天津起重设备厂生产的电动葫芦双梁起重机主梁截面形状。

对于大型梁，可以采用拼接、焊接或铆接。为了拆装运输方便，也可以采用螺栓连接。此时，大多数采用变截面梁。但端部的高度不宜小于 0.5 倍梁高。变截面长度约为全长的 1/6。梁的连接见图 20-3-6a~f，但必须保证焊接工艺，使拼接的截面与没有拼接的截面能承受同样大小的外力。板梁为对接拼接时，腹板和翼缘板焊缝可相互错开约 $S=200\text{mm}$，以免使焊缝过于密集，见图 20-3-6b。或在腹板上开间隔圆弧，见图 20-3-6b、c。

1.1.2　梁的连接

（1）节点设计原则（对立柱也适用）

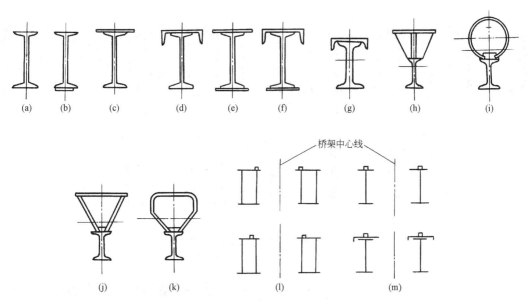

图 20-3-2　起重机主梁断面形状（一）

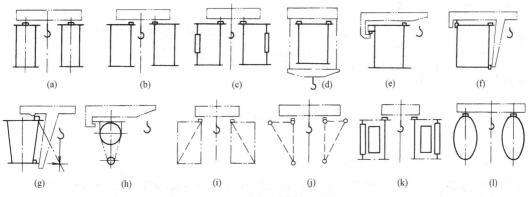

图 20-3-3　起重机主梁断面形状（二）

（a）正轨箱形双梁；（b）偏轨箱形双梁；（c）偏轨空腹箱形；（d）正轨单主梁箱形；（e）～（g）偏轨单主梁箱形；
（h）管形单主梁；（i）四桁架结构；（j）三角形截面桁架结构；（k）空腹副桁架结构；（l）椭圆管双梁结构

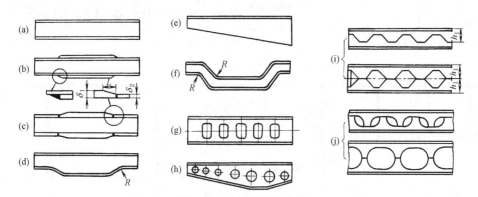

图 20-3-4　焊接梁的外形

（a）等断面梁；（b）多翼缘梁；（c）不等厚翼缘对接梁；（d）鱼腹梁；（e）悬臂梁；
（f）曲形梁；（g）等高空腹梁；（h）不等高空腹梁；（i），（j）锯齿梁

第
20
篇

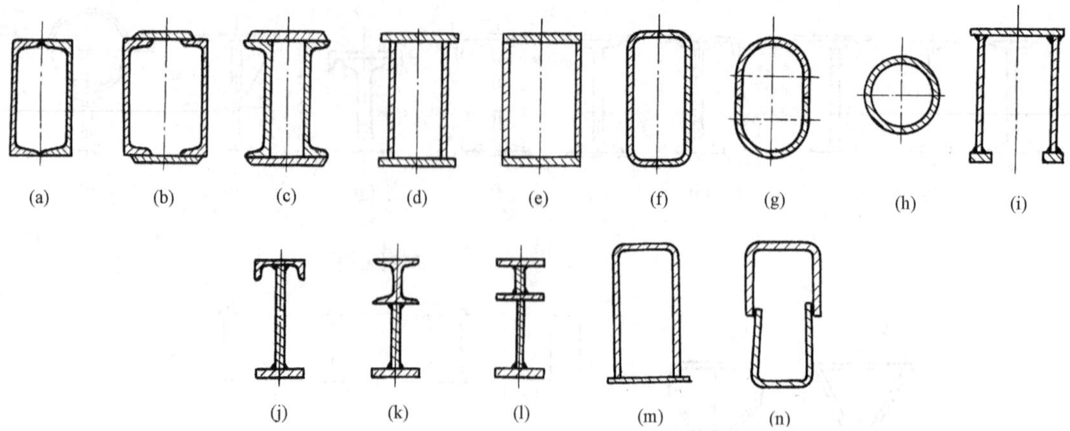

20-64

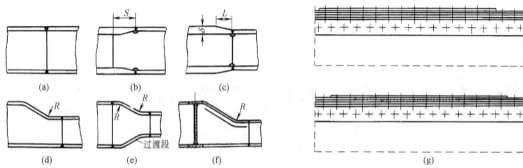

图 20-3-5 焊接梁的截面形状

图 20-3-6 梁的连接

第

20

篇

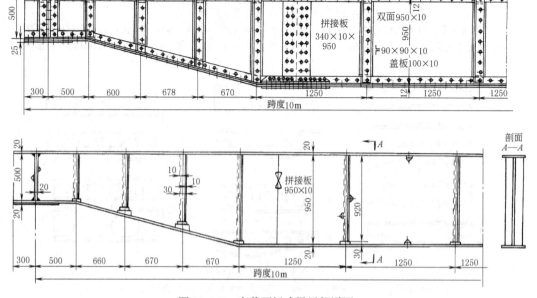

图 20-3-7 变截面板式梁局部详图

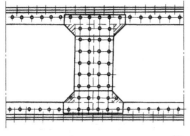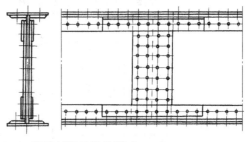

图 20-3-8　铆接板梁的拼接形式

1) 节点受力明确，减少应力集中，避免材料三向受力；

2) 节点构造一定要简化以便于制造及安装时容易就位和调整；

3) 构件的拼接、节点的连接一般采用与构件等强度或比等强度更高的设计原则；

4) 要考虑到节点的设计是铰接连接节点还是刚性连接节点或半刚性连接节点；

5) 节点应尽可能布置在应力较小的地方。

（2）连接节点的拼接或连接方法

对于常用的工字形、H 形和箱形截面的梁和柱，通常几种连接方法都可采用：

1) 翼缘和腹板都采用完全焊透的坡口对接焊缝连接。

2) 翼缘采用完全焊透的坡口对接焊缝连接，而腹板采用角焊缝连接或摩擦型高强度螺栓连接。

3) 翼缘和腹板都采用摩擦型高强度螺栓连接或都采用角焊缝连接。

4) 对于不同高度的梁的对接，应有一过渡段，焊缝应尽量不在拐角部位（图 20-3-6d ~ f）。图 20-3-6g 为翼缘板的阶梯形焊接拼接形式。

5) 图 20-3-7 绘出了变截面板式梁的局部详图。图 20-3-8 为铆接板梁的拼接形式。

1.1.3　主梁的截面尺寸

1) 对于铆接梁，简支梁的经济高度为（$1/15 \sim 1/8$）L（L 为跨度），常用值为（$1/12 \sim 1/10$）L。连续梁可用较小的腹板高度，最低可达 $L/25$。

2) 对于通用桥式起重机，主梁的截面尺寸一般按以下要求选取，设计其他机架时可以参考。

主梁高度 h　$h = (1/14 \sim 1/18)L$。

腹板间距 b　$b = (1/50 \sim 1/60)L$；$h/b \leqslant 3$，以便于进行焊接。

盖板宽度 B　用手工焊时 $B = b + 2(10 + \delta)$（mm）；

用自动焊时 $B = b + 2(20 + \delta)$（mm）。

为考虑锈蚀和控制波浪度，主梁腹板厚度一般取为 $t \geqslant 6$mm。

设计中常取：当 $Q = 5 \sim 63$t 时，$t \geqslant 6$mm；

当 $Q = 80 \sim 100$t 时，$t \geqslant 8$mm；

当 $Q = 125 \sim 200$t 时，$t \geqslant 10$mm；

当 $Q = 250$t 时，$t \geqslant 12$mm。

主梁受压盖板宽度 b 和厚度 t 之比宜取为：$b/t \leqslant 60$。

梁与柱的连接可参看第 4 章 2.3 节。

1.1.4　梁截面的有关数据

表 20-3-1 为非圆形截面形状的强度、刚度（惯性矩）与质量的对比。

表 20-3-2 为几种不同截面形状的惯性矩比较。

表 20-3-3 为各种开式断面的梁类构件的刚度比较表。还可以参看第 7 章第 1.3 节"布肋形式对刚度影响"的相关表格。

表 20-3-1 非圆形截面形状的强度、刚度与质量对比

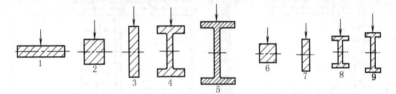

A(G)＝常数				W＝常数			
图号	G	W	I	图号	G	W	I
1	1	1	1	6	0.6	1	1.7
2	1	2.2	6	7	0.33	1	3
3	1	6	25	8	0.2	1	3
4	1	9	40	9	0.12	1	3.5
5	1	12	70				

注：A—截面积；G—单位长度重量；W—截面模数；I—截面惯性矩。

表 20-3-2 几种不同截面形状的惯性矩比较

序号	截面形状	抗弯惯性矩（相对值）	抗扭惯性矩（相对值）	序号	截面形状	抗弯惯性矩（相对值）	抗扭惯性矩（相对值）
1	$\phi113$	1	1	5	100×100	1.04	0.88
2	$\phi113$ $\phi160$	3.03	2.88	6	50×200	4.13	0.43
3	$\phi160$ $\phi196$	5.04	5.37	7	142×142 (100×100)	3.19	1.27
4	$\phi160$ $\phi196$	0.07		8	85×235 (50×200)	7.35	0.82

第 **20** 篇

表 20-3-3　　　　　　　　　　　各种开式断面的梁类构件的刚度比较

序号	结 构 简 图	抗弯刚度（相对值）		抗扭刚度（相对值）	弯曲振动固有频率/Hz		扭振固有频率/Hz
		绕 xx	绕 yy	绕 OO	xx	yy	OO
1	纵向肋板与外壁单侧焊接	1	1	1	195	135	50.5
2	纵向肋板与外壁双侧焊接	1.14	1	1.6	209	135	54.5
3	同2,另加9条横向肋板	1.14	1	1.6	190	128	53.5
4	相对两外壁的宽度不等	0.94		1	196		50.5
5	Π形纵向肋板	1.12	1.03	1.75	194	132.5	58
6	X形纵向肋板	1.12	1.22	11.6	187	137.6	129.5
7	Z形肋板（垂直）	0.5	1.03	22.3	118	134	183

续表

序号	结 构 简 图	抗弯刚度（相对值）		抗扭刚度（相对值）	弯曲振动固有频率/Hz		扭振固有频率/Hz
		绕 xx	绕 yy	绕 OO	xx	yy	OO
8	Z形肋板（水平）	0.97	1.16	2.9	181	134.5	70
9	波形肋板（水平）	0.92	1.12	3.7	178	136	78.5

1.2 主梁的上拱高度

对于大型机架，例如起重机主梁，在跨中应有一上拱度 y_0 以消除因主梁自重及小车重力引起的下挠，使小车在梁上工作时大致成水平运行。通常跨中的上拱度是（图 20-3-9）：

$$y_0 = (0.9 \sim 1.4) L/1000 \tag{20-3-1}$$

对于跨度 $L \geqslant 17\text{m}$，悬臂长度 $l \geqslant 5\text{m}$ 的桁架式主梁，均应设置上拱，取上式的中间数：

$$y_0 = (1.1 \sim 1.2) L/1000 \tag{20-3-2}$$

$$y_0 = (1.1 \sim 1.2) l/500 \tag{20-3-3}$$

对于桥式起重机的主梁，跨度大于 15m 时，其下料的最大上拱度为

$$y_0 = \frac{L}{1000} + \frac{5qL^2}{384EI} \tag{20-3-4}$$

式中　q——主梁的单位自重力，N/mm；

　　　E——主梁的弹性模量，N/mm^2；

　　　I——主梁的截面惯性矩，mm^4。

上拱曲线按抛物线式（20-3-5）或正弦曲线式（20-3-6）计算：

$$y = \frac{4y_0(L-x)}{L^2}x \quad \left(\text{悬臂：} y = \frac{y_0(2l-x)}{l^2}x\right) \tag{20-3-5}$$

$$y = y_0 \sin\frac{\pi x}{L} \quad \left(\text{悬臂：} y = y_0 \sin\frac{\pi x}{2l}\right) \tag{20-3-6}$$

图 20-3-9　主梁的上拱高度

1.3 端梁的结构设计

当机架有两个纵梁时，需要用横梁或端梁将两个纵梁连在一起，构成一个完整的框架，以限制其变形，降低其应力或为总成提供悬置点。例如双梁桥式起重机的桥架由两根主梁和位于跨度两边的各一根端梁组成。图 20-3-10为几种汽车的横梁断面和连接形式，可供参考。其中最后一个图无扭转刚度较大的箱形纵梁与管形横梁相焊接的形式。选定横梁时应注意其特点：直的或弯度不大的槽形断面梁，沿腹板方向弯曲刚度较大，且较易冲压成形。直的或大弯度帽形断面梁可用矩形坯料直接压制，连接宽度较大。当空间受到限制时，采用厚板可得到

较大的弯曲刚度。封闭断面梁、X形梁、K形梁的扭转刚度很大，对限制车架扭转变形作用较好。

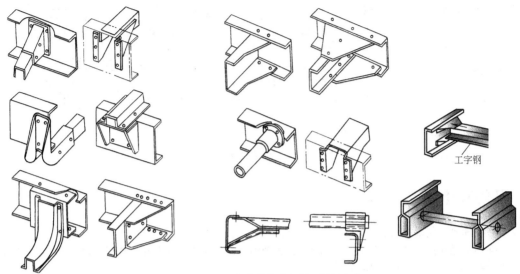

图 20-3-10　汽车横梁断面和连接形式

　　纵横梁连接（节点）处，一般应力较高，应注意横梁连接方式的选择。当横梁同纵梁翼缘连接时，可以提高纵梁的扭转刚度，但当车架扭转时纵梁应力往往较大。一般车架两端的横梁多用这种连接方式。横梁同纵梁腹板相连时则相反。腹板翼缘综合连接则兼有两者的特征。后两种连接方式适应性强。

　　横梁与纵梁连接时多用铆接。螺栓连接装配不便，且较易松动。采用电弧焊接或点焊时，可以减少纵横梁的孔数。采用塞焊，则较易实现装配自动化。

　　起重机的端梁截面则常为箱形。其高度 h_0 根据主梁的高度 h 选取，常为 $h_0 = (0.4 \sim 0.6)h$，其宽度 $b_0 = (0.5 \sim 0.8)h_0$，见图 20-3-11。端梁常用压弯成形的钢板焊成的箱形梁或型钢焊成的组合断面梁。与汽车机架不同，为便于运输和存放，常将主梁与端梁的连接做成螺栓连接，也可做成焊接结构，见图20-3-12。梁与梁的 T 形连接形式见图 20-3-13。在第 4 章中还将谈及梁和柱或梁和梁的连接（主要是螺栓连接），可参阅。

图 20-3-11　起重机端梁箱形截面

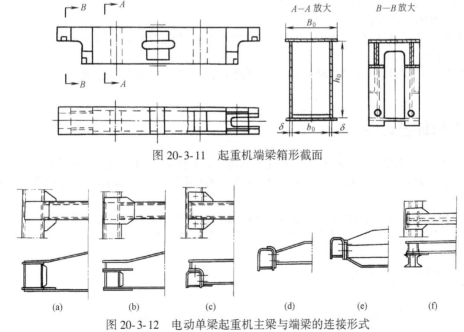

图 20-3-12　电动单梁起重机主梁与端梁的连接形式

（a），（b）焊接；（c）~（f）螺栓连接

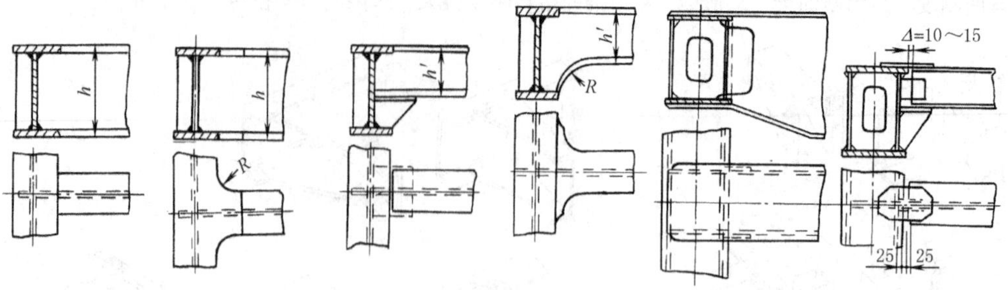

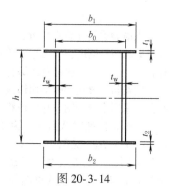

图 20-3-13 梁与梁的 T 形连接

1.4 梁的整体稳定性

1) 梁的支座处,应采取构造措施以防止梁端截面的扭转。

2) 一般机架结构的梁是组合形式的,如果有铺板密铺在梁的受压翼缘上并与其牢固相连、能阻止梁受压翼缘的侧向位移,则不必计算梁的整体稳定性。

3) 在本章 1.1 节中已推荐了梁的结构尺寸与跨度的关系,符合该要求时一般可保证梁的稳定性。

4) 如符合下述条款时,可不计算整体稳定性(《起重机设计规范》)。

① 对于用钢板焊接的箱形截面的简支梁,如图 20-3-14 所示,其截面尺寸满足如下要求时,可不计算整体稳定性:

$$h/b_0 \leqslant 3$$

② 对两端简支且不能扭转的焊接的工字钢梁或等截面轧制的 H 型钢梁,其受压翼缘的侧向支承间距 l(无侧向支承点者,则为梁的跨距)与其受压翼缘宽度 b 之比满足如下条件时,可不计算整体稳定性:

a. 无侧向支承且载荷作用在受压翼缘上时,$l/b \leqslant 13\sqrt{235/\sigma_s}$;

b. 无侧向支承且载荷作用在受拉翼缘上时,$l/b \leqslant 20\sqrt{235/\sigma_s}$;

c. 跨中受压翼缘有侧向支承时,$l/b \leqslant 16\sqrt{235/\sigma_s}$。

其中,σ_s 为钢材的名义屈服点。

由于非标准机架的许用应力定得较低,允许挠度又很小,在一般情况下不会出现整体不稳定的问题。在实际使用中,l/b 往往大于上面所列数值。

图 20-3-14

5) 梁上受有倾斜载荷或偏心载荷时,应力(包括横向力和扭矩)应合成计算,并考虑受压部件的许用应力相应降低。

1.5 梁的局部稳定性

按强度计算,梁的腹板可取得很薄,以节约金属和减轻结构重量。但梁易失稳,常用肋板提高其局部稳定性。组合工字梁的翼缘受压时也可能失稳,因而规定其翼缘的伸出长度。表 20-3-4 为工字梁及箱形梁受压翼缘宽厚比的规定值。

受弯构件腹板配置加强肋板的规定见表 20-3-5;加强肋布置见图 20-3-15;肋板的横截面形状与配置见图 20-3-16。对于表 20-3-5 中 1 项有局部压应力的梁及其他各项无局部压应力的梁,其配肋尺寸的一般原则如下。

① $0.5h_0 \leqslant a \leqslant 2h_0$,且 $a \leqslant 3\text{m}$。

② 短加肋板 $a_1 > 0.75h_1$。

③ 肋板宽度 $b \geqslant \dfrac{h_0}{30} + 40\text{mm}$,且不得超过翼缘宽度(应离翼缘 5~10mm)。

表 20-3-4 受压翼缘的宽厚比

截 面 形 式	规 定 值
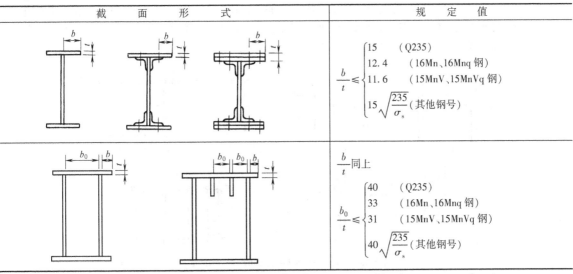	$\dfrac{b}{t} \leqslant \begin{cases} 15 & (\text{Q235}) \\ 12.4 & (16\text{Mn}、16\text{Mnq 钢}) \\ 11.6 & (15\text{MnV}、15\text{MnVq 钢}) \\ 15\sqrt{\dfrac{235}{\sigma_s}} & (\text{其他钢号}) \end{cases}$
	$\dfrac{b}{t}$ 同上 $\dfrac{b_0}{t} \leqslant \begin{cases} 40 & (\text{Q235}) \\ 33 & (16\text{Mn}、16\text{Mnq 钢}) \\ 31 & (15\text{MnV}、15\text{MnVq 钢}) \\ 40\sqrt{\dfrac{235}{\sigma_s}} & (\text{其他钢号}) \end{cases}$

注：表中 σ_s 为钢的屈服点。对 Q235 钢，取 $\sigma_s = 235\text{N/mm}^2$；对 16Mn、16Mnq 钢，取 $\sigma_s = 345\text{N/mm}^2$；对 15MnV、15MnVq 钢，取 $\sigma_s = 390\text{N/mm}^2$。

表 20-3-5 受弯构件腹板配置加强肋板的规定

	项　次	配 置 规 定	备　注
1	$h_0/t_W \leqslant 80\sqrt{\dfrac{235}{\sigma_s}}$ 时	可不配置加强肋，但对有局部压应力的梁应配置加强肋	加强肋间距按计算确定
2	$80\sqrt{\dfrac{235}{\sigma_s}} < \dfrac{h_0}{t_W} \leqslant 170\sqrt{\dfrac{235}{\sigma_s}}$ 时	应配置横向加强肋	h_0——腹板的计算高度，按图 20-3-15 采用
3	$\dfrac{h_0}{t_W} > 170\sqrt{\dfrac{235}{\sigma_s}}$ 时	应配置： （1）横向加强肋 （2）受压区的纵向加强肋 （3）必要时尚应在受压区配置短加强肋	t_W——腹板的厚度 σ_s——钢材的屈服点，N/mm²
4	支座处和上翼缘受有较大固定集中载荷处，宜设置支承加强肋		

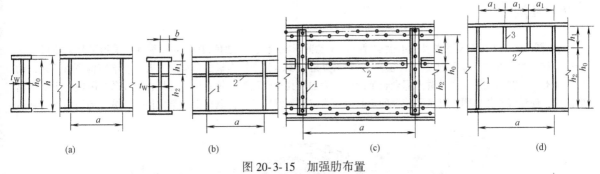

图 20-3-15　加强肋布置

1—横向加强肋；2—纵向加强肋；3—短加强肋

④ 肋板的厚度　$t_W \geqslant \dfrac{1}{15} b \sqrt{\dfrac{235}{\sigma_s}}$，但不得超过腹板厚度。

⑤ 梁需加纵向肋板时，h_1 值宜为 $(1/5 \sim 1/4) h_0$。纵向肋板应连续，长度不足时应预先接长，并保证对接焊缝。

⑥ 连接肋板的焊缝宜用小焊脚的连续角焊缝，对于只承受静载荷或动载荷不大的梁，可用断续焊缝。

⑦ 为了易于装配和避免焊缝汇交于一点，通常在肋板上切去一个角（图 20-3-16），角边高度约为焊脚高度的 2~3 倍。图中 $C—C$ 剖面所示的短肋板，其端部易产生裂纹，动载梁不宜采用，应设计成通高的长肋板（见 $B—B$ 剖面）。肋板与受拉翼缘连接的角焊缝会降低疲劳强度，对重要的动载梁可用 $A—A$ 剖面的结构，即肋板下部放垫板并与之焊接，垫板与受拉翼缘不焊，或焊缝平行于内力。

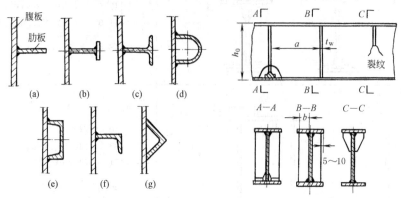

图 20-3-16 肋板的横截面形状与配置

⑧ 对于局部受压的梁，受压处的加强肋板必须有足够的厚度或要计算使其有足够的强度和稳定性。

1.6 梁的设计布置原则

总结梁的设计布置原则如下：

① 按第 1 章第 3 节 "机架设计的准则和要求"。

② 使外载荷尽量作用在梁的对称中心线上。

③ 没有对称中心线的材料，例如槽钢，最好成对使用。

④ 按照本章 1.3、1.4 的要求布置设计梁和肋板。

⑤ 如不合②、③要求时，载荷有偏心作用，将对梁产生扭矩。此时对于按④布置的有封闭截面的梁、或工字钢梁，扭矩在一般情况下不会主导梁的强度。

⑥ 对于其他不封闭截面的梁，如非成对使用的槽钢、有通长开口的类似箱形梁，尽量不用。否则，一定要计算其受扭矩的强度和不稳定性，见本章第 2 节。

1.7 举例

1）图 20-3-17 为大型挖掘机的单梁动臂。由于动臂承载较大，为加强其强度和刚度，采用了整体箱形焊接结构。材料为高强度合金钢钢板，并经淬火、回火处理。图示为带增强板的单梁动臂臂体。该结构呈鱼腹式，动臂根部有两个宽斜支腿。在动臂内部全长范围内，为加强其空间强度，焊有许多隔板，把动臂分隔成若干个小箱形结构，使动臂整体坚固，可承受较大的弯曲力。为减轻动臂质量，各隔板中部都挖掉一部分。为加强动臂外缘

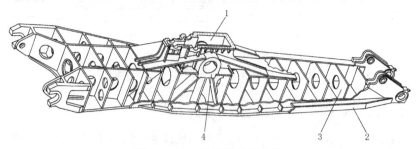

图 20-3-17 挖掘机单梁动臂

1—推压减速机下箱体；2—侧面耐磨箱；3—横向隔板；4—推压轴轴承座

的刚度和强度，在动臂底部两侧分别焊有高强度合金钢板隔成的许多小箱体，犹如人体的脊椎，使动臂沿纵向有较高的强度，同时，也使动臂上部与下部质量协调。另外，在动臂两侧设有耐磨箱口，以防斗杆沿两侧运动时动臂受损。

2）图 20-3-18 为国产 WK-4 型挖掘机动臂。臂体 1 是一根由钢板焊成的箱形结构件，其后端焊有支腿 2，通过 2 与挖掘机回转平台铰接。因支腿两铰销孔之间距离较短，为平衡因工作装置回转而引起的惯性力，在臂体与回转平台之间还设置有两根拉杆 4。动臂前端安装有端部滑轮 6，旁侧有绳轮 8，动臂中部装有推压机构和开斗底机构。为防止工作时铲斗和斗杆与动臂直接相撞，动臂下部还敷有缓冲木 10。

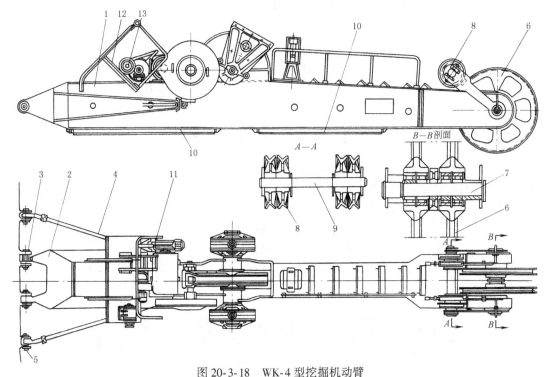

图 20-3-18　WK-4 型挖掘机动臂

1—箱体结构；2—支腿；3,5—销轴；4—拉杆；6—端部滑轮；7—端部轴；
8—绳轮；9—轴；10—缓冲木；11—制动器；12—小平台；13—开斗电机

3）图 20-3-19 为立车的焊接横梁，是封闭箱形截面结构。内部加强肋板交叉布置，用断续焊缝与壁板连接。交叉处设圆管以免焊缝密集。肋的形式和计算可参看第 4 章 3.6 节。

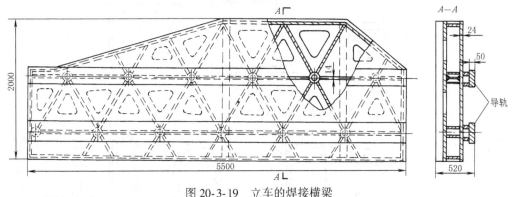

图 20-3-19　立车的焊接横梁

图 20-3-20 为专用机床的焊接床身，采用开式截面。内部肋板之字形布置以提高抗扭刚度。地脚螺栓孔附近焊有肋板以提高局部刚度肋板受力，计算如同桁架。可参见第 5 章及第 7 章。

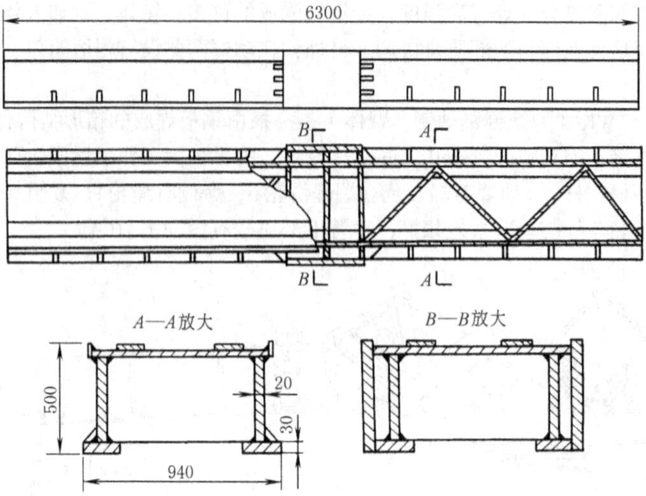

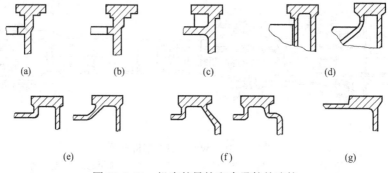

图 20-3-20 专用机床的焊接床身

4）机床的导轨和支承件的联结部分，往往是局部刚度最弱的部分。图 20-3-21 所示为导轨和床身连接的几种形式。导轨较窄只能用单壁时可加厚单壁，或者在单壁上增加垂直筋条以提高局部刚度。如果导轨的尺寸较宽时，应用双壁连接形式，见图 20-3-21d～f。

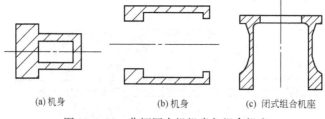

图 20-3-21 机床的导轨和支承件的连接

5）各种截面的应用实例见图 20-3-22、图 20-3-23。还可参看第 4 章 1.3.2 节的图。

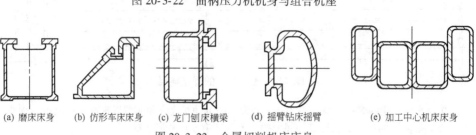

(a) 机身　　　　　(b) 机身　　　　　(c) 闭式组合机座

图 20-3-22 曲柄压力机机身与组合机座

(a) 磨床床身　　(b) 仿形车床床身　　(c) 龙门刨床横梁　　(d) 摇臂钻床摇臂　　(e) 加工中心机床床身

图 20-3-23 金属切削机床床身

2 梁的计算

梁的计算以满足刚度要求为主。刚度的要求见第 2 章第 2 节。挠度计算的表格见第 1 篇第 1 章 "常见力学公式"，本章 2.4 中各表是补充连续梁和其他的计算问题的。

按照 1.6 节的布置原则，就可大大简化非标准设备梁的计算工作。

2.1 梁弯曲的正应力

梁的强度计算主要是考虑受弯曲时的正应力。

单向受弯时
$$\sigma = \frac{M}{I}y \leqslant \sigma_p \qquad (20\text{-}3\text{-}7)$$

双向受弯时
$$\sigma = \frac{M_x}{I_x}y + \frac{M_y}{I_y}x \leqslant \sigma_p \qquad (20\text{-}3\text{-}8)$$

式中　M——所计算截面的弯矩；

　　　I——横截面对中性轴的惯性矩；

　　　σ——横截面上的最大拉伸或压缩正应力；

　　　y——横截面上距中性轴最远的点，y 表示与 x 的垂直方向；

　　　σ_p——许用应力。

如果梁上还作用有纵向拉、压力 F，则还应增加一项应力：
$$\sigma_1 = \frac{F}{A} \qquad (20\text{-}3\text{-}9)$$

式中　A——横截面积。

理论上说来，该拉应力的作用使梁受弯矩作用的变形减少，不能分别计算相加，在特殊情况才这样考虑。

2.2 扭矩产生的内力

2.2.1 实心截面或厚壁截面的梁或杆件

对于实心截面或厚壁截面的梁或杆件的纯扭转，可以式（20-3-10）计算截面上的剪应力：
$$\tau_{\max} = \frac{M_s}{W_t} \qquad (20\text{-}3\text{-}10)$$

式中　M_s——截面所受扭矩；

　　　W_t——抗扭截面系数。

单位长度的扭转角同式（20-3-13）。

各种截面的 I_t 和 W_t 可从有关技术资料中查得。本手册第 1 篇第 1 章 "常见力学公式" 可查得矩形等几种截面的 I_t 和 W_t 数值。

最大剪应力 [式（20-3-7）] 与梁的最大弯曲正应力 [式（20-3-8）] 合成就可以得到梁中最大的应力。

同一点的剪应力与正应力合成，就可以得到梁中最大的应力：
$$\sigma_{\max} = \sqrt{\sigma_1^2 + \sigma_2^2 - \sigma_1\sigma_2 + 3\tau^2} \qquad (20\text{-}3\text{-}11)$$

式中　σ_1，σ_2，τ——验算点处两向的正应力（或压应力）和剪应力，要注意正负号。

2.2.2 闭口薄壁杆件

薄壁空心梁由于外载荷偏心作用，使梁受到扭矩 M_s，该扭矩所应与其产生的梁内的剪力的截面扭矩应相平衡。剪力的计算如下（考虑梁截面可自由扭转）。

如图 20-3-24a 所示的闭口薄壁杆件或任意截面形状的闭口薄壁杆件，截面上的剪应力为

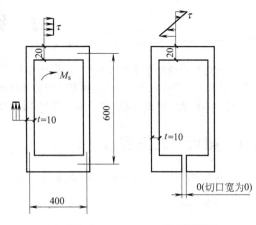

$$\tau = \frac{M_s}{2At} \qquad (20\text{-}3\text{-}12)$$

式中　M_s——梁截面的扭矩，或称截面自由扭转扭矩，N·cm；

　　　A——梁闭口截面壁厚中心线所围成的面积，本例为 60cm×40cm；

　　　t——壁厚，最大剪应力出现在壁厚最小处，本例为 1cm。

(a) 闭口截面　　(b) 开口截面

图 20-3-24　薄壁杆件

本例的数据代入式（20-3-12）可得

$$\tau = \frac{M_s}{2\times60\times40\times1} = \frac{M_s}{4800} \quad (\text{N/cm}^2)$$

单位长度的扭转角：

壁厚不等时

$$\theta = \frac{M_s}{GI_t} = \frac{M_s}{4A^2G} \oint \frac{\mathrm{d}s}{t} \qquad (20\text{-}3\text{-}13)$$

壁厚均匀时

$$\theta = \frac{M_s s}{4A^2 Gt} \qquad (20\text{-}3\text{-}14)$$

$$I_t = \frac{4A^2}{\oint \dfrac{\mathrm{d}s}{t}} \qquad (20\text{-}3\text{-}15)$$

式中　I_t——截面的扭转常数（或称截面抗扭惯性矩），即截面的抗扭几何刚度；

　　　θ——截面的单位长度扭转角；

　　　s——截面中线的总长；

　　　G——材料的切变模量。

2.2.3　开口薄壁杆件

如图 20-3-24b 所示的开口薄壁杆件或任意截面形状的开口薄壁杆件，截面上周边任意点的剪应力为（自由扭转）

$$\tau_{max} = \frac{M_s t}{I_t} \qquad (20\text{-}3\text{-}16)$$

式中，几个狭长矩形组成的截面（如工字形、槽形、T 形、L 形、Z 形）的扭转常数 I_t，由下式求得：

$$I_t = \frac{k_0}{3} \sum_{i=1}^{n} s_i t_i^3 \qquad (20\text{-}3\text{-}17)$$

式中　n——组成截面的狭长矩形的数目；

　　　s_i，t_i——第 i 个狭长矩形的长度及厚度；

　　　k_0——截面形状系数，工字钢截面 $k_0 = 1.30$，槽钢截面 $k_0 = 1.12$，T 形截面 $k_0 = 1.20$，组合截面及角钢截面 $k_0 = 1.0$。

本例　$I_t = \dfrac{1.12}{3}(40\times2^3 + 2\times60\times1^3 + 2\times20\times2^3) = 284 \ (\text{cm}^4)$

用最厚的 t 代入式（20-3-16），得

$$\tau_{max} = \frac{2M_s}{284} = \frac{M_s}{142} \quad (\text{N/cm}^2)$$

与闭口截面，图 20-3-24（a）相比，开口梁的剪应力是闭口梁剪应力的 4800/142＝33.8 倍。

对于开口截面的薄壁梁，如载荷不作用在弯曲中心时，应考虑其扭转变形。开口薄壁杆件单位长度的扭转角为

$$\theta = \frac{M_s}{GI_t} \qquad (20\text{-}3\text{-}18)$$

2.2.4 受约束的开口薄壁梁偏心受力的计算

以上是只考虑纯弯曲的情况，即认为受到扭矩的梁的两端可以自由翘曲，实际上往往两端有一定的约束，阻止梁的自由翘曲。因而使梁的纵向纤维受到拉伸，也就是使梁的主应力发生变化。即还有弯曲扭转正应力叠加于梁所受的弯曲正应力之上，有时该数值较大，往往从结构和布置上来避免出现这种情况。对于闭口薄壁梁可以不必考虑这个问题，对于开口薄壁梁有时是避免不了的，例如载荷的作用严重偏离了对称轴，或弯曲中心。如槽钢没有对称轴的截面，其弯曲中心在截面范围之外。附加的应力计算如下，此时约束扭矩 M_W 及自由扭转扭矩 M_s 两者相加才是截面的总抗扭力矩，与外扭力矩 M_t 平衡。

外加载荷扭矩
$$M_t = M_s + M_W \tag{20-3-19}$$

附加的扇性正应力
$$\sigma_W = \frac{B\omega}{I_W} \tag{20-3-20}$$

附加的扇性剪应力 [叠加于式 (20-3-16)]

$$\tau_W = \frac{M_W S_W}{I_W} \tag{20-3-21}$$

式中　B——双力矩，$B = \int_A \sigma_w \omega dA$，N·cm²；

　　　ω——扇性坐标，$\omega = \int_0^s r ds$，cm²；

　　　I_W——扇性惯性矩，$I_W = \int_A \omega^2 dA$，cm⁶；

　　　M_W——约束扭矩，$M_W = \dfrac{dB}{dz}$，N·cm；

　　　S_W——扇性静矩，$S_W = \int_0^s \omega dA$，cm⁴。

其中，r 为截面剪心 S 至各板段中心线的垂直距离，均取正号；s 为由剪心 S 算起的截面上任意点 s 的坐标。以上 5 个参数都可以由表格查得，见第 1 篇第 1 章。其他各种特殊情况都可以根据通常的力学公式进行分析和计算。梁的计算示例见 2.3.1。

2.3　示例

2.3.1　梁的计算

如图 20-3-25a 所示，一根长度为 l 的两端下翼缘固定的工字形截面的梁，有一偏心距为 e 的均布载荷 q 的作用，将对梁产生弯曲和扭转，且是有约束的翘曲。求其最大的正应力和最大的剪应力。尺寸数据为：$l = 500$cm，$e = 3$cm，$q = 30$kN/m，$h = 40$cm，$h' = 36$cm，$b = 16$cm，$b' = 14.8$cm，$t = 1.2$cm，$t_1 = 2$cm。单位扭矩为 $m_t = 30 \times 1000 \times 3/100 = 900$N·cm/cm。

（1）载荷作用在中心线上产生的应力

梁的截面惯性矩：

$$I_x = \frac{bh^3}{12} - \frac{b'h'^3}{12} = 16 \times 40^3/12 - 14.8 \times 36^3/12 = 27791 \text{ (cm}^4)$$

梁的截面模数

$$W_x = I_x \frac{2}{h} = 27791/20 = 1389.5 \text{ (cm}^3)$$

两端简支梁的最大弯矩在梁的中间：

$$M = ql^2/8 = 30 \times 5^2/8 = 93.75 \text{(kN·m)}$$

最大弯曲应力：

$$\sigma = M/W_x = 9375000/1389.5 = 5749 \text{ (N/cm}^2) \tag{a}$$

剪应力一般是不必计算的，这里为说明梁的所有计算内容而列入，如下。

最大截面剪力在近支承处：

$$Q = ql/2 = 30 \times 5/2 \times 1000 = 75000 \ (\text{N})$$

由弯曲产生的剪应力（腹板上边） $\tau = \dfrac{Qhbt_1}{2I_x t} = \dfrac{75000 \times 40 \times 16 \times 2}{2 \times 27791 \times 1.2} = 1439(\text{N/cm}^2)$ (b)

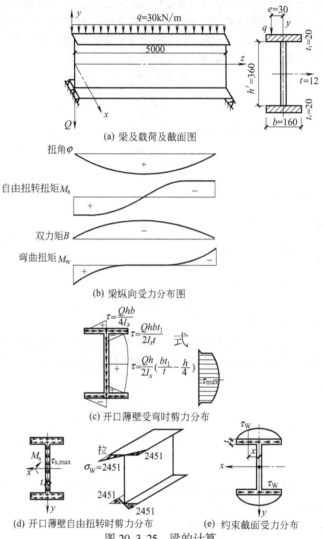

(a) 梁及载荷及截面图

(b) 梁纵向受力分布图

(c) 开口薄壁受弯时剪力分布

(d) 开口薄壁自由扭转时剪力分布   (e) 约束截面受力分布

图 20-3-25   梁的计算

剪应力（腹板中间） $\tau_{\max} = \dfrac{Qh}{2I_x}\left(\dfrac{bt_1}{t} + \dfrac{h}{4}\right) = \dfrac{75000 \times 40}{2 \times 27791} \times \left(\dfrac{16 \times 2}{1.2} + \dfrac{40}{4}\right) = 1979 \ (\text{N/cm}^2)$ (c)

对于工字形截面，翼缘的剪应力很小，只在腹板上面约有（通常可以不计算的），且向翼缘两边直线下降至零，见图 20-3-25c。翼缘上靠近腹板处则为：

$$\tau = \dfrac{Qhb}{4I_x} = \dfrac{75000 \times 40 \times 16}{4 \times 27791} = 431 \ (\text{N/cm}^2)$$ (d)

（2）扭矩产生的应力

由式（20-3-17）（工字钢截面 $k = 1.30$）可得

$$I_t = \dfrac{k_0}{3} \sum_{i=1}^{n} s_i t_i^3 = 1.3 \times (2 \times 16 \times 2^3 + 36 \times 1.2^3)/3 = 137.9 \ (\text{cm}^4)$$

外扭矩在梁中处为零；在梁端为

$$M_t = m_t l/2 = 900 \times 250 = 225000 \ (\text{N} \cdot \text{cm})$$

如自由挠曲，代入式（20-3-16）得

$$\tau_{max} = \frac{M_n t}{I_t} = \frac{225000 \times 2}{137.9} = 3263 \quad (\text{N/cm}^2) \tag{e}$$

但实际上在两端必须有阻挡其受扭矩旋转的可能。设两端有阻挡扭转的装置（例如螺栓）而不影响其轴向的弯曲（仍按简支梁计算弯曲），并且在两端面双力矩为零，但扭转力矩是存在的，约束力矩也存在。双力矩（按简支梁作用有均布扭矩查得）其沿梁的分布情况见图 20-3-25b。

首先查得扇性惯性矩 I_W，对于工字形截面（表 1-1-97）有

$$I_W = \frac{I_y h^2}{4} = \frac{I_1 h^2}{2}$$

式中　I_y——截面对 y 轴的惯性矩，cm^4；

　　　I_1——一个翼缘的惯性矩，cm^4。

$$I_W = \frac{t_1 b^3 h^2}{2 \times 12} = \frac{2 \times 16^3 \times 40^2}{24} = 546133 \quad (\text{cm}^6)$$

查得沿梁（z 轴）双力矩的公式（表 1-1-98）：

$$B(z) = \frac{m_t}{k^2}\left[1 - \frac{\text{ch}k\left(\frac{l}{2}-z\right)}{\text{ch}\left(\frac{kl}{2}\right)}\right]$$

查得其约束扭矩：

$$M_W(Z) = \frac{m_t}{k}\left[\frac{\text{sh}k\left(\frac{l}{2}-z\right)}{\text{ch}\left(\frac{kl}{2}\right)}\right]$$

$$k^2 = \frac{1-\mu}{2} \times \frac{I_t}{I_W} \tag{f}$$

令 $\mu = 0.3$，将 I_t、I_W 代入，得

$$k^2 = \frac{1-0.3}{2} \times \frac{137.9}{546133} = 0.8838 \times 10^{-4} (\text{cm}^{-2})$$

$$k = 0.9401 \times 10^{-2} \text{cm}^{-1}$$

$$\frac{kl}{2} = 0.009401 \times 250 = 2.35$$

① 梁端部 $z = 0$，$B = 0$，查表 1-1-98

$$M_W(0) = \frac{m_t}{k}\text{th}\frac{kl}{2} = \frac{900}{0.009401}\text{th}2.35 = 9.573 \times 10^4 \times 0.9819 = 94002 \quad (\text{N} \cdot \text{cm})$$

附加的扇性剪应力（翼缘处）为

$$\tau_W = \frac{M_W S_W}{I_W t} = \frac{94002 \times 1280}{546133 \times 2} = 110 \quad (\text{N/cm}^2)（腹板处为0） \tag{g}$$

其中 $S_W = \frac{b^2 t_1 h}{16} = \frac{16^2 \times 2 \times 40}{16} = 1280 \quad (\text{cm}^4)$

② 梁中部 $z = \frac{l}{2}$，$M_W\left(\frac{l}{2}\right) = 0$，$B\left(\frac{l}{2}\right) = \frac{m_t}{k^2}\left[1 - \frac{1}{\text{ch}\left(\frac{kl}{2}\right)}\right] = \frac{900}{0.9401^2 \times 10^{-4}}\left(1 - \frac{1}{\text{ch}2.35}\right)$

$$= 10.2 \times 10^6 \times \left(1 - \frac{1}{5.2971}\right) = 10.0 \times 0.8112 \times 10^6 = 8274240 \quad (\text{N} \cdot \text{cm}^2)$$

梁中部的约束应力最大由式（20-3-20）得

$$\sigma_W = \frac{B\omega}{I_W} = \frac{8274240 \times 160}{546133} = 2424 \quad (\text{N/cm}^2) \tag{h}$$

其中扇性坐标 $\omega = \frac{bh}{4} = \frac{16 \times 40}{4} = 160 \quad (\text{cm}^2)$　　　（见图 20-3-25）

第 **20** 篇

（3）总计

① 梁中部最大应力为，加最大弯曲应力 [见（1）中求得的式（a）]：

$$\sigma_{max} = 5749 + 2451 = 8200 \ (N/cm^2)$$

② 梁端部截面自由扭转扭矩为

$$M_s = M_t - M_W(0) = 225000 - 90000 = 135000(N \cdot cm)$$

该扭矩产生的剪应力为

翼缘处：

$$\tau = \frac{M_s t}{I_t} = \frac{135000 \times 2}{137.9} = 1958 \ (N/cm^2)$$

腹板处：

$$\tau = 1958 \times \frac{1.2}{2} = 1175(N/cm^2)$$

最大剪应力总和（计算翼缘）加式（d）及式（g）为

$$\tau_{max} = 1958 + 110 + 410 = 2478 \ (N/cm^2) \tag{i}$$

最大剪应力总和（腹板），加式（c）为

$$\tau_{max} = 1175 + 1854 = 3029 \ (N/cm^2)$$

与自由扭转的剪应力 [式(e)] 相比还是较小的。从所有计算看来，剪力相对来说是比较小的。所以一般都不进行计算。

2.3.2 汽车货车车架的简略计算

下面为汽车货车车架的简略计算。汽车车架的计算是很复杂的。目前的方法是将整个车架，即将横梁与纵梁联合一起考虑。同时还要考虑悬挂装置、轮胎和路面的影响，工作载荷的影响等等。现在的计算多用有限元方法来分析，并且最终还要以实际检测作为依据。所以下面的计算只能作为初步设计比较的参考。因这是很专业的问题，应由专业人士来设计。一般说来，机架采用封闭断面纵梁或局部扭转小的纵梁，是可根据弯曲计算来初步确定梁断面尺寸的。对于某些机架结构的扭转问题，可以用上面的薄壁杆件理论加以补充分析。本手册介绍这种计算方法是用来说明一般梁的弯曲和扭转设计计算的实际内容。

（1）纵梁弯曲应力

$$\sigma = M/W$$

式中　W——截面系数。

弯矩 M 可用弯矩差法或力多边形法求得。对于载重汽车，可假定空车簧上重量 G_s 均布在纵梁全长上，载重 G_e 均布在车厢中，因有两根梁，每根梁的均布载荷各为（见图 20-3-26）

$$q_s = \frac{G_s}{2(a+L+b)}; \ q_e = \frac{G_e}{2(c_1+c_2)}$$

其产生在 x 处的弯矩各为

$$M_x = \frac{q_s}{2}\left[(Lx-x^2-a^2)+(a^2-b^2)\frac{x}{L}\right]; \ M_e = \frac{q_e}{2}\left[(c_1^2-c_2^2)\frac{x}{L}-(x-L+c_1)^2\right]$$

总弯矩为

$$M = M_x + M_e$$

计算应力同使用中实际应力很难完全符合。典型轻型货车架纵梁在碎石路上实测应力见图 20-3-27。

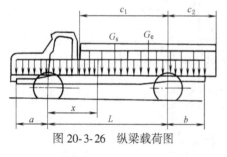

图 20-3-26　纵梁载荷图

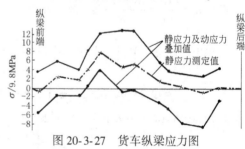

图 20-3-27　货车纵梁应力图

（2）局部扭转应力

相邻两横梁如果都同纵梁翼缘连接，扭矩 M_t 作用于该段纵梁的中点，则在开口断面梁中扇形应力可按下式计算（无自由扭转）：

$$\sigma_{W} = \frac{B\omega}{I_{W}}$$

对于槽形断面　　$\omega = \frac{hb}{2} \times \frac{h+3b}{h+6b}$

对于工字形断面　　$\omega = -\frac{hb}{4}$

式中　I_{W}——扇性惯性矩，mm^6；

　　　ω——薄壁曲杆受弯的截面特性，即扇性坐标，mm^2；

　　　B——双力矩，沿杆件长度的分布情形如图 20-3-28a 所示。

B 的最大值在杆件的中点和两端，为

$$B_{max} = \frac{M_{t}L}{2}n$$

n——kL 的函数，有专门的表格可查，或从第 1 篇第 1 章表 1-1-133 可推算，而 $kL = L\sqrt{\frac{GI_{t}}{EI_{w}}}$，当 $kL = 0 \sim$ 2.5 时，$n = 0.25 \sim 0.22$；

　　　I_{t}——截面的扭转常数，mm^4。

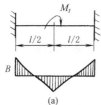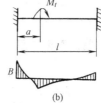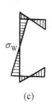

图 20-3-28　双力矩及扇形应力 σ_{W} 图

扭矩 M_{t} 不在杆件中点时，B 的分布情况见图 20-3-28b，σ_{W} 沿杆件断面的分布特点同 W 相似，对于槽形断面如图 20-3-28c 所示。

（3）车架扭转时纵梁应力

如横梁同纵梁翼缘相连，则在节点附近，纵梁的扇形应力为：

当车架的弯曲度可略去不计时

$$\sigma_{W} = a\frac{E\alpha}{L} \times \frac{\omega}{l}$$

式中　E——弹性模量；

　　　α——车架轴间扭角；

　　　L——汽车轴距；

　　　l——节点间距；

　　　a——系数，当 $kL = 0$ 时 $a = 6$，$kL = 1 \sim 2$ 时 $a = 5.25$。

车架扭转时，纵梁还将出现弯曲应力，须和 σ_{W} 相加。典型中型货车车架扭转时纵梁应力如图 20-3-29 所示。

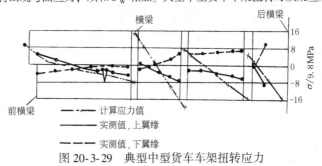

图 20-3-29　典型中型货车车架扭转应力

上述计算方法将汽车车架简化成为两根互不相干的纵梁，用简支梁理论计算其弯曲强度。实际车架是空间结构，其弯曲必然要引起扭转，而车架的危险工况是扭转而不是弯曲，因此20世纪50年代开始对车架进行抗扭转的计算分析。这种计算方法假定车架在扭转时不发生弯曲变形，并假定在扭转时各构件的单位扭角相等。这些假定都不符合实际情况，而且只能计算扭转工况，不能计算扭转与弯曲联合作用工况，计算时也不能考虑车架上的油箱、蓄电池、备胎的载荷影响及悬架支承的局部载荷影响，所以计算的结果仍然误差很大，只能供初选数据时分析比较用。

近年来基本上都用电子计算机以有限元来计算车架。计算结果虽可以得到较接近实际应力分布情况的数值解，但仍然要以实际检测为准。

2.4 连续梁计算用表

① 一般机架梁的计算按悬臂梁、简支梁、两端固定梁等简单形式的梁来分析就已足够了。有关这方面公式请参见本书第1篇第1章。表20-3-6补充编入等截面连续梁的计算系数表，可供计算 $2\sim3$ 跨连续梁的内力和挠度时直接查找。

② 对于无限多跨的连续梁，在都有均布载荷 q 作用下，支座的弯矩为 $-0.095ql^2$；最大弯矩出现在只连续两跨有载荷时；支座处梁的弯矩为 $-0.106ql^2$。在中点都作用有集中力 P 时，支座的弯矩为 $-0.125Pl$。其他参数可根据其支座跨距及上面的载荷按简支梁算得。当载荷与表20-3-6所载不相同时，可按表20-3-7将对称载荷化作等效均布载荷计算。

③ 连续水平圆弧梁在均布载荷作用下的弯矩、剪力及扭矩见表20-3-8。

④ 井式梁的最大弯矩及剪力系数见表20-3-9及表20-3-10。

等跨梁在常用载荷作用下的内力及挠度系数

1) 在均布及三角形载荷作用下

$$M = 表中系数 \times ql^2$$
$$Q = 表中系数 \times ql$$
$$f = 表中系数 \times \frac{ql^4}{100EI}$$

2) 在集中载荷作用下

$$M = 表中系数 \times Pl$$
$$Q = 表中系数 \times P$$
$$f = 表中系数 \times \frac{Pl^3}{100EI}$$

3) 当载荷组成超出本表所示的形式时，对于对称载荷，可利用表20-3-7中的等效均布载荷 q_E，计算支座弯矩；然后按单跨简支梁在实际载荷及求出的支座弯矩共同作用下计算跨中弯矩和剪力。

4) 内力正负号说明

M——弯矩，使截面上部受压，下部受拉者为正；

Q——剪力，对邻近截面所产生的力矩沿顺时针方向者为正；

f——挠度，向下变位者为正。

表 20-3-6

载 荷 图		跨内最大弯矩		支座弯矩	剪 力			跨度中点挠度	
		M_1	M_2	M_B	Q_A	$Q_{B左}$ / $Q_{B右}$	Q_C	f_1	f_2
两跨梁		0.070	0.0703	-0.125	0.375	-0.625 / 0.625	-0.375	0.521	0.521
		0.096	—	-0.063	0.437	-0.563 / 0.063	0.063	0.912	-0.391

续表

载 荷 图		跨内最大弯矩		支座弯矩	剪 力			跨度中点挠度	
		M_1	M_2	M_B	Q_A	$Q_{B左}$ $Q_{B右}$	Q_C	f_1	f_2
两跨梁		0.048	0.048	-0.078	0.172	-0.328 0.328	-0.172	0.345	0.345
		0.064	—	-0.039	0.211	-0.289 0.039	0.039	0.589	-0.244
		0.156	0.156	-0.188	0.312	-0.688 0.688	-0.312	0.911	0.911
		0.203	—	-0.094	0.406	-0.594 0.094	0.094	1.497	-0.586
		0.222	0.222	-0.333	0.667	-1.333 1.333	-0.667	1.466	1.466
		0.278	—	-0.167	0.833	-1.167 0.167	0.167	2.508	-1.012

载 荷 图		跨内最大弯矩		支座弯矩		剪 力				跨度中点挠度		
		M_1	M_2	M_B	M_C	Q_A	$Q_{B左}$ $Q_{B右}$	$Q_{C左}$ $Q_{C右}$	Q_D	f_1	f_2	f_3
三跨梁		0.080	0.025	-0.100	-0.100	0.400	-0.600 0.500	-0.500 0.600	-0.400	0.677	0.052	0.677
		0.101	—	-0.050	-0.050	0.450	-0.550 0	0 0.550	-0.450	0.990	-0.625	0.990
		—	0.075	-0.050	-0.050	-0.050	-0.050 0.500	-0.500 0.050	0.050	-0.313	0.677	-0.313
		0.073	0.054	-0.117	-0.033	0.383	-0.617 0.583	-0.417 0.033	0.033	0.573	0.365	-0.208
		0.094	—	-0.067	0.017	0.433	-0.567 0.083	0.083 -0.017	-0.017	0.885	-0.313	0.104

注：表中 f、l 单位为 mm；Q、P 单位为 N；M 单位为 N·mm；q 单位为 N/mm。

第 **20** 篇

表 20-3-7   各种载荷化成具有相同支座弯矩的等效均布载荷

实际载荷	支座弯矩等效均布载荷 q_E	实际载荷	支座弯矩等效均布载荷 q_E	实际载荷	支座弯矩等效均布载荷 q_E
	$\dfrac{3P}{2l}$		$\dfrac{19P}{6l}$		$\dfrac{11q}{16}$
	$\dfrac{8P}{3l}$		$\dfrac{2n^2+1}{2n}\times\dfrac{P}{l}$		$\dfrac{\gamma}{2}(3-\gamma^2)q$
	$\dfrac{15P}{4l}$		$\dfrac{n^2-1}{n}\times\dfrac{P}{l}$		$\dfrac{14q}{27}$
	$\dfrac{9P}{4l}$		$\dfrac{13q}{27}$		$2\alpha^2(3-2\alpha)q$

注：1. 表中 $\alpha=\dfrac{a}{l}$；$\gamma=\dfrac{c}{l}$；l 为梁的跨度。

2. 表中 l、a、c 单位为 mm；P 单位为 N；q 单位为 N/mm。

连续水平圆弧梁在均布载荷作用下的弯矩、剪力及扭矩

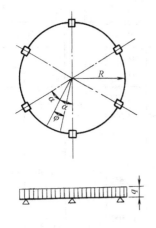

最大剪力 $=\dfrac{R\pi q}{n}$；

任意点弯矩 $=\left(\dfrac{\pi}{n}\times\dfrac{\cos\varphi}{\sin\alpha}-1\right)qR^2$；

跨度中点弯矩 $=\left(\dfrac{\pi}{n}\times\dfrac{1}{\sin\alpha}-1\right)qR^2$；

支座弯矩 $=\left(\dfrac{\pi}{n}\cot\alpha-1\right)qR^2$；

任意点扭矩 $=\left(\dfrac{\pi}{n}\times\dfrac{\sin\varphi}{\sin\alpha}-\varphi\right)qR^2$。

式中 n——支座数量。

因载荷及支点均对称，扭矩在支座及跨度中点均为零。

表 20-3-8

圆弧梁支柱数	最大剪力	弯 矩		最大扭矩	支柱轴线与最大扭矩截面间的中心角
		在二支柱间的跨中	支 柱 上		
4	$R\pi q/4$	$0.03524\pi qR^2$	$-0.06831\pi qR^2$	$0.01055\pi qR^2$	19°12′
6	$R\pi q/6$	$0.01502\pi qR^2$	$-0.02964\pi qR^2$	$0.00302\pi qR^2$	12°44′
8	$R\pi q/8$	$0.00833\pi qR^2$	$-0.01653\pi qR^2$	$0.00126\pi qR^2$	9°32′
12	$R\pi q/12$	$0.00366\pi qR^2$	$-0.00731\pi qR^2$	$0.00037\pi qR^2$	6°21′

注：表中 R 单位为 mm；q 单位为 N/mm。

表 20-3-9 井式梁最大弯矩及剪力系数之一

b/a	A 梁 M	A 梁 Q	B 梁 M	B 梁 Q	A 梁 M	A 梁 Q	B 梁 M	B 梁 Q	A₁ 梁 M	A₁ 梁 Q	A₂ 梁 M	A₂ 梁 Q	B₁ 梁 M	B₁ 梁 Q	B₂ 梁 M	B₂ 梁 Q
0.6	0.480	0.730	0.040	0.290	0.410	0.660	0.090	0.340	1.410	1.330	1.970	1.730	0.260	0.505	0.360	0.600
0.8	0.455	0.705	0.090	0.340	0.330	0.580	0.170	0.420	1.110	1.115	1.580	1.460	0.540	0.710	0.770	0.890
1.0	0.420	0.670	0.160	0.410	0.250	0.500	0.250	0.500	0.830	0.915	1.170	1.170	0.830	0.915	1.170	1.170
1.2	0.370	0.620	0.260	0.510	0.185	0.435	0.315	0.565	0.590	0.745	0.840	0.940	1.060	1.080	1.510	1.410
1.4	0.325	0.575	0.350	0.600	0.135	0.385	0.365	0.615	0.420	0.620	0.600	0.770	1.240	1.210	1.740	1.570
1.6	0.275	0.525	0.450	0.700	0.100	0.350	0.400	0.650	0.300	0.535	0.420	0.640	1.370	1.300	1.910	1.690

b/a	A₁ 梁 M	A₁ 梁 Q	A₂ 梁 M	A₂ 梁 Q	B 梁 M	B 梁 Q	A₁ 梁 M	A₁ 梁 Q	A₂ 梁 M	A₂ 梁 Q	B 梁 M	B 梁 Q	A 梁 M	A 梁 Q	B 梁 M	B 梁 Q
0.6	0.460	0.710	0.545	0.795	0.035	0.285	0.455	0.705	0.530	0.780	0.030	0.280	0.820	1.070	0.180	0.430
0.8	0.435	0.685	0.555	0.805	0.075	0.325	0.425	0.675	0.535	0.785	0.080	0.330	0.660	0.910	0.340	0.590
1.0	0.415	0.665	0.550	0.800	0.120	0.370	0.400	0.650	0.540	0.790	0.120	0.370	0.500	0.750	0.500	0.750
1.2	0.395	0.645	0.530	0.780	0.180	0.430	0.375	0.625	0.540	0.790	0.170	0.420	0.370	0.620	0.630	0.880
1.4	0.370	0.620	0.505	0.755	0.255	0.505	0.360	0.610	0.530	0.780	0.220	0.470	0.270	0.520	0.730	0.980
1.6	0.345	0.595	0.475	0.725	0.360	0.610	0.340	0.590	0.520	0.770	0.280	0.530	0.200	0.450	0.800	1.050

b/a	A₁ 梁 M	A₁ 梁 Q	A₂ 梁 M	A₂ 梁 Q	B₁ 梁 M	B₁ 梁 Q	B₂ 梁 M	B₂ 梁 Q	A₁ 梁 M	A₁ 梁 Q	A₂ 梁 M	A₂ 梁 Q	B 梁 M	B 梁 Q
0.6	1.800	1.500	2.850	2.160	0.360	0.580	0.570	0.760	0.820	1.070	1.090	1.340	0.135	0.385
0.8	1.420	1.260	2.290	1.820	0.700	0.800	1.150	1.120	0.750	1.000	1.020	1.270	0.240	0.490
1.0	1.060	1.030	1.720	1.470	1.060	1.030	1.720	1.470	0.660	0.910	0.910	1.160	0.430	0.635
1.2	0.760	0.840	1.250	1.180	1.360	1.220	2.190	1.760	0.550	0.800	0.780	1.030	0.670	0.810
1.4	0.550	0.700	0.890	0.960	1.590	1.370	2.540	1.970	0.460	0.710	0.640	0.890	0.900	0.970
1.6	0.390	0.600	0.620	0.790	1.770	1.480	2.800	2.130	0.370	0.620	0.520	0.770	1.110	1.120

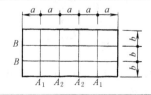

b/a	A₁ 梁		A₂ 梁		B 梁	
	M	Q	M	Q	M	Q
0.6	0.790	1.040	1.080	1.330	0.130	0.380
0.8	0.720	0.970	1.070	1.320	0.210	0.460
1.0	0.660	0.910	1.020	1.270	0.320	0.570
1.2	0.600	0.850	0.950	1.200	0.500	0.700
1.4	0.540	0.790	0.860	1.110	0.740	0.850
1.6	0.480	0.730	0.760	1.010	1.000	1.010

注：1. 跨中弯矩用表中 M 栏的系数，乘数分别按下式采用：

M_A、M_{A1}、M_{A2}＝表中系数×qab^2；

M_B、M_{B1}、M_{B2}＝表中系数×qa^2b。

2. 梁端剪力用表中 Q 栏的系数，乘数均为 qab，即 Q_A 或 Q_B＝表中系数×qab。

3. q 为单位面积上的计算载荷，在计算中近似假定集中在梁交点处（$P＝qab$），为减小误差，计算最大剪力时，一律增加一项梁端节点载荷（0.25qab）。

4. 表中数据计算时，假定井式梁四边均为简支。

5. 表中 a、b 单位为 mm；q 单位为 N/mm²。

表 20-3-10　　　　　　　　井式梁的最大弯矩及剪力系数之二

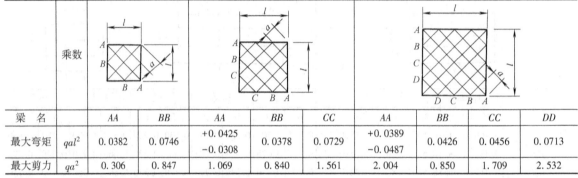

梁 名		AA	BB	AA	BB	CC	AA	BB	CC	DD
最大弯矩	qal^2	0.0382	0.0746	+0.0425 -0.0308	0.0378	0.0729	+0.0389 -0.0487	0.0426	0.0456	0.0713
最大剪力	qa^2	0.306	0.847	1.069	0.840	1.561	2.004	0.850	1.709	2.532

注：1. 最大弯矩＝表中系数×qal^2，最大剪力＝表中系数×qa^2。

2. 其他见表 20-3-9 注 3、4。

3. 表中 a、l 单位为 mm；q 单位为 N/mm²。

2.5　弹性支座上的连续梁

在工程结构中常会遇到支承在弹性支座上的连续梁。在载荷的作用下，各个支座有弹性伸长或缩短，即支点处产生竖直位移。一般考虑支点的伸缩量与支点反力的大小成正比。例如在以连续梁作为纵梁，而此纵梁又支承在具有弹性的横梁上；连续梁浮桥支承在浮动桥墩上；矿山用振动放矿机的机架支承在橡胶弹簧上等。在必须作较精确计算时，就要按弹性支座来计算。设图 20-3-30a 所示的连续梁支承在弹性支座上，其各跨的截面相同，跨度相等，支座的柔度系数 C（即弹簧在单位力作用下的伸缩量）相等。

写出在支点 n 之上的截面内冗力 M_n 作用方向内的相对角位移等于零的正则方程式 $\theta_n = 0$。这个相对角位移包括两部分。第一部分是在刚性支承的连续梁中，冗力 M_n 方向内的相对角位移。它包括以下几项：

$$M_{n-1}\delta_{n,n-1}+M_n\delta_{n,n}+M_{n+1}\delta_{n,n+1}+\Delta_{np}=\frac{l}{6EI}M_{n-1}+\frac{2l}{3EI}M_n+\frac{l}{6EI}M_{n+1}+\frac{1}{EI}\left(B_n^\Phi+A_{n+1}^\Phi\right) \tag{20-3-22}$$

这一部分的相对角位移仅受到支点 n 左右两跨上的冗力与载荷的影响。

其中

$$B_n^\Phi=\frac{\Omega_n a_n}{l_n} \tag{20-3-23}$$

$$A_{n+1}^\Phi=\frac{\Omega_{n+1} b_{n+1}}{l_{n+1}} \tag{20-3-24}$$

式中，Ω_n 与 Ω_{n+1} 分别为在跨度 l_n 与 l_{n+1} 内由于载荷所引起的力矩图面积；a_n 与 b_{n+1} 分别为这两个力矩图面积的重心至各该跨度的左支点与右支点的距离。

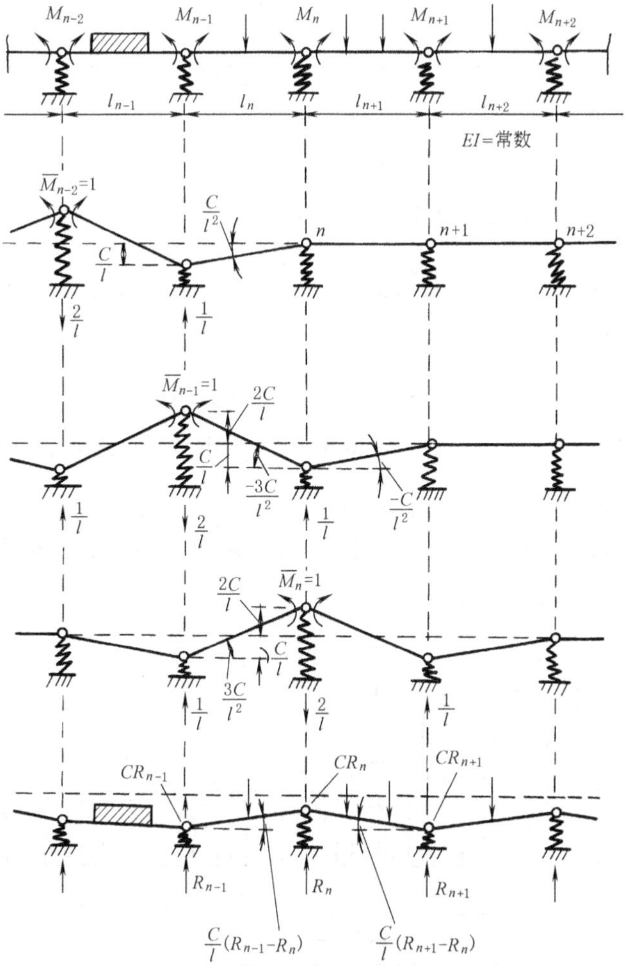

图 20-3-30

式（20-3-23）表示将 Ω_n 视作在跨度 l_n 内的虚梁载荷，跨度 l_n 内的右端虚梁反力；式（20-3-24）表示将 Ω_{n+1} 视作为跨度 l_{n+1} 内的虚梁载荷，跨度 l_{n+1} 内左端的虚梁反力。

在冗力 M_n 作用方向内所产生的相对角位移数值的第二部分，是由于支点的竖直位移所引起的。冗力与载荷不仅直接产生在 M_n 方向内的相对角位移，并且能够使弹簧伸缩而间接地影响到 θ_n 的数值。图 20-3-30b 表示在单位力 $\overline{M}_{n-2}=1$ 作用下，基本结构的支点位移与受力情形。在支点 $n-1$ 处的反力为 $1/l$，它使该处的弹簧压缩 C/l 的数值，从而使跨度 l_n 转动，因此在 M_n 作用方向内产生一相对角位移 $\dfrac{C}{l}\times\dfrac{1}{l}=\dfrac{C}{l^2}$。图 20-3-30c 表示在单位力 $\overline{M}_{n-1}=1$ 作用下，基本结构的支点位移与受力情形；由此可得，在 M_n 作用方向内的相对角位移为 $-\dfrac{3C}{l^2}-\dfrac{C}{l^2}=-\dfrac{4C}{l^2}$。

由图 20-3-30d 可知，在单位力 $\overline{M}_n=1$ 作用下，M_n 作用方向内的相对角位移为 $2\times\dfrac{3C}{l^2}=\dfrac{6C}{l^2}$。至于在 $\overline{M}_{n+2}=1$ 与 $\overline{M}_{n+1}=1$ 作用下，支点位移对 θ 的影响是与支点 n 相对称的，它们的数值分别为 $\dfrac{C}{l^2}$ 与 $-\dfrac{4C}{l^2}$。图 20-3-30e 表示在载荷作用下，基本结构的支点位移与受力情形，其中 R_{n-1}、R_n、R_{n+1} 分别为在载荷作用下支点 $n-1$、n、$n+1$ 的简支梁反力；它们使各该支点处的弹簧缩短 CR_{n-1}、CR_n、CR_{n+1}，从而在 M_n 作用方向内产生一相对角位移 $\dfrac{C}{l}(R_{n-1}-2R_n+R_{n+1})$。由上述可知，第二部分的相对角位移受到支点 n 左右四个跨度上的冗力与载荷的影响。其他跨度上的冗力与载荷并不影响 θ_n。

第 20 篇

以上两部分相对角位移之和，即为 θ_n 的总值，按诸力法原理，它应该等于零。故得：

$$\frac{C}{l^2}M_{n-2}+\left(\frac{l}{6EI}-\frac{4C}{l^2}\right)M_{n-1}+2\left(\frac{l}{3EI}+\frac{3C}{l^2}\right)M_n+\left(\frac{l}{6EI}-\frac{4C}{l^2}\right)M_{n+1}+$$

$$\frac{C}{l^2}M_{n+2}+\frac{B_n^\Phi+A_{n+1}^\Phi}{EI}+\frac{C}{l}(R_{n-1}-2R_n+R_{n+1})=0 \tag{20-3-25}$$

令 $\dfrac{6EIC}{l^3}=\alpha$，则在各项乘以 $\dfrac{6EI}{l}$ 之后，上式可改写为五弯矩方程：

$$\alpha(M_{n-2}+M_{n+2})+(1-4\alpha)(M_{n-1}+M_{n+1})+(4+6\alpha)M_n=-\frac{6B_n^\Phi}{l}-\frac{6A_{n+1}^\Phi}{l}-\alpha l(R_{n-1}-2R_n+R_{n+1}) \tag{20-3-26}$$

在第 n 个支点处，弹性支承的下沉量 Δ_n 为：

$$\Delta_n=\frac{C}{l}(M_{n-1}-2M_n+M_{n+1}+R_n l) \tag{20-3-27}$$

由上两公式可知，在 $\alpha=0$ 的情况下，式（20-3-26）与刚性支承的连续梁三弯矩方程式相符合；而由式（20-3-27）得 $\Delta_n=0$。

例 图 20-3-31a 为一搁置于橡胶块 A、B、C 上的振动放矿机槽台的载荷分布图。图 20-3-31b 为槽台构件组合截面的基本结构参数，求弹性支座上连续梁的支点反力 A、B、C。反力求出后则整个构体的强度皆可设计[❶]。

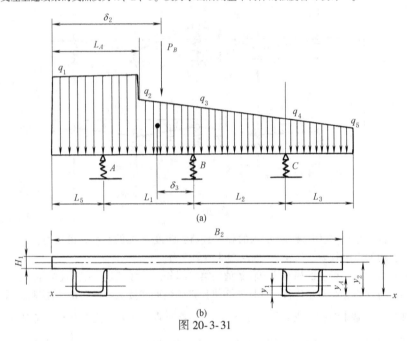

图 20-3-31

载荷：

集中力 $P_B=14050\text{N}$；

均布力 $q_1=298.5\text{N/cm}$，$q_2=153.6\text{N/cm}$，$q_3=142.1\text{N/cm}$，$q_4=76.6\text{N/cm}$，$q_5=12.0\text{N/cm}$。

图中尺寸 $\delta_2=67\text{cm}$，$L_A=60\text{cm}$，$L_5=0$，$L_1=73\text{cm}$，$L_2=74\text{cm}$，$L_3=73\text{cm}$，$H_1=1\text{cm}$，$B_2=86\text{cm}$。

槽钢截面参数 惯性矩 $J_1=2\times11.872=23.744\text{cm}^4$，面积 $A_1=2\times8.44=16.88\text{cm}^2$，截面形心至 x 轴距离 $y_1=1.36\text{cm}$。

槽板截面参数 惯性矩 $J_2=B_2H_1^3/12=7.167\text{cm}^4$，面积 $A_2=B_2H_1=86\text{cm}^2$，截面形心至 x 轴距离 $y_2=4.5\text{cm}$。

组合截面参数 组合截面形心至 x 轴距离 $y_A=(A_1y_1+A_2y_2)/(A_1+A_2)=3.985\text{cm}$。

惯性矩 $J=J_1+J_2+F_1(y_A-y_1)^2+A_2(y_A-y_2)^2=170.034\text{cm}^4$。

截面材料弹性模量 $E=2.1\times10^5\text{MPa}=2.1\times10^7\text{N/cm}^2$。

橡胶块的静刚度 $K_j=17380\text{N/cm}$；柔度系数 $C=\dfrac{1}{K_j}=0.0000575\text{cm/N}$。

---

❶ 本侧已于振动放矿机系列设计中实际应用。

本问题的求解不能直接套用上述的五弯矩方程。因为五弯矩方程提供的是等跨度 $l_{n-1}=l_n=l_{n+1}$ 的计算公式。本题为不等跨的弹性支承连续梁。因此式（20-3-25）需作修改。主要是对在多余力 M_n 作用方向内所产生的相对角位移数值的第二部分，即式（20-3-25）中带 $\dfrac{C}{l^2}$ 部分的各值进行修改：由图 20-3-30b 可知，在单位力 $\overline{M}_{n-2}=1$ 作用下，在支点的反力为 $1/l_{n-1}$，它使该弹簧变形为 C/l_{n-1}，因此，使 l_n 跨转动，在 M_n 作用方向内产生一相对角位移：$\dfrac{C}{l_{n-1}}\times\dfrac{1}{l_n}=\dfrac{C}{l_{n-1}l_n}$；由图 20-3-30c 可知，在单位力 $\overline{M}_{n-1}=1$ 作用下，M_n 方向内产生的相对角位移为 $-\dfrac{3C}{l_n^2}-\dfrac{C}{l_n l_{n+1}}$；由图 20-3-30d 可知，在单位力 $\overline{M}_n=1$ 作用下，在 M_n 作用方向产生的相对角位移为 $\dfrac{3C}{l_n^2}+\dfrac{3C}{l_{n+1}^2}=\dfrac{3C(l_{n+1}^2+l_n^2)}{l_n^2 l_{n+1}^2}$；在 $\overline{M}_{n+1}=1$ 和 $\overline{M}_{n+2}=1$ 作用下，支点位移对 M_n 作用方向产生的角位移参照上面的式子（即 $\overline{M}_{n-1}=1$，$\overline{M}_{n-2}=1$ 所产生的角位移公式，l_n 与 l_{n+1} 替换，l_{n+2} 替换 l_{n-1}）分别为：$\dfrac{-3C}{l_{n+1}^2}-\dfrac{C}{l_n l_{n+1}}$ 和 $\dfrac{C}{l_{n+1}l_{n+2}}$。

由此，对比式（20-3-25），可得不等跨弹性支承连续梁的五弯矩方程：

$$\frac{C}{l_{n-1}l_n}M_{n-2}+\left(\frac{l_n}{6EJ}-\frac{3C}{l_n^2}-\frac{C}{l_n l_{n+1}}\right)M_{n-1}+\left[\frac{l_n+l_{n+1}}{3EJ}+\frac{3(l_n^2+l_{n+1}^2)}{l_n^2 l_{n+1}^2}\right]M_n+$$

$$\left(\frac{l_{n+1}}{6EJ}-\frac{3C}{l_n^2}-\frac{C}{l_n l_{n+1}}\right)M_{n+1}+\frac{C}{l_{n+2}l_{n+1}}M_{n+2}+\frac{B_n^\Phi+A_{n+1}^\Phi}{EJ}+$$

$$\frac{CR_{n-1}}{l_{n-1}}-2R_n\frac{C}{l_n}+R_{n+1}\frac{C}{l_{n+1}}=0 \tag{20-3-28}$$

本题为三支点梁，因而 $M_{n-2}=0$，$M_{n+2}=0$，上式可大为简化，并令 R_A、R_B、R_C 表示 R_{n-1}、R_n、R_{n+1}，M_A、M_B、M_C 表示 M_{n-1}、M_n、M_{n+1}，L_1、L_2 表示 l_n、l_{n+1}，则可得

$$\left(\frac{L_1}{6EJ}-\frac{3C}{L_1^2}-\frac{C}{L_1 L_2}\right)M_A+\left[\frac{L_1+L_2}{3EJ}+\frac{3C(L_2^2+L_1^2)}{L_1^2 L_2^2}\right]M_B+\left(\frac{L_2}{6EJ}-\frac{3C}{L_2^2}-\frac{C}{L_1 L_2}\right)M_C+$$

$$\frac{B_n^\Phi+A_{n+1}^\Phi}{EJ}+\frac{C}{L_1}R_A-\left(\frac{C}{L_1}+\frac{C}{L_2}\right)R_B+\frac{C}{L_2}R_C=0 \tag{20-3-29}$$

该方程中首先要推求槽台构件按简支梁计算的支座反力（见图 20-3-31a）：

$$R_A=\frac{q_1 L_A\times(L_5+L_1-L_A/2)}{L_1}+\frac{(L_5+L_1-L_A)^2(q_3+2q_2)}{6L_1}+\frac{P_B(L_5+L_1-d_2)}{L_1} \tag{20-3-30}$$

$$R_B=\frac{q_1 L_A\left(\dfrac{L_A}{2}-L_5\right)}{L_1}+\frac{P_B(A_2-L_5)}{L_1}+\frac{(q_2+q_3)}{2}(L_5+L_1-L_A)\left(\frac{L_1-d_3}{L_1}\right)+$$

$$\frac{L_2(q_4+2q_3)}{6}-\frac{(2q_5+q_4)L_3^2}{6L_2} \tag{20-3-31}$$

式中，δ_3 为梯形载荷 q_2、q_3 的重心距离（见图 20-3-31），

$$\delta_3=(L_1+L_5-L_A)\cdot\frac{(2q_2+q_3)}{3(q_2+q_3)}$$

$$R_C=\frac{(2q_5+q_3)(L_2+L_3)^2}{6L_2} \tag{20-3-32}$$

将已知数据代入，可求得：

$$R_A=11878\text{N}；\quad R_B=25247\text{N}；\quad R_C=8084\text{N}$$

然后，还要求出梁上虚载荷在 B 点反力，由式（20-3-22）及式（20-3-23），按 L_2 跨内载荷引起的力矩图面积载荷对 B 的虚反力 A_{n+1}^Φ，及按 L_1 跨内载荷引起的力矩图载荷对 B 点的虚反力 B_n^Φ（可分别查图表）。

对 L_2 跨：$A_{n+1}^\Phi=L_2^3(7q_4+8q_3)/360$

对 L_1 跨：按图 20-3-31a，梁上载荷分四部分分别查表：①局部均布载荷 q_1；②局部均布载荷 q_3；③局部三角形载荷（q_2-q_3）；④集中力 P_B 为简化起见，令 $a=L_A-L_5$，$b=L_1+L_5-L_A$，$a_1=d_2-L_5$，$\alpha=a/L_1$，$\beta=b/L_1$，$\alpha_1=a_1/L_1$，查表得：

$$B_n^\Phi=\frac{q_1 a^2 L_1}{24}(2-\alpha^2)+\frac{q_3 b^2 L_1}{24}(2-\beta)^2+\frac{(q_2-q_3)b^2 L_1}{360}(40-45\beta+12\beta^2)+\frac{P_B a_1 b_1(1+\alpha_1)}{6}$$

将已知数据代入后，得 $A_{n+1}^\Phi=1883166\text{N}\cdot\text{cm}^2$，$B_n^\Phi=6389617\text{N}\cdot\text{cm}^2$。

从图 20-3-31 可看出，只有三个支点，真实弯矩 M_A、M_C 可直接求得：

$$M_A = -q_1 L_5^2 / 2 = 0$$

$$M_C = -(q_4 + 2q_5) L_3^2 / 6 = 89350 \text{N} \cdot \text{cm}$$

由式 (20-3-29) 即可求得 M_B：

$$M_B = \left[\left(\frac{3C}{L_2^2} + \frac{C}{L_1 L_2} - \frac{L_2}{6EJ} \right) M_C + \left(\frac{3C}{L_1^2} + \frac{C}{L_1 L_2} - \frac{L_1}{6EJ} \right) M_A - \frac{B_n^\Phi + A_{n+1}^\Phi}{EJ} - \right.$$

$$\left. \frac{C}{L_1} R_A + \left(\frac{C}{L_1} + \frac{C}{L_2} \right) R_B - \frac{C}{L_2} R_C \right] \bigg/ \left[\frac{L_1 + L_2}{3EJ} + \frac{3C(L_1^2 + L_2^2)}{L_1^2 L_2^2} \right]$$

$$= 322246 \text{N} \cdot \text{cm}$$

支座 A、B、C 反力为：

$$R_{A0} = R_A + (M_B - M_A) / L_1 = 16292 \text{N}$$

$$R_{B0} = R_B - M_B / L_1 - M_B / L_2 + M_C / L_2 + M_A / L_1 = 17685 \text{N}$$

$$R_{C0} = R_C + (M_B - M_C) / L_2 = 11231 \text{N}$$

真实反力和弯矩都已求出，槽台强度校核即可进行，橡胶块变形也可算得。

对于每侧有 5 个橡胶块的槽台计算方法同上。但必须得到中间三个支点的弯矩方程，联立求解 3 个方程即可求得三个弯矩，然后再求出 5 个支点的反力。

说明：这种计算方法对于槽台强度校核来说，并不是主要的，因为其机架梁（槽台）的强度是足够的，即使用简支梁校核也会满足强度要求。关键的问题是，用这种方法才能确定弹性支座（这里为橡胶块）的受力状况。

第 **4** 章　柱和立架的设计与计算

1　柱和立架的形状

1.1　柱的外形和尺寸参数

焊接柱按外形分为实腹柱和格构柱。

（1）实腹柱

实腹柱分为型钢实腹柱（图 20-4-1）和钢板实腹柱（图 20-4-2）两种。前者焊缝少，应优先选用。后者适应性强，可按使用要求设计成各种大小尺寸。当腹板的计算高度 h_0 与腹板厚度 t 之比大于 80 时，应有横向隔板加强，间距不得大于 $3h_0$；柱肢外伸自由宽度 b_0 不宜超过 $15t$，箱形柱的两腹板间宽度 b 也不宜超过 $40t$（t 为板厚）。

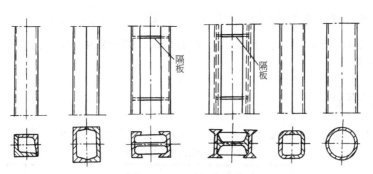

图 20-4-1　型钢实腹柱

柱的每一施工或运输单元，不得少于两块隔板。大型的并受弯曲的箱形柱，工作时有较大弯曲应力，推荐用图 20-4-3 所示的结构。其纵向筋板不管是用钢板、角钢或槽钢，都不许断开，长度不足时，须预先对接并焊透。

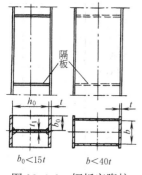

图 20-4-2　钢板实腹柱

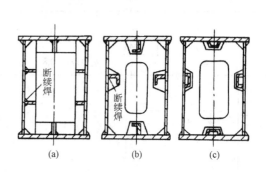

图 20-4-3　大型箱形柱断面结构

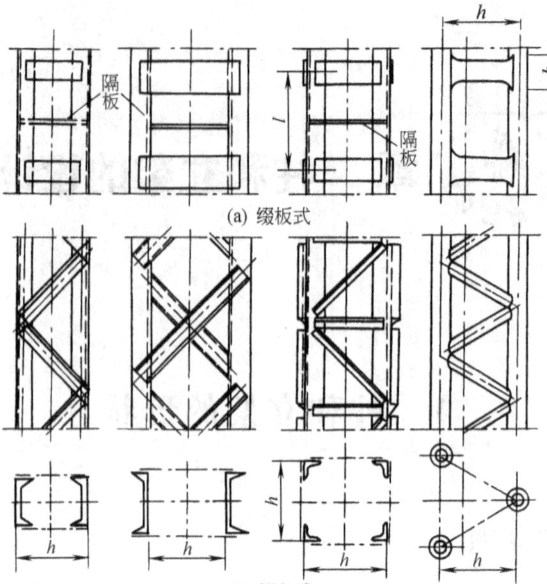

(a) 缀板式

(b) 缀条式

图 20-4-4　焊接格构柱

(2) 格构柱

格构柱分缀板式和缀条式两种（图 20-4-4）。前者的承载能力较后者低，但焊接较为方便。格构柱的重量轻，省材料，风的阻力小。但焊缝短，不利于自动化焊接。在缀材面内剪力较大或宽度较大的格构式柱，宜用缀条柱。格构式柱或大型实腹式柱，在受有较大水平力处和运送单元的端部应设置横隔。横隔间距不得大于柱截面较大宽度的 9 倍或 8m。缀板宽度 $b \geqslant \frac{2}{3} h$（$h$ 为柱截面宽度）；缀板厚度 $t \geqslant \frac{1}{40} h$，但不小于 6mm。缀板间距 l 由主柱局部长度的稳定性及缀板受力分析决定。此外，第 3 章 1.4 及 1.5 节相关内容亦适用于本章。对于加肋板构造尺寸的要求见本章 3.6 节。

1.2　柱的截面形状

按轴心受压构件的截面分类见表 20-4-1。按机架上常用的柱的截面形状，可分为等断面柱和变断面柱。

表 20-4-1　　　　　　　　　　　　　　　　　　轴心受压构件的截面类型

截面分类		对 x 轴	对 y 轴
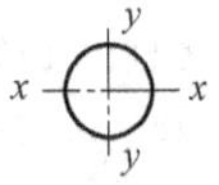 轧制		a 类	a 类
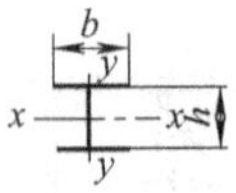 轧制 $b/h \leqslant 0.8$	板厚 $t < 40mm$	a 类	b 类
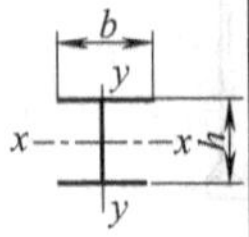 轧制 $b/h > 0.8$　焊接　翼缘为焰切边　焊接 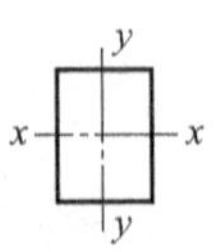　轧制、焊接（板件宽厚比>20）		b 类	b 类

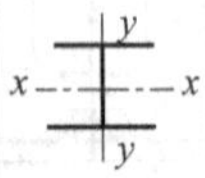

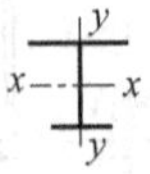

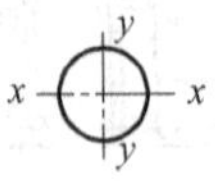

续表

截面分类		对 x 轴	对 y 轴
轧制	轧制等边角钢	b 类	b 类
焊接		b 类	c 类
板厚 $t<40mm$			
焊接 翼缘为轧制或剪切边	轧制、焊接	c 类	c 类
焊接	焊接 板件宽厚比 ≤ 20		
轧制工字形或H形截面	$40mm \leqslant t<80mm$	b 类	c 类
	$t \geqslant 80mm$	c 类	d 类
焊接工字形截面,板厚$t \geqslant 40mm$	翼缘为焰切边	b 类	b 类
	翼缘为轧制或剪切边	c 类	d 类
焊接箱形截面,板厚$t \geqslant 40mm$	板件宽厚比>20	b 类	b 类
	板件宽厚比≤20	c 类	c 类

1.3 立柱的外形与影响刚度的因素

1.3.1 起重机龙门架外形

图 20-1-19 已示出起重机龙门架结构类型；图 20-4-5 为起重机龙门架中一种较详细的结构；图 20-4-6 为 $Q=$ 150t 门座起重机的八杆门架。起重机龙门架桁架的结构形式可参看第 5 章。

图 20-4-7 是 Π 形截面桁架式龙门架的示意图。该桁架结构的门门架或装卸桥桥梁：主架在跨度范围内（两支腿之间）的主桁架高度 $H_1=\left(\frac{1}{14}\sim\frac{1}{8}\right)L$，在悬臂靠近支腿处的主桁架高度 $H_1=\left(\frac{1}{5}\sim\frac{1}{3}\right)L_1$，对有悬臂的主梁，其悬臂的有效长 $L_1=\left(\frac{1}{5}\sim\frac{1}{3}\right)L$，此时，两片主桁架之间的距离 A_0 常取为 $A_0=\left(\frac{1}{12}\sim\frac{1}{15}\right)L$，Π 形面桁架的下水平桁架宽度 b_0 常取为 $b_0\geqslant\frac{L}{35}$，所有斜杆的倾角取为 $\alpha=40°\sim50°$。轮距 $B=\left(\frac{1}{6}\sim\frac{1}{4}\right)L$。

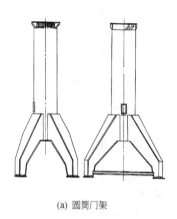

(a) 圆筒门架　　　　　　　　(b) $Q=100$t 门座起重机门架（交叉门架）

图 20-4-5　起重机龙门的门架

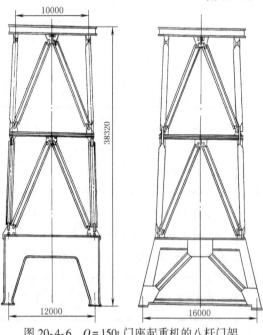

图 20-4-6　$Q=150$t 门座起重机的八杆门架

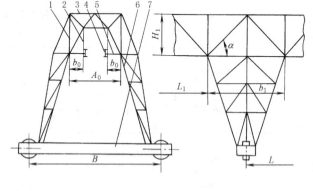

图 20-4-7　Π 形截面桁架式龙门架示意图

1—主桁架；2—Π 形框架；3—上水平桁架；4—承轨梁；

5—下水平桁架；6—支腿；7—支腿下横梁

1.3.2 机床立柱及其他

各种形状的机床立柱见图20-4-8。

图20-4-9为大型落地镗铣床的焊接立柱，是封闭箱形截面结构。前面为双层壁板结构，用以承受安装导轨的载荷。图20-4-10为各种压力机机身和机床的立柱截面形状。

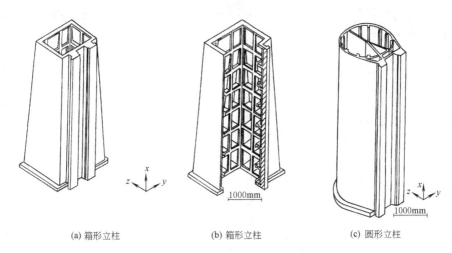

(a) 箱形立柱   (b) 箱形立柱   (c) 圆形立柱

图 20-4-8 机床的立柱

从本节的图形可以看出，许多立柱的断面不是由计算确定的，而是根据实际检测及其适用性在实践中修改设计的，以保证有良好的刚度和使用性能。

1.3.3 各种立柱类构件的刚度比较

表 20-4-2   各种立柱类构件的刚度比较

简　图														
顶　板	无	有	无	有	无	有	无	有	无	有	无	有	无	有
相对抗弯刚度	1	1	1.17	1.13	1.14		1.21	1.19	1.32		0.91		0.85	
单位重量的相对抗弯刚度	1	1	0.94	0.90	0.76		0.90		0.81	0.83	0.85		0.75	
相对抗扭刚度	1	7.9	1.4	7.9	2.3	7.9	10	12.2	18	19.4	15		17	
单位重量的相对抗扭刚度	1	7.9	1.1	6.5	1.54	5.7	7.54	9.3	10.8	12.2	14		14.6	
相对抗弯动刚度	1	2.3	1.2		3.8		5.8		3.5		3.0		2.75	3.0
相对抗扭动刚度(振型 I)	1.22				3.76		10.5				12.2		11.7	
相对抗扭动刚度(振型 II)	7.7	44			6.5				61.5		6.1	42	6.1	26.3

注：振型 I—固有频率为450~750Hz的严重畸变扭振；振型 II—固有频率为1300Hz的纯扭转的扭振。

第 **20** 篇

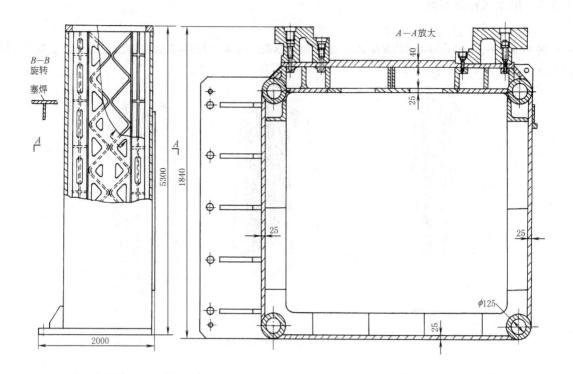

图 20-4-9　大型落地镗铣床的焊接立柱

1.3.4　螺钉及外肋条数量对立柱连接处刚度的影响

表 20-4-3　　　　　　　　　螺钉及外肋条数量对立柱连接处刚度的影响

简　图					
相对抗弯刚度(x向)	1	1	1.4	1.37	1.37
相对抗弯刚度(y向)	1	1.1	1.2	1.3	1.43
相对抗扭刚度	1	1.25	1.35	1.42	1.52

第 20 篇

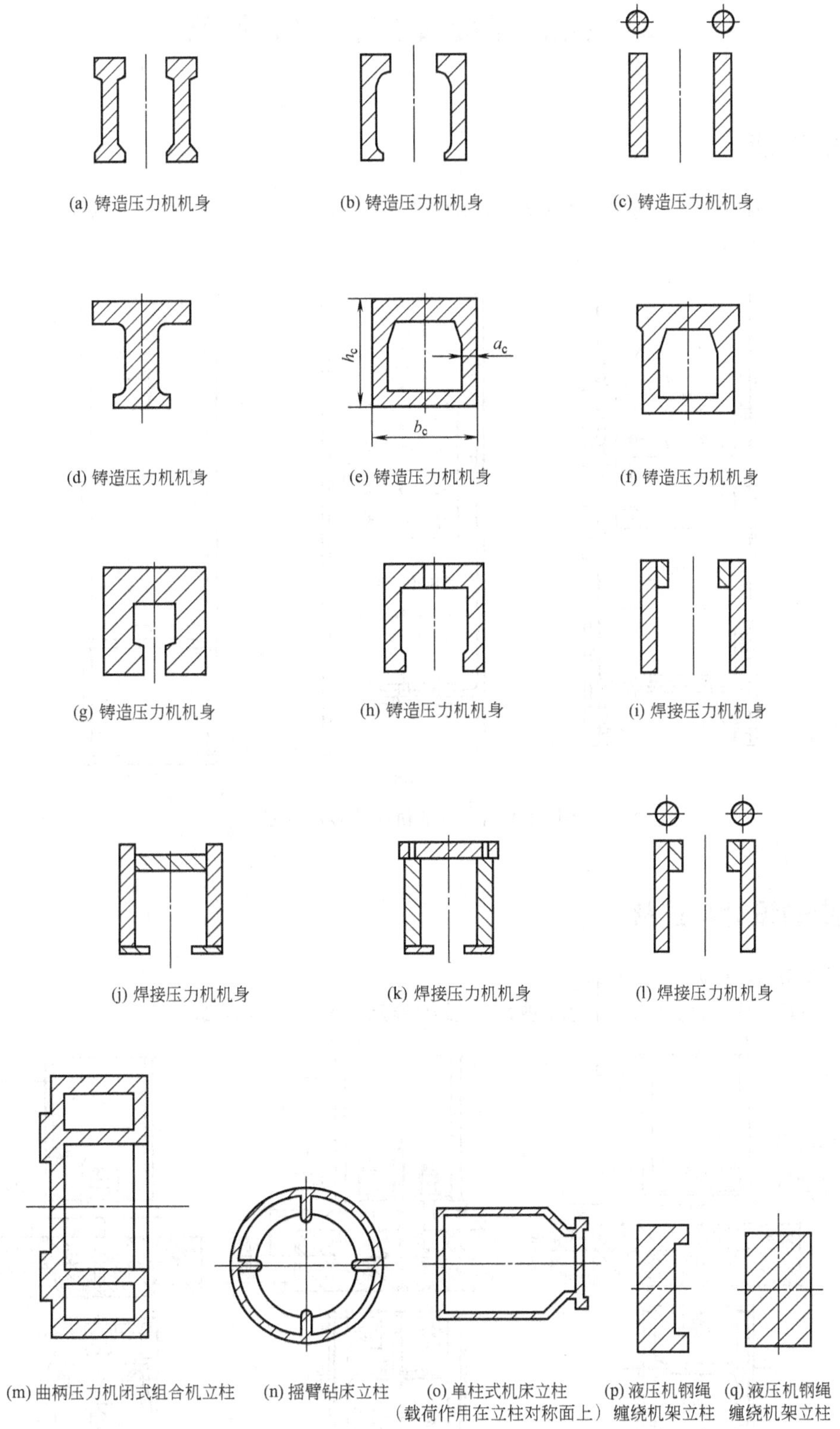

(a) 铸造压力机机身

(b) 铸造压力机机身

(c) 铸造压力机机身

(d) 铸造压力机机身

(e) 铸造压力机机身

(f) 铸造压力机机身

(g) 铸造压力机机身

(h) 铸造压力机机身

(i) 焊接压力机机身

(j) 焊接压力机机身

(k) 焊接压力机机身

(l) 焊接压力机机身

(m)曲柄压力机闭式组合机立柱

(n) 摇臂钻床立柱

(o) 单柱式机床立柱
（载荷作用在立柱对称面上）

(p) 液压机钢绳
缠绕机架立柱

(q) 液压机钢绳
缠绕机架立柱

图 20-4-10　各种压力机机身和机床的立柱截面形状

第 20 篇

2 柱的连接及柱和梁的连接

2.1 柱的拼接

第 3 章 1.1 节中各节点设计原则及连接节点的拼接或连接方法也适用于柱的连接及柱和梁的连接。柱的拼接连接示意图见图 20-4-11。

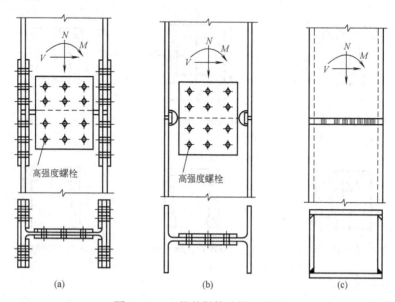

图 20-4-11 柱的拼接连接示意图

2.2 柱脚的设计与连接

柱脚的连接分铰结柱脚和刚结柱脚。
铰结柱脚只承受柱子的轴心压力和水平剪力。铰结柱脚示意图见图 20-4-12。

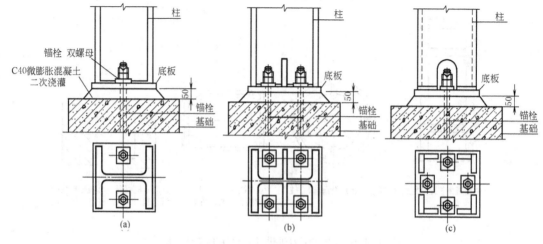

图 20-4-12 铰结柱脚示意图

刚性固定柱脚不仅承受柱子的轴心压力和水平剪力，还要承受柱子的弯矩，如图 20-4-13 所示。图 20-4-13 中，图 a、b 是连接露于基础外面的；图 c、d 是连接埋于基础的（属大型结构，基础由土建设计）。

对于机械结构而言，一般分有铰柱脚和无铰柱脚。无铰柱脚在受力分析时有时仍按铰结来处理。

①有铰柱脚（图 20-4-14） 这类柱脚的支承环通常用锻件或铸件，它和柱子连接处应采用肋板或补强板，以提高局部强度和刚性。图 c 的铸造支承环宜用对接的连接，使焊缝避开工作应力复杂的区域。

②无铰柱脚（图 20-4-15） 图 a、b 是需要与基体直接焊成一体的结构；图 c、d 是靠铆钉或螺钉固定到基体上的结构。

请参见第 2 章 5.2 节。

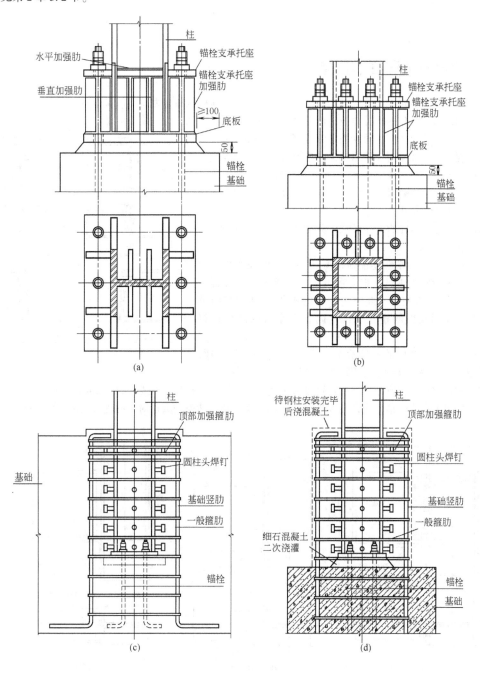

图 20-4-13 刚性固定柱脚示意图

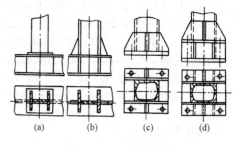

图 20-4-14　有铰柱脚

图 20-4-15　无铰柱脚

2.3　梁和梁及梁和柱的连接

梁和梁的连接分铰接和刚性连接两种。同样，铰接只传递拉压和剪力而不传递力矩；刚接则还传递力矩。还有一种半刚性连接，可传递部分力矩，但在机械计算中为简便起见，也按铰接考虑。

连接是以焊接连接为主，很少用螺钉或铆接。焊接方法可看有关焊接规范。下面主要介绍用螺栓的连接方法。焊接连接结构可参看第 3 章第 1 节"梁的设计"，或仿此设计。

图 20-4-16 为梁和梁用螺钉或铆钉的连接形式，有的梁有承载薄板，皆属于铰接接头。

图 20-4-17 为梁与柱的连接形式，其中图 a~d 为铰接连接，图 e、f 为半刚性连接。

梁与梁或梁与柱的刚性连接即抗弯连接必须保证弯矩的传递。图 20-4-18 所示为越过一根大梁的抗弯的梁连接，关键是梁的翼缘必须用盖板相连。此时，大梁的腹板是可能有间隙的。图 20-4-19 则是梁的相互连接之间有支座时的螺栓连接情况。

图 20-4-20 为梁与柱的连接示例。其中图 b、c 为悬臂梁，上下翼缘也可采用焊接（图 d），图 e 则是现场焊接的详图。

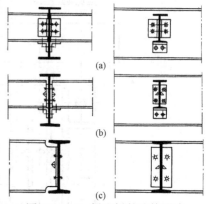

图 20-4-16　梁和梁的连接形式

斜梁与柱连接成门式刚架时，端板可以采用竖放、横放或斜放三种形式，如图 20-4-21 所示。

螺栓或铆钉的最大、最小允许距离见表 20-4-4。螺钉及外肋条的数量对立柱连接处刚度的影响见表 20-4-3。

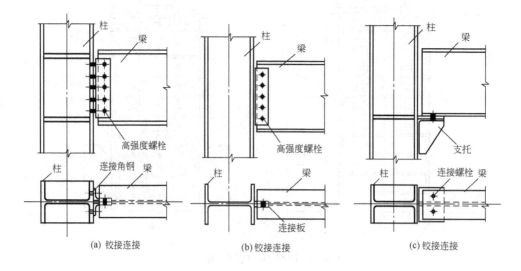

(a) 铰接连接　　　　　(b) 铰接连接　　　　　(c) 铰接连接

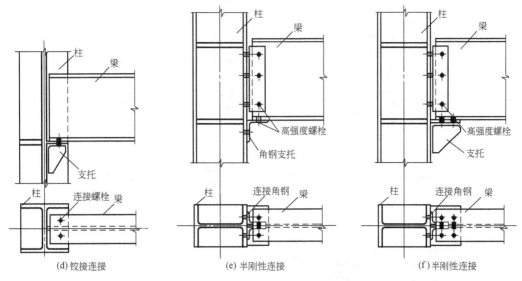

图 20-4-17　梁与柱的连接形式

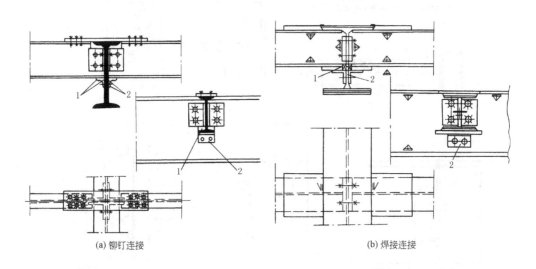

图 20-4-18　越过一根大梁的抗弯的梁连接
1—压块；2—安装角钢

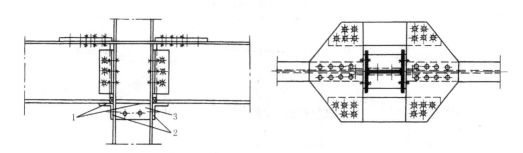

图 20-4-19　梁通过支座时的相互连接
1—压块；2—安装角钢；3—装配角钢

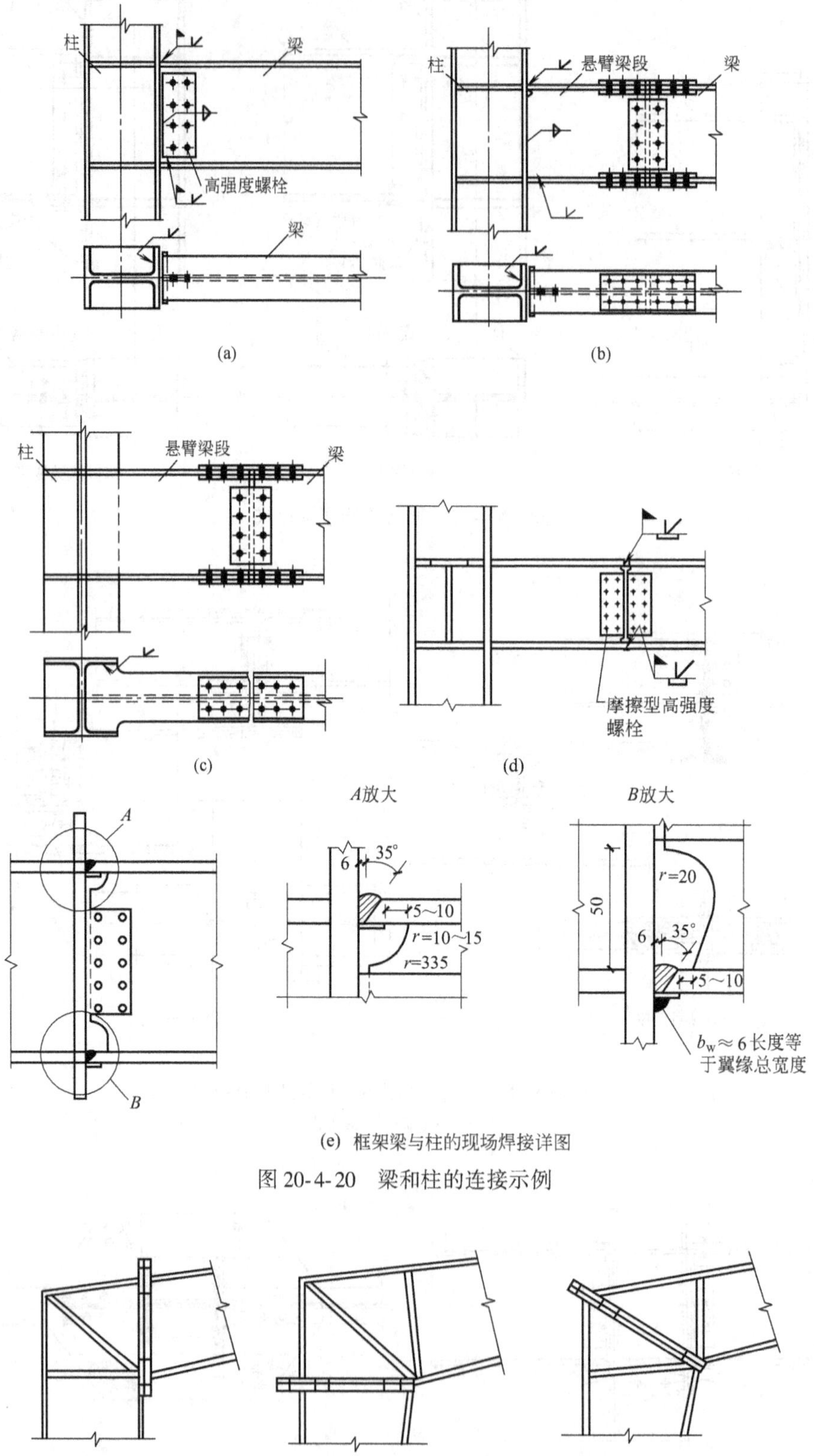

(a)

(b)

(c)

(d)

A放大

B放大

(e) 框架梁与柱的现场焊接详图

图 20-4-20 梁和柱的连接示例

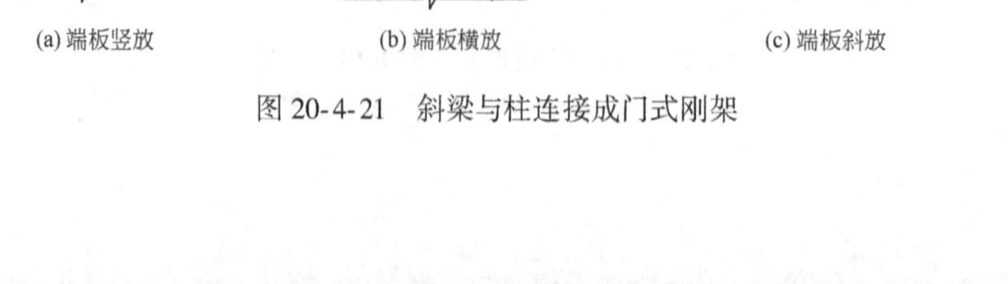

(a) 端板竖放

(b) 端板横放

(c) 端板斜放

图 20-4-21 斜梁与柱连接成门式刚架

表 20-4-4　　　　　　　螺栓或铆钉的最大、最小允许距离

名　称	位置和方向			最大允许距离 （取两者的较小值）	最小允许距离
中心间距	任意方向	外　排		$8d_0$ 或 $12t$	$3d_0$
		中间排	构件受压力	$12d_0$ 或 $18t$	
			构件受拉力	$16d_0$ 或 $24t$	
中心至构件 边缘的距离	垂直内力方向	顺内力方向			$2d_0$
		切　割　边		$4d_0$ 或 $8t$	$1.5d_0$
		轧制边	高强度螺栓		
			其他螺栓或铆钉		$1.2d_0$

注：1. d_0 为螺栓或铆钉的孔径；t 为外层较薄板件的厚度。

2. 钢板边缘与刚性构件（如角钢、槽钢等）相连的螺栓或铆钉的最大间距，可按中间排的数值采用。

3　稳定性计算

立架或柱的计算方法与梁的计算相似，但受压杆件必须进行稳定性校核计算。对于受弯构件的梁来说，若受到轴向压力，也必须进行稳定性校核。

3.1　不作侧向稳定性计算的条件

关于梁的局部稳定性见第 3 章 1.5 节，关于梁的整体稳定性见第 3 章 1.4 节。该两节的规定对于受侧向载荷的柱也是适用的。主要是两点：

①有铺板（各种钢筋混凝土板和钢板）密铺在梁或柱的受压翼缘上并与其牢固相连，能阻止其侧向位移时，可不必进行稳定性校核；

②工字形截面简支梁受压翼缘的自由长度与其宽度之比不超过第 3 章表 20-3-4 所规定的数值，钢板焊接的箱形截面的简支梁的截面尺寸在图 20-3-14 上面的规定第 3 章表 20-3-4 的数值范围之内，可不必进行局部稳定性校核。

关于单根杆件的临界载荷、临界应力和稳定性计算及计算举例可看本手册第 1 篇第 1 章有关内容。本节只少量重复与本节相关的内容和介绍该章中未涉及的资料。

3.2　轴心受压稳定性计算

轴心受压构件的稳定性验算公式：

$$\sigma = \frac{N}{\varphi A} < \sigma_p \qquad (20\text{-}4\text{-}1)$$

式中　A——构件的毛截面面积，mm^2；

　　　N——计算轴向压力，N；

　　　σ_p——材料的许用压应力；

　　　φ——根据结构件的最大长细比 λ 按表 20-4-5 选取，当钢材的屈服点 σ_s 高于 $235N/mm^2$ 时，可近似用换算长细比 λ_h 按表 20-4-5 选取

　　　　　换算长细比 λ_h 计算如下：

$$\lambda_h = \lambda \sqrt{\frac{\sigma_s}{235}} \qquad (20\text{-}4\text{-}2)$$

式中　σ_s——所选材料的屈服点，N/mm^2；

　　　λ——长细比，计算见本章 3.3 节。

第 20 篇

表 20-4-5 　　　　　　　　　　　　　　　　　　稳定系数 φ

$\lambda\sqrt{\dfrac{\sigma_s}{235}}$	φ	$\lambda\sqrt{\dfrac{\sigma_s}{235}}$	φ
0	1.000	130	0.387
10	0.992	140	0.345
20	0.970	150	0.308
30	0.936	160	0.276
40	0.899	170	0.249
50	0.856	180	0.225
60	0.807	190	0.204
70	0.751	200	0.186
80	0.688	210	0.170
90	0.621	220	0.156
100	0.555	230	0.144
110	0.493	240	0.133
120	0.437	250	0.123

　　注：根据构件截面的类别不同 φ 有不同的选择用表，本表相当于表 20-4-1 中 b 类截面的参数。但对于非标准设备的计算，这已足够了。如需分别对待，可按如下计算可得（或参见《起重机设计规范》附录）：

当 $\lambda_n=\dfrac{\lambda}{\pi}\sqrt{\sigma_s/E}\leqslant0.215$ 时：$\varphi=1-\alpha_1\lambda_n^2$

当 $\lambda_n>0.215$ 时：$\varphi=\dfrac{1}{2\lambda_n^2}\left[(\alpha_2+\alpha_3\lambda_n+\lambda_n^2)-\sqrt{(\alpha_2+\alpha_3\lambda_n+\lambda_n^2)^2-4\lambda_n^2}\right]$

式中　　λ——构件长细比；

α_1，α_2，α_3——系数，按表 20-4-1 的分类由表 20-4-6 查得。

表 20-4-6 　　　　　　　　　　　　　　　　系数 α_1、α_2、α_3

截面类别		α_1	α_2	α_3
a 类		0.41	0.986	0.152
b 类		0.65	0.965	0.300
c 类	$\lambda_n\leqslant1.05$	0.73	0.906	0.595
	$\lambda_n>1.05$		1.216	0.302
d 类	$\lambda_n\leqslant1.05$	1.35	0.868	0.915
	$\lambda_n>1.05$		1.375	0.432

3.3　结构构件的容许长细比与长细比计算

表 20-4-7 　　　　　　　　　　　　　　结构构件的容许长细比 λ_p

构 件 名 称		受拉结构件	受压结构件
主要承载结构件	对桁架的弦杆	180	150
	对整个结构	200	180
次要承载结构件（如主桁架的其他杆件、辅助桁架的弦杆等）		250	200
其他构件		350	300

1) 结构件的长细比按式 (20-4-3) 计算:

$$\lambda = \frac{l_C}{r} \leqslant \lambda_p \tag{20-4-3}$$

$$r = \sqrt{\frac{I}{A}} \tag{20-4-4}$$

式中 l_C——结构件的计算长度,其计算方法见(下面)3.4 节,mm;

r——构件毛截面对某轴的回转半径,mm;

I——结构件对某轴的毛截面惯性矩,mm^4;

λ_p——结构件的许用长细比,见表 20-4-7。

2) 当结构件为格构式的组合结构件时,其整个结构件的换算长细比可按表 20-4-8 计算。

表 20-4-8 格构式构件换算长细比 λ_h 计算公式

构件截面形式	缀材类别	计 算 公 式	符 号 意 义
	缀板	$\lambda_{hy} = \sqrt{\lambda_y^2 + \lambda_1^2}$	λ_y——整个构件对虚轴的长细比 λ_1——单肢对 1-1 轴的长细比,其计算长度取缀板间的净距离(铆接构件取缀板边缘铆钉中心间的距离)
	缀条	$\lambda_{hy} = \sqrt{\lambda_y^2 + 27\frac{A}{A_1}}$	A——构件横截面所截各弦杆的毛截面面积之和 A_1——构件横截面所截各斜缀条的毛截面面积之和
	缀板	$\lambda_{hx} = \sqrt{\lambda_x^2 + \lambda_1^2}$ $\lambda_{hy} = \sqrt{\lambda_y^2 + \lambda_1^2}$	λ_1——单肢对最小刚度轴 1-1 轴的长细比,其计算长度取缀板间的净距离(铆接构件取缀板边缘铆钉中心间的距离)
	缀条	$\lambda_{hx} = \sqrt{\lambda_x^2 + 40\frac{A}{A_{1x}}}$ $\lambda_{hy} = \sqrt{\lambda_y^2 + 40\frac{A}{A_{1y}}}$	A_{1x}——构件横截面所截垂直于 xx 轴的平面内各斜缀条的毛截面面积之和 A_{1y}——构件横截面所截垂直于 yy 轴的平面内各斜缀条的毛截面面积之和
	缀条	$\lambda_{hx} = \sqrt{\lambda_x^2 + \dfrac{42A}{A_1(1.5 - \cos^2\theta)}}$ $\lambda_{hy} = \sqrt{\lambda_y^2 + \dfrac{42A}{A_1 \cos^2\theta}}$	θ——缀条所在平面和 x 轴的夹角

注:1. 缀板组合结构件的单肢长细比 λ_1 不应大于 40。缀板尺寸应符合下列规定:缀板沿柱纵向的宽度不应小于肢件轴线间距离的 2/3,厚度不应小于该距离的 1/40,并不小于 6mm。

2. 斜缀条与结构件轴线间倾角应保持在 40°~70° 范围内。

3.4 结构件的计算长度

3.4.1 等截面柱

1) 等截面杆件只考虑支承影响,受压构件计算长度按式 (20-4-5) 计算:

$$l_C = \mu_1 l \tag{20-4-5}$$

式中 l——构件的实际几何长度;

μ_1——与支承方式有关的(在两个相互垂直的平面内不一定相同)长度系数,见表 20-4-9。

2) 作用力作用于柱的中部时的稳定系数计算见第 1 卷。

3.4.2 变截面受压构件

变截面受压构件计算长度按式 (20-4-6) 计算,构件的截面惯性矩取原构件的最大截面惯性矩:

$$l_C = \mu_1 \mu_2 l \tag{20-4-6}$$

式中 μ_2——变截面长度系数,见表 20-4-10~表 20-4-12,等截面时 $\mu_2 = 1$。

表 20-4-9 长度系数 μ_1 值

a/l	构件支承方式							
0	2.00	0.70	0.50	2.00	0.70	0.50	1.00	1.00
0.1	1.87	0.65	0.47	1.85	0.65	0.46	0.93	0.93
0.2	1.73	0.60	0.44	1.70	0.59	0.43	0.87	0.85
0.3	1.60	0.56	0.41	1.55	0.54	0.39	0.80	0.78
0.4	1.47	0.52	0.41	1.40	0.49	0.36	0.75	0.70
0.5	1.35	0.50	0.44	1.26	0.44	0.35	0.70	0.64
0.6	1.23	0.52	0.49	1.11	0.41	0.36	0.67	0.58
0.7	1.13	0.56	0.54	0.98	0.41	0.39	0.67	0.53
0.8	1.06	0.60	0.59	0.85	0.44	0.43	0.68	0.51
0.9	1.01	0.65	0.65	0.76	0.47	0.46	0.69	0.50
1.0	1.00	0.70	0.70	0.70	0.50	0.50	0.70	0.50

表 20-4-10 变截面长度系数 μ_2 值

变截面形式	I_{min}/I_{max}	μ_2	变截面形式	I_{min}/I_{max}	μ_2
	0.1	1.45		0.1	1.66
	0.2	1.35		0.2	1.45
	0.4	1.21		0.4	1.24
	0.6	1.13		0.6	1.13
I_x 呈线性变化	0.8	1.06	I_x 呈抛物线变化	0.8	1.05

表 20-4-11 变截面长度系数 μ_2 值

变截面形式			μ_2			
	I_{min}/I_{max}	n	m			
			0	0.2	0.4	0.6	0.8
	0.1	1	1.23	1.14	1.07	1.02	1.00
		2	1.35	1.22	1.10	1.03	1.00
		3	1.40	1.31	1.12	1.04	1.00
		4	1.43	1.33	1.13	1.04	1.00
$\dfrac{I_x}{I_{max}}=\left(\dfrac{x}{x_1}\right)^n,\ m=\dfrac{a}{l}$	0.2	1	1.19	1.11	1.05	1.01	1.00
		2	1.25	1.15	1.07	1.02	1.00
		3	1.27	1.16	1.08	1.03	1.00
		4	1.28	1.17	1.08	1.03	1.00
$n=1$	0.4	1	1.12	1.07	1.04	1.01	1.00
		2	1.14	1.08	1.04	1.01	1.00
$n=2$		3	1.15	1.09	1.04	1.01	1.00
		4	1.15	1.09	1.04	1.01	1.00
$n=3$	0.6	1	1.07	1.04	1.02	1.01	1.00
		2	1.08	1.05	1.02	1.01	1.00
		3	1.08	1.05	1.02	1.01	1.00
		4	1.08	1.05	1.02	1.01	1.00
$n=4$	0.8	1	1.03	1.02	1.01	1.00	1.00
		2	1.03	1.02	1.01	1.00	1.00
		3	1.03	1.02	1.01	1.00	1.00
		4	1.03	1.02	1.01	1.00	1.00

表 20-4-12 　　　　　　变截面长度系数 μ_2 值（箱形伸缩臂）

伸缩臂几何特性	（a） $\beta_2 = I_1/I_2$ 　 $\alpha_1 = 0.6$					（b） $\alpha_1 = 0.4, \beta_2 = \dfrac{I_1}{I_2}$; $\alpha_2 = 0.7, \beta_3 = \dfrac{I_2}{I_3}$									
β_2	1.3	1.6	1.9	2.2	2.5	1.3		1.6		1.9		2.2		2.5	
β_3	—	—	—	—	—	1.3	2.5	1.3	2.5	1.3	2.5	1.3	2.5	1.3	2.5
μ_2	1.015	1.030	1.046	1.062	1.078	1.052	1.090	1.100	1.145	1.145	1.195	1.190	1.244	1.230	1.290

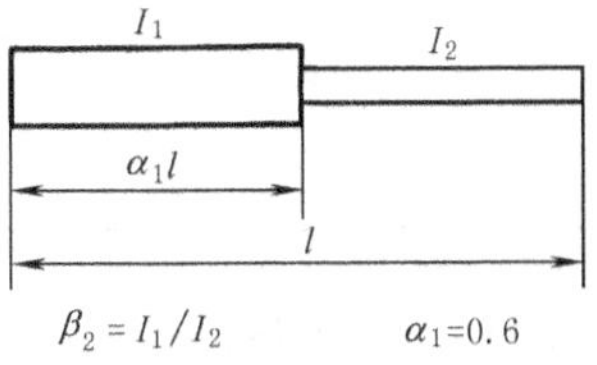

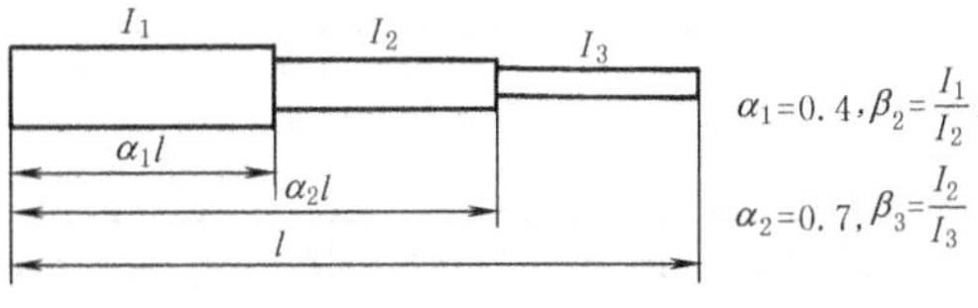

注：1. I_i 为第 i 节臂的截面平均惯性矩。

2. 若 β 值处在 1.3 和 2.5 之间，可用线性插值法查得 μ_2 值。

3. 如还要详细计算多节伸缩臂，请参见《起重机设计规范》。

3.4.3 桁架构件的计算长度

1）确定桁架交叉腹杆的长细比时，在桁架平面内的计算长度应取节点中心到交叉点间的距离，在桁架平面外的计算长度应按表 20-4-13 的规定采用。

表 20-4-13 　　　　　　桁架交叉腹杆在桁架平面外的计算长度

项　次	杆件类别	杆件的交叉情况	桁架平面外计算长度
1	压　杆	当相交的另一杆受拉，且两杆在交叉点均不中断	$0.5l$
2		当相交的另一杆受拉，两杆中有一杆在交叉点中断并以节点板搭接	$0.7l$
3		其他情况	l
4	拉　杆		l

注：1. l 为节点中心间距（交叉点不作为节点考虑）。

2. 当两交叉杆都受压时，不宜有一杆中断。

3. 当确定交叉腹杆中单角钢压杆斜平面内的长细比时，计算长度应取节点中心至交叉点间距离。

2）确定桁架弦杆和单系腹杆的长细比时，其计算长度 l_0 应按表 20-4-14 的规定采用。

如桁架弦杆侧向支承点之间的距离为节间长度的 2 倍（图 20-4-22），且侧向支承点之间的轴心压力有变化时，则该弦杆在桁架平面外的计算长度应按式（20-4-7）确定：

$$l_0 = l_1 \left(0.75 + 0.25 \frac{N_2}{N_1} \right) \tag{20-4-7}$$

但不小于 $0.5l_1$。

式中　N_1——较大的压力，计算时取正值；

　　　N_2——较小的压力或拉力，计算时压力取正值，拉力取负值。

桁架再分式腹杆体系的受压主斜杆（图 20-4-23a）及 K 形腹杆体系的竖杆（图 20-4-23b）等，在桁架平面外的计算长度也应按式（20-4-7）确定（受拉主斜杆仍取 l_1）；在桁架平面内的计算长度则取节点中心间距。

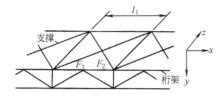

图 20-4-22　弦杆轴心压力在侧向支承点
之间有变化的桁架简图

(a) 再分式腹杆体系的受压主斜杆　(b) K 形腹杆体系的竖杆

图 20-4-23　受压腹杆压力有变化的桁架简图

第 **20** 篇

表 20-4-14   桁架弦杆和单系腹杆的计算长度 l_0

项　　次	弯　曲　方　向	弦　杆	腹　　　杆	
			支座斜杆和支座竖杆	其他腹杆
1	在桁架平面内	l	l	$0.8l$
2	在桁架平面外	l_1	l	l
3	斜平面	—	l	$0.9l$

注：1. l 为构件的几何长度（节点中心间距）；l_1 为桁架弦杆侧向支承点之间的距离。

2. 第3项斜平面是指与桁架平面斜交的平面，适用于构件截面两主轴均不在桁架平面内的单角钢腹杆和双角钢十字形截面腹杆。

3. 无节点板的腹杆计算长度在任意平面内均取其等于几何长度。

3.4.4　特殊情况

在特殊情况下，例如，考虑到起重机吊臂端部有变幅拉臂钢丝绳或起升钢丝绳的有利影响，吊臂在回转平面内的计算长度还要考虑长度系数，按式（20-4-8）计算：

$$l_C = \mu_1\mu_2\mu_3 l \tag{20-4-8}$$

式中　μ_3——由于拉臂钢丝绳或起升钢丝绳影响的长度系数。

当吊臂由拉臂钢丝绳变幅时（图20-4-24a），长度系数 μ_3 可由式（20-4-9）求得。若计算值小于1/2时，则 μ_3 取 1/2。

$$\mu_3 = 1 - \frac{A}{2B} \tag{20-4-9}$$

当吊臂由变幅油缸变幅时（图20-4-24b），起升绳影响的长度系数可由式（20-4-10）求得：

$$\mu_3 = 1 - \frac{c}{2} \tag{20-4-10}$$

$$c = \frac{1}{\cos\alpha + a\sin\theta} \times \frac{l}{H}$$

式中　　　　　a——起升滑轮组倍率；

　　　　　　　l——吊臂长度；

θ，α，A，B，H——几何尺寸，见图20-4-24。

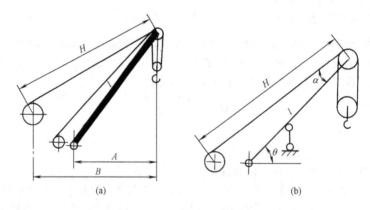

(a)　　　　　　　　　　　(b)

图 20-4-24

3.5　偏心受压构件

构件受偏心压力且在截面 x、y 两个方向都产生弯矩时，强度计算公式如下：

$$\frac{N}{\varphi A} + \frac{M_x}{W_x} + \frac{M_y}{W_y} \leqslant \sigma_p \tag{20-4-11}$$

式中　N——作用在构件上的轴向力，N；

M_x，M_y——截面 x、y 轴的弯矩，包括 N 力偏心产生的弯矩，N·mm；

W_x，W_y——截面对 x、y 轴的截面模数；

$\quad\varphi$——稳定系数，用截面较弱方向，即用换算长细比 λ_h 较大的选取；

$\quad\sigma_p$——许用应力，N/mm²。

对于偏心受压构件，因为在机架结构强度方面都设计得偏于安全，且通常都有其他设备和构件相互接触或限制，一般来说上面的计算就足够了。但有些特殊情况，例如现成的结构较薄，而横向载荷产生弯矩较大，且又有较大的轴向力，此时，如弯矩产生的变形（挠度）f_1，将使轴向力 N 产生附加弯矩 Nf_1，该弯矩又使变形增大。受载荷的梁轴端作用有大的轴向力时也有此状态。此时应综合计算。当然这是极少遇到的。可以先采用如下的方法简单计算和处理。

① 首先确定该立杆允许的最大位移量 f_0；

② 设杆端的偏心压力是 Y，偏心距为 e，则中心压力 Y_1 数值上等于 Y，偏心弯矩为 $M_1 = Y_1 e$；

③ 求杆件作用有纯弯矩 $M = M_1 + (2/3)Y_1 f_0 = Y_1(e + 2f_0/3)$ 时的位移 f_1 及求杆件在横向载荷作用下该点的位移 f_2，令 $f = f_1 + f_2$；

④ 如 $f < f_0$ 则说明杆件是稳定的，如 $f > f_0$ 则直接加大杆件尺寸或改变结构布置。

受弯杆件的侧向翼缘的稳定性已在第 3 章 1.4 节"梁的整体稳定性"中谈及，可参看。

3.6 加强肋板构造尺寸的要求

对于薄板的局部稳定性和配肋板的要求，已在梁板的加强肋板中说明。不必进行局部稳定性的条件对于加强肋板构造尺寸的还有如下要求：

1）工字形截面的构件受压翼缘外伸宽度与其厚度之比不大于 $15\sqrt{\dfrac{235}{\sigma_s}}$。

2）纵向加劲肋之间的受压翼缘板宽度与厚度之比不大于 $60\sqrt{\dfrac{235}{\sigma_s}}$，且计算压应力不大于 $0.8\sigma_p$。

3）腹板横向加强肋间距 a 不得小于 $0.5h$ 且不应大于 $2h$（h 为腹板高度）。

4）腹板两侧成对配置矩形截面横向加劲肋时，其截面尺寸按式（20-4-12）、式（20-4-13）确定：

$$b_1 \geqslant \frac{b}{30} + 40 \qquad (20\text{-}4\text{-}12)$$

$$t_1 = \frac{1}{15}b\sqrt{\frac{\sigma_s}{235}} \qquad (20\text{-}4\text{-}13)$$

式中　b_1——横向加强肋的外伸宽度，mm；

$\quad t_1$——横向加强肋的厚度，mm；

$\quad b$——板的总宽度，mm。

5）在板同时采用横向加强肋和纵向加强肋时，横向加强肋除尺寸应符合上述规定外，还应满足式（20-4-14）的要求：

$$I_{t1} \geqslant 3bt^3 \qquad (20\text{-}4\text{-}14)$$

式中　I_{t1}——横向加强肋的截面对该板板厚中心线的惯性矩，mm⁴；

$\quad t$——板厚，mm。

此时，腹板纵向加强肋应满足式（20-4-15）或式（20-4-16）的要求：

$a/b \leqslant 0.85$ 时

$$l_{t2} \geqslant \left(2.5 - 0.45\frac{a}{b}\right)\frac{a^2}{b}t^3 \qquad (20\text{-}4\text{-}15)$$

$a/b > 0.85$ 时

$$l_{t2} \geqslant 1.5bt^3 \qquad (20\text{-}4\text{-}16)$$

式中　l_{t2}——板纵向加强肋的截面对板厚中心线的惯性矩，mm⁴；

$\quad a$——加强肋间距。

3.7 圆柱壳的局部稳定性

1）受轴压或压弯联合作用的圆柱体不必计算局部稳定性的条件是：

$$\frac{t}{R} \geqslant 25\frac{\sigma_s}{E} \qquad (20\text{-}4\text{-}17)$$

式中　t——壳体壁厚，mm；

　　R——壳体中面半径，mm。

2）圆柱壳两端应设置加强环或相应作用的结构件。当壳体长度大于 $10R$ 时，需设置中间加强环，加强环的间距不大于 $10R$。加强环的截面惯性矩应满足式（20-4-18）的要求：

$$I_z \geq \frac{Rt^3}{2}\sqrt{\frac{R}{t}}$$

（20-4-18）

式中　I_z——圆柱壳加强环的截面惯性矩，mm^4。

如果要计算板和圆柱壳的局部稳定性，可查看《起重机设计规范》。

4　柱的位移与计算用表

1）等截面柱的位移计算公式见表 20-4-15；

2）单阶柱的位移计算公式见表 20-4-16；

3）顶部铰支等截面柱的顶支座反力计算公式见表 20-4-17；

4）顶部铰支单阶柱的柱顶支座反力计算公式见表 20-4-18。

等截面柱的位移计算公式

α——力作用点的距离（自柱顶点算起）与柱高之比；

β——变形点的距离（自柱顶点算起）与柱高之比

表 20-4-15

序号	载荷图形	y 点的位置	y 点的位移	序号	载荷图形	y 点的位置	y 点的位移
1	M	$\beta=0$	$\Delta_y=\dfrac{MH^2}{2EI}$	5	q	$\beta=0$	$\Delta_y=\dfrac{1}{24}\alpha(8-6\alpha+\alpha^3)\dfrac{qH^4}{EI}$
		$\beta<1$	$\Delta_y=\dfrac{1}{2}(1-\beta)^2\dfrac{MH^2}{EI}$			$\beta<\alpha$	$\Delta_y=\dfrac{1}{24}[(1-\beta)^2(3+2\beta+\beta^2)-(1-\alpha)^3(3+\alpha-4\beta)]\dfrac{qH^4}{EI}$
2	M	$\beta=0$	$\Delta_y=\dfrac{1}{2}(1-\alpha^2)\dfrac{MH^3}{EI}$			$\beta=\alpha$	$\Delta_y=\dfrac{1}{12}\alpha(1-\alpha)^2(4-\alpha)\dfrac{qH^4}{EI}$
		$\beta<\alpha$	$\Delta_y=\dfrac{1}{2}(1-\alpha)(1+\alpha-2\beta)\dfrac{MH^2}{EI}$			$\beta>\alpha$	$\Delta_y=\dfrac{1}{24}(1-\beta)^2[3+2\beta+\beta^2-2(1-\alpha)^2-(1+\beta-2\alpha)^2]\dfrac{qH^4}{EI}$
		$\beta=\alpha$	$\Delta_y=\dfrac{1}{2}(1-\alpha)^2\dfrac{MH^2}{EI}$	6	q	$\beta=0$	$\Delta_y=\dfrac{1}{24}(1-\alpha)^3(3+\alpha)\dfrac{qH^4}{EI}$
		$\beta>\alpha$	$\Delta_y=\dfrac{1}{2}(1-\beta^2)\dfrac{MH^2}{EI}$			$\beta<\alpha$	$\Delta_y=\dfrac{1}{24}(1-\alpha)^3(3+\alpha-4\beta)\dfrac{qH^4}{EI}$
3	P	$\beta=0$	$\Delta_y=\dfrac{PH^3}{3EI}$			$\beta=\alpha$	$\Delta_y=\dfrac{1}{8}(1-\alpha)^4\dfrac{qH^4}{EI}$
		$\beta<1$	$\Delta_y=\dfrac{1}{6}(1-\beta)^2(2+\beta)\dfrac{PH^3}{EI}$			$\beta>\alpha$	$\Delta_y=\dfrac{1}{24}(1-\beta)^2[2(1-\alpha)^2+(1+\beta-2\alpha)^2]\dfrac{qH^4}{EI}$
4	P	$\beta=0$	$\Delta_y=\dfrac{1}{6}(1-\alpha)^2(2+\alpha)\dfrac{PH^3}{EI}$	7	q	$\beta=0$	$\Delta_y=\dfrac{qH^4}{8EI}$
		$\beta<\alpha$	$\Delta_y=\dfrac{1}{6}(1-\alpha)^2(2+\alpha-3\beta)\dfrac{PH^3}{EI}$			$\beta<1$	$\Delta_y=\dfrac{1}{24}(1-\beta)^2(3+2\beta+\beta^2)\dfrac{qH^4}{EI}$
		$\beta=\alpha$	$\Delta_y=\dfrac{1}{3}(1-\alpha)^3\dfrac{PH^3}{EI}$				
		$\beta>\alpha$	$\Delta_y=\dfrac{1}{6}(1-\beta)^2(2+\beta-3\alpha)\dfrac{PH^3}{EI}$				

单阶柱的位移计算公式

α——力作用点的距离（自柱顶点算起）与柱高之比；

β——变形点的距离（自柱顶点算起）与柱高之比；

λ——单阶柱变截面点到顶点距离与柱高之比；

n——两截面惯性矩之比

$$\mu = \frac{1}{n} - 1$$

表 20-4-16

序号	载荷图形	y 点的位置	y 点的位移
1	M（顶部）	$\beta=0$	$\Delta_y = \dfrac{1}{2}(1+\mu\lambda^2)\dfrac{MH^2}{EI}$
		$\beta<\lambda$	$\Delta_y = \dfrac{1}{2}\left[(1-\beta)^2 + \mu(\lambda-\beta)^2\right]\dfrac{MH^2}{EI}$
		$\beta=\lambda$	$\Delta_y = \dfrac{1}{2}(1-\lambda)^2\dfrac{MH^2}{EI}$
		$\beta>\lambda$	$\Delta_y = \dfrac{1}{2}(1-\beta)^2\dfrac{MH^2}{EI}$
2	$\alpha<\lambda$	$\beta=0$	$\Delta_y = \dfrac{1}{2}\left[1-\alpha^2 + \mu(\lambda^2-\alpha^2)\right]\dfrac{MH^2}{EI}$
		$\beta<\alpha$	$\Delta_y = \dfrac{1}{2}\left[(1-\alpha)(1+\alpha-2\beta) + \mu(\lambda-\alpha)(\lambda+\alpha-2\beta)\right]\dfrac{MH^2}{EI}$
		$\beta=\alpha$	$\Delta_y = \dfrac{1}{2}\left[(1-\alpha)^2 + \mu(\lambda-\alpha)^2\right]\dfrac{MH^2}{EI}$
		$\alpha<\beta<\lambda$	$\Delta_y = \dfrac{1}{2}\left[(1-\beta)^2 + \mu(\lambda-\beta)^2\right]\dfrac{MH^2}{EI}$
		$\beta=\lambda$	$\Delta_y = \dfrac{1}{2}(1-\lambda)^2\dfrac{MH^2}{EI}$
		$\beta>\lambda$	$\Delta_y = \dfrac{1}{2}(1-\beta)^2\dfrac{MH^2}{EI}$
3	$\alpha=\lambda$	$\beta=0$	$\Delta_y = \dfrac{1}{2}(1-\lambda^2)\dfrac{MH^2}{EI}$
		$\beta<\lambda$	$\Delta_y = \dfrac{1}{2}(1-\lambda)(1+\lambda-2\beta)\dfrac{MH^2}{EI}$
		$\beta=\lambda$	$\Delta_y = \dfrac{1}{2}(1-\lambda^2)\dfrac{MH^2}{EI}$
		$\beta>\lambda$	$\Delta_y = \dfrac{1}{2}(1-\beta)^2\dfrac{MH^2}{EI}$
4	$\alpha>\lambda$	$\beta=0$	$\Delta_y = \dfrac{1}{2}(1-\alpha^2)\dfrac{MH^2}{EI}$
		$\beta<\lambda$	$\Delta_y = \dfrac{1}{2}(1-\alpha)(1+\alpha-2\beta)\dfrac{MH^2}{EI}$
		$\beta=\lambda$	$\Delta_y = \dfrac{1}{2}(1-\alpha)(1+\alpha-2\lambda)\dfrac{MH^2}{EI}$
		$\lambda<\beta<\alpha$	$\Delta_y = \dfrac{1}{2}(1-\alpha)(1+\alpha-2\beta)\dfrac{MH^2}{EI}$
		$\beta=\alpha$	$\Delta_y = \dfrac{1}{2}(1-\alpha)^2\dfrac{MH^2}{EI}$
		$\beta>\alpha$	$\Delta_y = \dfrac{1}{2}(1-\beta)^2\dfrac{MH^2}{EI}$
5	P	$\beta=0$	$\Delta_y = \dfrac{1}{3}(1+\mu\lambda^3)\dfrac{PH^3}{EI}$
		$\beta<\lambda$	$\Delta_y = \dfrac{1}{6}\left[(1-\beta)^2(2+\beta) + \mu(\lambda-\beta)^2(2\lambda+\beta)\right]\dfrac{PH^3}{EI}$
		$\beta=\lambda$	$\Delta_y = \dfrac{1}{6}(1-\lambda)^2(2+\lambda)\dfrac{PH^3}{EI}$
		$\beta>\lambda$	$\Delta_y = \dfrac{1}{6}(1-\beta)^2(2+\beta)\dfrac{PH^3}{EI}$

序号	载荷图形	y 点的位置	y 点的位移	序号	载荷图形	y 点的位置	y 点的位移
6	$\alpha<\lambda$ αH, P	$\beta=0$	$\Delta_y=\dfrac{1}{6}\big[(1-\alpha)^2(2+\alpha)+\mu(\lambda-\alpha)^2(2\lambda+\alpha)\big]\dfrac{PH^3}{EI}$	8	$\alpha>\lambda$ αH, P	$\beta=0$	$\Delta_y=\dfrac{1}{6}(1-\alpha)^2(2+\alpha)\dfrac{PH^3}{EI}$
		$\beta<\alpha$	$\Delta_y=\dfrac{1}{6}\big[(1-\alpha)^2(2+\alpha-3\beta)+\mu(\lambda-\alpha)^2(2\lambda+\alpha-3\beta)\big]\dfrac{PH^3}{EI}$			$\beta<\lambda$	$\Delta_y=\dfrac{1}{6}(1-\alpha)^2(2+\alpha-3\beta)\dfrac{PH^3}{EI}$
		$\beta=\alpha$	$\Delta_y=\dfrac{1}{3}\big[(1-\alpha)^3+\mu(\lambda-\alpha)^3\big]\dfrac{PH^3}{EI}$			$\beta=\lambda$	$\Delta_y=\dfrac{1}{6}(1-\alpha)^2(2+\alpha-3\lambda)\dfrac{PH^3}{EI}$
		$\alpha<\beta<\lambda$	$\Delta_y=\dfrac{1}{6}\big[(1-\beta)^2(2+\beta-3\alpha)+\mu(\lambda-\beta)^2(2\lambda+\beta-3\alpha)\big]\dfrac{PH^3}{EI}$			$\lambda<\beta<\alpha$	$\Delta_y=\dfrac{1}{6}(1-\alpha)^2(2+\alpha-3\beta)\dfrac{PH^3}{EI}$
		$\beta=\lambda$	$\Delta_y=\dfrac{1}{6}(1-\lambda)^2(2+\lambda-3\alpha)\dfrac{PH^3}{EI}$			$\beta=\alpha$	$\Delta_y=\dfrac{1}{3}(1-\alpha)^3\dfrac{PH^3}{EI}$
		$\beta>\lambda$	$\Delta_y=\dfrac{1}{6}(1-\beta)^2(2+\beta-3\alpha)\dfrac{PH^3}{EI}$			$\beta>\alpha$	$\Delta_y=\dfrac{1}{6}(1-\beta)^2(2+\beta-3\alpha)\dfrac{PH^3}{EI}$
7	$\alpha=\lambda$ λH, P	$\beta=0$	$\Delta_y=\dfrac{1}{6}(1-\lambda)^2(2+\lambda)\dfrac{PH^3}{EI}$	9	$\alpha<\lambda$ αH, q	$\beta=0$	$\Delta_y=\dfrac{1}{24}\alpha\big[8-6\alpha+\alpha^3+\mu(8\lambda^3-6\lambda^2\alpha+\alpha^3)\big]\dfrac{qH^4}{EI}$
		$\beta<\lambda$	$\Delta_y=\dfrac{1}{6}(1-\lambda)^2(2+\lambda-3\beta)\dfrac{PH^3}{EI}$			$\beta<\alpha$	$\Delta_y=\dfrac{1}{24}\big\{(1-\beta)^2(3+2\beta+\beta^2)-(1-\alpha)^3(3+\alpha-4\beta)+\mu\big[(\lambda-\beta)^2(3\lambda^2+2\lambda\beta+\beta^2)-(\lambda-\alpha)^3(3\lambda+\alpha-4\beta)\big]\big\}\dfrac{qH^4}{EI}$
		$\beta=\lambda$	$\Delta_y=\dfrac{1}{3}(1-\lambda)^3\dfrac{PH^3}{EI}$			$\beta=\alpha$	$\Delta_y=\dfrac{1}{12}\alpha\big[(1-\alpha)^2(4-\alpha)+\mu(\lambda-\alpha)^2(4\lambda-\alpha)\big]\dfrac{qH^4}{EI}$
		$\beta>\lambda$	$\Delta_y=\dfrac{1}{6}(1-\beta)^2(2+\beta-3\lambda)\dfrac{PH^3}{EI}$			$\alpha<\beta<\lambda$	$\Delta_y=\dfrac{1}{12}\alpha\big[(1-\beta)^2(4+2\beta-3\alpha)+\mu(\lambda-\beta)^2(4\lambda+2\beta-3\alpha)\big]\dfrac{qH^4}{EI}$
						$\beta=\lambda$	$\Delta_y=\dfrac{1}{12}\alpha(1-\lambda)^2(4+2\lambda-3\alpha)\dfrac{qH^4}{EI}$
						$\beta>\lambda$	$\Delta_y=\dfrac{1}{12}\alpha(1-\beta)^2(4+2\beta-3\alpha)\dfrac{qH^4}{EI}$

序号	载荷图形	y 点的位置	y 点的位移	序号	载荷图形	y 点的位置	y 点的位移
10		$\beta=0$	$\Delta_y = \frac{1}{24}\lambda[8-6\lambda+(1+3\mu)\lambda^3]\frac{qH^4}{EI}$	12		$\beta=0$	$\Delta_y = \frac{1}{24}(1-\alpha)^3(3+\alpha)\frac{qH^4}{EI}$
		$\beta<\lambda$	$\Delta_y = \frac{1}{24}\{3-\beta(4-\beta^3)-(1-\lambda)^3(3+\lambda-4\beta)+\mu[3\lambda^4-\beta(4\lambda^3-\beta^3)]\}\frac{qH^4}{EI}$			$\beta<\lambda$	$\Delta_y = \frac{1}{24}(1-\alpha)^3(3+\alpha-4\beta)\frac{qH^4}{EI}$
		$\beta=\lambda$	$\Delta_y = \frac{1}{12}\lambda(1-\lambda)^2(4-\lambda)\frac{qH^4}{EI}$			$\beta=\lambda$	$\Delta_y = \frac{1}{24}(1-\alpha)^3(3+\alpha-4\lambda)\frac{qH^4}{EI}$
		$\beta>\lambda$	$\Delta_y = \frac{1}{12}\lambda(1-\beta)^2(4+2\beta-3\lambda)\frac{qH^4}{EI}$			$\lambda<\beta<\alpha$	$\Delta_y = \frac{1}{24}(1-\alpha)^3(3+\alpha-4\beta)\frac{qH^4}{EI}$
						$\beta=\alpha$	$\Delta_y = \frac{1}{8}(1-\lambda)^4\frac{qH^4}{EI}$
						$\beta>\alpha$	$\Delta_y = \frac{1}{24}(1-\beta)^2[2(1-\alpha)^2+(1+\beta-2\alpha)^2]\frac{qH^4}{EI}$
11		$\beta=0$	$\Delta_y = \frac{1}{24}(1-\lambda)^3(3+\lambda)\frac{qH^4}{EI}$	13		$\beta=0$	$\Delta_y = \frac{1}{8}(1+\mu\lambda^4)\frac{qH^4}{EI}$
		$\beta<\lambda$	$\Delta_y = \frac{1}{24}(1-\lambda)^3(3+\lambda-4\beta)\frac{qH^4}{EI}$			$\beta<\lambda$	$\Delta_y = \frac{1}{24}[(1-\beta)^2(3+2\beta+\beta^2)+\mu(\lambda-\beta)^2(3\lambda^2+2\lambda\beta+\beta^2)]\frac{qH^4}{EI}$
		$\beta=\lambda$	$\Delta_y = \frac{1}{8}(1-\lambda)^4\frac{qH^4}{EI}$			$\beta=\lambda$	$\Delta_y = \frac{1}{24}(1-\lambda)^2(3+2\lambda+\lambda^2)\frac{qH^4}{EI}$
		$\beta>\lambda$	$\Delta_y = \frac{1}{24}(1-\beta)^2[2(1-\lambda)^2+(1+\beta-2\lambda)^2]\frac{qH^4}{EI}$			$\beta>\lambda$	$\Delta_y = \frac{1}{24}(1-\beta)^2(3+2\beta+\beta^2)\frac{qH^4}{EI}$

顶部铰支等截面柱的柱顶支座反力计算公式

α——力作用点的距离（自柱顶点算起）与柱高之比

表 20-4-17

序号	变形或载荷图形	柱顶支座反力	序号	变形或载荷图形	柱顶支座反力
1		$R_B = \dfrac{3EI}{H^3}$	6		$R_B = -\dfrac{1}{8}\alpha(8-6\alpha+\alpha^3)qH$
2		$R_B = -\dfrac{3EI}{H^2}$	7		$R_B = -\dfrac{1}{8}(1-\alpha)^3(3+\alpha)qH$
3		$R_B = -\dfrac{3M}{2H}$	8		$R_B = -\dfrac{3}{8}qH$
4		$R_B = -\dfrac{3}{2}(1-\alpha^2)\dfrac{M}{H}$	9		$R_B = -\dfrac{1}{40}(1-\alpha)^3(4+\alpha)qH$
5		$R_B = -\dfrac{1}{2}(1-\alpha)^2(2+\alpha)T$			

顶部铰支单阶柱的柱顶支座反力计算公式

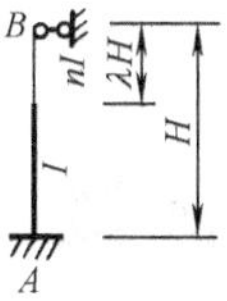

$$\mu = \frac{1}{n} - 1$$

$$k_0 = \frac{3}{1+\mu\lambda^3}$$

α——力作用点的距离（自柱顶点算起）与柱高之比；

β——变形点的距离（自柱顶点算起）与柱高之比；

λ——单阶柱变截面点到顶点距离与柱高之比；

n——两截面惯性矩之比

表 20-4-18

序号	变形或载荷图形	柱顶支座反力	序号	变形或载荷图形	柱顶支座反力
1		$R_B = k_0 \dfrac{EI}{H^3}$	8		$R_B = -\dfrac{k_0}{6}(1-\lambda)^2(2+\lambda)T$
2		$R_B = -k_0 \dfrac{EI}{H^2}$	9	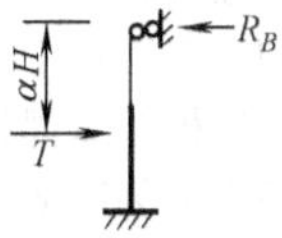	$R_B = -\dfrac{k_0}{6}(1-\alpha)^2(2+\alpha)T$
3		$R_B = -\dfrac{k_0}{2}(1+\mu\lambda^2)\dfrac{M}{H}$	10	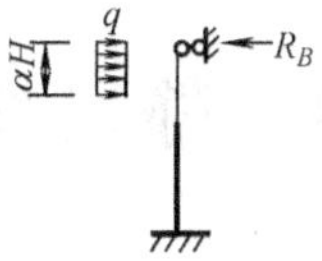	$R_B = -\dfrac{k_0}{24}\alpha[8-6\alpha+\alpha^3+\mu(8\lambda^3-6\lambda^2\alpha+\alpha^3)]qH$
4		$R_B = -\dfrac{k_0}{2}[1-\alpha^2+\mu(\lambda^2-\alpha^2)]\dfrac{M}{H}$	11	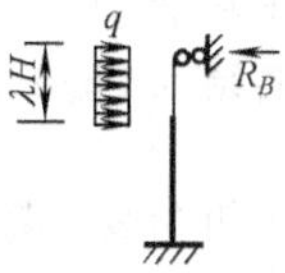	$R_B = -\dfrac{k_0}{24}\lambda[8-6\lambda+(1+3\mu)\lambda^3]qH$
5		$R_B = -\dfrac{k_0}{2}(1-\lambda^2)\dfrac{M}{H}$	12	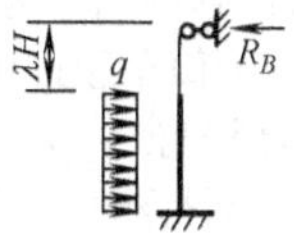	$R_B = -\dfrac{k_0}{24}(1-\lambda)^3(3+\lambda)qH$
6		$R_B = -\dfrac{k_0}{2}(1-\alpha^2)\dfrac{M}{H}$	13	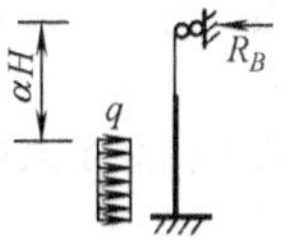	$R_B = -\dfrac{k_0}{24}(1-\alpha)^3(3+\alpha)qH$
7		$R_B = -\dfrac{k_0}{6}[(1-\alpha)^2(2+\alpha)+\mu(\lambda-\alpha)^2(2\lambda+\alpha)]T$	14	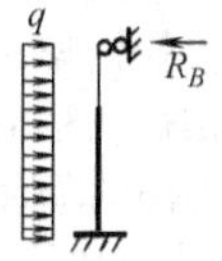	$R_B = -\dfrac{k_0}{8}(1+\mu\lambda^4)qH$
			15	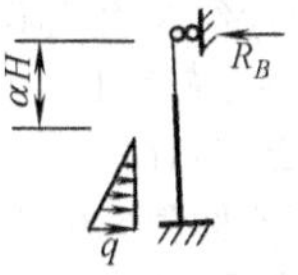	$R_B = -\dfrac{k_0}{120}(1-\alpha)^3(4+\alpha)qH$

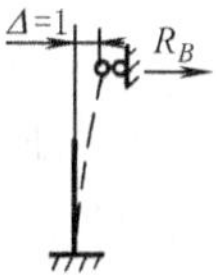

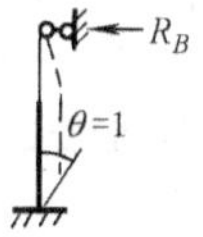

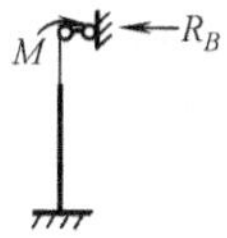

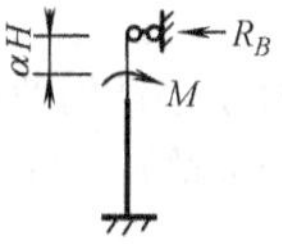

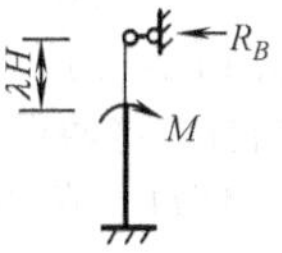

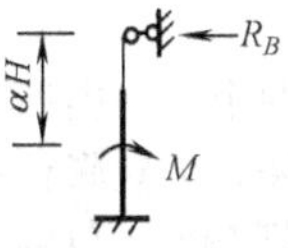

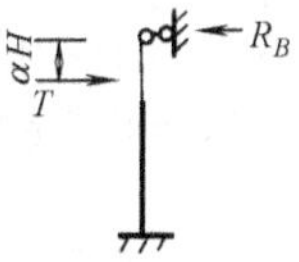

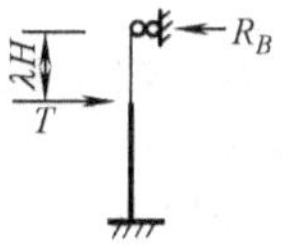

第 20 篇

第 **5** 章 桁架的设计与计算

工程中由一些细长杆件通过焊接、铆接或螺栓连接而成的几何形状不变的结构，称为"桁架"。假定桁架的细长杆的连接为铰接，即令结点为铰接中心；而杆的轴线通过铰的中心，则这些杆件不承受弯矩，即构成桁架的杆件均为二力杆。桁架上的载荷均作用于结点上。杆的自重不计，如果需考虑的话，将其分配到两个结点上。如果桁架所有杆件的轴线与其受到的载荷均在一个平面内，则称平面桁架，否则称空间桁架。

桁架可以是静定的或超静定的。在工程中许多机架的计算往往可简化为桁架的计算，使内力分析和挠度的计算很简便。在各种杆件的连接中，各种结点都具有一定的刚性，在杆端或多或少存在力矩，严格说不算是铰。由各种原因产生的杆端力矩所引起的内力为次应力。但从实验和计算结果得知，当较长杆件的截面宽度不大于节间长度的1/10时，桁架的次应力是较小的，所以只讨论桁架的基本内力。

1   静定梁式平面桁架的分类

1）桁架可按其弦杆的轮廓形状分为以下几种。

① 平弦桁架   其上下弦杆是互相平行的直杆（图 20-5-1a）。

② 曲弦桁架   其轮廓线上的各结点中心，位于按某种规律变化的曲线上，例如圆弧形（图 20-5-1b）抛物线形（图 20-5-1c）等。

③ 折弦桁架   其上弦或下弦为折线形，或上下弦均为折线形，这种折线的形状，常决定于结构的理论分析以及在建造上或美观上的要求。图 20-5-1d 所示的多角形桁架和图 20-5-1e 所示的三角形桁架都属于折弦桁架。

2）桁架也可以按其腹杆系统的繁简而分为简单腹杆桁架和复杂腹杆桁架。

具有单一的腹杆系统的桁架称为简单腹杆桁架，分为以下几类。

① N 式桁架   其腹杆系统由竖杆与斜杆相排列，使每个节间的腹杆形成正 N 形或反 N 形（图 20-5-1b）。

② V 式桁架   其腹杆系统仅由斜杆组成，使每个节间的腹杆形成正 V 形或倒 V 形（图 20-5-1a）。

③ K 式桁架   其腹杆系统中的竖杆将桁架分为若干节间，在每个节间有两根较短的斜杆，这两根斜杆的一端与节间一边的竖杆上下两端相连，而另一端则相交于节间另一边的竖杆的长度等分点处，使每个节间的腹杆形成正 K 形或反 K 形（图 20-5-1f）。

在简单腹杆系统上叠加其他的腹杆系统或增加其他的腹杆，由此所形成的桁架，称为复杂腹杆桁架。它分为以下几类。

① 多重腹杆桁架   其腹杆系统由两个以上的同一类型的简单腹杆系统叠合而成。由两个同一类型的简单腹杆系统所形成的桁架，可称为双重腹杆桁架。图 20-5-1g 所示的双重腹杆桁架，包含着两个 N 式腹杆系统；图 20-5-1h 所示者具有两个 V 式腹杆系统；图 20-5-1i 为一多重腹杆桁架，包含八个 V 式腹杆系统。包含在复杂腹杆中的简单腹杆系统的数目决定于桁架的垂直截面，被截面所切断的腹杆数目即为腹杆系统的数目。例如图 20-5-1g 所示的桁架，按截面 S—S，显然知其具有两个腹杆系统，因为该截面切断两根斜杆或两根竖杆。

② 再分桁架   在一个简单腹杆桁架内增添一些杆件或增添一些小桁架，把原有的几个大节间分割成为数目更多的小节间；或用一个或几个独立静定稳定的小桁架来代替简单桁架中一个或几个杆件，这样形成的桁架，称为再分桁架。如图 20-5-1d 及图 20-5-1j 所示。

如图 20-5-2 所示的这些小桁架称为分桁架。如载荷仅作用于主桁架的结点处，则引入分桁架后不改变其受力情形。如载荷作用在结点之间如图中 P_2、P_3，则取出 13 杆，将其看作是简支梁和受轴向力的杆件，反力 A、

B 加于结点 1、3 之上。为了避免杆件 13 受挠，将 13 做成分桁架，使载重弦的大节间再分成几个小节间，并使大间内的载荷作用在分节间的诸点上，如图 20-5-2c 所示。受力分析如图 20-5-2b 所示，按常规方法进行。

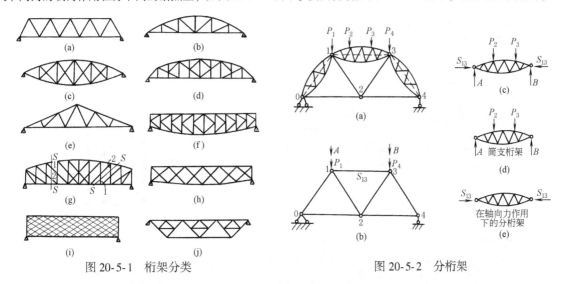

图 20-5-1　桁架分类　　　　　图 20-5-2　分桁架

2　桁架的结构

2.1　桁架结点

2.1.1　结点的连接形式

（1）桁架结点设计的一般原则

1）由于桁架结点在理论上都假设为铰接，不传递力矩，在设计桁架的结点时，所有被连接杆件的几何轴线应当汇交于一点，以防偏心承载（图 20-5-3）。

2）各杆件和连接板的规格应尽量少，做到系列化与通用化。特别是一个桁架片内的连接板常取等厚，同一焊缝高度。

3）桁架腹杆与弦杆之间应留有 15~20mm 的间隙，杆与杆之间也应有 15~20mm 的间距，以免焊缝重叠（图 20-5-3c）。

4）结点板应伸出角钢肢背 10~15mm，或凹进 5~10mm，以便施焊（图 20-5-4）。

5）结点板不宜过小，其尺寸应根据结点连接杆件的焊缝长度而定。结点板的形状应有利于力流的传递，减少应力集中（图 20-5-3a~d）。

6）结点板的边界与杆件边缘的夹角，不得小于 30°，即扩散角 $\theta=30°$，见图 20-5-6。

7）承受动载荷的结点，宜用嵌入式结点板，拐角处应圆滑过渡，且对接焊缝移到圆弧之外（图 20-5-3b、f、g）。常采用三面围焊。

8）杆件与结点板的搭接，不许只用角焊缝。

9）无结点板的结点用于弦杆与腹杆的连接有足够地方的情形，如 T 形截面的弦杆，见图 20-5-3l。

（2）结点示例

1）承受静载荷的结点，可以采用图 20-5-3a、c、d、e、h 的结构。

2）图 20-5-3i、j 为结点上有转折的弦杆的拼接；如弦杆有凹角，结点板不可做成凹角，而且直线形成边界，如图 20-5-3j 的结构。

3）当桁架杆件为 H 形截面时，结点构造可采用图 20-5-3k 形式。

第 20 篇

4）图 20-5-5 为架设管子用的桁架（跨度 16~18m）结点图。

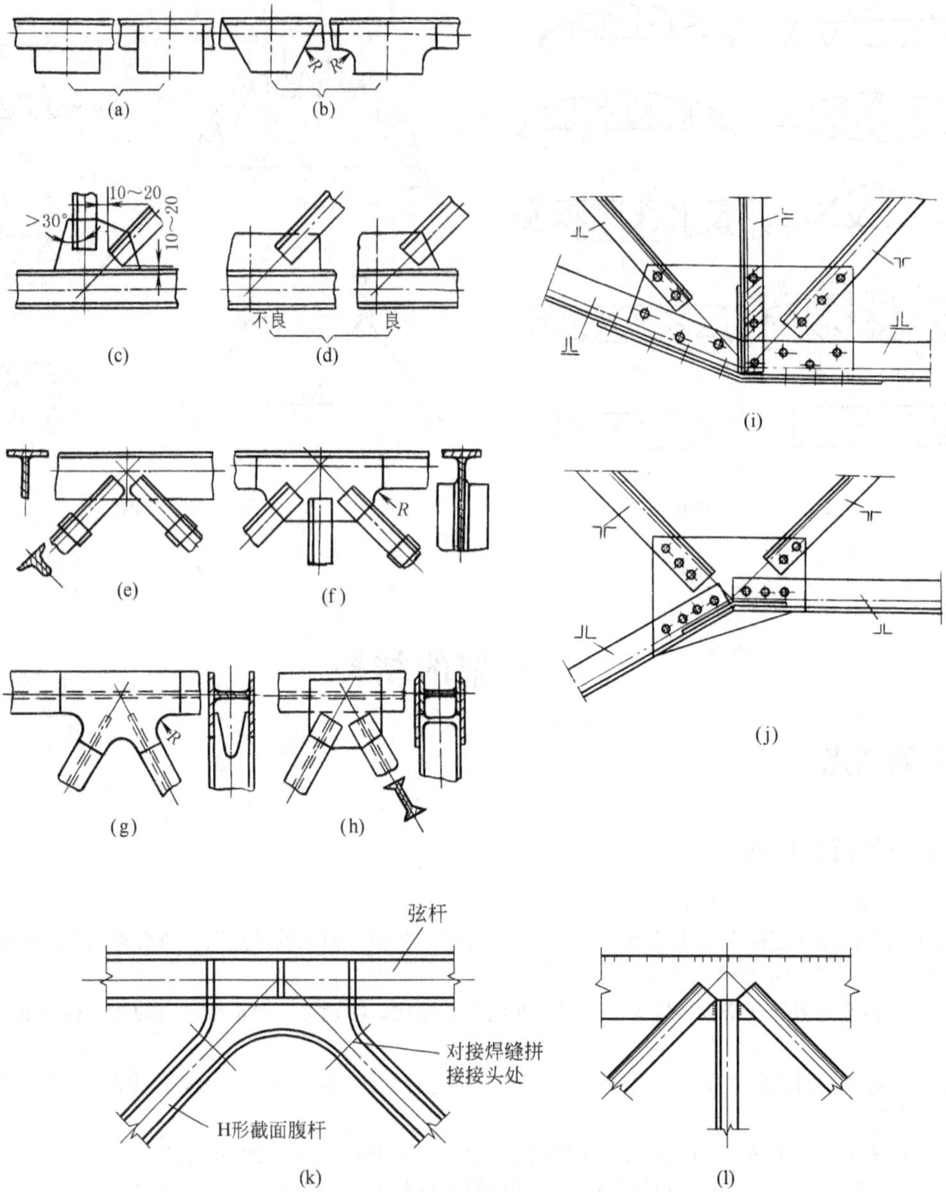

图 20-5-3　焊接桁架的结点

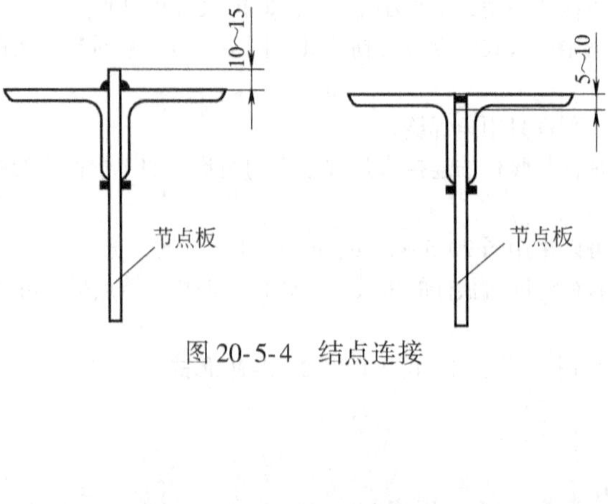

图 20-5-4　结点连接

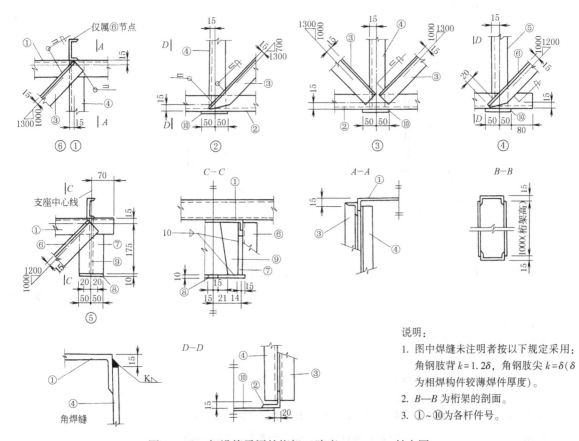

图 20-5-5　架设管子用的桁架（跨度 16~18m）结点图

2.1.2　连接板的厚度和焊缝高度

结点板是传力零件，为使其传力均匀，结点板不宜过小，其尺寸应根据结点连接杆件的焊缝长度而定。结点板的厚度 t 则由腹杆的受力大小确定，见表 20-5-1。

表 20-5-1　　　　　　　　　　　结点板的厚度

腹杆内力 N/kN	<100	100≤N<150	150~300	>300~400	>400
结点板的厚度 t/mm	6	8	10~12	12~14	16~18

计算结点焊缝时，首先根据被连接杆件的厚度确定焊缝高度 h。h 不应大于被连接杆件的厚度，但不小于 4mm。焊缝高度 h 的推荐值见表 20-5-2。

表 20-5-2　　　　　　　　　　　焊缝高度

连接杆件最小厚度/mm	4~8	9~14	15~25	26~40	40
焊缝高度 h/mm	4	6	8	140	12

2.1.3　桁架结点板强度及焊缝计算

（1）结点强度计算（图 20-5-6）

$$\sigma=\frac{N}{b_e t}\leqslant\sigma_p（取扩散角\ \theta=30°）\tag{20-5-1}$$

式中　N——杆件的力，N；

t——结点板的厚度，mm；

σ_p——结点板的许用应力，N/mm²。

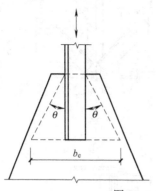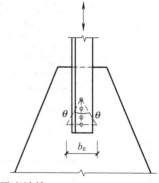

图 20-5-6　结点板强度计算

（2）焊缝计算

所有连接的计算方法都与常规的计算相同。如焊缝的强度计算为

$$\sigma = \frac{1.1N}{0.7hl_h} \leqslant \tau_p \tag{20-5-2}$$

式中　N——杆件的力，N；

1.1——考虑不均匀系数；

0.7h——角焊缝计算厚度，mm；

l_h——角焊缝计算长度，mm，$l_h = l - 2h$（l 为焊缝总长度）；

τ_p——许用剪应力，N/mm²。

考虑受力时的偏心，角钢贴角焊缝对肢背、肢尖的焊缝长度按表 20-5-3 来分配。

表 20-5-3　　　　　　贴角焊缝对肢背、肢尖的焊缝长度分配系数

角　钢　类　型	分　配　系　数	
	K_1	K_2
等边角钢	0.70	0.30
不等边角钢短肢焊接	0.75	0.25
不等边角钢长肢焊接	0.65	0.35

对图 20-5-31 所示无结点板的结点，只需计算腹杆的连接焊缝。

2.1.4　桁架结点板的稳定性

桁架结点板在斜腹杆压力作用下稳定性不必计算的条件：

① 有竖杆时　　　$c/t \leqslant 15\sqrt{\dfrac{235}{\sigma_s}}$　　（20-5-3）

式中　t——结点板的厚度，mm；

c——见图 20-5-7，mm；

σ_s——钢材的屈服点，N/mm²。

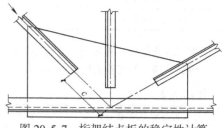

图 20-5-7　桁架结点板的稳定性计算

② 无竖杆时　$c/t \leqslant 10\sqrt{\dfrac{235}{\sigma_s}}$　$N \leqslant 0.8b_e t\sigma_s$　（20-5-4）

2.2　管子桁架

管子桁架的优点是管子的惯性半径各向相等，稳定性好，刚性较大，相对重量轻，对风阻力小，容易防锈。但造价贵，管端形状复杂，焊前准备和焊接施工都较困难。

管子桁架结点的设计除前述要求外，还应注意：管端的焊缝要求密封，避免水或潮气进入，引起锈蚀而降低寿命。管壁通常较薄，要防止局部失稳而产生塌皱。

图 20-5-8 是管子桁架焊接结点的典型结构。图 a 是直接焊接的，要求 $d \geqslant \dfrac{D}{4}$；图 b 是带有筋板的；图 c 用补板提高局部刚性；图 d 使用连接板，可使管端形状统一；为了提高大型管子桁架结点的强度和刚性，可采用图 e 的结构；对于空间管子桁架结点，应采用球形或其他立体形状的连接件（见图 f 和 g），这样备料和焊接施工均较方便，管口直接焊接时不能直接承受动力载荷。

图 20-5-8h~j 是矩形管子桁架焊接结点。图 h 是 T、Y 形结点头；图 i 是 X 形结点；图 j 是 K、N 形结点。

圆钢管的外径与壁厚之比不应超过 100（$235/\sigma_s$）；矩形管的最大外缘尺寸与壁厚之比不应超过 $40\sqrt{235/\sigma_s}$。

图 20-5-9 为管截面的拼接。图 a 是两个截面边缘用对接缝的连接，它构成一个无绕道的力流，但由于根部不能焊透，疲劳强度值极差。如按图 b 插入一个环，可使强度得到一定的提高。图 c、d 是一般的构造，其贴脚缝连接有一定缺点。

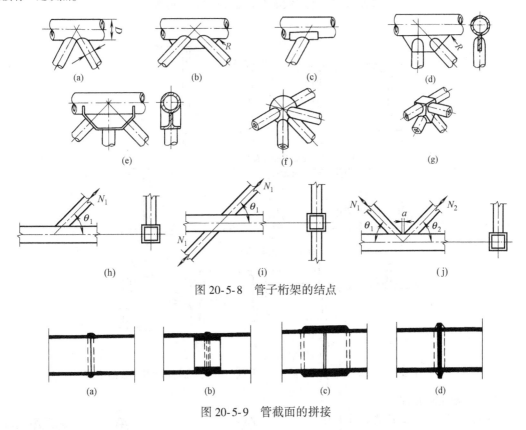

图 20-5-8　管子桁架的结点

图 20-5-9　管截面的拼接

2.3　几种桁架的结构形式和参数

2.3.1　结构形式

（1）上承式起重机桁架的结构几何图形

如图 20-5-10 所示，上承式起重机桁架由劲性上弦、下弦和腹杆组成，一般不宜在腹杆系中再设分桁架。起重机桁架的高度（H）以经济和挠度来确定，其与跨度（L）的关系一般为：

$L = 18 \sim 24$m 时，$H = (1/6 \sim 1/8)L$；$L = 24 \sim 36$m 时，$H = (1/8 \sim 1/10)L$。桁架跨度大或载荷轻时取小值。桁架的节间划分以斜杆大约成 45° 来确定。

劲性上弦、下弦和腹杆常用的截面形式见图 20-5-11。

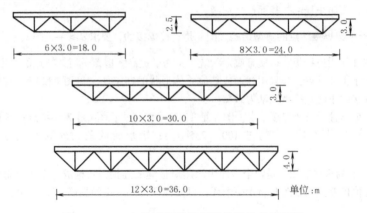

图 20-5-10 上承式起重机桁架的结构几何图形

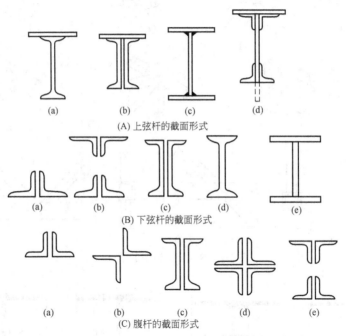

(A) 上弦杆的截面形式

(B) 下弦杆的截面形式

(C) 腹杆的截面形式

图 20-5-11 上承式起重机桁架劲性上弦、下弦和腹杆常用的截面形式

（2）几种桁架的结构形式

图 20-5-12 为双梁桁架式门式起重机的钢结构。门架主要由马鞍 1、主梁 2、支腿 3、下横梁 4 和悬臂梁 5 等部分组成。以上五部分均为受力构件。为便于生产制作、运输与安装，各构件之间多采用螺栓连接。

门式起重机的门架还有采用箱形梁的形式，其支腿对于跨度大于 35m 时多采用一刚一柔支腿。

图 20-5-13 是工字钢在上水平桁架下面的桁架式桥架。

图 20-5-14 是带式输送机的活动机头架及起重机桁架式悬臂架结构。

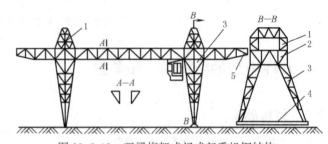

图 20-5-12 双梁桁架式门式起重机钢结构
1—马鞍；2—主梁；3—支腿；4—下横梁；5—悬臂梁

图 20-5-15 是起重机的桁架式大拉杆的详细结构。

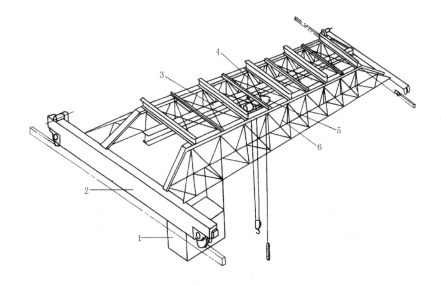

图 20-5-13　工字钢在上水平桁架下面的桁架式桥架

1—司机室；2—端梁；3—电动葫芦运行轨道工字钢；4—上水平桁架；5—电动葫芦；6—垂直桁架

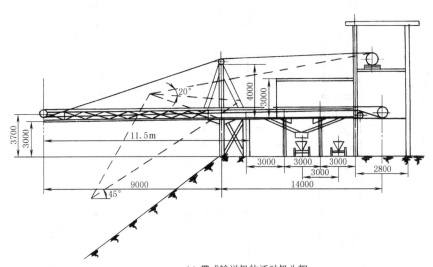

(a) 带式输送机的活动机头架

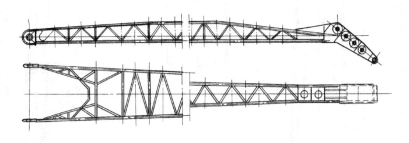

(b) 起重机桁架式悬臂架

图 20-5-14　悬臂架结构

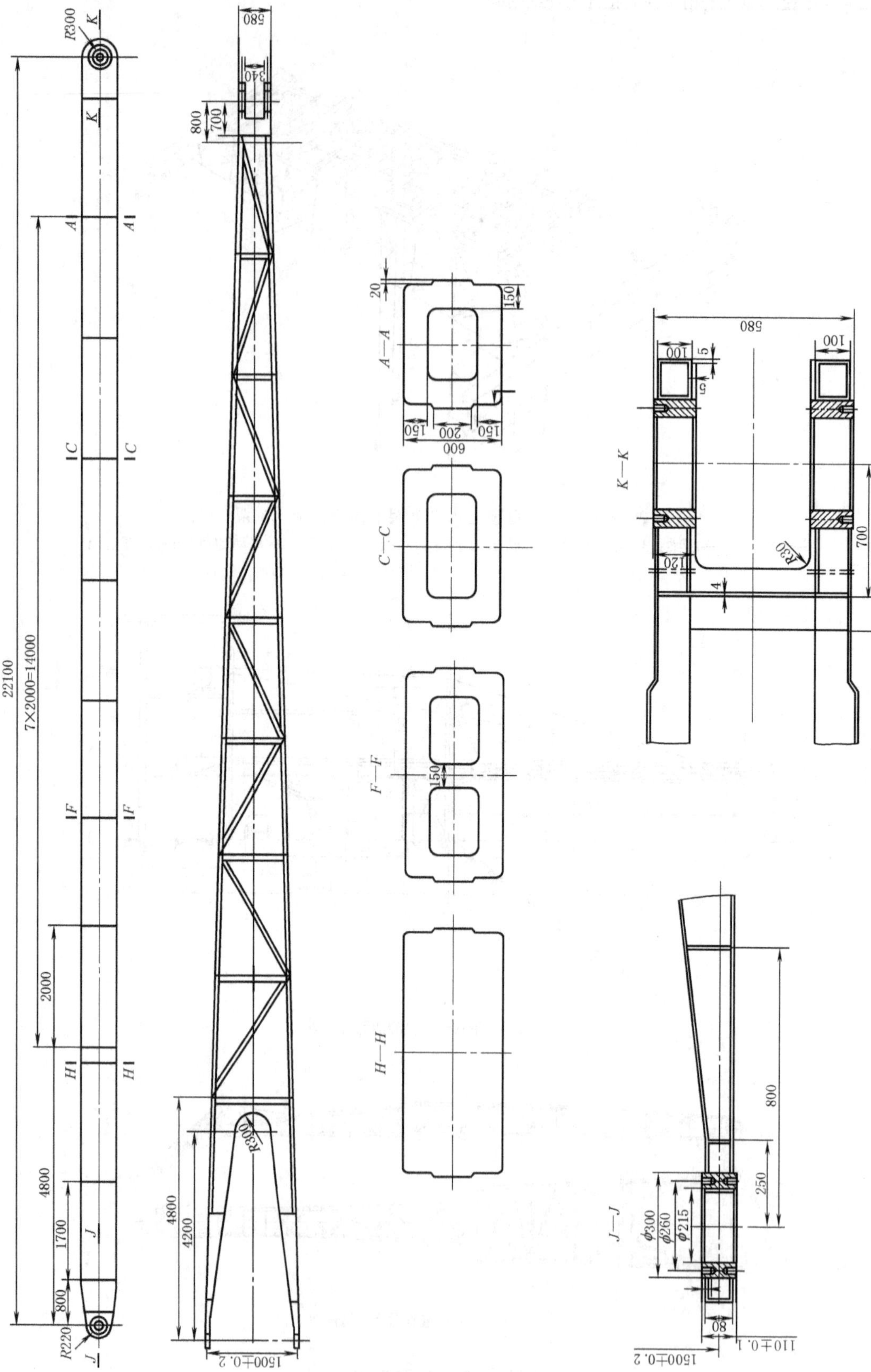

图 20-5-15　桁架式大拉杆

2.3.2 尺寸参数

起重机桁架的高度根据跨度进行选取，2.3.1 节已作了介绍。对于各种桁架，由于桁架的用途与结构形式的多样性，尺寸参数的变化很大，可以参考上面的推荐数据或参考下面的结构参数考虑选取。

对于简支桁架，其高度 H 一般在 $\left(\dfrac{1}{8} \sim \dfrac{1}{10}\right)L$（$L$ 为跨度）的范围内；对于连续梁桁架，其高度 H 一般在 $\left(\dfrac{1}{10} \sim \dfrac{1}{16}\right)L$ 的范围内。

桁架的节间划分一般总是将节间距离做成同样大小，尽可能做成对梁中央成对称的杆件网络结构。节间距离一般为 $(0.8 \sim 1.7)H$，即腹杆对水平方向的倾斜角大约成 $30° \sim 50°$ 为合理，最大可达 $60°$，即 $0.6H$。倾斜角太小，虽可使节间数减少，但腹杆长度增加，使结点距离增大，而使受压弦杆折算长度变长。对于大型桁架，必要时采用两分式来缩短受压弦杆。

表 20-5-4 为起重机悬臂架的外形尺寸参考值。

表 20-5-4　　　　　　　　　起重机悬臂架外形尺寸参考值

臂架类型		臂架几何参数			
		H/L	B_1/L	B_2/L	L'/L
单臂架		0.04 ~ 0.10	0.08 ~ 0.13	≤ 0.02	
带象鼻梁式	柔性拉索	0.06 ~ 0.10	0.09 ~ 0.16	0.03 ~ 0.06	0.13 ~ 0.43[①]
	刚性拉杆	0.10 ~ 0.17	0.14 ~ 0.26	0.06 ~ 0.16	

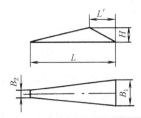

① 对于大部分臂架取 $\dfrac{L'}{L} = 0.2 \sim 0.3$。

2.4　桁架的起拱度

桁架在自重和载荷作用下将产生变形，为了抵消此变形量，一般在桁架制造时造成一反向的拱度。桁架变形量（即挠度允许值）见第 2 章第 2 节"刚度要求"及第 3 章 1.2 节"主梁的上拱高度"。起拱变形一般采用抛物线函数或圆函数，使最大的反向起拱量与最大变形（挠度）相等。

3　静定平面桁架的内力分析

在进行桁架内力分析以前，应首先检查桁架的稳定性（已在第 1 章中谈及）。桁架杆件的强度计算除压杆应计算其稳定性外，其他无特殊要求。关于桁架杆件的稳定性计算，其计算长度的确定见第 4 章。

桁架内力分析法有三类：①解析法；②图解法；③机动法。各种方法详见结构力学。本文只简单介绍常用的解析法。在解析法中，又有力矩法、投影法、结点法、代替法、通路法及混合法。原理都是相同的，无非是用力或力矩的平衡 $\sum X = 0$、$\sum Y = 0$ 或 $\sum M = 0$ 来求得桁架杆件的内力。问题是如何运用得法，使求解更为方便。

一般来说，在计算桁架各杆内力之前，已算出支承点的反力。反力的计算方法和梁的反力计算相同。

欲求桁架某一根或几根杆件的内力，必须把桁架截断成几部分。把其中一个或几个部分看成自由体，画上作用于其上的外力及内力，自由体在这些力的作用下维持静力平衡。

截断桁架的方法有以下两种。

① 截面法　作一截面将桁架切断成两部分，使每一部分的自由体形成一个平面力系。

② 结点法　截取一个结点为自由体，使其形成一平面共点力系。

结点法有两个方程式，截面法有三个方程式，所求的未知力分别为2和3个。截面选择得好，可使一个方程式只包括一个未知数，使计算简便。如果用力矩平衡来计算，即为力矩法 $\sum M=0$。如果用力的平衡来计算，$\sum X=0$，$\sum Y=0$，即为投影法。联合应用即为混合法。

3.1　截面法

（1）用力矩平衡法计算

如图20-5-16所示，求杆24、34、35的内力 F_{24}、F_{34} 和 F_{35}。

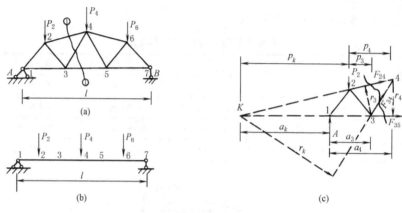

图 20-5-16

作截面①—①，切断欲求内力的三根杆件，取截面的左边部分为自由体（图20-5-16c），并在自由体上，除了反力和载荷外，还画上未知内力。这些内力在未求得其有向值以前，均假定为拉力。如果所得的结果为负值，则表明这个内力为压力。以杆件34和35的交点3为力矩中心，写出 $\sum M_3=0$，得：

$$Aa_3-P_2p_3+F_{24}r_3=0$$

或

$$F_{24}=-\frac{Aa_3-P_2p_3}{r_3}=-\frac{M_3}{r_3}\qquad(a)$$

同样，可以求得其他两根杆件的内力。以结点4为力矩中心，用 $\sum M_4=0$，得：

$$Aa_4-P_2p_4-F_{35}r_4=0$$

或

$$F_{35}=\frac{Aa_4-P_2p_4}{r_4}=\frac{M_4}{r_4}\qquad(b)$$

以杆件24和35的交点 K 为力矩中心，用 $\sum M_k=0$，得

$$-Aa_k+P_2p_k-F_{34}r_k=0$$

或

$$F_{34}=\frac{-Aa_k+P_2p_k}{r_k}=\frac{M_k}{r_k}\qquad(c)$$

力矩中心 K 落在跨度之外；力矩 M_k 是可正可负的，它的正负决定了杆件 F_{34} 是受拉还是受压。

（2）用力平衡法计算

设一个截面切断某一桁架的三根杆件，其中二杆互相平行，则用力平衡法计算较为方便。例如在图20-5-17a所示平弦桁架中，欲求竖杆 F_{34} 的内力。在载重弦节间46取截面①—①，切断 F_{34}；取截面以左的部分为自由体，如图20-5-17c所示。取竖直轴为投影轴，并利用 $\sum Y=0$，就可求得竖杆内力：

$$F_{34}=A-P_2-P_4=Q_{46}\qquad(d)$$

如果用一个同跨度简支梁来代替桁架，把桁架各载重弦结点投影到梁上，并令载荷作用于相对应的结点（图20-5-17b），则简支梁节间46的剪力 Q_{46}（图20-5-17d）与 F_{34}（图20-5-17c）相等。因为 Q_{46} 是正的，故

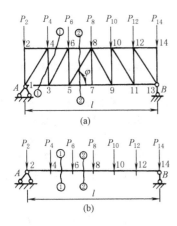 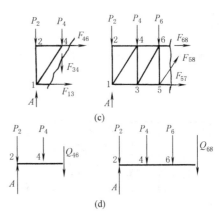

图 20-5-17

F_{34} 为拉力。

斜杆 F_{58} 与水平线成 φ 的倾角，其内力可按截面②—②由桁架左部（图 20-5-17c）的平衡条件求得：

$$F_{58} = -\frac{A - P_2 - P_4 - P_6}{\sin\varphi} = -\frac{Q_{68}}{\sin\varphi}$$

Q_{68} 是载重弦节间 68 的简支梁剪力（图 20-5-17d）。

F_{58} 的内力也可以用其竖直分力 Y_{58} 表示出来：

$$Y_{58} = F_{58}\sin\varphi = -(A - P_2 - P_4 - P_6) = -Q_{68}$$

实际计算中，以上两法是联合运用的，计算起来最为方便。

3.2 结点法

设用一闭合截面，割取桁架中的某一结点为自由体，当在这个自由体上仅有两个未知内力时，则这两个未知内力的计算用结点法最为有利。

例如，在图 20-5-18a 所示的桁架中，仅有两根杆件 12 和 13 相交于结点 1。如割取结点 1 为自由体（图 20-5-18b），并用投影法，即可求得杆件 12 和 13 的内力如下：

$$F_{12} = -\frac{A}{\sin\varphi}$$

$$F_{13} = -F_{12}\cos\varphi$$

当三根杆件相交于一个结点时，一般地说，必须用其他方法先求出其中一根或两根杆件的内力，然后可以用结点法求出其他杆件的内力。然而，当三杆相交于一结点，而其中有二杆在同一直线内时，则第三杆内力仍可用结点法求出。在图 20-5-18a 中，杆件 23 的内力就是属于这种情形。取结点 3 为自由体（图 20-5-18c）；虽然下弦杆的内力不能在这个自由体上单独求得，然而 F_{23} 的内力可用 $\sum Y = 0$ 算出：

$$F_{23} = P_3$$

以上计算中，采用了水平轴和竖直轴为投影轴。最合适的投影轴方向不一定是水平和竖直的，应视结构的具体情况而定。

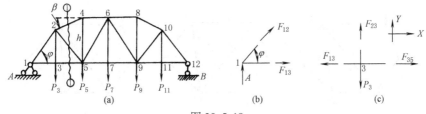

图 20-5-18

3.3 混合法

在比较复杂的桁架中，欲求某一杆件的内力，常常需要把结点法与截面法混合起来使用，或者一个方法需要连续使用几次。

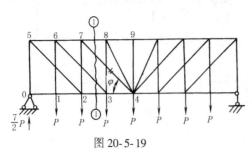

图 20-5-19

图 20-5-19 为一多重腹杆桁架，欲求其中的杆件 47 的内力 F_{47}。作截面①—①，切断四根杆件，显然不能直接求得 F_{47} 的内力。如果用投影法求 F_{47}，那么就必须先算出 F_{36}。后者可于结点 1 和 6 处连续应用结点法二次而求得其垂直分力为 $V_{36} = -P$。于是作截面①—①，用投影法得其垂直分力为

$$V_{47} = \frac{7}{2}P - 2P + P = \frac{5}{2}P$$

$$F_{47} = \frac{5P}{2\sin\varphi}$$

3.4 代替法

代替法或通路法都是用于计算复杂桁架的。在桁架中有许多结点处有三根杆件相交于一点，在无法用结点法或截面法来分析桁架内力时，可用代替法。不必解许多未知数的方程组，只需设法求出桁架杆件中某一杆的内力，则其他各杆的内力就容易算出了。

现举例说明如下。

为了计算（图 20-5-20a）某一杆 14 的内力 X，可将杆件 14 自桁架中截出，成为两个自由体（图 20-5-20b）。于是杆件 14 的内力 X 即作为外力而出现在截断处。这种做法，并不改变桁架的静力平衡条件，当然也不影响各杆的内力；然而，就桁架的几何图形来说，它变成为一个具有自由度的机构，因此是不稳定的。为了要恢复桁架图形的

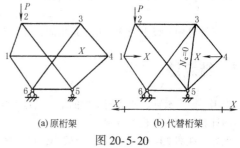

(a) 原桁架　　(b) 代替桁架

图 20-5-20

稳定性，必须添上一根杆件，如图 20-5-20b 中的杆件 35。如果，在外力 P 与 X 的共同作用下，增添的杆件 35 的内力等于零，则改变之后的桁架（图 20-5-20b）非但是稳定的，而且各杆的受力情形也是与原桁架（图 20-5-20a）完全相同的。代替桁架必须是稳定的桁架，并且为了易于计算代替桁内的内力，因此它常常是一个简单桁架。很明显，代替杆的插入，必须不改变桁架结点的数目。

计算代替桁架的内力方法如图 20-5-21 所示，计算 P 作用下 35 杆的内力 N_e^0（图 20-5-21a），再计算 $\overline{X} = 1$ 单位力作用下 35 杆的内力 $\overline{N}_{eX}$（图 20-5-21c），则根据 $N_e = 0$ 的条件，得

$$N_e = N_e^0 + \overline{N}_{eX}X = 0$$

即

$$X = -\frac{N_e^0}{\overline{N}_{eX}}$$

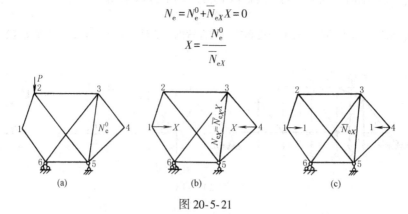

图 20-5-21

式中，N_e^0 等均可用前面的截面法或结点法等求出。

其他杆件的内力 N_i 可以由原桁架的 X 力已知而求出，或仍由代替桁架的内力由 P 及 X 作用叠加：

$$N_i = N_i^0 + \overline{N}_{iX} X$$

式中　$\overline{N}_{iX}$——代替桁架 i 杆由 $\overline{X}=1$ 作用产生的内力；

　　　N_i^0——代替桁架 i 杆由 P 作用产生的内力。

在更复杂的桁架中，有时需要撤换二根或更多的杆件。例如于图 20-5-22a 所示桁架中，如果撤换两根杆件 14 与 25，而以杆件 13 与 35 来代替（图 20-5-22b），则有两个条件 $N_1=0$ 与 $N_2=0$，以求解两个未知数 X_1 与 X_2：

$$\begin{cases} N_1 = N_1^0 + \overline{N}_{11} X_1 + \overline{N}_{12} X_2 = 0 \\ N_2 = N_2^0 + \overline{N}_{21} X_1 + \overline{N}_{22} X_2 = 0 \end{cases}$$

由联立方程式可得未知数 X_1 与 X_2。公式中符号的意义示于图 20-5-22。

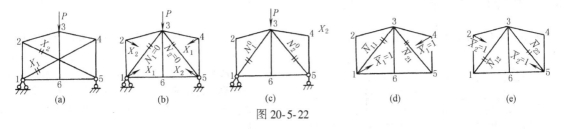

图 20-5-22

桁架构件受压稳定性计算长度见第 4 章第 3.4 节结构件的计算长度。

4 桁架的位移计算

要计算桁架的刚度，必须先算得其受力后的位移量。

4.1 桁架的位移计算公式

桁架的位移，按式（20-5-5）计算：

$$\Delta_{kP} = \sum \frac{\overline{N}_k N_P}{EA} l \tag{20-5-5}$$

式中　$\overline{N}_k$——单位虚载荷 $P_k=1$ 所产生的桁架各杆件的内力，拉力为正，压力为负（P_k 应作用于桁架位移所求点，其方向应与所求的桁架位移的方向相同）；

　　　N_P——外载荷 P_k 所产生的桁架各杆件的内力，拉力为正，压力为负；

　　　E——桁架杆件材料的弹性模量；

　　　A——桁架各杆件的截面积；

　　　l——桁架各杆件的轴线长度；

　　　Δ_{kP}——桁架的位移。

在计算时，采用列表的方式较为方便。

求非竖直方向的位移时，单位虚载荷的作用方向如下。

① 当求任意结点沿任意方向的线位移时，则沿该方向上作用 $P_k=1$（图 20-5-23a）。

② 当求两结点间的距离改变（如结点 B 及 D 时），则于该两结点的连线上作用两个方向相反的 $P_k=1$（图 20-5-23b）。

③ 当求任一杆件（如杆件 CE）的转角（以弧度计）时，则该杆件的两端点处垂直杆件作用两个大小相等方向相反的力，这一对力形成一个单位力偶（即力矩 $M=1$），每一个力的大小等于 $\dfrac{1}{l_{CE}}$（图 20-5-23c）。

④ 当求两杆件间（如 AB 与 CD 间）角度变化，则于该两杆件的端点分别作用两个方向相反的单位力偶（即

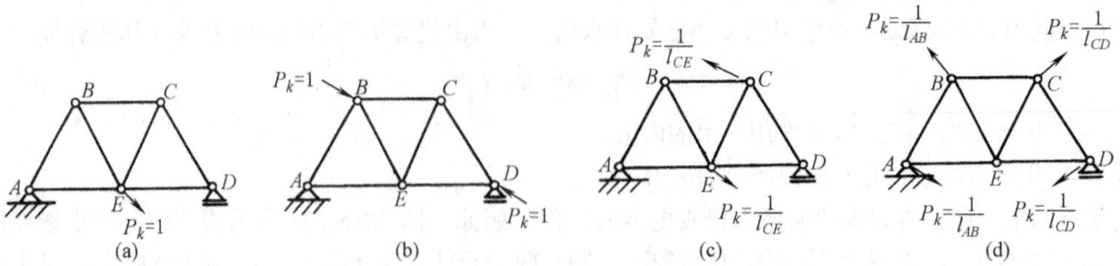

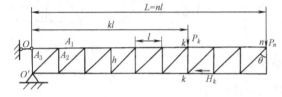

图 20-5-23

力矩 $M=1$），如图 20-5-23d 所示。

4.2　几种桁架的挠度计算公式

桁架的受力分析计算一般可在手册中查到。而机架结构设计则主要有足够的刚度要求，必须进行挠度的计算以校核其刚度是否足够，但一般手册中都无现成的数表或公式可查。为便于读者使用，将编者工作中所推导的常用的一些等节间桁架的挠度计算公式推荐如下，推导的过程从略。空腹桁架挠度计算公式见第 6 章。

（1）集中力产生的挠度（图 20-5-24）

1）在点 n 作用有 P_n 时的挠度

$$\Delta_P = \frac{nP_n h}{E}\left[\frac{1}{A_2}+\frac{1}{A_3\cos^3\theta}+\frac{(2n^2+1)l^3}{3A_1 h^3}\right] \quad (\text{mm}) \tag{20-5-6}$$

2）在点 k 作用有 P_k 时 n 点的挠度

$$\Delta_k = \frac{kP_k h}{E}\left\{\frac{1}{A_2}+\frac{1}{A_3\cos^3\theta}+\frac{[k(3n-k)+1]l^3}{3A_1 h^3}\right\} \quad (\text{mm}) \tag{20-5-7}$$

3）在点 k 作用有水平力 H_k 引起的 n 点挠度

$$\Delta_H = \frac{H_k l^2}{EA_1 h}\left(\frac{2n-k-1}{2}\right)k \quad (\text{mm}) \tag{20-5-8}$$

式中　　A_1——上下弦杆的截面面积，mm^2；

　　　　A_2——竖杆的截面面积，mm^2；

　　　　A_3——斜杆的截面面积，mm^2；

　　　　E——弹性模量，MPa；

P_n，P_k，H_k——集中力，N；

　　　　h，l——长度，mm；

　　　　n——节间数。

对于斜杆方向与图示方向相反（即自左上角向右下角倾斜）的桁架，上述公式中仅差竖杆 n 未计算，因影响很小，同样可用上述公式计算。

4）如果要计算作用在 n 点的力 P 在任意点 k 所产生的挠度，则根据位移互等原理，该挠度等于力 P 作用在 k 点所产生的 n 点的挠度。因此可以用式（20-5-7）来计算。即

$$\Delta_{kP} = \Delta_k$$

式中　Δ_{kP}——n 点 P 力产生 k 点的挠度；

　　　Δ_k——同式（20-5-7）。

（2）均布载荷产生的悬臂桁架的挠度（图20-5-25）

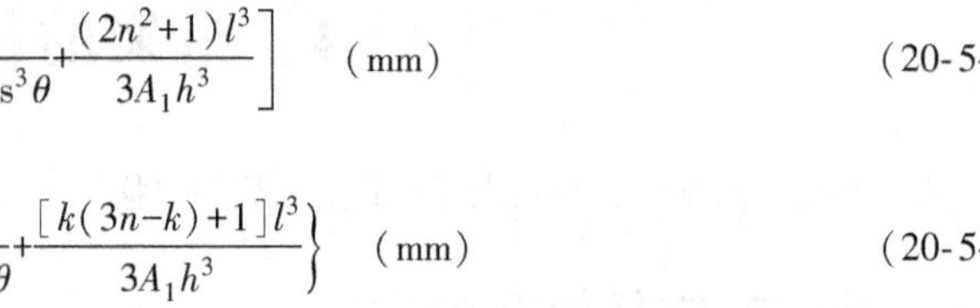

图 20-5-24

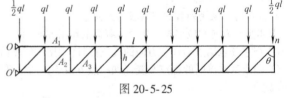

图 20-5-25

l—节间长度；n—节间数

n 点的挠度

$$\Delta_q = \frac{n^2qlh}{2E}\left[\frac{1}{A_2} + \frac{1}{A_3\cos^3\theta} + \frac{(n^2+1)l^3}{2A_1h^3}\right] \tag{20-5-9}$$

式中 q ——均布载荷，N/mm；

其他符号意义同前。

（3）简支桁架的挠度（图 20-5-26）

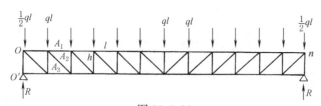

图 20-5-26

l—节间长度；n—节间数

由均布载荷产生的中点挠度

$$\Delta_q = \frac{ql^4(5n^2+4)n^2}{192EA_1h^2} \approx 0.026\frac{n^4l^4}{EA_1h^2} \quad (\text{mm}) \tag{20-5-10}$$

式中各符号意义同前。

这种桁架受集中力作用时，如为对称载荷，可将此桁架分解为两个悬臂桁架（从桁架中点分开），则结点数为 $n_1 = n/2$。然后按式（20-5-6）或式（20-5-7）计算该半桁架（悬臂桁架），由支座反力 R 及该悬臂桁架上的载荷作用引起的挠度，代数相加即可。

（4）桁架旋转时动力加速度引起的挠度（图 20-5-27）

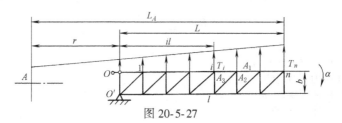

图 20-5-27

对于集中质量，加速度求出来后，集中力即可求得［式（20-5-13a）］，此集中力引起的挠度按式（20-5-6）或式（20-5-7）计算即可。均布质量的计算则因距旋转中心的距离不同而加速度呈梯形分布（图 20-5-27）。设桁架绕机器中心作角加速度 a（rad/s²）旋转，则有

n 点挠度

$$\Delta_a = \frac{aq_0lbn}{2E\times10^3}\left\{\left(nL_A - \frac{n^2-1}{3}l\right)\left(\frac{1}{A_2} + \frac{1}{A_3\cos^3\theta}\right) + \frac{n^2+1}{6}\times\frac{l^3}{b^3}\times\frac{1}{A_1}\left[3nL_A - \frac{4(n^2-1)l}{5}\right]\right\} \quad (\text{mm}) \tag{20-5-11}$$

当 $n \geqslant 10$ 时，式（20-5-8）可简化为

$$\Delta_a = \frac{aq_0bnL}{2E\times10^3}\left(L_A - \frac{4}{15}L\right)\left(\frac{1}{A_2} + \frac{1}{A_3\cos^3\theta} + \frac{n^2l^3}{2b^3A_1}\right) \quad (\text{mm}) \tag{20-5-12}$$

均布载荷引起的惯性力是按下式计算的：

$$T_i = \frac{r+il}{10^3}aq_0l \quad (\text{N}) \tag{20-5-13}$$

$$T_n = \frac{1}{2}\times\frac{r+nl}{10^3}aq_0l \quad (\text{N}) \tag{20-5-14}$$

$$nl = L, \quad L_A = L+r \quad (\text{mm})$$

式中 q_0 ——均布质量，kg/mm；

其它符号同前。

第 **20** 篇

设备等重物 Q_i（kg）作用于结点 i 的集中载荷为

$$P_i = \frac{r+il}{10^3} a Q_i \qquad (20\text{-}5\text{-}13a)$$

（5）三角形桁架（图 20-5-28）

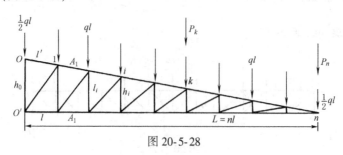

图 20-5-28

以图 20-5-28 中 O、O' 为铰接支点，n 点的挠度计算公式如下：

由集中力 P_n 产生的 n 点挠度

$$\Delta_n = \frac{P_n L^3}{EA_1 h_0^2} \left[\frac{n-1}{n} + \left(\frac{l'}{l} \right)^3 \right] \qquad (\text{mm}) \qquad (20\text{-}5\text{-}15)$$

由 k 点作用集中力 P_k 产生的 n 点挠度

$$\Delta_k = \frac{P_k l L^2}{EA_1 h_0^2} \left[D - \frac{k}{n} + D \left(\frac{l'}{l} \right)^3 \right] \qquad (\text{mm}) \qquad (20\text{-}5\text{-}16)$$

由均布载荷 q 引起的 n 点挠度

$$\Delta_q = \frac{q l^2 L^2}{4 EA_1 h_0^2} \left[(n-1)(n+2) + n(n+3) \left(\frac{l'}{l} \right)^3 \right] \qquad (\text{mm}) \qquad (20\text{-}5\text{-}17)$$

$$D = \sum_{i=0}^{k} \frac{k-i}{n-i} \qquad (20\text{-}5\text{-}17a)$$

式中　l——每节间长，mm；

　　　l'——上弦杆每节间长（斜长），mm；

　　　n——节间数，桁架为等节间的；

　　　A_1——上、下弦杆的截面积，mm^2。

（6）倒三角形桁架（图 20-5-29）

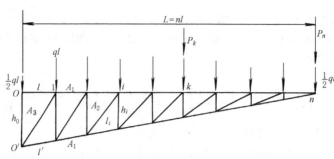

图 20-5-29

倒三角形桁架是常用的桁架结构，以 O、O' 为铰接支点，计算公式如下：

由集中力 P_n 引起的 n 点的挠度

$$\Delta_n = \frac{P_n L^3}{EA_1 h_0^2} \left[1 + \frac{n-1}{n} \left(\frac{l'}{l} \right)^3 \right] \qquad (\text{mm}) \qquad (20\text{-}5\text{-}18)$$

由 k 点作用集中力 P_k 引起的 n 点的挠度

$$\Delta_k = \frac{P_k l L^2}{EA_1 h_0^2} \left[D + \left(D - \frac{k}{n} \right) \left(\frac{l'}{l} \right)^3 \right] \qquad (\text{mm}) \qquad (20\text{-}5\text{-}19)$$

由均布载荷 q 引起的 n 点的挠度

$$\Delta_q = \frac{ql^2 L^2}{4EA_1 h_0^2}\left[n(n+3)+(n-1)(n+2)\left(\frac{l'}{l}\right)^3 \right] \quad (\text{mm}) \tag{20-5-20}$$

式中，D 含义同前。

（7）梯形桁架（图 20-5-30）

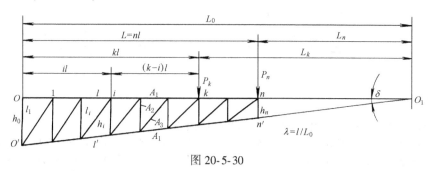

图 20-5-30

挠度公式可化简成如下的中间形式：

由集中力 P_n 引起的 n 点挠度

$$\Delta_n = \frac{P_n}{Eh_0}\left[\frac{1}{A_1 h_0}(D_{1,n}l^3 + D_{2,n}l'^3) + h_n^2\left(\frac{B_n}{A_2}+\frac{C_n}{A_3}\right) \right] \quad (\text{mm}) \tag{20-5-21}$$

由 k 点作用集中力 P_k 引起的 n 点的挠度

$$\Delta_k = \frac{P_k}{Eh_0}\left[\frac{1}{A_1 h_0}(D_1 l^3 + D_2 l'^3) + h_k h_n\left(\frac{B}{A_2}+\frac{C}{A_3}\right) \right] \quad (\text{mm}) \tag{20-5-22}$$

可粗略地按

$$\Delta_k = \frac{P_k l^3}{EA_1 h_0^2}D \quad \left(D = D_1 + D_2\frac{l'^3}{l^3} \right) \quad (\text{mm}) \tag{20-5-23}$$

由均布载荷 q 引起的 n 点的挠度

$$\Delta_q = \frac{ql}{E}\left[\frac{1}{A_1 h_0^2}(D_1'l^3 + D_2'l'^3) + h_n\left(\frac{B'}{A_2}+\frac{C'}{A_3}\right) \right] \quad (\text{mm}) \tag{20-5-24}$$

$n \geqslant 10$ 时

$$\Delta_q = \frac{2qlD_1'}{EA_1 h_0^2}(l^3 + l'^3) \tag{20-5-25}$$

其中，令 $\lambda = l/L_0$，则有

$$\left.\begin{aligned}
D_{1,n} &= \sum_{i=0}^{n-1}\frac{(n-i)^2}{(1-i\lambda)^2} \\
D_{2,n} &= D_{1,n} - n^2 \\
B_n &= \sum_{i=1}^{n-1}\frac{1}{1-i\lambda} \\
C_n &= \sum_{i=1}^{n}\frac{1-(i-1)\lambda}{(1-i\lambda)^2}\left(\frac{l_i}{h_{i-1}}\right)^3
\end{aligned}\right\} \tag{20-5-21a}$$

$$\left.\begin{aligned}
D_1 &= \sum_{i=0}^{k-1}\frac{(n-i)(k-i)}{(1-i\lambda)^2} \\
D_2 &= D_1 - nk \\
B &= \sum_{i=1}^{k-1}\frac{1}{1-i\lambda} \\
C &= \sum_{i=1}^{k}\frac{1-(i-1)\lambda}{(1-i\lambda)^2}\left(\frac{l_i}{h_{i-1}}\right)^3
\end{aligned}\right\} \tag{20-5-22a}$$

第 **20** 篇

$$D_1' = \frac{1}{2}\sum_{i=1}^{n}\frac{i^2(i+1)}{[1-(n-i)\lambda]^2}$$

$$D_2' = D_1' - \frac{n^2(n+1)}{2}$$

$$B' = \frac{1}{2}\sum_{i=1}^{n-1}\frac{(n-i)[2-(n+i+1)\lambda]}{1-i\lambda}$$

$$C' = \frac{1}{2}\sum_{i=1}^{n}\frac{[n-(i-1)][1-(i-1)\lambda][2-(n+i)\lambda]}{(1-i\lambda)^2}\left(\frac{l_i}{h_{i-1}}\right)^3$$

(20-5-24a)

4.3 举例

例 1 如图 20-5-31 所示桁架，用牵绳在 K 点拉住，求其端部的挠度。

由式 (20-5-6) 算得 P 力的挠度 Δ_P；由式 (20-5-9) 算得均布载荷 q 的挠度 Δ_q；由平衡条件算得牵引钢绳拉力 T，再将拉力 T 分解为水平力 H 和垂直力 V。如垂直力 V 不在结点上，则将其分解为 V'、V''（图 20-5-31），再用式 (20-5-7) 求各自引起的挠度 Δ_k'、Δ_k''；再用式 (20-5-8) 求水平力 H 引起的挠度 Δ_H。以上各挠度相加（考虑正负相加减）就得总挠度。

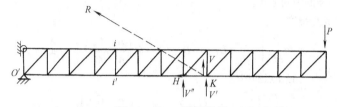

图 20-5-31 桁架示例

例 2 图 20-5-32 为一带式输送机的悬臂桁架，求在图示载荷作用下，悬臂的刚度是否符合要求。

因为 OO' 固定（铰接）于行走机械的机架上，油缸可以动作以保证带输出端位置，挠度的计算应该是 n 点相对于 OO' 连线的向下位移量。则

$$n = 10$$
$$A_1 = A_2 = 10.24\text{cm}^2$$
$$A_3 = 3.086\text{cm}^2$$

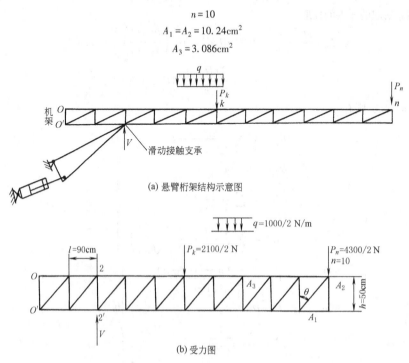

图 20-5-32 带式输送机悬臂桁架

$$h = 50\text{cm}, \quad l = 90\text{cm}$$

$$则 \tan\theta = \frac{l}{h} = 1.8, \quad \cos\theta = \frac{1}{\sqrt{1+1.8^2}} = \frac{1}{2.06}$$

桁架有两侧，空载时抬起，P_k、P_n 为滚筒等重力：

$$P_n = 4300/2 = 2150 \text{ (N)}$$

$$P_k = 1050\text{N}$$

$$q = 500\text{N/m}$$

$$V = (2150 \times 10 + 1050 \times 5 + 500 \times 10 \times 0.9 \times 5)/2 = 24600 \text{ (N)}$$

运用式（20-5-7）~式（20-5-9）得

集中力 P_n 引起的变形量（以 cm 作单位代入，下同）：

$$\Delta_P = \frac{10 \times 2150 \times 50}{2.1 \times 10^5 \times 100}\left(\frac{1}{10.24} + \frac{1}{3.086} \times 2.06^3 + \frac{201 \times 1.8^3}{3 \times 10.24}\right)$$

$$= 0.051 \times (0.1 + 2.83 + 38) = 2.08 \text{ (cm)}$$

集中力 P_k 引起的变形量：

$$\Delta_k = \frac{5 \times 1050 \times 50}{2.1 \times 10^7}\left(0.1 + 2.83 + \frac{5 \times 25 + 1}{3 \times 10.24} \times 1.8^3\right)$$

$$= 0.0125 \times (0.1 + 2.83 + 23.9) = 0.33 \text{ (cm)}$$

集中力 V 引起的向上的变形量（方向向上）：

$$\Delta_V = \frac{2 \times 24600 \times 50}{2.1 \times 10^7}\left(0.1 + 2.83 + 0.568 \times \frac{2 \times 28 + 1}{3}\right)$$

$$= 1.58 \text{ (cm)}$$

均布载荷 q 引起的变形量：

$$\Delta_q = \frac{10^2 \times 5 \times 90 \times 50}{2 \times 2.1 \times 10^7}\left(0.1 + 2.83 + 0.568 \times \frac{101}{2}\right) = 1.68 \text{ (cm)}$$

总挠度为

$$\Delta = 2.08 + 0.33 + 1.68 - 1.58 = 2.51 \text{ (cm)}$$

悬臂长 9m，挠度为全长的 $\frac{2.51}{900} = 2.8‰$。挠度不算小，但此时为不工作状态。在工作时，悬臂端部下面有支撑，故符合要求。

例3 用悬臂桁架挠度计算公式来计算图 20-5-33a 简支梁的挠度。

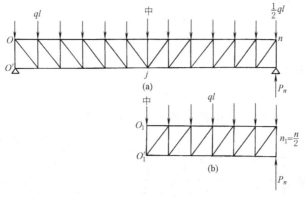

图 20-5-33

将图 a 变换成图 b，用悬臂梁式（20-5-6）~式（20-5-9）计算挠度。令桁架中线为 O_1O_1'。
由 $P_n = n_1ql$，代入式（20-5-6）得

$$\Delta_P = \frac{n_1^2 qlh}{E}\left[\frac{1}{A_2} + \frac{1}{A_3\cos^3\theta} + \frac{(2n_1^2 + 1)l^3}{3A_1 h^3}\right]$$

由式（20-5-9）得

$$\Delta_q = \frac{n_1^2 qlh}{2E}\left[\frac{1}{A_2} + \frac{1}{A_3\cos^3\theta} + \frac{(n_1^2 + 1)l^3}{2A_1 h^3}\right]$$

第 **20** 篇

悬臂梁中点的挠度（略去较小的前两项，以 $n_1 = \dfrac{n}{2}$ 代入）为

$$\delta = \Delta_P - \Delta_q = \frac{ql^4(5n^2+4)\,n^2}{192EA_1h^2}$$

如果用 n 节间悬臂梁的计算公式来计算上梁 n 点对 OO' 的变位量，则可以求得

$$\Delta_P = \frac{n^2qlh}{2E}\left[\frac{1}{A_2} + \frac{1}{A_3\cos^3\theta} + \left(\frac{2n^2+1}{3A_1h^3}\right)l^3\right]$$

$$\Delta_q = \frac{qlhn^2}{2E}\left[\frac{1}{A_2} + \frac{1}{A_3\cos^3\theta} + \left(\frac{n^2+1}{2A_1h^3}\right)l^3\right]$$

$$\delta_1 = \Delta_q - \Delta_P = \frac{qlhn^2}{2E}\left[\frac{l^3}{A_1h^3}\left(-\frac{2n^2+1}{3} + \frac{n^2+1}{2}\right)\right]$$

$$= -\frac{ql^4n^2(n^2-1)}{12EA_1h^2}$$

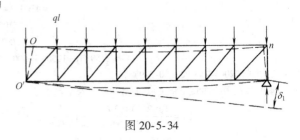

图 20-5-34

请注意，上式算得的是图 20-5-34 所示的 δ_1，而非 n 点的挠度。

例 4 以上的挠度计算是相对于 OO' 线的位置，如要使 OO' 保持垂直，则桁架要转动。如果所要求的是 k 点（k 表示 R 力所作用的节间数）不动时的桁架挠度，如图 20-5-35 所示，OO' 线是歪斜的，此时的挠度可用下面两种方法求得。

（1）令 $\delta_{n,n}$——n 点作用单位力 $P_n = 1$ 时 n 点的变形；

$\delta_{k,n}$——n 点作用单位力 $P_n = 1$ 时 k 点的变形；

$\delta_{n,k}$——k 点作用单位力 $P_k = 1$ 时 n 点的变形；

$\delta_{k,k}$——k 点作用单位力 $P_k = 1$ 时 k 点的变形。

由式（20-5-7），则

$$\delta_{k,n} = \delta_{n,k} = \frac{hk}{E}\left\{\frac{1}{A_2} + \frac{1}{A_3\cos^3\theta} + \frac{[k(3n-k)+1]l^3}{3A_1h^3}\right\}$$

由式（20-5-6），得

$$\delta_{n,n} = \frac{nh}{E}\left[\frac{1}{A_2} + \frac{1}{A_3\cos^3\theta} + \frac{(2n^2+1)l^3}{3A_1h^3}\right]$$

当 n 改为 k 后，即

$$\delta_{k,k} = \frac{kh}{E}\left[\frac{1}{A_2} + \frac{1}{A_3\cos^3\theta} + \frac{(2k^2+1)l^3}{3A_1h^3}\right]$$

当只在 n 点有作用力时，n 点的挠度为

$$\delta_n = \delta_{n,n}P_n - \delta_{n,k}V \tag{a}$$

而此时，k 点实际移动了

$$\delta_k = \delta_{n,k}P_n - \delta_{k,k}V \tag{b}$$

如要求 k 点不动，须 k 点移回 δ_k，则 n 点必定上升

$$\delta_n' = \delta_k\frac{L}{a} \tag{c}$$

故由于 OO' 倾斜及 k 点不动，实际使 n 点的挠度等于式（a）~式（c）（见图 20-5-35）：

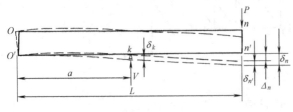

图 20-5-35

$$\Delta_n = \delta_n - \delta_n' = \delta_{n,n}P_n - \delta_{n,k}V - \delta_k\frac{L}{a}$$

式（b）代入后，得

$$\Delta_n = P_n\delta_{n,n}\left(1 + \frac{LR\delta_{k,k}}{aP_n\delta_{n,n}}\right) - V\delta_{n,k}\left(1 + \frac{LP_n}{aR}\right)$$

$$= \alpha P_n\delta_{n,n} - \beta V\delta_{n,k} \tag{d}$$

式（d）与式（a）比较，只多两个系数，即

$$\alpha = 1 + \frac{LV\delta_{k,k}}{aP_n\delta_{n,n}} \tag{e}$$

$$\beta = 1 + \frac{LP_n}{aR} \tag{f}$$

当只考虑端部 n 处有载荷时

$$LP_n = aV, \quad \beta = 2$$

$$\alpha = 1 + \frac{L^2}{a^2} \times \frac{\delta_{k,k}}{\delta_{n,n}} \approx 1 + \frac{a}{L}$$

因 $\delta_{k,k}$、$\delta_{n,n}$ 中起主要作用的是第三项，约与 k^3 及 n^3 成正比。

或由式（d）

$$\Delta_n = P_n \delta_{n,n} \alpha_1 - V \delta_{n,k} \beta_1$$

式中

$$\alpha_1 = 1 - \frac{L}{a} \times \frac{\delta_{n,k}}{\delta_{n,n}} \tag{e_1}$$

$$\beta_1 = 1 - \frac{L}{a} \times \frac{\delta_{k,k}}{\delta_{n,k}} \tag{f_1}$$

（2）为简便起见，从式（20-5-6）、式（20-5-9）可看出，端点挠度与外力（P 或 qln）成正比，和 $(nl)^3$ 成正比。从式（20-5-6）~式（20-5-9）的第三项起主要作用考虑，设按计算得的 n 点的总挠度是 Δ_n'，则 V 力作用点的挠度约为

$$\delta_R = \Delta_n' \frac{a^3}{L^3} \tag{g}$$

V 力位置不变，上升 δ_R，n 点挠度则减少 $\delta_R \frac{L}{a}$。故 n 点的总挠度实际为

$$\Delta_n = \Delta_n' - \delta_R \frac{L}{a} = \Delta_n' \left(1 - \frac{a^2}{L^2}\right) \tag{h}$$

5   超静定桁架的计算

超静定桁架是桁架中有多余约束（多余联系，超过静定所必需的杆件与连接）的桁架。多余约束可以是内部杆件也可以是外部支座，或二者都有。

机架采用超静定形式桁架往往是为了结构的需要，使机架更为稳定，或考虑到载荷的方向变化。在计算的时候，往往可以将多余的次要杆件去掉不计，这样计算就方便得多了。

如果一定要按超静定桁架计算时，则一般采用力法来计算其杆件内力或支座反力。计算步骤及方法如下。

① 去掉多余约束，确定基本结构，以多余的未知力 X_i 来代替相应的多余约束。去掉多余约束后的桁架应仍是稳定的。

② 建立力法的典型方程。

设 δ_{ii} 为基本结构中单位未知力 $\overline{X}_i$ 单独作用时，沿 $\overline{X}_i$ 本身方向所引起的位移；δ_{ij} 为基本结构中由于单位未知力 $\overline{X}_j = 1$ 引起的沿 $\overline{X}_i$ 方向的位移。$\delta_{ij} = \delta_{ji}$（$i \neq j$）。

Δ_{iP} 为基本结构中由于载荷 P 作用时（或其他原因如温度变化等）所引起的沿 $\overline{X}_i$ 方向的位移。

则典型方程组为（设为 n 次超静定，有 n 个未知力 x_1，…，x_n）

$$\left. \begin{aligned} \delta_{11} X_1 + \delta_{12} X_2 + \cdots + \delta_{1n} X_n + \Delta_{1P} &= 0 \\ \delta_{21} X_1 + \delta_{22} X_2 + \cdots + \delta_{2n} X_n + \Delta_{2P} &= 0 \\ &\cdots \\ \delta_{n1} X_1 + \delta_{n2} X_2 + \cdots + \delta_{nn} X_n + \Delta_{nP} &= 0 \end{aligned} \right\} \tag{20-5-26}$$

由于桁架中各杆件只产生轴向力，故典型方程中的各系数按莫尔公式为

$$\left. \begin{aligned} \delta_{ii} &= \sum \frac{\overline{N}_i^2 l}{EA} \\ \delta_{ij} &= \sum \frac{\overline{N}_i \overline{N}_j}{EA} l \end{aligned} \right\} \tag{20-5-27}$$

当桁架只承受载荷时

$$\Delta_{iP} = \sum \frac{\overline{N}_i N_P}{EA} l \tag{20-5-28}$$

当桁架只有温度改变时

$$\Delta_{iP} = \Delta_{it} = \sum \overline{N}_i \alpha t l \tag{20-5-29}$$

式中　A ——桁架杆的截面积；

l ——杆长；

E ——材料的弹性模量；

α ——杆的热线胀系数；

t ——温度改变量；

$\overline{N}_i$ ——在基本结构中杆件 i 的未知力 $N_i = 1$ 时产生的各杆件的内力；

$\overline{N}_j$ ——在基本结构中杆件 j 的未知力 $N_j = 1$ 时产生的各杆件的内力（二次及以上超静定结构时，$i \neq j$）；

N_P ——在基本结构中由外载荷 P 产生的各杆件内力。

为此，必须作出基本结构的各单位内力图和载荷内力图，然后计算典型方程组中的各系数和自由项。

③ 解典型方程式，求出各多余内力 X_i。

④ 由叠加原理求出最后内力或绘出最后内力图。桁架各杆件的最后内力为

$$N = \overline{N}_1 X_1 + \overline{N}_2 X_2 + \cdots + \overline{N}_n \overline{X}_n + N_P \tag{20-5-30}$$

在选择基本结构时，应尽量使在单位力或载荷的作用下，基本结构中有较多杆件的轴力为零，以简化典型方程组的求解。

例　图 20-5-36a 所示的超静定结构，求各杆轴力，已知各杆的 EA 皆相同。

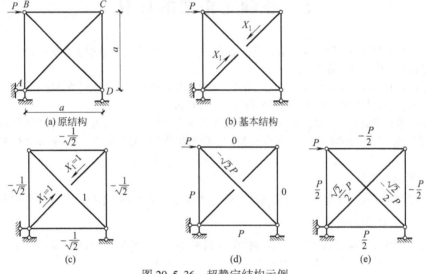

图 20-5-36　超静定结构示例

此为一次超静定结构，切开 AC 杆，用力代替，成基本结构（图 20-5-36b）。沿该 X_1 方向的杆的位移应为零：

$$\delta_{11} X_1 + \Delta_{1P} = 0$$

求力 $X_1 = 1$ 及载荷 P 分别作用于基本结构所产生的各杆的力，如图 20-5-36c 及 d 所示。再计算系数：

$$\delta_{11} = \sum \frac{\overline{N}_i^2 l}{EA} = \frac{1}{EA} \left[4 \times \left(-\frac{1}{\sqrt{2}} \right)^2 a + 1^2 \times \sqrt{2} a \times 2 \right] = \frac{2(1+\sqrt{2})a}{EA}$$

$$\Delta_{1P} = -\sum \frac{\overline{N}_i N_P}{EA} l = \frac{1}{EA} \left[2 \times \left(-\frac{1}{\sqrt{2}} \right) Pa + 1 \times (-\sqrt{2}P) \times \sqrt{2} a \right] = -\frac{(2+\sqrt{2})Pa}{EA}$$

得

$$X_1 = -\frac{\Delta_{1P}}{\delta_{11}} = \frac{\sqrt{2}}{2} P$$

原结构中各杆的轴力可按下式算得，其结果标于图 20-5-36e：

$$N_i = \overline{N}_i X_1 + N_P = \frac{\sqrt{2}}{2} P \overline{N}_i + N_P$$

各 $\overline{N}_i$、N_P 即力 $X_1 = 1$ 及力 P 在各杆件中所产生的轴力，已知标明于图 20-5-36c 及 d 中。

6　空　间　桁　架

机架基本上都是空间桁架。但由于结构较简单或结构的对称性，计算起来比较方便。空间桁架尽可能简化为平面桁架来计算。与平面桁架相似，可以用结点法、截面法或代替法来计算内力。

6.1　平面桁架组成的空间桁架的受力分析法

如图 20-5-37 所示的网状结构由几个平面桁架所组成，而每个平面桁架本身，在其各自的平面内，又是静定稳定的，它们能够单独承受作用于该平面内的载荷。故当载荷作用于某一平面桁架所在的平面内时，其他平面内的杆件内力为零。任意一力均可分解为两个分力，一力作用于某一个平面内，另一力则作用于该平面以外的某方向内。如图 a 中的任意一结点作用有一载荷 P 时，可将其分解为作用于平面 ABB_3A_3 内的分力 P_2（图 d）和作用于杆件 B_1C_1 方向内的分力 P_1（图 b）。P_1 仅使平面桁架 BCC_3B_3 内的某些杆件受力（图 c），而 P_2 则仅使平面桁架 ABB_3A_3 内的某些杆件受力（图 d）。如载荷 P 不作用在结点上而作用在某杆件上，可按力学分配到两个或多个结点上分别计算。只是该承受载荷的杆件要进行受力分析，例如抗弯的能力是否足够。

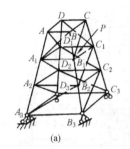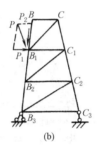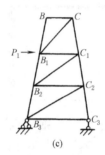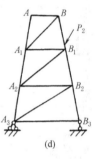

图 20-5-37

例　如图 20-5-38 所示的桁架，将载荷 P 分解为 P_1、P_2、P_3。P_1 在 AA_3 方向；P_2 在平面 ABB_3A_3 内；P_3 在 AEE_3A_3 平面内。然后按平面桁架的内力分析法，分别算出分力所在平面内的各杆件内力，如图 b、c、d 所示。最后按叠加原理算出各杆件的轴向力。因 P 力作用于 A 点，除图 b、c、d 所示的杆件受有轴向力外，其他平面内的杆件内力皆等于零。

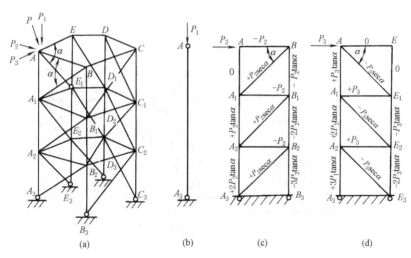

图 20-5-38

6.2 圆形容器支承桁架

非标准机架结构用到最多的一种是圆形或准圆形容器的支承桁架。其特点是径向对称性。只要将载荷合理分配就可以简单地计算。例如第 1 章图 20-1-38 浓密机支座（实例），将浓密机的总载荷等分为 16 个扇形，由 1 根简支梁和 2 个立柱支承来计算。梁上为连续的不均布载荷（考虑高度变化及扇形的影响）。先求得简支梁在该载荷的作用下，两支点最合理的位置（一般说来，靠中心的立柱位置是由设备结构要求确定的，所以只要确定外立柱的位置就可以了。用微分法求出某位置可以使梁受到最小的弯矩即可）。再分别按简支梁和单个立柱来计算其受力就很简单了。

图 20-5-39 为反应器设计建造的实例。两个反应器其规格各为：

① 外直径 9400mm，容器高 10750mm（不包括上面搅拌器高），架高 5240mm，加载荷后总重约 500t；

② 外直径 6900mm，容器高 8010mm（不包括上面搅拌器高），架高 4330mm，加载荷后总重约 180t。

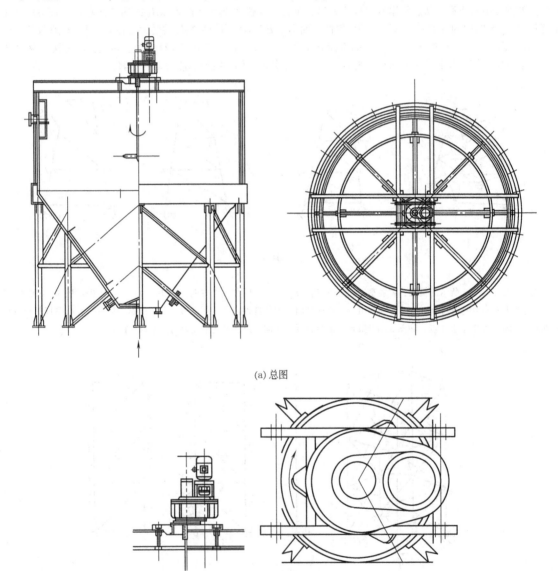

(a) 总图

(b) 局部放大图

图 20-5-39　反应容器

可以采用几种方案来实现支架的结构设计和建造。

【方案1】 图 20-5-40 为采用圆形钢管作支架的结构，A 容器采用 8 根立柱（图 a）；B 容器采用 6 根立柱（图 b）。根据计算，立柱尺寸 A 容器立柱 φ219×14；B 容器立柱 φ168×10 足够。实际采用：A 容器立柱 φ219×18；B 容器立柱 φ219×12，是过于结实了。为了立柱的稳定性，周向用管子 2 连接；径向用周向辅助管子 4、5（或 4~6）连接（因为中心有容器的锥体通过不能直接连接，这些管子尺寸可以相应小一些）；管子 3 为斜撑。（架上面有用以支承反应器的圈梁，未画出，下同。）

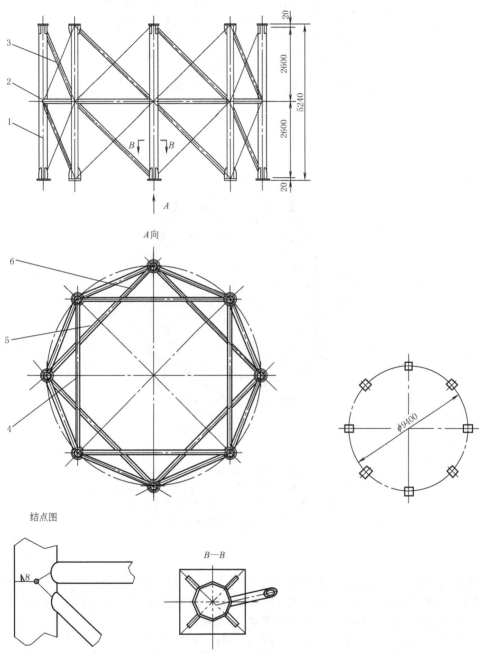

（a）容器 A 支架结构图（8 立柱）

1—立柱 φ219×18 共 8 根；2—周向支撑 φ168×10，8 根；3—斜撑 φ168×10，16 根；4—周向
支撑 φ121×10，4 根；5—周向辅助支撑 φ121×10，4 根；6—周向辅助支撑 φ121×1，8 根

图 20-5-40

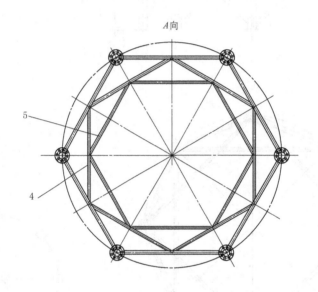

（b）容器 B 支架结构图（6 立柱）

1—立柱 φ219×18 共 6 根；2—周向支撑 φ168×10，6 根；

3—斜撑 φ168×10，12 根；4,5—周向辅助支撑 φ121×10，6 根

图 20-5-40　容器支架结构图

【方案2】结构形式相似：A 容器立柱用 32a 号工字钢，B 容器立柱用 22 号槽钢；斜撑 3 可用同型号的或小一号的型材；周向横梁 2 都可采用槽钢；各杆接头用连接板连接。而由于工字钢或槽钢的腹板向心布置，该向的立柱稳定性已足够，上图中的辅助支撑 4~6 都取消了（图略）。

【方案3】结构如图 20-5-41 所示（仅画出 B 反应器）。材料与方案 2 相似。斜撑 3 一直撑到地面，而周向横梁 2 是断开的。本方案的优点是能直接承受和传递因机器转动和反应器内液态物料转动冲击挡板的扭力和振动至地面；材料较省一些。对于周向横梁 2 的布置，槽钢腹板 2 可以是立放的，撑向立柱 1 或斜撑 3 的中间或贴与其侧面。本图所示的周向横梁 2 是横放的。周向横梁采用与立柱及斜撑相同尺寸的槽钢，则部分要用连接钢板连接，如局部放大图所示。

以上几种方案都已有建造并在使用中。以方案 3 的材料最为节约。

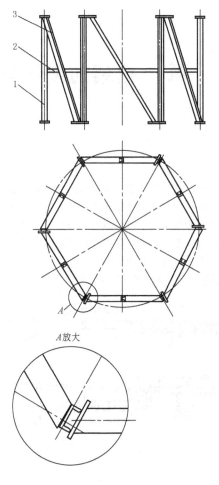

图 20-5-41　容器 B 支架结构图
1—主柱（槽钢）；2—周向横梁（槽钢）；3—斜撑（槽钢）

第 **6** 章　框架的设计与计算

　　框架是由梁和柱组成的结构。框架的结点有铰结点、刚结点；有静定、超静定。带刚性连接的框架一般称刚架。刚架的特点是：各杆件主要受弯；载荷作用使刚架变形后，其某些杆与杆之间的夹角仍保持不变。刚架同样有静定和超静定的，但一般是超静定的。刚架结构上也可以有部分是铰接结点或组合结点。

　　对静定刚架的计算方法与静定梁的计算方法相同。通常先根据整体或某部分的平衡条件，求出各支座的反力及各铰接处的内力，然后再逐杆计算其内力，并绘制内力图。

　　图 20-6-1 为悬臂起重机的臂架结构形式，空腹式框架起重机见本篇第 1 章图 20-1-21b。

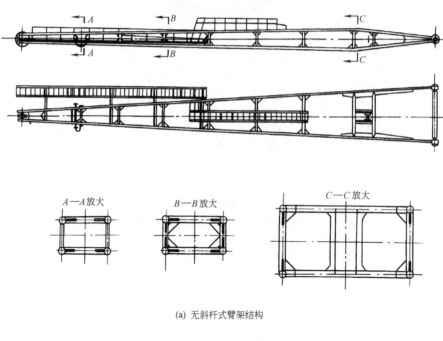

(a) 无斜杆式臂架结构

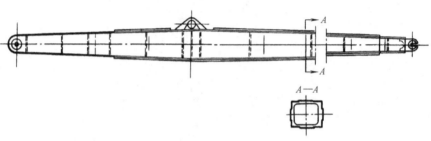

(b) 箱形截面式主臂架结构

图 20-6-1　悬臂起重机臂架结构形式

1 刚架的结点设计

铰接框架的结点与前面几章相同，本节只介绍刚接框架结点的设计。

刚架转角或结点是要传递弯矩的。梁与柱组成的刚架转角形式见第 4 章图 20-4-18~图 20-4-21。有弯矩翼缘的刚架转角大多如图 20-6-2 所示。外翼缘或多或少呈锐角形式（图 20-6-2b），内翼缘为连续的曲线。这种刚架转角可理想化为弯曲很大的曲梁，并按曲梁的理论来计算。理论计算表明在受压翼缘变形失稳时，应力部分集中在腹板上，所以这些腹板必须加强。对于锐角形式的转角，有时采用图 20-6-2c 形式的设计对提高腹板的刚性较为有效。

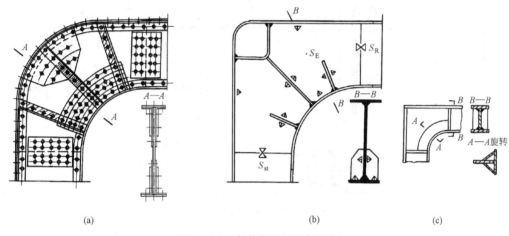

|(a)|(b)|(c)|

图 20-6-2　弯曲翼缘的刚架转角

图 20-6-3 是几种焊接形式的内翼缘为弯曲的转角和结点。图 a 是箱形断面刚架的结点，把对接缝布置在过渡圆弧之外，焊缝受力较小。图 b 是钢板和型钢焊接的刚架结点，把钢板构件的下翼缘以圆弧延伸过渡再和型钢焊接。这样制造方便，过渡平缓。图 c 是型钢焊成的刚架结点，在该处另焊上具有过渡圆弧的连接钢板，既增加结点的刚性，又减少应力集中。

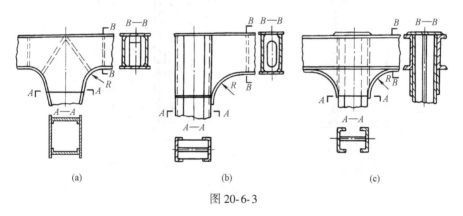

|(a)|(b)|(c)|

图 20-6-3

多边形翼缘的刚架转角如图 20-6-4 所示。

如果出现焊接和紧配螺栓作为连接件，则图 20-6-4a、b 中的转角必须在工厂中制成，安装拼接放在转角附近的横梁上、立柱上或两者之上。在结构 a 中，由于腹板的应力较大，故在转角中布置一块比横梁或立柱中的腹板还厚一些的腹板。图 e 是最简单的一种类型：用两工字钢对接来组成刚梁结点。为对焊方便，使用连接板，拐角处用槽钢作筋，以提高结点的刚性。对于图 c 所示的刚架结点，采用焊接或采用螺栓连接，其焊接或螺栓连接如图 20-6-5 中 a 和 b 所示。根据此图形可以计算连接的强度。

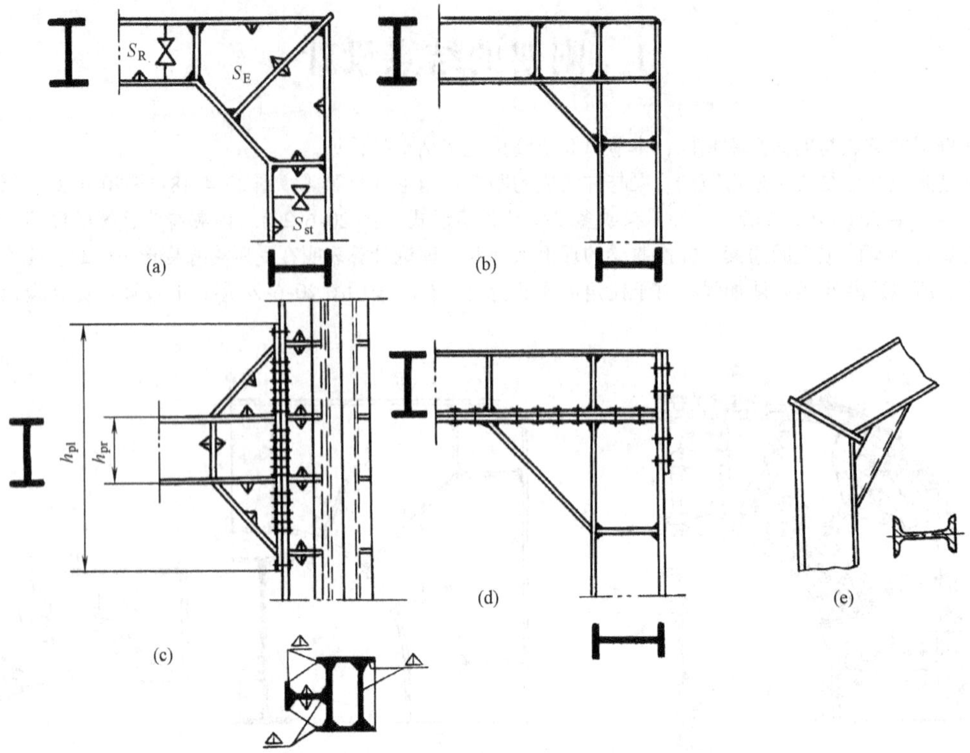

图 20-6-4

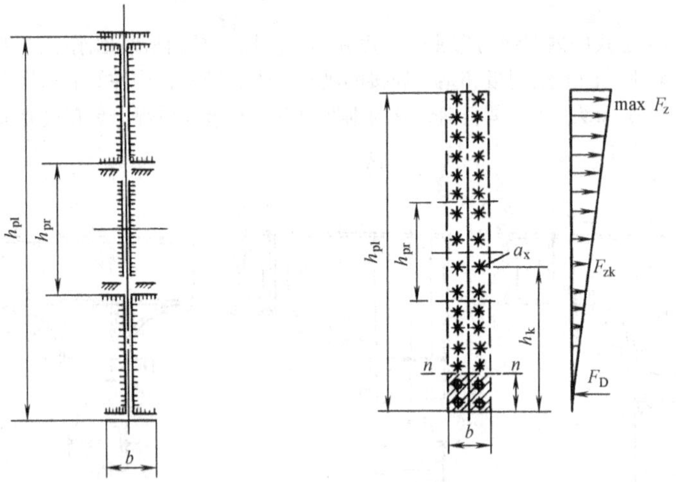

(a) 转角的焊接　　　　　　(b) 转角的螺栓连接

图 20-6-5

2　刚架内力分析方法

　　超静定刚架的内力分析，普遍使用力法和位移法，这是最基本的方法。在结构计算中还采用弯矩分配法、卡尼法和混合法。混合法是力法和形变法的联合应用。弯矩分配法对于无侧位移的刚架，是一个很简便的计算方法。卡尼法亦称迭代法，也是形变法的发展，属于渐近法的一种。鉴于后面几种方法在机械结构计算中运用较少，且都已有电子计算机计算程序，本篇不作介绍，可参见结构力学方面的文献。下面只介绍传统计算中的基本方法，即力法和位移法。前面几章已谈及，机架计算中是可以尽量简化来计算的。只有必须作为刚梁来计算时，才用到这两个方法。

2.1 力法计算刚架

2.1.1 力法的基本概念

力法是计算超静定结构的最基本的方法。力法实质上是把计算超静定结构的问题转化为计算静定结构的问题。而怎样实现这种转化，首先要建立以下三个基本概念。

（1）力法的基本未知量

由于超静定结构有多余约束，用静力平衡方程求解杆件内力和约束反力时，未知力数多于平衡方程数，超出平衡方程数的未知力就是相应于多余约束的多余未知力，一旦求得多余未知力，就把问题转化为静定问题。

（2）力法的基本结构

超静定结构的多余未知力与多余约束一一对应，而且正是移去（撤掉或截断）多余约束才暴露出多余未知力，然而一旦移去多余约束，超静定结构就变成静定结构，只不过该静定结构受有多余未知力的作用。

（3）力法的基本方程

静定的基本结构毕竟不是原来的超静定结构，而且作用在基本结构上的多余未知力单由基本结构的平衡方程仍无法求得，但如果强令基本结构沿多余未知力方向的位移与原结构相同，那么不但静定的基本结构与原来的超静定结构等价，而且可以求得多余未知力。

2.1.2 计算步骤

综合上述，力法是以多余内力或反力作为基本未知量，先求出各多余力，然后计算结构内任一截面的内力。用力法计算刚架，从选择基本结构开始，即从原结构上去掉多余联系，以得到一个静定的基本结构。步骤如下。

① 去掉原刚架（图 20-6-6a）的多余联系，代以相应的多余力，使原超静定刚架变成静定的基本结构（图 20-6-6b）。所选择的基本结构应使计算力求简便。

② 根据基本结构在载荷及多余力的共同作用下具有与原结构相同变形的原理，利用已知的变形条件列出力法典型方程组。对于 n 次超静定的结构，由于具有 n 个多余联系，而对应于每一个去掉多余联系的地方又都有一个已知的变形条件，故可列出 n 个力法典型方程式，即

$$\left.\begin{array}{l} \delta_{11}X_1+\delta_{12}X_2+\cdots+\delta_{1n}X_n+\Delta_{1P}=0 \\ \delta_{21}X_1+\delta_{22}X_2+\cdots+\delta_{2n}X_n+\Delta_{2P}=0 \\ \delta_{31}X_1+\delta_{32}X_2+\cdots+\delta_{3n}X_n+\Delta_{3P}=0 \\ \cdots \\ \delta_{n1}X_1+\delta_{n2}X_2+\cdots+\delta_{nn}X_n+\Delta_{nP}=0 \end{array}\right\} \tag{20-6-1}$$

式中　X_i——代替被去掉的多余联系的多余力（$i=1$、2、3、$\cdots$、n）；

δ_{ik}——由于多余力 $X_k=1$ 的作用，使基本结构在多余力 X_i 方向产生的变位，其中，两个脚标相同的变位（δ_{11}、δ_{22}、δ_{33}、$\cdots$、δ_{nn}）称为主变位，其余的变位（δ_{12}、δ_{13}、$\cdots$、δ_{1n}）称为副变位，且 $\delta_{ik}=\delta_{ki}$；

Δ_{iP}——由于载荷 P 的作用，使基本结构在多余力 X_i 方向产生的变位，称为自由项。

③ 按照静定结构求变位的方法求得公式（20-6-1）中的自由项、主变位及副变位。对于刚架来说，一般计算变位时只考虑弯矩一项，而忽略剪力及轴向力的影响，且常应用图形相乘法求得（详见本章 2.2.2 节及 3.2 节）：

$$\delta_{ik}=\sum\int\frac{\overline{M}_iM_k\mathrm{d}x}{EI}=\sum\frac{1}{EI}\Omega_iy_k=\sum\frac{1}{EI}\Omega_ky_i \tag{20-6-2}$$

式中　M_k——实际外载荷作用下的各杆件弯矩图；

$\overline{M}_i$——位移方向单位力 $P_i=1$ 作用下产生的各杆件弯矩图；

Ω_k——M_k 弯矩图的面积；

Ω_i——$\overline{M}_i$ 弯矩图的面积；

y_i——对应于 M_k 弯矩图形心处 $\overline{M}_i$ 的纵坐标；

y_k——对应于 $\overline{M}_i$ 弯矩图形心处 M_k 的纵坐标。

④ 将求得的自由项、主变位及副变位代入力法典型方程组式（20-6-1），即可算出各多余力 X_1、X_2、……、X_n。

⑤ 按计算静定结构内力的方法，求出截面的内力，并绘制刚架在载荷及多余力共同作用下的内力图（弯矩图、剪力图及轴向力图）：

a. 弯矩图　绘制基本结构在载荷及多余力共同作用下的弯矩图时不必注明正负号，但必须绘在杆件受拉的一面。

如图 20-6-7a 所示的结构，在计算其各截面的弯矩时，从自由端处的作用力 P 算起较为方便。从 A 点直到 C 点只考虑 P 的作用，在 C 点以右还应考虑均布载荷的作用，得

$$M_A = 0$$
$$M_B = 20 \times 4 = 80 \text{kN} \cdot \text{m}$$
$$M_C = 20 \times 4 = 80 \text{kN} \cdot \text{m}$$
$$M_D = 20 \times 4 + \frac{40 \times 3^2}{2} = 260 \text{kN} \cdot \text{m}$$
$$M_E = 20 \times 2 + \frac{40 \times 3^2}{2} = 220 \text{kN} \cdot \text{m}$$

弯矩图见图 20-6-7b。

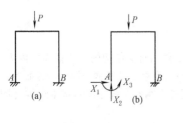

图 20-6-6

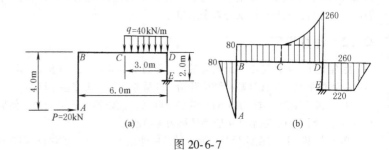

图 20-6-7

b. 剪力图　杆件截面上的剪力 Q 为该截面的任一侧所有外力沿该截面方向投影的代数和。剪力图必须注明正负号，剪力图可绘在杆件的任一面。

杆端剪力：对邻近截面所产生的力矩沿顺时针方向者为正。

图 20-6-8a 所示的刚架，其弯矩图见图 20-6-8b。取出梁 AB 作为与其他构件无关的单跨梁（图 20-6-9a），则该梁杆端剪力：

$$Q_{AB} = Q_{AB}^0 - \left(\frac{M_{AB} + M_{BA}}{l_{AB}}\right) \tag{20-6-3}$$

$$Q_{BA} = Q_{BA}^0 - \left(\frac{M_{AB} + M_{BA}}{l_{AB}}\right) \tag{20-6-4}$$

式中　M_{AB}，M_{BA}——作用于杆端的弯矩，沿顺时针方向者为正；

Q_{AB}^0，Q_{BA}^0——AB 梁两端视为简支时的杆端剪力；剪力图见图 20-6-9b。

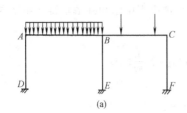

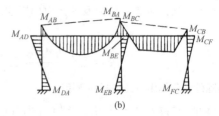

图 20-6-8

c. 轴向力图　在绘出剪力图后，将刚架的各结点分别截取出来，把作用于该结点上的载荷、轴向力及已求得的剪力都加上去，应用静力平衡条件即可求得各未知的轴向力。

轴向力图需注明正负号，通常将轴向压力作为正。轴向力图可绘在杆件的任一面。

图 20-6-8 所示的刚架，对于结点 A（图 20-6-10a），由平衡条件得：$N_{AB} = Q_{AD}$，$N_{AD} = Q_{AB}$，轴向力图见图20-6-10b。

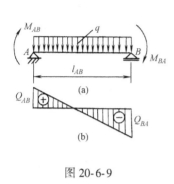

图 20-6-9

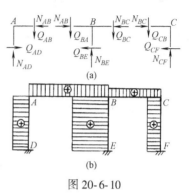

图 20-6-10

2.1.3　简化计算的处理

刚架常是多次超静定的结构，力法典型方程的未知数将随多余联系数目的增加而增多，计算工作量也将迅速增加。为缩短计算时间，同时也提高计算的精确度，应尽量简化计算工作。简化计算的主要手段是使力法典型方程组中尽可能多的副变位等于零。使某些副变位等于零的主要措施是合理地选择基本结构，也就是恰当地选择多余力。

① 利用刚架的对称性。对称刚架是指刚架的几何形状对某一几何轴对称，而且支承条件、杆件截面及弹性模量对此轴也是对称的刚架。

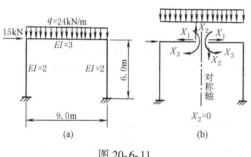

图 20-6-11

a. 选取对称多余力及反对称多余力。两个力在对称轴两边作用点对称、数值相等且方向也对称者称为对称力；两个力在对称轴两边作用点对称、数值相等而方向反对称者称为反对称力。图 20-6-11a 所示的刚架有一个对称轴，将其沿对称轴上横梁的中间截面切开，则 X_1 及 X_3 为对称多余力，X_2 为反对称多余力（图 20-6-11b）。

对称多余力在反对称多余力方向引起的变位等于零，反对称多余力在对称多余力方向引起的变位也等于零。所以，在计算对称刚架时，如在选取的多余力当中有一部分是对称的，而另一部分是反对称的，则可简化力法典型方程组。

b. 将载荷分为对称载荷及反对称载荷，并分别计算。图 20-6-12a 所示的刚架承受的载荷可分解为对称载荷（图 20-6-12b）及反对称载荷（图 20-6-12c）两部分，分别进行计算，然后将内力图叠加。

对称载荷在基本结构上所产生的弯矩图 M_P' 是对称的；反对称载荷所产生的弯矩图 M_P'' 则是反对称的。

在对称载荷作用下，反对称多余力等于零；在反对称载荷作用下，对称多余力也等于零。

② 选择基本结构使单位弯矩图限于局部。在计算多跨刚架时，若将基本结构分为几个独立的部分，此时，单位弯矩图仅限于局部而互相分开，因而使许多副变位等于零。

③ 使用组合多余力。组合多余力是单独的多余力的线性组合。使用组合多余力可扩大简化计算的应用范围。

a. 在多跨对称刚架中使用对称的及反对称的组合多余力。图 20-6-13a 所示的多跨对称刚架的基本结构（图 20-6-13b）中有 4 个组合多余力：X_1 为一对数值相等而方向相反的水平力；X_2 为一对数值相等而方向相同的水平力；X_3 为一对数值相等而方向相同的竖向力；X_4 为一对数值相等而方向相反的竖向力。X_1 及 X_3 是对称多余力，X_2 及 X_4 是反对称多余力，则

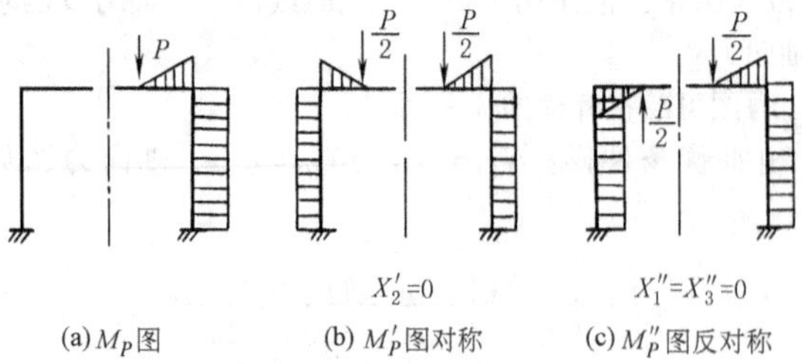

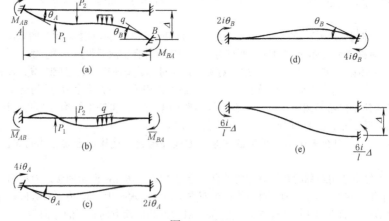

(a) M_P图   (b) M_P'图对称   (c) M_P''图反对称   (a)   (b)

$X_2'=0$ $X_1''=X_3''=0$

图 20-6-12 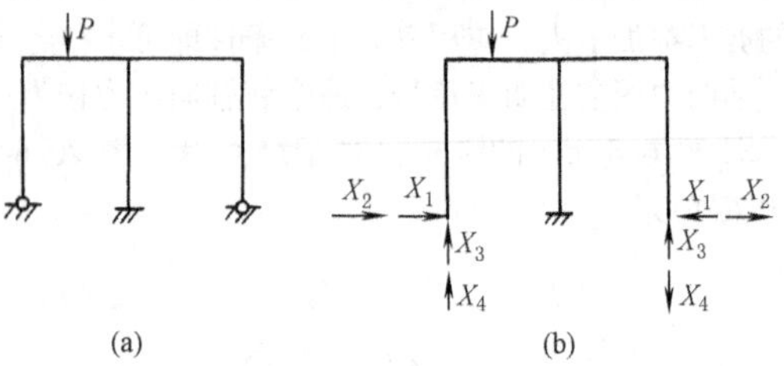   图 20-6-13

$$\delta_{12}=\delta_{14}=\delta_{23}=\delta_{34}=0$$

力法典型方程简化为两组：

$$\left.\begin{array}{l}\delta_{11}X_1+\delta_{13}X_3+\Delta_{1P}=0\\\delta_{31}X_1+\delta_{33}X_3+\Delta_{3P}=0\end{array}\right\}$$

及

$$\left.\begin{array}{l}\delta_{22}X_2+\delta_{24}X_4+\Delta_{2P}=0\\\delta_{42}X_2+\delta_{44}X_4+\Delta_{4P}=0\end{array}\right\}$$

b. 还可以应用组合多余力使基本结构的单位弯矩图限于局部，请参阅结构力学。

2.2 位移法

位移法也称形变法，是以变形（结点的转角及独立线位移）作为基本未知量，在求出各结点的变形后，计算框架的内力。

用位移法计算刚架，有两种不同的计算方式：第一种是应用基本体系及典型方程进行计算；第二种是应用结点及截面的平衡方程进行计算。两者的表达方法不同，但原理是相通的。

2.2.1 角变位移方程

角变位移方程是刚架的杆端弯矩与变形的关系式。用位移法计算刚架，要直接或间接地应用角变位移方程；还有许多分析刚架的计算方法（如弯矩分配法、迭代法等）在其公式推导过程中也要运用角变位移方程。

1）正负号规定：

对于杆端弯矩，作用于杆端的弯矩沿顺时针方向者为正；

对于转角，结点转角（从杆轴原有位置量至杆端切线）沿顺时针方向旋转者为正；

对于线位移，线位移 Δ 的方向以使 AB 杆的连线沿顺时针方向旋转者为正（图 20-6-14a 所示为正）。

2）两端固定的梁角变位移方程。

图 20-6-14

刚架中任一段等截面杆件看做是两端固定的梁时，在载荷及支座作用下的变形，如图 20-6-14a 所示。该变形状况可分解为如下四个部分。

① 图 b，两端固定的梁受载荷作用在 A 端产生的弯矩 $\overline{M}_{AB}$；B 端为 $\overline{M}_{BA}$。

② 图 c，A 端角变形 θ_A 所相应的弯矩 M_1：由 $\theta_A = \dfrac{M_1 l}{4EI}$ 得

$$M_1 = \frac{4EI\theta_A}{l} = 4i\theta_A \tag{20-6-5}$$

其中 $i = \dfrac{EI}{l}$（杆件的单位刚度）

③ 图 d，B 端角变形 θ_B 所相应的 A 端弯矩 M_2：$M_2 = 2i\theta_B$。

④ 图 e，B 端相对于 A 点的位移 Δ 所产生的 A 端的弯矩 M_3：$M_3 = -\dfrac{6i\Delta}{l}$。

综合以上四项可得该杆件 A 端的角变位移方程（B 端同理）

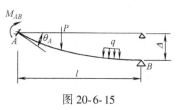

图 20-6-15

$$\left. \begin{aligned} M_{AB} &= 4i\theta_A + 2i\theta_B - \frac{6i\Delta}{l} + \overline{M}_{AB} \\ M_{BA} &= 2i\theta_A + 4i\theta_B - \frac{6i\Delta}{l} + \overline{M}_{BA} \end{aligned} \right\} \tag{20-6-6}$$

3）一端固定而另一端铰接的等截面杆件（图 20-6-15）的角变位移方程为

$$\left. \begin{aligned} M_{AB} &= 3i\theta_A - \frac{3i\Delta}{l} + \overline{M}'_{AB} \\ M_{BA} &= 0 \end{aligned} \right\} \tag{20-6-7}$$

式中 $\overline{M}'_{AB}$——A 端固定、B 端铰接的杆件在载荷作用下 A 端的固端弯矩。

常见的等截面直杆杆端弯矩和剪力表见本手册第 1 篇。一端固定另一端铰支的等截面梁及双截面梁的杆端弯矩与剪力也可从表 20-4-17、表 20-4-18 中推算出来。

2.2.2 应用基本体系及典型方程计算刚架的步骤

1）基本结构。取刚架结点的变形（结点的转角及独立线位移）作为未知量。未知转角数等于刚架的刚结点数（刚架支座为固定支座时，其转角等于零，属于已知数）；独立线位移数等于将刚架结点改为铰接时，保证结构几何不变所需要增加的支承连杆数。

在刚架（图 20-6-16a）上增加足够而必要的附加联系（即在刚结点处放置附加刚臂以阻止结点的旋转，放置支承连杆以阻止结点的线位移），使刚架变成一系列的单跨超静定梁，这就将刚架变换成了基本结构（图 20-6-16b）。

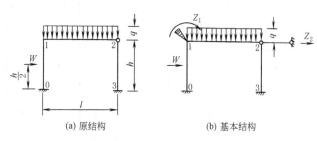

(a) 原结构　　　(b) 基本结构

图 20-6-16

2）建立典型方程。根据基本结构在附加刚臂内所产生的总反矩及在支承连杆内所产生的总反力均等于零的条件列出变形法典型方程组。对于有 n 个未知变形的超静定结构，就需要增加 n 个附加联系，故可列出 n 个变形法典型方程，即

$$\left. \begin{aligned} r_{11}Z_1 + r_{12}Z_2 + \cdots + r_{1n}Z_n + R_{1P} &= 0 \\ r_{21}Z_1 + r_{22}Z_2 + \cdots + r_{2n}Z_n + R_{2P} &= 0 \\ r_{31}Z_1 + r_{32}Z_2 + \cdots + r_{3n}Z_n + R_{3P} &= 0 \\ \cdots \\ r_{n1}Z_1 + r_{n2}Z_2 + \cdots + r_{nn}Z_n + R_{nP} &= 0 \end{aligned} \right\} \tag{20-6-8}$$

式中 Z_i——刚架结点 i 的未知转角或未知线位移；

r_{ik}——由于 $Z_k = 1$ 的作用，在基本结构的附加联系 i 内产生的反矩或反力，且 $r_{ik} = r_{ki}$；

R_{iP}——由于载荷 P 的作用，在附加联系 i 内产生的反矩或反力，称为自由项；反矩或反力的方向与结点发生变形（转角或线位移）的方向相同为正，方向相反则为负。

3）用静力法计算系数及自由项。首先分别绘出基本结构的各杆件由于载荷及单位变形所产生的弯矩图。其基本结构由载荷产生的弯矩图以 M_P 表示，由单位转角 $Z_1 = 1$ 产生的弯矩图以 $\overline{M}_1$ 表示，由单位线位移 $Z_2 = 1$ 产生的弯矩图以 $\overline{M}_2$ 表示。作 $\overline{M}_1$ 图和 $\overline{M}_2$ 图时，只要运用角变位移方程，即可知任一杆端弯矩的数值。

4）将求得的各系数及自由项代入典型方程组（20-6-8），即可求出各未知变形量 Z_1、Z_2、$\cdots$、Z_n。

5）绘制内力图。由叠加原理计算最终弯矩图。

$$M = \overline{M}_1 Z_1 + \overline{M}_2 Z_2 + \cdots + \overline{M}_n Z_n + M_P \tag{20-6-9}$$

绘出弯矩图后，就可顺序绘出剪力图和轴向力图。

2.2.3 应用结点及截面平衡方程计算刚架的步骤

① 确定结构的结点位移未知量数。当一杆件的一端为铰接或铰支时，可利用转角位移方程写出它端的弯矩，这样可以减少一个结点转角未知量。

② 顺序写出各杆端弯矩的转角位移方程。在此之前，须算出承受载荷各杆的固端弯矩。写转角位移方程时，可先假定所有结点转角和位移的符号都是正号。

③ 建立结点及截面的平衡方程。所谓结点平衡方程，即连接任一刚结点的各杆近端作用于该结点的弯矩的代数和应等于零。所谓截面平衡方程，即在刚架任一层内作一水平截面而取其上部为隔离体，则在此隔离体上各被截柱内的水平剪力与所有水平载荷的总代数和应等于零。任一竖柱下端的剪力可在其隔离体上对其上端取弯矩的平衡方程求出。

④ 解联立方程，求出各结点位移未知量。

⑤ 将求得的未知量数值及其正负号代回各转角位移方程，算出各杆端弯矩。

⑥ 作出结构的弯矩图、剪力图和轴力图。

例 试绘出图 20-6-17a 所示刚架的弯矩图。

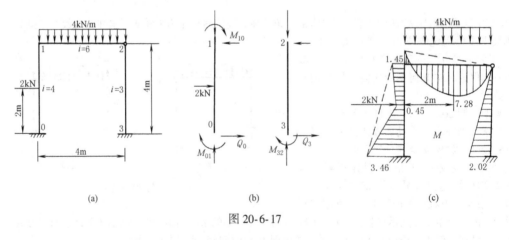

图 20-6-17

解 在此刚架中，结点 2 为铰接点；$\theta_0 = \theta_3 = 0$，只有两个未知量 θ_1 及 Δ。

固端弯矩为

$$\overline{M}_{01} = -\frac{1}{8}Pl_{01} = -\frac{1}{8} \times 2 \times 4 = -1 \quad (\text{kN} \cdot \text{m})$$

$$\overline{M}_{10} = 1 \text{kN} \cdot \text{m}$$

$$\overline{M}_{12} = -\frac{1}{8}ql_{12}^2 = -\frac{1}{8} \times 4 \times 4^2 = -8 \quad (\text{kN} \cdot \text{m})$$

转角位移方程为［式（20-6-6）］

$$M_{01} = 2i\theta_1 - \frac{6i\Delta}{l} + \overline{M}_{01} = 2 \times 4 \times \left(\theta_1 - \frac{3\Delta}{4}\right) - 1 = 8\left(\theta_1 - \frac{3\Delta}{4}\right) - 1 \quad (kN \cdot m)$$

$$M_{10} = 4i\theta_1 - \frac{6i\Delta}{l} + \overline{M}_{10} = 2 \times 4 \times \left(2\theta_1 - \frac{3\Delta}{4}\right) + 1 = 8\left(2\theta_1 - \frac{3\Delta}{4}\right) + 1 \quad (kN \cdot m)$$

一端固定一端铰支按式 (20-6-7):

$$M_{12} = 3i\theta_1 + \overline{M}_{12} = 3 \times 6 \times \theta_1 - 8 = 18\theta_1 - 8 \quad (kN \cdot m)$$

$$M_{32} = -\frac{3i\Delta}{l} = -\frac{3 \times 3\Delta}{4} = -\frac{9}{4}\Delta \quad (kN \cdot m)$$

利用结点平衡方程 $\sum M_1 = 0$，即 $M_{10} + M_{12} = 0$ 得

$$34\theta_1 - 6\Delta - 7 = 0 \tag{a}$$

设通过竖柱 01 及 32 的下端作一截面并考虑其上部为隔离体，则得截面平衡方程为

$$Q_0 + Q_3 + 2 = 0$$

代入有关数值，则得

$$96\theta_1 - 57\Delta + 16 = 0 \tag{b}$$

式 (a) 和式 (b) 联立，求得

$$\theta_1 = 0.364$$
$$\Delta = 0.897$$

代回到各杆端弯矩式中，则得

$$M_{01} = -3.46 kN \cdot m; \quad M_{10} = 1.45 kN \cdot m; \quad M_{12} = -1.45 kN \cdot m; \quad M_{32} = -2.02 kN \cdot m$$

弯矩图见图 20-6-17c。

2.3 简化计算举例

① 图 20-6-18 为门座起重机的单臂架受力简图。在臂架起伏摆动平面内的载荷有：变幅绳拉力 T_b，起升绳拉力 T_Q，水平力 H_1 和起重量 Q 的合力 T，臂架自重力 G，风载荷 P_W。计算时，将 P_W 及 G 分配到结点上（对格子结构），或作为均布载荷（对箱形结构）。在水平平面内，有货载横向摆动引起的水平力 H_2，回转制动时的惯性力 P_{gh}，风载荷 P_W 等，这些水平载荷可以认为由臂架的上下两片水平桁架承受。在计算臂架整体稳定性时，臂架起伏摆动平面内可以认为是铰支的，螺杆或齿条与臂架的连接点作为一支承点，在水平平面内，可认为臂架根部固接，而端部是自由端。这样可按静定计算桁架。

② 无斜杆式臂架内力计算属多次超静定问题，可按下简化计算：将每个节间弦杆的中点及竖杆的中点当做铰接点，从而转化为静定结构计算，如图 20-6-19 所示。例如要求 i 节间（从图右往左数）的弦杆内力时，取右边部分的隔离体，在 i 节间上弦杆的假想铰接处作用有垂直力 $F_{1,i}$ 和 $F_{2,i}$，在下弦杆对称点亦作用有 $F_{1,i}$ 和 $F_{2,i}$，

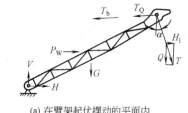

(a) 在臂架起伏摆动的平面内

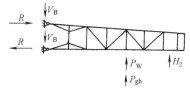

(b) 在垂直于臂架起伏摆动的平面内

图 20-6-18　单臂架受力简图

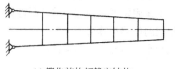

(a) 简化前的超静定结构

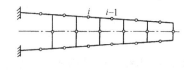

(b) 简化后的静定结构

图 20-6-19　无斜杆式臂架的简化计算

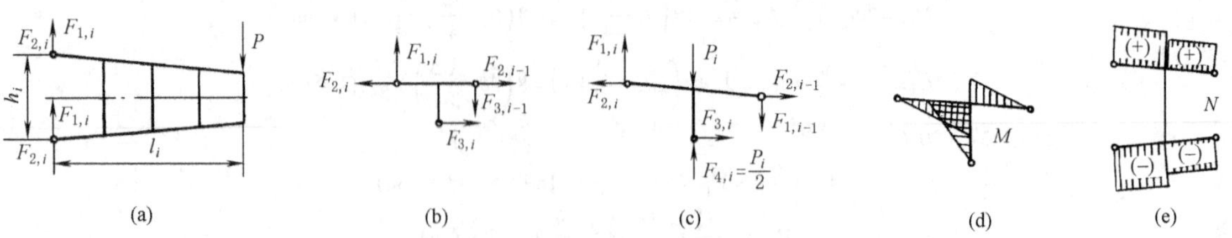

图 20-6-20　无斜杆臂架内力计算

如图 20-6-20a 所示。设水平外载荷为 P，则

$$F_{1,i} = \frac{1}{2}P \tag{a}$$

$$F_{2,i} = \frac{Pl_i}{h_i} \tag{b}$$

同样可求出第 i-1 节间铰点处的作用力 $F_{1,i-1}$ 和 $F_{2,i-1}$（图 b）；竖杆上的作用力由于结构对称，外载荷 P 亦可分成两个 $\frac{P}{2}$，即 $F_{4,i-1} = \frac{P}{2}$，方向与 $F_{1,i}$ 相反，水平只有 $F_{3,i}$（图 c）。

$$F_{3,i} = F_{2,i} - F_{2,i-1} \tag{c}$$

当有数个外载时，可用将各外载荷的计算结果叠加的方法来计算。

图 20-6-20d、e 分别表示两相邻节间上的弯矩和轴向力分布图。

3　框架的位移

框架的位移指结构在载荷作用下其截面形心所产生的线位移 Δ 和截面的角位移 φ。除由载荷产生的位移外，还有一些其他因素，例如温度的改变、支座的移动、材料收缩、制造误差等，也能使结构产生位移。

计算结构位移的目的，主要是校核结构的刚度，以确认其是否超过允许的变形（或挠度）。另一个目的是在超静定结构的计算中要用到位移量。

3.1　位移的计算公式

在计算结构的位移时，为了使计算简化，常假定：

① 结构的材料服从胡克定律；

② 结构的变形是微小的。

满足上述假定的结构称为线性弹性体系。计算时可采用叠加原理。结构位移的计算是以虚功原理为基础的。

与桁架的位移计算公式（20-5-5）不同，对于受载荷作用的刚架而言，通常轴力和剪力对位移的影响远较弯矩的影响为小。因此，在实际计算中，常常只根据弯矩来计算刚架的位移。

3.1.1　由载荷作用产生的位移

$$\Delta_{kP} = \sum \int \frac{\overline{M}_k M_P}{EI} \mathrm{d}s \tag{20-6-10}$$

式中　M_P——由载荷 P 作用所产生的弯矩；

　　　$\overline{M}_k$——在 k 处单位作用力所产生的弯矩；

　　　Δ_{kP}——载荷 P 作用下在 k 处所产生的位移。

积分号表示沿一杆的全长求积分。总和号表示对刚架各杆的积分求代数和。积分计算通常使用图乘法。见本章 3.2 节及表 20-6-1。

例 计算图 20-6-21a 所示刚架 C 点的转角和垂直位移。

解 外载荷作用下的弯矩图如图 20-6-21b 所示。欲求 C 点截面的转角及垂直位移，可在 C 点分别加上单位力偶及垂直单位集中力，其弯矩图如图 20-6-21c、d 所示。

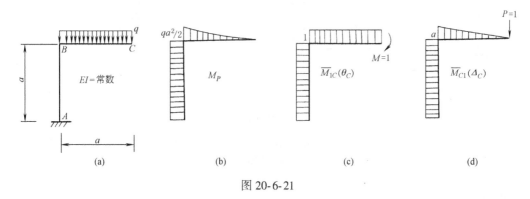

图 20-6-21

应用公式，并用图乘法，可求得

$$\theta_C = \sum \int \frac{\overline{M}_{1C} M_P}{EI} ds = \frac{1}{EI} \left(\frac{qa^2}{2} \times \frac{a}{3} \times 1 + \frac{qa^2}{2} \times a \times 1 \right) = \frac{2qa^3}{3EI}$$

$$\Delta_C = \sum \int \frac{\overline{M}_{C1} M_P}{EI} ds = \frac{1}{EI} \left(\frac{qa^2}{2} \times \frac{a}{3} \times \frac{3}{4} a + \frac{qa^2}{2} \times a^2 \right) = \frac{5qa^4}{8EI}$$

θ_C 和 Δ_C 均为正号，其方向与单位力偶和单位力的方向相同。

3.1.2　由温度改变所引起的位移

静定结构由于温度改变将产生变形，从而产生位移。若温度均匀改变，则结构的各杆件只产生轴向变形。若温度非均匀改变，则杆件不仅发生轴向变形，而且还将产生弯曲变形。

计算位移的公式如下：

$$\Delta_{kt} = \sum \int \overline{N}_k \alpha t_0 ds + \sum \int \overline{M}_k \frac{\alpha \Delta t}{h} ds = \sum \alpha t_0 \int \overline{N}_k ds + \sum \frac{\alpha \Delta t}{h} \int \overline{M}_k ds \qquad (20\text{-}6\text{-}11)$$

式中　α——材料的线胀系数；

　　　$\overline{N}_k$——k 处作用单位力时所产生的轴力；

　　　t_0——轴线处温度的升高值；

　　　Δt——杆件上下侧温度改变之差；

　　　h——杆件截面高度。

应用式（20-6-11）时，应注意正负号。若虚拟状态的变形与由于温度改变所引起的变形方向一致，则取正号，反之则取负号。

对于刚架，在计算温度改变所引起的位移时，一般不能略去轴向变形的影响。

如令　　　　　　　　　　$\omega_{\overline{N}} = \int \overline{N}_k ds$　　为 $\overline{N}$ 图的面积

$$\omega_{\overline{M}} = \int \overline{M}_k ds \quad 为 \overline{M} 图的面积$$

则式（20-6-11）可表示为

$$\Delta_{kt} = \sum \alpha t_0 \omega_{\overline{N}} + \sum \frac{\alpha \Delta t}{h} \omega_{\overline{M}} \qquad (20\text{-}6\text{-}12)$$

例 试求图 20-6-22a 所示刚架 C 点的水平位移。已知刚架各杆外侧温度无变化，内侧温度上升 $10℃$，刚架各杆的截面相同且与形心轴对称，线胀系数为 α。

解 在 C 点沿水平方向加单位力 $P=1$，作出 $\overline{N}$、$\overline{M}$ 图，如图 20-6-22b、c 所示。

$$t_0 = \frac{1}{2}(t_1 + t_2) = 5℃$$

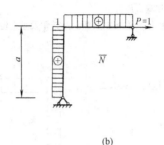
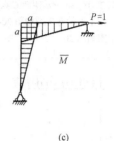

图 20-6-22

$$\Delta t = 10 - 0 = 10℃$$

$$\omega_{\overline{N}} = 2a$$

$$\omega_{\overline{M}} = a^2$$

代入式（20-6-12），得

$$\Delta_C = \alpha \times 5 \times 2a + \alpha \times \frac{10}{h} \times a^2 - 10\alpha a\left(1 + \frac{a}{h}\right)$$

所得结果为正值，表示 C 点位移与单位力方向相同。

3.1.3 由支座移动所引起的位移

结构在载荷作用下支座产生移动，因支座移动而使 k 点的位移应在式（20-6-10）的基础上加一项，即变为式（20-6-13）。

$$\Delta_{kPC} = \Sigma \int \frac{\overline{M}_k M_P}{EI}ds + \Delta_{kC} \tag{20-6-13}$$

$$\Delta_{kC} = -\Sigma \overline{R}_k C \tag{20-6-14}$$

式中　$\overline{R}_k$ —— k 处作用有单位力时所产生的支座反力，其指向与支座移动 C 方向相同为正，反之为负；

　　　C —— 支座的位移。

在没有载荷的情况下，仅支座移动而使 k 点产生的位移按式（20-6-14）计算。

3.2　图乘公式

在梁或平面刚架的位移计算公式（20-6-10）中略去下标，则

$$\Delta = \Sigma \int_l \frac{\overline{M}M}{EI}ds \tag{20-6-15}$$

积分是指遍布全杆件的。总和表示为所有杆件的。若杆件为直杆且 EI 为常数，则有如下形式的积分：

$$\int_l \overline{M}Mds \tag{20-6-16}$$

式（20-6-16）包括两个图形，即 $\overline{M}$ 图和 M 图。只要有一个图形，例如 $\overline{M}$ 图（图20-6-23a）是直线变化的，则该积分式可以简化成为：

$$\int_l \overline{M}Mds = \Omega\overline{y} \tag{20-6-17}$$

式中　Ω —— M 图的面积；

　　　$\overline{y}$ —— 对应于 M 图形心处，在 $\overline{M}$ 图上的纵坐标。

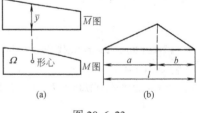

图 20-6-23

于是积分式（20-6-16）可以用图形相乘来代替，简称为"图乘法"。

如果 $\overline{M}$ 图是由几根直线组成时，则必须将 $\overline{M}$ 图分成几个直线段，如图 20-6-23b 所示。同时，还须将 M 图相应地分成几段，分别求出各段的 $\Omega\overline{y}$ 值，然后叠加。

M 图可以是直线的或曲线的，如果由直线所组成，则可以和 $\overline{M}$ 图互换，结果是相同的。

表 20-6-1 给出常用积分 $\int_l \overline{M}M\mathrm{d}s$ 的图乘公式。

表 20-6-1   积分式 $\int_l \overline{M}M\mathrm{d}s$ 的图乘公式

序号		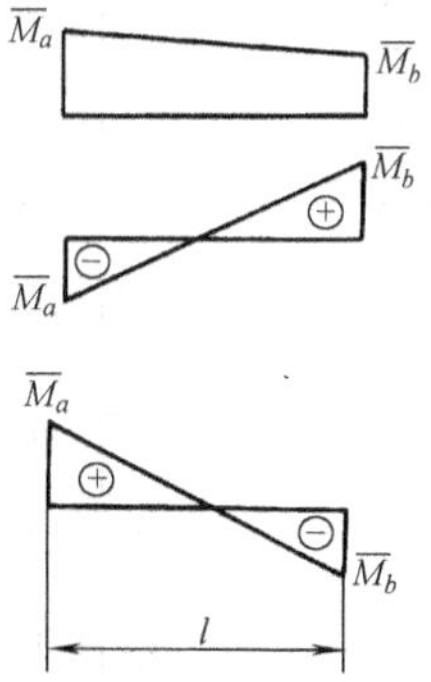	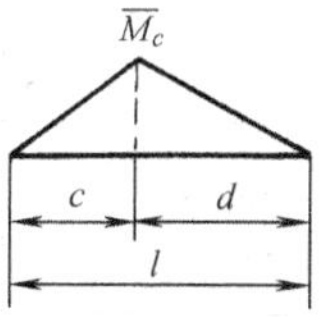
1	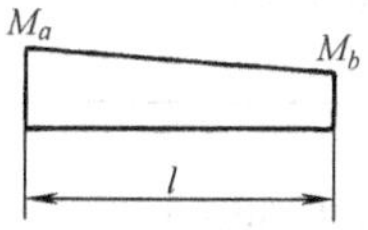 M_a M_b，l	$\dfrac{l}{6}\left[2(\overline{M}_a M_a+\overline{M}_b M_b)+\overline{M}_a M_b+\overline{M}_b M_a\right]$	I $\quad\dfrac{l}{4}\overline{M}_c(M_a+M_b)$ II $\quad\dfrac{l}{6}\overline{M}_c\left[M_a(1+\nu)+M_b(1+\mu)\right]$
2	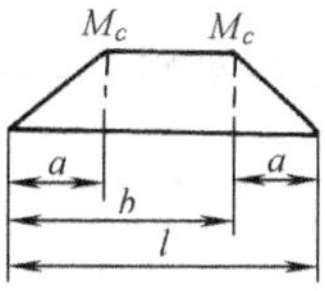 M_c M_c，a b a，l $\alpha=a/l,\beta=b/l$	$\dfrac{l}{2}M_c(\overline{M}_a+\overline{M}_b)\beta$	I $\quad\dfrac{l}{6}\overline{M}_c M_c(3-4\alpha^2)$ II $\quad\dfrac{l}{6}\overline{M}_c M_c\left(3-\dfrac{\alpha^2}{\mu\nu}\right)$
3	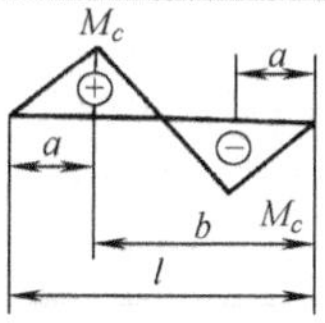 M_c，a a，b M_c，l $\alpha=a/l,\beta=b/l$	$\dfrac{l}{6}M_c(\overline{M}_a-\overline{M}_b)\beta$	I $\quad 0$ II $\quad\dfrac{l}{6}\overline{M}_c M_c\dfrac{\nu-\mu}{\beta-\alpha}\left(1-\dfrac{a^2}{\mu\nu}\right)$
4	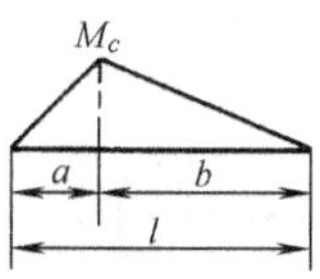 M_c，a b，l $\alpha=a/l,\beta=b/l$	$\dfrac{l}{6}M_c\left[\overline{M}_a(1+\beta)+\overline{M}_b(1+\alpha)\right]$	I 若 $\alpha\leqslant\dfrac{1}{2}$: $\dfrac{l}{12}\overline{M}_c M_c\dfrac{3-4\alpha^2}{\beta}$ II $\quad\dfrac{l}{6}\overline{M}_c M_c\left[2-\dfrac{(\mu-\alpha)^2}{\mu\beta}\right]$
5	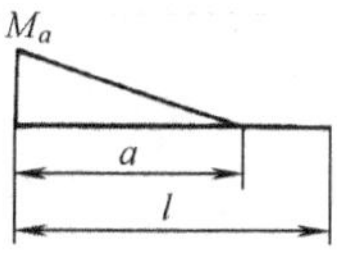 M_a，a，l	$\dfrac{l}{2}M_a\left[\overline{M}_a-\dfrac{\alpha}{3}(\overline{M}_a-\overline{M}_b)\right]\alpha$	—
6	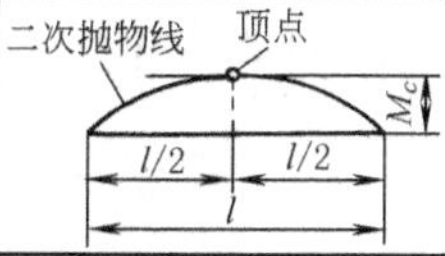 二次抛物线 顶点 M_c，$l/2$ $l/2$，l	$\dfrac{l}{3}M_c(\overline{M}_a+\overline{M}_b)$	I $\quad\dfrac{5l}{12}\overline{M}_c M_c$

续表

序号	$\overline{M}$ 图 / M 图		

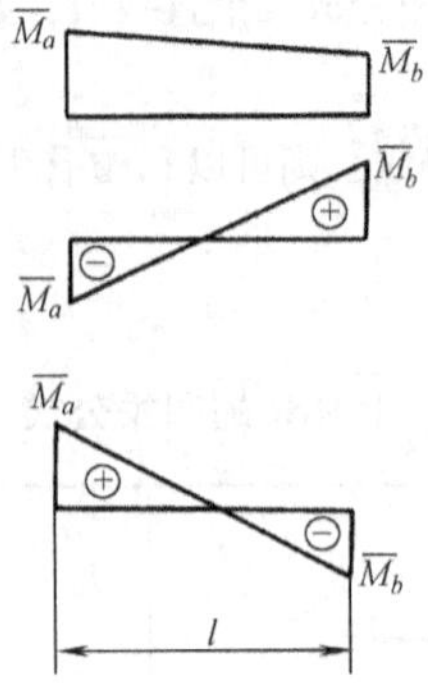

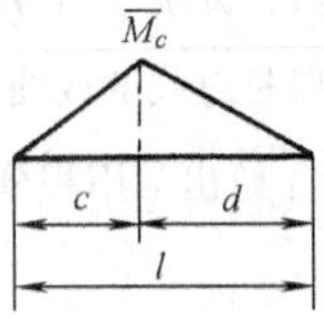

第一列图示说明（表头）：$\overline{M}$ 图，M 图

第一组 $\overline{M}$ 图：$\overline{M}_a$、$\overline{M}_b$（梯形）；$\overline{M}_a$、$\overline{M}_b$（含 $\ominus$ 和 $\oplus$）；$\overline{M}_a$、$\overline{M}_b$（含 $\oplus$ 和 $\ominus$），长度 l

第二组 $\overline{M}$ 图：$\overline{M}_c$（三角形），c、d，l
I $c=d$
II $c \neq d$
$\mu = c/l, \ \nu = d/l$

序号	M 图	第二列	第三列
7	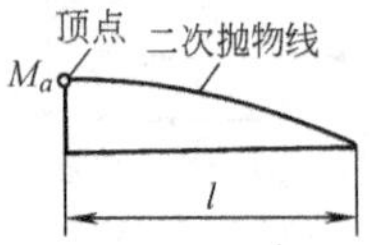 顶点 二次抛物线 M_a，长度 l	$\dfrac{l}{12}M_a(5\overline{M}_a+3M_b)$	I $\ \dfrac{17l}{48}\overline{M}_c M_a$ II $\ \dfrac{l}{12}\overline{M}_c M_a(3-3\nu-\nu^2)$
8	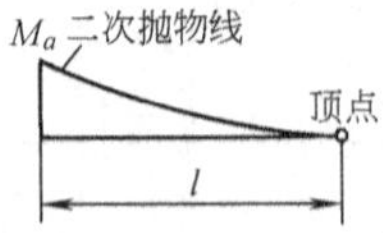 M_a 二次抛物线 顶点，长度 l	$\dfrac{l}{12}M_a(3\overline{M}_a+\overline{M}_b)$	I $\ \dfrac{7l}{48}\overline{M}_c M_a$ II $\ \dfrac{l}{12}\overline{M}_c M_a(1+\nu+\nu^2)$
9	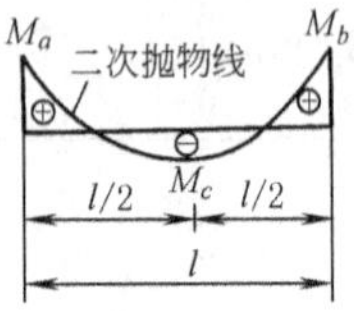 M_a 二次抛物线 M_b，$\oplus$ $\ominus$ $\oplus$，$l/2$ M_c $l/2$，l	$\dfrac{l}{6}\big[\overline{M}_a(M_a+2M_c)+\overline{M}_b(M_b+2M_c)\big]$	I $\ \dfrac{l}{24}\overline{M}_c(M_a+M_b+10M_c)$ II $\ \dfrac{l}{6}\overline{M}_c\big[M_a\nu^2+M_b\mu^2+2M_c(1+\mu\nu)\big]$
10	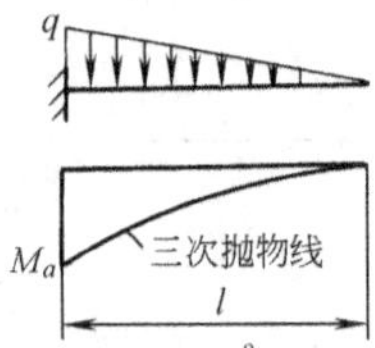 q，M_a 三次抛物线，l，$M_a=ql^2/6$	$\dfrac{l}{20}M_a(4\overline{M}_a+\overline{M}_b)$	I $\ \dfrac{3l}{32}\overline{M}_c M_a$ II $\ \dfrac{l}{20}\overline{M}_c M_a(1+\nu)(1+\nu^2)$
11	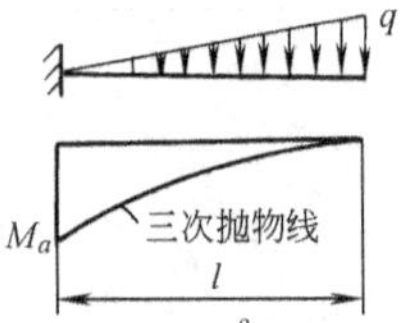 q，M_a 三次抛物线，l，$M_a=ql^2/3$	$\dfrac{l}{40}M_a(11\overline{M}_a+4\overline{M}_b)$	I $\ \dfrac{11l}{64}\overline{M}_c M_a$ II $\ \dfrac{l}{10}\overline{M}_c M_a\left(1+\nu+\nu^2-\dfrac{\nu^3}{4}\right)$
12	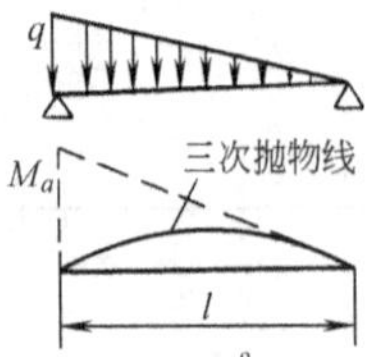 q，M_a 三次抛物线，l，$M_a=ql^2/6$	$\dfrac{l}{60}M_a(8\overline{M}_a+7\overline{M}_b)$	I $\ \dfrac{5l}{32}\overline{M}_c M_a$ II $\ \dfrac{l}{20}\overline{M}_c M_a(1+\nu)\times\left(\dfrac{7}{3}-\nu^2\right)$

3.3 空腹框架的计算公式

空腹刚架（习惯称为空腹框架）的计算方法是假定上、下两杆在力的作用下有共同的变形，这和一般结构力学计算单跨对称多层刚架在水平载荷作用下的计算方法相同。由此假定，竖杆中点为拐点，并且变形后和上下结点处于同一条直线上。轴向力引起的变形与通常计算一样也是略去的。下面介绍几个计算公式。因为是应用差分方程推得的，公式中略去了某些影响较小的项，所以有可能与其他方法推得的公式稍有差别，但误差不大。

（1）悬臂空腹桁梁（图 20-6-24）

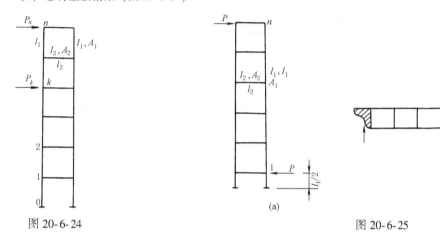

图 20-6-24 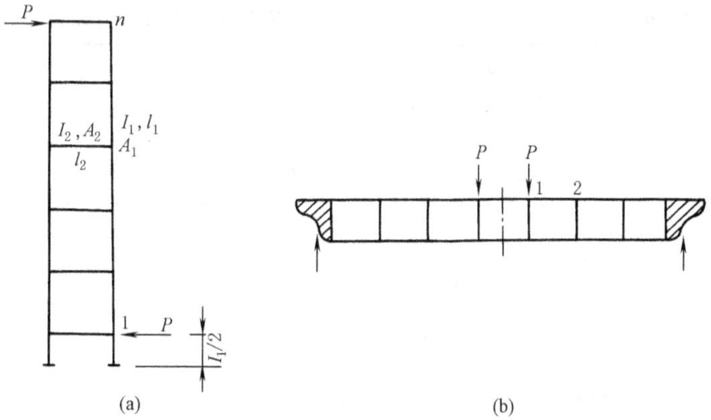　　　　　　　　　　　图 20-6-25

集中力 P_n 作用于 n 点时，n 点的挠度近似计算公式：

$$\Delta_n = \frac{P_n l_1^3}{24EI_1}\left[n+2(n-1+2\beta_2)\frac{I_1 l_2}{I_2 l_1}\right] \tag{20-6-18}$$

集中力作用于 k 点时 n 点的挠度

$$\Delta_k = \frac{P_k l_1^3}{24EI_1}\left[k+(2k-3-4\beta_2)\frac{I_1 l_2}{I_2 l_1}\right] \tag{20-6-19}$$

其中

$$\beta_2 = \alpha - \sqrt{\alpha^2-1}$$

$$\alpha = 1+\frac{3I_2 l_1}{I_1 l_2}$$

式中　k——图中从下向上数的节间数；

　I_1，I_2——弦杆或腹杆的截面惯性矩；

　l_1，l_2——弦杆或腹杆的长度。

（2）起重机空腹框架式梁，节间数为奇数（图 20-6-25）

图 a 为等效悬臂桁架。

挠度的计算公式为（节间数为 $2n-1$）：

$$\Delta = \frac{Pl_1^3(n-1)}{24EI_1}\left(1+2\frac{I_1 l_2}{I_2 l_1}K_1\right) \tag{20-6-20}$$

式中，$K_1 = 1-\frac{1}{4(n-1)}$

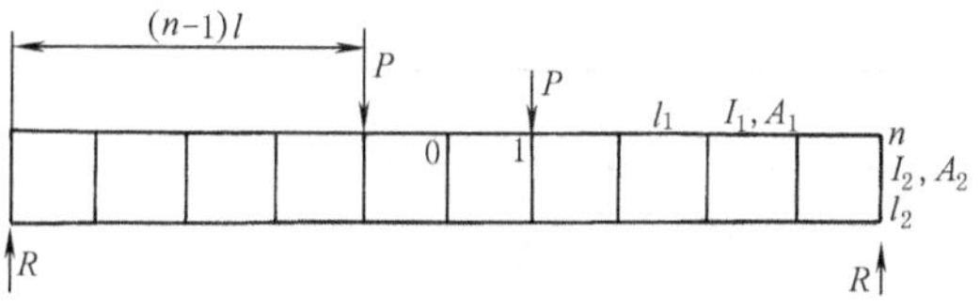

图 20-6-26

其他符号意义同前。

（3）起重机空腹框架梁，节间数为偶数（图 20-6-26）挠度的近似计算公式（节间数为 $2n$）：

$$\Delta = \frac{Pl_1^3}{24EI_1}(n-1)\left(1+2\frac{I_1 l_2}{I_2 l_1}\right) \tag{20-6-21}$$

符号意义同前。

4　等截面刚架内力计算公式

4.1　等截面单跨刚架计算公式

表 20-6-2 列出了铰接和固定支座的等截面单跨刚架不同载荷时及温度变化时的内力公式。

表 20-6-2 　　　　　　　　　　　　　等截面刚架的内力计算公式

反力和内力的正负号规定如下：

V——支座反力，向上者为正　　　　　　　　　　　I_1,I——杆件的截面惯性矩

H——支座反力，向内者为正

M——刚架的弯矩，刚架内侧受拉者为正，弯矩图画受拉一面

（1）

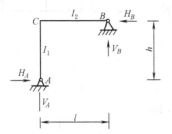

$$K = \frac{I_2}{I_1} \times \frac{h}{l}$$

$$N = K+1$$

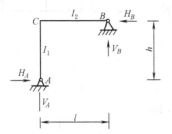 $\beta = \dfrac{b}{l}$ $\omega = \beta - \beta^3$ $\phi = \dfrac{\omega}{N}$ $\left.\begin{array}{l}V_A\\V_B\end{array}\right\} = \dfrac{P}{2}\left[1 \mp (1-2\beta-\phi)\right]$ $H_A = H_B = \dfrac{Pl}{2h}\phi$ $M_C = -\dfrac{Pl}{2}\phi$	 $\left.\begin{array}{l}V_A\\V_B\end{array}\right\} = \dfrac{ql}{2}\left(1 \pm \dfrac{1}{4N}\right)$ $H_A = H_B = \dfrac{ql^2}{2h} \times \dfrac{1}{4N}$ $M_C = -\dfrac{ql^2}{2} \times \dfrac{1}{4N}$
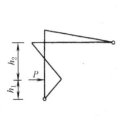 $\alpha = \dfrac{h_1}{h}$ $\omega = 3\alpha^2 - 1$ $\phi = \dfrac{K\omega}{2N}$ $V_A = V_B = 0$ $\left.\begin{array}{l}H_A\\H_B\end{array}\right\} = \dfrac{P}{2}\left[2(\alpha+\phi)-1 \mp 1\right]$ $M_C = -Ph\phi$	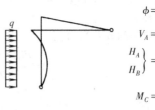 $\phi = \dfrac{K}{4N}$ $V_A = V_B = 0$ $\left.\begin{array}{l}H_A\\H_B\end{array}\right\} = \dfrac{qh}{2}(\mp 1+\phi)$ $M_C = -\dfrac{qh^2}{2}\phi$
均匀加热 $\phi = \dfrac{3EI_2\alpha_l t}{h^2 N}\left(1+\dfrac{h^2}{l^2}\right)$ α_l——线胀系数 t——加热温度，℃	$V_A = -V_B = \dfrac{h}{l}\phi$ $H_A = H_B = \phi$ $M_C = -h\phi$

（2）

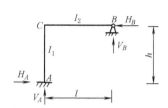

$$K_1 = \frac{I_1}{h}$$

$$K_2 = \frac{I_2}{l}$$

$$\mu = \frac{1}{K_1 + 0.75K_2}$$

$$V_A = \frac{Pb\mu K_1}{4l^3}\left[\frac{4l^2}{\mu K_1} + 2a(l+b)\right]$$

$$V_B = \frac{Pa\mu K_1}{4l^3}\left[\frac{4l^2}{\mu K_1} - 2b(l+b)\right]$$

$$H_A = H_B = \frac{3Pab\mu K_1}{4hl^2}(l+b)$$

$$M_A = \frac{Pab\mu K_1}{4l^2}(l+b)$$

$$M_B = -\frac{Pab\mu K_1}{2l^2}(l+b)$$

$$V_A = \frac{ql\mu}{8}(3K_2 + 5K_1)$$

$$V_B = \frac{3ql\mu}{8}(K_2 + K_1)$$

$$H_A = H_B = \frac{3ql^2\mu K_1}{16h}$$

$$M_A = \frac{ql^2\mu K_1}{16}$$

$$M_C = -\frac{ql^2\mu K_1}{8}$$

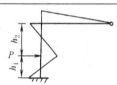

$$V_A = -V_B = \frac{3Ph_1^2 h_2\mu K_2}{4h^2 l}$$

$$H_A = -(P - H_B)$$

$$H_B = \frac{Ph_1^2\mu K_1}{4h^3}\left[\frac{3K_2}{K_1}(3h_2 + h_1) + 2(3h_2 + 2h_1)\right]$$

$$M_A = -\frac{Ph_1 h_2}{h^2}\left(\frac{1}{2}h_1\mu K_1 + h_2\right)$$

$$M_C = -\frac{3Ph_1^2 h_2\mu K_2}{4h^2}$$

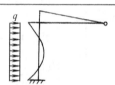

$$V_A = -V_B = \frac{qh^2\mu K_2}{16l}$$

$$H_A = -\frac{qh\mu}{8}(3K_2 + 5K_1)$$

$$H_B = \frac{3qh\mu}{8}(K_2 + K_1)$$

$$M_A = -\frac{qh^2\mu}{16}(K_2 + 2K_1)$$

$$M_C = -\frac{qh^2\mu K_2}{16}$$

均匀加热
t

α_l——线胀系数

t——加热温度，℃

$$V_A = -V_B = \frac{3EI_1\mu K_2}{2h^2 l^2}(3l^2 + 2h^2)\alpha_l t$$

$$H_A = H_B = \frac{3EI_1\mu}{2h^3 l}(6K_2 l^2 + 2K_1 l^2 + 3K_2 h^2)\alpha_l t$$

$$M_A = \frac{3EI_1\mu}{2h^2 l}(3K_2 l^2 + 2K_1 l^2 + K_2 h^2)\alpha_l t$$

$$M_C = -\frac{3EI_1\mu K_2}{2h^2 l}(3l^2 + 2h^2)\alpha_l t$$

第 **20** 篇

（3）

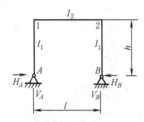

$$\lambda = \frac{l}{h}$$

$$K = \frac{h}{l} \times \frac{I_2}{I_1}$$

$$\mu = 3 + 2K$$

$$\alpha = \frac{a}{l}$$

$$\beta = \frac{b}{l}$$

$$\omega = \alpha\beta$$

$$V_A = P\beta$$

$$V_B = P\alpha$$

$$H_A = H_B = \frac{3P}{2\mu}\lambda\omega$$

$$M_1 = M_2 = -\frac{3Pl}{2\mu}\omega$$

$$V_A = V_B = \frac{ql}{2}$$

$$H_A = H_B = \frac{ql}{4\mu}$$

$$M_1 = M_2 = -\frac{ql^2}{4\mu}$$

$$\alpha = \frac{h_1}{h}$$

$$\phi = \frac{1}{\mu}\left[3(1+K) - K\alpha^2\right]$$

$$V_A = -V_B = -\frac{Ph_1}{l}$$

$$\left.\begin{array}{c}H_A \\ H_B\end{array}\right\} = -\frac{P}{2}(1\pm 1 - \alpha\phi)$$

$$\left.\begin{array}{c}M_1 \\ M_2\end{array}\right\} = \frac{Ph\alpha}{2}(1\pm 1 - \phi)$$

$$\phi = \frac{1}{2\mu}(6 + 5K)$$

$$-V_A = V_B = \frac{qh^2}{2l}$$

$$\left.\begin{array}{c}H_A \\ H_B\end{array}\right\} = -\frac{qh}{2}\left(1\pm 1 - \frac{\phi}{2}\right)$$

$$\left.\begin{array}{c}M_1 \\ M_2\end{array}\right\} = \frac{qh^2}{4}(1\pm 1 - \phi)$$

均匀加热
t

α_l ——线胀系数

t ——加热温度,℃

$$V_A = V_B = 0$$

$$H_A = H_B = \frac{3EI_2}{h^2\mu}\alpha_l t$$

$$M_1 = M_2 = -\frac{3EI_2}{h\mu}\alpha_l t$$

第 **20** 篇

（4）

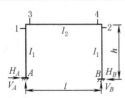

$$K = \frac{h}{l} \times \frac{I_2}{I_1}$$

$$\mu_1 = 2 + K$$

$$\mu_2 = 1 + 6K$$

$$\alpha = \frac{a}{l}$$

$$\beta = \frac{b}{l}$$

$$\omega_{R\alpha} = \alpha\beta$$

$$\Phi = \frac{1}{\mu_2}(1-2\alpha)$$

$$H_A = H_B = \frac{3Pl}{2h\mu_1}\omega_{R\alpha}$$

$$\left.\begin{array}{c}M_A\\M_B\end{array}\right\} = \frac{Pl}{2}\left(\frac{1}{\mu_1}\mp\Phi\right)\omega_{R\alpha}$$

$$\left.\begin{array}{c}M_1\\M_2\end{array}\right\} = -\frac{Pl}{2}\left(\frac{2}{\mu_1}\pm\Phi\right)\omega_{R\alpha}$$

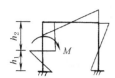

$$\alpha = \frac{h_1}{h} \qquad \omega_{M\alpha} = 3\alpha^2 - 1$$

$$\beta = \frac{h_2}{h} \qquad \omega_{M\beta} = 3\beta^2 - 1$$

$$H_A = H_B = \frac{M}{2h}\left\{1 - \frac{1}{\mu_1}\left[K\omega_{M\alpha} + (1+K)\omega_{M\beta}\right]\right\}$$

$$\left.\begin{array}{c}M_A\\M_B\end{array}\right\} = -\frac{M}{2}\left\{\frac{1}{3\mu_1}\left[K\omega_{M\alpha} + (3+2K)\omega_{M\beta}\right] \pm \left(1 - \frac{6K\alpha}{\mu_2}\right)\right\}$$

$$\left.\begin{array}{c}M_3\\M_4\end{array}\right\} = \frac{MK}{2}\left[\frac{1}{3\mu_1}(2\omega_{M\alpha} + \omega_{M\beta}) \pm \frac{6\alpha}{\mu_2}\right]$$

当 $h_1 = h$ 时：

$$H_A = H_B = \frac{3M}{2h\mu_1}$$

$$\left.\begin{array}{c}M_A\\M_B\end{array}\right\} = \frac{M}{2}\left(\frac{1}{\mu_1}\mp\frac{1}{\mu_2}\right)$$

$$\left.\begin{array}{c}M_3\\M_4\end{array}\right\} = \frac{MK}{2}\left(\frac{1}{\mu_1}\pm\frac{6}{\mu_2}\right)$$

均匀加热 t

$$\Phi = \frac{3EI_2}{h\mu_1}\alpha_l t$$

$$H_A = H_B = \frac{2K+1}{hK}\Phi$$

$$M_A = M_B = \frac{K+1}{K}\Phi$$

$$M_1 = M_2 = -\Phi$$

α_l ——线胀系数

t ——加热温度，℃

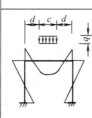

$$\alpha = \frac{h_1}{h} \qquad \omega_{R\alpha} = \alpha\beta$$

$$\omega_{D\alpha} = \alpha - \alpha^3$$

$$\beta = \frac{h_2}{h} \qquad \omega_{D\beta} = \beta - \beta^3$$

$$\left.\begin{array}{c}H_A\\H_B\end{array}\right\} = -\frac{W}{2}\left\{1 \pm 1 - \alpha - \frac{1}{\mu_1}\left[K\omega_{D\alpha} - (1+K)\omega_{D\beta}\right]\right\}$$

$$\left.\begin{array}{c}M_A\\M_B\end{array}\right\} = -\frac{Wh}{2}\left\{\frac{1}{\mu_1}\left[(1+K)\omega_{D\beta} - K\omega_{R\alpha}\right] \pm \alpha\left(1 - \frac{3K\alpha}{\mu_2}\right)\right\}$$

$$\left.\begin{array}{c}M_1\\M_2\end{array}\right\} = -\frac{Wh}{2}K\alpha^2\left[\frac{1}{\mu_1}(1-\alpha) \mp \frac{3}{\mu_2}\right]$$

当 $h_1 = h$ 时：

$$H_A = -H_B = -\frac{W}{2}$$

$$M_A = -M_B = -\frac{3Wh}{2}\left(\frac{1}{3} - \frac{K}{\mu_2}\right)$$

$$M_1 = -M_2 = \frac{3WhK}{2\mu_2}$$

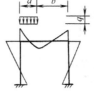

$$\gamma = \frac{c}{l}$$

$$\Phi = \frac{1}{2\mu_1}(3\gamma - \gamma^3)$$

$$H_A = H_B = \frac{ql^2}{4h}\Phi$$

$$M_A = M_B = \frac{ql^2}{12}\Phi$$

$$M_1 = M_2 = -\frac{ql^2}{6}\Phi$$

$$\alpha = \frac{a}{l} \qquad \omega_{R\alpha} = \alpha - \alpha^2$$

$$\Phi = \frac{1}{\mu_1}(3\alpha^2 - 2\alpha^3)$$

$$H_A = H_B = \frac{ql^2}{4h}\Phi$$

$$\left.\begin{array}{c}M_A\\M_B\end{array}\right\} = \frac{ql^2}{12}\left(\Phi \mp \frac{3}{\mu_2}\omega_{R\alpha}^2\right)$$

$$\left.\begin{array}{c}M_1\\M_2\end{array}\right\} = -\frac{ql^2}{12}\left(2\Phi \pm \frac{3}{\mu_2}\omega_{R\alpha}^2\right)$$

当 $a = l$ 时：$\Phi = \frac{1}{\mu_1}$

（5）

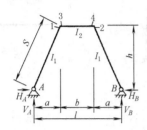

$$\lambda_1 = \frac{a}{l} \quad \lambda_2 = \frac{b}{l} \quad \lambda = \frac{l}{h}$$

$$K = \frac{b}{S} \times \frac{I_1}{I_2} \quad \mu = 1 + \frac{3K}{2}$$

$$a \leqslant a_1 \leqslant a+b$$

$$\alpha = \frac{a_1}{l} \quad \omega_{R\alpha} = \alpha\beta$$

$$\beta = \frac{b_1}{l}$$

$$\Phi = \frac{1}{2\mu}\left[2\lambda_1 + \frac{3K}{\lambda_2}(\omega_{R\alpha} - \lambda_1^2)\right]$$

$$V_A = P\beta;\; V_B = P\alpha;\; H_A = H_B = \frac{P}{2}\lambda\Phi$$

$$\left.\begin{array}{c}M_1\\[6pt]M_2\end{array}\right\} = \frac{Pl}{2}\{[1\pm(1-2\alpha)]\lambda_1 - \Phi\}$$

$$\Phi = \frac{1}{4\mu}\left[2\lambda_1(2+K) - \lambda_1^2(3+2K) + K\right]$$

$$V_A = V_B = \frac{ql}{2} \qquad H_A = H_B = \frac{ql}{2}\lambda\Phi$$

$$M_1 = M_2 = -\frac{ql^2}{8\mu}(\lambda_1^2 + K\lambda_2^2)$$

$$0 \leqslant a_1 \leqslant a$$

$$\alpha = \frac{a_1}{l}$$

$$\beta = \frac{b_1}{l}$$

$$\Phi = \frac{1}{2\mu}\left[3(1+K) - \left(\frac{\alpha}{\lambda_1}\right)^2\right]$$

$$V_A = P\beta;\; V_B = P\alpha;\; H_A = H_B = \frac{P\alpha}{2}\lambda\Phi$$

$$\left.\begin{array}{c}M_1\\[6pt]M_2\end{array}\right\} = \frac{Pl\alpha}{2}(1\pm\lambda_2 - \Phi)$$

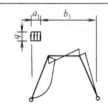

$$\alpha = \frac{a_1}{l}$$

$$\beta = \frac{b_1}{l}$$

$$\Phi = \frac{1}{4\mu}\left[6(1+K) - \frac{\alpha^2}{\lambda_1^2}\right]$$

$$V_A = \frac{qa_1}{2}(1+\beta);\; V_B = \frac{qa_1\alpha}{2}$$

$$H_A = H_B = \frac{ql\alpha^2}{4}\lambda\Phi$$

$$\left.\begin{array}{c}M_1\\[6pt]M_2\end{array}\right\} = \frac{ql^2\alpha^2}{4}(1\pm\lambda_2 - \Phi)$$

当 $a_1 = a$ 时: $\Phi = \frac{1}{4\mu}(5+6K)$

$$\alpha = \frac{b_1}{b}$$

$$\beta = \frac{b_2}{b}$$

$$\Phi = \frac{1}{4\mu}\{4\lambda_1 + K[6\lambda_1 + \lambda_2\alpha(3-2\alpha)]\}$$

$$\left.\begin{array}{l} V_A \\ V_B \end{array}\right\} = \frac{qb\alpha}{2}(1\pm\lambda_2\beta)$$

$$H_A = H_B = \frac{qb\alpha}{2}\lambda\Phi$$

$$\left.\begin{array}{l} M_1 \\ M_2 \end{array}\right\} = \frac{qbl\alpha}{2}[\lambda_1(1\pm\lambda_2\beta)-\Phi]$$

当 $b_1 = b$ 时: $\Phi = \frac{1}{4\mu}[4\lambda_1(1+K)+K]$

$$\alpha = \frac{b_1}{b}$$

$$\Phi = \frac{3K}{4\mu}(1-2\alpha)$$

$$V_A = -V_B = -\frac{M}{l}$$

$$H_A = H_B = \frac{M}{h}\Phi$$

$$\left.\begin{array}{l} M_1 \\ M_2 \end{array}\right\} = -M(\pm\lambda_1+\Phi)$$

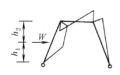

$$\alpha = \frac{h_1}{h}$$

$$\beta = \frac{h_2}{h}$$

$$\Phi = \frac{\beta}{2\mu}[3(K+\beta)-\beta^2]$$

$$V_A = -V_B = -\frac{Wh_1}{l}$$

$$\left.\begin{array}{l} H_A \\ H_B \end{array}\right\} = -\frac{W}{2}(\Phi\pm1)$$

$$\left.\begin{array}{l} M_1 \\ M_2 \end{array}\right\} = -\frac{Wh}{2}(\beta\mp\alpha\lambda_2-\Phi)$$

当 $h_1 = h$ 时: $\Phi = 0$

$$\alpha = \frac{h_1}{h}$$

$$\Phi = \frac{3}{2\mu}(1+K-\alpha^2)$$

$$V_A = -V_B = -\frac{M}{l}$$

$$H_A = H_B = \frac{M}{2h}\Phi$$

$$\left.\begin{array}{l} M_3 \\ M_4 \end{array}\right\} = \frac{M}{2}(1\pm\lambda_2-\Phi)$$

当 $h_1 = h$ 时: $\Phi = \frac{3K}{2\mu}$

当 $h_1 = 0$ 时: $\Phi = \frac{3}{2\mu}(1+K)$

α_l ——线胀系数

t ——加热温度, ℃

$$V_A = V_B = 0$$

$$H_A = H_B = \frac{3EI_1l}{2Sh^2\mu}\alpha_l t$$

$$M_1 = M_2 = -\frac{3EI_1l}{2Sh\mu}\alpha_l t$$

(6)

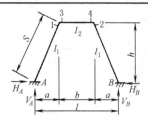

$$\lambda_1 = \frac{a}{l} \quad \lambda_2 = \frac{b}{l} \quad \lambda_3 = \frac{a}{b} \quad \lambda_4 = \frac{l}{b}$$

$$K = \frac{b}{S} \times \frac{I_1}{I_2} \quad \mu_1 = 1 + 2K \quad \mu_2 = K\lambda_2^2 + 2(1 + \lambda_2 + \lambda_2^2)$$

$$\alpha = \frac{b_1}{b}$$

$$\omega_{R\alpha} = \alpha - \alpha^2$$

$$\Phi = \frac{1-2\alpha}{\mu_2} [K\lambda_2^2 \omega_{R\alpha} - \lambda_1(2+\lambda_2)]$$

$$H_A = H_B = \frac{Pb}{2h}\left(\frac{3K\omega_{R\alpha}}{\mu_1} + \lambda_3\right)$$

$$\left.\begin{array}{c} M_A \\ M_B \end{array}\right\} = \frac{Pb}{2}\left\{\frac{K\omega_{R\alpha}}{\mu_1} \mp [\lambda_3(1-2\alpha) + \lambda_4\Phi]\right\}$$

$$\left.\begin{array}{c} M_1 \\ M_2 \end{array}\right\} = -\frac{Pb}{2}\left(\frac{2K\omega_{R\alpha}}{\mu_1} \pm \Phi\right)$$

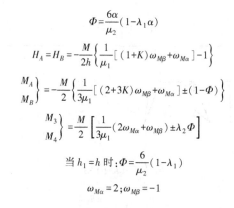

$$\alpha = \frac{h_1}{h} \quad \omega_{M\alpha} = 3\alpha^2 - 1$$

$$\beta = \frac{h_2}{h} \quad \omega_{M\beta} = 3\beta^2 - 1$$

$$\Phi = \frac{6\alpha}{\mu_2}(1 - \lambda_1\alpha)$$

$$H_A = H_B = -\frac{M}{2h}\left\{\frac{1}{\mu_1}[(1+K)\omega_{M\beta} + \omega_{M\alpha}] - 1\right\}$$

$$\left.\begin{array}{c} M_A \\ M_B \end{array}\right\} = -\frac{M}{2}\left\{\frac{1}{3\mu_1}[(2+3K)\omega_{M\beta} + \omega_{M\alpha}] \pm (1-\Phi)\right\}$$

$$\left.\begin{array}{c} M_3 \\ M_4 \end{array}\right\} = \frac{M}{2}\left[\frac{1}{3\mu_1}(2\omega_{M\alpha} + \omega_{M\beta}) \pm \lambda_2\Phi\right]$$

当 $h_1 = h$ 时: $\Phi = \frac{6}{\mu_2}(1 - \lambda_1)$

$$\omega_{M\alpha} = 2; \omega_{M\beta} = -1$$

$$\alpha = \frac{a_1}{a} \quad \omega_{D\alpha} = \alpha - \alpha^3$$

$$\omega_{D\beta} = \beta - \beta^3$$

$$\beta = \frac{a_2}{a} \quad \omega_{R\alpha} = \alpha\beta$$

$$\Phi = \frac{\alpha^2}{\mu_2}(3 - 2\lambda_1\alpha)$$

$$H_A = H_B = \frac{Pa}{2h}\left\{\frac{1}{\mu_1}[\omega_{D\alpha} - (1+K)\omega_{D\beta}] + \alpha\right\}$$

$$\left.\begin{array}{c} M_A \\ M_B \end{array}\right\} = -\frac{Pa}{2}\left\{\frac{1}{\mu_1}[(1+K)\omega_{D\beta} - \omega_{R\alpha}] \pm (\alpha - \Phi)\right\}$$

$$\left.\begin{array}{c} M_1 \\ M_2 \end{array}\right\} = -\frac{Pa}{2}\left[\frac{1}{\mu_1}(\omega_{D\alpha} - \omega_{R\alpha}) \mp \lambda_2\Phi\right]$$

当 $a_1 = a$ 时: $\Phi = \frac{1}{\mu_2}(3 - 2\lambda_1)$

当 $\alpha = 1, \beta = 0$ 时: $\omega_{D\alpha} = \omega_{D\beta} = 0$

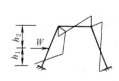

$$\alpha = \frac{h_1}{h} \quad \omega_{D\alpha} = \alpha - \alpha^3$$

$$\omega_{D\beta} = \beta - \beta^3$$

$$\beta = \frac{h_2}{h} \quad \omega_{R\alpha} = \alpha\beta$$

$$\Phi = \frac{\alpha^2}{\mu_2}(3 - 2\lambda_1\alpha)$$

$$\left.\begin{array}{c} H_A \\ H_B \end{array}\right\} = \frac{W}{2}\left\{\frac{1}{\mu_1}[\omega_{D\alpha} - (1+K)\omega_{D\beta}] - \beta \mp 1\right\}$$

$$\left.\begin{array}{c} M_A \\ M_B \end{array}\right\} = -\frac{Wh}{2}\left\{\frac{1}{\mu_1}[(1+K)\omega_{D\beta} - \omega_{R\alpha}] \pm (\alpha - \Phi)\right\}$$

$$\left.\begin{array}{c} M_1 \\ M_2 \end{array}\right\} = -\frac{Wh}{2}\left[\frac{1}{\mu_1}(\omega_{D\alpha} - \omega_{R\alpha}) \mp \lambda_2\Phi\right]$$

当 $h_1 = h$ 时: $\Phi = \frac{1}{\mu_2}(3 - 2\lambda_1)$

当 $\alpha = 1, \beta = 0$ 时: $\omega_{D\alpha} = \omega_{D\beta} = 0$

$$\alpha = \frac{b_1}{b}$$

$$\Phi = \frac{\omega_{R\alpha}}{\mu_2}\left[K\lambda_2^2\omega_{R\alpha} - 2\lambda_1(2+\lambda_2)\right]$$

$$H_A = H_B = \frac{qb^2}{4h}\left[\frac{K}{\mu_1}(3\alpha^2 - 2\alpha^3) + 2\lambda_3\alpha\right]$$

$$\left.\begin{array}{c}M_A\\M_B\end{array}\right\} = \frac{qb^2}{4}\left[\frac{K}{3\mu_1}(3\alpha^2 - 2\alpha^3) \mp (2\lambda_3\omega_{R\alpha} + \lambda_4\Phi)\right]$$

$$\left.\begin{array}{c}M_1\\M_2\end{array}\right\} = -\frac{qb^2}{4}\left[\frac{2K}{3\mu_1}(3\alpha^2 - 2\alpha^3) \pm \Phi\right]$$

当 $b_1 = b$ 时：$\Phi = 0$

$$\alpha = \frac{a_1}{a} \qquad \beta = \frac{a_2}{a}$$

$$\Phi_1 = \frac{\alpha^3}{\mu_2}(2 - \lambda_1\alpha) \qquad \Phi_2 = \frac{1}{2} - \omega_{\varphi\beta}$$

$$H_A = H_B = \frac{qa^2}{4h}\left\{\frac{1}{\mu_1}\left[\omega_{\varphi\alpha} - (1+K)\Phi_2\right] + \alpha^2\right\}$$

$$\omega_{\varphi\alpha} = \alpha^2 - \frac{1}{2}\alpha^4$$

$$\omega_{\varphi\beta} = \beta^2 - \frac{1}{2}\beta^4$$

$$\left.\begin{array}{c}M_A\\M_B\end{array}\right\} = -\frac{qa^2}{4}\left\{\frac{1}{3\mu_1}\left[(2+3K)\Phi_2 - \omega_{\varphi\alpha}\right] \pm (\alpha^2 - \Phi_1)\right\}$$

$$\left.\begin{array}{c}M_1\\M_2\end{array}\right\} = -\frac{qa^2}{4}\left[\frac{1}{3\mu_1}(2\omega_{\varphi\alpha} - \Phi_2) \mp \lambda_2\Phi_1\right]$$

当 $a_1 = a$ 时：$\Phi_1 = \frac{1}{\mu_2}(2 - \lambda_1)$ 　$\Phi_2 = \frac{1}{2}$ 　$\omega_{\varphi\alpha} = \frac{1}{2}$ 　$\omega_{\varphi\beta} = 0$

均匀加热 t

α_l ——线胀系数

t ——加热温度，℃

$$\Phi = \frac{3EI_1l}{Sh\mu_1}\alpha_l t \qquad H_A = H_B = \frac{2+K}{h}\Phi$$

$$M_A = M_B = (1+K)\Phi \qquad M_3 = M_4 = -\Phi$$

第 20 篇

4.2 均布载荷等截面等跨排架计算公式

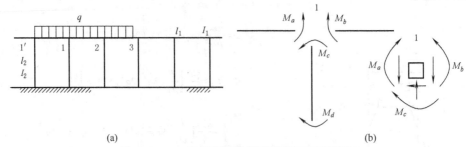

图 20-6-27 均布载荷等截面等跨排架计算图

令 梁的刚度 $i_1 = \dfrac{E_1 I_1}{l_1}$；柱的刚度 $i_2 = \dfrac{E_2 I_2}{l_2}$

式中 E，I，l——分别为相应的弹性模量、截面系数和长度。

$$\lambda = \frac{i_2}{i_1}; \quad \beta = -(2+\lambda) + \sqrt{(2+\lambda)^2 - 1} \tag{20-6-22}$$

$$\varphi = \frac{q l_1^2}{24 i_1} \times \frac{\beta}{1+\beta} \tag{20-6-23}$$

（1）只有一跨有载荷时，即图示仅结点 1 左边有载荷 q 时

1）1 点各处的弯矩为（以图示方向为正）：

$$M_a = -\frac{q l_1}{12} \left(1 + \frac{1}{1+\beta}\right) \tag{20-6-24}$$

$$M_b = -2 i_1 \varphi (2+\beta)$$

$$M_c = 4 i_2 \varphi$$

$$M_d = -\frac{1}{2} M_c$$

因用结点不移动只转动求得，故 M_c 与 M_d 不等，且有水平推力，见图。它和柱的垂直力及梁的剪力根据弯矩都可以求得。

2）2 点的弯矩为：

$$M_{a,2} = \beta M_a; \quad M_{b,2} = \beta M_b; \quad M_{c,2} = \beta M_c; \quad M_{d,2} = \beta M_d; \tag{20-6-25}$$

3）再往右，3 点的弯矩为：

$$M_{a,3} = \beta^2 M_a; \quad M_{b,3} = \beta^2 M_b; \quad M_{c,3} = \beta^2 M_c; \quad M_{d,3} = \beta^2 M_d \ 等 \tag{20-6-26}$$

（2）有两跨有载荷时，即图示 1、2 跨有载荷 q 时，此情况下梁内的弯矩最大。最大弯矩发生于 1 点：

$$M_a = M_b = -\frac{q l_1^2}{12}(1-\beta) \tag{20-6-27}$$

柱的弯矩最大发生在 1 点或 2 点：

$$M_c = \frac{q l_1^2 i_2}{6 i_1} \times \frac{\beta}{1-\beta^2}$$

（3）当许多跨都有载荷，即如平常管子排架的状况：

$$M_a = -\frac{ql_1^2}{12} \times \frac{1-\beta-3\beta^2}{1-\beta^2} \qquad (20\text{-}6\text{-}28)$$

说明：① 如柱子刚度足够大，则 $\beta=0$，$M_a = -\frac{ql_1^2}{12}$，就等同于两端固定的梁。

② 如令 $i_2=0$，即柱不参与变形计算，则 $\lambda=0$，$\beta=-2+\sqrt{3}=-0.268$

最大在两跨有载荷时：$\qquad\qquad\qquad\qquad M_a = -0.106ql_1^2 \qquad\qquad\qquad\qquad (20\text{-}6\text{-}29)$

多跨有载荷时：$M_a = -0.095ql_1^2$，即与连续梁的计算相近。因此，管子排架可按连续梁进行计算，此时 $M_a = -\frac{ql_1^2}{10} = -0.1ql_1^2$。但两端则按式（20-6-29）计算。

第 **7** 章 其他形式的机架

前面几章所叙述的钢架的结构形式,是机械非标准设备机架最常用的结构形式。本章补充一些前面未包括或较简略的内容。

1 整体式机架

1.1 概述

型钢焊接机架之外,还有铸造的整体式机架和由轧制材料、铸件或锻件组合焊接而成的巨型机器的床身。
图 20-7-1 为铸-轧-焊水压机下横梁结构示意图。
图 20-7-2 为铸-轧-锻件焊接的锻压机床身结构图。

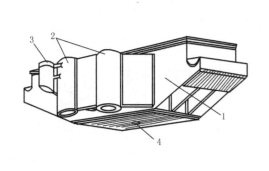

图 20-7-1 铸-轧-焊水压机下横梁结构
1—厚轧板焊接件;2—铸钢柱套;3—提升缸套;4—顶出器座

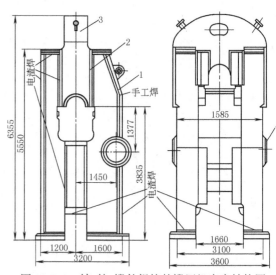

图 20-7-2 铸-轧-锻件焊接的锻压机床身结构图
1,2—厚板件;3—铸钢上横梁;4—锻钢管子

对于这种大件的机架设计和计算,与前面所述的原理是一样的。都要求有足够的强度和刚度,有足够的精度,有较好的工艺性,有较好的尺寸稳定性和抗振性,外形美观等。还要考虑到吊装,安放水平,电器部件安装位置等问题。综合起来必须考虑:
① 材料的选择;
② 大型机架的分割与连接设计;
③ 制作工艺与制造方法的选择,这里包括工艺过程系统的分析、热处理工艺、冷却以后变形的情况;
④ 精度要求及机械加工工艺本身的顺序的分析;

⑤ 定位、装配、调整、固紧、检验、修改等问题，包括大型机架在现场组装、安装的试组装；

⑥ 防腐的处理；

⑦ 存放、运输等。

由于整体式大件形状和受力情况复杂，过去常因计算困难只靠经验设计和简略计算。近年来由于有限元计算方法的发展和模型试验的研究成果，已经可以用计算机和模型试验的方法，在设计阶段根据计算和实验结果，改进大件结构，使之符合设计要求，因而可以使设计一次成功。

1.2　有加强肋的整体式机架的肋板布置

肋板布置的原则如下。

1）肋板布置的目的是要提高机架的强度和刚度。

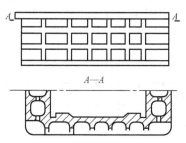

图 20-7-3　破碎机下架体的外壁布肋

例如，前面图20-4-8所示的机床立柱为一整体式机架，其计算方法虽然可以按悬臂立柱的屈曲或扭转刚度来校核，但由于作用在导轨上的是单边力，使立柱断面形状发生变形，立柱的侧壁产生屈曲、立柱的棱角不能保持直角，这种变形称为断面形状的畸变。为了尽量减少断面畸变，主要通过加强肋来提高刚度和改进导轨结构。图中的板壁纵向肋主要用来提高立柱的弯曲刚度，而横向肋则可起到减少断面形状畸变的作用。它们组合后起到了阻止各段壁板的变形与振动的作用。

图 20-7-3 为破碎机下架体的外壁布肋形式，使整个机架及侧壁的强度和刚度得以提高。

2）肋板布置的位置根据材料力学的原理，使主材的内力能尽量减小。

例如，大件的支承点直接作用在肋板上，或直接与肋板相联系，如图 20-7-4 所示；或者使局部载荷分散传递，如图 20-7-5 所示，肋板如同桁架的斜杆将上板受的载荷直接传递到下板，使上板本来会受到弯曲的作用变为肋板的受压。

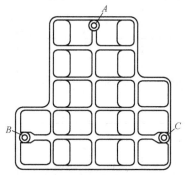

图 20-7-4　大件的支承点直接与肋板相联系

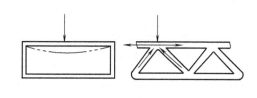

图 20-7-5　局部载荷分散传递示意图

3）经济性。使材料尽可能少，加工方便、经济。

肋的布置方式对刚度影响很大。如图 20-7-6 所示，图 a 的抗弯矩能力较低，图 b 较高，图 c 最高。但后者工艺要求也较复杂。图中 α 角一般取 45°~55°。

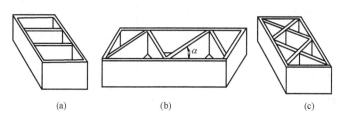

(a)　　　　　　　(b)　　　　　　　(c)

图 20-7-6　机床基础件内肋板的布置

各种布肋形式对刚度影响比较见本章1.3节。

壁板与肋板的厚度见本章2.1节。壁板的布肋形式见本章2.2节。

4）有时配肋还要考虑机架的弹性匹配，对机器的性能影响。

5）对于像大型机床的基础件以及承载较大的导轨支承壁，宜用双层板结构。如图20-7-7所示。不同尺寸双层壁与单层平板的静刚度和固有频率的对比见后文表20-7-12。

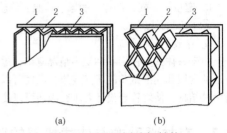

图 20-7-7 双层壁板结构
1—外壁板；2—肋板；3—内壁板

1.3 布肋形式对刚度影响

各种断面的梁类构件的刚度（惯性矩）比较见第3章表20-3-1、表20-3-2。肋板的横截面形状与配置可参见第3章图20-3-16。纵横隔板（或肋）对立柱刚度的影响见本篇第4章表20-4-2；螺钉及外肋条的数量对立柱连接处刚度的影响见表20-4-3。

布肋对闭式梁类结构刚度的影响见表20-7-1。

表 20-7-1　　　　　　　　　　　　　布肋对闭式梁类结构刚度的影响

序号	模　型	模型体积		弯曲刚度$(x—x)$		扭转刚度	
		$/10^{-6}m^3$	指数	$/N \cdot mm^{-1}$	指数	$/N \cdot m \cdot rad^{-1}$	指数
1		1077	1.0	3700	1.0	2490	1.0
2		1220	1.13	4290	1.16	3580	1.44
3		1220	1.13	4390	1.18	3970	1.59
4		1220	1.13	5190	1.40	4470	1.80
5		1148	1.06	3790	1.02	3300	1.33
6		1146	1.06	3840	1.03	3640	1.46

续表

序号	模　型	模型体积		弯曲刚度(x—x)		扭转刚度	
		/10^{-6}m^3	指数	/N·mm^{-1}	指数	/N·m·rad^{-1}	指数
7	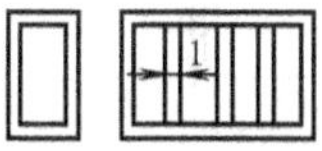	1148	1.06	3860	1.04	4680	1.88
8		1236	1.15	4120	1.11	4150	1.67
9		1236	1.15	4210	1.13	5020	2.02
10		1278	1.19	4220	1.14	左扭 4570 右扭 5010	1.84 2.02
11		1278	1.19	4370	1.18	5460	2.02

1.4　肋板的刚度计算

（1）有横隔板框架的弯曲计算

①如图 20-7-8 所示，当横隔板厚度 t_1 对框架长度 l 的比值很小时，横隔板的数目及厚度对抵抗垂直载荷的能力是很小的。这种框架的弯曲刚度主要取决于平行中性轴的两块纵向侧板。考虑到隔板对侧壁的支承作用，刚度计算时，两块侧壁可不作为简支梁而作为两端固定梁来计算。

垂直变形为：
$$\Delta = \frac{Pl^3}{32Eth^3} \tag{20-7-1}$$

式中　P——框架上的集中力；

　　　l——支架总长度；

其他参数见图。

②当图 20-7-8 框架承受侧向（x 向）载荷时，框架的刚度和横隔板数目与壁厚有关。实验表明，在横隔板尺寸给定的条件下，框架的变形随着隔板数目 n 的增加而减小。见实验公式（20-7-2）：
$$\Delta_x = ax^b \tag{20-7-2}$$

式中　a——常数，$a = 140.8$；

　　　b——常数，$b = -1.224$。

$$x = l/l_1 \tag{20-7-3}$$

式中　l_1——隔板之间的距离；

　　　l——框架长度。

（2）横隔板底座的弯曲计算

如图 20-7-9 为带有面板的横隔板框架，可以把它看做是由两种梁组成的。即图 20-7-9b 分解为图 c、d，当隔板的数目为 n 时，底座的惯性矩为（以长边 l 为支承边时）
$$I = nI_1 + 2I_2 \tag{20-7-4}$$

式中　I_1——图 d 梁的截面惯性矩，mm^4；

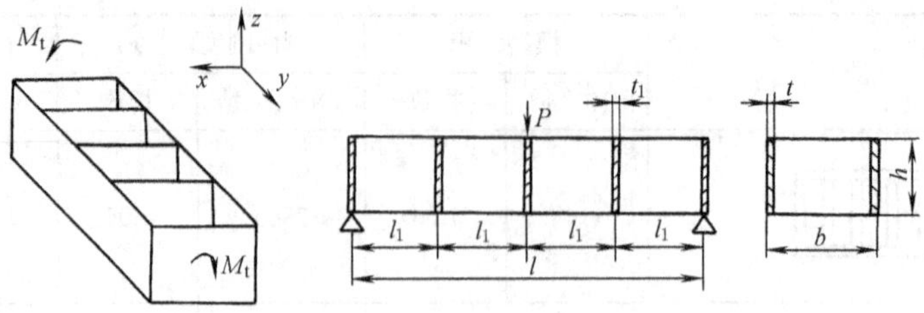

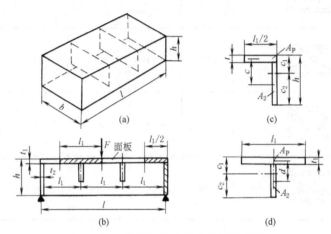

图 20-7-8　横隔板框架

图 20-7-9　横隔板底座的弯曲计算简图

I_2——图 c 梁的截面惯性矩，mm^4。

垂直变形为

$$\Delta = \frac{Pb^3}{192EI}$$

若以短边 b 为支承边时，则

垂直变形为

$$\Delta = \frac{Pl^3}{192EI}$$

此时计算 I 仅考虑面板和两长边侧板组成的惯性矩。

（3）对角肋和横隔板结构的扭转计算

①对角肋的扭转刚度　图 20-7-10b 以两根交叉的对角肋作为分离体，则它分别承受着方向相反的作用力 F，此分离体产生如图 c 的变形 Δ，则可按简支梁的计算公式求得

$$\Delta = 2\frac{Pl^3}{48EI} \tag{20-7-5}$$

式中　l——对角肋的长度；

I——对角肋的截面惯性矩。

结构所受的扭矩 M_t 为

$$M_t = Pb \quad (N \cdot mm)$$

对角肋的弯曲变形而使结构产生的扭转角 φ_1 为

$$\varphi_1 = \frac{2\Delta}{b}$$

如为正方形，以 $l = \sqrt{2}b$ 及 M_t、φ_1 代入式（20-7-5），得

$$\varphi_1 = 0.236\frac{Pb}{EI} \quad (rad) \tag{20-7-6}$$

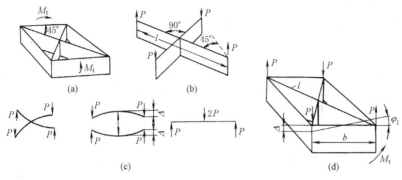

图 20-7-10 45°对角肋受力和变形分析

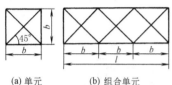

(a) 单元   (b) 组合单元

图 20-7-11 对角肋的单元组件

如果结构如图 20-7-11 所示，由 n 个对角肋并联，扭矩 T 作用于长边，则并联对角肋的总扭转角为

$$\varphi_1 = 0.236n\frac{M_t}{nEI} \quad (\text{rad}) \tag{20-7-7}$$

如果结构由 n 个对角肋串联，扭矩 M_t 作用于短边，则串联对角肋的总扭转角为

$$\varphi_1 = 0.236n\frac{M_t}{EI} \quad (\text{rad}) \tag{20-7-8}$$

②侧壁的扭转刚度　设矩形侧壁高 h，厚 t，长度 $l=nb$，则两块侧壁的扭转角为

$$\varphi_2 = \frac{M_t nb}{2kGht^3} \quad (\text{rad}) \tag{20-7-9}$$

式中　G——材料的切变模量；

k——矩形截面扭转常数，即扭转截面惯性矩 $I=kt^3h$ 中的常数，见表 20-7-2；

n——对角单元数。

表 20-7-2　　　　k 值

h/t	1	1.5	2	3	4	6	8	10	∞
k	0.141	0.196	0.229	0.263	0.281	0.299	0.307	0.313	0.333

③对角肋框架总的扭转刚度 K 等于对角肋和侧壁两者刚度的代数和（扭矩作用于短边时）：

$$K = \frac{M_t}{\varphi} = \frac{M_t}{\varphi_1} + \frac{M_t}{\varphi_2} = \frac{EI}{0.236nb} + \frac{2kGht^3}{nb}$$

则对角肋框架的扭转角为

$$\varphi = \frac{0.236nbM_t}{EI + 2\times0.236kGt^3} \quad (\text{rad}) \tag{20-7-10}$$

（4）横隔板框架的扭转刚度

如图 20-7-8 所示，横隔板对扭转阻抗影响很小，这种框架的扭转阻抗，主要取决于两纵向侧壁，两侧壁的扭转刚度按公式（20-7-9）计算。

（5）十字肋的刚度

如图 20-7-12，十字肋的惯性矩为

$$I = \frac{(b_1-b_2)h_1^3 + b_2h_2^3}{12} \tag{20-7-11}$$

在设计十字肋梁时应考虑与矩形梁比较：在提高强度和刚度时应使材料用得最少。一般 b_2/b_1 应取小一些（0.3 以下），h_1/h_2 应适当（一般 0.2 左右）。

第 20 篇

（6）T形肋板（图20-7-13）

结构可分成许多T形单元来计算（图20-7-13b），每个单元相当于图20-7-9中的d图。

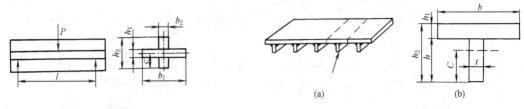

图 20-7-12　十字肋结构　　　　　　　　　图 20-7-13　T形肋结构

同十字肋板一样，也要分析T形断面的参数尺寸的比例，以求得在强度和刚度都较好而材料最节约的断面。

对于三角肋，可看作多T形肋的特例，每个不同断面都可视作高度不同的T形肋来计算。为了减少三角肋的应力集中，实用的三角肋应去掉锐角，如图20-7-14所示。

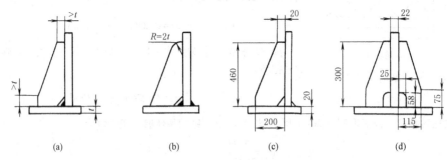

（a）　　　　　　（b）　　　　　　（c）　　　　　　（d）

图 20-7-14　常见的实用三角肋结构

2　箱　形　机　架

箱体机架也属于整体式机架，它可分为：

①支架箱体，如机床的支座、立柱等箱体零件；

②传动箱体，如减速器、汽车变速箱及机床主轴箱等的箱体，主要功能是包容和支承各传动件及其支承零件，除刚度和强度外还要求有密封性，要考虑散热性能和热变形问题；

③泵体和阀体，如齿轮泵的泵体，各种液压阀的阀体，内燃机、空气压缩机等的机壳，这类箱体除有对前一类箱体的要求外，还要求能承受箱体内流体的压力。

一般说来本篇只涉及箱形的支承构件，再扩大到一些齿轮箱的箱壳。内燃机、空气压缩机等的机壳一般不算作是机架，虽然在铸造的设计和工艺方面都有许多值得借鉴的内容，但一般它们都有专门的论著和手册，不在本篇阐述范围之列。

2.1　箱体结构参数的选择

箱体壁厚的设计和前面的一样多采用类比法，对同类产品进行比较，参照设计者的经验或设计手册等资料提供的经验数据，确定壁厚、肋板和凸台等的布置和结构参数。对于重要的箱体，可用计算机的有限元法计算箱体的刚度和强度，或用模型和实物进行应力或应变的测定，直接取得数据或作为计算结果的校核手段。

2.1.1　壁厚的选择

铸铁、铸钢和其他材料箱体的壁厚可以先按下式计算当量尺寸 N，再按表20-7-3选取：

$$N=(2L+B+H)/3000 \quad (\text{mm})$$

式中　L——铸件长度，mm；

　　　B——铸件宽度，mm；

　　　H——铸件高度，mm。

L、B、H 中，L 为最大值。

表 20-7-3 铸造箱体的壁厚

当量尺寸 N/mm	箱体材料			
	灰铸铁	铸钢	铸铝合金	铸铜合金
0.3	6	10	4	6
0.75	8	10~15	5	8
1.0	10	15~20	6	
1.5	12	20~25	8	
2.0	16	25~30	10	
3.0	20	30~35	≥12	
4.0	24	35~40		
5.0	26	40~45		
6.0	28	45~50		
8.0	32	55~70		
10.0	40	>70		

注：1. 此表为砂型铸造壁厚数据。

2. 球墨铸铁、可锻铸铁壁厚减少 20%。

3. 此表外壁厚为 t。箱内壁厚度：铸铁箱体、铸铝合金箱体为 $(0.8~0.9)t$，铸钢件箱体为 $(0.7~0.8)t$，铸铜合金箱体为 $(0.8~0.85)t$。

一般说来，铸钢件的最小壁厚应比铸铁件大 20%~30%。碳素钢取小值，合金钢取大值。

间壁和肋的厚度一般可取主壁厚的 0.6~0.8 倍。

按经验，焊接基础件壁板厚度可取相应铸铁基础件壁厚的 2/3~4/5。

仪器仪表铸造外壳的最小壁厚参考表 20-7-4 选取。

表 20-7-4 仪器仪表铸造外壳的最小壁厚　　　　　　　　　　　　mm

合金种类	铸 造 方 法				
	砂型	金属型	压力铸造	熔模铸造	壳模铸造
铝合金	3	2.5	1~1.5	1~1.5	2~2.5
镁合金	3	2.5	1.2~1.8	1.5	2~2.5
铜合金	3	3	2	2	—
锌合金	—	2	1.5	1	2~2.5

2.1.2　加强肋

肋板的厚度一般为主壁厚 t 的 0.6~0.8 倍；肋板的高度 H 一般取壁厚 t 的 4~5 倍，超过此值对提高刚度无明显效果。加强肋的尺寸见表 20-7-5。

表 20-7-5 加强肋的尺寸

外表面肋厚	内腔肋厚	肋的高度
0.8t	$(0.6~0.7)t$	≤5t

注：t—肋所在壁厚。

2.1.3　孔和凸台

箱体壁上的开孔会降低箱体的刚度，实验证明，刚度的降低程度与孔的面积大小成正比。详见 2.3 节。

在箱壁上与孔中心线垂直的端面处附加凸台，可以增加箱体局部的刚度；同时可以减少加工面。当凸台直径 D 与孔径 d 的比值 $D/d \leqslant 2$ 和凸台高度 h 与壁厚 t 的比值 $t/h \leqslant 2$ 时，刚度增加较大；比值大于 2 以后，效果不明显。如因设计需要，凸台高度加大时，为了改善凸台的局部刚度，可在适当位置增设局部加强肋。

2.1.4 箱体的热处理

铸造或箱体毛坯中的剩余应力使箱体产生变形，为了保证箱体加工后精度的稳定性，对箱体毛坯或粗加工后要用热处理方法消除剩余应力，减少变形。常用的热处理措施有以下三类。

①热时效。铸件在 500～600℃ 下退火，可以大幅度地降低或消除铸造箱体中的剩余应力。

②热冲击时效。将铸件快速加热，利用其产生的热应力与铸造剩余应力叠加，使原有剩余应力松弛。

③自然时效。自然时效和振动时效可以提高铸件的松弛刚性，使铸件的尺寸精度稳定。

2.2 壁板的布肋形式

肋的形式很多如图 20-7-15 所示，实际上可分三大类种，即直交肋（井字形肋）、斜交肋（包括角形肋、叉形肋、米字形肋）与蜂窝形肋。模型实验和计算结果表明，采用米字形肋与采用井字形肋的零件相比，前者的抗扭刚度高两倍以上，抗弯刚度则相近。但米字形肋铸造工艺性较差，铸造费时间且容易出废品，多用于焊接工艺。蜂窝形肋在连接处不易堆积金属，所以内力小，不易产生裂纹，刚度也高。

图 20-7-16 为平板类布肋的实例。图 b 为摇臂钻床的底座，其中的环形肋与径向肋为安装立柱的部位；图 c 为双层壁结构，上下板之间有序地焊上一段段管子，以条钢构成对角肋网。用于大型、精密机架。图 d 为管形结构，它的特点是重量轻，抗扭刚度高。

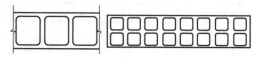

(a) 直交肋　　　　(b) 直交肋

(c) 角形肋　　　(d) 叉形肋　　　(e) 叉形肋

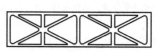

(f) 米字形肋　　　(g) 蜂窝形肋

图 20-7-15 肋的形式

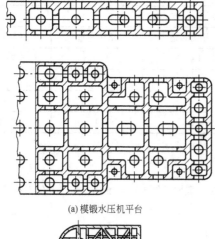

(a) 模锻水压机平台

(b) 摇臂钻床的底座

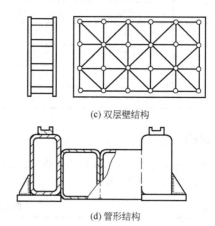

(c) 双层壁结构

(d) 管形结构

图 20-7-16 平板类布肋的实例

机床床身中常用的几种截面肋板布置如图 20-7-17 所示。

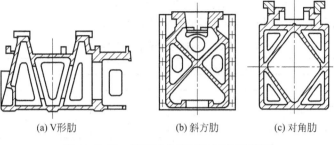

(a) V形肋　　　　　　　(b) 斜方肋　　　　　　　(c) 对角肋

图 20-7-17　机床床身截面肋板布置实例

2.3　箱体刚度

2.3.1　箱体刚度的计算

箱体刚度是壁板抵抗局部载荷引起变形的能力。箱体刚度的计算公式为平板刚度计算公式乘以板壁孔的影响系数 k_0。对于壁厚为 t 的箱板，变形量 Δ_0 的计算式为

$$\Delta_0 = k_0 \frac{Pa^2(1-\mu^2)}{Et^3} \tag{20-7-12}$$

考虑到板壁孔、凸台和肋条的影响，箱体变形的近似计算式为

$$\Delta = \Delta_0 k_1 k_2 k_3 \tag{20-7-13}$$

式中　P——垂直于箱壁的作用力，N；

Δ_0——箱体按无孔平板计算时的变形量；

Δ——箱体实际的变形量；

a——受力箱壁长边的一半，mm；

t——受力箱壁的厚度，mm；

E——材料弹性模量，MPa；

μ——材料的泊松比；

k_0——着力点位置的影响系数，见表 20-7-6；

k_1——孔和凸台对箱体刚度的影响系数，见本章 2.3.2 节（2）和表 20-7-8；

k_2——其他孔的影响系数，$k_2 = 1 + \sum \Delta\delta/\Delta$，$\Delta\delta/\Delta$ 值（按各孔分别计算）见本章 2.3.2 节（2）和表 20-7-9；

k_3——肋系影响系数；对加强受力孔的凸台筋条，取 0.8~0.9；对加强整个箱体壁面的肋条，互相交叉的取 0.80~0.85，不交叉的取 0.75~0.80。

箱体刚度：

$$K_i = \frac{P}{\delta}$$

2.3.2　箱体刚度的影响因素

（1）着力点位置的影响

着力点位置对箱壁变形的影响系数 k_0 见表 20-7-6。表中插图为箱体五个板壁的展开图，图中直线为两个面的交界边，弧线为开口边。

（2）孔和凸台的影响

孔和凸台对箱体刚度的影响，虽随孔的中心线至板边（近侧）距离 r 与边长之半 a 的比值（r/a）的减小而加大，但在 $r/a>1$ 的情况下其影响比较小，可忽略不计。而在 $r/a \leqslant 1$ 的条件下，必须考虑孔和凸台对箱体刚度的影响系数 k_1。

在查 k_1 时，应按表 20-7-7 确定凸台的有效高度 H_a 与箱体壁厚 t 的比 H_a/t。H_a 的值决定于凸台实际高度 H

第 20 篇

与 a'/a 的比值，再按 H_a/t 值查表 20-7-8 得 k_1（a'见表 20-7-7 的表注）。

$\Delta\delta/\Delta$ 值各按其他每个孔的 H_a/t 值从表 20-7-9 查得，得 $k_2=1+\sum\Delta\delta/\Delta$。

表 20-7-6   着力点位置对箱壁变形的影响系数 k_0

(1)受力面的边长为 $2a\times 2b$，四边均与其他面交接																		
受力面的边长比 $a:b$				1:1								1:0.75					
箱体的尺寸比 $a:b:c$			1:1:1			1:1:0.75			1:1:0.5			1:0.76:0.75			1:0.75:0.5		
着力点的坐标	1	2	3	1	2	3	1	2	3	1	2	3	1	2	3
1'	0.18	0.24	0.18	0.20	0.28	0.20	0.21	0.31	0.21	0.13	0.18	0.13	0.13	0.20	0.13
2'	0.24	0.35	0.24	0.28	0.44	0.28	0.31	0.50	0.31	0.21	0.30	0.21	0.22	0.33	0.22
3'	0.18	0.24	0.18	0.20	0.28	0.20	0.21	0.31	0.21	0.13	0.18	0.13	0.13	0.20	0.13

(2)受力面的边长为 $2a\times 2b$，三面与其他面交接，一面为开口																		
受力面的边长比 $a:b$				1:1						1:0.75			1:0.5					
箱体的尺寸比 $a:b:c$			1:1:1			1:0.75:1			1:0.75:0.75			1:0.5:1			1:0.5:0.75		
着力点的坐标	1	2	3	1	2	3	1	2	3	1	2	3	1	2	3
1'	0.16	0.25	0.16	0.15	0.20	0.15	0.15	—	0.15	0.08	0.09	0.08	0.08	—	0.08
2'	0.30	0.48	0.30	0.29	0.45	0.29	0.28	0.42	0.28	0.19	0.28	0.19	0.18	0.27	0.18
3'	0.43	0.70	0.43	0.39	0.62	0.39	—	0.62	—	0.34	0.51	0.34	—	0.48	—
4'	0.95	1.40	0.95	0.77	1.16	0.77	—	0.16	—	0.62	0.92	0.62	—	0.69	—

表 20-7-7   凸台和肋条有效高度与壁厚比值（H_a/t）的确定

凸台实际高度与壁厚之比 H/t	受力点至凸台孔中心线与受力点至箱板边缘距离的比（R/a'）			肋条实际高度与壁厚之比 H/t	肋条宽度与壁厚之比 $b/t=1$ 时的
	0	0.3	0.5		
	H_a/t				H_a/t
1.2	1.19	1.16	1.14	1.2	1.18
1.4	1.37	1.29	1.25	1.4	1.36
1.6	1.53	1.41	1.35	1.6	1.53
1.8	1.67	1.52	1.44	1.8	1.69
2.0	1.78	1.62	1.50	2.0	1.83
2.2	1.88	1.69	1.55	2.2	1.96
2.4	1.96	1.76	1.60	2.4	2.08
4.0	2.15	1.90	1.70		
10.0	2.25	2.00	1.75		

注：R—凸台孔中心线至受力点（或受力孔的中心线）的距离；a'—受力点（或受力孔的中心线）至箱板边缘（靠近凸台孔的一侧）的距离。

表 20-7-8   孔和凸台对箱体刚度的影响系数 k_1

D/d	H_a/t	$D^2/(2a\times 2b)$							
		0.01	0.02	0.03	0.05	0.07	0.10	0.13	0.16
1.2	1.4				1.0				
	1.5	0.98	0.97	0.95	0.93	0.91	0.88	0.86	0.38
	1.6	0.95	0.93	0.91	0.88	0.85	0.81	0.77	0.75
	1.8	0.91	0.86	0.83	0.78	0.74	0.69	0.65	0.62
	2.0	0.86	0.80	0.77	0.71	0.67	0.61	0.57	0.53
	3.0	0.79	0.71	0.65	0.56	0.50	0.43	0.37	0.33

续表

D/d	H_a/t	$D^2/(2a \times 2b)$							
		0.01	0.02	0.03	0.05	0.07	0.10	0.13	0.16
1.6	1.1	1.0							
	1.2	0.98	0.97	0.95	0.93	0.91	0.88	0.86	0.83
	1.4	0.91	0.88	0.85	0.80	0.76	0.72	0.66	0.65
	1.6	0.87	0.82	0.77	0.71	0.66	0.60	0.55	0.51
	2.0	0.82	0.75	0.70	0.62	0.56	0.49	0.43	0.38
	3.0	0.78	0.70	0.63	0.54	0.47	0.38	0.32	0.27

对 无 凸 台 的 孔					
$d^2/(2a \times 2b)$	0.05		0.01		≥0.015
k_1	1.1		1.15		1.2

注：D—凸台直径；d—孔径；$2a$—箱体受力面的长边长度；$2b$—受力面的短边长度；H_a/t—凸台有效高度与箱壁厚度之比，见表 20-7-7。

表 20-7-9   **确定系数 k_2 的 $\Delta\delta/\Delta$ 的值**

(1) 当 H_a/t 较大时，$\Delta\delta/\Delta$ 取负值

D/d	H_a/t	$D^2/(2a \times 2b)$				
		0.01	0.02	0.04	0.07	0.10
1.2	1.4	0				
	1.6	0.02~0.01	0.03~0.02	0.05~0.03	0.07~0.04	0.09~0.05
	1.8	0.06~0.03	0.08~0.04	0.11~0.06	0.16~0.08	0.19~0.10
	2.0	0.08~0.04	0.11~0.06	0.16~0.09	0.21~0.13	0.26~0.17
	3.0	0.12~0.07	0.18~0.10	0.25~0.15	0.34~0.20	0.41~0.24
1.6	1.2	0				
	1.4	0.06~0.04	0.08~0.05	0.11~0.07	0.14~0.10	0.16~0.12
	1.6	0.09~0.05	0.12~0.06	0.17~0.10	0.22~0.13	0.27~0.16
	2.0	0.12~0.07	0.17~0.09	0.23~0.13	0.31~0.16	0.37~0.21
	3.0	0.14~0.08	0.20~0.12	0.29~0.17	0.38~0.23	0.35~0.28

(2) 当 H_a/t 较小时，$\Delta\delta/\Delta$ 取正值

D/d	H_a/t	$D^2/(2a \times 2b)$				
		0.01	0.02	0.03	0.04	0.05
1.2	1.1	0.06~0.03	0.11~0.05	0.14~0.08	0.18~0.11	0.21~0.13
1.6	1.2	0.07~0.03	0.11~0.05	0.13~0.07	0.13~0.08	0.14~0.09
	1.0	0.08~0.03	0.14~0.06	0.22~0.10	0.30~0.13	0.37~0.17

注：R—所计算的凸台孔中心到受力孔中心的距离；a'—受力孔中心至靠近所计算凸台孔一侧的板边距离；其他符号见表 20-7-8 的表注。当 $R/a' = 0.3$ 时，表中数据取大值；当 $R/a' = 0.5$ 时，取小值；当 $R/a' = 0.7$、$H_a/t = 3$ 时，$\Delta\delta/\Delta = -0.1$。

(3) 孔对箱体刚度的综合影响

通过模型试验所得的板壁孔对箱体刚度影响的数据如表 20-7-10 和表 20-7-11 所示。

表 20-7-10   **箱体高度、顶部开孔面积对刚度的影响**

箱体加载简图	扭转：箱体两端加力偶，测量 A 点相对于由 B、C、D 三点决定的平面的位移		弯曲：箱体两侧壁中部加载；在加载处测量箱壁位移	

箱体模型结构简图（模型壁厚6mm）	顶部开口面积的百分比/%	箱体高度 h=210mm				箱体高度 h=140mm				箱体高度 h=43mm			
		扭 转		弯 曲		扭 转		弯 曲		扭 转		弯 曲	
		相对刚度比	固有频率/Hz	相对刚度比	固有频率/Hz	相对刚度比	固有频率/Hz	相对刚度比	固有频率/Hz	相对刚度比	固有频率/Hz	相对刚度比	固有频率/Hz
	100	0.005	118	0.44		0.007	142	0.50	446	0.015	177	0.40	428

箱体模型结构简图（模型壁厚6mm）	顶部开口面积的百分比/%	箱体高度 h=210mm				箱体高度 h=140mm				箱体高度 h=43mm			
		扭转		弯曲		扭转		弯曲		扭转		弯曲	
		相对刚度比	固有频率/Hz	相对刚度比	固有频率/Hz	相对刚度比	固有频率/Hz	相对刚度比	固有频率/Hz	相对刚度比	固有频率/Hz	相对刚度比	固有频率/Hz
(280×200)	50	0.08	368	0.57	295	0.08	452	0.65	560	0.07	347	0.60	458
(ϕ160)	18	0.74	1390	0.80	350	0.78	1460	0.80	580	0.63	965	0.82	462
(ϕ100)	7	0.97		0.83	412	0.93		0.85	522	0.90	970	0.89	482
	0	1.0		1.0	419	1.0		1.0	495	1.0	1030	1.0	459

表 20-7-11　　　　　　　　　　　　箱体两侧壁孔面积对刚度的影响

箱体加载简图	扭转		弯曲			
箱体模型结构简图（箱体壁厚6mm）	箱体高度 h=210mm			箱体高度 h=140mm		
	侧壁孔面积的百分比/%	相对刚度比		侧壁孔面积的百分比/%	相对刚度比	
		扭转	弯曲		扭转	弯曲
(250×450)	0	1	1	0	1	1
(ϕ30)	0.75	0.91	0.84	1.1	0.98	0.97
(ϕ60)	3	0.86	0.60	4.5	0.95	0.93
(ϕ120)	12	0.77	0.44	18	0.43	0.33
(ϕ180)	27	0.23	0.10	35[①]	0.06	0.04

① 箱体侧壁孔接近矩形，长边 180mm，短边 120mm。

从表中看到：

① 箱体开孔的面积小于板壁面积的 10%时，不会显著地降低箱体的刚度，当孔的面积大于 10%时，随着孔的面积加大，刚度急剧降低；

② 孔的面积达到 30%左右时，扭转刚度下降到只有 20%~10%，扭转固有频率下降了 2/3~3/4；

③ 箱体孔位于侧壁（在弯曲平面内）时，对箱体抗弯刚度的影响比顶壁孔大，因此孔的位置尽量不要摆在受载大的部位上。

不同尺寸双层壁与单层平板的静刚度和固有频率的对比见表 20-7-12。

箱体或半开式结构肋条布置对静刚度和固有频率的影响见表 20-7-13。

不同尺寸双层壁与单层平板的静刚度和固有频率的对比见表 20-7-14。

表 20-7-12   不同尺寸双层壁与单层平板的静刚度和固有频率的对比

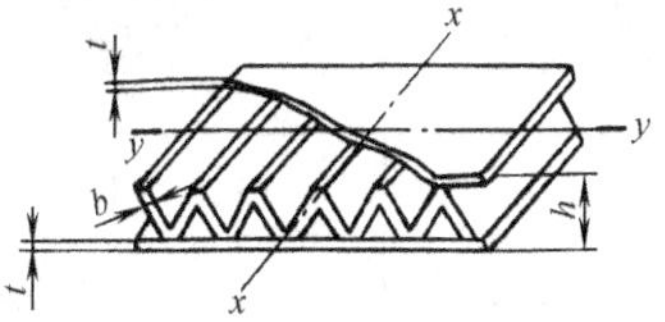

双层壁和单层平板的尺寸				扭 转			弯 曲				
				相对刚度	单位重量的相对刚度	固有频率/Hz	相对刚度		单位重量的相对刚度		固有频率/Hz
							x—x	y—y	x—x	y—y	
单层平板	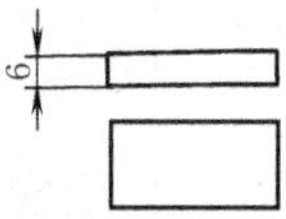 δ			1	1	84	1	1	1	1	148
双层壁	$t=3mm$ $b=1mm$	h	20	18	15	300	8.6	27	7.2	23	366
			30	25	20	362	13	41	10	33	425
			40	29	23	318	13	62	10	50	340
			50	34	25	383	14	136	10	102	419
	$h=40mm$ $b=1mm$	t	1	—	16	389	7.0	26	3.2	12	—
			2	25	25	405	12	36	11	36	468
			3	29	23	318	13	62	10	50	340
			4	37	23	373	16	65	9.9	40	401
	$h=40mm$ $t=3mm$	b	1.5	5.2	4.9	168	2.7	32	2.4	29	200
			1	29	23	318	13	62	50	10	340
			2	67	43	520	43	179	28	116	705

2.4   齿轮箱箱体刚度计算举例

2.4.1   齿轮箱箱体的计算

齿轮箱箱体属箱壳式结构，箱内零件工作时，箱体所受的外力有：

① 与箱壁垂直的力，如斜齿分力，止推轴承传来的力；

② 位于箱壁平面内的力，如径向轴承施加的压力；

表 20-7-13　箱体或开式结构筋条布置对静刚度和固有频率的影响

变形	项目	结构1	结构2	结构3	结构4
第一组					
扭转变形	相对扭转刚度	1	1.3	1.5	1.4
	单位重量的相对扭转刚度	1	1.2	1.5	1.2
	扭转固有频率/Hz	120	125	126	131
弯曲变形	相对弯曲刚度	1	1.2	1.1	1.2
	单位重量的相对弯曲刚度	1	1.1	1	1.1
	弯曲固有频率/Hz	174	204	—	198
第二组					
扭转变形	相对扭转刚度	1.3	1.6	2.1	9.9
	单位重量的相对扭转刚度	1.2	1.4	2.0	8.3
	扭转固有频率/Hz	127	138	149	290
弯曲变形	相对弯曲刚度	23	>23	1.1	1.9
	单位重量的相对弯曲刚度	21	>21	1.1	1.7
	弯曲固有频率/Hz	387	589	240	323
第三组					
扭转变形	相对扭转刚度	6.8	19	154	10.5
	单位重量的相对扭转刚度	6.0	16	133	8.9
	扭转固有频率/Hz	288	425	>1000	318
弯曲变形	相对弯曲刚度	3.3	2.8	1.3	4.8
	单位重量的相对弯曲刚度	2.8	2.4	1.2	4.1
	弯曲固有频率/Hz	343	513	298	432
第四组					
扭转变形	相对扭转刚度	8.2	14.4	61.9	199
	单位重量的相对扭转刚度	7.0	11.5	45.2	160
	扭转固有频率/Hz	290	387	>1000	>1000
弯曲变形	相对弯曲刚度	3.3	4.8	—	—
	单位重量的相对弯曲刚度	2.8	3.8	—	—
	弯曲固有频率/Hz	442	484	—	350

(a) 弯曲变形　　(b) 扭转变形

注：1. 结构模型壁厚 6mm，肋条厚 6mm，肋条尺寸按相同的比例尺绘出，材料为钢板。
2. 相对刚度指该模型肋条刚度与未加肋条模型刚度的比值。

表20-7-14　半开式及闭式断面平板类构件的肋条布置对静刚度和固有频率的影响

（构件基本尺寸：250×650×35）

参数	结构A	结构B	结构C	结构D
相对扭转刚度	1	1.2	1.3	1.4
单位重量的相对扭转刚度	1	1.1	1.2	1.2
扭转固有频率/Hz	168	177	191	188
相对弯曲刚度	1	1.4	1.4	1.1
单位重量的相对弯曲刚度	1	1.3	1.2	0.9
弯曲固有频率/Hz	422	742	642	530
相对扭转刚度	2.6	1.5	1.7	3.6
单位重量的相对扭转刚度	2.1	1.5	1.5	2.9
扭转固有频率/Hz	231	192	189	276
相对弯曲刚度	1.6	1.1	1.2	2.2
单位重量的相对弯曲刚度	1.3	1.1	1.7	1.8
弯曲固有频率/Hz	680	405	432	459
相对扭转刚度	4.7	6.3	6.9	8.7
单位重量的相对扭转刚度	4.1	4.5	4.8	6.3
扭转固有频率/Hz	310	367	360	429
相对弯曲刚度	1.3	2.2	1.5	2.2
单位重量的相对弯曲刚度	1.1	1.6	1.1	1.6
弯曲固有频率/Hz	632	748	633	748
相对扭转刚度	7.8	12.3	11.9	20
单位重量的相对扭转刚度	6.6	8.8	8.6	14.2
扭转固有频率/Hz	409	513	520	578
相对弯曲刚度	1.1	1.3	1.1	2.0
单位重量的相对弯曲刚度	0.9	0.9	0.8	1.4
弯曲固有频率/Hz	654	530	512	760
相对扭转刚度	23.4	61.1	22	92
单位重量的相对扭转刚度	15.5	35.5	14	47.5
扭转固有频率/Hz	640	>640	571	1160
相对弯曲刚度	2.8	3.4	4.0	6.1
单位重量的相对弯曲刚度	1.9	2.0	2.5	3.2
弯曲固有频率/Hz	840	491	880	995

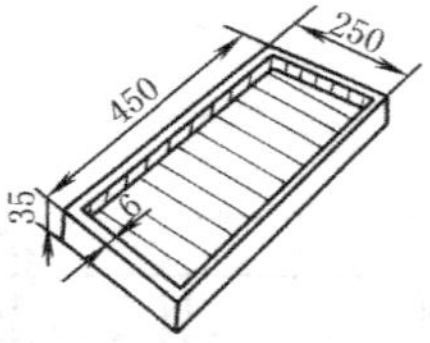

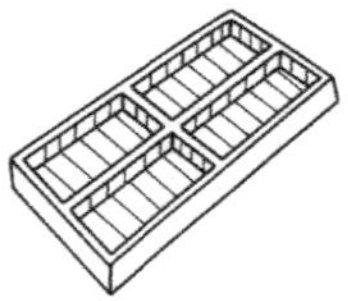

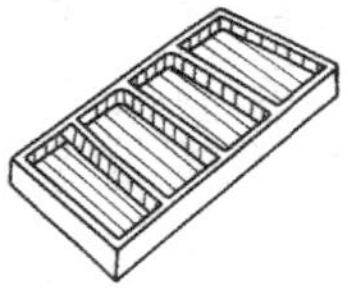

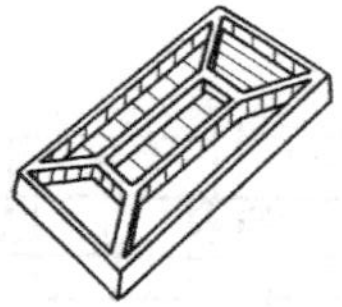

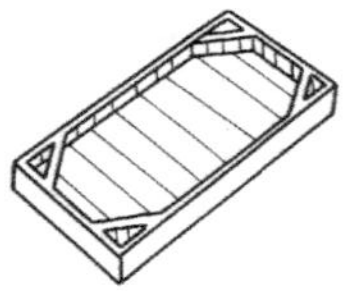

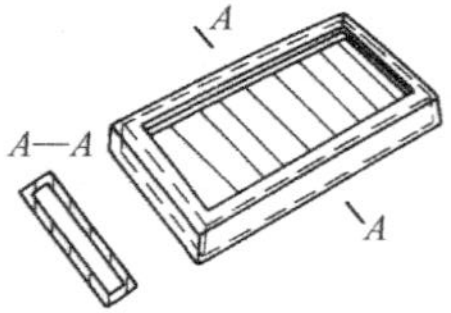

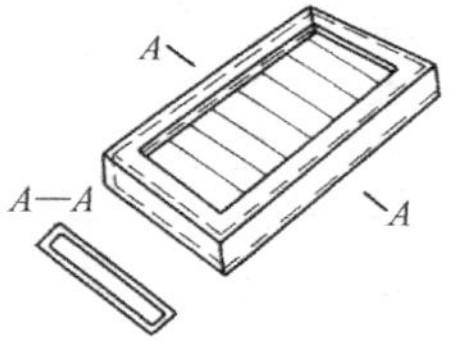

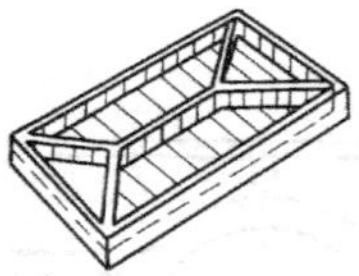

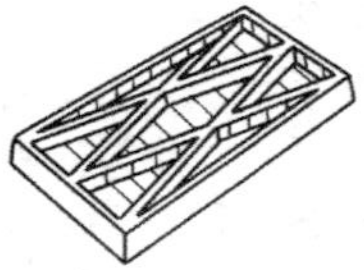

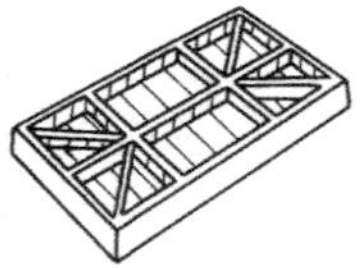

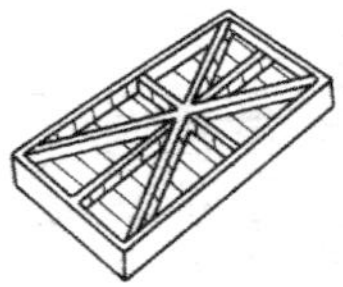

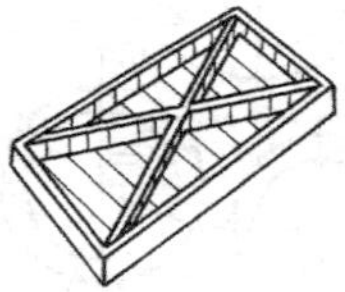

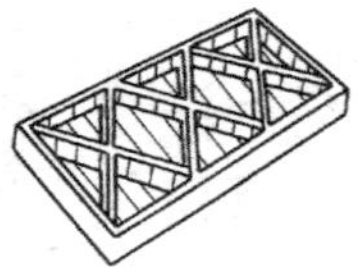

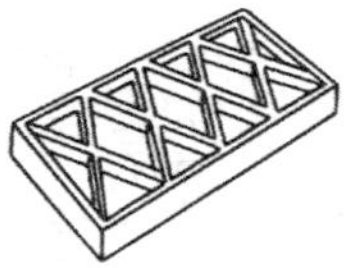

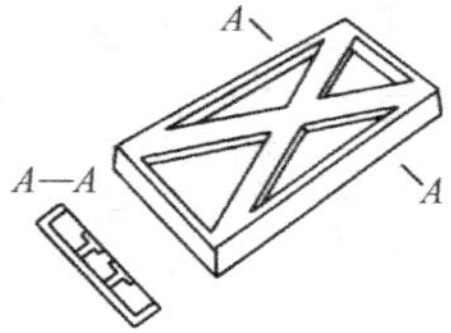

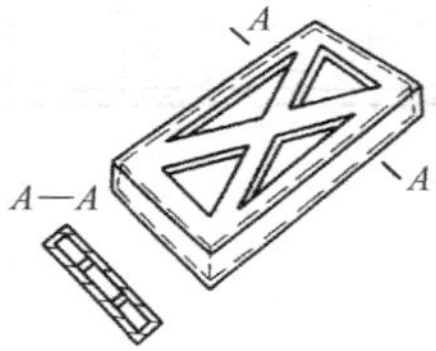

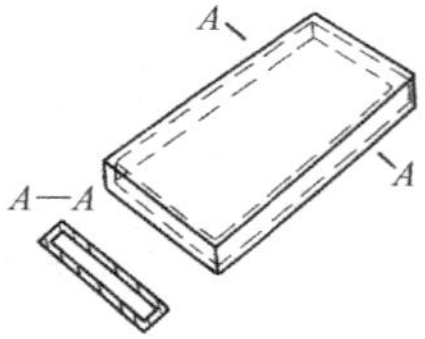

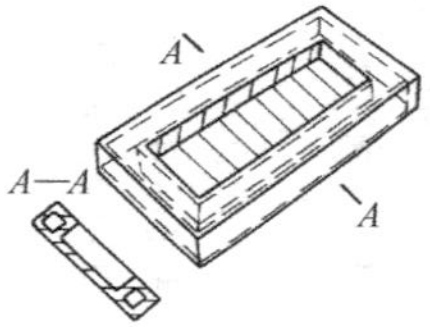

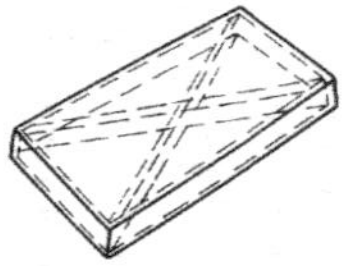

注：相对刚度指该模型刚度与未加肋条模型刚度的比值。

第20篇

③ 扭矩，如径向力偏离壁板中心的作用力，长度较大的滑动轴承在轴向平面上的力偶等。

齿轮箱箱体的设计准则，主要是刚度。箱体的微小变形将影响轴及齿轮的位移偏差，从而产生噪声。影响箱壁变形的主要因素是垂直于箱壁的力。第②、③种力对箱体的变形影响较小，可不考虑，在结构设计布置肋板时考虑即可。国外大型精密高速齿轮箱普遍改为钢板焊接结构，因此对齿轮箱的研究很重视。例如典型的齿轮箱振动频率为1000Hz，振幅为 0.25~1.25μm 时，噪声约为 100dB，当壁厚增加一倍，阻尼比增加 141%。试验表明，壁厚为 15mm 的齿轮箱，比壁厚为 5~10mm 的噪声为小。实际上，增加壁厚能降低噪声 12dB，增加加强肋同样可以减少噪声 5~12dB。

2.4.2　车床主轴箱刚度计算举例

例　试计算车床主轴箱体刚度。图 20-7-18 为车床主轴箱的计算简图。已知主轴孔 I 的最大轴向力 $P = 3000N$，箱体尺寸：$2a : 2b : 2c = 550 : 360 : 560$。材料为铸铁，$E = 1 \times 10^5 MPa$。

解　（1）先确定无孔箱壁的变形量 Δ

由　$a = 275mm$，$t = 10mm$，$2a : 2b : 2c = 1 : 0.6 : 1$

箱体受力面的边长比：$2a : 2b = 1 : 0.6$

着力点坐标为　$x = 0.5a$，$y = 1.1b$（相当于 1、2′点）

查表 20-7-6，受力面边长比 $a : b = 1 : 0.75$ 时

$$x = 0.5a, y = 1.0b, 为1、2′点, k_0 = 0.29$$
$$x = 0.5a, y = 1.5b, 为1、3′点, k_0 = 0.39$$

当 $x = 0.5a$，$y = 1.1b$ 时，$k_0 = \dfrac{0.39 - 0.29}{0.5} \times 0.1 + 0.29 = 0.31$

受力面边长比 $a : b = 1 : 0.5$ 时

$$1、2′点, k_0 = 0.19$$
$$1、3′点, k_0 = 0.34$$

当 $x = 0.5a$，$y = 1.1b$ 时，$k_0 = \dfrac{0.34 - 0.19}{0.5} \times 0.1 + 0.19 = 0.22$

所以 $a : b = 1 : 0.75$ 时，$k_0 = 0.31$；$a : b = 1 : 0.5$ 时，$k_0 = 0.22$

则 $a : b = 1 : 0.6$ 时，$k_0 = \dfrac{0.31 - 0.22}{0.75 - 0.5} \times (0.6 - 0.5) + 0.22 = 0.26$

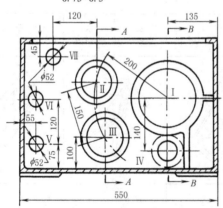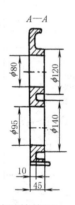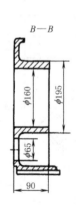

图 20-7-18　车床主轴箱前壁结构计算简图

将已知值代入式（20-7-12），无孔箱壁在 $P = 3000N$ 垂直力作用下的变形量 Δ_0 为

$$\Delta_0 = k_0 \frac{Pa^2(1 - \mu^2)}{Et^3}$$
$$= 0.26 \times \frac{3000 \times 275^2(1 - 0.09)}{1 \times 10^5 \times 10^3} = 0.54mm$$

（2）确定修正系数 k_1、k_2、k_3

孔 I：已知 $H/t = 90/10 = 9$，$R/a' = 0$，由表 20-7-7 查得 $H_a/t = 2.2$。

已知　$D^2 / (2a \times 2b) = 195^2 / (550 \times 360) = 0.19$，$D/d = 195/160 = 1.2$，由表 20-7-8 查得（用插入法延伸）：$k_1 = 0.45$。

孔Ⅱ：已知 $H/t=40/10=4$；$R/a'=200/415=0.48$，其中 a' 为孔Ⅰ中心至靠近孔Ⅱ的左箱壁距离；$H_a/t=1.7$；$D^2/(2a\times 2b)=120^2/(550\times360)=0.073$；$D/d=120/80=1.5$。

从表 20-7-9 中得：$\Delta\delta/\Delta=-0.15$。

孔Ⅲ：同孔Ⅱ计算程序，得 $\Delta\delta/\Delta=-0.18$。

孔Ⅳ：$\Delta\delta/\Delta=+0.02$。

孔Ⅴ、孔Ⅵ：已知 $D^2/(2a\times 2b)=52^2/(550\times360)=0.0135$，$R/a'=360/415=0.87$，取 $\Delta\delta/\Delta=0.01$。

孔Ⅶ：因距开口边缘较近，故不计其影响。

因此，修正系数 k_2 值为：

$$k_2=1+\Sigma\Delta\delta/\Delta=1-0.15-0.18+0.02+2\times0.01=0.71$$

取修正系数 k_3 为 0.9。

（3）计算有孔箱壁的变形量 Δ

$$\Delta=\Delta_0 k_1 k_2 k_3=0.54\times0.45\times0.71\times0.9=0.155(\mathrm{mm})$$

$$箱体刚度\ K_1=\frac{P}{\Delta}=\frac{3000}{0.155\times10^3}=19.4(\mathrm{N/\mu m})$$

（4）箱体刚度验算

根据车床刚度要求，取车床刚度 $K\geqslant20\mathrm{N/\mu m}$；主轴箱变形在综合位移中所占比例 $\varepsilon=10\%\sim15\%$，取 $\varepsilon=0.15$，主轴箱的最小刚度值应为

$$K_0\geqslant K\frac{1}{\varepsilon}=20\times\frac{1}{0.15}=130(\mathrm{N/\mu m})$$

显然，$K_1<K_0$，主轴箱结构刚度不足，应适当增加壁厚和肋条。

2.4.3 齿轮箱的计算机辅助设计（CAD）和实验

（1）齿轮箱的计算机辅助设计（CAD）

1）用有限元法计算箱体的强度和刚度。结构复杂又重要的箱体，采用有限元法来计算可以得到近于实际的结果。现在的有限元法不仅可计算箱体的强度和刚度等应力和变形静态特性，还可以计算箱体的动态特性，如固有频率、振型、动力响应等；还可以计算箱体的热特性，如热变形、热应力等的数据，以及箱体的温度场、噪声等等。

2）应用绘图软件自动绘制箱体的三维图形、几何造型和零件工作图。在最终绘出工作图之前可以在屏幕上对任意截面进行修改和补充、对表面的修饰等。最后，程序中的数据还可以转换成数控编程系统，生成数控程序。

3）模态分析。基本介绍见第 2 章第 7 节。

（2）齿轮箱的实验

1）箱体材料、工艺、结构方面的实验。

2）性能实验，包括工作性能、振动、噪声、稳定性的实验。其实验方法如下。

① 实物实验。包括精度检验、水压或气压的严密性实验、应力与变形的实测实验。还可以对实物进行模态测试，求得齿轮箱的振型和模态参数、振动烈度等，以检测该齿轮箱是否处于良好工作状态，减振措施是否达到了预期的效果，例如测试结果的振动加速度是否在规定范围内等。

② 模型实验。将原型按比例缩小为模型，按相似原理进行模型实验。

③ 计算机的模拟实验。

3 轧钢机类机架设计与计算方法

大型、重型机架以轧钢机机架为代表。以下的计算都是简化了的方法，对于设计大型的非标准机架来说是足够了。

3.1 轧钢机机架形式与结构

轧钢机机架主要由上、下横梁及左右两立柱组成。在轧制过程中，金属作用于轧辊的全部压力和水平方向的

张力、铸锭或板坯的惯性冲击以及轧辊平衡装置所产生的作用力，最后都为机架所承受。机架受力后产生的变形，将直接影响到板材和带材的轧制精度，因此，在设计中既要满足强度要求，又要保证足够的刚度。

轧机机架的型式有闭口式和开口式两种。闭口式为一封闭的刚架，多用于初轧机、板轧机等。开口式机架的上盖可以拆卸，特别是中小型型钢轧机大多采用开口式机架。常用的开口式机架的类型见图20-7-19。

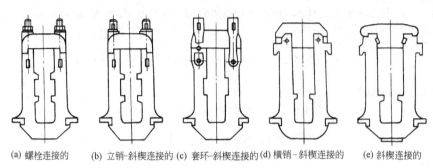

(a) 螺栓连接的　　(b) 立销-斜楔连接的 (c) 套环-斜楔连接的(d) 横销-斜楔连接的　　(e) 斜楔连接的

图 20-7-19　型钢轧机常用开口式机架的类型

机架立柱断面的形状一般采用抗弯能力较大的长方形或工字形（图 20-7-20a、b），由于它们的刚度较大，最好用在较宽的机架上（如二辊轧机），尤其是受水平力很大的机架。在较宽的闭式机架上，这种断面也可以显著地减小横梁承受的弯曲力矩。图 d 为 1150 初轧机机架的立柱断面，机架由四根立柱组成。

在高且窄的机架（如四辊轧机）以及承受水平力不大的机架上，采用正方形（图 20-7-20c）或长边较短的矩形断面，对于机架的强度和重量来讲是比较合理的，这种断面惯性矩较小，故作用于立柱全长上的弯曲力矩变小。由于立柱长度较大，因此立柱上所能节省的材料将超过横梁上稍增加的材料。

从固定滑板的方式来看，采用工字形断面较方便，这时可以用螺栓把滑板固定在翼缘上（图 20-7-21）。若采用矩形断面，则滑板必须用螺钉来固定，这时要在窗口表面加工螺孔，而加工螺孔较困难，更换滑板也较麻烦。

轧钢机架设计应注意的其他问题，有专门的文献。

图 20-7-22 为 2300 型中板轧机的机架实例。

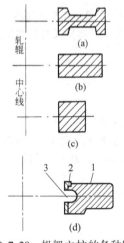

图 20-7-20　机架立柱的各种断面
1—机架立柱；2—耐磨滑板；
3—容纳上轧辊平衡顶杆的槽

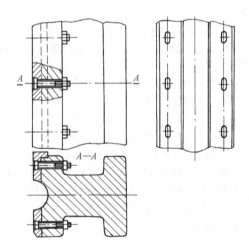

图 20-7-21　工字形断面机架的滑板固定方式简图

图 20-7-23 是辊锻机整体式机架，将底座、左右机架和横梁做成一体。该图是一种铸焊结构的整体式机架，机架的主要部分采用 Q235 钢板，靠近工作部位的前板厚度为 50mm，轴承座采用 ZG35 的铸造钢板与前板和中间立板焊接在一起。因为工作侧承受最大的轧制载荷，所以使用更大的轴承和轴承座。整体式机架也可以采用铸铁 HT200～400 和铸钢 ZG35 材料制作。

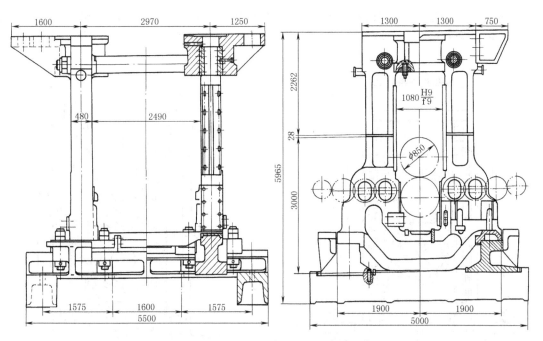

图 20-7-22　2300 型中板轧机座工作机架

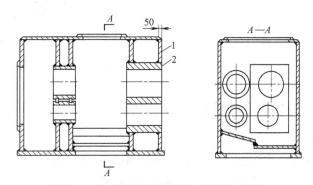

图 20-7-23　辊锻机铸焊结构的整体式机架
1—前板；2—前轴承座镶块

3.2　短应力线轧机

　　影响轧制质量的是机座的弹性变形。它包括轧辊的弹跳、变形和除轧辊外的工作机座的弹跳，即零件的压缩、拉伸和弯曲变形。因此，在现代小型与线材轧机的设计上，轧辊均设计成短辊身及降低每次的轧制变形量以减少轧制力和轧辊的变形。这是由工艺决定的。而为了减少工作机座的变形，除提高各承载体本身的刚度外，减少机座中承载体的数量及尽量缩短应力线是合理的途径。这里所说的应力回线（简称应力线）是轧机在轧制力的作用下机座受力件的内力所连成的回线。所谓短应力线轧机是泛指应力回线缩短了的轧机。短应力线轧机的种类很多，基本上可分为两种。

　　① 取消牌坊（即机架）或虽有机架而机架不受力，用拉紧螺杆将两个刚性很大的轴承座连在一起。

　　图 20-7-24 所示为短应力线轧机的一种，它虽有机架，但不承受上下轧辊的压力，只承受侧向的倾翻力矩。

　　② 利用刚性拉杆在轧制前对机架施加预加应力，使其处于受力状态。在轧制时，由于预加应力的作用，机架的弹性变形减少，从而提高了轧机的刚度，是为预应力轧机。它也是一种缩短应力线方法的高刚度轧机。

　　两种轧机所使用的方法是相互渗透的。即无牌坊的轧机也使用预加应力的方法。例如无牌坊高刚度轧机的另一个特点就是施加了预应力。

第 20 篇

我国使用的预应力轧机多数是半机架式结构。如图 20-7-25 为二辊式半机架预应力轧机。上辊轴承座和半机座由拉杆拉紧成一体。下轴承座可在半机座窗口内上下调整。辊子缠有压上装置实施调整，也与一般的开式轧机相同。

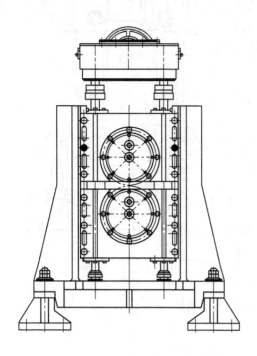

图 20-7-24　U 形架式短应力线轧机

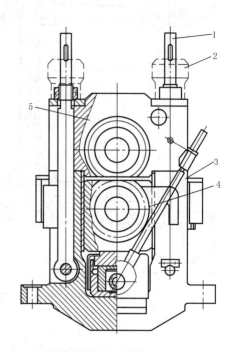

图 20-7-25　二辊预应力轧机

1—拉杆；2—油压千斤顶；3—半机座；4—下轴承；5—上轴承

3.3　闭式机架强度与变形的计算

计算依据和计算方法如下：

①各种工作过程中可能出现的力的大小/方向和作用点，包括反力位置和分布情况；

②机架各截面中心的连线作为一框架来分析，且要经过简化处理；

③按平面变形计算。

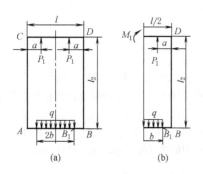

图 20-7-26

经过以上的处理，对于非轧钢机类的机架，其机座底横梁不是悬挂而是固定在地基上的大型机架，如压力机等的机架，可以对每个外力分别用直接查第 6 章刚架计算图表来综合其内力情况。轧钢机机架虽有地脚座落于地基，但只考虑承受机器的重量和不平衡的横向倾覆力矩。

3.3.1　计算原理

1）首先，要根据结构来确定轧制力的位置是在机架的中心线还是偏离中心线。另外，下横梁的反力是按集中载荷还是按均布载荷考虑，如图 20-7-26a 所示，图中可以是 P 或 q：

$$2qb = P = 2P_1 \qquad (20\text{-}7\text{-}14)$$

2）因为这种静不定结构只有一个多余未知力，最方便的方法是在中心线处切开，附加一个未加的截面弯矩 M_1，如图 20-7-26b 所示。计算由 P 及 q 力和 M_1 对该切面产生的变形（平面转动），令其等于零，就可求得 M_1。

转角 D 处的弯矩为

$$M_2 = M_1 + P_1 a \tag{20-7-15}$$

令转角 θ 顺时针方向为正，使上梁产生的转角为

$$\theta_1 = \frac{M_1 l + P_1 a^2}{2EI_1} \tag{20-7-16}$$

使立柱产生的转角为

$$\theta_2 = \frac{M_2 l_2}{EI_2} \tag{20-7-17}$$

使下梁产生的转角为

$$\theta_3 = \frac{M_2 \dfrac{l}{2} - \dfrac{P_1}{2}\left(\dfrac{l}{2}\right)^2 + \dfrac{qb^3}{6}}{EI_3} \tag{20-7-18}$$

由

$$\theta_1 + \theta_2 + \theta_3 = 0 \tag{20-7-19}$$

可求得 M_2 为

$$M_2 = \frac{P_1\left(\dfrac{al - a^2}{I_1} + \dfrac{l^2}{4I_3} - \dfrac{qb_3}{3EI_2}\right)}{\dfrac{l}{I_c} + \dfrac{l_2}{I_2}} \tag{20-7-20}$$

其中

$$\frac{1}{I_c} = \frac{1}{I_1} + \frac{1}{I_3} \tag{20-7-21}$$

式中　I_1，I_3，I_2——分别为上、下横梁、立柱的截面惯性矩（其他参数见图）；

　　　　E——弹性模量。

再由式（20-7-15）求得

$$M_1 = M_2 - P_1 a \tag{20-7-22}$$

M_1 为负数，说明弯矩的方向与图示相反。

3）若立柱由几段不同的截面组成，各段高度为 l_1、l_2、l_3、…，其相应的截面惯性矩各为 I_{21}、I_{22}、I_{23}、…则 θ_2 的式（20-5-17）中 l_2/I_2 改用（$l_1/I_{21} + l_2/I_{22} + l_3/I_{23} + \cdots$）代入即可。

4）以上是假设转角处刚度很大不发生变形的情况。在这种情况下，相当于四连杆的刚架，其计算是有图表可查的。在第1篇的"单跨刚架计算公式"表的后部分可供使用。但单根构件的截面是不变的。

5）当转角的刚度不是很大，计算时要考虑其变形时，即所谓的半刚度框架。转角由几段折线或曲线组成，如图 20-7-27 所示，将曲线段划为几段，计算各段的长度 Δs 及 P 力至截面中心的距离 y，该段的弯矩为

$$M_x = M_1 + P_1 y$$

偏角为

$$\theta_x = \frac{M_x \Delta s}{EI_x} \tag{20-7-23}$$

各段综合起来加于式（20-7-19）中，即可求得 M_1。当然上面其他几个公式中的长度也要相应改动。

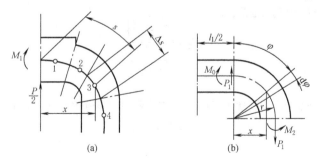

图 20-7-27

6）对于特殊情况，如转角为四分之一圆弧，则如图 20-7-27b 所示，令圆角处的弯矩为 M_0，则 $\Delta s=r\mathrm{d}\varphi$，$x=r\sin\varphi$，$M_x=M_0+Px$ 代入式（20-7-21），积分得该段圆弧的偏角：

$$\theta_x=\int_0^{\frac{\pi}{2}}\frac{(M_0+P_1 r\sin\varphi)r\mathrm{d}\varphi}{EI_x}=\frac{r\pi M_0+2r^2 P_1}{2EI_x^{\bullet}} \tag{20-7-24}$$

下横梁的偏角按相同方法处理。同样把这些公式加于式（20-7-19）中，即可求得 M_1。这里，M_0 为曲线起点处的弯矩：见图 20-7-27b。

$$M_2=M_0+P_1 r \tag{20-7-25}$$

式中　r——断面中心曲率半径。

7）这里没有计及立柱受到的水平方向的外力，该力虽由机架支座承受，但其与支座反力将组成力矩同样作用在机架上，有必要时是应加入计算的。因为计算原理是相同的，只不过在转角公式中增加一项或几项，不再赘述。

3.3.2　计算结果举例

为了简化计算，作如下假设。

①每片机架（牌坊）只在上横梁的中间断面处受有垂直力 P，或对称作用有 P_1，且此两力大小相等，机架的外载是平衡的。这时机架没有倾翻力矩，机架脚不受力。

②严格地说，由于轧制速度的变化和咬入时的冲击引起的惯性力，或在张力轧制时，轧制力的方向都不是垂直的。不过水平分力的数值一般都比较小（约为垂直分力的 3%~4%），因而可以忽略不计；只有当水平分力较大时，才应考虑水平分力的影响。

③上、下横梁和立柱的交界处（拐角处）是刚性的（一般机架拐角处的刚性都是比较大的），即机架变形后，拐角仍保持不变。

根据上述假设条件，可将每片牌坊看成一个外载和几何尺寸都是相对垂直中心线对称的由中性轴线组成的弹性框架。

（1）直角形框架（图 20-7-28）

将 $P_1=P/2$，$a=l_1/2$，$q=0$ 代入式（20-7-20），得

$$M_2=\frac{Pl_1}{8\left(1+\dfrac{2l_2 I_c}{l_1 I_2}\right)} \tag{20-7-26}$$

$$M_1=M_2-Pl_1/4 \tag{20-7-27}$$

式中，I_c 见式（20-7-21）。

（2）小圆角形框架（图 20-7-29）（注意尺寸标注）

将 $P_1=P/2$，$a=l_1/2$，$b=0$ 代入式（20-7-16）~式（20-7-18），及利用式（20-7-25）的关系式，$M_0=M_2-P_1 r$ 再运用式（20-7-24）两次，加到式（20-7-19）中，得

$$M_2=P\,\frac{\dfrac{1}{16}\left(\dfrac{l_1^2}{I_1}+\dfrac{l_3^2}{I_3}\right)+\dfrac{1}{4}\left(\dfrac{l_1 r_1}{I_1}+\dfrac{l_3 r_3}{I_3}\right)+\dfrac{\pi-2}{4}\left(\dfrac{r_1^2}{I_1}+\dfrac{r_3^2}{I_3}\right)}{\dfrac{1}{2}\left(\dfrac{l_1}{I_1}+\dfrac{l_3}{I_3}\right)+\dfrac{\pi}{2}\left(\dfrac{r_1}{I_1}+\dfrac{r_3}{I_3}\right)+\dfrac{l_2}{I_2}} \tag{20-7-28}$$

对于很小的圆弧，可各用 I_1' 或 I_3' 代替上式的 I_1 或 $I_3^{\bullet}$。

（3）圆弧形框架（图 20-7-30）

设 I_1、I_3 不等，令 $l_1=l_3=0$ 代入上式，得

$$M_2=\frac{Pr\left(\dfrac{\pi}{2}-1\right)}{\pi+\dfrac{2l_2 I_c}{I_2}} \tag{20-7-29}$$

---

❶严格地说，曲线段截面中心的曲率半径 $r\leqslant 4h$（h——截面高度）时，截面惯性矩 I_x 应该用 I_x' 来代替：

$$I_x'=\int\frac{r}{r+y}y^2\mathrm{d}A$$

式中　A——截面面积。

但这种计算方法较麻烦，计算应力时用系数处理。

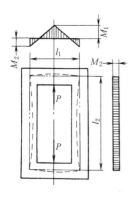

图 20-7-28　直角形框架

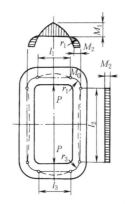

图 20-7-29　小圆角形框架

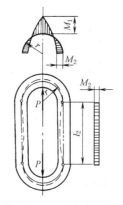

图 20-7-30　圆弧形框架

3.3.3　机架内的应力与许用应力

（1）内应力

上面已解出了唯一的未知数，构件内任意点的弯矩 M 和正压（拉）力 N 及剪力 Q 都可以求得。对每一个构件所受最大的力各令其为 M、N、Q。

1）按常规计算，直杆内的应力为：

$$\sigma = \frac{M}{W} \pm \frac{N}{A} \qquad (20\text{-}7\text{-}30)$$

式中　W——相应截面的截面系数；

　　　　A——该截面面积。

2）曲线段内的应力（如图 20-7-31 所示）：

①曲线段截面中心的曲率半径 $r > 4h$（h—截面高度）时按直杆计算；

②曲线段截面中心的曲率半径 $r \le 4h$ 时：

对任意形状的横截面：

$$\sigma = \frac{M}{W_z} \pm \frac{N}{A} \qquad (20\text{-}7\text{-}31)$$

式中　$\dfrac{1}{W_z} = \dfrac{1}{rA} + \dfrac{y_1}{I'} \times \dfrac{r}{r+y_1}$。

或（较方便）

$$\sigma = \frac{My_1}{SR_1} \pm \frac{N}{A} = \frac{My_1}{Ay_0R_1} \pm \frac{N}{A} \qquad (20\text{-}7\text{-}31a)$$

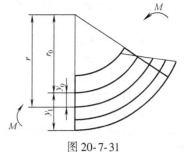

图 20-7-31

式中　r——断面中心的原始弯曲半径；

　　　R_1——截面最外层的原始曲率半径，$R_1 = r_0 + y_1$；

　　　r_0——截面惯性中心的原始曲率半径；

　　　A——截面面积；

　　　W_z——曲梁修正的抗弯截面系数；

　　　y_1——截面最外层至截面惯性中心的距离；

　　　S——面积中性轴以上部分对面积中性轴的静面矩；

　　　y_0——面积中性轴与截面惯性中心的距离。

曲杆外侧和内侧的应力不同，上面公式用不同的 y_1（y_1 在内侧为负号）和 R_1 代入即可。

③对圆形及圆形类（例椭圆）截面、矩形截面亦可按下式计算：

$$\sigma = k_1 \frac{M_1}{W} \pm \frac{N}{A} \qquad (20\text{-}7\text{-}32)$$

式中　W——截面系数，内侧与外侧可能是不同的；

　　　k_1——校正系数，对于曲杆外侧约为 0.8~0.9，对内侧约为 1.1~1.3，详细可查阅第 1 卷"材料力学的基本公式"。

注意：这里关键的问题是求 I' 或 r_0，要用级数展开积分求任一的近似值。再用下列关系式求另一个：

$$y_0 = r - r_0 = \frac{I'r}{I' + r^2 A}。$$

已求得的几种截面的 r_0 如下。

圆形截面：$r_0 = \dfrac{d^2}{4(2r - \sqrt{4r^2 - d^2})}$

矩形截面：$r_0 = \dfrac{h}{\ln \dfrac{R_1}{R_2}}$

梯形截面：$r_0 = \dfrac{h\dfrac{a_1 + a_2}{2}}{\left(a_1 + R_1 \dfrac{a_2 - a_1}{h}\right)\ln \dfrac{R_1}{R_2} - (a_2 - a_1)}$

式中　h——截面高度；

a_2——梯形底长，底边较长一般弯曲是在内侧；

a_1——梯形顶长；

d——圆形截面直径；

r——圆形截面中心原始弯曲半径；

R_1——外侧原始弯曲半径；

R_2——内侧原始弯曲半径。

3）剪应力

曲杆内的剪应力最大在截面中心处：

$$\tau = k_0 \frac{Q}{A} \tag{20-7-33}$$

式中　k_0——最大剪应力修正系数，对于圆形及圆形类（例椭圆）截面 $k_0 = 1.33$，对矩形截面 $k_0 = 1.5$，对轧制工字钢一般约为 $k_0 = 1.17$（面积 F 只算高度乘腹板宽度）；

Q——截面的剪切力；

A——截面积。

通常情况下剪应力不必验算。只验算要求有高强度的组合梁的腹板和支座处的受力状态。

（2）许用应力

说明：无论如何设定，计算与实际状况都是有偏差的，即使采用有限元法来计算也避免不了这种情况。并且，对于轧钢机来说，关键的问题是变形量必须很小才能保证轧制的精度。因此许用应力推荐较小的数值，当材料为 ZG270-500 时，在一般情况下：

对大型轧钢机机架，横梁 $[\sigma] = 30 \sim 50$MPa，立柱 $[\sigma] = 20 \sim 30$MPa；

对小型轧钢机机架，横梁 $[\sigma] = 50 \sim 70$MPa，立柱 $[\sigma] = 30 \sim 40$MPa。

3.3.4　闭口式机架的变形（延伸）计算

1）因构件内任意点的弯矩和正压（拉）力及剪力都已求得，各构件的变形可按梁的材料力学计算表查得后累加起来求得。

我们关心的是机架在 P_1 作用点的垂直方向的变形 f。它由三部分组成，即立柱变形、上横梁变形和下横梁变形。而上、下横梁变形又由弯曲力矩及垂直力作用所引起的变形与由剪切力作用所引起的变形两部分所组成。故机架在垂直方向的总变形为

$$f = f_2 + f_1 + f_1' + f_3 + f_3' \tag{20-7-34}$$

式中　f_2——在立柱上由于垂直力的作用所引起的变形；

f_1 (f_3)——在上（或下）横梁上由于弯曲力矩及垂直力的作用所引起的变形；

f_1' (f_3')——在上（或下）横梁上由于剪切力的作用所引起的变形。

例如，图 20-7-26 所示的机架，立柱的伸长为

$$f_2 = \frac{P_1 l_2}{EA} \tag{20-7-35}$$

上横梁 P_1 处变形以图示 D 点为固定点，则

$$f_1 = \frac{M_1 a^2}{2EI_1} + \frac{P_1 a^3}{3EI_1} \tag{20-7-36}$$

$$f_1' = \frac{kP_1 a}{GA_1} \tag{20-7-37}$$

式中　G——切变模量；

　　　k——影响剪切的断面形状系数，对矩形 $k=1.2$。

下横梁应以计算均布载荷终端 B_1 点（见图 20-7-26）的变形为准，以中心线 OO_1 为固定线，悬臂梁 B_1 点的挠度为

$$f_3 = -\frac{M_2\left(\frac{l_1}{2}-b\right)^2}{2EI_3} + \frac{P_1 l_1^3}{24}\left(1+\frac{6b}{l_1}-\frac{2b^2}{l_1^2}\right) - \frac{qb^4}{8EI_3} \tag{20-7-38}$$

$$f_3' = \frac{kP_1\left(\frac{l_1}{2}-b\right)}{GA_3} \tag{20-7-39}$$

说明：f_3' 中未计算 b 段的剪力变形，因为假设下梁该部分是贴于机座的，并且 b 段的压力变化是很复杂的，既然已经按均布受力计算是个概略的数值，而剪力变形本来就又比弯曲变形小很多，所以就没有必要再计算了。

2) 对于图 20-7-28，令 $P_1=P/2$，$a=l_1/2$，$b=0$ 代入上面的式子即可。

3) 对于圆弧段，如图 20-7-29，则增加 M_0 处端面相对于 M_2 处端面的变形。可用虚位移法求得如下式：

$$f_r = \frac{\pi P r^3}{8EI_r} + \frac{M_0 r^2}{EI_r} + \frac{3\pi P r}{EA_r} + \frac{M_0}{EA_r} + \frac{k\pi P r}{8GA_r} \tag{20-7-40}$$

最后一项为剪切产生的延伸。对于下横梁的圆弧，用不同的参数代入即可。

4) 对于图 20-7-30，不计算上、下横梁，只计算圆弧和立柱就可以了。

说明：①忽略了水平力对机架垂直方向变形的作用。

②对于非圆弧的转角必须计算时，用分段积分累加求得。

3.4　开式机架的计算

如图 20-7-32 的二辊开式机架，在轧制过程中，设轧辊上受有垂直力 P，当力 P 作用在下横梁时，机架立柱的上部显然会向机架窗口的内侧变形，通常机盖带有外止口，立柱的上端带有内止口，所以机盖将不阻碍立柱向内变形。当立柱向机架内侧弯折变形后，将夹紧上辊轴承座（轴承座与机架窗口间一般采用转动配合）。如图 20-7-32 所示，作用在下横梁中的弯曲力矩为

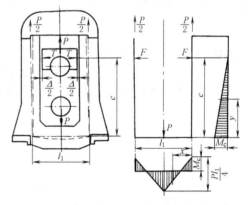

图 20-7-32　作用在二辊开式机架上的力及弯矩

$$M_1 = \frac{Px}{2} - Fc \tag{20-7-41}$$

其最大弯曲力矩将发生在下横梁的中间，即当 $x = \frac{l_1}{2}$ 时。

机架立柱将同时在拉伸及弯曲下工作，立柱中的弯曲力矩为

$$M_2 = F(c-y) \tag{20-7-42}$$

关键的问题是推求 F。

立柱向内弯曲时，由于轴承座和机架立柱间有间隙 Δ，当立柱受到力 P 的作用时，如果变形量 $2f \leqslant \Delta$，就不可能产生 F 力；这时的计算和前面的相同。只有当 $2f > \Delta$ 时才有如下的计算。

计算 P 力作用时立柱在 F 力作用点处的自由水平挠度，由下横梁端的转角形成，每侧

$$f = c\theta = \frac{cPl_1^2}{16EI_1}$$

$2f = \Delta$ 时，每侧位移仍为 f，设此时的垂直力为 P_0：

$$P_0 = \frac{8EI_1\Delta}{l_1^2 c} \tag{20-7-43}$$

式中　Δ——间隙，见图 20-7-32；

　　　c——F 力作用点高度，见图 20-7-32；

　　　I_1——下横梁的截面惯性矩；

　　　I_2——立柱的截面惯性矩。

以后 P_0 增到 P，增量为 $P-P_0$，而立柱对轴承座的压力由 0 增加到 F，但 F 处的变形量不变，即在两力的增量下变形为 0，因此由挠度计算公式（最后一项为两边 F 使下横梁偏转而可能产生的位移）：

$$f = 0 = \frac{1}{EI_1}\left[\frac{(P-P_0)cl_1^2}{16}\right] - \frac{Fc^3}{3EI_2} - \frac{Fc^2 l_1}{6EI_1}$$

可求得

$$F = \frac{3}{8}(P-P_0)\frac{l_1}{c} \times \frac{1}{1+\dfrac{2cI_1}{l_1 I_2}} \tag{20-7-44}$$

其他就都可以计算了。内力分布如图 20-7-32 中所示。

3.5　预应力轧机的计算

如图 20-7-25 二辊预应力轧机，拉杆和被压缩件未施加预应力时，假设各结合面已紧密贴合，而尚未受力。拉杆上施加预紧力，拉杆与受压件的相互作用力为 P_0，拉杆伸长了 Δ_1，受压件（上轴承座、半机架等）缩短了 Δ_2。在轧制过程中，工作机座承受轧制力 $4P$，拉杆的作用力变为 P_1，变形量增加了 δ，变形量为 $\Delta'_1 = \Delta_1 + \Delta\delta$；受压件的变形量则减少了 $\Delta\delta$，变形量变为 $\Delta'_2 = \Delta_2 - \Delta\delta$，受压件的作用力变为 P_2。此时拉杆与受压件的相互作用力为 P_2。必须在结合面始终保持有一定大小的预压力 P_2，才能保证预应力轧机的正常轧制，即

$$P_1 = P_0 + \Delta P_1 \tag{20-7-45}$$
$$P_2 = P_0 - \Delta P_2 \tag{20-7-46}$$

而每个柱子上承受的轧制力为 P，应该有

$$P = P_1 - P_2 = \Delta P_1 + \Delta P_2 \tag{20-7-47}$$

令 K_1 为拉杆的刚度系数，K_2 为受压件的刚度系数，则

$$\Delta\delta = \frac{P}{K_1 + K_2}$$

$$\Delta P_1 = \frac{P}{1 + \dfrac{K_2}{K_1}} \tag{20-7-48}$$

$$\Delta P_2 = \frac{P}{1 + \dfrac{K_1}{K_2}} \tag{20-7-49}$$

上面的公式说明，工作载荷一定时，拉杆拉力的增量与被压缩件压缩力的减少仅仅取决于拉杆与被压结件刚度的比值，与预紧力的大小无关。

按上面的公式和要求必须使 $P_2 \geq 0$，即 $P_0 \geq \Delta P_2$，在设计时则一般采用

$$P_0 \geq (1.2 \sim 1.5)P_{max} \tag{20-7-50}$$

式中　P_{max}——最大的轧制力（每柱）。

设计时常取

$$\frac{K_1}{K_2} = \frac{1}{5} \sim \frac{2}{5} \tag{20-7-51}$$

为了提高轧件精度，减少预应力机架的弹性变形，在选定被压缩体断面积和刚度比的情况下，采用高弹性模量的合金钢来制造拉杆，采用铸钢件来制造半机架。

根据拉杆的拉力 P_1，计算拉杆应力，拉杆的安全系数 $n \geqslant 7$。这是为了保证拉杆的安全。其他的计算就都可以照常进行了。

4 桅杆缆绳结构的机架

对于用纤绳的桅杆结构，其计算方法基本上和压杆的计算方法相同，见第4章。但要考虑到如下一些因素：

1）校核桅杆的刚度时，桅杆杆身按纤绳结点处有弹性支承的连续压弯杆件计算，并应考虑纤绳在杆身结点处的偏心弯矩和杆身刚度的折减系数 ψ。

$$\psi = \frac{l}{i\lambda_0} \tag{20-7-52}$$

式中　l——杆身支座间的几何长度；

　　　i——杆身截面的回转半径；

　　　λ_0——杆身支座间的换算长细比。

2）纤绳按一端连接于杆身的抛物线计算。

活动的纤绳，如起重机、卷扬机中的钢丝绳应按有关规定进行选择计算。

对于固定的纤绳，在最大静拉力作用下，其强度安全系数一般不得小于2.5（有时可不小于2.1）。采用 1×7 型钢丝绳时其安全系数不得小于2.0。这里采用钢丝绳的破断拉力为钢丝总破断拉力与调整系数 φ_1 的乘积。即

$$T \leqslant \varphi_1 \sigma_t A / n \tag{20-7-53}$$

式中　T——纤绳最大静拉力，N；

　　　σ_t——钢丝的破断强度，N/mm^2；

　　　A——钢丝绳钢丝的总截面积，mm^2；

　　　n——安全系数；

　　　φ_1——钢丝缠绕成钢丝绳后总强度的调整系数，约为0.8~0.86，随钢丝绳类型、断面构造不同而变。

钢丝绳的初拉力宜在 $0.10 \sim 0.25 kN/mm^2$ 范围内选用。

3）固定钢丝绳端锚固的安全系数不小于2。

4）关于摆动的桅杆结构，其支架的通用形式如图20-7-33所示。

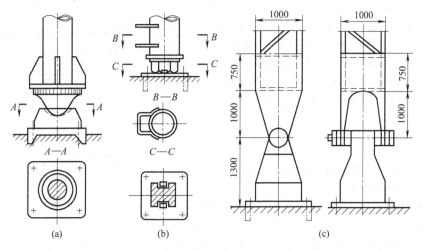

图 20-7-33　桅杆式支架的通用形式

5　柔　性　机　架

5.1　钢丝绳机架

5.1.1　概述

这种机架与前面所述的各种机架最大的区别是非刚性的,而是柔性的。利用钢丝绳的张紧作为机架来承受机件的运转和载荷。由于机架是柔性的,其上安置的零部件所受到的动载荷明显降低,因而大大延长了这些构件的使用寿命。目前,在国外地下矿山和露天矿山中,采用带钢丝绳机架和铰接悬挂的挠性或刚性托辊组的带式输送机已广泛地得到应用。美国的煤矿有90%的工作面和平巷输送机装有钢丝绳机架和铰接悬挂托辊组。英国新建的煤矿井下运煤的带式输送机均使用钢丝绳机架。波兰制造的带有三节铰接式悬挂托辊组和钢丝绳机架的输送机,带宽为1400mm、1600mm和2250mm,带速为3.22~5.24m/s,生产率为3950~19000t/h。我国煤矿也已使用钢丝绳机架的带式输送机,有的煤矿直接利用井下的坑道支柱作为支腿,将钢丝绳直接架设于坑木立柱旁,安装极为方便。

钢丝绳机架的带式输送机的优点,除上述的动载荷小、机件使用期限长之外,还有如下三点:这种机架能保证输送机的运行可靠、稳定,在水平式倾斜的运输条件下能做到不撒落物料;最为突出的是这种机架不用调心托辊组,因为它有自动调心对中的作用,甚至物料在输送带上堆积偏心的情况下,输送带也能在运行时对中;另外由于槽形加深和采取更高的带速,使输送机的运量也提高。

这种机架的计算方法尚无规范可查,下面提供的是参考有关资料建议的计算方法。

5.1.2　输送机钢丝绳机架的静力计算

图20-7-34为悬挂有三个托辊组的钢丝绳机架。计算目的在于:确定输送带正常运行时钢丝绳所需的拉力;根据计算拉力选择钢丝绳;确定钢丝绳的预紧力。根据柔性力学的原理,在受力分析过程中可先不考虑钢丝绳的弹性变形;两点用拉力拉紧的柔线,在垂直载荷作用下,其变形量可看作是简支梁在相同载荷作用下所产生的弯矩除以绳中水平拉力,即

$$y = \frac{\sum M}{H} \qquad (20\text{-}7\text{-}54)$$

式中　H——绳中水平拉力,N;

　　　y——绳中任意点的垂度,mm;

$\sum M$——绳上载荷按相同跨度的简支梁在该点产生的弯矩,N·mm。

由于钢丝绳机架的钢丝绳跨度都不大,计算时可忽略钢丝绳的重量及因其重力而产生的挠度,设钢丝绳上托辊组的载荷(包括托辊组重量及所运物料总重所产生的重力载荷)为 P (N),钢丝绳内的张力(由于钢丝绳张得紧,通常以水平拉力代替钢丝绳中的拉力)为 H。则钢丝绳由于静载荷作用而允许产生的挠度与钢丝绳跨度之比为:

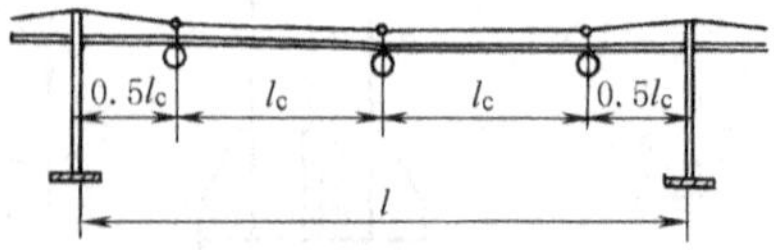

$$m = \frac{y_{max}}{l} \qquad (20\text{-}7\text{-}55)$$

式中　y_{max}——钢丝绳允许产生的最大垂度,mm;

　　　l——钢丝绳两相邻支架的间距,mm。

令 l_c 为托辊间距。通常,绳支架间距为托辊间距的整数倍。即 $l = n l_c$, n 为每跨的托辊组数。一般规定取 $m = 0.01 \sim 0.02$ 。在固定式的大运量输送机中, m 可以加大到0.04或更大。但此时为保证物料输送面的直线性,各托辊组的悬挂装置应做成可适当调整或有不同悬挂高度。

(a) 钢丝绳机架的等效简图

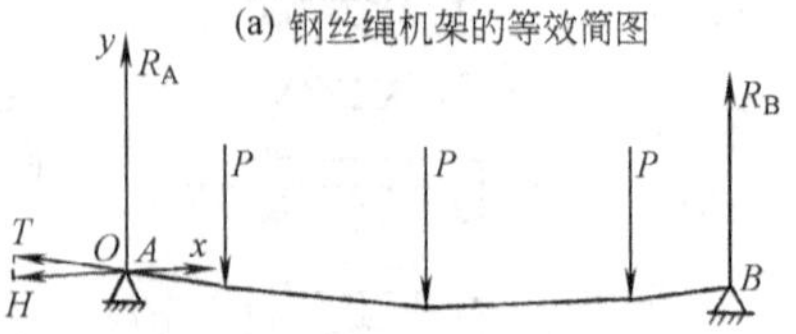

(b) 作用在钢丝绳上的力

图 20-7-34

5.1.3　钢丝绳的拉力

1）钢丝绳的拉力由式（20-7-56）决定。机架两侧各一根钢丝绳，每根钢丝绳的拉力为

$$H = \frac{K_1 P}{8m} \qquad (20\text{-}7\text{-}56)$$

根据表 20-7-15，选择钢丝绳的拉力系数 K_1。

表 20-7-15　K_1 的数值

每一绳跨内的托辊组数 n	1	2	3	4	5	6	7	8
K_1 值	1	1	1.7	2	2.6	3	3.6	4

实际选用的钢丝绳拉力 H_1 应较 H 为大，即

$$H_1 = KH \qquad (20\text{-}7\text{-}57)$$

式中　K——考虑钢丝绳两侧会水平移近的系数，目的是使钢丝绳的张力增大。当采用三节托辊组和侧托辊倾角为 20° 时，$K=2$；侧托辊倾角为 30° 时，$K=1.5$。

根据选用的钢丝绳拉力 H_1 选择钢丝绳。所选钢丝绳的破断力应满足如下要求。

$$T \geqslant nK_\theta (H_1 + \Delta H) \qquad (20\text{-}7\text{-}58)$$

式中　T——所选钢丝绳的破断力，N；

　　　n——钢丝绳的安全系数，2.0~2.5；

　　　K_θ——考虑温度变化的影响系数；如在设计中已计算到温度的变化引起钢丝绳张力的变化，可不再考虑；此时，应按钢丝绳两端固定的情况，计算温度下降影响张力的增大值；如在设计中未计算温度的变化引起的张力增大，可取如下系数：当温度未低于 −10℃ 时，$K_\theta = 1$；当温度为 −10~−15℃ 时，取 $K_\theta = 1.15$；当温度下降到 −25℃ 时，取 $K_\theta = 1.2$；当温度下降到 −40℃ 时，取 $K_\theta = 1.25$；

　　　ΔH——输送机运转时所产生的水平力，此力为输送带和物料运动时带动托辊组运动而由托辊组阻力引起的，在粗略计算中此项可以略去。

2）对于倾斜的输送机，上述公式同样可用，式中水平力 H_1 则代表钢丝绳的张力。

5.1.4　钢丝绳的预张力

在钢丝绳机架安装时，钢丝绳上是没有载荷的，钢丝绳的预张紧力 H_0 必须正好保证在载荷作用时能达到 H_1。用式（20-7-59）计算 H_0。

表 20-7-16　K_2 的数值

跨间托辊组数	1	2	3	4	5	6	7	8
K_2	3	6	11	18	27	38	51	66

$$H_0 = H_1 - K_2 \frac{EA}{96} \times \frac{P^2}{H_1^2} \qquad (20\text{-}7\text{-}59)$$

式中　E——每根钢丝绳的弹性模量，N/mm²；

　　　A——每根钢丝绳的截面积，mm²；

　　　K_2——计算系数，按表 20-7-16。

说明：由于新钢丝绳受拉力后变形很大，在安装时最好预先要有预伸长，否则在以后运转过程中要调整张力，以免松弛。

5.1.5　钢丝绳鞍座尺寸

支腿上承载钢丝绳的鞍座如图 20-7-35 所示，建议采取下列尺寸：

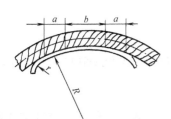

图 20-7-35

$$R_{min} = (4 \sim 6)d; a_{min} = (0.2 \sim 0.3)R$$
$$r = 10 \sim 20mm$$

式中　d——钢丝绳直径，mm。

5.2　浓密机机座柔性底板（托盘）的设计

浓密机机座的底板像个大圆盘，第1章5.7节曾谈到机座的设计按板结构计算。对一个直径达12m或以上的圆盘，底板的厚度最少要16mm。除了有许多必需的放射状径向梁外，还要有一些辅助的梁和肋板。如采用索线的理论来设计计算，只需要厚度为4mm的钢板来作底板，且免除了一些辅助的梁和肋板，大大地节省了材料。

（1）理论依据

由于浓密机为中心搅拌式，机器的重量由机座两侧的立架承受，机器不直接与底板相接触，底板只承受所盛液体的重量和液体的搅动，给出了用索线的理论来设计计算的保证。

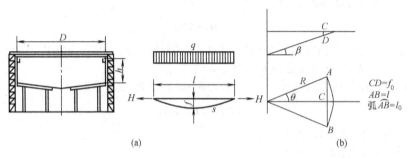

图 20-7-36

设　R——底板外半径，cm（见图20-7-36）；

　　n——放射状径向梁根数；

　　l_0——外径梁中心的弧距，cm；

　　l——外径梁中心的弦距，cm；

　　s——按悬垂计算的曲线长，cm；

　　θ——两相邻径向梁中心的夹角之半。

$\theta = \pi/n$，得

$$l = 2R\sin\theta; l_0 = 2R\theta \tag{20-7-60}$$

两者相差不大。取外径径向1cm宽一条底板，展开如图20-7-36a所示。如图20-7-36b所示，索线的计算公式为

$$f = \frac{ql^2}{8H} \tag{20-7-61}$$

$$q = h\rho g \times 10^{-5} \tag{20-7-62}$$

$$H = \sigma_p \delta \tag{20-7-63}$$

式中　f——索线中点的垂度，即最大垂度，cm；

　　q——底板上的均布载荷，N/cm^2；

　　h——底板上液体高度，cm；

　　ρ——液体的密度，g/cm^3；

　　g——重力加速度，$g = 980$cm/s^2；

　　H——板中的周向1cm水平拉力，由于悬线与水平所成的角度很小，该水平拉力即可作为板中的拉力，N/cm；

　　σ_p——钢板的许用应力，N/cm^2；

　　δ——钢板的实际厚度，cm。

因此，只要外形与结构布置确定以后，根据钢板的许用应力 σ_p 的大小，将上式代入式（20-7-61）即可定钢板的实际厚度 δ 与最大垂度 f 的关系：

$$f = \frac{ql^2}{8\delta\sigma_p} \tag{20-7-64}$$

（2）钢板垂度的设置

1）索线的长度 s 为

$$s = l + \frac{q^2 l^3}{24H^2}$$

因此，钢板的周向最外面直径处应增长：

$$\Delta s = \frac{q^2 l^3}{24H^2} \tag{20-7-65}$$

式（20-7-64）与式（20-7-65）中，随直径的变化 q 的变化不大；而 l 随直径的变小成正比地减小；f 与 Δs 就更迅速地减小。

2）在下面的情况下，钢板是可以不先设垂度的。

由于钢板周向全部受到 H 的拉力，其变形量（增长量）为

$$\varepsilon = \frac{Hl}{EA} = \frac{\sigma_p}{E} l \tag{20-7-66}$$

式中　E——材料的弹性模量，N/cm²；

　　　A——一小条钢板的截面积；$A = \delta$，cm²/cm。

因底呈圆锥状，在两根梁之间 AB 弦处本来就应该有下垂度（图 20-7-34b），计算为

$$f_0 = R\tan\beta(1-\cos\theta) \tag{20-7-67}$$

因此，如果由式（20-7-67）算得的垂度大于或等于式（20-7-64）算得的垂度（一般来说垂度 f_0 都很小），即 $f_0 \geq f$；如果由式（20-7-66）算得的变形量 ε 等于或大于式（20-7-65）钢板因垂度要求的增长量，则钢板是可以不先设垂度的（但必须能让搅拌叶片通过），即 $\varepsilon \geq \Delta s$。最好是使 AB 弧也有相等的垂度（虽然 AB 弧与 AB 弦是并不相等的，但因为 AB 弧在最周边，可强力固定的）。

（3）举例

例1　$D = 15$ 的浓密机机座，设了 24 根放射状径向梁，外圈处液体高 4m，液体的密度为 1.3g/cm³，底板的设计如下。

$$l_0 = \frac{1500\pi}{24} = 196.3\text{cm}; l = 1500\sin7.5° = 195.8\ (\text{cm})$$

$$q = h\rho g \times 10^{-5} = 400 \times 1.3 \times 980 \times 10^{-5} = 5.1\ (\text{N/cm}^2)$$

取钢板厚度 6mm，钢板的实际厚度 $\delta = 0.55$cm，取钢板的许用应力 $\sigma_p = 9800$N/cm²，则

$$H = 0.55 \times 9800 = 5390\ (\text{N/cm})$$

$$f = \frac{5.1 \times 196^2}{8 \times 5390} = 4.54\ (\text{cm})$$

$$\Delta s = \frac{q^2 l^3}{24H^2} = \frac{ql}{3H} f = \frac{5.1 \times 196}{3 \times 5390}4.54 = 0.28\ (\text{cm})$$

按变形量计算：

$$\varepsilon = \frac{Hl}{EA} = \frac{\sigma_p}{E} l = \frac{9800}{2.1 \times 10^7}196 = 0.093\ (\text{cm})$$

圆锥的垂度为

$$f = 750\tan10°(1-\cos\pi/24) = 1.13\ (\text{cm})$$

$\varepsilon < \Delta s$，因此设计时外径处预先设置钢板的垂度 4.5cm（即比形成圆锥还要大 34mm 的垂度）。此时，钢板的长度仅增加 0.28cm。在直径为 1/2 的位置，只要设置钢板垂度 $4.5 \times 0.5^2 = 1.1$（cm）。

说明：本设计是保守的设计。实际上，可以采用厚度为 4mm 的钢板，其实际厚度 $\delta = 0.37$cm，此时，$f = 4.54 \times 5.5/3.7 = 6.75$（cm）；$\Delta s = 0.28 \times (5.5/3.7)^2 = 0.62$（cm）。底钢板厚度为 4mm 的及底钢板厚度为 6mm 的储槽都已在工程中应用。

例2　$D = 12$m，$h = 1.7$m，16 根放射状径向梁，液体的密度为 1.3g/cm³。取钢板厚度 4mm，钢板的实际厚度 $\delta = 0.37$cm，取钢板的许用应力 $\sigma_p = 12700$N/cm²，求得

$$H = 0.37 \times 12700 = 4700\ (\text{N/cm})$$

$$l_0 = \frac{1200\pi}{16} = 235.6\text{(cm)}; l = 1200\sin11.25° = 234.1\ (\text{cm})$$

$$q = h\rho g \times 10^{-5} = 170 \times 1.3 \times 980 \times 10^{-5} = 2.17\ (\text{N/cm}^2)$$

由式（20-7-64），得

$$f = \frac{2.17 \times 235^2}{8 \times 4700} = 3.18 \ (\text{cm})$$

由式（20-7-67），得

$$f_0 = 600 \times \tan 10° \ (1 - \cos 180°/16) = 2.0 \ (\text{cm})$$

$$\Delta s = \frac{ql}{3H} f = \frac{2.17 \times 235}{3 \times 4700} \times 3.18 = 0.115 \ (\text{cm})$$

而按变形量计算

$$\varepsilon = \frac{\sigma_\text{p}}{E} l = 0.142 \ (\text{cm})$$

变形量 $\varepsilon > \Delta s$（或 $f > f_0$）已可弥补钢板的垂度，设计时外径处不必预先设置钢板的垂度。本设计也已在工程中应用。

（4）注意事项

① 钢板的径向焊缝最好布置在梁上，并且必须有足够的强度。如径向焊缝布置在梁与梁之间，则要计算焊缝的强度降低系数。

② 底板外径处与侧板的连接要有适当的强度，特别是在不预先设置钢板垂度的情况下。一般来说，有一定的加固就可以了。

参 考 文 献

[1] 牟在根主编. 简明钢结构设计与计算. 北京：人民交通出版社，2005.
[2] 关文达主编. 汽车构造. 第 2 版. 北京：机械工业出版社，2004.
[3] 师昌绪，李恒德. 材料科学与工程手册（上卷）：第 6 篇　金属材料篇. 北京：化学工业出版社，2004.
[4] 李廉堃. 结构力学. 北京：高等教育出版社，1983.
[5] 清华大学建筑工程系. 结构力学. 北京：中国建筑工业出版社，1974.
[6] 罗邦高等. 钢结构设计手册. 第 3 版. 北京：中国建筑工业出版社，2004.
[7] 刘济庆，王崇宇. 结构力学. 北京：国防工业出版社，1985.
[8] 黄小清，曾庆教主编. 工程结构力学Ⅰ. 北京：高等教育出版社，2001.
[9] M. M. 费洛宁柯. 材料力学. 陶学文译. 北京：高等教育出版社，1956.
[10] 《机械工程手册》编委会. 机械工程手册. 北京：机械工业出版社，1982.
[11] 《机械工程手册》编委会. 机械工程手册. 第 2 版. 北京：机械工业出版社，1997.
[12] 吴宗泽主编. 机械丛书：机构结构设计. 北京：机械工业出版社，1985.
[13] 管彤贤主编. 起重机典型结构图册. 北京：人民交通出版社，1990.
[14] M. 舍费尔等. 起重运输机械设计基础. 范祖尧，倪庆兴. 北京：机械工业出版社，1991.
[15] 巴拉特等. 缆索起重机. 杨福新，蔡学熙译. 北京：机械工业出版社，1959.
[16] 张钺. 带式输送机的原理和应用. 贵阳：贵州出版社，1980.
[17] 周振喜，曲昭嘉. 管道支架设计手册. 北京：中国建筑工业出版社，1998.
[18] 吴森，黄民. 机械系统的载荷识别方法与应用. 北京：中国矿业大学出版社，1995.
[19] 袁文伯主编. 工程力学手册. 北京：煤炭出版社，1988.
[20] 蔡学熙. 皮带转载机悬臂桁架的挠度计算. 矿山机械，1979，4.
[21] 蔡学熙. 差分方程法推求起重机空腹桁架的挠度公式. 成都：物料搬运学会起重机金属结构专题学术报告会，1982.
[22] 叶瑞汶. 机床大件焊接结构设计. 北京：机械工业出版社，1986.
[23] 黄东胜等. 现代工程机械系列丛书：现代挖掘机械. 北京：人民交通出版社，2003.
[24] 《建筑结构静力计算手册》编写组. 建筑结构静力计算手册. 北京：中国建筑工业出版社，1988.
[25] 蔡学熙. 绳轮内力分析. 起重运输机械，1975，1~2.
[26] 蔡学熙. 对"绳轮内力分析"一文的说明. 起重运输机械，1977，4.
[27] 邹家祥主编. 轧钢机械. 第 3 版. 北京：冶金工业出版社，2010.
[28] 刘宝珩. 轧钢机械设备. 北京：冶金工业出版社，1984.
[29] 钟廷珍. 短应力线轧机的理论与实践. 北京：冶金工业出版社，1998.
[30] 施东成. 轧钢机械理论与结构设计. 北京：冶金工业出版社，1993.
[31] 马鞍山钢铁设计院等. 中小型轧钢机械设计与计算. 北京：冶金工业出版社，1979.
[32] 廖效果，朱启速. 数字控制机床. 第 7 版. 武汉：华中理工大学出版社，1999.
[33] 王爱玲主编. 现代数控机床结构与设计. 北京：兵器工业出版社，1999.
[34] 恭积球等. 机车强度计算（下）：车体车架部分. 北京：中国铁道出版社，1990.
[35] 蔡学熙主编. 现代机械设计方法实用手册. 北京：化学工业出版社，2004.
[36] 刘敏杰等. 车载武器发射底架的结构特性分析. 机械科学与技术，2000，19（1）.
[37] 蔡学熙. 钢绳机架的设计计算的理论依据. 化工矿山技术，1994，3.
[38] 蔡学熙. 索线理论用于浓密机机座底板的设计. 化工矿物与加工，2003，2.
[39] 邹家祥. 轧钢机现代设计理论. 北京：冶金工业出版社，1991.
[40] 周建男. 轧钢机. 北京：冶金工业出版社，2009，4.
[41] 周存龙等. 特种轧制设备. 北京：冶金工业出版社，2006.
[42] 李国豪等著. 中国土木建筑百科辞典：交通运输工程. 北京：中国建筑工业出版社，2006.
[43] 《轻型钢结构设计手册》编辑委员会. 轻型钢结构设计手册. 第 2 版. 北京：中国建筑工业出版社，2006.
[44] 宋宝玉主编. 机械设计基础. 哈尔滨：哈尔滨工业大学出版社，2004.
[45] 杨汝清主编. 现代机械设计——系统与结构. 上海：上海科学技术文献出版社，2000.
[46] 张质文等. 起重机设计手册. 北京：中国铁道出版社，1998.
[47] [美] Neil Sclater e.t. 机械设计实用机构与装置图册. 邹平译. 北京：机械工业出版社，2007.
[48] 方宏民主编. 机械设计、制造常用数据及标准规范实用手册. 北京：当代中国音像出版社，2004.
[49] 杨恩霞主编. 机械设计. 哈尔滨：哈尔滨工程大学出版社，2006.

第 20 篇

[50] 黄呈伟. 钢结构基本原理. 第3版. 重庆：重庆大学出版社，2008.

[51] 国振喜，张树义. 实用建筑结构静力计算手册. 北京：机械工业出版社，2009.

[52] 牛秀艳，刘伟主编. 钢结构原理与设计. 武汉：武汉理工大学出版社，2009.

[53] 王仕统主编. 钢结构基本原理. 第2版. 广州：华南理工大学出版社，2005.

[54] 王金诺，于兰峰主编. 起重运输机金属结构. 北京：中国铁道出版社，2001.

[55] 徐洛宁. 起重运输机金属结构设计. 北京：机械工业出版社，1995.

[56] 管彤贤编. 起重机典型结构图册. 北京：人民交通出版社，1990.

[57] 颜永年. 机械设计中的预应力结构. 北京：机械工业出版社，1989.

[58] 曲昭嘉等，简明管道支架计算及构造手册. 北京：机械工业出版社，2002.

[59] 刘希平主编. 工程机械构造图册. 北京：机械工业出版社，1990.

[60] 严亦武. 应用不等跨弹性支座连续梁法进行振动放矿机槽台强度计算. 化工矿山技术，1993，5.

[61] 陈玮章主编. 起重机械金属结构. 北京：人民交通出版社，1986.

[62] 林慕义，张福生主编. 车辆底盘构造与设计. 北京：冶金工业出版社，2007.

[63] PCauto. 汽车造型设计简介——车架篇. 汽车制造业，2003，8.

[64] 庄军生. 桥梁支座. 第3版. 北京：铁道工业出版社，2008，12.

[65] 周玉申编著. 缆索起重机设计. 北京：机械工业出版社，1993.

[66] 钟汉华. 施工机械. 北京：中国水利水电出版社，2007.

[67] GB/T 3811—2006. 起重机设计规范.

[68] GB 50017. 钢结构设计规范（附条文说明）.

[69] GB 50205—2011. 钢结构工程施工质量验收规范（附条文说明）.

[70] GB 150—2011. 固定式压力容器.

[71] JB/T 4710—2005 钢制塔式容器.

[72] GB 50009—2011 建筑结构载荷规范（附条文说明）.

[73] GB 50135—2006 高耸结构设计规范（附条文说明）.

[74] GB 50011—2010 建筑抗震设计规范（附条文说明）.

[75] GY 5001—2004 钢塔桅结构设计规范（附条文说明）.

[76] GB/T 17116.1—1997~GB/T 17116.3—1997 管道支吊架.

[77] JB/T 4712.1—2007~JB/T 4712.4—2007 容器支座.

[78] HG/T 21629—1999 管架标准图.

[79] HG/T 21640—2000 钢结构管架通用图集.

[80] GB/T 20801—2006 压力管道规范.

[81] GB/T 3668.2—1983 组合机床通用部件 支架尺寸（2004年确认有效）.

[82] SL 375—2007 缆索起重机技术条件.

[83] 《汽车制造业》杂志社编. 轻型的NSB车架. 汽车制造业，2004，9.

[84] SH 3048—1999 石油化工钢制设备抗震设计规范.

[85] HG 20652—1998 塔器设计技术规定.

[86] SH/T 3098—2000 石油化工塔器设计规范.

[87] 俞新陆. 液压机现代设计理论. 北京：机械工业出版社，1987.

[88] 邹家祥. 轧钢机现代设计理论. 北京：冶金工业出版社，1991.

[89] 贾安东. 焊接结构及生产设计. 天津：天津大学出版社，1989.

[90] 电机工程手册编辑委员会. 机械工程手册. 第2版. 北京：机械工业出版社，1997.

[91] 程广利等. 齿轮箱振动测试与分析. 海军工程大学学报，2004，6.

[92] 胡少伟，苗同臣. 结构振动理论及其应用. 北京：中国建筑工业出版社，2005.

[93] GB/T 2298—2010 机械振动、冲击与状态监测 词汇.